개와 사는 모든 보호자들이 꼭 읽어야 할 책이다.

- 아메리칸 필드*The American field*

보호자들에게 유용한 필수 정보와 개의 건강을 위한 종합적이고,
최신의, 잘 정리된 수의학 정보를 제공하고 있다.

- 퍼블리셔 위클리*Publishers Weekly*

개 질병의 모든 것

Dog Owner's Home Veterinary Handboook

Dog Owner's Home Veterinary Handbook

By Debra M. Eldredge, Delbert G. Carlson, Liisa D. Carlson and James M. Giffin

Copyright © 2007 Originally Published by Turner Publishing Company LLC

All rights reserved.

Korean translation copyright © 2025 by Book Factory Dubulu.

질병의 예방과 관리·증상과 징후·치료법에 대한 해답을 완벽하게 찾을 수 있다

개 질병의 모든 것

저자 서문

이 책의 목적은 수의사의 의학적 조언을 대체하자는 것이 아니다. 함께 사는 개가 건강하기를 바란다면 주치의와 정기적으로 만나 개의 건강과 관련 문제들에 대해 상담해야 한다. 특히 개에게 나타나는 증상에 대해서는 주치의를 직접 만나서 의학적으로 접근해야 한다. 그 점을 간과해서는 안 된다.

그럼에도 이 책을 읽는다면 개에게 일어나는 일의 징후와 증상에 대해서 대략적으로 파악할 수 있을 것이다. 이를 통해 개가 겪고 있는 문제의 심각 정도를 가늠할 수도 있을 것이다. 보호자가 개를 언제 병원에 데려가야 하는지 아는 것은 매우 중요하다. 늦으면 위험할 수 있기 때문이다.

급성질환이 발병하거나 응급상황에 처했을 때, 병원에 데려가기 전 직접 취할 수 있는 방법을 제공하려고 노력했다. 인공호흡과 심장 마사지 같은 구명 조치, 중독이 발생할 경우의 조치법, 출산 관련 문제, 그 외 다른 응급상황에 대해서도 심도 있게 다루고 있다.

하지만 이런 수의학적 지침서가 전문적인 진료를 대체할 수는 없다. 책에서 해 주는 조언은 수의사가 직접 진료를 보는 것만큼 안전하거나 효과적이지 않다. 이 책 또한 결코 주치의와의 상담과 병원에서의 검사를 통한 신속하고 정확한 진단을 대체할 수 없다.

그러나 이 책에서 제공하는 수의학적 지식은 수의사와 대화를 할 때 보호자가 수의사의 이야기를 더 잘 이해할 수 있도록 돕고 효과적인 결정을 내리는 데 도움을 줄 것이다. 또한 집에서 관찰을 통해 개의 건강과 관련된 이상징후들을 더 빨리 알아차리고 그에 대해 수의사에게 더 잘 설명할 수 있을 것이다. 개를 돌보는 기본적인 방법이나 그 이상의 것들, 응급상황에 대한 대처방법 역시 다루고 있다. 이 책을 읽는 보호자와 수의사가 함께 개의 건강을 위해 훌륭한 팀워크를 발휘하기를 바란다.

이 책을 만드는 데 나를 떠올려 준 록산 세르다와 이 책의 출간을 가능하게 해 준 제시카 파우스트에게 감사의 마음을 전한다. 편집자 베스 아델만과의 작업은 아주 좋았고(항상 재미있었다!), 수의사 샌디 영은 기술적인 검토를 훌륭히 수행해 주었다. 그리고 마르셀라 듀랜드는 우리가 찾지 못할 거라고 생각했던 사진과 그림을 찾아내 주었다.

또한 들쑥날쑥한 시간에 부실한 식사들을 견디고, 방대한 원고 작업으로 인해 가끔 스트레스를 표출했던 시간들을 잘 이겨내 준 가족들에게 감사한다.

이번 작업을 쭉 감독해 준 나의 세 마리 개들에게도 특별한 감사를 전한다. 대니는 케이트와 톰이 학교에서 돌아올 때면 좋은 조언자이자 동행자가 되어 주었다. 어린 호키는 매일 그리고 자주 나를 미소 짓게 해 주었다. 8살 때 나에게 와서 15살이 된 수잔은 나의 그림자가 되어, 나를 응원했다. 진정한 사랑이 무엇인지 보여 준 대니, 호키, 수잔에게 감사하다.

데브라 M. 엘드레지(수의사)

편집자의 글

이 책은 내 책장의 한 켠을 40년 넘게 차지하고 있다. 함께 사는 개의 건강에 대한 분명한 답을 구하기 위해 몇 번이나 되풀이하여 찾아보고 도움을 얻는 책이다.

나는 이 책의 초판과 개정판(한국에서 처음으로 출간되는 이 책의 원서는 네 번째 개정판이다)을 모두 가지고 있다. 개를 키우는 많은 주변 사람들은 그 책들을 떼어놓을 수 없어 네 권의 개정판을 모두 가지고 있다는 사실을 듣고는 깜짝 놀라기도 했다. 반려견 행사에 가서 참가자들에게 개의 건강관리를 위해 어떤 책을 가장 많이 보았는지 물어보면 아마 모두 이 책을 이야기하지 않을까 한다. 인터넷 검색창에 이 책 제목을 검색해 보면 이 책을 참조한 수많은 글을 볼 수 있다.

이 책은 유서 깊은 오래된 책이기도 하지만 흥미롭고 새로운 내용들로 가득하다. 예방접종, 벼룩, 진드기, 심장사상충 예방약 정보, 생식, 관절염 약물 및 영양 보조제, 암과 신장 질환 치료, 노견의 인지장애 같은 최신 정보를 찾아볼 수 있다. 새로운 약물과 수술 기법도 소개하고 있고, 고창증 예방에 관한 최신 정보도 찾아볼 수 있다. 새로운 질환인 개 인플루엔자도 다루고 있다. 개의 감각, 공격성과 강박행동 같은 행동학적 문제들의 유기적 원인 등에 대한 최신 정보도 수록되어 있다.

2000년 세 번째 개정판이 출간된 당시에는 영양제, 건강기능식품, 침술 같은 홀리스틱적 요법이 완전히 검증되지 않은 상태였다. 그러나 현재는 홀리스틱적 치료법이 질병 치료에 도움이 된다는 사실이 입증되어 네 번째 개정판인 이 책에서는 홀리스틱적 치료법을 소개하고 있다.

또한 과학의 발달로 개의 유전자에 대한 많은 정보를 알아냈다. 덕분에 특정 유전 질환에 취약한 품종을 알아낼 수 있고, 특정 질환을 위한 유전자 검사도 가능해졌다.

이 모든 내용이 책에 설명되어 있다.

2006년 동물보험업계가 연구한 보험 계약자들이 호소하는 개의 의학적 문제 상위 열 가지는 다음과 같다.

1. 피부 알레르기 2. 귀의 감염 3. 위의 문제 4. 방광 감염 5. 양성 종양 6. 골관절염 7. 염좌 8. 눈의 감염 9. 장염(설사) 10. 갑상선기능저하증

독자들은 개가 흔히 겪는 건강상의 문제에 대한 모든 것을 이 책에서 찾을 수 있을 것이다. 그리고 개가 가진 문제가 무엇이든 명확한 설명과 함께 수의사와 치료방법에 대해 상의하는 데 필요한 정보도 얻을 수 있을 것이다.

편집자로서 이미 고전으로 자리 잡았고, 앞으로도 고전으로 남을 책을 만든다는 것은 큰 영광이다. 제임스 기핀 박사와 세 번째 개정판을 함께 작업한 것은 큰 즐거움이었다. 함께하면서 3판에 대한 아쉬움을 표출하고 혹평을 하기도 했다. 완벽한 네 번째 개정판을 만들기 위해 7년을 보냈다. 이번 개정판은 색인을 늘리고, 차트와 표 색인도 만들고, 증상별 색인도 만들었다. 보호자가 반려견과 함께 동물병원을 다녀온 뒤 이해하지 못하고 궁금했던 모든 질문의 해답을 이 책에서 찾을 수 있기를 바란다.

베스 아델만(편집자)

차례

일러두기

* 8쪽 '차례'는 장기와 신체 체계를 구분해서 자세하게 구성했다. 해부학적으로 특정 부위에 문제가 생겼다면 먼저 차례를 찾아본다.
* 560쪽 '찾아보기'는 의학정보에 대한 종합적인 안내다. 개의 병명이 정해졌거나 질병의 원인, 치료방법, 건강관리 등 수의학적 정보가 필요할 때 찾아본다.
* 570쪽 '증상별 찾아보기'는 이 책의 특별한 점이다. 개가 이상 증상을 보인다면 이곳을 먼저 찾아본다. 문제를 신속히 파악하는 데 도움이 될 것이다.
* 본문 옆의 수의학적 용어와 치료법, 국내 현황은 옮긴이가 달아 놓은 주다.

이 이기적인 세상에서 인간이 얻을 수 있는 절대적으로 이타적인 친구, 저버리지 않고, 배은 망덕하거나 신뢰를 버리지 않는 존재가 있다면 바로 개일 것이다. 개는 부자나 가난한 사람이거나 건강하거나 아픈 사람이거나 상관없이 늘 사람 옆에 있다. 개는 차가운 땅바닥이건, 매서운 바람이 불고 눈보라 휘몰아치는 곳이건 그곳이 보호자의 곁이라면 기꺼이 함께 잠을 청한다. 개는 음식을 주지 않는 손에도 입을 맞추고, 거친 세상에서 받은 인간의 상처를 핥으며 위로한다. 가난한 주인이라도 왕처럼 여기며 지킨다. 모든 사람들이 외면할 때도 개는 곁에 남아 있을 것이다. 부귀영화를 얻을 때도 명성이 곤두박질칠 때도, 개가 주는 사랑은 태양이 세상을 비추는 것만큼 변함없을 것이다.

조지 그레이엄 베스트 George Graham Vest **상원의원**

* 1870년 미국에서 사람이 쏜 총에 맞아 죽임을 당한 개 올드드럼old drum의 변호를 맡은 조지 그레이엄 베스트가 법정에서 한 유명한 연설 중 일부다. 조지 그레이엄 베스트는 이 소송에서 승소했다.

1장
응급상황

응급처치란 동물병원에 도착하기 전까지 위험할 수 있는 상황에 되도록 빠르게 대처하는 것을 의미한다. 응급상황에 대처하는 데 있어 가장 중요한 원칙은 평정심 유지다. 보호자가 패닉 상태에 빠지면 현명한 판단을 내리지 못하고 개까지 위험에 빠뜨릴 수 있다. 심호흡을 하고 개의 상태를 침착하게 평가한 뒤, 필요한 행동을 해야 한다. 도움을 요청하는 데 주저하지 말고, 개의 생명이 자신에게 달려 있음을 명심한다.

가정용 구급상자

구급상자

펜라이트(또는 스마트폰 손전등을 사용한다.)

담요

나일론 재질의 리드줄

입마개(나일론 또는 가죽)

직장 체온계

외과용 장갑

탈지면

면봉

거즈(7cm, 사각)

거즈붕대(폭 7cm)

압박붕대(폭 7cm)

반창고(폭 2.5cm)

1회용 주사기(바늘 없는 것)

압축 활성탄(5g씩 들어 있는 것)

핀셋

가위

클리퍼(이발기)

니들노즈(앞이 뾰족한) 펜치

윤활 젤이나 바셀린

소독용 알코올

베타딘이나 유사한 소독제

과산화수소수

국소용 항생연고

눈 세척용 멸균 식염수

응급 전화번호 목록

　　주치의 동물병원 연락처

　　주변 24시 응급병원

개를 다루고 보정(통제)하기

아무리 순한 개라고 해도 심하게 다치거나, 겁을 먹거나, 통증이 있는 경우에는 다루다가 물릴 위험이 있다. 이를 잘 인지하고 물리지 않도록 적절한 주의를 기울여야 한다.

다친 개가 으르렁거리거나 목 뒤의 털이 곤두서 있다면 분명한 메시지를 보내고 있는 것이다. 이런 개는 접근하거나 보정하려 해서는 안 된다. 지역의 동물 보호소나 전문가에게 도움을 요청한다.

안타깝게도 국내에는 이런 도움을 요청할 만한 마땅한 기관이 없다. 다행히 대부분 중소형 품종이므로 주의를 기울인다면 집에서 어느 정도 보정이 가능하다.

입마개

겁을 먹거나 통증을 호소하는 개를 다루거나 치료하려면 반드시 입마개를 착용시켜야 한다. 천 재질의 입마개는 보관이 용이하고 채우기도 쉽다. 뒤쪽이 벨크로(찍찍이)로 되어 여닫을 수 있는 부드러운 재질의 입마개를 동물병원이나 펫숍에서 구입할 수 있다. 망사형 입마개는 다친 개나 아픈 개들에 적합하다. 개들이 호흡하기 쉽고, 구토를 했을 때도 구토물을 흡입하는 것을 막을 수 있다. 가정용 구급상자에 입마개를 구비해 놓는 게 좋다(20쪽 참조).

입마개가 없는 경우에는 반창고나 테이프, 천 조각, 붕대, 개줄 등으로 대체할 수 있다. 개의 주둥이 주변을 테이프로 감는다. 또는 줄을 이용해 동그랗게 올가미를 만들어 주둥이에 채운 뒤, 단단히 조여서 줄을 아래쪽으로 향하게 한 뒤 귀 뒤쪽에서 묶는다. 개가 숨을 쉴 수 있도록 입을 살짝 벌릴 수 있을 정도가 적당하다.

입마개를 채우면 안 되는 상황도 있다. 구토나 기침을 하거나 호흡이 힘든 경우, 입마개를 채우는 것에 대해 공격적으로 저항하는 경우에는 위험할 수 있다. 의식이 없는 개도 입마개를 채워서는 안 된다.

진료를 위한 보정

협조적인 개는 최소한의 보정만으로도 빗질, 목욕, 약물 투여와 같은 일상적인 일들을 할 수 있다. 안심시키는 목소리와 부드러운 손길만으로도 대부분의 개들을 잘 다룰 수 있다. 자신감 있게 접근해 본다. 그렇지 않으면 개들도 보호자의 불안감을 금세 알아차려 같이 불안해진다.

검사나 치료를 하는 과정에서 개가 흥분하거나 다칠 수 있으므로, 미리 잘 보정해야 한다. 일단 개를 보정하고 나면, 대부분은 안정을 찾고 별다른 저항 없이 치료를 받는다.

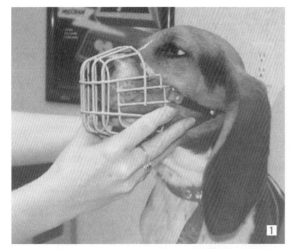

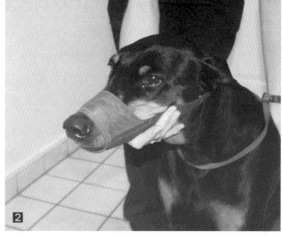

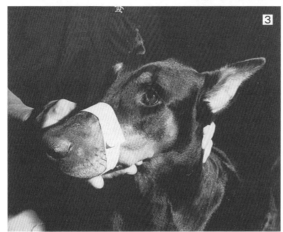

1 구토를 하거나 호흡이 빨라진 개들은 망사형 입마개를 사용해야한다.

2 천 재질의 입마개는 보관과 착용이 용이하다.

3 임시방편으로 테이프를 이용해 입마개를 만들 수 있다.

헤드락(headlock)은 대형견을 보정하기 위한 훌륭한 방법이다. 먼저 입마개를 채운다. 그리고 개의 몸에 가슴을 밀착시킨 상태에서 한 팔로는 목 주변을, 다른 팔로는 허리 주변을 단단히 잡는다. 주사를 놓은 것과 같이 짧은 처치에 가장 많이 사용된다.

소형견을 보정하는 경우, 한 팔로 복부를 받쳐 잡은 상태에서 바깥쪽 앞다리를 움켜잡는다. 다른 팔로는 머리를 움직이지 못하게 고정한다. 개를 사람의 몸 쪽으로 당겨 안아야 한다.

엘리자베스 칼라(넥칼라)는 영국 엘리자베스 여왕의 통치 시절 유행했던 높고 화려한 옷깃에서 이름이 유래했다. 무는 성향이 있는 개를 보정하는 데도 유용하다. 귀를 긁지 못하게 하거나 수술 부위를 보호하고, 상처를 깨물지 못하게 하는 데도 도움이 된다. 이런 칼라들은 동물병원에서 구입할 수 있는데, 크기는 개에게 맞는 것을 선택해야 한다. 먹거나 마시는 데 지장을 줄 수 있으므로 칼라 가장자리가 너무 길어서는 안 된다. 개들은 대부분 엘리자베스 칼라에 잘 적응한다. 개가 칼라를 찬 후에 먹거나

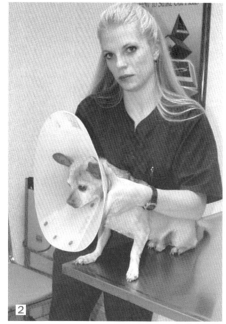

1 헤드락은 대형견을 위한 훌륭한 보정법이다. 치료를 위해 꼭 입마개를 채운다.

2 엘리자베스 칼라는 잘 무는 개를 보정하는 데 용이하다.

3 소형견을 보정하고 이동시키는 데 좋은 방법이다.

4 바이트낫 칼라는 수의사들이 흔히 사용하는 인도적인 보정 방법으로 개가 엘리자베스 칼라보다 더 편안하게 느낀다.

마시지 않으려 하면 잠깐 동안 풀어 준다(최근에는 부드러운 천 재질이나 공기 튜브 형태의 넥칼라도 많이 판매되고 있다).

또 다른 제품으로 바이트낫(BiteNot) 칼라가 있다. 목 부위를 길게 감싸는 형태의 이 칼라는 개가 물려고 고개를 돌리는 것을 방지한다. 엘리자베스 칼라를 사용할 때와 마찬가지로 치수에 맞게 착용하는 것이 중요하며, 칼라의 길이는 개의 목길이만큼 충

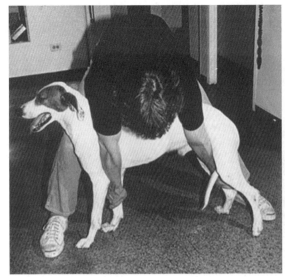

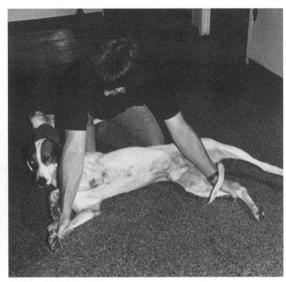

안쪽 앞다리와 안쪽 뒷다리를 잡은 상태에서 개를 사람의 무릎 아래로 살짝 넘어뜨려 옆으로 눕힌다.

바닥에 누운 자세를 유지할 수 있도록 개의 다리가 쭉 펴지게 손으로 잡는다.

다친 개는 한 팔로는 가슴 주변을, 다른 팔로는 뒷다리 주변을 잡고 옮긴다.

분히 길어야 한다.

다친 개 옮기기

개를 잘못 안거나 옮기면 오히려 부상을 악화시킬 수 있다. 팔꿈치나 어깨의 탈구를 유발할 수 있으므로 절대 앞다리를 들어올려 안아서는 안 된다.

작은 개는 팔로 안아 옮기는데, 다친 부위를 사람 몸의 바깥쪽으로 하여 안는다. 큰 개는 한 팔로는 가슴 주변이나 앞다리 사이를 잡고, 다른 팔로는 엉덩이 주변을 잡는다(뒷다리를 다쳤다고 의심되는 경우에는 뒷다리 사이를 잡는다). 개가 바둥거리더라도 가슴 쪽으로 당겨 안아 떨어뜨리지 않도록 한다.

심하게 다친 개 옮기기

쇼크 상태의 개는 호흡을 돕고 혈압이 갑자기 떨어지는 것을 방지하기 위해 편평한 바닥이나 들것에 눕혀 옮겨야 한다.

의식이 없거나 자기 키보다 높은 곳에서 떨어져 일어나지 못하는 경우, 차에 치인 경우라면 척추골절이나 척수손상을 의심해 볼 수 있다. 이런 개들은 특별한 조치가 필요하다. 자세한 내용이나 조치 방법에 대해서는 머리의 손상(352쪽)과 척수손상(370쪽)을 참조한다.

인공호흡과 심장 마사지

인공호흡은 의식이 없는 개에게 산소를 공급하기 위한 응급조치다. 심장 마사지(흉부압박)는 심장박동 소리가 들리지 않거나 느껴지지 않을 때 사용한다. 인공호흡과 심장 마사지를 함께 병행하는 것을 심폐소생술(CPR, cardiopulmonary resuscitation)이라고 한다. 호흡이 멈추면 곧이어 심장의 기능도 멈추는데, 반대로 심장박동이 멈춰도 호흡이 멈춘다. 때문에 심폐소생술은 생명을 위협하는 대부분의 상황에서 필요한 경우가 많다.

심폐소생술은 한 사람이 실행할 수도 있으나 두 사람이 함께할 수 있다면 더 쉽고 성공률도 높다. 한 사람은 인공호흡을 하고, 다른 사람은 심장 마사지를 한다.

다음은 인공호흡이나 심폐소생술이 필요한 응급상황이다.

- 쇼크
- 중독
- 장시간의 발작
- 혼수상태
- 머리의 부상
- 감전
- 기도폐쇄(질식)
- 심장 활동이나 호흡의 갑작스런 중단

다음은 의식이 없는 개에게 어떤 조치가 필요할지를 알려 준다.

인공호흡 또는 심폐소생술?	
개가 숨을 쉬는가? 가슴이 위아래로 움직이는지 관찰한다. 뺨을 대어 보아 입김이 나오는지 확인한다.	**숨을 쉰다면** 혀를 밖으로 잡아당기고 기도를 확보한 뒤 관찰한다. **숨을 쉬지 않는다면** 맥박을 확인한다.
개의 맥박이 뛰는가? 사타구니에 있는 대퇴동맥을 촉진한다.	**맥박이 뛰면** 인공호흡을 시작한다. **맥박이 뛰지 않는다면** 심폐소생술을 시작한다.

인공호흡

강아지의 오른쪽을 아래로 하여 편평한 바닥에 눕힌다. 입을 벌리고 혀를 가능한 한 앞쪽으로 쭉 잡아당긴다. 천이나 손수건을 이용해 입 안의 분비물을 제거한다. 이물이 없는지도 확인한다. 만약 이물이 있다면 되도록 제거한다. 제거가 불가능하다면 하임리히법(314쪽)을 실시한다.

소형견이나 중형견

1. 혀를 최소한 송곳니까지 앞으로 잡아당긴 상태에서 입을 닫는다.
2. 개의 코에 입을 갖다대고, 콧구멍으로 숨을 부드럽게 불어넣는다. 가슴이 부풀어 오를 것이다.
3. 공기가 되돌아 나오도록 입을 연다. 과도한 양의 공기가 들어갔다면 폐와 위가 지나치게 팽창하는 것을 막기 위해 개의 입술 사이로 공기가 빠져 나올 것이다.
4. 가슴이 위아래로 들썩거리지 않는다면 더 강하게 숨을 불어넣거나 입술을 막는다.
5. 분당 20~30회의 횟수로 계속 실시한다(2~3초에 한 번).
6. 개가 스스로 호흡하거나 심장이 다시 뛸 때까지 계속한다.

대형견

1. 소형견에서처럼 진행한다. 그리고 공기가 빠져나가는 것을 막기 위해 주둥이 주변을 손으로 막아 입술을 막는다.
2. 가슴이 위아래로 들썩거리지 않는다면 더 강하게 숨을 불어넣는다.
3. 분당 20회의 횟수로 계속 실시한다(3초에 한 번).

심폐소생술CPR

심폐소생술은 인공호흡과 심장 마사지를 함께 실시하는 것이다. 심장 마사지가 필요한 개는 인공호흡도 필요하다. 만약 개가 심폐소생술을 실시하려는데 저항한다면, 그 개는 아마도 심폐소생술이 필요 없는 상태일 것이다.

소형견이나 중형견

1. 오른쪽을 아래로 하여 편평한 바닥에 눕힌다.
2. 손을 오목한 모양으로 만들어 심장 위의 양쪽 갈비뼈에 댄다(팔꿈치 바로 뒤 부위). 강아지의 경우 가슴 부위를 엄지손가락과 다른 손가락들로 잡고 마사지한다.
3. 가슴을 압박한다(약 2.5~4cm 정도의 깊이, 가슴너비의 1/4~1/3 정도). 한 번 압박하

고, 한 번 풀어 주는 식으로 분당 100회의 속도로 실시한다.

　4. 한 사람이 심폐소생술을 실시하는 경우, 가슴을 5회 압박하고 숨을 한 번 불어넣는다. 두 사람이 실시하는 경우, 가슴을 2~3회 압박한 후 숨을 한 번 불어넣는다.

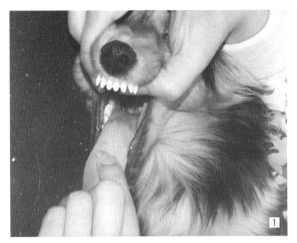

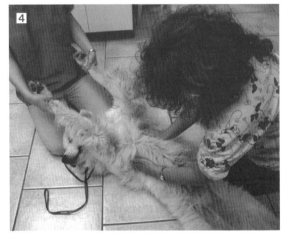

1 심폐소생술을 시작하기 전에 개의 입을 벌리고 혀를 가능한 한 앞쪽으로 잡아당긴다. 이물이 없는지 확인한다.

2 심장박동이 있는지 확인하기 위해 사타구니 가운데 있는 대퇴동맥의 박동을 촉진한다.

3 인공호흡을 위해, 개의 코 안으로 2~3초마다 숨을 부드럽게 불어넣는다.

4 소형견의 흉부압박. 양쪽 가슴에 손을 대고 있는 것을 주목한다. 분당 100회 압박한다.

5 두 사람이 대형견에게 심폐소생술을 실시하고 있다. 가슴을 압박하고 있는 손의 위치를 주목한다. 분당 80회 압박한다.

대형견

1. 오른쪽을 아래로 하여 편평한 바닥에 눕힌다. 개의 등 뒤에 자리를 잡는다.

2. 한쪽 손의 손바닥 부위를 <u>심장 위가 아닌</u> 흉곽의 가장 넓은 부위에 댄다. 반대쪽 손바닥을 먼저 올린 손의 위에 포갠다.

3. 양쪽 팔꿈치를 쭉 편 상태로 흉곽을 강하게 압박한다. 가슴너비의 1/4~1/3 정도 깊이로 압박한다. 한 번 압박하고, 한 번 풀어 주는 식으로 분당 80회의 속도로 실시한다.

4. 한 사람이 심폐소생술을 실시하는 경우, 가슴을 5회 압박하고 숨을 한 번 불어넣는다. 두 사람이 실시하는 경우, 가슴을 2~3회 압박한 후 숨을 한 번 불어넣는다.

개가 스스로 호흡을 하고 맥박이 안정될 때까지 심폐소생술을 계속한다. 심폐소생술을 실시하고 10분이 지난 후에도 회복되지 않는다면 성공할 가능성이 낮다. 심폐소생술 중단을 고려한다.

심폐소생술은 갈비뼈 골절과 기흉 등의 합병증을 유발할 가능성이 있음을 기억한다. 또한 건강한 개에게는 인공호흡이나 심장 마사지를 절대 실시해서는 안 된다. 개에게 심각한 상해를 입힐 수 있다.

쇼크

쇼크는 몸에서 필요로 하는 혈류량과 산소의 양이 부족할 때 발생한다. 충분한 혈류량을 유지하려면 효과적인 심장박동, 정상적인 혈관, 혈류와 혈압을 유지할 수 있는 충분한 양의 혈액이 필요하다. 산소를 충분히 공급하려면 호흡 기도가 확보되고 호흡을 위한 에너지가 충분해야 한다. 순환기나 호흡기에 악영향을 끼치는 모든 상태는 쇼크를 유발할 수 있다.

쇼크가 발생한 동물의 심혈관계는 부족한 산소와 혈류량을 보상하기 위해 심박수와 호흡수를 늘리고, 피부의 혈관을 수축시키며, 소변량을 줄여 순환 체액량을 유지한다. 생명을 유지하는 장기들이 정상적인 활동을 수행하는 데 필요한 산소가 부족해지면 추가적인 에너지가 한꺼번에 필요해진다. 잠시 후 쇼크는 지속되고, 치료하지 않으면 죽음에 이른다.

쇼크의 흔한 원인으로는 출혈, 심부전, 아나필락시스(알레르기), 탈수(열사병, 구토, 탈수 등), 중독, 패혈증과 복막염 등에 의한 독성 쇼크 등이 있다.

쇼크의 초기 증상에는 헐떡거림, 심박 증가, 도약맥(크고 강하고 빠르게 움직이는 맥박) 그리고 입술 점막, 잇몸, 혀가 선홍색으로 변하는 것 등이 있다. 이런 증상은 다수는 모르고 지나치거나 아마도 개가 지쳐서 그러는 것으로 오인할 수 있다. 대부분의 보호자들은 말기 증상이 나타나야 개의 상태를 알아차린다. 흔히 관찰되는 쇼크 증상으로는 피부와 점막의 창백, 체온 하강, 발과 다리의 냉감, 느린 호흡, 무감각, 침울, 의식상실, 맥박이 없거나 약해지는 것 등이 있다.

치료 : 먼저 개의 상태를 평가한다. 숨을 쉬는가? 심장이 뛰는가? 다친 정도는 어떤가? 개가 쇼크 상태인가? 만일 그렇다면 다음의 과정을 따른다.

1. 개가 숨을 쉬지 않는다면 인공호흡을 실시한다(26쪽 참조).
2. 맥박이 없다면, 심폐소생술을 실시한다(26쪽 참조).
3. 의식이 없다면, 기도가 열려 있는지 확인한다. 손가락과 천 조각으로 입 안의 분비물을 제거하고 혀끝을 잡아당겨 숨 쉬기 편하게 해 준다. 담요 등을 받쳐 개의 머리를 몸보다 낮게 유지한다.
4. 출혈이 있으면 지혈한다(59쪽, 상처 참조).
5. 온기를 제공하고 말단의 손상을 방지하기 위해 개를 외투나 담요로 감싼다.
6. 동물병원으로 이동한다.

쇼크 상태가 악화되는 것을 막기 위해 다음의 조치를 취한다.

• 개를 안정시키고 부드럽게 말을 건넨다.

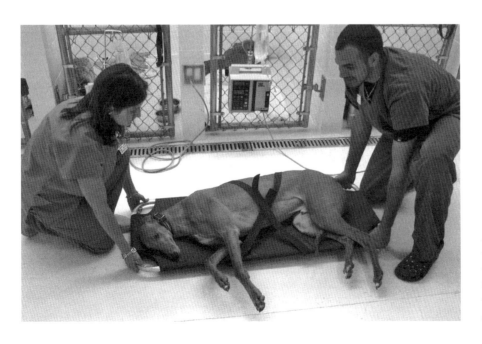

쇼크에 빠진 개를 옮기는 가장 좋은 방법이다. 들것이 없다면 야전침대, 널빤지, 접은 철장 등을 이용해 담요로 감싸서 사용한다.

- 개가 호흡을 편하게 할 수 있게 가장 편안한 자세를 취해 준다. 동물은 자연스럽게 통증을 가장 덜 느끼는 자세를 취할 것이다.
- 가능한 한 옮기기 전에 골절 부위에 부목을 대는 등 고정할 수 있는 조치를 취한다(32쪽, 골절 참조).
- 의식이 없거나 사고 후에 누워 있는 상태의 개는 척수손상을 의심해야 하며, 그에 따라 다루어야 한다(370쪽, 척수손상 참조).
- 체구가 큰 개는 편평한 판이나 들것으로 옮긴다. 작은 개는 다친 부위를 보호하여 담요로 감싸서 옮긴다.
- 개를 사고 현장에서 차량으로 또는 차량에서 동물병원으로 옮기는 것과 같이 짧은 이동을 제외하고는 입마개 착용은 피한다. 어떤 상황에서는 입마개가 호흡을 방해할 수 있다.

과민성 쇼크/아나필락시스anaphylactic shock

과민성 쇼크는 즉각적이고 심각한 알레르기 반응으로, 알레르겐에 노출되어 발생한다.

약물 중 과민성 쇼크를 유발하는 가장 흔한 약물 알레르겐으로는 페니실린이 있으며, 꿀벌이나 말벌에 의한 벌독도 때때로 과민성 쇼크를 유발한다. 흔한 경우는 아니지만 예방접종 후 쇼크가 오기도 한다.

과민성 쇼크는 앞에서 설명한 쇼크와는 다른 증상을 유발한다. 처음에는 접촉 순간의 통증, 가려움, 부종, 피부 발적* 같은 국소적인 증상이 있을 수 있다. 급성 과민성 쇼크가 발생하면 전신성 알레르기 반응이 즉시 또는 몇 시간에 걸쳐 나타난다. 불안

* **발적** 빨갛게 부풀어오르는 현상. 모세혈관의 확장에 의한 현상이다.

일상적인 예방접종 후에 발생한 과민성 쇼크로 응급 치료를 받고 있는 개. 잘 회복되어 30분 후에는 상태가 안정되었다.

감, 설사, 구토, 호흡곤란, 성대의 부종으로 인한 협착음(거친 숨소리), 쇠약, 순환허탈 등의 증상을 보인다.

치료 : 응급 치료는 정맥 또는 피하 아드레날린 투여, 산소 공급, 항히스타민제 투여, 정맥수액, 스테로이드 투여 등이다(가정에서는 불가능하다). 예방접종이 반드시 수의사에 의해서만 실시되어야 하는 이유다(응급상황 시 제때 대처할 수 있다).

약물에 대한 알레르기 반응을 보인 적이 있던 개는 동일한 약물을 다시 사용해선 안 된다.

급성 복통

급성 복통은 즉시 치료를 시작하지 않으면 죽음에 이를 수 있는 응급상황이다. 급성 복통의 증상은 갑작스런 통증 발현, 낑낑거리며 우는 모습, 구역질과 구토, 안절부절못하며 편안한 자세를 취하지 못하는 모습, 끙끙거림, 노력성 호흡 등이다. 배를 누르면 극심한 통증을 호소한다.

개는 가슴을 바닥에 대고 엉덩이를 치켜든 특징적인 자세를 취하기도 한다. 상태가 악화되면 개의 맥박이 약해지고 점막은 창백해지며 쇼크 상태에 빠진다.

이런 증상들이 관찰된다면 즉시 동물병원으로 향한다! 빨리 수술을 받는 것이 생명을 살리는 길이다.

다음은 급성 통증을 유발할 수 있는 원인이다.

- 고창증
- 요로결석에 의한 방광폐색
- 내부 손상을 동반한 복부의 외상
- 방광파열
- 중독
- 임신 상태에서 자궁의 파열
- 복막염*
- 급성 췌장염
- 장폐색
- 장염전

* **복막염**peritonitis 복막 또는 복강의 감염이나 염증.

골절

대부분의 골절은 교통사고나 낙상에 의해 발생한다. 가장 많이 부러지는 부위는 대퇴골, 골반, 두개골, 턱, 척추다. 골절은 개방성 골절과 폐쇄성 골절로 분류된다. 개방성 골절은 상처가 나며 뼈가 노출된 상태다. 뼈가 막대기처럼 피부 밖으로 튀어나오는 경우도 흔하다. 이런 골절은 흙이나 세균 등에 오염되어 뼈에 감염이 발생할 확률이 높다.

골절의 증상으로는 통증, 부종, 체중부하 불능, 다친 다리가 짧아져서 생긴 변형 등이다.

치료 : 골절을 유발하는 상태는 쇼크, 실혈, 내부 장기 손상 등도 유발할 수 있다. 쇼크 치료가 골절 치료에 우선한다(28쪽, 쇼크 참조).

통증이 심한 개는 비협조적인 경우가 많고 자기를 방어하려고 물 수도 있다. 물리지 않도록 조심한다. 필요하다면 입마개를 씌운다(21쪽, 개를 다루고 보정하기 참조).

뼈 위에 드러난 상처는 거즈를 여러 장 포개어 멸균 붕대로 감는다. 거즈가 없다면 깨끗한 천이나 수건으로 상처를 느슨하게 감싼다. 출혈이 지속되면 조심스럽게 환부를 압박한다.

골절이 팔꿈치나 무릎 아래에 발생했다면 잡지류도 훌륭한 임시 부목이 된다. 잡지를 댄 상태로 테이프를 감는다. 부목을 효과적으로 적용하기 위해 골절 부위 위 또는 아래의 관절을 교차하여 함께 고정한다.

골절 부위에 부목을 대 주면 통증이 완화되고 쇼크 방지 및 동물병원으로 이동하는 동안 추가적인 조직 손상을 예방할 수 있다. 부목을 적용할지 결정하려면 심각한 정도, 손상 부위, 전문적 치료를 받기까지 걸리는 시간, 다른 손상 유무, 부목 재료를 구할 수 있는지 등의 여러 요소를 고려해야 한다. 부적절한 부목은 득보다 실이 될 수 있다. 개의 저항이 심하다면 부목을 시도하지 않는다.

항상 발견한 상태 그 자세에서 다리에 부목을 댄다. 굽혀진 다리를 곧게 펴서 부목을 대려고 시도하지 않는다.

효과적인 부목 적용법은 골절 부위 위 또는 아래의 관절을 교차하여 고정하는 것이다. 골절 부위가 무릎이나 팔꿈치 아래라면 잡지나 신문지, 두꺼운 판지 등을 다리 주변에 접어 사용한다. 페이퍼 타월이나 두루마리 휴지심 같은 원통형 휴지를 잘라서 쓸 수도 있다. 부목은 발가락부터 무릎이나 팔꿈치 위쪽까지 넉넉히 댄다. 부목을 댄 상태에서 붕대, 넥타이, 테이프 등을 이용해 고정한다. 너무 꽉 조이지 않도록 한다.

팔꿈치와 무릎 위쪽에 발생한 골절은 부목을 대기가 어렵다. 가장 좋은 방법은 가능한 한 개가 안정을 유지하도록 하는 것이다.

쇼크 상태의 개는 호흡이 편하고 혈압이 떨어지는 것을 막기 위해 편평한 표면이나 들것에 눕혀서 운반해야 한다. 머리를 다치거나 척수손상을 입은 경우에도 12장에서 설명한 것처럼 특별한 수송 방법이 필요하다.

뼈끝 부위가 어긋난 골절은 전신마취를 하여 골절 면을 맞추고 재정렬하여 교정해야 한다. 변위를 유발한 근육의 힘보다 더 강하게 당겨야 재정렬할 수 있다. 대부분의 경우 무릎 또는 팔꿈치 위쪽에 발생한 골절은 핀이나 금속성 플레이트를 이용해 고정해야 한다. 반면 무릎이나 팔꿈치 아래 부위의 골절은 부목이나 캐스트로 고정하는 것이 가능한 경우도 많다. 관절이 관련된 골절은 핀, 스크루, 와이어 등을 이용해 치료한다.

턱뼈 골절은 치아의 부정교합을 유발한다. 골절이 완전히 치유되기 전까지는 올바른 위치를 유지하기 위해 턱뼈와 함께 치아도 고정해 놓아야 한다.

함몰된 두개골 골절은 움푹 들어간 뼛조각을 들어올리는 수술이 필요할 수 있다.

화상

화상은 열, 화학물질, 전기충격, 방사선 등에 의해 발생한다. 뜨거운 액체에 개가 데일 수도 있다. 일광화상은 방사선 화상의 일례로, 색소가 부족한 개의 코 부위와 여름에 털을 짧게 자른 털이 하얀 개의 피부에서 잘 발생한다.

피부 손상의 정도는 노출 정도에 따라 결정된다.

1도 화상은 피부가 빨갛게 되고 약간 부어오르며 아프다. 보통 약 5일 내로 치유된다.

2도 화상은 손상이 더 깊고 물집이 생긴다. 통증도 심하다. 감염이 발생하지 않으면 보통 21일 내로 치유된다.

3도 화상은 피부층 전체가 손상된 것으로 피하지방까지 영향을 끼친다. 피부가 까맣게 마른 가죽처럼 변한다. 잡아당기면 쉽게 털이 빠진다. 심부 화상은 보통 신경말단도 파괴되므로 2도 화상만큼 통증이 심하진 않다.

개의 체표 면적의 50% 이상이 2도 화상을 입거나 30% 이상이 3도 화상을 입었다면 생존율은 낮다.

치료 : 가벼운 화상을 제외하고는 전문적인 치료가 필요하다. 적신 거즈를 느슨하게 감아 추가적인 손상으로부터 보호하고 즉시 동물병원으로 간다. 광범위한 화상은

쇼크를 치료하고, 체액과 전해질 손실을 보충하고, 2차 감염을 예방하기 위해 집중치료가 필요하다.

전기적인 쇼크(감전)가 발생했다면 개를 만지기 전에 먼저 나무 재질의 물건을 이용하여 전선을 옆으로 밀쳐낸다. 다른 방법으로는 코드를 모두 뽑거나 전원 차단기를 내려 사람이 감전되는 것을 방지한다.

체표 면적의 5% 미만 부위에 발생한 작은 화상은 집에서 치료할 수 있다. 통증을 완화시키고 손상을 줄이기 위해 20분간 찬찜질을 한다(아이스팩은 안 된다). 화상 부위의 털을 자르고 클로르헥시딘 희석액 같은 소독제로 부드럽게 피부를 씻겨낸다(59쪽, 상처 참조). 국소용 항생제 연고를 바르고 붕대를 감는다. 매일 상처를 소독하고 약을 바르고 붕대를 교체한다.

산, 알칼리, 가솔린, 등유 및 화학물질에 의해 화상을 입거나 피부와 접촉했다면 즉시 다량의 물로 10분간 씻겨낸다. 고무장갑이나 비닐장갑을 착용하고 순한 비누로 개를 목욕시킨다. 수건으로 잘 말린다. 화상의 징후가 관찰되면(발적이나 물집) 추가적인 조치를 위해 수의사에게 연락한다.

추위에 노출됨

저체온증

추위에 장시간 노출되면 체온이 떨어진다. 초소형 품종, 단모종, 강아지, 노견은 저체온증에 취약하다. 털이 젖으면 보온성을 잃어버리므로 차가운 물에 젖은 개는 모두 잠재적으로 저체온증이 발생할 위험이 크다. 저체온증은 쇼크나 장시간의 전신마취 상황 또는 육아 공간이 추위에 노출되어 있는 곳에서 막 태어난 새끼에게도 발생할 수 있다. 장기간 추위에 노출되면 저장된 에너지를 사용하게 되므로 저혈당이 발생한다.

저체온증의 증상은 격렬하게 몸을 떠는 것으로 이후 노곤함, 직장체온 하강(35℃ 이하), 맥박 약화, 무기력, 혼수상태 등이 뒤따른다. 저체온증의 개는 체온이 떨어짐에 따라 대사율도 떨어지므로 심정지 상태가 길어져도 버틸 수 있다. 이런 개들은 심폐소생술이 효과적일 수 있다.

치료 : 개를 담요나 외투로 감싸 따뜻한 건물 안으로 이동한다. 개의 몸이 젖었다면(얼음물에 빠지는 등) 타월로 몸을 열심히 문질러 말린다. 개를 따뜻한 담요로 감싼 상태로 직장체온을 측정한다. 체온이 35℃ 이상이라면 따뜻한 담요로 감싼 상태를 유지하고 꿀 또는 설탕물 등을 먹인다.

만약 개의 체온이 35℃ 이하라면 수의사에게 알린다. 지시를 기다리는 동안 따뜻한 물이 담긴 물병을 타월에 싸서 개의 겨드랑이와 가슴에 댄 상태로 다시 담요로 감싼다. 물병의 온도는 아기 젖병 정도의 온도여야 한다(손목에 대면 따뜻한 정도). 10분마다 직장체온을 측정한다. 직장체온이 37.8℃가 될 때까지 보온팩을 교체해 가며 유지한다. 화상을 유발할 수 있으므로 개에게 직접 열을 가해서는 안 된다(헤어드라이어를 사용해서는 안 된다).

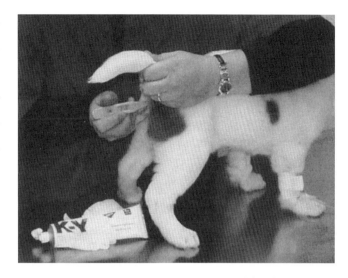

디지털 체온계로 개의 직장체온을 측정하려면 체온계 끝에 윤활제를 발라 항문으로 부드럽게 삽입한다. 개가 주저앉지 못하도록 손으로 배를 받쳐 잡는다.

추위에 노출된 강아지의 몸을 데워 주는 방법은 **허약한 강아지 되살리기**(474쪽)에서 설명하고 있다.

동상

동상은 몸의 일부가 얼어서 발생한다. 저체온증을 동반하는 경우가 많다. 동상은 꼬리, 귀 끝, 발패드, 음낭에서 잘 발생한다. 이런 부위는 겉으로 잘 노출되고, 털에 의해 보호되는 부위도 가장 적다. 귀의 동상에 대해서는 213쪽에서 설명하고 있다.

동상에 걸린 피부는 창백한 흰색 또는 푸른색을 띤다. 혈액순환이 회복되면 붉게 변하며 붓는데, 피부가 벗겨지기도 한다. 나중에는 살아 있는 조직과 죽은 조직 사이에 경계선이 생기며 검게 변한다. 죽은 피부와 조직은 1~3주 내로 몸에서 떨어져 나간다.

치료 : 동상에 걸린 부위를 20분 또는 조직이 생기를 되찾을 때까지 따뜻한 물(뜨거운 물이 아닌)에 담근다. 녹았던 조직이 다시 얼면 훨씬 심각한 조직손상이 발생한다. 동상에 걸린 부위를 문지르거나 마사지하지 않는다. 조심스럽게 다뤄야 한다. 상태 평가 및 치료를 위해 개를 동물병원에 데려간다.

감각이 돌아오면 동상이 걸린 부위에 통증이 발생할 수 있음을 기억한다. **개를 다루고 보정하기**(21쪽)에서 설명한 보정 방법을 사용하여 개가 피부를 깨물거나 추가적인 손상을 입히지 못하게 한다. 전체적인 손상 범위는 몇 주 또는 그 이상 지속될 수 있다.

탈수

탈수는 개가 보충할 수 있는 양보다 더 빨리 체액을 손실했을 때 발생한다. 탈수가 되면 보통 수분과 전해질이 함께 손실된다. 개에서 가장 흔한 탈수의 원인은 심각한 구토와 설사다. 수분 섭취량이 부족하거나 열이 나는 경우, 심하게 아픈 경우에도 발생할 수 있다. **열사병**(38쪽)에 의해서도 급속한 체액 손실이 발생할 수 있다.

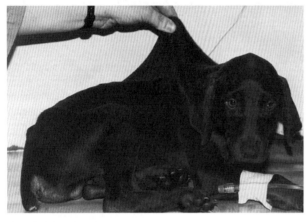

피부 탄력의 소실은 탈수의 증상이다. 정맥수액을 맞고 있다. 정맥수액은 심각한 증례에서 아주 중요한 치료다.

탈수의 대표적인 증상은 피부의 탄력이 감소하는 것이다. 정상적으로는 등 부위 피부를 잡아당겼을 때 곧바로 원래 형태로 되돌아가야 한다. 그러나 탈수된 동물에서는 잡아당긴 피부가 제자리로 되돌아가는 데 시간이 걸린다.

탈수의 또 다른 증상은 입 안이 건조해지는 것이다. 촉촉하고 윤기가 흘러야 하는 잇몸이 마르고 끈적끈적해진다. 침도 점도가 진하게 높아진다. 더 심해지면 안구가 쑥 들어가고 허탈 증상을 포함한 쇼크 증상을 보인다.

치료 : 눈에 띄게 탈수된 개는 즉시 체액을 보충하고 추가 손실을 막기 위해 정맥수액 치료 등을 포함한 수의사의 진료가 필요하다.

구토가 없는 경미한 탈수 증상은 젖병이나 주사기로 전해질 용액을 투여해 볼 수 있다(546쪽, 약물을 투여하는 방법 참조). 탈수 교정을 위한 소아용 전해질 용액을 이용할 수 있고, 단기적으로 이온음료로 대체할 수 있다. 탈수의 정도에 따라 시간당 1~2mL/kg 정도를 급여한다(또는 수의사의 처방량을 따른다).

강아지의 탈수 치료는 **탈수**(472쪽)에서 설명하고 있다.

익사와 질식

산소가 조직으로 공급되는 것이 차단되는 모든 상태는 질식을 유발할 수 있다. 가장 흔한 응급상황으로는 익사, 밀폐된 공간에서의 질식사, 독성 연기 흡입(담배연기, 가솔린, 프로판 가스, 냉매, 용제 등), 목에 걸린 이물에 의한 질식, 일산화탄소 중독, 흉부의 관통상 등이 있다.

산소결핍(저산소증)의 증상은 심한 불안감, 호흡하려고 애를 쓰는 모습, 헐떡거림(종종 머리와 목을 쭉 펴고), 상태 악화로 인한 의식상실 등이다. 혀와 점막이 푸르게 변한다(청색증).

저산소증임에도 점막이 푸르게 변하지 않는 한 가지 예외가 일산화탄소 중독이다. 일산화탄소는 혈액과 점막을 선홍색으로 변화시킨다. 일산화탄소 중독은 화재가 발생한 건물에 갇힌 개, 자동차 트렁크에 실려 운반된 개, 밀폐된 차고에 시동이 걸린 차와 함께 갇힌 개에게서 주로 발생한다.

개들은 대부분 수영을 잘 하는 편이지만 너무 멀리까지 헤엄쳐 가거나 피로해진 경우, 얼음에 빠진 경우, 파도에 휩쓸린 경우, 수영장 밖으로 빠져나오지 못하는 경우에는 익사할 수 있다.

건강한 개가 갑자기 헐떡이고 숨을 쉬려 애쓴다면 목구멍에 이물이 걸린 것일 수 있다(314쪽, 질식 참조).

치료 : 즉시 신선한 공기를 호흡하도록 해야 한다. 호흡이 얕거나 없는 경우 인공호흡을 실시한다(26쪽 참조). 가능한 한 신속히 가까운 동물병원으로 데려간다.

일산화탄소 중독은 연기 흡입 및 구강과 목구멍의 화상을 동반하는 경우가 많다. 일산화탄소는 헤모글로빈과 결합하여 조직으로의 산소 공급을 막는다. 개가 심호흡을 해도 몇 시간 동안은 산소 공급이 악화될 수 있다. 고농도의 산소를 공급하면 이런 영향을 극복하는 데 도움이 된다. 수의사는 산소마스크, 코 튜브, 산소 케이지 등을 이용해 산소를 공급할 것이다.

만약 개의 가슴에 공기가 들어갔다 나왔다 하는 뚫린 상처가 있다면(기흉) 가슴의 상처가 막히도록 피부를 잡아당겨 맞잡고 가슴 부위를 붕대로 감고 가까운 동물병원으로 이동한다.

물에 빠진 개를 치료하는 첫 번째 단계는 개의 폐 안에 들어간 물을 제거하는 것이다. 의식을 잃은 개의 허리 부위를 잡아(소형견은 뒷다리를 잡는다) 몸을 거꾸로 향하게 하고, 코와 입을 통해 가능한 한 많은 양의 물이 흘러나오도록 한다. 그리고 난 뒤, 재빨리 오른쪽을 아래로 하여 눕히고 머리를 가슴보다 낮게 취하고(가슴 아래로 담요나 외투를 받친다) 인공호흡을 실시한다. 맥박을 확인한다. 맥박이 없다면 심폐소생술을 실시한다(26쪽 참조). 개가 스스로 숨을 쉬거나 10분 동안 맥박이 돌아오지 않을 때까지 계속한다. 차가운 물에 빠진 개는 종종 저체온증 상태인 경우가 많은데, 가끔 상당한 시간 동안 빠져 있었음에도 살아나는 경우가 있다.

살아났다면 수의사에게 데려가 진료를 받고 치료해야 한다. 흔한 합병증은 흡인성 폐렴이다.

감전사고electric shock

감전사고는 개가 전선을 물어뜯거나 방치된 전선줄과 접촉하여 발생한다. 낙뢰(번개)는 드물게 감전사를 일으키기도 하지만, 항상 심하게 다치거나 죽는 건 아니다. 뿌리가 깊고 가지가 넓게 펼쳐진 키가 큰 나무는 낙뢰 시 전기가 통하는 도관으로 작용할 수 있는데, 전도된 전기가 땅을 통해 근처의 동물에게 전달될 수 있다. 낙뢰를 직접 맞은 경우도 치명적이다. 피부와 털이 그슬린 명확한 표시가 남는다.

감전된 개는 화상을 입을 수 있다. 감전으로 순환허탈이 발생해 심박이 불규칙해지고 심정지가 발생할 수도 있다. 전류가 흐르며 폐의 모세혈관을 손상시키면 폐포(허파꽈리)에 물이 축적되는 폐수종이 발생하기도 한다.

감전되면 콘센트 주변 바닥에 의식 없이 쓰러진 모습으로 발견되는 경우가 많다. 전기적 쇼크로 인해 턱 근육이 수축될 수 있는데, 이로 인해 감전을 일으킨 전선을 계속 물고 있는 상태가 지속될 수 있다. 감전에서 살아남은 개는 기침을 하거나 호흡곤란, 침흘림, 역한 입냄새, 구강 화상 등이 관찰될 수 있다.

치료 : 개가 전선이나 가전제품 등과 접촉되어 있다면 그 상태에서 개를 만져서는 안 된다. 먼저 전기를 차단하고 플러그를 뽑는다. 전원 차단이 어렵다면 나뭇조각을 이용해 전기선을 개의 몸에서 떨어뜨리거나 개를 다른 곳으로 옮긴다. 개가 의식이 없고 숨을 쉬지 않는다면 인공호흡을 실시하거나 필요한 경우 심폐소생술을 실시한다. 감전에서 살아남은 개는 즉시 수의사의 진료를 받아야 한다.

입 안의 화상 치료에 대해서는 234쪽에서 설명하고 있다.

예방 : 감전사고는 전선을 개들이 접근할 수 없는 곳에 두거나, 플라스틱 덮개를 사용하거나, 사용하지 않는 코드를 뽑아두거나, 개가 씹을 수 있는 적당한 장난감을 제공하는 것으로 예방할 수 있다.

열사병heat stroke

열사병은 즉시 치료해야 하는 응급상황이다. 개는 땀을 흘리지 않으므로(발패드를 통해 아주 소량의 땀만 분비한다.) 사람만큼 주변의 높은 온도를 견뎌내지 못한다. 개들은 헥헥거림을 통해 뜨거운 공기를 차가운 공기로 교환한다. 그러나 기온이 체온에 가까운 상태가 되면 헥헥거림으로 체온을 낮추는 것은 효율이 크게 떨어진다.

개에게 열사병을 유발하는 흔한 상황은 다음과 같다.

- 더운 날씨에 차 안에 남겨둔 경우
- 덥고 습한 날씨에 과도한 운동을 하는 경우
- 단두개종*(특히 불도그, 퍼그, 페키니즈)
- 효율적인 호흡을 방해하는 심장 질환이나 폐 질환이 있는 경우
- 입마개를 착용하고 헤어드라이어를 사용하는 경우
- 고열이 나거나 발작이 있는 경우
- 콘크리트나 아스팔트 표면에 격리된 경우
- 더운 날씨에 그늘과 신선한 물이 없는 곳에 격리된 경우
- 열사병을 앓았던 병력이 있는 경우

* 단두개종 얼굴이 뭉툭한 품종.

열사병은 심한 헥헥거림과 호흡곤란으로 시작한다. 혀와 점막이 선홍색으로 관찰된다. 침이 걸쭉하고 진득해지며 종종 구토를 하기도 한다. 직장체온이 40~43.3℃까지 오른다. 개는 점점 불안해 보이며 혈액성 설사를 한다. 쇼크가 발생하면 입술과 점막이 회색으로 변한다. 급속하게 허탈, 발작, 혼수상태, 사망으로 진행된다.

치료 : 개의 몸을 시원하게 만들기 위해 즉시 응급처치를 실시해야 한다. 개를 시원한 곳으로 옮긴다(에어컨이 설치된 건물 안이 좋다). 10분마다 직장체온을 측정한다. 경미한 경우는 개를 시원한 곳으로 옮기는 것만으로도 회복된다.

직장체온이 40℃ 이상이라면 2분 동안 호스로 개의 몸에 물을 뿌리거나 시원한 물이 담긴 욕조에 넣는다(얼음물은 안 된다). 몸을 적신 개를 선풍기 앞에 두는 것도 또다른 방법이다. 차가운 팩을 사타구니 부위에 대 주는 것도 시원한 물로 발을 닦아 주는 것만큼이나 도움이 된다. 직장체온이 39℃ 이하로 떨어질 때까지 체온을 모니터링하고 몸을 식히는 작업을 계속한다. 39℃가 되면 몸을 식히는 것을 중단하고 몸을 말려 준다. 몸을 더 식히면 저체온증과 쇼크를 유발할 수 있다.

열사병이라 판단되면 가능한 한 빨리 개를 수의사에게 데려간다. 열사병은 **후두부종**(313쪽)을 유발할 수 있는데. 호흡이 심각하게 악화되면 응급 기관절개술이 필요할 수 있다. 호흡 억제가 발생하기 전에 스테로이드 주사로 예방할 수 있다.

고체온증에 의해 신부전, 자연출혈, 부정맥, 발작 등이 발생할 수 있다. 이런 합병증은 몇 시간 또는 며칠 뒤에 나타나기도 한다.

예방 :
- 기도 질환과 호흡 문제가 있는 개는 덥고 습한 기간에는 에어컨이 있는 실내나 적어도 선풍기가 있는 곳에 둔다.
- 그늘에 주차한 경우라도, 창문을 닫은 채로 절대 개를 차 안에 남겨두어서는 안

된다.

- 차로 여행을 할 때는 환기가 잘 되는 이동장이나 뚫린 철장(추천)을 이용한다.
- 더운 날씨에는 운동을 제한한다.
- 실외에서 생활하는 개에게는 항상 그늘과 시원한 물을 충분히 제공한다(특히 시멘트나 아스팔트 바닥에 개집이 있는 경우).
- 실외에서는 나무판자, 매트, 풀밭 등 시원한 곳에 개가 누울 수 있도록 해야 한다.

중독

독극물이란 신체에 해를 끼치는 모든 물질을 뜻한다. 개는 선천적으로 호기심이 많아 나무더미, 덤불, 창고 같은 외딴 장소를 탐험하는 것을 좋아한다. 이런 과정에서 개가 곤충, 죽은 동물, 독성 식물, 독이 든 미끼 등과 접촉하기 쉽다. 많은 경우 중독의 원인인 물질을 정확하게 알기 어려운 이유이기도 하다.

개에게 특별한 원인이 없을 때 의도적이고 악의적인 중독증을 항상 고려해야 한다. 물론 여러 연구에 따르면 대부분의 급사 증례는 의도하지 않은 사고나 자연적인 사건으로 발생한다. 악의적인 중독증도 발생하긴 하지만, 사고로 인해 발생하는 중독증에 비해서는 훨씬 드물다.

중독증의 일반적인 치료에 대해서는 다음 장에서 설명할 것이다. 이 장에서는 수의사들이 가장 흔히 접하는 순서대로 특정한 중독증을 다룬다.

중독증의 일반적인 치료

개가 알 수 없는 물질을 먹었다면 그 물질에 독성이 있는지 여부를 파악하는 것이 중요하다. 대부분의 제품은 라벨에 성분이 나와 있지만, 라벨을 통해 성분이나 독성 여부를 파악할 수 없다면 미국동물학대방지협회 동물중독관리센터에 전화를 걸어 자세한 정보를 얻는다. 동물중독관리센터에서는 면허를 받은 수의사와 독성학자가 1년 365일 24시간 상담을 받는다.

안타깝게도 국내에는 전문적인 동물중독관리기관이 없다. 중독사고가 발생하는 경우 인터넷 검색보다는 주치의나 24시 동물병원에 문의할 것을 추천한다.

가까운 24시 동물병원에 전화를 걸어, 중독 증상에 어떻게 대처할지 정보를 얻는다. 일부 독극물은 특정한 해독제를 이용할 수 있다. 하지만 원인 물질이 불분명하거나 정황상으로만 중독이 의심된다면 해독제를 투여해서는 안 된다. 일부 제품의 상품 포장에는 안전성에 대한 정보를 문의할 수 있는 전화번호가 적혀 있기도 하다.

중독 증상이 발현되면 가장 중요한 사항은 개를 즉시 응급 진료가 가능한 곳으로 데려가는 것이다. 가능하다면 독극물을 찾아 함께 가지고 간다. 이는 응급실에서 즉시 진단을 내리고 치료 계획을 세우는 데 도움이 된다.

개가 중독 물질을 먹은 지 얼마 지나지 않은 경우라면 종종 아직 위내에 중독 물질이 남아 있을 수 있다. 가장 먼저 취할 수 있는 중요한 조치는 위내에 남아 있는 독극물을 제거하는 것이다. 가장 효과적인 위세척 방법은 위에 튜브를 삽입하여 위의 내용물을 가능한 한 많이 배출시키고 다량의 물로 위를 세척하는 것이다. 이런 조치는 동물병원에서만 실시할 수 있다

부득이하게 병원에 개를 직접 데려갈 수 없는 경우라면 즉시 구토를 유도해야 한다. 개가 독성물질을 삼키는 것을 눈앞에서 보았다면 즉시 토하도록 하는 게 최선의 방법이다. 독극물을 먹은 지 2시간 이내이고 동물병원까지 가는 데 30분 이상 걸린다면 구토를 유도하는 것이 더 도움이 될 수 있다.

그러나 다음과 같은 경우에는 구토를 유도해서는 안 된다.

- 개가 이미 구토한 경우
- 개의 의식이 혼미하거나 호흡이 곤란한 경우, 신경학적인 증상을 보이는 경우
- 개가 의식이 없거나 경련을 하는 경우
- 개가 산, 알칼리, 세제, 가정용 화학물질, 석유류 제품을 먹은 경우
- 개가 식도에 박히거나 위를 천공시킬 수 있는 날카로운 물체를 먹은 경우
- 제품 포장에 "구토를 유도하지 마시오."라고 적혀 있는 경우

구토 유도 및 독극물 흡수 억제

개에게 과산화수소수를 먹여 구토를 유도한다. 3% 용액이 가장 효과적이다. 체중 약 4.5kg당 1티스푼(5mL)의 과산화수소수를 먹이는데, 3티스푼 이상을 먹여서는 안 된다. 처음 먹인 뒤 개가 토하지 않으면 구토할 때까지 15~20분 간격으로 세 차례까지 추가로 투여한다. 먹인 뒤에 개를 걸어 다니게 하면 구토를 유도하는 데 도움이 된다.

예전에는 이페칵 시럽(토근)을 이용했는데, 개에게는 과산화수소수가 더 효과적이다. 이페칵 시럽(농도가 14배나 더 높은 이페칵 추출물이 아님)은 절반가량만 효과를 나타내고 위험할 수도 있다. 때문에 수의사가 지시한 경우가 아니라면 구토 유도에 사용해서는 안 된다. 투여량은 체중 0.45kg당 0.5~1mL로 최대량이 15mL(1큰술)를 넘어서는 안 된다. 개가 토하지 않으면 20분 뒤 한 번 더 투여한다(추가로 딱 한 번만 가능).

일단 위에서 독극물을 제거한 이후 활성탄을 투여하면 남아 있는 독극물과 결합해 추가로 흡수되는 것을 막는 데 도움이 된다. 가정에서 가장 효과적이고 손쉽게 투여

할 수 있는 경구용 활성탄 제품은 압축 활성탄으로 보통 5g짜리 알약으로 시판된다(가정용 구급상자에서 추천). 용량은 체중 4.5kg당 한 알이다. 액상이나 가루로 되어 있어 현탁액으로 만들어 먹이는 제품은 집에서 주사기나 약병으로 먹이기가 매우 어렵다. 현탁액은 진하고 끈적거려서 스스로 삼킬 수 있는 개는 극히 드물다. 이런 액상 제품은 위 튜브(stomach tube)로 투여하는 것이 가장 적합하다. 수의사는 보통 위를 세척한 뒤 투여한다.

활성탄을 사용할 수 없다면 체중 4.5kg당 우유 60mL와 달걀 흰자 60mL를 잘 섞어 개에게 먹인다. 플라스틱 주사기로 뺨 안쪽으로 투여한다(546쪽, 약물을 투여하는 방법 참조).

중독된 개는 동물병원에서 집중 관리를 받을 경우 생존율이 높아진다. 정맥수액 유지, 순환 유지, 쇼크 치료, 신장 보호 등의 치료가 이루어진다. 다량의 소변을 보는 것은 독극물 제거에 도움이 된다. 항염증 효과를 위해 코르티코스테로이드를 투여하기도 한다. 급성으로 호흡이 억제된 혼수상태의 개는 기관삽관 및 인공환기가 도움이 된다.

발작

독극물에 의해 저산소증 상태가 길어지거나 잠재적인 뇌손상이 일어나면 발작이 발생할 수 있다. 지속적이고 반복적인 발작은 수의사가 정맥용 디아제팜(diazepam)이나 바르비투르산염(barbiturates)을 투여하여 통제할 수 있다.

스트리키닌 및 기타 중추신경계 독극물에 의한 발작은 뇌전증(간질)으로 오인될 수 있다. 중독인 경우 수의사의 즉각적인 치료가 필요하나 대부분의 뇌전증은 응급상황이 아니므로 두 가지를 구분하는 것이 중요하다. 중독에 의한 발작은 보통 지속적이며 수분 내에 다시 발생한다. 발작 사이에 개는 몸을 떨거나 조정 능력 결여, 쇠약, 복통, 설사 등의 증상을 보일 수 있다. 반대로, 대부분의 뇌전증은 짧게 발생하고, 2분 이상 지속되는 경우가 드물다. 발작이 끝난 후에는 약간 멍한 상태를 보이거나 평상시와 같은 모습을 보인다. 개가 발작 증상을 나타낸다면 **뇌전증(364쪽)**의 치료 부분을 참조한다.

독극물이 묻은 경우

개의 피부나 털에 독성물질이 묻었다면 다량의 미지근한 물을 이용해 30분 동안 씻겨낸다. 장갑을 끼고 미지근한 물로 개를 꼼꼼히 목욕시킨다. 자극을 유발하지 않는 물질이라도 반드시 제거해야 한다. 그렇지 않으면 개가 핥아먹을 수 있다.

약물중독

약물중독은 의도치 않게 동물용 약을 과량으로 복용했거나 먹으면 안 되는 사람용 또는 동물용 약을 먹어 발생하는 경우가 많다. 특히 동물용 약은 맛있게 만들어진 경우가 많아 개가 발견하면 바로 먹어 버리곤 한다.

많은 사람들이 다양한 증상을 치료하려는 목적으로 수의사의 지시 없이 사람용 약들을 개에게 먹이곤 한다. 이런 약들이 사람에게처럼 개에게도 효과를 발휘할 수 있다고 믿는다. 하지만 불행하게도 그렇지 않다. 개에게 사람의 용량을 기준으로 약을 먹이면 대부분 독성을 일으킨다. 또 일부 사람용 약물은 소량이라도 개에게 먹여서는 절대 안 된다.

이부프로펜과 아세트아미노펜 같은 흔한 진통제가 특히 큰 문제가 된다. 개와 고양이는 이 약물들을 해독하고 배설하는 데 필요한 효소를 가지고 있지 않다. 이로 인해 약물이 대사되고 나면 위험 물질이 축적될 수 있다. 타이레놀 두 알만으로도 중형견은 심각한 장기 손상을 일으킬 수 있다. 급속하게 복통, 침흘림, 구토, 쇠약 등의 증상이 나타난다.

이 외의 사람용 약도 다양한 독성을 나타낸다. 주로 사고로 먹게 되는 경우가 많은데 항히스타민제, 수면제, 체중 감량약, 심장약, 혈압약, 비타민 등이 이에 해당된다.

치료 : 동물이 어떤 약을 먹었다고 의심되면 즉시 구토를 유도하고, 추가적인 조치를 위해 동물병원을 방문한다. 문제의 약물에 대한 특별한 해독제가 있을 수 있다.

예방 : 어떤 약물을 투여하기에 앞서 항상 수의사와 의논한다. 투약 횟수와 용량을 정확하게 따른다. 부주의로 동물들과 아이들이 먹지 못하도록 모든 약은 안전한 장소에 보관한다. 사람용 약이 동물에게도 안전할 것이라고 추측해서는 절대 안 된다!

살서제(쥐약) 중독

흔히 쓰이는 쥐약에는 항응고제와 고칼슘제제가 들어 있는데, 둘 다 개가 먹으면 치명적일 수 있다.

항응고제

항응고제 성분의 쥐약은 가장 흔히 사용되는 제품으로 개와 고양이의 중독사고 중 상당수를 차지한다. 항응고제는 정상적인 지혈 작용에 필수적인 비타민 K 의존성 응고 요소의 합성을 차단한다. 비타민 K가 결핍되면 자연출혈이 일어난다.

쥐약을 먹고 며칠이 지나도 겉으로 증상이 나타나지 않을 수 있다. 개는 혈액 손실로 인해 기운이 없고 창백해지며 코피, 토혈, 항문출혈, 피하의 혈종이나 멍, 잇몸출혈 등이 나타난다. 흉강이나 복강에 출혈이 발생하여 죽은 채 발견되기도 한다.

두 세대의 항응고제가 있는데, 둘 다 모두 현재 사용되고 있다. 1세대 항응고제는 축적 독성이 있어 며칠에 걸쳐 여러 번 먹음으로써 설치류가 죽음에 이른다. 이런 항응고제로는 와파린과 히드록시쿠마린 등이 있다.

2세대 항응고제로는 브로마디올론과 브로디파쿰 등이 있는데 와파린과 히드록시쿠마린보다 독성이 50~200배 더 강하다. 이런 제품은 반려동물에게 더 위험하며 설치류는 한 번만 먹어도 죽음에 이를 수 있다. 죽은 설치류의 위내 잔류 성분으로 인해 소형견들은 사체를 먹는 것만으로도 중독될 수 있다.

독성이 매우 강한 인데인다이온 계열의 장기 지속형 항응고제(핀돈, 디파시논, 디페나디온, 클로르파시논)도 2세대 항응고제와 밀접한 관련이 있다.

치료 : 즉시 수의사의 진료를 받아야 한다. 가능하면 동물병원에 쥐약 통을 가지고 가서 독극물을 확인한다. 1세대 항응고제 혹은 2세대 항응고제 중 어느 것을 먹었는지에 따라 치료가 달라질 수 있으므로 중요하다. 먹은 지 얼마 지나지 않은 것 같다면 일단 구토를 유도한다(41쪽 참조).

항응고제에 의해 발생한 자연출혈은 수의사가 혈액 손실량을 평가하여 신선한 전혈이나 동결 혈장을 수혈하여 치료한다. 비타민 K가 해독제이고 피하주사로 투여한 뒤 응고 시간이 정상으로 돌아올 때까지 피하주사나 경구로 필요량을 반복 투여한다. 1세대 항응고제 중독의 경우 보통 이런 과정에 일주일가량 소요된다. 그러나 장기 지속형 항응고제의 경우 개의 체내 잔류 기간이 길어 회복까지 한 달이 걸리기도 한다.

고칼슘제제

고칼슘제제 성분의 약물은 유효 성분으로 비타민 D(콜레칼시페롤)를 함유하고 있다. 콜레칼시페롤은 혈청 칼슘 농도를 독성 수준으로 높여 심장 부정맥을 유발해 죽음에 이르게 만든다. 설치류에서 내성이 발생하지 않아 점점 더 사용이 늘고 있다. 강아지나 몸집이 작은 개들에게 드물게 발생하는 경우를 제외하면, 대부분의 개들은 중독된 설치류를 먹어도 독성이 나타나지 않는다. 실제로 개가 직접 쥐약을 먹지 않고서는 큰 문제가 되지 않는다.

개는 섭취 18~36시간 후에 고칼슘혈증이 발생하는데 갈증과 다뇨 증상, 구토, 전신 쇠약, 근육경련, 발작, 최종적으로 죽음에 이르는 등의 증상을 보인다. 살아남은 경우에도 수 주 동안 혈청 칼슘 농도가 상승한 상태가 지속된다.

치료 : 개가 먹은 지 4시간 이내라면 구토를 유도하고(41쪽 참조) 동물병원으로 데려간다. 수의사는 체액과 전해질 불균형을 교정하고 이뇨제, 프레드니손(prednisone), 경

구용 인흡착제, 저칼슘 처방식 등을 사용하여 칼슘 농도를 낮춰 나갈 것이다. 칼시토닌이 해독제이긴 하나 구하기 어렵고 효과도 단기적이다.

부동액

에틸렌글리콜(ethylene glycol)에 의한 부동액 중독은 개나 고양이에게서 가장 흔한 중독사고 중 하나다. 부동액은 달콤한 맛 때문에 개의 흥미를 유발하는데, 주로 자동차 라디에이터에서 흘러나온 부동액을 먹어 발생한다. 겨울에 변기가 어는 것을 막으려고 부어 놓은 부동액을 개가 먹어 발생하는 경우도 있다.

90mL도 안 되는 양만으로도 중형견이 중독되기에 충분하다. 부동액 중독은 주로 뇌와 신장에 영향을 미친다. 증상은 복용량에 따라 다르며 보통 30분 이내에 나타나는데, 간혹 섭취 12시간 후에 나타나기도 한다. 침울함, 구토, '술에 취한 듯한' 부자연스러운 걸음걸이, 발작 등이 나타난다. 몇 시간 만에 혼수상태에 빠지거나 생명을 잃을 수 있다. 개가 급성 중독에서 회복되었어도 1~3일 후에 신부전으로 진행되어 죽음에 이르는 경우가 많다.

치료 : 개가 부동액을 소량이라도 먹는 것을 보거나 먹은 것이 의심된다면 즉시 구토를 유도하고(41쪽 참조) 동물병원에 데리고 간다. 치료가 지연되는 경우, 에틸렌글리콜의 흡수를 막기 위해 **활성탄**(41쪽)을 투여한다. 특별한 해독제도 있다[4-메틸피라졸(methylpyrazole)]. 섭취 직후에 투여하고 치료 초기에 사용하는 것이 가장 효과가 좋다. 동물병원에서의 집중적인 치료를 통해 신부전을 막을 수 있다.

예방 : 동물과 아이에게 발생하는 부동액 중독 사고는 부동액 뚜껑을 꽉 잠그고, 잘 보관하여 쏟아지는 사고를 예방하고, 사용한 부동액을 잘 폐기하는 것으로 예방할 수 있다. 최근 나온 부동액은 에틸렌글리콜 대신 프로필렌글리콜을 사용하기도 한다. 미국 식품의약품안전청(FDA)은 프로필렌글리콜에 대해 '일반적으로 안전하다'고 표시하는데 이는 식품 첨가제로도 가능한 정도를 의미한다. 그러나 이는 소량인 경우에만 해당된다. 프로필렌글리콜 성분의 부동액을 먹은 경우 조정 능력 결여, 발작 등이 발생할 수 있으나, 치명적인 경우는 드물다.

독이 든 미끼

스트리키닌, 불화초산나트륨, 인, 인화아연, 메트알데하이드 등이 함유된 동물용 미끼는 시골 지역에서 땅다람쥐, 코요테, 기타 포식자를 관리하는 목적으로 사용된다. 또한 설치류를 없애기 위해 외양간과 헛간에서도 사용된다. 이런 미끼들은 맛이 좋아서 개들이 먹는 사고가 발생한다. 독성이 매우 강해 먹고 난 뒤 몇 분 만에 생명을 잃는다. 다행히 가축의 죽음, 환경 내 지속적인 잔류 우려, 반려동물과 아이들에 대한 위험성 때문에 사용이 감소하고 있다

스트리키닌strychnine

스트리키닌은 쥐, 땅다람쥐, 두더지, 코요테 미끼용으로 사용된다. 0.5% 이상의 농도는 허가받은 해충 구제업자만 사용할 수 있으며, 시중에서 판매되는 제품들은 0.3% 미만의 농도다. 규제가 강화되고 저농도를 사용함에 따라 스트리키닌 중독 발생도 감소하고 있다.

스트리키닌 중독의 증상은 섭취 2시간 이내에 나타난다. 불안감, 예민한 반응, 두려움 등을 나타내고 뒤이어 네 다리가 강직되어 펴지는 강렬하고 통증이 심한 경련이 발생한다. 발작은 약 60초 동안 지속되는데 개는 고개를 뒤로 젖힌 채 숨을 쉬지 못하고 창백해진다. 살짝 건드리거나 손뼉을 치는 등의 아주 작은 자극에도 발작을 일으킨다. 이는 진단을 내리는 데 이용되는 특징적인 반응이다.

신경계와 연관된 다른 증상으로는 근육떨림, 입을 우적거리는 행동, 침흘림, 부자연스러운 근육경련, 허탈, 다리를 차는 행동 등이 있다.

치료 : 먹은 즉시 구토를 유발한다(41쪽 참조). 개의 반응성이 떨어지거나, 경련을 하거나, 호흡곤란을 보인다면 구토를 시켜서는 안 된다. 개를 외투나 담요로 감싸 바로 가까운 동물병원으로 간다. 수의사는 발작을 멈추기 위해 디아제팜이나 바르비투르산염(페노바르비탈) 정맥주사 등을 투여할 수 있다. 개를 어둡고 조용한 방에 두어 가능한 한 외부 자극을 최소화한다.

플루오로아세트산나트륨sodium fluoroacetate

플루오로아세트산나트륨(화합물 1080/1081)은 쥐와 땅다람쥐에 아주 효과적인 독극물로 허가받은 해충 구제업자만 사용이 가능하다. 이것을 먹고 죽은 설치류를 개나 고양이가 먹으면 중독될 수 있다. 갑작스런 구토로 시작되며 불안감, 비틀거림, 경련, 허탈 등의 증상이 뒤따른다.

치료 : 앞에 스트리키닌 중독에서 설명한 것과 비슷하게 치료한다.

메트알데하이드metaldehyde

메트알데하이드는 종종 쥐약, 달팽이류 미끼에 비소와 혼합하여 사용된다. 캠핑용 난로의 고체 연료에 들어 있는 경우도 있다. 건조 형태의 제품은 개 사료와 외양과 맛이 비슷하다. 홍분, 침흘림, 부자연스러운 보행, 근육떨림, 기립 불가, 지속 발작 등의

증상이 나타나며, 결국에는 호흡마비로 생명을 잃는다. 증상은 즉시 나타나는 경우가 많으나 섭취 3시간 이후에 나타나기도 한다. 급성 중독에서 살아남은 개도 속발성 간부전으로 사망할 수 있다.

치료 : 앞에 스트리키닌 중독에서 설명한 것과 비슷하게 치료한다.

인

독성이 매우 강한 화학물질로 쥐약과 바퀴벌레약, 불꽃놀이 화약, 성냥, 성냥갑 등에 사용된다. 중독된 개는 숨을 쉴 때 마늘 냄새가 난다. 중독의 첫 번째 증상은 구토와 설사다. 증상이 가라앉는 듯하다가 다시 더 심한 구토, 위경련, 복통, 경련, 혼수 등의 증상이 뒤따른다.

치료 : 인을 함유한 제품이나 독극물을 먹었다고 의심되면 구토를 유도한다(41쪽 참조). 장벽을 보호할 목적으로 우유나 달걀 흰자를 먹이면 오히려 흡수를 촉진시킬 수 있으므로 사용하지 않는다. 가까운 동물병원에 데려간다. 특정한 해독제는 없다.

인화아연

인화아연은 쥐약이나 해충 구제업자가 사용하는 곡물용 훈증제에 들어 있다. 위내의 인화아연은 마늘이나 썩은 생선 같은 냄새를 풍긴다. 중독되면 침울, 빠른 노력성 호흡, 구토(종종 피가 섞임), 쇠약, 경련 증상을 일으키며 심한 경우 생명을 잃는다.

치료 : 치료는 스트리키닌 중독과 비슷하다(46쪽 참조). 동물병원에서 위세척을 실시해야 한다. 특별한 해독제는 없다. 5% 중탄산나트륨으로 위를 세척하고 위내 pH(수소이온 농도지수)를 올려 가스 형성을 지연시킬 수 있도록 한다.

살충제

마트, 농업용품점에서 판매되는 개미, 흰개미, 말벌, 정원 해충 및 기타 벌레용 살충제품은 종류가 무수히 많다. 이들은 대부분 활성 성분으로 유기인제(organophosphates)와 카바메이트(carbamate)를 함유하고 있다. 효능은 동등하나 독성이 낮은 피레트린(pyrethrin) 살충제가 개발됨에 따라 유기인제와 카바메이트의 사용량은 감소했다.

유기인제와 카바메이트

유기인제에는 클로르피리포스, 다이아지논, 포스메트, 펜티온, 사이티오산, 테트라클로르빈포스 등이 있다. 가장 많이 쓰이는 두 가지는 카바릴과 프로폭서다. 대부분의 유기인제와 카바메이트 중독은 개가 중독된 미끼를 먹어서 발생한다. 고농도의 분무제 등에 노출되어도 발생할 수 있다.

독성 증상은 과흥분, 심한 침흘림, 빈뇨, 설사, 근육 뒤틀림, 쇠약, 비틀거림, 허탈, 혼수 등이다. 호흡부전으로 생명을 잃기도 한다.

치료 : 개가 살충제를 먹었다고 의심되면 즉시 구토를 유도하고(41쪽 참조) 수의사에게 알린다. 중독 증상이 하나라도 관찰되면 가능한 한 빨리 개를 동물병원으로 데려가야 한다.

유기인제 중독(카바메이트 중독은 해당이 안 됨)의 해독제로는 2-PAM(protopam chloride)이 있다. 유기인제 중독과 카바메이트 중독에 의한 과도한 침흘림, 구토, 잦은 배뇨와 배변, 서맥 등의 증상 관리를 위해 아트로핀을 투여한다. 발작은 디아제팜이나 바르비투르산염으로 관리한다.

피부가 노출된 경우 남아 있는 살충제를 제거하기 위해 개의 몸 전체를 비눗물로 씻기고 철저히 헹궈 낸다.

국내에서 판매되는 개미·바퀴벌레 약의 성분은 대부분 피프로닐, 히드라메틸논이다. 피프로닐은 개의 외부기생충 예방에 사용되기도 하는 성분이나 과량 섭취 시 위험할 수 있다.

* 전구물질 화합물을 합성할 때 필요한 재료가 되는 물질.

염소화 탄화수소chlorinated hydrocarbons

염소화 탄화수소는 DDT의 전구물질*로 분무식 식물용 살충제에 첨가된다. 지속적인 환경 독성으로 인해 사용이 감소하고 있으며, 현재 린데인과 메톡시클로르만 가축에 사용하도록 허가되어 있다. 염소화 탄화수소는 흡입하기 쉽고 피부를 통해서도 흡수가 잘된다. 반복적으로 노출되거나 한 번에 과량 노출되면 중독된다. 독성 증상은 급속히 나타난다. 안면 근육의 뒤틀림을 동반한 과흥분, 머리부터 시작된 근육떨림이 등쪽을 향해 목, 어깨, 몸통, 뒷다리로 진행된다. 발작과 경련이 일어나고 호흡마비 및 죽음에 이른다.

치료 : 특정한 해독제는 없다. 동물병원에서는 생명 기능 유지, 위세척이나 활성탄 투여를 통해 섭취된 독극물의 제거, 발작 관리 등의 치료를 한다.

피레트린pyrethrin과 피레트로이드pyrethroid

이 화합물은 많은 살충 성분 샴푸, 스프레이, 침지액 등에 들어 있다. 피레트린과 합성 피레트로이드는 다른 살충제에 비해 개에게(사람에게도) 훨씬 안전하여 널리 사용되고 있다. 시중에 유통되는 국소용 벼룩 구제 제품에는 활성 성분으로 농축된 피레트린이 들어 있는데, 일부 개들은 이런 농도의 피레트린에도 부작용이 나타나기도 한다. 퍼메트린, 알레트린, 펜발레레이트, 레스메트린, 서메트린 등이 이 계열 약물에 해당된다.

중독 증상은 침흘림, 침울, 근육떨림, 비틀거림, 구토, 빠르고 가쁜 호흡 등이다. 주로 몸집이 작은 개에서 독성이 발생한다. 사망하는 경우는 드물다. 유기인제와 함께 동시에 노출되는 경우 피레트로이드의 독성은 더 증가한다.

치료 : 섭취 2시간 이내에 구토를 유도한다(41쪽 참조). 수의사에게 연락해 추가적으로 취해야 할 조치가 있는지 문의한다. 석유증류액이 첨가된 제품을 먹었다면 구토를 유발시켜서는 안 된다. 독성 증상이 나타나면 즉시 동물병원으로 데려간다.

국소적으로 노출되었다면, 주방세제나 개용 샴푸를 이용해 미지근한 물로 목욕시켜 남아 있는 살충제를 제거한다. 샴푸 후 꼼꼼히 헹구어 낸다. 목욕 후에는 개를 따뜻한 곳에 둔다.

예방 : 중독은 대부분 벼룩 구제용 제품을 적합하게 사용하지 않아 발생한다. 지시된 용법보다 더 자주 사용하거나 다른 벼룩 구제 제품과 병용해 사용한 것이 원인인 경우가 많다. 제품 설명을 잘 따르도록 한다.

비소

비소는 제초제, 살충제, 목재 방부제 등에 사용되는 중금속이다. 비산나트륨과 비산칼륨은 개미약으로 사용된다. 비소는 매우 급속한 반응을 나타내어 독성 사고의 주요 원인이다. 증상을 관찰하기도 전에 섭취 직후 죽음에 이를 수 있다. 다행히 비소 사용은 크게 감소하고 있다.

중독되면 갈증, 침흘림, 구토, 비틀거림, 극심한 복통, 위경련, 설사, 마비 증상을 보이고 사망할 수 있다. 개가 숨을 쉴 때 진한 마늘 냄새가 난다.

치료 : 즉시 가까운 동물병원으로 향한다. BAL(British Anti Lewisite)은 해독제로, 진단이 내려지는 대로 신속히 투여해야 한다.

쓰레기 및 식중독

개가 먹을 것을 찾아 헤매다 쓰레기, 상한 음식, 썩은 고기, 세균이나 곰팡이가 분비한 내독소*가 들어 있는 음식 등과 접촉할 수 있다. 일단 먹었다면 내독소가 흡수되고 중독을 유발한다.

증상은 2~6시간 안에 나타난다. 구토와 설사(혈액성인 경우가 많다)를 동반한 급성 복통이 관찰된다. 개의 입에서 역한 냄새가 특징적으로 관찰될 수 있다. 심각한 경우, 쇼크나 죽음에 이를 수 있다.

치료 : 개가 쓰레기나 동물의 사체를 먹는 것을 보았다면 즉시 구토를 유도한다(41쪽 참조). 그리고 차살리실산비스무트 성분의 위장약을 먹인다(주사기를 이용해 이틀 동안 12시간 간격으로 투여한다). 물약을 먹이기 어렵다면 알약으로 투여한다. 탈수가 발생하지 않도록 잘 유지한다.

* **내독소** 세균 속에 들어 있어서 밖으로 분비되지 않는 독소.

경미한 경우는 하루 이틀 내로 회복한다. 개가 구토나 다른 중독 증상을 보이기 시작했다면 즉시 수의사의 진료를 받는다.

초콜릿

대부분의 개들이 초콜릿을 좋아하지만 위험할 수 있다. 초콜릿에는 메틸잔틴(카페인과 알칼로이드 테오브로민으로 구성)이 들어 있다. 사람에서는 사탕과 빵에 들어 있는 정도의 메틸잔틴은 독성을 나타내지 않지만, 개에게는 치명적인 영향을 미칠 수 있다. 어떤 개들은 다른 개들에 비해 초콜릿에 대한 내성이 강한 경우도 있다. 하지만 5kg 미만의 소형견들은 100g, 9~18kg의 개는 450g, 대형견은 약 1kg의 베이킹용 초콜릿을(사탕이 아닌) 먹고 생명을 잃을 수도 있다는 점을 기억한다. 개들은 브라우니나 초콜릿 케이크를 통째로 먹어 중독되곤 한다.

초콜릿 중독의 증상은 섭취 후 몇 시간 이내에 나타난다. 과흥분, 구토, 빈뇨(소변을 자주 봄), 설사, 빠른 호흡, 쇠약, 발작, 혼수상태 등이 관찰된다. 드물게 심장마비로 사망하기도 한다.

치료 : 초콜릿을 먹은 지 6시간이 안 되었고 아직 토해 내지 않았다면, 구토를 유도한다(41쪽 참조). 먹은 초콜릿의 종류와 양을 기록한다(어떤 종류의 초콜릿인지, 형태는 어떤 것인지 등). 그리고 추가적인 조치를 위해 수의사에게 연락을 취한다.

건포도, 포도, 그 외 식품 중독

건포도와 포도를 먹은 개는 치명적인 급성 신부전이 발생할 위험이 높다. 대부분의 개는 섭취한 후 몇 시간 이내에 건포도나 포도를 토해 내지만 이미 몸은 영향을 받은 이후일 수 있다. 포도 중독이 발생한 개는 음식을 먹지 않고 설사를 하며, 복통으로 조용해진 모습을 보인다. 결국엔 혈중 칼슘 농도가 높아지고 신부전이 발생한다.

만약 개가 건포도나 포도를 먹었다면 즉시 구토를 유도하고 동물병원에 데려간다.

마카다미아는 개에게 독성이 있는 또 다른 식품이다. 마카다미아를 먹은 개는 가볍거나 심각한 뒷다리 쇠약이 나타난다. 시간이 지나며 어느 정도 회복된 듯 보이는데 활성탄으로 치료하면 회복이 더 빠르다.

양파에는 특별한 형태의 용혈성 빈혈을 유발하는 황 화합물이 들어 있다. 보통 급성으로 중독 증상을 보이진 않지만 혈액검사상 확인이 가능하다. 개가 양파를 먹었다면 구토를 시키고 활성탄을 투여한다.

익히지 않은 빵 반죽에 들어 있는 **활성 효모**는 반죽이 부풀어 오르며 에탄올을 생성하므로, 개들이 먹으면 에탄올 중독을 일으킨다. 먼저 불안정한 걸음과 비정상적인 행동이 나타난다. 동물병원에 데려가서 수액 처치와 함께, 활성탄 투여 및 요힘빈 등의 해독제 치료를 받으면 도움이 된다.

자일리톨은 당뇨병 환자들이나 체중 관리를 하는 사람들이 사용하는 인공 감미료다. 자일리톨은 개에서 혈당을 급격히 떨어뜨리고 치명적인 간손상을 유발할 수 있다. 개가 자일리톨을 먹었다면(껌을 몇 개 먹은 정도라 해도) 구토를 시키고 수의사의 진료를 받는다.

부식성 가정용품

부식성 화학물질(산과 알칼리)은 가정용 청소세제, 주방세제, 변기 세정제, 녹방지제, 알칼라인 배터리, 배수관 세정제, 상업용 용제 등에 들어 있다. 먹게 되면 입 안, 식도, 위에서 화상을 유발한다. 심각한 경우 식도의 협착과 위의 천공을 유발할 수 있는데, 조직 손상에 의해 시간이 지난 뒤에 발생할 수도 있다.

치료 : 구토를 유도해서는 안 된다! 구토로 인해 위가 파열되고 식도 화상이 발생할 수 있다. 접촉 직후 신속히 개의 입을 헹궈 내고 가능한 한 빨리 가까운 동물병원으로 데려간다. 동물병원에 빨리 갈 수 없는 경우라면, 위내의 산이나 알칼리를 희석시키기 위해 개에게 물이나 우유를 투여한다(체중 2.7kg당 30mL).

알칼리를 중화시키기 위해 산을 투여하거나 반대로 산을 중화시키기 위해 알칼리를 투여하는 방법은 조직에 열손상을 일으킬 수 있으므로 추천하지 않는다.

피부에 묻었을 경우에는 물로 30분 동안 씻겨낸다. 눈에 들어간 경우에는 **눈의 화상**(185쪽)을 참조한다.

석유 제품

휘발유, 등유, 테레빈유를 개가 들이마시면 폐렴을 유발할 수 있다(먹은 경우에는 보통 위장관 이상을 일으키지만 심각하진 않다). 독성 증상은 구토, 빠른 노력성 호흡, 떨림, 경련, 혼수 등이며 호흡부전으로 죽음에 이를 수 있다.

치료 : 구토를 유도해서는 안 된다. 부식성 가정용품에서 설명한 것처럼 치료한다. 남아 있는 물질을 제거하기 위해 입 안 전체를 씻겨낸다. 석유 제품은 피부에도 아주 자극적이므로 가능한 한 신속하게 제거해야 한다. 따뜻한 비눗물로 목욕시킨다. 털에 타르가 묻은 경우 **목욕과 관련한 특별한 문제들**(120쪽)을 참조한다.

독성 식물

개가 식물과 채소를 먹어 발생하는 중독사고는 흔치 않지만 종종 일어난다. 이갈이 시기의 강아지들은 집 안팎의 식물을 먹을 가능성이 높다. 성견이 식물을 씹는 것은 무료함이나 분리불안, 최근 집안 환경의 변화로 인한 욕구불만 같은 증상일 수 있다. 잠재적으로 독성을 나타낼 수 있는 다양한 식물과 관목이 광범위한 증상을 유발할 수 있다. 입 안의 불편함부터 시작해 침흘림, 구토, 설사, 환각, 빠른 노력성 호흡, 비틀거림, 근육떨림, 발작, 혼수, 생명을 잃는 것까지 다양하다. 어떤 식물들은 전조 증상 없이 갑자기 죽음에 이르기도 한다. 피부에 극심한 자극을 유발하는 화학물질이 들어 있는 식물도 있다.

박주가리(milkweed), 은방울꽃(lily of the valley), 월계수, 서양철쭉, 디기탈리스(digitalis), 협죽도 등에는 디기탈리스 계열의 강심 배당체가 들어 있다. 이런 식물들은 쓴맛을 가지고 있지만, 반려동물이 먹고 생명을 잃을 수도 있다. 꽈리, 옥천앵두(christmas cherry, Jerusalem cherry), 화초고추 등의 가지속 관상식물은 솔라닌이 들어 있어 위장관과 뇌에 독성을 유발한다. 드물지만 생명을 잃기도 한다.

흔한 독성 식물과 관목, 나무는 다음의 표에 소개한다. 그러나 잠재적인 독성이 있는 식물을 모두 포함시킨 것은 아니다. 독성 식물인지 확실치 않다면 수의사나 식물원에 문의한다. 식물에 따라 특정 부위에서만 독성이 있는 식물이 있는가 하면 식물 전체가 독성이 있는 식물도 있다.

치료 : 개가 독성 식물을 먹은 것이 의심된다면 구토를 유도하고(41쪽 참조) 추가적 조치를 위해 수의사에게 연락한다.

예방 : 가정용 화초에 의한 중독을 예방하기 위해 어떤 식물이 독성이 있는지 확인하고, 치워 버릴지 개가 접근하기 어려운 곳에 옮겨 둘지를 결정한다. 밖에서 개에게 물고 오라고 던져 주는 모든 종류의 나무 막대도 개가 씹을 수 있으므로 주의한다. 위험한 식물 주변에는 울타리를 설치하여 개가 접근하지 못하도록 한다.

독성이 있는 실내식물	
피부나 입에 접촉 후 피부반응을 일으키는 식물	
국화(Chrysanthemum) 왕모람(Creeping fig)	포인세티아(Poinsettia) 벤자민(Weeping fig)
구강의 부종, 연하곤란, 호흡곤란, 위장관장애 등을 유발하는 옥살산이 함유된 식물	
싱고니움(Arrowhead vine, Neththyis) 담쟁이덩굴(Boston ivy) 칼라디움(Caladium)	말랑가(Malanga) 스킨답서스(Marble queen) 산세베리아(Mother-in-law plant)

칼라(Calla, Arum lily)	독일아이비(Parlor ivy)
마리안느(Dumbcane)	부두백합(Pothos, Devil's lily)
알로카시아(Elephant's ear)	스파티필름(Peace lily)
에머랄드듀크(Emerald duke)	레드프린세스(Red princess)
필로덴드론(Heart leaf)	새들립(Saddle leaf)
천남성(Jack-in-the-pulpit)	제나두(Split leaf)
마제스티(Majesty)	구근베고니아(Tuberous begonia)

광범위한 독소를 함유하고 있는 식물(대부분 구토, 급성 복통, 위경련 등을 유발하고, 일부는 보호자가 알아채기 어려운 떨림, 심장과 호흡의 문제, 신장손상 등의 증상을 유발)

아마릴리스(Amaryllis)	아이비 종(ivy species)
아스파라거스 고사리(Asparagus fern)	옥천앵두(christmas cherry, Jerusalem cherry)
서양철쭉(Azalea)	가짓과 식물(Nightshade)
극락조(Bird-of-paradise)	포트멈(Pot mum)
리시마키아(Creeping Charlie)	리플아이비(Ripple ivy)
꽃기린(Crown of thorns)	거미국화(Spider mum)
알로카시아(Elephant's ear)	스프렌게리(Sprengeri fern)
	종려방동사니(Umbrella plant)

독성이 있는 옥외식물

구토나 설사를 유발하는 옥외식물

노박덩굴(Bittersweet woody)	천남성(Indian turnip)
아주까리(Castor bean)	로벨리아(Indian tobacco)
수선화(Daffodil)	참제비꽃(Larkspur woody)
델피니움(Delphinium)	미국자리공(Poke weed)
디기탈리스(Foxglove)	앉은부채(Skunk cabbage)
꽈리(Ground cherry)	무환자나무(Soapberry)
	등나무(Wisteria)

구토, 복통, 설사 등을 유발하는 나무나 관목

미국주목나무(American yew)	마로니에(Horse chestnut)
살구나무(Apricot)	비파나무(Japanese plum)
아몬드나무(Almond)	고광나무(Mock orange)
서양철쭉(Azalea)	몽키포드(Monkey pod)
여주(Balsam pear)	복숭아나무(Peach)
극락조 덤불(Bird-of-paradise bush)	쥐똥나무(Privet)

칠엽수나무(Buckeye)	레인트리(Rain tree)
체리나무(Cherry)	산벚나무(Wild cherry)
서양호랑가시나무(English holly)	서양아까시나무(Western black locust yew)
영국주목나무(English yew)	

다양한 독성을 나타내는 옥외식물

천사의 나팔(Angel's trumpet)	고삼속 상록나무(Mescal bean)
미나리아재비(Buttercup)	새모래덩굴(Moonseed)
돌로제톤(Dologeton)	버섯
네덜란드금낭화(Dutchman's breeches)	가짓과 식물(Nightshade)
재스민(Jasmine)	명아주(Pigweed)
흰독말풀(Jimsonweed)	독당근(Poison hemlock)
로코초(Locoweed)	대황(Rhubarb)
루핀(Lupine)	시금치
메이애플(May apple)	햇볕에 익은 감자
구기자나무(Matrimony vine)	토마토 넝쿨
	독미나리(Water hemlock)

환각작용

로코초(Locoweed)	육두구(Nutmeg)
마리화나(대마초)	페리윙클(Periwinkle)
나팔꽃(Morning glory)	페요테(Peyote)
양귀비	

경련을 유발하는 실외식물

멀구슬나무(Chinaberry)	마전자(Nux vomica)
코리아리아속(Coriaria)	독미나리(Water hemlock)
문위드(Moonweed)	

납

납은 낚시추와 일부 페인트에서 발견된다. 리놀륨(바닥제), 석고보드, 배터리, 배관 재료, 접합제, 납호일, 땜납, 골프공, 오래된 페인트, 타르 종이 등에도 들어 있다. 납이 들어 있지 않은 페인트 사용이 늘어나며 납중독도 크게 감소하였다. 주로 납이 함유된 물체를 씹거나 삼킨 개들에서 중독이 발생한다. 보통 반복된 노출을 통해 중독된다.

급성 중독은 심한 복통과 구토가 특징적이다. 만성형은 다양한 중추신경계 증상이 나타날 수 있다. 발작, 부자연스런 걸음걸이, 흥분, 지속적인 짖음, 과잉적인 공격성,

쇠약, 의식혼미, 시력상실 등의 증상을 보인다. 씹는 듯한 경련은 디스템퍼에 의한 뇌염으로 오인되기 쉽다.

치료 : 납을 먹은 게 의심된다면 구토를 유도한다(41쪽 참조). 수의사의 진료를 받는다. 납 농도 확인을 위한 혈액검사를 실시할 수 있다. 동물병원에서는 개의 몸속에서 납과 결합하여 배출시키는 특수한 해독제를 투여할 수도 있다.

아연

아연으로 주조한 동전들이 있다. 이 중금속은 개가 중독되면 용혈성 빈혈, 혈뇨, 신부전 등을 유발할 수 있다. 개가 동전을 먹은 게 의심된다면 구토를 유도한다. 위산이 금속을 용해시키기 전까지 며칠간은 임상 증상이 나타나지 않는 경우가 많다. 동전을 제거하기 위한 수술이 필요할 수도 있으며, 수액 처치 및 몸속의 아연 성분을 제거하기 위한 킬레이트 치료를 위해 입원 치료를 해야 할 수도 있다.

두꺼비와 도롱뇽 중독

모든 두꺼비는 독성이 없는 종이라도 맛이 없다. 개가 두꺼비를 입에 물면 곧 뱉어버리고 침을 흘릴 것이다. 그렇다고 개가 중독되지 않았다는 뜻은 아니다. 독성은 두꺼비와 도롱뇽의 독성, 개의 크기, 흡수한 독의 양에 따라 다르다. 예를 들어, 마린두꺼비는 독성이 매우 강해 15분 만에 죽음에 이를 수도 있다.

증상은 침흘림부터 경련, 시력상실, 죽음에 이르기까지 다양하다. 강아지와 소형견들은 중독되기가 더 쉽다.

치료 : 호스나 샤워기를 이용해 개의 입 안을 반복하여 씻겨낸다. 필요한 경우 구토를 유도한다(41쪽 참조). 심폐소생술을 실시할 준비를 한다(26쪽 참조). 도롱뇽에 중독된 개는 보통 빨리 회복된다.

벌레 물림

꿀벌, 말벌, 땅벌에 쏘이거나 개미에게 물리면 통증을 동반한 부종과 피부 발적이 관찰되는데 보통 코나 발같이 털이 없는 부위에서 잘 발생한다. 얼굴 부위를 쏘이지 않았는데도 얼굴과 목이 부어오를 수 있다. 개가 여러 번 쏘였다면 독소를 흡수하여 쇼크 상태에 빠질 수 있다. 가끔 과거에 벌에 쏘인 적이 있는 경우 과민성 쇼크가 발생하기도 한다(30쪽 참조).

블랙위도거미와 갈색은둔거미는 독이 있다. 물린 부위의 예리한 통증으로 시작하여 나중에는 심한 흥분, 고열, 쇠약, 근육과 관절의 통증이 관찰된다. 특히 블랙위도거미에 물리면 발작, 쇼크, 죽음에 이를 수 있다. 이런 경우 사독혈청 치료가 필요하다.

지네와 전갈에 물리면 국소반응을 일으키는데 가끔 심각한 증상을 유발하기도 한다. 물린 상처는 서서히 치유된다.

벼룩, 진드기, 다른 흔한 외부기생충에 물리는 경우는 4장에서 다룬다.

치료 :

1. 문 곤충이나 벌레의 종류를 확인한다.

2. 벌침이 보인다면, 손톱이나 신용카드를 이용해 박혀 있는 침을 제거한다. 더 많은 독소가 배출될 수 있으므로 쥐어짜거나 집게를 이용해선 안 된다(꿀벌만 침을 남긴다).

3. 베이킹소다 반죽을 만들어 물린 상처에 직접 붙인다.

4. 아이스팩을 이용해 부종과 통증을 가라앉힌다.

5. 가려움을 완화시키기 위해 피부 진정용 로션을 바른다.

6. 수의사는 항히스타민제를 처방할 것이다.

개가 독소에 대한 과민반응 증상을 보인다면(불안, 얼굴을 긁는 행동, 침흘림, 구토, 설사, 호흡곤란, 허탈, 발작) 과민성 쇼크 치료를 위해 즉시 가까운 동물병원으로 데려간다.

만약 개가 벌 쏘임에 심각한 반응을 보인다면 아나필락시스 처치를 위한 응급 에피네프린 주사 세트를 구할 수 있는지, 적절한 용량이 어떻게 되는지 수의사에게 문의한다.

뱀

대체로 어떤 지역이나 독을 가진 뱀과 독이 없는 뱀이 광범위하게 분포한다. 뱀에 물린 개들의 90%는 머리와 발을 물린다.

미국에는 늪살모사, 방울뱀, 코퍼헤드, 산호뱀 4종류의 독사가 있다. 독사에게 물렸는지는 물린 부위의 모양, 동물의 행동, 뱀에 대한 정보 등으로 판단할 수 있다.

일반적으로 독이 없는 뱀은 부종이나 통증을 유발하지 않으며 물린 자국도 말발굽 모양으로 나타난다. 독사와 달리 송곳니 자국이 없다.

우리나라에는 살모사, 쇠살모사, 까치살모사(칠점사), 유혈목이 4종류의 독사가 있다. 외형적 특징은 본문 설명과 거의 유사하다.

살모사(방울뱀, 늪살모사, 코퍼헤드)

살모사는 커다란 크기(몸길이 1.2~2.4m), 삼각형 모양의 머리, 눈 아래쪽의 피트 기관(눈과 코 사이 오목한 홈으로 열을 감지), 타원형 동공, 거친 비늘, 위턱으로 감춰지는 송곳니로 식별할 수 있다.

물린 자리 : 개의 피부에 하나 혹은 2개의 피가 나는 구멍 모양 상처가 관찰된다면 이것이 바로 송곳니 자국이다. 털 때문에 눈에 잘 띄지 않을 수 있다. 통증은 즉각적이며 심하다. 조직이 부어오르고 물린 부위의 출혈로 인해 색이 변한다.

독사가 문 자리의 25%는 독의 양이 적어 국소반응을 유발하지 않는다. 국소적인 부종과 통증이 없는 것이 좋은 징후이긴 하나, 개에게 아무 문제가 없다고 보장할 수는 없다. 심각한 뱀독 중독은 국소반응 없이 발생하기도 한다.

개의 행동 : 계절적 시기, 뱀의 종류, 독성의 강도, 주입된 양, 물린 부위, 개의 건강 상태 및 체구 등 다양한 요소로 인해 독이 퍼져 증상이 나타나기까지 길게는 몇 시간

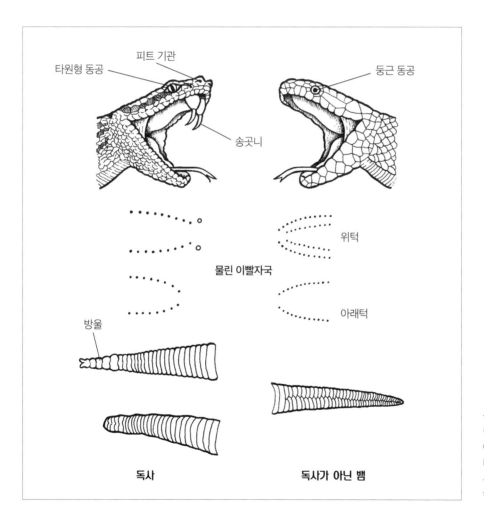

독사가 아닌 뱀

독사

독사는 동공이 타원형이고 눈과 콧구멍 사이에 피트 기관이 있다. 커다란 송곳니, 이빨자국이 특징적이다. 꼬리마디가 한 줄로 되어 있다.

이 걸릴 수도 있다. 몸에 들어간 독의 양은 뱀의 크기와는 관계가 없다. 뱀독에 의한 증상으로는 극심한 불안감, 헥헥거림, 침흘림, 구토, 설사, 불안정한 걸음, 호흡 억제, 쇼크 등이 있으며 때때로 죽음에 이르기도 한다.

산호뱀

산호뱀은 상대적으로 크기가 작고(몸길이 90cm 미만), 검정색 코와 작은 머리, 몸 전체를 감싼 밝은색의 교차된 줄무늬(빨강, 노랑, 검정) 등으로 구분한다. 위턱의 송곳니는 감춰지지 않는다.

물린 자리 : 물린 상처에 난 구멍이 작고 통증이 경미하다. 국소반응은 거의 없다.

개의 행동 : 산호뱀의 독은 신경독으로, 신경에 작용하여 마비와 쇠약을 유발한다. 몇 시간 동안 증상이 나타나지 않을 수도 있다. 근육 뒤틀림, 동공 축소, 쇠약, 연하곤란, 쇼크, 허탈 등의 증상이 관찰된다. 호흡마비로 인해 죽음에 이르기도 한다.

뱀에 물렸을 때의 치료

먼저 어떤 뱀에 물렸는지 확인하고 물린 부위를 살핀다. 독이 없다면 환부를 세정하고 아래에 나오는 상처 치료 방법을 참고하여 소독한다. 독이 있는 뱀에 물린 것 같다면 즉시 동물병원으로 간다. (뱀이 죽어 있다면 가져가고, 뱀이 없다면 가능한 한 자세하게 설명한다.) 다음과 같은 몇 가지 조치를 취한다.

• 개를 안정시킨다. 뱀독은 급속히 퍼진다. 흥분, 운동, 저항 등에 의해 흡수율이 높아진다. 가능하다면 개를 안고 있는다.
• 뱀독의 흡수를 촉진할 수 있으므로 상처를 닦아서는 안 된다.
• 얼음찜질은 흡수율을 낮추기는커녕 오히려 조직을 손상시킬 수 있으므로 하지 않는다.
• 상처에 칼집을 내어 독을 빨아내려 시도하지 않는다. 이는 전혀 도움이 되지 않을 뿐만 아니라 잘못하면 빠는 사람에게 독이 퍼질 수도 있다.
• 독사의 송곳니는 죽은 뒤에도 2시간까지 독을 가지고 있을 수 있음을 기억한다 (머리가 잘린 상태에서도).

수의사는 호흡과 순환을 위한 지지요법, 항히스타민제, 정맥수액, 특별한 사독혈청 등으로 치료할 것이다. 사독혈청을 빨리 맞으면 맞을수록 예후가 좋다. 종종 중독 증상이 천천히 나타나는 경우가 있으므로 겉으로 멀쩡해 보이더라도 독이 있는 뱀에게 물린 개는 무조건 병원에 입원하여 24시간 동안 관찰한다.

개가 독사와 마주칠 수 있는 지역에 살고 있다면 민감화 교육을 시켜 볼 수 있다. 경험 많은 전문가가 전기 자극 목줄 등을 이용해 개가 뱀을 두려워하고 피할 수 있도록 교육시킨다.

상처

상처를 치료하는 데 가장 중요한 두 가지 목표는 출혈을 멈추고 감염을 예방하는 것이다. 상처는 통증을 수반하므로 상처를 치료하기에 앞서 개를 보정하고 입마개를 씌워야 한다.

출혈관리

출혈은 동맥(선홍색 피가 분출되듯 나옴)이나 정맥(암적색 피가 스미듯 나옴), 또는 동맥과 정맥이 모두 손상되어 발생할 수 있다. 응고된 혈전이 제거될 수 있으므로 지혈된 상처를 닦아내서는 안 된다. 마찬가지로 혈전을 녹여 다시 출혈을 유발할 수 있으므로 상처에 과산화수소수를 발라서도 안 된다. 과산화수소수는 조직을 손상시켜 치유를 지연시킬 수도 있다.

응급상황에서 지혈을 위해 사용되는 두 가지 방법은 압박붕대와 지혈대다.

압박붕대

지혈을 하는 가장 효과적이고 안전한 방법은 상처에 직접 압박을 가하는 것이다. 여러 장의 거즈를 포개어(응급상황에는 깨끗한 천을 두툼하게 접어 사용) 상처 위에 대고 5~10분간 직접 압박을 가한다. 덧댄 상태 그대로 위에 붕대를 감는다. 붕대로 감을 만한 것이 없다면 손으로 압박을 유지한다.

압박 부위 아래로 다리의 부종이 생기지 않는지 확인한다(63쪽, 발과 다리에 붕대감기 참조). 부종은 피가 잘 안 통하는 것을 의미하므로 다리가 붓는다면 붕대를 느슨하게 해 주거나 제거해야 한다. 거즈를 더 많이 대거나 이중으로 붕대를 감는 것도 고려한다. 붕대를 감은 후 개를 동물병원으로 데려간다.

지혈대

지혈대는 압박붕대로 멈출 수 없는 동맥 출혈을 멈추기 위해 사지와 꼬리에 사용된다. 직접 압박으로 지혈할 수 있는 출혈 부위에는 절대 지혈대를 사용하지 않는다. 지

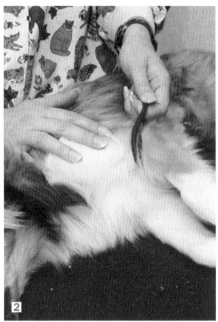

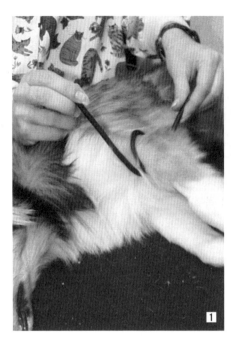 지혈대는 압박붕대로 멈출 수 없는 출혈에만 사용한다. 다리 주변으로 두 번에 걸쳐 지혈대를 감는다.

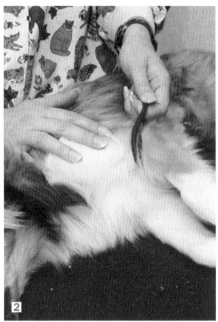 돌려서 조인다.

혈대는 항상 <u>상처 위쪽</u>에 사용해야 한다(즉, 상처와 심장 사이).

지혈대로 쓰기 적당한 재료로는 천 조각, 벨트, 기다란 거즈 등이 있다. 위의 사진처럼 다리 주변으로 고리를 만든 후 손으로 묶거나 고리에 막대를 넣어 돌려가며 꽉 조인다. 출혈이 멈출 때까지 조이면 된다.

저산소증으로 인한 조직 손상을 예방하고 지혈 여부를 확인하기 위해 10분마다 지혈대를 풀어 준다. 지혈이 되었다면 앞에서 설명한 바와 같이 압박붕대를 감는다. 출혈이 지속된다면 30초간 느슨하게 풀어 주고 다시 지혈대를 꽉 조인 상태로 10분간 유지한다.

상처 치료

거의 모든 동물의 상처가 먼지와 세균에 오염된다. 적절한 관리를 통해 파상풍 감염 위험을 줄이고 기타 감염을 예방할 수 있다. 상처를 치료하기에 앞서 잊지 않고 손과 기구를 깨끗이 씻는다.

상처관리의 5단계는 다음과 같다.

1. 상처 부위 정리
2. 상처 세척
3. 괴사조직 제거
4. 상처 봉합

5. 붕대감기

상처 부위 정리

처음에 감았던 붕대를 제거하고 상처 주변을 외과용 세정제로 닦는다. 가장 흔히 사용되는 소독액은 베타딘(포비돈-요오드)과 클로르헥시딘이다. 두 용액 모두 시판되는 제품의 농도가 노출된 조직에 매우 자극적이므로(베타딘 10%, 클로르헥시딘 2%) 주변부 소독 시 상처 안으로 들어가지 않게 각별히 주의해야 한다. 베타딘은 옅은 홍차 색깔 정도로 희석하여 사용한다.

종종 상처 소독제로 추천되는 3% 과산화수소수는 소독 효과는 적고 독성이 강하여 조직에 손상을 주고 치유를 지연시키므로 상처 소독에 적합하지 않다.

상처를 세정한 뒤, 주변의 털이 상처를 자극하지 않도록 상처 가장자리부터 시작해 털을 자른다.

상처 세척

세척의 목적은 먼지와 세균을 제거하는 것이다. 가장 효과적으로 부드럽게 상처를 세척하는 방법은 조직이 깨끗해질 때까지 다량의 액체로 씻겨내는 것이다. 출혈을 유발하고 노출된 조직을 손상시킬 수 있으므로 솔이나 거즈로 상처를 격렬하게 닦아서는 안 된다.

수돗물이나 세척 용액을 이용할 수 있다. 수돗물에는 미미한 수준의 세균만 존재하고 멸균 증류수에 비해 조직반응도 적은 것으로 알려져 있다.

항균 효과를 위해 가능하다면 클로르헥시딘 용액이나 베타딘 용액을 수돗물에 섞어서 쓰는 것이 좋다. 클로르헥시딘은 훌륭한 잔류 살균 효과를 발휘하는데 살균 용액(비누 용액이 아님)도 정확히 희석하면 효과가 좋다. 클로르헥시딘 희석액은 2L의 수돗물에 2% 용액 25mL를 첨가해 0.05%의 세척액을 만든다. 베타딘을 희석하는 경우에는 2L의 수돗물에 10% 베타딘 용액 40mL를 첨가해 0.2% 세척액을 만든다.

세척 효과는 세척 시 사용되는 물의 양 및 수압과 관련이 있다. 이경구 흡입기(bulb-syringe)는 압력이 낮기 때문에 만족스런 효과를 보려면 물이 많이 필요하다. 커다란 플라스틱 주사기는 먼지와 세균을 제거하는 데 중간 정도의 효과가 있다. 압력이 높은 가정용 워터픽(사람용 구강 세척기)이나 시판용 세척 세트가 가장 효과가 좋다.

고압 노즐이 달린 정원용 호스나 가정용 싱크대 노즐도 대체품으로 적절하다. 상처를 깨끗하게 세척하고 싶다면 먼지가 상처 깊숙이 들어가지 않도록 주의해야 한다. 상처 표면의 찌꺼기가 밖으로 잘 배출될 수 있도록 세척액 줄기의 방향을 잘 조절한다.

괴사조직 제거

핀셋, 가위, 메스를 이용해 죽은 조직을 제거한다. 괴사조직을 제거하려면 정상 조직과 죽은 조직을 구분할 수 있어야 하며, 출혈을 관리하고 상처를 봉합할 수 있는 기구도 필요하다. 때문에 괴사조직을 제거하고 봉합하는 일은 동물병원에서 이루어진다.

상처 봉합

* 신선창fresh laceration 생긴 지 얼마 되지 않아 오염되지 않은 상처.

입술, 얼굴, 눈꺼풀, 귀에 발생한 신선창*은 감염을 막고, 상처를 최소화시키고, 회복기간을 단축시키기 위해 봉합하는 것이 가장 좋다. 몸통이나 다리에 생긴 1.25cm 이상의 찢어진 상처는 봉합이 필요할 것이다. 작은 상처의 경우 반드시 봉합할 필요는 없다. 단, 작은 상처라도 V자 모양으로 찢어진 경우에는 봉합하는 것이 좋다.

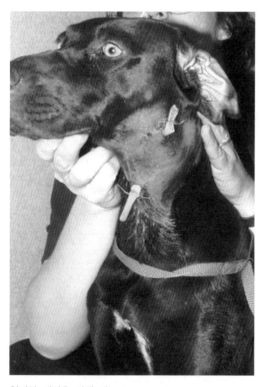

철저한 세정을 위해 배액관을 장착해 봉합한 상처.

먼지나 이물질에 오염된 상처는 상처를 입은 직후 바로 봉합하면 감염이 발생하기 쉽다. 때문에 이런 상처는 봉합하지 않거나 봉합 후 주변에 배액관을 설치해 꼼꼼히 세척한다. 비슷한 이유로 12시간 이상 지난 상처도 배액(상처가 난 공간 속에 있는 액체나 삼출물*을 제거하는 일) 없이 봉합해서는 안 된다. 상처가 감염되어 보인다면(붉게 부어오르거나 표면에 분비물이 있는 경우) 봉합은 피하는 게 좋다.

수의사는 며칠 동안 상처를 봉합하지 않은 상태로 두고 새살이 차오르기 시작하면 봉합 여부를 결정할 것이다. 며칠이 지나 새살이 차오른 상처는 감염에 저항력을 가지고 부작용 없이 잘 봉합된다. 이렇게 상처를 봉합하는 방법을 지연일차봉합이라고 한다.

봉합한 실을 뽑는 시기는 상처의 위치와 특성에 따라 다르다. 대부분 10~14일 후에 제거한다.

구멍 난 상처

* 삼출물 염증이 생겼을 때 조직으로 스며나오는 고름이나 진물 등의 액체.

구멍 난 상처는 교상이나 뾰족한 물체에 찔려 발생한다. 특히 동물에게 물린 경우 세균에 감염되기 쉽다. 출혈을 동반할 수 있으며, 몸집이 큰 개에 의해 물고 흔드는 사고를 당한 경우에는 멍이 들기도 한다. 구멍 난 상처는 개의 털에 가려져 잘 보이지 않는 경우가 많아, 며칠이 지나 농양이 발생한 뒤에야 겉으로 드러나곤 한다.

구멍 난 상처는 수의사의 치료가 필요하다. 수의사는 상처 부위를 외과적으로 넓힌 뒤 배액을 시키고 소독액으로 세정한다. 이런 상처는 봉합해서는 안 된다. 상처가 큰 경우 배액관을 남겨둔 채 일부분만 봉합하여 공기가 통하고 분비물을 배출할 수 있게 한다. 동물에게 물린 모든 상처는 광견병 감염 가능성을 염두에 두어야 한다. 접종 여부를 알 수 없는 동물에게 물렸다면 광견병 추가 접종을 추천한다.

교상이나 심하게 오염된 상처에는 주로 항생제를 처방한다.

가정에서의 상처관리

작은 상처는 봉합하지 않고 집에서 치료할 수 있다. 상처에 국소용 항생연고를 하루 두 번 바른다. 상처는 반창고를 붙일 수도 있고, 그냥 노출시킬 수도 있다. 개가 상처를 핥지 않는지 확인한다. 개가 상처를 건드리지 못하도록 양말이나 티셔츠 등으로 상처를 덮어 놓을 수도 있다.

고름이 나오는 감염된 상처는 멸균 습윤 반창고를 붙여야 한다. 상처의 감염을 치료하기 위해 다양한 국소용 항균제를 사용할 수 있다. 클로르헥시딘, 베타딘(61쪽, 상처 세척에서 설명한 대로 희석해 사용), 항생제 성분의 상처연고 등이 이에 해당된다. 국소용 항생제는 상처에 직접 바르거나 거즈에 묻혀 상처에 붙인다. 배액을 위해 반창고를 하루 1~2회 교체한다.

붕대감기

상처는 그 위치나 다른 요인에 따라 그냥 개방해 둘 수도 있고 붕대를 감아 놓을 수도 있다. 머리와 목의 상처는 종종 치료의 용이성을 위해 개방해 놓는다. 상반신 부위의 상처들은 붕대를 감기가 어렵고, 붕대를 감아서 생기는 이점이 크지 않은 경우가 많다.

붕대는 상처를 먼지와 오염으로부터 보호하는 장점이 있다. 또한 움직임을 제한하고, 피부가 들뜬 공간을 압박하여 치유를 돕고 분비물이 차는 것을 막아 주며, 개가 상처를 핥거나 깨물지 못하게 한다. 붕대는 사지 말단의 상처에 적용했을 때 가장 효과적이다. 실제로 거의 모든 다리와 발의 상처는 붕대를 감으면 치유에 도움이 된다.

분비물이 흐르거나 감염된 상처는 하루에 붕대를 1~2회 교체해야 한다. 분비물을 충분히 흡수할 수 있도록 충분한 양의 솜을 덧대어 붕대를 감는다.

발과 다리에 붕대감기

발에 붕대를 감기 위해 멸균 거즈 여러 장을 상처에 덧댄 상태로 반창고로 고정한다. 너무 꽉 조이지 않게 주의한다. 잘 고정하기 위해 다리 위까지 붕대를 감아야 할

심한 상처 부위에 꿀이나 설탕을 발라 감염을 막고, 괴사 조직을 제거하여 새살이 차는 것을 촉진시키는 허니테라피, 슈가테라피가 상처 치료에 많이 사용된다.

수도 있다.

다리에 붕대를 감으려면 상처를 멸균 거즈로 덮고, 위쪽을 충분한 양의 솜으로 감싸면 너무 꽉 조여 피가 통하지 않는 상태를 방지할 수 있다. 먼저 아래 사진처럼 거즈로 다리를 감은 뒤, 탄력붕대나 붕대를 감는다. 수의사나 수의 테크니션(수의사의 진료나 병원 업무를 보조하는 사람)은 각각의 상처에 대해 붕대 감는 방법을 알려줄 것이다.

동물병원에서 사용하는 접착식 탄력붕대가 유용한데, 사용이 익숙하지 않을 수 있다. 여러 차례 무릎과 발을 굽혔다 폈다 하기를 반복해 관절 운동에 적당하고 너무 꽉 조이지 않을 정도로 조절한다.

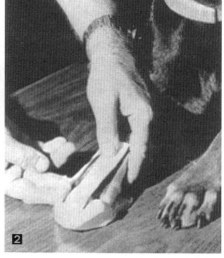

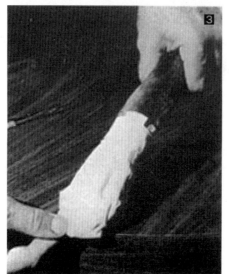

1 찢어진 발패드에 붕대를 감으려면 먼저 발바닥에 여러 겹의 멸균 거즈를 덧댄다.

2 반창고를 붙여 거즈를 고정한다.

3 발에 감은 붕대가 잘 고정되도록 다리에도 붕대를 감아 마무리한다.

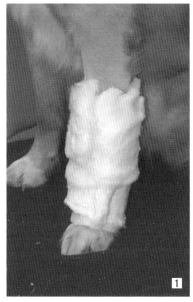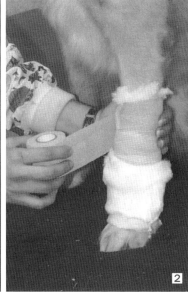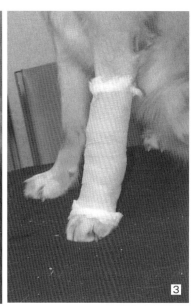

1 다리에 붕대를 감으려면, 상처에 사각형으로 거즈를 대고 솜으로 잘 감싼다.

2 다리를 탄력붕대나 붕대로 감는다. 꽉 조일 수 있으므로 탄력붕대를 너무 세게 잡아당겨 감지 않는다. 발가락이 붓거나 빨개지지 않는지 최소 하루 서너 차례 확인한다.

3 붕대를 다 감은 모습. 이틀에 한 번 붕대를 교체한다.

몇 시간 동안은 발가락이 차가워지지 않는지, 발이 붓지 않는지 관찰한다. 붕대를 감은 부위 아래로 다리가 붓는지는 발가락으로 확인할 수 있다. 발가락이 부으면 발톱이 나란히 자리 잡지 못하고 따로 떨어져 넓게 벌어진 모양이 된다. 붕대를 풀어 부종을 해결하지 않으면 발이 차가워지고 감각을 잃게 된다. 발의 감각이나 순환에 조금이라도 문제가 있는 것 같다면 즉시 붕대를 풀어 준다.

개가 밖에 나갈 때는 비닐봉투를 다리의 붕대에 덧씌워 청결하고 젖지 않도록 유지한다. 붕대를 보호하거나 붕대를 감기 어려운 부위의 상처 보호를 위해 양말이나 티셔츠를 이용할 수도 있다.

깨끗하게 치유 중인 상처에 감은 붕대는 이틀에 한 번 교체한다. 하루에 서너 차례 너무 꽉 조이진 않았는지, 부종이 생기진 않았는지, 붕대가 말려 올라가진 않았는지, 분비물이 있거나 붕대가 오염되진 않았는지 살펴본다. 장기간 붕대를 감아놓는 경우에는 발가락 사이에 습기가 차진 않았는지 살펴본다. 이런 문제가 발견되면 바로 붕대를 교체한다.

발이나 다리에 난 상처는 붕대와 함께 부목을 대기도 한다. 부목은 상처 부위의 움직임을 최소화시키고 치유를 앞당기는 데 도움이 된다. 부목이 움직이며 피부를 자극해 생긴 상처가 없는지도 잘 살펴본다.

다단붕대

이 붕대법은 상처를 보호하고 개가 피부를 긁거나 깨무는 것을 방지한다. 직사각형

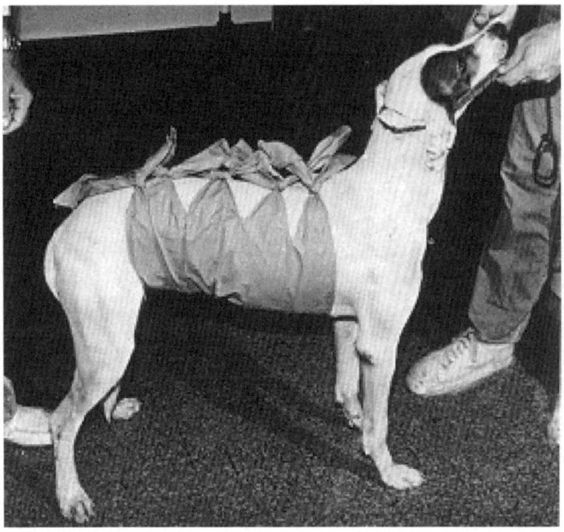

다단붕대는 피부를 긁거나 깨무는 것을 방지한다. 행동을 구속하는 칼라보다 편안하다.

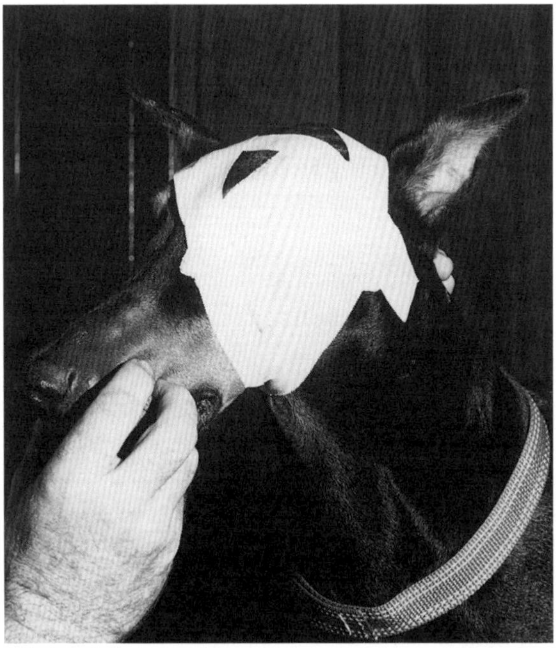

눈에 붕대감기를 할 때 귀는 빼고 감는다.

모양의 깨끗한 천 조각으로 몸통을 감싼다. 그런 다음 묶을 수 있도록 옆부분을 자른다. 개의 등쪽 위에서 여러 번 묶어 붕대를 고정시킨다.

눈에 붕대감기

수의사는 눈의 질병을 치료하는 과정에서 눈에 붕대를 감을 수 있다. 사각 멸균 거즈를 다친 눈 위에 대고 약 2.5cm 너비의 붕대를 머리 주변에 감아 고정시킨다. 반창고로 고정할 때 너무 꽉 감기지 않도록 주의한다. 귀는 빼고 감아야 한다. 눈에 약을 넣어 주기 위해 수시로 붕대를 갈아야 할 수 있다. 붕대를 문지르거나 긁지 못하도록 엘리자베스 칼라를 착용하는 것이 좋다.

2장
위장관 기생충

대부분의 개들은 살면서 한번쯤은 기생충에 감염되지만, 대부분은 면역력에 의해 그 수가 적정선으로 유지된다. 그러나 스트레스나 질병 등으로 인해 면역체계가 깨지면 기생충의 수가 크게 늘어나고 설사, 체중감소, 빈혈, 혈변과 같은 장관 감염 증상이 나타난다.

개는 유충기에 조직 이행을 하는 기생충에 대해서는 높은 수준의 면역력을 가지고 있다. 회충, 구충, 분선충 등이 여기에 해당된다. 편충과 촌충은 이행기가 없기 때문에 면역력이 거의 없다.

스테로이드 같은 면역억제 약물은 낭에 싸여 있는 많은 수의 구충(鉤蟲) 유충을 활성화시키는 것으로 알려져 있다. 임신, 수술, 심각한 질병, 외상, 정서적인 변화(이동이나 이사) 같은 스트레스도 휴면기의 유충들을 활성화시킨다.

강아지와 성견의 구충

일부 구충제들은 하나 이상의 기생충에 효과가 있기도 하지만 한 가지 약물로 모든 기생충을 구제하기는 어렵다. 안전하고 가장 효과적인 약물을 선택하려면 특수한 진단이 필요하다. 개의 분변검사를 통해 기생충이 충란 상태인지, 유충인지, 성충인지를 알아낼 수 있다. '기생충'에 의한 것으로 추정되는 원인불명의 질병을 앓고 있는 개에게의 구충은 추천되지 않는다.

모든 구충제(기생충을 배출시키고 사멸시키는 약물)는 독성이 있다(기생충뿐만 아니라 개에게도 독성이 있다는 뜻이다). 심장사상충이나 다른 기생충 감염으로 몸 상태가 악화

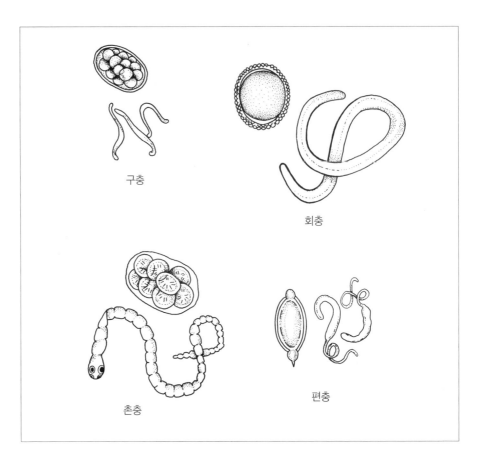

개에게 흔한 기생충의 성충과 충란의 상대적 크기와 모양. 충란은 500배 확대한 크기다.

구충

회충

촌충

편충

된 개는 구충제의 독성을 견뎌내기 어려울 수 있다. 구충제를 투여하기 전에는 항상 수의사로부터 개의 몸 상태를 확인받는다. 처방받은 약을 정확하게 투여하는 것도 중요하다.

강아지 구충하기

대부분의 강아지들은 회충에 감염되며, 다른 기생충에 감염되기도 하지만 흔치는 않다. 회충 구제에 앞서 수의사로부터 분변검사를 받을 것을 추천한다. 만약 다른 기생충도 발견된다면 광범위 구충제가 필요하다.

강아지는 생후 2주에(회충 충란이 변으로 배출되기 이전) 첫 구충하고, 4주, 6주, 8주에 다시 구충을 한다. 그리고 난 다음 매달 심장사상충 예방약을 투여하거나(다른 기생충도 예방할 수 있다), 아니면 적어도 6개월 동안은 매달 구충제를 투여한다. 이런 일정으로 자궁 내 감염, 모유를 통한 감염, 충란을 먹어서 생기는 감염 등 모든 회충을 박멸할 수 있다. 피란텔 파모에이트는 회충 구제에 아주 뛰어난 약물로 생후 2주의 강아지에게도 안전하다.

구충제는 갑자기 젖을 떼거나, 호흡기 감염, 추위, 비위생적인 밀집 사육 환경 등으로 몸이 아픈 상태의 강아지에게는 추천하지 않는다. 구충제 투여에 앞서 먼저 이런 스트레스가 심한 문제들이 해소되어야 한다. 수의사로부터 설사의 원인이 기생충이라고 진단받은 게 아니라면 설사를 한다고 무조건 강아지에게 구충제를 투여해서는 안 된다.

성견 구충하기

대부분의 수의사는 변에서 충란이나 기생충이 발견되는 등 구충을 해야 할 특별한 이유가 있을 때만 구충을 추천한다. 1년 내내 심장사상충 예방약을 투여하는 개들은 많은 위장관 기생충으로부터도 보호된다. 하지만 적어도 1년에 한 번은 분변검사를 할 것을 추천한다.

대부분의 개들은 낭에 싸인 형태로 회충 유충을 가지고 있는데, 건강한 개들의 경우 성충이 장관에서 증식하는 경우는 드물다. 구충(鉤蟲)은 스트레스가 심한 상태에서만 성견에서 문제가 된다. 밀베마이신은 낭에 싸인 구충 유충에도 효과가 있다.

성견에서 급성 설사와 만성 설사를 유발하는 흔한 원인은 편충이다. 일상적인 분변검사로는 진단이 어렵다. 다른 기생충의 구충에 사용되는 약물이 아닌 특별한 약물을 사용해야 근절할 수 있다.

촌충은 개에서 흔하지만, 다행히 거의 증상을 일으키지 않는다. 기생충 분절도 변에서 확인하기가 용이하다. 분선충은 드물며, 이에 대한 효과적인 약물도 많지 않다.

임신을 준비 중인 개는 교배 전에 분변검사를 실시해야 한다. 기생충이 발견되면 구충을 시킨다. 임신 기간 중에 구충을 하는 경우는 반드시 수의사의 처방을 따라야 한다. 일부 구충제는 임신 기간 동안 금기 약물이다.

기생충 감염의 관리

대부분의 기생충 생활사를 살펴보면 재감염의 가능성이 높다. 기생충 감염을 잘 관리하려면 재감염되기 전에 충란과 유충을 박멸해야 한다. 이는 철저한 위생, 청결하고 환기가 잘 되는 생활환경을 유지하는 것을 뜻한다. 먼지가 날리는 흙바닥 위의 개집은 충란과 유충이 살기 좋은 이상적인 환경을 제공하므로 좋지 않다. 시멘트 등 물기가 없는 표면은 청결하게 관리하기가 좋다. 자갈 바닥도 좋다. 배수가 용이하고 변을 치우기에도 편하다. 매일 호스로 개집을 씻겨 청소하고 햇볕에 건조시킨다.

개집과 울타리 안의 변은 매일 치운다. 잔디는 짧게 자르고 필요한 경우에만 물을 준다. 마당의 변은 매일 치워야 한다.

콘크리트와 자갈 표면은 석회 또는 소금으로 소독할 수 있다. 석회는 알칼리성 부식제이므로, 개에게 해가 되지 않도록 소독 후에는 모든 울타리를 물로 씻는다. 붕사도 좋은 소독제다.

기생충 문제가 지속적으로 재발하는 개집은 보통 만성 피부 질환과 재발성 호흡기 감염 같은 다른 문제도 있다. 개집 관리, 특히 위생 상태를 개선해야 한다.

벼룩, 이, 바퀴벌레, 딱정벌레, 수생곤충, 설치류 등은 촌충과 회충의 중간숙주다. 재감염을 막으려면 이런 해충들을 박멸해야 한다(141쪽, 주변 환경의 소독 참조).

많은 위장관 기생충들은 유충기를 다른 동물에게서 보내고, 이런 동물을 개가 먹었을 때에만 성충으로 발달한다. 때문에 개들이 배회하거나 사냥하는 것을 방지해서 독성물질이나 식중독은 물론 기생충에의 노출을 줄인다. 그리고 개에게 고기를 줄 때에는 항상 완전히 익혀서 주어야 한다.

심장사상충 예방약은 회충, 구충, 편충도 예방할 수 있다(하트가드의 경우 회충과 구충은 예방이 가능하나 편충은 예방하지 못한다). 이 약물들의 용량은 저용량으로, 약물을 정기적으로 투여하는 경우에만 효과가 유지되므로 참고 바란다.

회충roundworm

회충은 개와 고양이에게 발생하는 가장 흔한 기생충이다. 개에게 주로 발생하는 종은 개회충(*Toxocara canis*)과 톡사스카리스 레오니나(*Toxascaris leonina*) 두 가지다. 회충 성충은 위와 장에 살며 18cm까지 자란다. 암컷은 하루에 200,000개의 알을 낳을 수 있다. 충란은 단단한 껍질로 보호되는데, 매우 단단하여 토양에서 수개월에서 수년간 생존할 수 있다.

개가 회충에 감염되는 경로는 네 가지가 있다. 먼저 자궁 내에서 태반을 통해 이행된 유충에 의해 발생하는 출생 전 감염이다. 강아지들의 감염은 대부분 이 출생 전 감염이다. 어미의 모유를 통해서도 회충이 전파될 수 있다. 또 강아지와 성견 모두 흙 속의 충란을 먹고 감염될 수 있다. 마지막으로 쥐나 다른 설치류 같은 중간숙주나 운반숙주를 먹고 감염될 수 있다.

강아지에서 개회충의 생활사는 다음과 같다. 강아지의 입을 통해 몸속으로 들어간 충란이 위 안에서 부화한다. 부화한 유충은 순환기계를 통해 폐로 이동한다. 여기서 유충은 모세혈관을 뚫고 폐포로 들어가는데, 때때로 기침이나 구역질을 유발한다. 일단 폐로 들어가면, 유충은 기관으로 기어간 뒤 목구멍으로 삼켜진다. 그리고 장으로 가서 장의 아래 부위에서 성충으로 발달한다. 성충은 알을 낳고(성충이 낳은 알이 배설을 통해 몸 밖으로 배출된다), 이 알은 토양 안에서 3~4주가 지나면 전염성을 갖는다.

생후 6개월 이상의 개들은 회충에 대한 내성을 발달시킨다. 유충 중에서 생활사를 완료한 경우는 많지 않으며, 대부분 다양한 신체 조직에서 낭에 싸인 채 휴면 상태에 들어간다. 유충은 낭에 싸여 있기 때문에 개의 항체와 대부분의 구충제로부터 보호를 받는다(낭에 싸인 유충에도 효과적으로 작용하는 약물이 있다). 그러다 임신을 하면 낭에 싸여 있던 유충이 활성화되어 태반과 유선으로 이동한다. 임신 전에 어미를 구충시키면 유충 이행을 감소시킬 수 있지만 모든 감염으로부터 강아지를 보호할 수는 없다. 어미의 몸 안에 낭에 싸인 유충들이 남아 있을 수 있기 때문이다.

회충은 성견에게는 거의 증상을 유발하지 않는다. 생후 2개월 이상이면 보통 간헐적으로 가벼운 설사만 유발한다. 구토물이나 변을 통해 기생충이 배출되기도 하는데 하얀 지렁이나 움직이는 스파게티 면 가닥 같은 전형적인 모습을 관찰할 수 있다.

아주 강아지들은 감염이 심한 경우 크게 아프거나 죽음에 이를 수 있다. 이런 강아지는 종종 잘 성장하지 못하고 털도 거칠며 배만 불룩하다. 빈혈이 있을 수도 있다. 복통을 호소하며 낑낑거리거나 신음하기도 한다. 드물게 기생충이 소장 안에서 덩어리처럼 뭉쳐지면 장폐색을 유발해 죽음에 이를 수 있다.

치료 : 피란텔 파모에이트(pyrantel pamoate)가 적합한 구충제로, 회충과 구충에 모두 안전하고 효과적이다. 강아지들에게도 안전한 구충제다. 피란텔 파모에이트 성분의 구충제는 수의사로부터 처방받을 수 있다. 약물 투여 전에 강아지를 굶길 필요는 없다. 용량은 제조사의 지시에 따른다.

주변 환경의 오염을 막기 위해, 회충 충란을 배출하기 이전인 생후 2주에 구충을 시켜야 한다. 생후 4주, 6주, 8주에 치료를 반복한다. 반복 치료의 목적은 첫 구충 시기에 유충 단계였던 기생충을 죽이는 것이다. 만약 변에서 충란이나 충체가 발견된다면 후속 치료가 필요하다.

드론탈 플러스, 파나쿠어 등은 회충, 구충, 편충 등에 모두 효과가 높은 광범위 구충제다. 드론탈(페반텔, 피란텔, 프라지콴텔)은 촌충에도 효과가 높다. 파나쿠어(펜벤다졸)은 촌충 구충에는 부분적으로만 효과가 있다. 임신견은 임신 말기 마지막 2주 동안과 수유기에 파나쿠어로 구충을 하면 환경에의 노출을 줄이고 강아지의 감염을 막는 데 도움이 된다.

예방 : 일부 심장사상충 예방약들은 구충, 편충은 물론 회충의 예방과 치료가 가능하다(하트가드는 편충은 구제하지 못한다).

공공보건 측면 : 회충은 사람에게 내장 유충이행증이라고 하는 심각한 질환을 유발할 수 있는데, 사람이 개회충 유충을 먹어서 발생한다. 1~4살의 어린이에게 가장 흔하게 발생하며, 흙을 먹고 논 이력이 있는 경우가 많다. 반려견의 공원 산책이 많아지면서 토양이나 모래 놀이터가 오염되는 일이 많아졌다.

사람이 회충 충란을 먹으면 개에서와 마찬가지로 유충으로 발달한다. 그러나 사람은 최종숙주가 아니므로 유충이 성충으로 발달하지 못한다. 대신 장벽을 파고들어가 간, 폐, 피부로 옮겨간다. 감염이 심한 경우 복통, 기침, 재채기, 가려움, 구진을 동반한 피부 발진 같은 증상이 나타난다. 아주 심각한 감염에서는 유충이 심장, 신장, 비장, 뇌, 눈, 그외 조직까지 이동할 수 있다. 어린아이들은 안구 유충이행증이라고 부르는 증후군에 의해 시력을 잃거나 안구를 적출해야 할 수도 있다.

사람에서의 감염 예방에 있어 꼭 인지해야 할 사항은 대부분의 충란 배출이 수유 중인 모견과 강아지들에 의해 이루어진다는 점이다. 변으로 충란을 배출하기 전에 강아지들을 구충시키는 게 중요한 이유다.

어린아이들에게 토양이나 놀이터의 모래가 입에 닿지 않도록 교육시켜야 한다. 유아들은 이를 막기 위해 부모의 감시가 필요하다. 유아들의 경우 동물을 만지고 난 뒤에 손을 씻는 교육이 잘 이루어지기 전까지는 강아지들을 만지거나 데리고 놀지 못하게 해야 한다. 개줄 착용이나 배변 수거 등에 대한 법령을 강화한다면 환경적인 오염도 감소시킬 수 있을 것이다. 반려견 전용 공원이나 놀이공간을 분리하여 조성하면 어린아이들의 감염을 예방하는 데도 도움이 될 것이다.

구충hookworm

개에게 감염되는 구충은 3가지 종이 있다. 구충은 유충의 성장과 전파에 적합한 고온다습한 환경에서 가장 잘 살아간다.

구충은 작고 얇은 기생충이다(0.6~1.3cm). 이들은 숙주의 소장 점막에 입 부위를 고정시키고 혈액과 조직액을 빨아먹는다. 이로 인해 심각한 빈혈과 영양실조가 발생한다.

감염은 5가지 경로를 통해 발생한다.

- 임신 기간 동안 태반을 통한 감염
- 모유 속의 유충을 섭취하는 경우

- 토양 속의 유충을 섭취하는 경우
- 피부를 통한 직접 감염(보통 발패드를 통해 침투)
- 중간숙주를 섭취하는 경우

강아지에게 발생하는 심각한 감염은 대부분 생후 첫 2개월 동안 모유를 먹는 과정에서 발생한다. 핏빛, 진한 와인색, 흑갈색 설사를 보인다. 점진적인 혈액 손실로 인해 강아지가 급속히 쇠약해지거나 죽을 수 있다. 집중적인 수의학 치료가 필요하다.

성견에게 가장 흔한 감염 경로는 유충을 먹거나 피부를 통해 유충이 이행하는 것이다. 일부 유충은 조직 속에서 낭에 싸인 상태로 남아 있지만, 다른 유충은 성충으로 발달하기 위해 폐를 통해 장으로 이동한다. 2~3주 안에 변으로 충란이 배출되기 시작한다. 이 충란은 토양 속에서 배양되는데, 적합한 조건이 갖춰지면 48시간 뒤에 부화해 유충이 되고 5~7일 안에 전염력을 갖는다.

만성 구충 감염이 있는 개들에게는 종종 아무 증상도 나타나지 않는다. 증상이 나타나는 경우, 흑색 또는 피가 섞인 설사, 빈혈로 인한 창백한 점막, 체중감소 및 수척함, 점진적인 쇠약 등이 관찰된다. 노출 10일 만에도 증상이 나타날 수 있다. 분변 내의 충란을 확인하여 진단한다. 그러나 2~3주 동안은 변에 충란이 나타나지 않을 수 있으므로, 분변검사 결과가 음성이더라도 임상 증상을 바탕으로 진단상의 시간차를 고려해 진단해야 한다.

구충 감염에서 회복한 개들은 대부분 낭에 싸인 유충을 조직 내에 가지고 있는 보균자 상태가 된다. 스트레스를 받거나 몸이 아픈 시기에는 이 유충이 활성화되어 장에 출현하며 다시 피가 섞인 설사를 한다.

치료 : 많은 구충제들이 구충 치료에 매우 효과적이다. 첫 번째 구충에 의해 낭에 싸인 유충들이 활성화되어 10~12일 후에 새로운 무리의 성충으로 발달할 수 있으므로, 1~2주 후에 반복 치료한다. 후속적인 분변검사를 통해 모든 기생충이 제거되었는지 확인한다.

예방 : 위생관리와 정기적인 분변검사로 구충 감염의 재발을 예방할 수 있다. 심장사상충 예방약은 구충, 회충, 편충 등에도 효과가 있다.

공중보건 측면 : 사람에게서는 엔킬로스토마 브라실리엔세(*Ancylostoma brasiliense*) 구충에 의해 피부 유충이행증(이행발진)이라고 하는 가려운 피부병이 발생한다. 토양 속의 구충이 피부를 뚫고 들어와 피부 아래 작은 결절과 줄무늬 병변을 유발하는 데 보통 저절로 낫는다.

촌충tapeworm

촌충은 소장에서 기생하며 크기는 몇 cm에서 몇십 cm까지 다양하다. 갈고리와 흡반을 이용해 머리를 장벽에 고정시킨다. 몸은 충란이 들어 있는 분절로 이루어져 있다. 촌충 감염을 치료하려면 촌충의 머리를 파괴해야만 한다. 그렇지 못하면 재생한다.

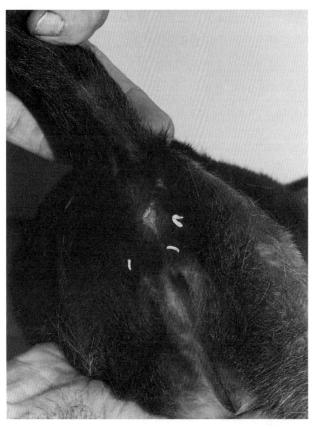

6mm가량의 생생한 촌충 분절.

충란이 들어 있는 몸의 분절이 변으로 배출된다. 생생하고 축축한 6mm가량의 분절이 움직인다. 때때로 항문 주변의 털 사이를 기어 다니는 것이 관찰될 수 있다. 마른 상태에서는 쌀알 비슷하게 보인다. 일부 개들은 분절로 인해 항문의 가려움을 호소하기도 한다. 촌충은 개로부터 영양분을 빼앗아 먹지만 회충, 구충, 편충처럼 번성하진 않는다.

개가 흔히 감염되는 촌충은 개촌충이다. 벼룩과 이가 충란을 먹고 중간숙주가 된다. 개는 감염된 벼룩이나 이를 깨물거나 삼켜야만 감염된다. 사람도 개촌충에 감염될 수 있는데, 우연히 감염된 벼룩을 삼켜서 발생한다.

또 다른 촌충의 종류인 몇몇 타이니아(Taenia) 종에도 감염될 수 있다. 타이니아는 감염된 설치류, 토끼, 양을 먹어서 감염된다. 디필로보트리움(Diphyllobothrium) 종은 물고기 장기 내에서 낭에 싸인 채 발견된다. 이런 촌충은 미국과 캐나다 북부에서 발견된다.

에키노코쿠스(Echinococcus) 촌충은 개에게는 흔하지 않다. 중간숙주는 사슴, 엘크, 염소, 양, 소, 돼지, 말, 일부 설치류 등이다.

치료 : 대부분의 광범위 구충제는 개에게 흔한 촌충에 효과가 있다. 수의사의 감독 아래 구충제를 투여한다.

예방 : 일반적인 개의 촌충은 주변 환경의 벼룩과 이를 박멸하여 관리할 수 있다 (141쪽, 주변 환경의 소독 참조). 개가 돌아다니면서 죽은 동물의 사체를 먹지 못하도록 격리한다. 개에게 익히지 않은 고기나 사냥감을 날것으로 주지 않는다.

공중보건 측면 : 에키노코쿠스 그라눌로사(Echinococcus granulosa)와 에키노코쿠스 물티오쿨라리스(Echinococcus multiocularis)는 공중보건적으로 중요하다. 개와 사람은

오염된 날고기를 먹고 감염되는데, 개의 경우 감염된 동물의 사체를 먹고 감염된다. 사람이 개의 변으로 배출되는 충란을 먹고 감염되기도 한다. 사람은 최종숙주가 아니기 때문에 성충으로 발달하진 못한다. 대신 유충이 간, 폐, 뇌에 큰 낭종을 유발할 수 있다. 이런 낭종을 포충이라고 하는데 심각한 질병을 유발하고 죽음에 이르기도 한다.

에키노코쿠스 그라눌로사는 소나 양이 많은 지역에서 발견된다. 비록 개에서 사람으로의 전염은 흔치 않지만, 사람들에게서도 매년 많은 증례가 보고되고 있다(짐작하건대 날고기를 먹고 감염). 개가 촌충 감염 가능성이 있는 시골 지역에서 뛰어놀았다면 1년에 2회 분변검사를 한다. 이런 종류의 촌충은 효과적인 구충제를 투여해 상태가 회복된 이후에만 확인할 수 있다. 확진되기 전까지는, 에키노코쿠스 감염 가능성이 있는 개는 손과 음식이 변에 오염되지 않도록 주의 깊게 다루어야 한다.

편충whipworm

성충 편충은 길이가 50~76mm 정도다. 몸은 대부분 실처럼 생겼으나 한쪽 끝이 두꺼워 모양이 채찍과 비슷하다.

성충은 소장이 끝나고 대장이 시작되는 부위에 부착해 살아간다. 암컷은 다른 기생충에 비해 적은 수의 알을 낳고 충란이 배출되지 않는 기간도 길다. 때문에 분변검사를 반복해도 변에서 충란을 발견하기가 어렵다.

편충은 급성, 만성, 간헐적인 설사를 유발할 수 있다. 변은 전형적으로 점액성 및 혈액성을 보인다. 갑자기 힘을 주며 설사를 하는 경우가 많다(274쪽, 대장염 참조). 감염이 심한 경우 체중이 감소하고, 잘 자라지 못하며, 빈혈이 생긴다.

치료 : 편충에 효과적인 약물은 많다. 그러나 편충이 잔류하는 장소인 결장에서 약물 농도를 높게 유지하는 것이 어려워 박멸이 쉽지 않다. 치료 성공률을 최대화하기 위해 첫 번째 구충을 하고, 3주 뒤에 두 번째 구충을 실시하며, 3개월 안에 세 번째 구충을 실시한다.

예방 : 충란은 주변 환경에서 5일까지 전염성을 유지한다. 공원이나 마당같이 편충 충란에 감염되기 쉬운 토양이 있는 장소에서 재감염이 자주 발생하는 이유다. 배변 수거 규칙을 준수하고 마당의 변을 매일 치우는 것이 매우 중요하다. 흙바닥의 개집은 자리를 옮기거나 콘크리트나 자갈 등으로 덮어 사용한다. 가정용 세척제를 희석하여 바닥을 소독한다.

일부 심장사상충 예방약에는 편충을 예방하고 치료할 수 있는 성분이 들어 있기도 하다.

분선충threadworm

분선충은 소장에 기생하는 길이 2mm 정도의 기생충으로, 개와 사람 모두를 감염시킨다. 습한 아열대 지역에서 발견된다.

분선충의 생활사는 복잡하다. 충란과 유충이 변으로 배출된다. 유충은 전염력이 있는데 섭취하거나 피부를 통해 직접 들어가 감염된다.

분선충은 주로 강아지에게 문제가 된다. 감염된 강아지는 다량의 수양성 또는 혈액성 설사를 하는데 치명적일 수 있다. 유충이 폐로 이행하면 폐렴이 발생하기도 한다.

치료 : 신선한 변이나 배양한 변을 현미경으로 검사하여 충란이나 유충을 확인해 진단한다. 파나쿠어(펜벤다졸)로 5일간 치료한다. 30일 안에 반복 치료를 추천한다. 이버멕틴도 허가를 받지는 못했으나 치료에 효과가 있다.

공중보건 측면 : 개에게서 사람으로 감염될 수 있으며, 사람에게서 개로도 감염될 수 있다. 사람의 분선충 감염은 만성 설사를 유발하여 몸을 쇠약하게 만드는 질환이다. 따라서 감염된 강아지는 치료하고 회복될 때까지 격리시켜야 한다. 분선충에 감염된 개의 변과 접촉하지 않도록 각별히 주의해야 한다.

기타 기생충

요충pinworm

요충은 때때로 반려동물과 어린아이가 있는 가정에서 문제가 되는 기생충이다. 그러나 우려와 달리 개와 고양이는 감염되지도 않고 전파시키지도 않으므로 사람 요충 감염의 유발 원인으로 걱정할 필요는 없다.

선모충증trichinosis

익히지 않은 돼지고기[낭 안에 싸인 트리키나 스피랄리스(*Trichina spiralis*) 유충이 들어 있는]를 먹고 감염된다. 사람에서는 매년 몇몇 증례가 보고되고 있다. 아마도 개의 발생률이 조금 더 높을 것이다. 선모충 감염을 예방하는 방법은 개가 밖에서 배회하지 않도록 하는 것이다(특히 시골 지역). 사람과 동물 모두 고기를 익혀서 먹어야 한다.

폐충lungworm

폐충은 약 1cm 길이의 가늘고 털이 없는 기생충이다. 개에게 문제가 되는 폐충은 몇 종류가 있다. 카필라리아 아이로필라(*Capillaria aerophila*)는 충란 또는 달팽이, 민달팽이, 설치류 같은 운반숙주를 먹어 감염된다. 이 기생충은 비강과 상부 호흡기도에 살며 가벼운 기침을 유발한다. 필라로이데스(*Filaroides*) 종은 기관과 기관지 감염을 유발하는데, 특히 그레이하운드에게 많이 발생한다.

폐충이 있는 개는 대부분 경미한 감염으로 증상이 나타나지 않는다. 감염이 심각한 개는(보통 2살 미만) 지속적인 마른기침, 체중감소, 운동불내성* 등을 보일 수 있다.

진단은 임상 증상, 흉부 엑스레이검사(항상 문제가 드러나진 않는다), 변이나 호흡기 분비물에서 충란이나 유충을 확인하여 내린다. 필라로이데스에 감염된 개는 기관지 내시경검사를 통해 기관벽에서 작은 결절을 관찰할 수 있는데, 여기에서 유충이 관찰될 수도 있다. 장기간에 걸친 펜벤다졸 치료가 필요한 경우가 많다.

* **운동불내성** 정상적인 신체활동이나 물리적 운동을 할 수 없는 상태.

폐흡충lung fluke

폐흡충(*Paragonimus kellicotti*)은 큰 호수 주변에 사는 개들에서 감염된다. 흡충은 몇 mm에서 몇 cm(2.5~5cm)까지 크기가 다양한 편형동물이다. 흡충은 수생 달팽이와 가재를 먹어 감염된다. 폐에 낭포가 생기는데, 드물게 낭이 파열되어 폐가 허탈될 수 있다(기흉).

모든 종의 폐충과 폐흡충을 치료하는 가장 안정하고 효과적인 방법은 펜벤다졸을 투여하는 것이다. 10일간 매일 투여해야 한다. 생선은 익혀서 먹고 개의 사냥 습성을 억제하는 것으로 폐충을 예방할 수 있다.

심장사상충heartworm

심장사상충은 개에게 흔히 발생한다. 338쪽에서 다룬다.

3장
전염성 질환

전염병은 세균, 바이러스, 원충, 곰팡이, 리케차 등의 병원체가 취약한 숙주의 체내로 침입해 병을 일으키는 것이다. 감염된 오줌과 변, 신체 분비물과 접촉하거나 병원체가 들어 있는 입자를 흡입하여 동물에게서 다른 동물에게로 전염된다. 토양 중 포자(spore)가 호흡기로 들어가거나 피부의 상처를 통해 들어가 감염되기도 한다. 일부는 성적 접촉으로 인해 감염된다.

병원체는 주변 환경 어디에나 존재하지만, 그중 일부만 감염을 일으킨다. 많은 전염병은 종 특이성이 있다. 예를 들어 개는 말만 걸리는 특정 전염병에 감염되지 않고, 말도 개만 걸리는 특정 전염병에 감염되지 않는다. 반면에 어떤 전염병은 종 특이성이 없어 사람을 포함해 많은 동물이 전염된다. 인수공통 전염병의 경우 '공중보건 측면'을 덧붙여 설명한다.

많은 감염체는 숙주 밖에서도 오랫동안 생존할 수 있다. 이런 정보는 감염의 전파를 막는 데 매우 중요하다.

예방접종은 많은 전염병을 예방하는 가장 좋은 방법이다. 면역과 백신접종에 대해서는 이 장의 마지막 부분에서 다룬다.

세균성 질환

세균은 하나의 세포로 이루어진 미생물로 질병을 유발한다.

브루셀라병brucellosis

브루셀라균(*Brucella canis*)에 의해 발생한다. 개의 불임과 자연유산의 주 원인이다. 자궁 내에서 감염된 태아는 임신 45~59일경에 유산되는 특징이 있다. 출산 약 2주 전에 유산을 하거나 사산을 한 경우, 출산한 강아지가 아프다가 죽는 경우에는 브루셀라 감염을 의심해 본다.

급성 감염일 경우, 개는 사타구니와 턱 밑의 림프절이 크게 부어오른다. 열이 나는 경우는 드물다. 초기에는 수컷의 고환이 부어오르지만 나중에는 정자 생산 세포들이 파괴됨에 따라 작게 위축된다. 하지만 이 병은 수캐와 암캐 모두에게 아무 증상 없이 전염될 수 있다.

급성 감염이 발생한 개는 혈액, 소변, 신체 분비물, 유산 배출물에서 세균이 관찰된다. 만성 감염이나 비활성 감염의 경우, 발정기의 질 분비물이나 정액을 통해 세균이 전파될 수 있다.

가장 흔한 감염 경로는 자연유산 이후 생긴 질 분비물과 접촉하거나 감염된 개의 오줌과 접촉하는 것이다. 이런 식으로 켄넬 전체에 급속도로 퍼질 수 있다. 수컷은 발정기 암컷의 질 분비물과 구강 또는 비강 접촉을 통해 감염될 수 있다. 암컷은 감염된 수컷과의 교미를 통해 감염될 수 있다. 수컷은 평생토록 이 균을 가지고 있을 수 있으므로 브리더들의 각별한 주의가 필요하다.

급성 감염기에 채취한 혈액을 배양하는 것이 가장 확실한 진단 방법이다. 유산된 조직을 배양할 수도 있다. 혈청검사를 통해 감염 이력을 확인할 수도 있다.

치료 : 브루셀라병은 박멸이 어렵다. 근육주사나 경구용 항생제를 최소 3주에 걸쳐 투여하면 감염견의 약 80%는 치료가 가능하다. 완치 판정을 내리려면 최소 3개월 이상 균이 발견되지 않아야 한다. 근절이 어렵기 때문에, 다른 개로의 전파를 막기 위해 감염된 개들은 중성화수술을 시킨다.

예방 : 번식을 시키는 개는 모두 미리 검사를 해야 한다. 교배 예정인 암컷은 교미하기 한 달 전에 재검사하고, 수컷은 교미 전에는 항상 재검사를 실시한다.

공중보건 측면 : 개로부터 브루셀라병에 감염되는 경우는 드물다. 유산 관련 물질을 다루는 경우 장갑을 착용하고 적절한 위생 조치를 따르는 것이 중요하다.

렙토스피라증leptospirosis

개 렙토스피라증은 가는 나선형으로 꼬인 세균(나선균)에 의해 발생한다. 개에게 문제가 되는 렙토스피라 혈청형은 최소 4종으로 개렙토스피라(*Leptospira canicola*), 황달 출혈성 렙토스피라(*L. icterohemorrhagiae*), 렙토스피라 그리포티포사(*L. grippotyphosa*), 렙토스피라 포모나(*L. pomona*)다.

렙토스피라는 야생동물과 가축에서 발견된다. 오줌을 통해 전파되는데, 종종 취수원으로 흘러들어가기도 하고 토양 속에서 6개월까지 전염성을 가진 채로 남아 있기도 한다. 쥐, 돼지, 너구리, 소, 스컹크, 주머니쥐 등이 주요 매개체다. 교외에 거주하는 사람들이 늘어나면서 반려견들이 야생동물과 접촉할 기회도 증가했다. 렙토스피라증 발생이 증가하는 이유이기도 하다. 개가 오염된 물을 마시거나 피부를 통해 나선형 세균이 뚫고 들어가 감염된다. 물속에서 많은 시간을 보내는 경우, 웅덩이에 고인 물을 마시는 경우, 비온 뒤 축축한 건초더미 주변에서 많은 시간을 보내는 경우에 발생 위험이 높다.

감염되어도 대부분은 증상이 없거나 경미하다. 임상 증상은 노출 후 4~12일경에 나타난다. 초기에는 열이 나는데, 며칠간 식욕부진을 보이거나 구토, 무기력, 근육통, 설사, 혈뇨 등의 증상이 나타난다. 렙토스피라증은 주로 신장과 간에 영향을 미친다.

심한 경우에는 눈의 흰자위가 노랗게 변하는데(황달) 이는 간염으로 간세포가 파괴되었음을 의미한다. 입에서 피가 나거나 혈변을 보는 등의 응고장애가 뒤따를 수 있다. 치료받지 않는 개의 경우, 회복되더라도 보균자로 남아 길게는 1년 동안 소변을 통해 균을 배출하기도 한다.

개렙토스피라와 렙토스피라 그리포티포사 혈청형은 신장손상을 잘 일으키고, 렙토스피라 포모나와 황달출혈성 렙토스피라는 주로 간에 영향을 미친다. 어린 개체는 모든 혈청형에서 간손상이 흔하게 발생한다.

진단은 개의 임상 증상을 바탕으로 이루어지는데, 간과 신장의 기능을 검사하면 비정상 소견이 관찰된다. 형광항체염색법으로 소변이나 혈액 속의 나선형 세균을 확인할 수 있다. 확진을 위해 특수한 혈액검사를 할 수도 있다.

치료 : 상태가 심한 개는 공중보건상의 이유로, 또 집중치료를 위해 입원 치료를 해야 한다. 페니실린과 스트렙토마이신 등의 항생제를 병용하여 사용하면 효과적이다. 독시사이클린도 자주 사용한다. 엔로플록사신과 시프로플록사신도 가끔 사용한다. 구토와 설사를 관리하고, 탈수를 교정하고 영양을 유지해 주는 정맥수액 등의 유지요법이 도움이 된다.

예방 : 렙토스피라증을 위한 예방접종이 있다(108쪽 참조).

공중보건 측면 : 사람도 렙토스피라증에 걸릴 수 있는데, 개와 마찬가지로 감염된 물같이 비슷한 경로로 감염된다. 감염된 소변을 통해서도 전파될 수 있으므로 반려견이 감염되었다면 주의해야 한다. 무증상인 개도 여전히 질병을 전파시킬 수 있다.

보르데텔라 브론키세프티카

보르데텔라 브론키세프티카(*Bordetella bronchiseptica*)는 켄넬코프 복합증과 다른 호흡기 질환에서 흔히 발견된다. 상부 호흡기 증상으로는 맑은 콧물과 눈물을 동반하는 마른기침이 있다. 강아지와 면역이 악화된 성견의 경우 바이러스 감염과 함께 하부 호흡기에 2차 세균 감염이 발생하면 생명을 위협하는 폐렴을 유발할 수 있다. 균을 가지고 있으나 증상이 나타나지 않는 개라도 기침이나 타액 등으로 공기 중에 균을 배출할 수 있다. 건강한 개도 오염된 공기 속에서 호흡하는 과정에서 감염될 수 있다.

콧물이나 기관 세척을 통해 채취한 시료를 배양해 진단한다.

치료 : 개를 따뜻하고 외풍이 없는 곳에 두고 습도를 조절한다. 회복을 더디게 할 수 있으므로 활동을 제한하고 상부 호흡기 감염을 치료한다. 열이 나거나 점액 화농성 콧물이 나는 경우 항생제를 처방한다. 보르데텔라균이 검출된 모든 상부 호흡기 감염에도 항생제를 처방한다. 세균이 전신성 항생제가 도달하기 어려운 호흡기도의 점막 표면에 주로 달라붙어 있기 때문에 네뷸라이저를 통한 항생제 투여가 주사나 내복약보다 효과가 좋다.

예방 : 보르데텔라 백신은 다른 개들과 접촉이 잦은 경우 추천된다[108쪽, 켄넬코프 (보르데텔라) 백신 참조].

살모넬라증salmonella

살모넬라속(*Salmonella*)의 여러 균들은 개에게 급성 전염성 설사를 유발할 수 있다. 살모넬라는 토양이나 자연환경 속에서 수개월에서 수년 동안 생존할 수 있다. 개들은 날고기나 오염된 음식, 동물성 거름 등을 먹거나 감염된 개의 설사변에 오염된 것을 입으로 접촉해 감염된다. 항상 철저한 위생 수준을 준수해 조리되는 음식이 아니라면, 생식을 먹는 개에서 감염 위험이 높다.

바이러스 감염, 영양불량, 기생충 감염, 밀집 사육, 비위생적인 생활환경 등으로 인해 천연적인 저항력이 악화된 강아지와 젊은 성견에서 가장 취약하다.

고열, 구토, 설사 등의 증상이 나타난다. 변에 피가 섞이거나 역한 냄새가 날 수 있다. 구토와 설사가 지속되면 탈수로 진행된다. 혈류 속의 세균은 간, 신장, 자궁, 폐의 농양을 유발할 수 있다. 급성인 경우 4~10일간 지속되는데 이후 한 달 넘게 지속되는 만성 설사로 진행되기도 한다. 만성 설사를 하는 개는 변으로 살모넬라균을 배출하므로 다른 동물이나 사람에게 잠재적인 감염원이 될 수 있다.

진단은 보균 상태인 개의 분변을 배양하거나 급성 감염이 발생한 개의 변, 혈액, 감염 조직에서 직접 살모넬라균을 확인하여 이루어진다.

치료 : 경미한 경우는 수액 처치에 잘 반응한다. 많은 살모넬라균들이 흔히 사용되는 항생제에 내성이 있다. 실제로, 항생제로 인해 내성균이 증식하고 균의 배출을 더 장기화시킬 수 있다. 때문에 항생제는 심각한 경우에만 사용해야 한다. 설파계 약물과 퀴놀론계 약물이 추천된다.

공중보건 측면 : 살모넬라증은 인수공통 전염병이므로, 살모넬라에 감염된 개를 다룰 때에는 철저한 위생관리가 필요하다. 개의 변을 치울 때 장갑을 착용하거나 개가 배변을 보는 장소를 잘 소독하는 것이 중요하다.

캄필로박터증campylobacteriosis

캄필로박터증은 강아지에게 급성 전염성 설사를 유발한다. 켄넬의 개와 떠돌이 개에서도 발생할 수 있다(열악한 환경과 이미 다른 전염성 장염을 앓고 있는 경우가 많다).

오염된 음식, 물, 조리되지 않은 가금류 고기나 소고기, 동물의 배설물 등과 접촉하여 감염된다. 캄필로박터균은 물이나 멸균되지 않은 우유 속에서 최대 5주까지 생존할 수 있다.

잠복기는 1~7일이다. 급성 감염의 증상으로는 구토와 수양성 설사를 들 수 있는데, 점액이나 피가 섞여 있을 수 있다. 보통 5~15일 정도 지속되는데, 이후에도 만성으로 설사를 하며 변으로 균이 배출되기도 한다.

치료 : 경미한 설사는 설사(281쪽)에서 설명한 것처럼 치료한다. 개를 따뜻하고 잘 말려 주며 스트레스가 없는 환경에 둔다. 상태가 더 심각한 개는 탈수를 막으려면 동물병원에서 수액 처치를 받아야 한다. 항생제도 도움이 된다. 에리스로마이신과 시프로플록사신이 추천된다.

공중보건 측면 : 캄필로박터증은 사람에게 설사를 일으키는 흔한 원인이다. 사람에서는 대부분 새로 들인 새끼 고양이나 강아지와 접촉해 발생한다. 아이가 있는 부모라면 설사를 하는 강아지가 사람에게 전염 가능한 병원균을 보유하고 있을 수도 있음을 인지해야 한다. 철저한 위생관리가 필수다. 특히 어린아이들과 면역력이 약한 사람은 조심해야 한다.

대장균 감염

대장균(*Escherichia coli*) 감염은 대장균에 의해 발생하는 전염성 장염이다. 정상 세균총에 포함되지 않는 일부 대장균 균주가 있다. 이들을 먹으면 급성 설사를 유발할 수 있다. 감염된 물, 음식, 분변 등에 의해 감염된다. 위생 수준을 철저히 지켜 조리한 음식이 아니라면 생식을 하는 개에서 감염 위험이 높다.

대장균은 강아지에서 패혈증의 중요한 원인이며, 비뇨기계 감염이나 생식기계 감염을 유발할 수도 있다. 모든 나이의 개에서 위장관에 바이러스 감염이 발생하면 대장균이 병원체로 작용해 생명을 위협할 정도로 문제를 악화시킨다.

치료 : 급성 감염을 일으켰다면 집중 치료를 위해 동물병원에 입원시켜야 한다. 탈수는 큰 문제가 되는데, 특히 신장에 독성 손상을 입힐 수 있다. 감염된 분변을 다룰 때는 위생에 엄격하게 주의를 기울여야 한다.

예방 : 사람에서의 심각한 대장균 감염은 간 덜 익은 소고기를 먹거나 오염된 채소를 먹어 발생한다. 역시 철저한 위생관리가 중요하다.

라임병Lyme disease

라임병은 보렐리아 부르그도르페리(*Borrelia burgdorferi*)라는 나선형 세균에 의해 발생한다. 이 균은 감염된 진드기에 물려서 감염된다. 라임병은 미국에서 가장 흔한 진드기 매개성 질환이다.

라임병은 1975년에 처음 알려졌는데, 올드 라임을 포함한 코네티컷 남동부의 여러 시골 마을에서 급성 관절염을 일으키는 발병 양상을 보였다. 현재 다양한 지역에 분포해 발생한다.

미국흰발붉은쥐가 나선균의 주요 보균자인데 새들이 옮기는 경우도 있다. 흰꼬리사슴은 진드기를 옮기긴 하나, 나선균을 옮기지는 않는다. 라임병은 주로 진드기 활동 시기인 5월부터 8월경에 전파되는데 7월에 정점을 찍는다. 하지만 진드기는 0도 이상의 환경에서는 언제나 활동이 가능하다.

개에서 가장 특징적인 증상은 갑자기 다리를 저는 것이다. 실제 파행이 거의 유일한 증상인 경우도 많다. 한 개 혹은 그 이상의 관절이 붓고 만지면 통증을 호소한다. 일부 개들은 기력이 없어 보이거나 식욕 결핍, 체중감소 등이 나타난다. 파행은 며칠 정도 지속되지만 일부 증례에서는 만성이 되어 지속되거나 몇 달 후 재발하기도 한다.

다음으로 흔한 증상은 신장의 문제다. 급성 심장증후군은 아주 드물다. 신장과 심장의 문제는 모두 치명적일 수 있다.

라임병에 노출된 개는 대부분 증상이 나타나지 않는다. 혈청학적 검사로 노출 여부를 확인할 수 있다. 노출 후 몇 주 동안은 검사 결과가 양성이 아닌 것으로 나올 수 있다. 새로운 혈청검사 방법은 백신으로 인한 면역과 자연 노출에 따른 면역을 구분한다. 그러나 백신을 맞지 않은 개의 항체가가 높다면 능동 감염을 의미한다. 노출 여부를 확인하기 위해 웨스턴블롯 검사와 ELISA 검사가 이용된다. 라임병 검사가 양성으로 나온 개는 에를리히증과 바베시아증 같은 진드기 유래 질환에 감염되었을

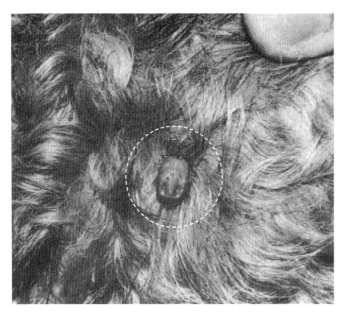

개의 몸에서 피를 빨아먹은 암컷 진드기. 진드기 활동 시기에는 진드기가 없는지 매일 확인한다.

* **라임병** 그동안 국내에서는 개의 라임병 발생 보고가 없었으나 최근 보고되고 있다. 현재는 같은 진드기 매개 질환인 바베시아증이 더 많이 발생하고 있으나 라임병도 더 많이 발생할 것으로 예측된다. 아직 국내에는 라임병 예방백신이 수입되지 않고 있다. 외부기생충 예방약을 통해 진드기를 관리한다.

수도 있다.

부어오른 관절은 엑스레이검사에서 관절에 물이 차는 소견을 보인다. 관절활액검사(검사를 위해 관절 안으로 바늘을 찔러 넣어 액체를 빼낸다)에서 나선균이 관찰될 수 있다.

치료 : 최소 2~4주간 항생제를 처방한다. 아목시실린과 독시사이클린이 가장 효과적이다.

예방 : 진드기가 라임병을 옮기려면 그에 앞서 5~20시간 전에 개의 몸에 붙어 있어야 한다. 따라서 매일 진드기를 찾아 없애는 것으로 감염을 막을 수 있다.

진드기 방지 목걸이나 주변 환경의 진드기 예방관리 등으로 감염을 줄일 수 있다. 프론트라인은 한 번 바르면 30일간 작용해 진드기를 죽인다. 자세한 내용은 **참진드기**(132쪽)를 참조한다.

라임병*을 예방하는 예방접종이 있다. 감염 확률이 높은 개라면 추천한다. 수의사와 상의하여 결정한다.

공중보건 측면 : 라임병은 사람에게도 심각한 질환이다. 개가 직접 사람에게 병을 옮기지는 않지만, 나선균을 가진 진드기를 옮기는 것은 가능하다. 흔치 않지만 개의 피를 빨아먹기 전에 사람에게 옮겨갈 수도 있다. 일단 진드기가 개의 몸에서 피를 빨아먹기 시작하면 더 이상 두 번째 숙주를 찾지 않을 것이다. 개의 몸에서 떼어낸 진드기는 아주 조심해서 버려야 한다. 알코올을 담은 병에 넣은 뒤 병째로 폐기하는 것이 가장 좋은 방법이다.

바이러스성 질환

바이러스는 질병을 일으키는 유기체로, 세포보다 더 단순하며 단백질로 싸여 있는 간단한 구조로 되어 있다.

디스템퍼(홍역)distemper

디스템퍼는 사람에게 홍역을 일으키는 병원체와 유사한 바이러스에 의해 발생하는 전염성이 높은 질병이다. 전 세계적으로 개들이 죽음에 이르는 주요 전염병 중 하나이기도 하다. 예방접종을 하지 않은 개는 모두 감염 가능성이 높다.

감염된 개는 체내의 모든 분비물을 통해 디스템퍼 바이러스를 배출한다. 바이러스 흡입을 통한 감염이 주요 감염 경로다. 모체항체가 방어 수준 밑으로 떨어지고, 아직 예방접종이 안 된 생후 6~12주의 강아지에서 가장 많이 발생한다.

디스템퍼에 감염된 개의 절반은 증상이 가볍거나 증상이 없다. 개의 전반적인 건강 상태가 질병의 진행 양상을 결정한다. 영양 상태가 열악하거나 병든 개에서 가장 심각하다.

디스템퍼 바이러스는 주로 뇌세포와 신체 표면의 세포(피부, 결막, 호흡기와 소화기 점막 등)를 공격한다. 질병의 양상은 다양한 형태로 나타난다. 2차 감염과 합병증도 흔하게 발생하는데, 부분적으로 바이러스에 의한 면역저하와 관련이 있다.

디스템퍼의 초기 증상은 노출 6~9일 후에 나타나는데 경미한 경우는 모른 채 지나간다.

1단계 : 처음에는 39.4~40.5℃에 이르는 고열이 특징이다. 식욕부진, 무기력, 수양성 눈곱과 콧물 등을 동반하며 다시 또 열이 오른다. 이런 증상은 감기로 오인되기도 한다.

며칠 이내로 눈곱과 콧물이 누렇게 진득해진다. 개는 마른기침 증상을 보이며 복부에 농포가 잡히기도 한다. 흔히 구토와 설사가 관찰되며 이로 인해 심각한 탈수상태에 빠질 수 있다.

그다음 1~2주 동안, 상태가 좋아져 보이다가 다시 악화되는 경우가 많다. 항생제 투여의 효과가 떨어지고 2차 세균 감염으로 인한 소화기와 호흡기 합병증이 발생하는 시기가 겹쳐져서 그렇다.

2단계 : 발병 2~3주 후에 일어난다. 많은 개들에서 뇌 증상(뇌염)이 발생하는데 침을 짧게 흘리고, 머리를 흔들며, 씹는 듯한 턱 경련이 특징이다. 뱅글뱅글 돌고, 넘어지거나 네 다리를 크게 차는 간질성 발작을 보이기도 한다. 경련이 끝나고 나면 개는 혼미한 상태로 주인을 피하거나 목적 없이 배회한다. 앞이 안 보이는 것처럼 행동하기도 한다.

진단이 불분명한 상태에서 뇌 증상을 나타내는 경우, 요추천자검사나 뇌척수액검사가 도움이 되지만 확진 수단은 아니다. 뇌 증상의 또 다른 진단법은 디스템퍼 근육 간대경련으로, 분당 60회까지 발생하는 주기적인 근육의 수축이 특징이다. 처음에는 개가 잠을 자거나 쉬고 있을 때 관찰되다가, 나중에는 증상이 밤낮없이 나타난다. 통증을 동반하는 경우 낑낑거리거나 울부짖는다. 디스템퍼에서 회복되더라도 경련이 지속되지만 시간이 지나면 조금 완화될 수 있다.

경척증(hard-pad)은 바이러스가 발과 코의 피부를 공격해 코와 발바닥 피부가 굳은 살처럼 두껍고 딱딱해지는 증상이다. 감염 후 15일경에 처음 나타난다. 예전에는 경척증과 뇌염이 별개의 질병으로 생각되었으나, 현재는 다른 균주의 디스템퍼 바이러스에 의해 발생하는 것으로 알려져 있다. 경척증은 백신의 발달과 예방접종의 대중화로 인해 예전에 비해 발생빈도가 크게 낮아졌다.

치료 : 디스템퍼는 반드시 수의사의 진료를 받아야 한다. 바이러스에 직접적으로 작용하진 않지만 2차 세균 감염을 막기 위해 항생제 처방이 필요하다. 탈수 교정을 위한 정맥수액 처치, 구토와 설사를 관리하기 위한 약물요법, 발작을 위한 항경련제와 진정제 투여 등의 유지요법이 도움이 된다.

발바닥이 두껍고 딱딱해졌다. 디스템퍼 감염의 한 형태다.

예후는 얼마나 빨리 치료를 시작했는지, 디스템퍼 균주의 병원성, 개의 나이, 예방접종 여부, 바이러스에 대한 신속하고 효과적인 면역 반응 능력에 따라 다르다.

예방 : 예방접종을 통해 거의 100% 예방이 가능하다. 모든 강아지는 생후 8주에 예방접종을 실시한다. 번식견은 교배 2~4주 전에 DHPP(디스템퍼, 간염, 파보바이러스, 파라인플루엔자 혼합백신) 예방접종을 실시한다. 이는 초유 속의 높은 항체 수준을 획득하는 데 중요하다.

개 허피스바이러스 감염

개 허피스바이러스(canine herpesvirus)는 넓게 전파되어 다양한 증상을 보인다. 신생견에게 치명적인 문제를 유발하며(484쪽, 개 허피스바이러스 참조), 켄넬코프 복합증의 원인체 중 하나이기도 하다. 암컷에게는 질염, 수컷에게는 포피염을 유발하며 교미 과정에서 전파될 수 있다.

질염에 걸린 암컷은 질점막에 출혈과 물집 같은 병변을 동반한다. 이런 병변은 발정이 왔을 때도 비슷하게 나타날 수 있다. 질로부터 진행된 자궁 내 감염은 조기 태아 흡수, 유산, 사산 등을 유발할 수 있다.

허피스바이러스 감염은 감염된 조직에서 바이러스를 분리 동정해 확진한다.

치료 : 효과적인 치료법은 없다. 미국에는 백신이 없으나 유럽 지역에서는 임신견을 위한 백신이 사용되고 있다.

예방 : 개들은 대부분 전 생애에 걸쳐 허피스바이러스에 노출된다. 임신처럼 중요한 시기에 감염되는 경우를 제외하면 대부분 가벼운 감기 증상처럼 지나간다. 가장 좋은 방법은 번식을 앞둔 암컷이 많은 개들과 접촉하지 못하도록 격리하는 것이다.

전염성 간염

전염성 간염은 개 아데노바이러스 1형에 의해 발생하는 바이러스 질환으로 전염성이 강하다. 주로 야생 갯과 동물과 백신 접종이 안 된 개에게만 발생하는데, 대부분 1살 미만의 강아지들이다.

바이러스에 노출되면 개의 조직에서 증식하여 체내 모든 분비물을 통해 배출된다. 이 시기 동안에는 전염성이 매우 높아 감염된 소변, 대변, 타액과 접촉하는 다른 개에게 전파될 수 있다. 회복된 후에도 최대 9개월까지 소변을 통해 바이러스를 배출할 수 있다.

개 전염성 간염은 간, 신장, 혈관 내피세포 등에 영향을 미치는데 가벼운 증상부터 치명적으로 급속히 진행되는 경우까지 증상이 다양하게 나타난다. 경증의 경우 식욕부진과 가벼운 활력저하가 나타난다. 그러나 치명형의 경우 갑작스럽게 아파하며 혈변과 허탈 증상을 보이다 수 시간 이내에 급사한다. 강아지들은 명확한 증상 없이 사망하기도 한다.

급성 감염의 경우 41.1℃에 이르는 고열, 음식거부, 혈변, 종종 피 섞인 구토를 보인다. 간의 부종으로 인한 심한 통증 때문에 몸을 웅크리고, 눈에 불빛을 비춰 보면 아파하거나 찡그리며 눈물을 흘린다. 편도염, 잇몸과 피부의 자연출혈, 황달 등이 관찰될 수 있다.

전염성 간염은 임상 증상을 통해 의심해 보고 바이러스 분리동정검사로 확진한다. 감염에서 회복된 개의 약 25%가 한쪽 또는 양쪽 각막의 특징적인 혼탁병변을 보이는데 이를 블루아이(blue eye)라고 부른다. 이런 증상은 대부분 며칠 내로 사라진다.

치료 : 급성 감염의 경우, 집중적인 수의학적 치료를 위해 입원 치료를 해야 한다.

예방 : 예방접종이 매우 효과적이다. 개 전염성 간염은 사람에게는 간염을 유발하지 않는다.

광견병rabies

광견병은 설치류에게는 드물지만 거의 모든 온혈동물에게 발생하는 치명적인 질병이다. 개와 가축에 대한 광견병 예방접종은 큰 효과를 나타내고 있으며, 동물과 가족의 위험성도 크게 감소하였다.

광견병을 옮기는 주요 야생동물은 스컹크, 너구리, 여우, 코요테, 박쥐 등이다.

광견병 관리가 잘 되지 않는 국가에서 사람들이 감염되는 주요 경로는 개나 고양이에게 물려서인데, 매년 수천 명이 생명을 잃는다. 때문에 이런 지역을 여행하는 경우 개에게 물리지 않도록 각별히 주의해야 한다.

광견병 바이러스는 감염된 동물의 타액에서 관찰되는데, 물린 부위를 통해 몸속으로 침투한다. 열린 상처나 파열된 점막에 타액이 닿아도 감염될 수 있다. 개의 평균 잠복기는 2~8주 정도지만, 일주일 내로 짧아지거나 1년까지 길어질 수 있다. 바이러스는 신경을 따라 뇌로 이동한다. 물린 부위가 뇌에서 멀수록 잠복기도 길어진다. 그리고 다시 바이러스는 신경을 따라 뇌에서 입으로 이동한다. 바이러스가 침샘 안으로 들어가면 10일 이내에 증상이 나타난다(이는 어떤 증상이 나타나기 전에 이미 전염성을 가진다는 뜻인데, 흔치는 않지만 감염 가능성이 있다).

개는 증상을 두 가지 형태로 보인다. 심한 공격성을 보이는 광폭형과 멍한 모습을 보이며 보행실조(자발적인 근육의 움직임이 부조화를 이룸)를 보이는 마비형이 있다. 두 경우 모두 음식을 삼키는 근육의 마비로 인해 과도하게 침을 흘리는 모습이 관찰된다.

광견병에 걸렸는지가 불분명한 동물에게 물린 경우, 광견병에 노출되었을 가능성을 염두에 두고 조치해야 한다. 광견병에 노출되었을 가능성이 높은 경우, 만약 개가 광견병 예방접종을 했다면 즉시 줄로 묶어 45일간 집에서 격리시킨다. 광견병 예방접종을 하지 않았다면 안락사를 시키거나 엄격한 격리 시설에서 직접적인 접촉을 피한 채 6개월간 격리시킨다. 격리해제 한 달 전에 광견병 예방접종을 실시한다(물린 사건으로부터 5개월 뒤). 가혹해 보일지 모르지만, 이게 모두 광견병 예방접종을 하였다면 불필요한 조치임을 상기하자. 나라나 지역에 따라 광견병 예방접종이나 격리에 대한 규정이 조금씩 다를 수 있다.

치료 : 만약 개가 광견병 감염 여부를 알 수 없는 동물에게 물렸다면 환부를 완벽하게 세정하는 것이 아주 중요하다. 비누와 물로 철저히 씻겨낸다. 연구에 따르면 환부를 잘 세정하는 것이 감염 가능성을 크게 감소시켰다. 상처는 봉합해선 안 된다.

예방 차원에서 광견병 예방접종을 하였더라도 즉시 예방접종을 실시한다(적어도 물리거나 핥여진 뒤 14일 이내). 광견병 증상이 나타난 이후의 예방접종은 효과가 없다.

사람 이배체세포를 배양해 만든 불활화백신의 도입으로 인해, 사람이 물린 이후에 백신접종을 했을 때 백신의 효과와 안정성이 크게 향상되었다. 감염에 노출된 사람의 경우 이전에 광견병 예방접종이 없었음을 감안하면, 수동 광견병 면역글로불린 투여와 사람 이배체 백신접종 둘 다 실시해야 한다.

예방 : 생후 3~6개월에 첫 예방접종을 실시한다. 1년 후 추가 접종을 하고, 이후에는 지역에 따라 1~3년마다 추가 접종을 실시한다. 첫 접종을 한 나이에 상관없이 1년 후 추가 접종을 해야 한다.

반려견과 함께 여행을 하는 경우 광견병 예방접종 증명 내역을 지참한다(수의사로부터 발급받은 예방접종 증명서가 가장 확실하다). 만약 보호자가 광견병 격리 지역에 가서 예방접종 내역을 증명하지 못하는 경우, 개를 빼앗겨 격리당할 수 있으며 무거운 벌금을 물어야 할 수도 있다.

공중보건 측면 : 광견병에 걸린 것이 의심되는 개를 만지거나, 도움을 주려 접근하지 않는다. 야생동물에게 물린 모든 상처는 크든 작든 잠재적으로 광견병 감염 가능성이 있음을 명심한다. 개가 야생동물이나 광견병 감염 여부가 불확실한 가축에게 물린 경우 장갑을 착용하고 개의 상처를 씻겨내야 한다. 개의 상처 주변의 타액이 사람의 점막이나 상처를 통해 감염될 수 있다.

사람도 수의사, 동물 행동 전문가, 동굴 탐험가, 축산 노동자와 같이 감염 위험이 높은 집단의 경우 예방접종이 가능하다.

동물에서 광견병의 조기 실험실적 확진은 노출된 사람이 가능한 한 신속히 광견병 예방책을 실시하는 것이 필수적이다. 동물을 안락사시킨 후 머리를 냉장시켜(얼리진 않는다) 광

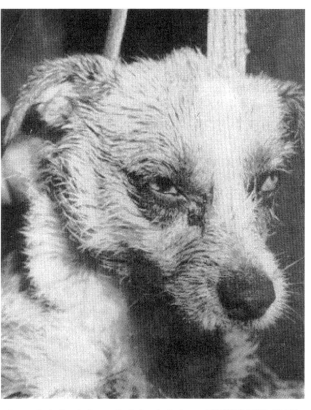

광견병에 걸린 이 개는 시선이 흐트러졌고, 3안검이 돌출되었으며, 진득한 눈곱이 관찰되었다.

견병 진단이 가능한 실험실로 보낸다. 광견병은 뇌 조직이나 침샘 조직에서 광견병 바이러스나 항원을 발견해 진단한다. 동물을 포획할 수 없고 광견병 감염 여부를 확인할 수 없는 경우, 주치의와 상의해 예방 조치로 백신접종을 받을 수도 있다.

광견병에 걸린 것이 의심되는 동물과 신체적인 접촉이 있었다면 <u>즉시 주치의 및 수의사와 상담하도록 한다.</u> 그리고 지역 보건소에 알린다. 문 개는 건강해 보이더라도 10일 동안 격리해 감시한다. <u>설사 광견병 접종을 받은 개일지라도 마찬가지다.</u>

켄넬코프

켄넬코프는 사실 하나의 질병이 아니라 켄넬이나 많은 개들이 밀집해 사육되는 곳에서 급속히 전파되는 전염성이 높은 호흡기 질환을 말한다. 거칠고 건조한 기침이 특징이다. 기침이 몇 주간 지속되고 바이러스 감염에 뒤이어 2차 세균 감염이 발생하면 만성적인 문제로 진행된다.

많은 바이러스와 보르데텔라 브론키세프티카(*Bordetella bronchiseptica*)가 주요 원인체다.

치료 : 켄넬코프 복합증(318쪽) 참조.

예방 : 파라인플루엔자, 보르데텔라, CAV-2(개 아데노바이러스 2) 등의 예방접종은 켄넬코프를 완벽히 예방하진 못해도, 감염률과 중증도를 낮춘다.

개 파보바이러스

파보바이러스 감염은 급성, 전염성이 높은 질환으로 1970년대 초 처음 알려졌다. 이 바이러스는 소화관 내피세포와 같은 재생세포를 빠르게 공격하는 특성이 있다.

급성 감염의 경우 최대 몇 주일까지 분변을 통해 다량의 바이러스를 배출한다. 감염된 분변을 구강으로 접촉하여 전염된다. 파보바이러스는 오염된 이동장, 신발 등은 물론 개의 털과 발을 통해서도 전파된다. 개가 털이나 발, 또는 분변에 오염된 물체를 핥으면 감염될 수 있다.

파보바이러스는 모든 나이에서 발생할 수 있으나, 생후 6~20주의 강아지에게 주로 발생한다. 도베르만핀셔와 로트와일러에게는 특히 감염이 더 빠르고 심각하게 진행된다. 이 품종들이 특히 저항력이 낮은 이유에 대해서는 밝혀진 것이 없다.

평균 4~5일 정도의 잠복기를 지나면 침울, 구토, 설사로 시작하는 급성 증상이 나타난다. 어떤 개들은 열이 나지 않는 반면, 41도에 이르는 고열을 동반하는 개들도 있다. 강아지들은 심한 복통으로 몸을 웅크린다. 다량의 설사가 관찰되며 점액이나 혈액이 섞여 있을 수 있다. 탈수에 급속하게 빠진다.

예전에는 신생견의 심근 증상을 유발하는 경우가 많았으나, 최근에는 매우 드물다. 이는 모견들이 예방접종을 일상적으로 받는 경우가 많아짐에 따라 모체항체의 수준도 높아져 강아지들이 보다 잘 보호받기 때문이라 생각된다.

갑작스럽게 구토나 설사 증상을 보이는 강아지는 모두 파보바이러스를 의심해 보아야 한다. 파보바이러스를 진단하는 가장 효과적인 방법은 분변 속의 바이러스 항원을 확인하는 것이다. ELISA 검사를 통해 신속한 진단이 가능하다. 위음성이 나올 수도 있다. 바이러스 분리동정검사가 더 정확하지만 외부 실험실에 의뢰해야 한다.

치료 : 파보바이러스에 감염된 개는 집중치료를 받아야 한다. 아주 경미한 경우를 제외하면 탈수와 전해질 불균형을 교정하기 위해 입원 치료가 필수적이다. 정맥수액 처치와 구토와 설사를 관리하는 약물치료를 한다. 증상이 심한 경우 혈장수혈이나 다른 집중치료가 필요할 수도 있다.

구토가 멈출 때까지 물이나 음식을 먹어서는 안 된다. 이 시기 동안에는 수액 치료가 중요하다. 보통 3~5일 정도 걸린다. 사망을 일으키는 주요 원인인 패혈증이나 기타 세균에 의한 합병증 예방을 위해 항생제 처방을 할 수도 있다.

예후는 특정 파보바이러스 항원의 병원성, 개의 나이와 면역 상태, 치료 시기에 따라 달라진다. 적절한 진료를 받은 강아지는 대부분 특별한 합병증 없이 회복된다.

그동안 파보바이러스 장염의 치료는 보존적 치료와 항체가가 높은 동물에서 채취한 혈장을 투여하는 혈장 치료가 중심이었다. 최근 치료율을 크게 높인 단클론항체 치료제가 개발되어 승인되었다. 국내에도 곧 유통될 것으로 추정된다.

예방 : 감염된 동물의 집이나 생활 공간을 철저히 청소하고 소독한다. 파보바이러스는 매우 견고한 바이러스로 웬만한 가정용 세제에는 수개월간 살아남을 수 있다. 가장 효과적인 소독법은 가정용 락스를 1 : 32의 비율로 희석해 사용하는 것이다. 20분간 방치해 놓은 뒤 씻어낸다.

생후 8주 정도에 시작하는 예방접종으로 파보바이러스 감염은 대부분 예방할 수 있다(100%는 아니다). 생후 첫

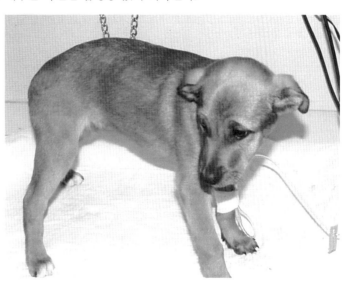

파보바이러스에 감염된 강아지. 복통으로 배를 웅크린 자세를 취한다. 급속히 탈수상태에 빠졌으나 정맥수액을 통해 교정되고 잘 회복되었다.

주 동안 강아지는 높은 수준의 모체항체에 의해 보호된다. 항체 수준이 점차 낮아지고 예방접종이 효과를 발휘하기 전까지 감염에 취약한 2~4주가량 공백이 생긴다. 이 공백기는 강아지마다 다르므로, 생후 6~20주 시기의 어느 때든 파보바이러스 감염에 취약해질 수 있다. 백신을 접종했는데도 효과를 나타내지 못하는 경우는 사실 대부분이 시기 동안 바이러스에 노출되는 경우다.

백신의 발달에도 불구하고 생후 16주가 되어 파보바이러스 예방접종이 완전히 완료되기 전까지는 강아지를 다른 개들과 분리해 놓는 것이 중요하다.

기초접종 후 매년 한 차례 추가 접종을 실시한다.

코로나바이러스 감염

개 코로나바이러스는 전염성이 높은 장 감염으로 보통 가벼운 증상을 유발한다. 그러나 강아지나 다른 감염증과 중복해 발병하는 경우 매우 위험할 수 있다. 전 세계에

걸쳐 발생하며 모든 나이에서 발생한다.

코로나바이러스는 감염된 동물의 구강 및 분변 분비물을 통해 전파된다. 감염 이후 바이러스가 수개월에 걸쳐 분변을 통해 배출된다. 증상은 무증상부터(가장 흔한 형태) 급성 설사까지 다양하다. 설사가 심한 경우 탈수에 빠질 수 있다.

초기 증상은 식욕부진을 보이며 활력이 떨어진다. 이후 구토와 역한 냄새를 풍기는 노랗거나 주황빛 설사를 한다. 피가 섞여 있는 경우도 있다. 파보바이러스와 달리 열이 나는 경우는 드물다.

항원 진단 키트로 동물병원에서 진단이 가능하다.

치료 : 치료는 파보바이러스의 치료에서(91쪽 참조) 설명한 것과 마찬가지로 탈수를 교정하고 구토와 설사를 치료하는 등의 유지요법을 실시한다. 대부분 가벼운 감염이 많아 항생제 처방을 하지 않는 경우가 많다.

예방 : 예방접종으로 예방할 수 있다.

곰팡이 감염

곰팡이는 버섯을 포함한 커다란 미생물 집단이다. 이들은 토양이나 유기물질에서 사는데, 곰팡이의 상당수는 공기 중에서 포자를 통해 전파된다. 곰팡이 포자는 열에 저항성이 있고 물 없이도 오랜 기간 생존할 수 있으며, 호흡기나 피부의 균열 부위를 통해 몸속으로 들어온다.

곰팡이 감염은 두 종류로 구분된다. 하나는 피부사상균이나 아구창같이 피부나 점막에만 영향을 미치는 곰팡이고, 다른 하나는 간, 폐, 뇌 등의 장기에 넓게 퍼져 전신성 질환을 유발하는 곰팡이다.

전신성 질환을 유발하는 곰팡이는 개에게는 흔치 않다. 이들은 주로 만성질환이 있거나 영양 상태가 불량한 개체에서 문제를 일으킨다. 장기간에 걸친 스테로이드나 항생제 투여도 개의 저항성에 영향을 주어 곰팡이 감염이 발생할 수 있다. 항생제 처방에 반응을 보이지 않는 원인 불명의 감염이 발생했다면 곰팡이 감염을 의심해 본다.

곰팡이에 감염된 개를 다루거나 이동시킬 때는 철저한 위생관리가 중요하다. 사람에게 감염될 위험은 낮지만, 감염되는 경우 치료가 어려운 경우가 많다.

히스토플라스마증histoplasmosis
질소가 풍부한 토양이 많은 지역은 곰팡이 원인체인 히스토플라스마 캡슐라툼

(*Histoplasma capsulatum*)의 생장에 용이하다. 박쥐, 닭, 조류 등의 변에 의해 오염된 토양에서 포자가 발견된다. 포자가 호흡을 통해 개, 사람 등에 옮겨가 감염된다.

히스토플라스마 감염은 대부분 증상이 없는 편이나 간혹 가벼운 호흡기 감염 증상을 보이기도 한다. 소장과 결장을 공격하는 급성 장염형도 있는데, 주요 증상으로는 체중감소와 잘 치료되지 않는 설사다. 전신형은 간, 비장, 골수, 눈, 피부, 드물게 뇌에 영향을 미치며, 고열, 체중감소, 구토, 근육소실, 기침, 편도와 림프절의 확장 등의 증상을 보인다.

흉부 엑스레이검사, 혈액검사, 히스토플라스마 확인을 위한 세포학적 검사, 생검, 배양검사 등으로 진단한다.

치료 : 이미다졸 계열의 경구용 항곰팡이 약물(케토코나졸, 이트라코나졸, 플루코나졸 등)이 특히 효과적이다. 중증 감염에서는 종종 암포테리신 B와 이미다졸 계열 약물을 병용해 사용하기도 한다. 암포테리신 B는 신장 독성 가능성이 있다.

증상이 사라진 뒤에도 수개월 동안 항곰팡이 치료를 해야 한다. 장기간 억제 상태가 유지되지 않으면 다시 재발한다. 항곰팡이 약물은 독성이 있어 수의사의 밀접한 관리가 필수적이다.

콕시디오이데스진균증(밸리피버)coccidioidomycosis(valley fever)

가장 심각하고 치명적인 전신성 곰팡이 질환이다. 콕시디오이데스진균증은 건조하고 먼지가 많은 지역에서 발생한다(장의 원충성 질환인 콕시듐과는 다른 질병이다).

포자를 흡입해 감염되는데, 대부분은 증상이 없다. 중증 감염의 경우 폐에 영향을 끼쳐 폐렴을 일으킨다. 전신형으로 진행되면 긴 뼈(가장 흔함), 간, 비장, 림프절, 뇌, 피부에 영향을 미친다. 감염된 개는 흔히 만성 기침, 체중감소, 파행, 고열을 보인다.

세포학적 검사, 생검, 배양검사를 통해 원인체인 콕시디오이데스 임미티스(*Coccidioides immitis*)를 확인해 진단한다.

치료 : 이미다졸 계열의 항곰팡이 약물로 효과적으로 치료할 수 있다. 재발 방지를 위해 1년 가까이 장기 치료가 필요할 수도 있다. 그래도 재발이 흔하다.

크립토코쿠스증cryptococcosis

효모균과 유사한 곰팡이인 크립토코쿠스 네오포르만스(*Cryptococcus neoformans*)에 의해 발생하는 질환으로 새의 배설물(특히 비둘기)에 의해 오염된 토양 속의 포자를 흡입해 발생한다. 개에게는 뇌, 눈, 림프절, 피부에 영향을 끼친다. 감염된 개의 약 50%가 호흡기 증상을 보인다. 뇌 관련 증상으로는 불안정한 걸음, 단단한 벽에 머리를 미는 행동(헤드프레싱), 선회 증상(서클링), 실명, 인지장애 등이 있다.

드물게 피부 관련 증상을 일으키면, 특히 머리 부위에 단단한 결절이 생기는데 궤양이 생기고 고름이 흐른다.

곰팡이 배양과 조직생검으로 진단한다. 크립토코쿠스 라텍스 응집반응검사로도 진단할 수 있다.

치료 : 감염 초기라면 앞에서 설명한 이미다졸 계열의 항곰팡이 약물이 부분적으로 효과적일 수 있다. 치료 반응은 다양하며 장기간 치료가 필요할 수 있다. 전체적으로 예후는 좋지 않은 편이다.

분아균증blastomycosis

이 곰팡이균은 주로 햇볕이 들지 않아 습하고, 썩은 유기물질이 많고, 새(특히 비둘기)의 배설물이 많은 곳에서 관찰된다. 감염된 포자를 흡입하여 발병하는데, 개들은 사람에 비해 분아균증에 더 취약하다.

급성 감염의 경우 대부분 호흡기계에 영향을 미치며 기관지폐렴을 유발한다. 증례의 40%는 눈과 피부에서 발생하는데 크립토코쿠스증에서와 유사한 증상을 보인다. 체중감소와 파행도 관찰될 수 있다.

기관 세척이나 감염된 조직에서 액체를 흡인해 유기체를 현미경적으로 확인하는 것이 가장 효과적인 진단 방법이다. 이런 방법이 어려운 경우, 생검이나 배양검사가 필요할 수 있다. 혈청학적 검사로도 가능하다.

치료 : 암포테리신 B와 이미다졸 계열의 약물을 병용하는 것이 가장 효과적인 치료 방법이다(92쪽, 히스토플라스마증에서 설명). 몇 개월 동안 치료해야 하며 일부 개들은 몇 개월에서 몇 년 뒤 재발한다.

공중보건 측면 : 사람에게 건강상의 위험성은 크지 않은 편이나, 감염된 붕대나 깔개를 취급하다 감염될 수 있다. 감염된 개를 다루거나 치료할 때는 장갑을 착용하고 위생관리에 신경을 써야 한다.

스포로트릭스증sporotrichosis

토양 중의 포자와 접촉하여 발생하는 피부와 피하의 감염이다. 가시나 나뭇조각 등에 의해 생긴 구멍 난 상처를 통해 포자가 침입한다. 때문에 사냥개에서 가장 흔히 발생한다.

피부에 결절상으로 고름이 나고 딱지가 앉는 상처가 생기는데 보통 옆구리나 머리 부위에서 잘 관찰된다. 피부 아래로 림프절을 따라 작고 단단한 결절이 사슬 모양으로 관찰되기도 한다. 드물게 전신성으로 진행되어 간과 폐로 전파될 수 있는데 이런 경우 예후는 좋지 않다.

조직을 일부 떼어내 현미경으로 검사하여 진단하거나 더 확실하게는 곰팡이를 배양해 진단한다. 감염된 조직이나 혈청으로 형광항체검사를 실시할 수도 있다.

치료 : 감염이 피부와 주변 조직에 국한되어 있는 경우 치료 반응은 아주 좋다. 요오드화칼륨(포화용액)을 많이 사용해 왔으나 독성 위험이 있다. 그래서 이미다졸 계열의 항곰팡이 약물(92쪽, 히스토플라스마증에서 설명)이 추천된다. 임상 증상이 다 사라진 이후에도 한 달 정도 투약을 지속해야 한다.

공중보건 측면 : 스포로트릭스증은 감염된 동물의 상처와 접촉한 사람에게도 전염될 수 있는 것으로 알려져 있다. 삼출물이 있는 상처를 다루거나 치료하는 경우 장갑을 착용하고 위생관리를 철저히 한다.

원충성 질환

원충은 하나의 세포로 이루어진 동물로 맨눈으로는 볼 수 없고 현미경으로만 관찰할 수 있다. 보통 물속에서 발견되며, 성충이나 낭포를 확인하려면 신선한 분변 시료가 필요하다.

네오스포라병neosporosis

개와 초식동물은 네오스포라 원충(*Neosporum caninum*)의 숙주가 되는데 소가 중간숙주 역할을 한다. 개는 처음에는 감염된 고기를 먹고 감염되는데, 일단 감염되고 나면 암컷은 태반을 통해 뱃속의 새끼를 감염시킨다. 사람에서의 위험성은 크지 않다.

개는 신경과 근육의 문제를 보이는데, 마비를 유발할 수도 있다. 폐렴, 심장 질환, 피부 질환이 관찰될 수 있다. 혈액검사와 근육 생검으로 진단한다.

치료 : 클린다마이신, 피리메타민, 설파디아진 등이 치료에 사용된다.

예방 : 날것 또는 덜 익은 고기(특히 소고기)는 개에게 주지 않는다. 노출을 막기 위해 소 주변이나 목초지에서 배변하지 못하게 해야 한다. 수의사는 감염된 임신견의 뱃속 태아들을 위한 치료를 시도할 수 있다. 발달 중인 배아의 손상을 피하기 위해 최소한 임신 2주 뒤에 치료를 시작한다.

톡소플라스마증toxoplasmosis

온혈동물에게 감염되는 원충성 질환이다. 고양이가 최종숙주이지만 개와 사람을 포함한 다른 동물도 중간숙주가 될 수 있다. 개에게는 흔치 않다. 개와 사람에게 주로 감염되는 경로는 톡소플라스마 곤디이(*Toxoplasma gondii*)가 들어 있는 날것 또는 덜 익은 돼지고기, 소고기, 양고기, 송아지고기를 먹어서다.

감염된 고양이의 변으로 배출된 낭포와 접촉하거나 포자를 직접 섭취하여 감염될 수 있다. 낭포는 따뜻한 온도, 높은 습도 같은 이상적인 환경이 되면 1~3일 내로 포자를 만들어 낸다. 전염성이 있는 이 포자들은 주변 환경에서 수개월에서 수년간 생존한다. 오직 고양이만이 변을 통해 낭포를 배출한다. 때문에 개는 이런 식으로 다른 개나 사람을 감염시킬 수 없다.

톡소플라스마에 감염된 개들은 대부분 증상이 없다. 증상이 나타난다면 고열, 식욕 감소, 기침, 빠른 호흡 등을 보인다. 체중감소, 설사, 림프절 확장, 복부팽만 등의 증상이 관찰되기도 한다. 강아지는 폐렴, 간염, 뇌염 등이 나타날 수 있다. 임신견은 자궁 내 감염으로 인해 유산, 사산, 출생 후 일주일 내에 사망하는 약한 신생견 출산 등이 있을 수 있다.

혈청학적 검사로 진단한다. ELISA 검사를 통한 IgM 역가의 상승으로 활성 또는 최근 감염 여부를 진단할 수 있다.

치료 : 급성 톡소플라스마증은 항생제로 치료한다. 클린다마이신을 투여한다.

예방 : 개가 배회하거나 사냥하지 못하도록 한다. 모든 고기는 최소 65.5℃ 이상의 온도로 잘 익혀서 먹는다(사람과 반려동물 모두). 생고기를 만진 후에는 비누로 손을 잘 씻는다. 생고기와 접촉한 주방기구는 늘 청결하게 유지한다.

콕시듐증coccidiosis

콕시듐 종에 의해 발생하는데 주로 강아지의 변에서 발견된다(때로는 성견에서도). 주 증상은 설사다. 감염이 경미하기 때문에 다른 질병이 병발했거나 영양불량, 면역억제 등으로 강아지의 저항력이 떨어진 경우가 아니라면 보통 증상이 없다.

콕시듐증은 특히 더러움, 밀집 공간, 추위, 위생 불량과 같은 열악한 환경에서 살고 있는 신생견에게 문제가 된다. 강아지는 오염된 생활공간이나 보균자인 어미로부터 감염된다. 켄넬의 위생 상태가 열악하면 강아지들은 그들의 분변을 통해 다시 재감염된다. 콕시듐증으로 인한 설사는 회충 감염이나 이동 스트레스 등으로도 발생할 수 있다. 콕시듐증은 우발적인 경향이 있으므로 항상 다른 원인이 있지 않은지 살펴본다.

낭포를 섭취한 뒤 5~7일이 지나면 전염성이 있는 낭포가 변에서 관찰된다. 처음에는 가벼운 설사로 시작되어 점점 점액이나 피가 섞인 설사로 진행된다. 식욕부진, 쇠약, 탈수를 동반한다. 회복한 개는 보균자가 된다. 감염된 개와 보균자는 현미경으로 분변검사를 하여 낭포를 확인해 진단한다.

치료 : 성견은 보통 설사가 경미해 치료가 필요 없다. 설사가 심한 강아지는 수액 처치를 위해 입원 치료가 필요할 수도 있다. 설파디메톡신, 트리메토프린-설파 합제, 푸라졸리돈, 암프롤리움 등의 항생제가 효과적이다.

예방 : 보균이 확인되면 격리시켜 치료한다. 감염에 노출된 개집 주변은 낭포를 파괴하기 위해 끓는 물과 희석한 락스, 클로르헥시딘 용액 등으로 매일 청소한다. 콕시듐증은 거주 공간을 잘 청소하고 출산 공간을 적절히 관리하면 예방할 수 있다.

트리코모나스증trichomoniasis

이 원충 감염은 강아지에서 흔히 점액성(또는 혈액성) 설사를 일으키는 트리코모나스 종에 의해 발생한다. 보통 열악한 위생 상태의 켄넬에서 발생한다. 감염 상태가 오래 지속되면 쇠약, 건강악화, 성장장애, 모질불량 등이 나타난다. 분변검사로 원충을 확인해 진단한다.

치료 : 메트로니다졸로 치료할 수 있다.

지아르디아증giardiasis

지아르디아(*Giardia*)라는 원충에 의해 발병한다. 전염성의 낭포체가 들어 있는 오염된 물을 마시거나 접촉해 감염된다.

성견들은 대부분 감염되어도 증상이 없다. 강아지들은 설사를 하는데 악취가 심한 다량의 수양성 또는 '소똥' 같은 설사가 특징적이다. 설사는 급성일 수도 만성일 수도 있으며, 간헐적일 수도 지속적일 수도 있다. 체중감소가 동반되기도 한다.

분변검사를 통해 원충을 직접 확인하거나 특징적인 낭포를 확인해 진단한다. 직장 도말검사로도 확인된다. 낭포를 간헐적으로만 배출하는 경우도 있으므로 도말검사에서 지아르디아가 관찰되지 않았다고 해도 감염을 배제해선 안 된다. 적어도 이틀 간격으로 실시한 3번의 분변검사에서 음성이라야 감염을 배제할 수 있다. 혈청학적 검사(ELISA, IFA)로도 진단이 가능하다.

치료 : 메트로니다졸로 치료할 수 있다. 메트로니다졸은 태아에서 기형을 유발할 수 있으므로 임신견에는 사용하면 안 된다. 효과가 있는 다른 약물도 있다. 예방 백신도 있으나 증상이 경미하고 치료 반응도 좋아 그다지 추천하진 않는다.

바베시아증babesiosis

적혈구를 파괴해 용혈성 빈혈을 일으키는 질환으로 흔하진 않다. 일반적인 전염 경로는 갈색개참진드기(brown dog tick)에 물려서다. 이 진드기의 자연숙주로는 다양한 야생동물이 있는데 특히 미국흰발붉은쥐와 흰꼬리사슴이 대표적이다. 이런 동물들은 같은 시기에 발생하는 라임병도 전파할 수 있다. 바베시아증은 감염된 동물로부터 수혈을 받아 발생할 수도 있다.

전 세계적으로 열대기후나 아열대기후 지역에서 발생하며, 이유는 분명치 않지만 그레이하운드가 특히 감염에 취약하다.

감염된 개들은 대부분 증상이 나타나지 않는다. 급성인 경우 고열, 비장과 간의 종대, 용혈성 빈혈을 나타내는 비정상적인 혈액검사 결과를 보인다. 호흡이 짧아지거나 운동 내성이 떨어지거나 점막과 혀가 창백해지는 등의 빈혈 증상을 보인다. 골수와 간이 영향을 받을 수 있다.

혈액도말검사에서 바베시아 원충을 확인하는 것으로 진단한다. IFA 혈청항체검사로도 가능하다.

치료 : 이미도카르브 등의 약물로 치료한다.

예방 : 진드기 구제를 통해 감염을 예방한다(132쪽, 참진드기 참조).

최근 기온 상승으로 인해 국내 개에게서 바베시아증 발생이 폭발적으로 증가했다. 때문에 최근에는 빈혈 환자에서 바베시아 감염 검사는 필수 항목이 되었다. 바베시아의 진단은 동물병원에서 신속 키트로 항체 유무를 확인하거나 PCR 검사를 통해 이루어진다. 감염된 바베시아 종류에 따라 치료가 달라지므로 원인체를 확인할 수 있는 PCR 검사를 추천한다. 증상이 나타나 동물병원을 방문할 시기에는 이미 질병이 상당히 진행되어 심한 빈혈 상태인 경우가 많아 바로 수혈이나 입원 치료가 필요할 수 있다. 바베시아증의 치료는 이미도카르브를 비롯, 디미나진, 아토바쿠온 등의 항원충 약물과 아지스로마이신, 클린다마이신 등의 항생제를 병용하여 치료한다. 재발되는 경우도 많다. 진드기가 개에게 달라붙어 바베시아를 감염시키기까지는 일정 시간이 소요되므로, 외부 활동이 많은 경우 평소에 외부기생충 예방약을 투여하면 감염 기회를 크게 낮출 수 있다._옮긴이

개 주혈원충증(헤파토준)canine hepatozoonosis

갈색개참진드기가 옮기는 또 다른 원충성 질환이다.

감염되려면 개가 진드기를 먹어야만 한다(아마도 진드기를 떼어내는 과정에서 섭취할

것이다). 면역이 억제된 개체나 생후 4개월 이전의 강아지에서 증상이 나타나기 쉽다. 설사(종종 혈액성), 움직이기 힘들 정도의 근육과 뼈의 통증, 눈과 코의 분비물, 심각한 체중감소 및 활력저하 증상을 보인다.

치료 : 다양한 항원충 약물로 치료하는데 완치는 쉽지 않다. 대부분의 개는 치료에도 불구하고 재발하며, 대부분 진단 후 2년 이내에 사망한다.

예방 : 진드기 구제를 통해 감염을 예방할 수 있다(132쪽 참조).

아메리카 트리파노소마증(샤가스병)American Trypanosomiasis(Chagas disease)

트리파노소마증은 크루스파동편모충(*Trypanosoma cruzi*)이라는 원충에 의해 발생한다. 보고된 증례는 많지 않다.

개와 사람은 키싱버그(kissing bug)에게 물려 감염된다. 이 벌레는 밤에 출몰해 잠든 개나 사람의 얼굴을 문다. 이 벌레에 물릴 때 그 배설물에 오염되면 감염된다. 개에게 또 다른 감염 경로는 조직 속에 낭포로 싸인 유충을 가지고 있는 숙주를 잡아먹는 것이다(너구리 등).

고열, 쇠약, 림프절과 비장의 종대, 척수와 뇌의 염증 등의 증상이 관찰된다. 트리파노소마증은 심장근육을 공격해 부정맥을 동반하는 심근염을 유발해 허탈상태나 죽음에 이를 수 있다. 심근염에 의한 합병증으로 1~3년 뒤 울혈성 심부전으로 진행될 수 있다.

혈액도말검사로 원충을 확인해 진단한다. 혈청학적 검사로도 진단 가능하다.

치료 : 실험적인 약물이 사용되고 있지만 치료 효과는 좋지 않다.

예방 : 이 치명적인 질병은 종종 중간숙주를 통해 사람에게 전파될 수 있으므로 감염된 동물은 안락사가 추천된다. 감염된 동물은 물론 그 혈액이나 분비물을 다룰 때도 극도의 주의를 기울여야 한다.

리케차성 질환

리케차는 다양한 질병을 유발하는 기생충으로(세균과 비슷한 크기) 벼룩, 진드기, 이 등에 의해 전파된다. 리케차는 세포 내에 기생한다. 곤충 전염병 매개체, 영구숙주, 동물 보균자를 거치는 생활사를 통해 자연에서 삶을 유지한다.

개 에를리히증과 아나플라스마증

비교적 흔한 리케차성 질환으로 주로 에를리키아 카니스(*Ehrlichia canis*)와 에를리키아 에윈기이(*E. ewingii*)에 의해 발생하는데, 다른 리케차에 의해서도 발생할 수 있다. 갈색개참진드기 및 다른 참진드기에 물려도 감염된다. 일부 에를리키아 종은 새롭게 명명되어 아나플라스마 플라티스(*Anaplasma platys*)라고 부른다.

진드기가 감염된 숙주의 피를 빨면 리케차에 감염된다. 수많은 야생동물 및 가축이 보균자가 된다. 만성적인 특징으로 인해 진드기 활동기뿐만 아니라 거의 1년 내내 에를리히증 감염이 발생한다.

이 질병은 3단계를 거친다. 첫 번째 급성 단계에서 개는 고열, 활력저하, 식욕감소, 짧은 호흡, 림프절 종대, 때때로 뇌염 등의 증상이 나타난다. 이런 증후들은 록키산 홍반열, 라임병, 개디스템퍼와 유사하다.

급성기 이후 2~4주가 지나면 수주에서 수개월간 지속되는 무증상 단계로 들어간다. 일부 개들은 이 기간 동안 감염에서 회복하지만, 어떤 개들은 만성 단계로 진행한다. 저먼셰퍼드, 도베르만핀셔 같은 품종은 만성 에를리히증으로 진행될 위험이 더 높다.

진드기에 물리고 1~4개월 정도 경과하여 만성 단계가 되면 골수와 면역계를 공격해 체중감소, 고열, 빈혈, 자연출혈이나 코피 같은 출혈 증후군, 다리의 부종, 다양한 신경학적 증상 등을 유발한다. 이런 증상들은 백혈병에서도 나타날 수 있다. 에를리키아 에윈기이에 감염되면 보통 관절염도 동반한다.

에를리키아 카니스의 진단은 혈청학적 검사(IFA)의 민감도가 높다. 그러나 진드기에 물리고 2~3주 이전까지는 위음성으로 나올 수 있다. 라임병, 에를리히증, 아나플라스마증, 심장사상충을 함께 검사할 수 있는 ELISA 검사도 있다(4DX).

치료 : 리케차에는 테트라사이클린과 독시사이클린이 매우 효과적인데, 최소한 한 달 이상 투여해야 한다. 급성 단계라면 하루 이틀 내로 증상이 호전된다. 정맥수액과 수혈 같은 지지요법도 도움이 된다. 골수억압(감염이나 약물 등의 원인으로 인해 백혈구, 적혈구, 혈소판이 감소하는 상태)이 시작되기 전에 치료를 시작하면 회복의 예후가 매우 좋다.

예방 : 참진드기 구제가 중요하다(132쪽, 참진드기 참조). 참진드기는 개의 몸에 달라붙은 5~20시간 동안은 감염시키지 않는다. 때문에 진드기가 많이 출몰하는 지역을 돌아다닌 동물은 몸을 꼼꼼히 살펴봐야 한다. 진드기를 신속히 제거한다면 감염 확률이 크게 낮아진다.

에를리히증이 발생하는 지역 주변에 사는 개는 매일 낮은 용량의 경구용 테트라사이클린이나 독시사이클린을 투여해 예방할 수 있다. 그러나 이런 방법은 흔히 사용되진 않는다.

프론트라인이나 어드밴틱스를 적용해도 30일간 참진드기 감염을 막을 수 있다. 아미트라즈 성분이 함유된 목줄도 효과가 있다.

록키산 홍반열Rocky Mountain spotted fever

록키산 홍반열은 리케차 리케치이(*Rickettsia rickettsii*)에 의해 발생하는데, 몇몇 참진드기를 통해 전염된다. 사람에서 가장 문제가 되는 리케차 질환이기도 하다.

에를리히증과 달리 록키산 홍반열은 참진드기 유행 시기인 4월에서 9월 사이에 발생한다. 주요한 두 보균자는 설치류와 개다. 성충 참진드기는 개의 몸에 달라붙어 피를 빨며 감염시킨다.

급성 감염의 증상은 무기력, 침울, 고열, 식욕감소, 기침, 결막염, 호흡곤란, 다리의 부종, 관절과 근육의 통증 등이다. 눈 증상으로는 포도막염이 나타날 수 있다. 드물게 진드기에 물린 부위 주변에 발진이 생기기도 한다. 이런 증후는 에를리히증, 라임병, 개디스템퍼에서도 관찰될 수 있다. 중추신경계 증상으로는 불안정한 보행, 의식 상태 변화, 발작 등이 나타난다. 심장근육의 염증(심근염)으로 인한 부정맥으로 죽음에 이르기도 한다.

병에 걸리고 1~2주가 지나면 일부 개들은 에를리히증에서와 유사한 출혈 증후군이 발생한다. 코피, 피하출혈, 혈뇨와 혈변 같은 다양한 출혈이상이 발생할 수 있다. 이로 인해 쇼크, 다발성 장기부전, 죽음에 이를 수 있다.

4월에서 9월 사이 진드기에 물린 병력이 있는 아픈 개는 록키산 홍반열을 의심해 보아야 한다. 2차례 검사를 통해(증상이 나타날 때와 2~3주 후) micro-IFA 항체역가의 상승 여부를 확인하는 혈청학적 검사가 가장 좋은 진단 방법이다.

치료 : 테트라사이클린과 독시사이클린으로 치료한다. 엔로플록사신도 효과가 있다. 확진 전이라도, 록키산 홍반열이 의심된다면 즉시 항생제를 투여한다. 치료가 늦어지면 치사율이 높아진다. 게다가 록키산 홍반열에 걸린 개들은 진단을 추정할 수 있을 정도로 치료 하루 이틀 만에도 극적으로 호전된다. 항생제 치료는 2~3주간 지속한다. 지지요법은 에를리히증(100쪽)에서와 같이 실시한다.

예방 : 참진드기 구제가 중요하다(132쪽, 참진드기 참조). 프론트라인이나 어드밴틱스를 적용해도 30일간 참진드기 감염을 막을 수 있다. 아미트라즈 성분이 함유된 목줄도 효과가 있다.

개 연어중독

개와 야생 갯과 동물에게 발생하는 심각한 리케차성 질환으로 달팽이, 흡충류, 어류, 포유류를 포함하는 여러 중간숙주가 관여한다. 사람은 감염되지 않는다. 개들은 리케차를 옮기는 흡충(낭에 싸여 있음)을 가지고 있는 민물 연어나 바다 연어를 날것으로 먹어 감염된다. 태평양 북서부에 국한되어 발생한다.

연어를 먹고 며칠이 지나면 유충 단계의 흡충은 성충이 되어 개의 장 내벽에 달라붙고, 리케차도 장의 조직으로 침투한다. 잠복기는 5~21일 정도다.

고열로 시작해서 저체온증, 식욕감소, 구토, 설사(보통 혈액성), 전신 림프절의 종대 등의 증상이 나타난다. 이런 증상은 개디스템퍼, 파보바이러스와 유사하다. 그러나 날생선을 먹었다는 병력이 연어중독을 진단하는 단서가 된다. 분변검사로 흡충을 확인하여 진단한다.

치료 : 치료를 받지 않은 개는 보통 7~10일 내로 사망한다. 그러나 테트라사이클린 정맥주사가 효과가 좋다. 정맥수액과 수혈(출혈성 설사의 경우)이 필요할 수 있다. 프라지콴텔과 메벤다졸을 장 흡충 구제에 사용한다.

예방 : 개가 날생선을 먹지 못하게 한다. 생선을 완전히 익히면(또는 24시간 이상 냉동) 낭에 쌓인 흡충과 리케차가 파괴된다.

항체와 면역

특정 병원체에 대해 면역이 있는 동물은 항체를 가지고 있다. 항체는 병원체가 몸 안에서 질병을 일으키기 전에 그 병원체를 공격하고 파괴한다.

개가 전염병에 걸려 아프고 나면 면역계는 특정 병원체에 대한 항체를 만든다. 이 항체들은 재감염으로부터 개를 보호하는데, 이제 개는 능동면역을 획득한 것이다. 능동면역은 질병이 다 나을 때까지 계속 항체를 만들어 내도록 하는 연속적인 과정이다. 개가 특정 병원체에 노출되면 면역계는 더 많은 항체를 생산한다. 능동면역의 지속 기간은 병원체의 종류와 개에 따라 다양하다. 자연적인 노출에 의해 획득한 능동면역은 평생 동안 지속되기도 한다. 일반적으로 바이러스에 대한 면역이 세균에 대한 면역보다 더 오래 지속된다.

능동면역은 예방접종을 통해서도 유도될 수 있다. 개의 면역계를 자극하기 위해 사독 또는 약독화한 병원체를 질병을 일으키지는 못하는 상태로 처리해 개에게 노출시킨다. 자연적인 노출에서와 같이 예방접종은 백신 속의 특정 병원체에 대한 항체 생산을 자극한다. 그러나 자연적인 노출에서와 달리 방어할 수 있는 기간은 제한적이다. 이런 이유로, 높은 수준의 방어력을 유지하기 위해 추가 접종이 추천된다. 추가 접종을 얼마나 자주 해야 하는가는 사용된 항원, 노출 횟수, 개의 면역반응, 백신의 종류에 따라 달라진다. 예방접종 일정은 개에 따라 달라질 수 있다.

예방접종이 모든 개에서 성공적인 것은 아니다. 건강 상태가 좋지 않거나 영양 상태가 불량한 개는 질병에 대응하여 항체를 생산하고 면역력을 강화시키는 능력이 떨어질 수 있다. 이런 개들은 예방접종을 미루었다가 건강 상태가 개선되었을 때 실시해야 한다. 스테로이드나 화학요법제처럼 면역계를 억제하는 약물도 항체 생산을 방해한다.

또 다른 형태의 면역은 수동면역이다. 수동면역은 동물에서 동물로 전달되는 형태로, 대표적인 예가 어미가 초유를 통해 갓난 새끼들에게 항체를 전달하는 것이다. 새끼들은 탄생 후 첫 24시간 동안 먹는 모유를 통해 항체를 가장 잘 흡수할 수 있다. 면역력은 이 항체들이 혈류에 남아 있는 시기 동안만 유지된다. 면역 지속 기간은 새끼가 태어난 시기의 모유의 항체 농도에 의해 결정된다. 교배 직전에 예방접종을 받은 모견은 최대 16주까지 높은 항체 수준을 유지하여 새끼들을 보호해 줄 수 있다. 그러나 일부 수의사들은 이런 추가적인 접종이 불필요하다고 주장하기도 한다.

생후 3주 이전의 강아지는 예방접종을 통해 항체를 만들지 못할 수 있다. 신체적으로 아직 성숙하지 않았고 모체이행항체가 정상적인 항체 형성을 방해하기 때문이다. 모체이행항체는 백신 속의 항원과 결합해 면역자극 반응을 방해한다. 이런 수동면역은 생후 6~16주에 사라진다. 따라서 아주 강아지에게 예방접종을 할 때는 모체이행항체 수준이 낮아지자마자 면역을 자극할 수 있도록 보다 자주 예방접종을 실시해야만 한다.

또 다른 형태의 수동면역은 심각한 감염이나 면역 문제가 있는 개에게 항체가 들어 있는 혈장을 수혈하는 것이다. 흔히 적용되는 치료는 아니지만 일부 개들에게는 생명을 구하는 치료가 되기도 한다.

예방접종

현재 이용되는 백신은 여러 종류가 있다. 변형 생독바이러스백신, 불활화 또는 사독바이러스백신, 가장 새로운 형태인 재조합기술 백신이다(생벡터, 서브유닛, DNA). 변형 생독바이러스백신은 살아 있는 바이러스를 함유하고 있어 개의 몸에서 복제되는

데, 조작되어 있어서 개의 몸에서 실제로 질병을 일으키지는 않는다. 이런 백신은 일반적으로 빠르고 풍부한 면역반응을 보인다. 사독바이러스백신은 죽은 바이러스를 이용하는데, 개의 몸에서는 복제되지 않아 질병을 유발하지 않는다. 대신 표면항원에 의존하여 항원보강제라고 부르는 면역 자극물질과 함께 면역반응을 자극한다.

변형 생독백신은 사독백신에 비해 더 효과적이고 오랫동안 지속되는 면역력을 유도한다. 재조합백신은 변형 생독백신만큼 오랫동안 면역력이 유지되는 결과를 보인다. 모든 형태의 백신이 충분한 수준의 방어력을 유지하기 위해 추가 접종이 필요하다. 추가 접종의 접종주기는 관련 질환, 백신의 종류, 개의 면역 상태, 전염원에의 자연적인 노출 여부에 따라 다양하다.

재조합백신은 급속히 발전하는 생명공학 시장에 새로 등장한 기술이다. 한 유기체 (바이러스나 세균)로부터 추출한 유전자 크기의 DNA 조각을 이어 붙여 이것을 또 다른 유기체(개)에 전달해 항체의 생산을 자극하는 방법이다.

생벡터를 이용한 방법은 개의 항원으로부터 추출한 유전자를 비감염성 바이러스에 주입하여 항체를 자극한다. 항원은 복제되지 않는다. 서브유닛 백신은 감염체의 항원 한 부분에 대한 면역을 자극한다. 이런 방법은 최소량의 항원을 이용하여 최상의 면역력을 제공한다. DNA 백신(현재 개에서 실험 중인)의 경우도 아주 소량의 감염체 DNA만을 이용한다.

이와 같이 재조합백신은 질병을 유발하는 유기체 전체를 이용하지 않기 때문에 예방접종의 위험 없이 특정 항원물질을 세포 수준에서 전달할 수 있다. 이는 매우 새로운 발전이다. 재조합백신은 머잖아 개의 전염성 질환 전부는 아니더라도 상당히 많은 질병의 변형 생독백신과 사독백신을 대체할 것으로 기대된다.

예방접종이 실패하는 이유

예방접종은 전염병의 예방에는 매우 효과적이나 가끔 효과를 발휘하지 못하는 경우가 있다. 백신을 부적절하게 다루거나 저장하는 경우, 부적절하게 투여하는 경우, 체력이 저하되어 있거나 모체항체로 인해 개의 면역체계가 백신 자극에 제대로 반응할 수 없는 경우에 실패한다.

1회 투여량의 백신을 두 마리에 나누어 접종하는 것도 예방접종의 효과가 나타나지 못하는 원인이다. 개가 이미 감염된 후에는 예방접종을 한다 해도 질병을 막을 수 없다.

백신을 적절히 다루고 투여하는 것이 필수적이기 때문에, 예방접종은 정확한 절차에 따라 실시되어야 한다. 백신을 투여하는 사람은 어떤 부작용이 발생할 경우 적절히 대응할 수 있는 준비가 되어 있어야 한다. 개를 데리고 정기 검진을 위해 동물병원을 방문했을 때 필요한 추가 접종을 함께 받을 수도 있을 것이다.

추가 접종에 대한 논란

면역학적으로 논쟁이 많은 주제 중 하나가 추가 접종의 시기다. 정보가 늘어남에 따라 추가 접종의 추천 시기도 변화하고 있다. 일반적으로 바이러스 백신은 세균 백신에 비해 면역력을 더 오래 지속한다.

현재 디스템퍼, 파보바이러스, 광견병 백신의 방어 능력은 몇 차례 접종을 받은 이후에는 길게는 몇 년간 지속되는 것으로 생각되고 있다. 이런 이유로 매년이 아닌 3년에 한 번 추가 접종이 필요하다고 주장하는 사람들도 있다. 접종 간격은 새로운 백신이 나오거나 면역 유지 기간에 대한 새로운 연구가 발표되면 더 길어지거나 짧아질 수 있다.

반면 파라인플루엔자, 켄넬코프, 렙토스피라 백신의 면역 유지 기간은 12개월을 완전히 채우지 못한다는 연구도 있다. 이런 백신들은 특히 발병이 빈번한 지역일 경우 1년에 두 차례 추가 접종이 추천되기도 한다.

예방접종을 관리하는 최선의 방법은 수의사와 상의하여 개의 건강 상태와 위험 요소에 기초하여 각각의 개에게 최적화된 예방접종 스케줄을 만드는 것이다.

필수 예방접종과 선택 예방접종

수의사회는 예방접종을 크게 세 가지로 분류한다. 필수 예방접종은 모든 개가 맞아야 하는 백신이다. 선택 예방접종은 지리학적 위치, 생활양식 등에 따라 일부 개에게만 필요한 백신이다. 나머지 백신은 예방접종은 가능하나 일반적으로는 추천하지 않는 백신이다.

혼합백신

많은 백신들이 혼합된 형태로 되어 있다. 즉, 하나의 주사에 여러 질병에 대한 항원이 들어 있는 백신이란 의미다. 한때는 주사 하나에 7개 질병의 항원이 들어간 백신도 있었다. 그러나 지금은 모든 개들에게 필요한 백신만을 권장하고, 개의 면역계에 부담을 주지 않으려는 생각에서 그다지 추천하지 않는다.

가장 흔한 혼합백신은 DHPP 또는 DA2PP 백신으로, 둘 다 디스템퍼, 간염, 파보바이러스, 파라인플루엔자의 알파벳 첫 글자를 따온 것이다. 대부분의 수의사들은 이런 다가백신(균주가 여럿 들어 있는 백신)을 사용한다.

끝에 L자가 더 붙은 DHPPL은 렙토스피라감염증에 대한 백신이 포함되어 있다는 의미다. 그러나 최근에는 렙토스피라 백신 접종이 필요한 경우 따로 일정을 두고 접종할 것을 추천한다. 광견병 추가 접종도 마찬가지로 시간차를 둘 것을 추천하는 경우가 많다.

백신 부작용이 발생한 경험이 있거나 그럴 위험이 있는 개는 필수 예방접종도 가능한 한 나누어 접종하고 항체가 검사로 항체 수준을 확인한 후 추가 접종을 실시한다(항체가 검사는 개의 면역력 유지 여부를 측정하는 것이다. 질병으로부터 안전한 최소한의 수준이 정확히 어느 정도인지에 대해서는 더 많은 연구가 필요하다).

추가 접종의 시기를 평가하는 가장 좋은 방법은 항체가 검사를 실시하는 것이다. 예전에는 파보바이러스-디스템퍼-전염성 간염에 대한 항체가 평가만 가능했으나 최근에는 외부 실험실에 의뢰하여 코로나장염, 켄넬코프 등의 다른 예방접종에 대한 항체가 검사도 가능하다. 다만 항체가 검사를 실시하는 검사비가 부담되어 대부분 추가 접종을 주기적으로 실시하는 경우가 많다. 비용 문제가 아니라면 백신 알레르기 병력이 있는 경우나 불필요한 추가 접종을 원치 않는 경우에는 항체가 검사가 대안이 될 수 있다._옮긴이

접종 가능한 백신들

강아지는 특정 전염성 질환에 감수성이 매우 높아 면역력을 형성할 수 있는 시기가 되면 즉시 예방접종을 실시해야 한다. 이런 질병들로는 디스템퍼, 전염성 간염, 파보바이러스, 파라인플루엔자, 광견병이 있다. 렙토스피라, 지아르디아, 코로나바이러스, 보르데텔라, 라임병 백신은 지역적 특성과 개의 개별 위험 요소에 따라 선택적으로 접종이 가능하다.

미국동물병원협회(AAHA, American Animal Hospital Association)는 필수 예방접종, 선택 예방접종, 비추천 예방접종으로 분류지침을 만들었다. 여기서는 모든 백신에 대해 설명할 것이다. 이 지침에서는 생후 6주 강아지부터 예방접종이 가능하다고 제안하지만 생후 7~8주 이후에 접종할 것을 추천하는 수의사들도 많다.

개디스템퍼(필수)-혼합백신에 포함
재조합 디스템퍼 백신이 유통되고 있는데, 변형 생독백신과 재조합백신이 있다.

생후 6~8주보다 어린 강아지에서 디스템퍼와 파보바이러스가 혼합된 변형 생독백신을 접종하고 드물게 뇌염이 발생하는 경우가 있다. 때문에 아주 어린 강아지에게는 파보바이러스와 디스템퍼 혼합백신을 함께 접종해서는 안 된다. 재조합 디스템퍼 백신은 뇌염을 유발하는 경우가 드물어 아주 강아지에게 더 추천한다.

기초 접종이 끝난 이후에는 1년마다 추가 접종을 실시한다.

전염성 간염(필수)-혼합백신에 포함

전염성 간염 백신은 CAV-2가 들어 있는 변형 생독백신이다. 이 백신은 개 전염성 간염과 켄넬코프 복합증과 관련이 있는 두 종류의 아데노바이러스(CAV-1과 CAV-2)로부터 방어한다.

간염 백신은 DHPP 백신에 혼합되어 있는데, 생후 8~12주에 접종을 시작한다. DHPP 백신은 매년 추가 접종한다.

개 파보바이러스(필수)-혼합백신에 포함

다양한 파보바이러스 균주를 예방할 수 있는 효과적인 백신이 있다. 사독백신보다 변형 생독백신이 더 빠르고 강력한 면역반응을 유도하므로 훨씬 더 효과적이다.

파보바이러스 백신에 면역반응을 보이는 강아지들의 나이는 아주 다양하다. 미국 동물병원협회는 생후 6주부터 접종을 시작할 수 있다고 안내하고 있으나, 대부분의 수의사들은 좀 기다렸다 생후 7주 이후에 접종을 시작할 것을 추천한다.

역가가 높고 오래 유지되는 백신은 보다 효과적이다. 모체이행항체가 남아 있어도 방해받지 않고 모체항체 수준이 낮아지고 예방접종이 시작되는 사이의 취약함을 보완할 수 있다. 이로 인해 백신접종의 실패율도 낮아졌다.

첫 번째 예방접종을 했더라도 마지막 접종을 마칠 때까지는 감염 위험이 있는 다른 개에게 노출되어서는 안 된다. 추가 접종은 1년마다 실시한다.

생후 16주 이상의 미접종 개는 2주 간격으로 두 번 접종한다. 임신을 준비하는 암컷은 초유의 항체역가 수준을 높이기 위해 교배 2~4주 전에 예방접종을 추천한다. 하지만 이런 추가 접종이 불필요하다고 주장하는 수의사도 있다.

광견병(필수)

생후 3~6개월에 첫 번째 광견병 예방접종을 실시한다. 그리고 1년 뒤 추가 접종을 한다(생후 15개월). 그다음에는 법령에 따라 매년 또는 3년마다 추가 접종을 한다. 광견병 예방접종의 주기는 법으로 정하고 있다.

해외에서는 디스템퍼 단독백신, 디스템퍼-홍역 백신 등도 있으나 국내에는 파보바이러스-디스템퍼-전염성 간염-파라인플루엔자 4종 DHPP 혼합백신만 유통되고 있다.

국내에서 광견병 예방 접종은 법규상 매년 추가 접종을 실시해야 한다. 일부 제조사는 3년마다 추가 접종을 안내하는 경우도 있으나 대부분의 국가들은 연 1회 접종을 추천하고 있다. 일부 국가들은 입국 시 2회의 접종을 요구하는 곳들도 있다.

렙토스피라(선택)

렙토스피라 세균백신은 렙토스피라증을 유발하는 가장 흔한 2~4개의 균주로부터 방어한다. 두 가지 균주를 DHPP 백신과 함께 혼합해 생후 12주에 접종하기도 한다.

DHPPL 예방접종 후 발생하는 과민성 쇼크(아나필락시스) 반응의 약 70%는 렙토스피라 백신에 의해 일어난다. 초소형 품종과 생후 12주 이전의 강아지에게서 부작용 발생률이 가장 높다. 더군다나 백신에 사용된 균주들은 실제 렙토스피라증 발생의 대다수를 차지하는 균주들에 대한 방어력이 높지 않다. 때문에 선택 예방접종으로 분류한다. 하지만 예방접종의 위험을 넘어서는 질병의 위험이 있는 경우 접종이 필요하다. 렙토스피라 백신은 혼합백신에 섞여 있는 형태가 아니라 따로 접종이 가능하다.

현재는 4가지 균주를 모두 포함하는 백신이 사용되고 있다. 이 백신은 서브유닛 백신으로 알레르기 유발 반응 가능성도 더 낮다. 렙토스피라증 발병이 늘어남에 따라 일부 지역에서는 접종이 추천된다. 면역력은 약 4~6개월간 지속되므로, 예방접종이 중요한 경우라면 6개월마다 추가 접종을 한다. 자세한 내용은 수의사와 상의한다.

파라인플루엔자(선택)—혼합백신에 포함

파라인플루엔자는 켄넬코프 복합증에서 복제되는 주요 바이러스다. 예방접종으로 전염성과 감염의 심각성을 낮출 수는 있지만 완전히 예방하진 못한다. DHPP 백신에 혼합되어 접종된다. 생후 6~12주에 첫 번째 접종을 시작한다.

파라인플루엔자 백신은 개를 방어할 순 있지만 비강 분비물의 바이러스를 박멸하진 못한다. 이는 개가 여전히 전염 능력이 있음을 의미한다.

제조사에 따르면 매년 추가 접종이 추천된다. 그러나 연구들에 따르면 파라인플루엔자 백신의 효과가 항상 1년 내내 유지되는 것은 아니므로 감염 위험이 큰 경우 1년에 두 번 접종한다. 필수 예방접종은 아니다. 개의 생활양식과 감염 위험성을 고려해 실시한다.

켄넬코프(보르데텔라)(선택)

보르데텔라 백신은 이 세균에 의해 발생하는 켄넬코프와 다른 호흡기 감염을 억제하는 데 도움이 된다. 다른 개와의 접촉이 많은 개에게는 이로움이 크다.

두 가지 종류의 백신 형태가 있는데 하나는 비강백신이고 하나는 주사백신이다. 비강백신은 효과를 더 빨리 보인다. 이상적으로는 노출에 앞서 최소 일주일 전에는 접종해야 한다.

기초접종은 두 번 실시한다. 생후 6~8주에 첫 번째 접종을 하고, 2~3주 후에 두 번째 접종을 한다. 보르데텔라 감염이 빈번한 지역에서 태어난 강아지는 생후 3주부터 비강백신을 실시하기도 한다.

제조사는 매년 추가 접종을 추천한다. 그러나 면역 유지 기간이 단기적이므로 중간에 접종을 앞당기는 게 더 적절하다.

미국에서는 선택 예방접종으로 분류하고 있으나 실질적으로는 필수 예방접종으로 접종되고 있다. 국내에서는 켄넬코프 백신, 기관지염 백신 등의 명칭으로 불리며 필수접종으로 추천된다. 최근에는 먹이는 구강백신도 출시되었다.

라임병(선택)

라임병(Borrelia burgdorferi라고도 부른다) 백신은 감염 위험이 높은 지역에 살거나 그런 지역을 방문하는 개에게 접종이 추천된다.

예전에 사용하던 사독백신은 지금은 잘 쓰지 않고, OpsA 항원이 있는 서브유닛 백신을 추천한다. 이 백신으로 유도된 면역은 천연 노출에 의한 면역과 구분된다. 라임병을 예방하려면 진드기 감염관리가 가장 먼저 이루어져야 한다.

국내에서는 유통되고 있지 않다.

코로나바이러스(선택)

코로나바이러스 백신은 병을 예방할 수는 없고 병의 중증도만 낮춘다. 코로나장염은 경미한 질환으로 치명적인 경우는 드물다. 따라서 많은 수의사들이 필수접종으로 분류하진 않는다.

그러나 파보바이러스 감염과 중복되는 경우도 많아 함께 접종이 추천되기도 한다.

국내에서는 외국과 달리 발생률이 높고 필수접종으로 자리잡고 있는 예방접종이다.

인플루엔자(신종플루)(선택)

개 인플루엔자는 2004년 미국에서 처음 보고되었고 2007년 국내에서도 발생이 보고되었다. 개 신종플루라고도 불린다. 호흡기 분비물을 통해 전파되고 전염성이 매우 높다. 기침이나 콧물 같은 켄넬코프 등의 호흡기 질환과 유사한 증상을 보이며 강아지나 노견에게서 더욱 심각할 수 있다. 기초접종 후 매년 추가 접종을 실시한다.

지아르디아(비추천)

이 질환은 보통 경미하고 치료에 잘 반응하므로 접종을 잘 추천하지는 않는다.

포르피로모나스(비추천)

포르피로모나스(Porphyromonas)는 개의 치주염과 관련 있는 세균이다(245쪽 참조). 이 백신은 포르피로모나스 덴티카니스(P. denticanis), 포르피로모나스 굴라이(P. gulae), 포르피로모나스 살리보사(P. salivosa) 세 가지 종으로부터 방어한다. 이 백신은 나온 지 얼마 되지 않아 그 효능에 대한 연구가 수행되고 있다.

치주염 백신은 출시되었다가 큰 효과가 없는 것으로 밝혀져 2011년 생산이 중단되었다.

4장
피부와 털

피부병은 개에게 흔한 질병이다. 피부 상태는 개의 전반적인 건강 상태에 대한 많은 정보를 제공해 준다. 개의 피부는 사람에 비해 더 얇아 상처를 입기 쉽다. 털 관리 도구들을 거칠게 다루는 것만으로도 쉽게 손상될 수 있는데, 일단 외상이나 다른 문제로 인해 피부 표면이 손상되고 나면 쉽게 악화되어 큰 문제로 발전하기도 한다.

피부의 바깥층을 표피라고 하는데, 신체 부위에 따라 각질층은 두께가 다양하다. 예를 들어, 코와 발바닥은 두껍고 거친 반면, 사타구니와 겨드랑이 부위는 매우 얇고 연약해 상처가 나기 쉽다.

표피 아래에는 진피가 있다. 진피에는 모낭, 피지샘, 발톱, 땀샘 같은 피부의 부속물이 자리 잡고 있다. 개는 오직 발바닥에서만 땀샘이 관찰된다.

모낭은 세 종류의 털을 만든다. 상모(primary hair)는 털의 바깥 부분을 이루는 긴 보호털이다. 일반적으로 각각의 털은 독립된 모낭에서 자라나는데, 일부 품종에서는 모낭 하나에서 한 가닥 이상의 털이 자라기도 한다. 근육이 각 모근과 연결되어 있어 털을 세울 수 있다. 개가 화가 났을 때 목덜미 털을 세우는 것과 같다.

각각의 보호털 모낭 안에는 아래쪽 털을 구성하는 하모(accessory hair)가 모여 있다. 이들은 보온 및 피부 보호 기능을 수행한다. 세 번째 종류의 털인 수염과 눈썹은 촉각 기능을 수행하도록 변형되었다.

피지샘은 진피에 있는데 모낭과 연결되어 있다. 피지샘은 피지라는 기름기 있는 물질을 분비하는데, 이들이 모낭으로 모여 털 줄기를 둘러싼다. 이로 인해 털은 윤기가 흐르고, 중요한 방수 기능이 생긴다. 덕분에 물에 잘 들어가는 품종들은 피지로부터 털의 방수 기능을 얻는다. 피지는 또한 털이 기름진 개에게서 풍기는 개 냄새의 원인이 되기도 한다.

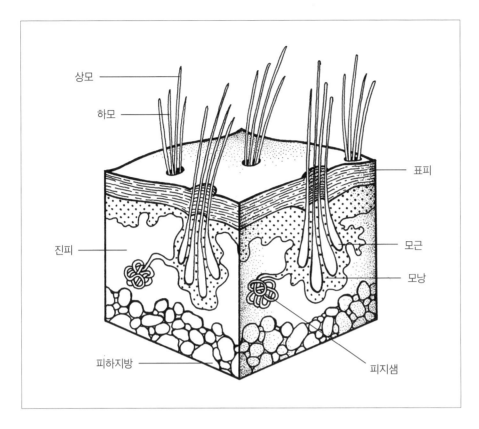

상모

하모

표피

진피

모근

모낭

피하지방

피지샘

피부의 단면도

개의 피부 색깔은 분홍색부터 밝은 갈색까지 다양한데 검은 얼룩이 관찰되기도 한다. 피부의 검은 색소는 멜라닌이라고 하는데, 진피에 있는 멜라닌세포에서 생산된다.

털

털의 모질은 호르몬 농도, 영양, 전반적인 건강 상태, 기생충 감염, 유전, 털 관리 주기, 목욕과 같은 다양한 요소에 의해 결정된다. 추운 날씨에 실외에서 사는 개들은 단열과 보호를 위해 털이 두껍고 빽빽하게 자란다.

갑상선기능저하증, 고에스트로겐혈증, 쿠싱 증후군 등의 호르몬성 질환은 털의 생장을 지연하거나 억제하여 털이 얇고 듬성듬성 나도록 만든다. 기생충, 열악한 음식, 건강 악화로 인한 단백질 결핍도 털을 푸석푸석하고 얇고 건조하게 만든다.

개의 털 상태가 안 좋아 보인다면 수의사의 진료를 받는다. 열악한 모질은 종종 전신 질환을 의미하기도 한다.

털의 생장과 털갈이

털은 성장주기가 있다. 각각의 모낭은 급속 성장기(anagen phase), 다음에는 성장이 느려지고 쉬는 시기인 퇴행기(catagen phase)를 가진다. 퇴행기 동안은 성숙한 털이 모낭 안쪽에 남아 붙어 있다. 털갈이를 하면(휴지기, telogen phase), 새로운 털이 오래된 털을 밀어내고 새로운 생장주기를 시작한다. 평균적으로 털이 다 자라는 데 4개월 정도 걸린다. 하지만 개체와 품종에 따라 다양해서 아프간하운드는 털이 다 자라는 데 18개월 정도 걸린다.

차이니스 크레스티드(머리, 꼬리, 다리 일부에만 털이 있다)와 숄로이츠퀸틀(머리와 꼬리에 몇 가닥을 제외하고는 털이 없다)같이 '털이 없는' 품종도 있다. 이 품종들 중에도 털이 있는 개도 있는데, 이런 탈모 증상은 건강상의 문제가 아니라 유전적 변이에 따른 것이다.

개들은 대부분 적어도 1년에 한 번은 털갈이를 한다. 어미 개는 출산 후 6~8주 후 털갈이를 하기도 하고, 호르몬 변화에 의해 발정기가 지나고 나서 본격적인 털갈이를 하기도 한다.

많은 사람들이 주변 온도가 털갈이에 큰 영향을 미친다고 추측하지만, 실제로는 계절적인 낮 길이의 변화가 더 중요하게 작용한다. 봄에는 낮이 길어 털갈이 과정을 활성화시키고 4~6주간 지속된다. 가을이 되어 낮 길이가 짧아지기 시작하면 많은 개들이 또다시 털갈이를 시작한다. 실외에 사는 개들은 주변광(환경광)에 가장 민감도가 높다. 주로 실내에서만 사는 개들은 인공광에 노출되므로 보다 고정된 광주기를 가지기 때문에 1년 내내 털갈이를 하고 새로운 털이 자라기도 한다.

푸들, 베들링턴 테리어, 케리블루 테리어 같은 일부 품종은 털갈이를 하지 않는 곱슬털을 가지고 있다. 이 품종들은 집 안에 털 뭉치를 흘리고 다니지 않는다. 대신 몸에 털이 모여 엉키거나 뭉쳐질 것이다. 풀리와 코몬도르같이 털이 꼬인 품종은 털이 자라며 스스로 꼬인다.

어떤 개들은 겉털은 길고, 보호털은 성기며, 속털은 부드럽고 미세한 솜털로 되어 있는 이중모로 되어 있다. 이중모가 있는 개가 털갈이를 시작하면 마치 누더기 옷을 입은 것처럼 외양이 여기저기 털이 빠진 모습이 된다. 벌레 먹은 듯한 모습 때문에 피부병으로 오인되기도 한다.

털갈이가 시작되면 매일 빗질을 하여 죽은 털을 가능한 한 많이 제거해 준다. 이중모가 두꺼운 품종은 목욕으로 죽은 털을 풀어 주면 제거가 용이할 수 있다. 털이 더 엉키는 것을 방지하기 위해 목욕을 시키기 전에 먼저 빗질을 한다.

털과 피부의 관리

그루밍(털손질)

정기적인 그루밍은 개의 털과 피부를 건강하게 유지시키고 많은 문제를 예방할 수 있다. 털이 없는 품종도 피부의 건강을 위해 적절한 관리가 필요하다. 강아지 시절부터 그루밍 일정을 잘 짜두어 평생에 걸쳐 관리하는 것이 좋다. 처음에는 짧게 노출시켜 털손질 과정을 즐거운 경험으로 만드는 것이 중요하다. 강아지가 기본적인 관리를 싫어하면서 자라면 나중에는 간단한 과정조차도 견디지 못하게 된다.

얼마나 자주 손질해 줘야 하는가는 털의 종류, 품종, 관리 목적에 따라 다르다. 예를 들어 쇼도그의 경우 매일매일 관리를 해야 한다. 털이 긴 개도 털이 엉키는 것을 방지하기 위해 빗질을 자주 해 줘야 한다. 어떤 품종은 털을 땋고 묶거나, 일부 털을 뽑거나 자르는 것이 필요하다. 이런 개들은 전문 미용사에게 의뢰하는 것이 좋은 방법이다.

다음은 털손질을 위해 유용한 도구다. 개의 품종과 털의 성질에 따라 애용하는 도구도 달라질 것이다.

- **미용 테이블** 바닥이 미끄럽지 않고 단단해야 한다. 허리를 굽히지 않고 작업할 수 있는 높이로 조절한다. 몇 분 이상 걸리는 그루밍 작업에 사용한다.
- **브러시** 모든 품종에 사용할 수 있다. 느슨해진 털과 먼지를 제거하고 털을 정리한다. 천연 재질의 솔이 정전기가 덜 발생한다.
- **핀브러시** 고무 재질 바닥에 기다란 핀이 촘촘히 박혀 있는 형태로, 특히 장모종에 사용하기에 좋다.
- **슬리커브러시** 사각형 모양으로 가늘게 구부러진 철사 같은 빗살이 촘촘하게 배열되어 있다. 느슨한 털을 제거하는 데 사용되는데, 짧고 깊숙하게 빗질한다. 이 빗은 털이 짧은 개에게 사용하기에는 너무 거칠 수 있다.
- **장갑형 빗** 단모종용으로 나온 빗이다. 손에 끼는 장갑이나 주머니 형태로 되어 있어 털을 쓸어내리듯 빗질하면 된다. 보통 작은 고무돌기나 식물 성분의 사이잘 패드가 있어 효율적으로 빗질을 할 수 있게 도와준다. 죽은 털을 제거하고 털을 윤기 나게 한다.
- **일자빗** 끝이 뭉툭한 금속 재질의 빗이다. 빗살 사이가 넓은 표준형 빗은 털이 짧은 부위에 사용하거나 가위질을 위해 들쳐 올릴 때 사용한다. 빗살 사이가 촘촘한 빗은 미세한 털을 푸는 데 사용한다. 그레이하운드용 빗처럼 절반은 6mm, 절반은 3mm씩 배열되어 있는 제품도 있다.

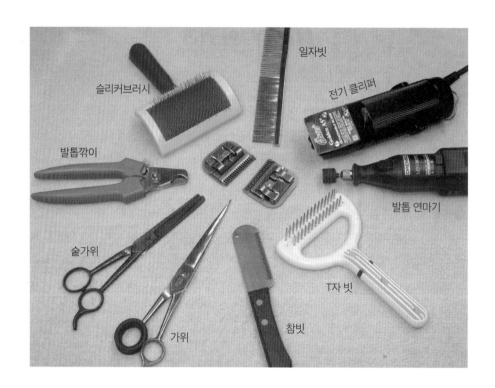

일자빗

슬리커브러시

전기 클리퍼

발톱깎이

발톱 연마기

숱가위

T자 빗

가위

참빗

- **참빗(눈곱빗)** 매우 미세한 빗으로 2.5cm당 30~36개의 촘촘한 빗살로 되어 있다. 눈곱을 떼거나 작은 벌레 등을 걸러내는 데 쓴다.

- **가위** 털을 다듬거나 발에 자란 긴 털을 자르고 엉킨 털을 잘라내는 데 사용한다. 장모견은 항문 주변의 털을 잘라 줘야 하니, 가위 끝이 뭉툭해야 한다. 숱가위는 가윗날에 이가 있어 숱을 칠 때 사용한다.

- **T자 빗(레이크)** 털갈이 시기에 느슨해지거나 죽은 털을 제거하는 데 사용한다. 빗살이 긴 것과 짧은 것이 있다. 너무 세게 하면 건강한 털도 손상될 수 있다.

- **칼빗(뭉친털 제거기)** 하나 또는 여러 개의 칼날이 달린 도구로 엉킨 털뭉치를 잘라 푸는 데 사용한다.

- **전기 클리퍼(이발기)** 털을 자르거나 엉킨 털을 잘라내는 데 사용한다. 다양한 종류의 털에 다양한 크기의 날을 사용한다. 피부를 베지 않도록 주의해야 한다.

- **발톱깎이** 발톱깎이는 두 개의 날로 된 제품과 절단기처럼 한쪽 날로만 된 제품이 있다.

- **수건** 단모견은 타월로 닦아 주는 것으로도 죽은 털을 제거할 수 있다. 털이 없는 개는 축축한 타월로 몸을 닦아 주는 것만으로도 모든 털손질이 끝난다. 장모견은 타월로 문지르면 오히려 털이 엉킬 수 있으므로 주의한다.

개의 털 상태에 적합한 빗을 선택해야 한다. 솔의 뻣뻣한 정도나 빗살의 길이도 잘 고려해야 한다. 예를 들어, 털이 빽빽한데 빗살이 너무 짧으면 겉털은 잘 정리되어 보이지만 안쪽 털은 엉켜 있다. 시간이 지나고 겉털까지 엉키면 결국에는 털을 다 잘라 내야 한다. 반면 안쪽 털이 많지 않은 개는 솔이나 빗살이 길거나 거친 경우 피부가 긁히거나 상처를 입을 수 있다.

빗질하는 법

개의 털은 거칠고 부적합하게 다루면 쉽게 손상된다. 털 한 올의 표면에는 미세한 비늘 같은 구조가 있는데 털이 뽑히거나 당겨지면(바람직하지 않지만) 이 비늘이 가시처럼 일어선다. 주변의 털들이 엉키고 결국에는 털을 푸는 과정에서 파괴된다.

건조한 털은 정전기가 잘 일어나므로 털들이 서로 쉽게 달라붙는다. 빗질을 하기 전에 정전기 방지제를 뿌려 주면 도움이 된다. 펌프형, 스프레이형, 크림형 등 다양한 제품이 판매되고 있다. 이런 제품 대신 스프레이로 물을 살짝 뿌려 줘도 된다.

털 전체를 부드럽게 통과하며 빗질한다. 보통 핀브러시를 이용하면 털을 잡아당기지 않고도 안전하게 빗질을 할 수 있다. 털이 잡아당겨질 수 있으므로 빗으로 강하게 당기지 않는다(털갈이 시기에 죽은 털을 제거할 때는 예외). 빗질이 잘 안 되어 힘을 강하게 줘야 하는 상황이라면 빗질을 너무 깊숙이 하고 있는 것은 아닌지 혹은 사용하고 있는 빗이 너무 뻣뻣하거나 촘촘한 것은 아닌지 확인해 본다.

장모견은 일반 브러시나 핀브러시를 이용해 여러 방향으로 빗질을 한다. 털이 난 방향의 반대 방향으로 짧게 빗질한다. 털을 손상시킬 수 있으므로 길게 빗질하는 것은 피한다. 일자빗으로 몸통 옆 부분을 빗질할 수도 있는데 차례로 짧게 빗겨 준다. 털을 위로 밀어 올렸다가 아래로 빗긴다. 이렇게 해야 안쪽 털과 바깥쪽 털을 모두 빗질할 수 있다. 각 견종에 알맞은 빗질 방법에 대한 조언을 구하는 것도 좋다.

단모견은 머리에서 등, 꼬리 쪽으로 털이 난 방향으로 빗질한다. 엉덩이 부위, 넓적다리 뒤쪽 주변은 털이 엉키기 쉬우므로 특히 신경을 쓴다. 귀 뒤쪽의 털도 매우 부드러워 엉키기 쉬우므로 주의 깊게 확인한다.

개가 안쪽 털을 깨물거나 긁는다면 T자 빗으로 느슨해진 털을 제거해 준다. 속털부터 시작해 겉털까지 단계적으로 빗질한다.

털이 없는 개는 물수건으로 닦아낸 뒤 조심스럽게 말린다. 피부의 과도한 유분을 제거하거나 화상 방지를 위해서 덧바른 자외선 차단제를 닦기 위해 목욕을 시켜야 할 수도 있다.

엉킨 털 제거

단단한 덩어리처럼 엉켜서 뭉친 털은 몸의 어느 부위에서도 생길 수 있다. 특히 귀 뒤, 겨드랑이 안쪽, 항문 주변, 넓적다리 뒤쪽, 사타구니 부위, 발가락 사이에서 관찰된다. 엉킨 털은 털 관리에 무심했거나 빗질 방법이 부적절했음을 의미한다. 털이 부드러운 개에서 더 잘 발생한다.

먼저 엉킨 털 부분을 몇 분간 컨디셔너로 적셔 부드럽게 만든다. 다음에 뭉친 덩어리를 손가락으로 잘게 푼다. 컨디셔너는 털에 수분을 공급하고 융기된 돌기를 가라앉히는 역할을 한다.

어떤 털뭉치들은 빗 끝을 이용해 제거할 수도 있다. 그러나 대부분은 가위나 클리퍼 등으로 잘라내야 한다. 뭉친 털을 가위로 잘라낼 때는 각별히 주의해야 한다. 개의 피부는 근육에 부착되어 있지 않아 잡아당기면 털뭉치와 함께 딸려올 수 있기 때문이다. 가위를 엉킨 털과 피부 사이로 밀어 넣어 잘라 내려는 시도는 하지 말아야 한다. 가능하다면 엉킨 털과 피부 사이로 빗을 밀어 넣고 가위를 이용해 그 위쪽을 잘라 제거한다. 비슷한 방법으로 전기 클리퍼를 이용해 제거할 수도 있다. 엉킨 덩어리를 제거한 뒤, 남아 있는 엉킨 부위는 빗질을 잘 해 준다. 가시가 있거나 뒤엉킨 식물을 제거할 때도 유용하다. 스프레이를 사용해 털을 잘라내지 않고도 이런 식물을 쉽게 제거할 수 있다.

털에 붙은 껌을 제거할 때는 먼저 껌에 얼음을 갖다 대고 밀 듯이 제거한다. 제거가 어렵다면 조심스럽게 잘라낸다.

빗질 이외의 관리

개를 잘 관리하는 것에는 귀 상태를 확인하고, 양치질을 시키고, 발톱을 자르고, 필요한 경우 항문낭을 짜주는 것까지 포함된다.

귀 아래의 털도 잘 빗질해 주고, 최소 한 달에 한 번은 귓바퀴 안쪽을 검사해야 한다는 것을 잊지 않는다. 긴 풀이 자란 풀밭, 잡초밭, 덤불 위를 내달렸을 때도 검사해야 한다. 풀 조각은 귀 주변의 털에 먼저 들러붙은 뒤 이도 안쪽으로 들어간다.

이도에 먼지, 찌꺼기, 과도한 귀지가 없는지 불쾌한 냄새가 나지 않는지 살펴본다. 이런 문제들이 보이면 귀 청소(210쪽)를 실시한다. 이도 안이 깨끗하다면 그냥 둔다. 과도한 귀 청소가 오히려 귀의 국소적인 면역학적 방어 기전을 방해할 수 있다. 귀에 분비물이 보인다면 수의사의 진료를 받아야 한다.

일상적인 양치질과 구강검사로 치석이 생기는 것을 예방할 수 있다. 더 자세한 내용은 양치질하기(248쪽)를 참조한다.

항문낭검사로 항문낭 문제를 예방할 수 있다. 항문낭을 짜는 방법은 289쪽을 참조한다.

발톱 깎기

대부분의 개들은 운동을 하는 과정에서 발톱이 닳는다. 그러나 자연적으로 발톱이 닳지 않는 경우 발톱이 너무 길어져 카펫이나 의자덮개 등을 손상시킨다. 길게 자란 발톱에 의해 발가락이 벌어지면 발바닥이 바닥에 밀착되는 것을 방해할 수도 있다. 때문에 긴 발톱은 잘라 줘야 한다.

쇼에 나가는 경우에도 발톱을 잘 잘라 줘야 한다. 한 달에 두 번 발톱을 잘라 주면 속살(quick, 발톱 안쪽의 신경과 혈관 다발)이 바깥쪽으로 자라나는 것을 방지할 수 있다.

며느리발톱이 있는 개는 자주 확인해야 한다. 며느리발톱은 다섯 번째 발가락의 흔적으로 발 안쪽 윗부분에 있다. 많은 품종은 출생 직후 며느리발톱을 제거하기도 한다. 참고로 브리아드나 그레이트 피레니즈 같은 품종에서는 며느리발톱이 있는 것이 품종 표준이다. 이 발톱은 땅에 닿지 않기 때문에 동그랗게 자라 피부를 뚫고 들어갈 수 있으므로 정기적으로 잘라 줘야 한다. 특히 뒷발의 며느리발톱에서 이런 일이 흔하다. 강아지가 며느리발톱을 가지고 있다면 발톱이 길지 않더라고 자주 깎아 주어 발톱 관리에 익숙해지도록 교육하는 것이 중요하다.

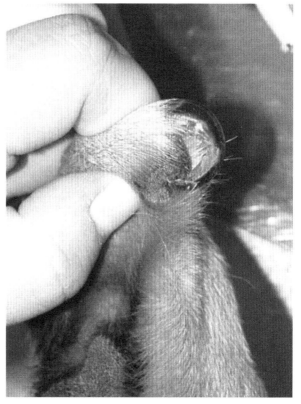

관리가 제대로 안 된 며느리발톱이 발패드 안쪽으로 파고들어 자라 있다.

어떤 발톱깎이는 가위처럼 두 개의 날로 되어 있는 반면, 어떤 것은 작두 형태로 되어 있다. 둘 다 상관없다. 다만 개의 발톱은 사람처럼 편평하게 생기지 않아 사람용 손톱깎이를 사용하는 것은 적절하지 않다.

개의 발을 잡고 살짝 눌러 발톱이 내밀어지도록 한다. 신경과 혈관이 있는 속살 부위를 확인한다(발톱 가운데 분홍색 부분). 발톱이 하얀색이라면 쉽게 확인할 수 있다. 가능한 한 속살 부위와 가깝게 앞에서 자른다. 작두형 발톱깎이를 사용할 때는 자르는

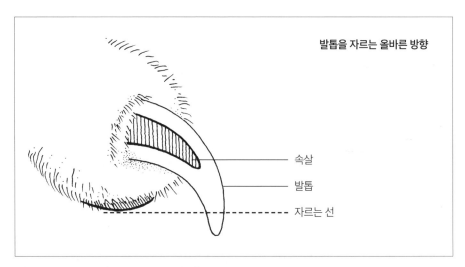
발톱을 자르는 올바른 방향

속살

발톱

자르는 선

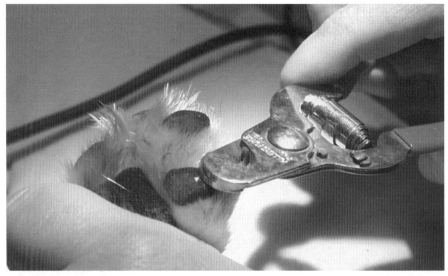

발톱을 발가락 패드와 평
행하게 자른다.

날이 바깥쪽으로 향하게 하여 자른다. 발톱이 어두운색이어서 속살을 확인하기 어려운 경우 발가락 패드와 평행하게 자른다.

잘못해서 속살 부위를 잘랐다면 개는 순간적으로 통증을 느끼고 발톱에서 피가 날 것이다. 발톱 끝을 솜으로 꾹 눌러 압박한다. 몇 분 내에 출혈이 멈출 것이다. 출혈이 지속되는 경우 지혈제를 사용한다(분말형이나 연필형). 지혈제가 없을 경우 전분 가루를 사용해도 된다.

발톱 연마기를 사용할 수도 있는데 주변에 털이 없도록 하여 주의 깊게 사용해야 한다. 발톱에 살짝 힘을 가한 상태로 연마기를 작동시킨다. 발에 닿지 않도록 주의하고 발톱 표면에만 살짝 닿도록 한다. 뜨거워진 연마기에 개의 발가락이 데이지 않도록 주의한다.

목욕

얼마나 목욕을 자주 시켜야 하는지에 대한 정확한 기준은 없다. 개의 모질이나 특성에 따라(또는 길이, 부드러운 정도, 곱슬기, 뻣뻣함 등에 따라) 때가 타는 정도도 다르고 목욕 횟수도 달라진다. 개의 생활방식이나 활동량도 역시 고려사항이다. 특별한 털 관리가 필요한 개라면 브리더나 전문적인 미용사에게 특별한 조언을 얻을 수 있을 것이다.

목욕을 시키는 일반적인 목적은 털에 쌓인 먼지와 이물질을 제거하고, 털갈이 시기에 죽은 털을 제거하고, 기름진 털의 개 냄새를 없애고, 털의 겉모습을 향상시키는 것이다. 일상적인 목욕이 털이나 개의 건강에 필수적인 것은 아니다. 실제로 목욕을 너무 자주 시키면 털 자체가 가진 천연의 윤기를 잃어 거칠고 건조해진다. 대부분의 개들은 정기적인 빗질만으로도 건강한 털과 피부를 유지할 수 있고, 불필요한 목욕을 줄일 수 있다.

목욕을 시키기에 앞서 몸 전체를 빗질하며 엉키거나 뭉친 털을 미리 제거한다. 이런 과정을 생략하면 털이 더 심하게 뒤엉켜 관리가 더욱 어려워질 것이다.

'반려견용' 샴푸를 사용하는 것이 중요하다. 개 피부의 pH는 중성이다(pH 7~7.4). 사람용 샴푸는 대부분 약산성으로 개에게는 적합하지 않다. 백모용 샴푸나 다양한 색깔의 털을 위한 샴푸도 있다. 사람용 염색약을 개에게 사용해서도 안 된다.

락스 같은 표백제를 개에게 사용하면 안 된다. 이런 화학물질은 피부를 통해 흡수되어 죽음에 이를 수 있다.

따뜻하고 햇볕이 좋은 날이 아니라면 목욕은 실내에서 욕조나 대야를 이용해 시키는 것이 좋다. 바닥에 고무 매트를 깔아 미끄러지거나 버둥거리는 것을 방지한다. 귀에 물이 들어가면 염증이 생기기 쉬우므로 귀 안쪽으로 솜을 끼워 막는다.

욕조에 미지근한 물을 채우고 난 뒤, 개를 넣는다. 젖은 타월을 이용해 얼굴부터 시작해 몸을 닦는다. 귀를 들어 안쪽 피부와 털을 닦아낸다. 샤워기를 이용해 따뜻한 물로 몸 전체를 적신다. 필요한 경우 샤워기 노즐을 털 속 피부에 직접 대고 사용해도 된다.

손에 샴푸를 짜서 한 부분씩 거품을 낸다. 등이나 옆구리뿐만 아니라 몸 전체를 꼼꼼히 문질러 거품을 낸다. 털이 심하게 더러워졌다면 살짝 헹구어 낸 뒤 다시 거품을 내는 과정을 반복한다.

샤워기로 털을 잘 헹구어 샴푸를 제거한다. 발가락 사이도 잘 헹구는 것을 잊지 않도록 한다. 거품기가 완전히 사라질 때까지 헹구고 또 헹구어야 한다. 남아 있는 비눗기는 털을 푸석푸석하고 볼품없게 만든다. 피부에 자극을 주어 접촉성 피부염(149쪽 참조)을 유발할 수도 있다.

더 좋은 모질을 위해 시판용 컨디셔너를 사용하는 경우도 많다. 식초, 레몬, 표백제 등은 너무 산성이나 알칼리성이라 털을 손상시킬 수 있으므로 사용하지 않는다.

몸 전체를 잘 헹구었으면 손으로 가능한 한 털의 물기를 잘 짜낸다. 개가 스스로 몸을 털게 한 뒤 타월로 닦는다. 귀에 부드럽게 입김을 불어 개가 몸을 잘 털게 유도할 수도 있다.

드라이어를 이용해 몸을 완전히 말릴 수 있다. 시판하는 드라이룸은 보다 효과적이다. 헤어드라이어를 사용하는 경우 너무 뜨거운 바람은 털을 손상시키고 피부에 화상을 입힐 수 있어 사용하지 않는다. 피부에 직접 자극이 가지 않도록 미지근한 바람으로 비스듬히 들고 사용하는 것이 좋다. 어떤 개들은 드라이어 소리나 바람에 놀라 겁을 먹기도 한다. 이런 경우 억지로 말리려 해서는 안 된다. 충격을 받아 나중에 문제가 될 수 있다.

목욕이 끝나면 털이 완전히 마를 때까지 실내에 머물게 한다. 몇 시간이 걸릴 수도 있다.

드라이 샴푸

목욕과 목욕 사이에도 깨끗한 털을 유지하는 것이 매우 중요하다. 특히 모질이 기름진 품종은 먼지가 끼기 쉽다. 다양한 가정용품을 드라이 샴푸로 활용할 수 있다. 탄산칼슘, 향이 없는 활석, 베이비파우더, 옥수수 전분 등은 모두 효과적이며, 피부와 털을 손상시키지 않고, 자주 사용해도 무해하다.

이런 가루들을 털 사이에 뿌린 뒤 20분 정도 그냥 두어 기름기를 흡수하도록 한다. 부드러운 브리슬 브러시(뻣뻣한 털로 된 빗)로 빗겨 가루를 제거한다.

시판되는 워터리스 샴푸(헹굴 필요가 없음)는 지저분한 곳을 신속히 세정해 주는 스프레이 형태다. 전신의 털에 뿌려 주면 훌륭한 목욕 대체 수단이 된다. 그냥 뿌리고 타월로 닦아내기만 하면 된다.

목욕과 관련한 특별한 문제들

엉킨 털을 제거하는 방법은 116쪽을 참조한다. 털에 묻은 우엉(우엉 열매는 가시가 갈고리 모양이어서 털에 잘 붙는다)이나 껌을 제거하는 법을 설명하고 있다.

스컹크 냄새

스컹크 기름을 제거하는 고전적인 방법은 토마토 주스를 기름이 묻은 부위에 묻힌 뒤 목욕을 시키는 것이다. 보통은 약한 스컹크 냄새를 풍기며 털이 분홍빛으로 변해 있는 모습으로 끝이 난다. 최근에는 《케미컬 앤 엔지니어링(*Chemical & Engineering*)》이란 잡지에서 소개된 새로운 방법이 인터넷을 통해 널리 알려졌다. 매우 효과적이라 반복해서 적용할 필요도 없다. 개는 물론 고양이에도 적용할 수 있다. 방법은 다음과 같다.

3% 과산화수소수 1L(약국에서 구입)
베이킹소다(중탄산나트륨) 55g
액상 주방세제 5mL

목욕을 시키고 위의 용액을 털에 바르고 수돗물로 헹궈 낸다. 장모종의 경우 털 안쪽 피부까지 잘 적용하는 것이 가장 중요하다.

화학반응으로 인해 발생한 산소가 용기를 폭발시킬 수 있으므로 쓰고 남은 것은 버린다.

타르와 페인트

타르, 기름, 페인트가 묻은 털은 가능하다면 잘라 버리는 것이 좋다. 털에 남은 부분은 식물성 오일에 적셔 24시간 동안 방치한 뒤 비누와 물로 씻겨낸다. 전신 목욕을 시켜도 좋다.

가솔린, 등유, 테레빈유 등의 석유 용제는 사용하지 않는다. 이런 제품은 피부에 매우 유해하여 흡수되면 심한 독성을 일으킨다.

피부병의 분류

122~126쪽에 정리된 표는 피부병에 대한 소개와 원인을 찾기 위해 살펴봐야 하는 내용을 담고 있다.

첫 번째 표의 '가려운 피부병'은 피부를 끊임없이 긁고 깨물거나 가려움 해소를 위해 몸을 주변 물체에 문지르는 특징이 있다.

두 번째, 세번째 표는 탈모를 동반한 피부병이다. 탈모는 새로운 털의 생장에 문제가 있음을 의미한다. 털 전체에 발생할 수도 있고 몸의 특정 부위에 국소적으로 발생할 수도 있다. 일반적으로 내분비 질환에 의한 경우 대칭성 탈모를 보이며, 기생충이나 다른 원인에 의한 경우 비대칭성 탈모를 보인다.

* 궤양 피부나 점막의 표
면 조직이 손상되어 결손
된 상태.

네 번째 표는 농피증처럼 피부 감염이 주 증상인 피부병이다. 농피증은 고름, 감염
된 상처, 딱지, 피부의 궤양,* 구진, 농포, 종기, 부스럼, 피부 농양 등이 관찰된다. 다른
피부병에 의해 2차적으로 발생하기도 하는데, 특히 가려운 피부병에서 개들이 스스로
심하게 긁거나 깨물어 발생하곤 한다.

자가면역성 및 면역매개성 피부병은 수포가 특징이다. 수포는 맑은 액체가 들어 있
는 물집이다. 이들은 문지르거나 깨물고 긁어서 생기는데, 그 결과로 피부에 짓무름,
궤양, 딱지가 생긴다. 얼굴, 코, 주둥이, 귀에서 많이 관찰된다.

털 관리를 하거나 함께 놀거나 개를 다룰 때, 피부에서 덩어리가 만져지기도 한다.
여기에 대해서는 마지막 표인 피하의 혹이나 종괴를 참조한다. 18장 종양과 암에서
더 자세히 다룬다.

가려운 피부병

알레르기성 접촉성 피부염 : 접촉성 피부병과 비슷하나, 접촉 부위 외에도 발진이 관찰될 수
있다. 알레르겐에 반복적으로 또는 지속적으로 노출되어 발생한다(벼룩방지용 목걸이 등).

아토피 : 젊은 개에서 더 잘 발생하는 가려움이 심한 피부병으로 늦여름과 가을부터 시작된
다. 계절성 꽃가루에 의해 발생한다. 순종과 잡종 모두에서 발생한다. 해가 갈수록 더 심해
지고 있다. 얼굴을 문지르거나 발을 깨무는 행동으로부터 시작된다.

털진드기 : 발가락 사이나 귀, 입 주변에 가려움과 심한 피부 자극을 유발한다. 눈으로 겨우
보이는 크기의 빨간색, 노란색, 주황색 털진드기가 보인다.

접촉성 피부염 : 화학물질, 세제, 페인트 등의 자극원에 접촉된 부위가 빨갛게 되고 가려우
며 부어오르고 염증이 생긴다. 주로 발이나 털이 없는 부위에 잘 생긴다. 코의 털 없는 부위
가 고무나 플라스틱 식기와 접촉해서도 발생할 수 있다.

간선충(펠로데라) : 피부에 여드름 같은 빨간 뽀루지가 관찰된다. 매우 가렵다. 축축한 건초
나 풀 위에서 자는 개들에게서 관찰된다.

벼룩 알레르기성 피부염 : 꼬리, 등, 뒷다리, 사타구니 안쪽에 여드름 같은 빨간 발진이 관찰
된다. 벼룩을 구제한 뒤에도 계속 긁는다.

벼룩 : 등과 꼬리, 하반신 주변을 가려워하고 긁는다. 털 속에서 벼룩 또는 모래알 크기의 검
거나 하얀 물질이 관찰된다(벼룩의 배설물이나 알).

벼룩 물림 피부염 : 서 있는 귀의 끝부분이나 늘어진 귀의 접힌 면 부위에서 통증을 동반한
물린 상처가 관찰된다. 검게 딱지가 생기고 피가 쉽게 난다.

음식 알레르기성 피부염 : 계절에 상관없이 가려움을 호소하며 피부가 붉어지거나 발진, 농
포, 팽진(피부가 편평하게 부어오르는 병변)이 생긴다. 귀, 엉덩이, 다리 뒤쪽, 몸 아래쪽에 넓게
관찰된다. 때때로 귀가 빨갛게 붓고 습해지는 정도로 국한되어 나타나기도 한다.

말파리 구더기증 : 2cm가량의 파리 유충이 피하에 주머니 형태의 덩어리를 만드는데 그 가
운데에 숨을 쉬기 위한 구멍이 뚫려 있다. 턱 아래, 귀 옆, 복부에서도 종종 발견된다.

이 : 2mm가량의 벌레나 흰 모래알 같은 물질(서캐)이 털에 붙어 있다. 흔치는 않으며, 털이
엉킨 개에게서 관찰된다. 긁은 부분은 털이 다 빠져 있을 수 있다.

핥음 육아종(말단 소양성 피부염) : 발목을 끊임없이 핥는 행동으로 인해 피부에 빨갛게 진물이 생기는 궤양이 발생한다. 주로 털이 짧은 대형견에서 잘 발생한다.

구더기 : 부드러운 몸체에 다리가 없는 파리 유충이 엉킨 털의 축축한 부위나 상처에서 관찰된다.

옴(개선충) : 매우 가렵다. 벌레에 물린 듯한 작고 빨간 발진이 귀, 팔꿈치, 뒤꿈치 피부에서 관찰된다. 귀 끝에 딱지가 생기는 것이 전형적인 특징이다.

참진드기 : 크거나 작은 벌레가 피부에 붙어 있다. 완두콩 크기만큼 부풀어 오르기도 한다. 귓바퀴 아래와 털이 적은 부위에서 관찰된다. 가려움은 있을 수도 없을 수도 있다.

셸레티엘라 진드기(걸어 다니는 비듬) : 생후 2~12주 강아지에게 발생한다. 목과 등 부위에 건조한 각질이 다량 관찰된다. 가려운 정도는 다양하다.

탈모를 동반한 호르몬성 질환

코르티손 과다 : 몸통의 대칭성 탈모가 관찰된다. 배가 항아리처럼 부풀어 오르고 늘어진다. 쿠싱 증후군에서 관찰된다. 일부 스테로이드 처방을 받아 복용하여 발생하기도 한다.

성장호르몬 반응성 탈모 : 양측성으로 대칭성 탈모가 관찰되는데 주로 수컷에 발생한다. 성 성숙 전후로 시작된다. 차우차우, 케이스혼트, 포메라니안, 미니어처 푸들, 에어데일, 복서 같은 특정 품종에서 더 잘 발생한다.

고에스트로겐혈증(에스트로겐 과다) : 암컷과 수컷에서 모두 발생한다. 회음부와 생식기 주변에 양측성으로 대칭성 탈모가 관찰된다. 외음부와 음핵이 종대된다. 수컷에서는 포피가 늘어진다.

저에스트로겐혈증(에스트로겐 결핍) : 중성화한 암컷 노견에서 발생한다. 털의 성장이 부실하고 털도 가늘다. 외음부 주변에서 시작해 나중에는 전신으로 확대된다. 피부는 아기 피부처럼 부드러워진다.

갑상선기능저하증 : 가려움이 없는 양측성으로 대칭성 탈모의 원인 중 대부분을 차지한다. 털이 얇고 연약하며 쉽게 빠진다. 주로 턱 아래부터 가슴까지의 목 부위, 몸통 옆, 넓적다리 뒤쪽, 꼬리 끝에서 발생한다.

탈모를 동반한 다른 질환

흑색 극세포증 : 주로 닥스훈트에서 관찰된다. 겨드랑이와 귀에서부터 시작된다. 피부가 검게 두꺼워지며 기름기가 흐르고 역한 냄새를 풍긴다.

색채돌연변이성 탈모(푸른 도베르만 증후군) : 몸 전체의 털이 빠져 외양이 벌레 먹은 듯해진다. 탈모 부위에 발진과 농포가 관찰된다. 다른 품종에서도 발생할 수 있다.

모낭충 : 국소형-강아지에게 발생한다. 눈꺼풀, 입술, 입가 주변에 탈모가 관찰되며 가끔 다리나 몸통에서도 발견되어 벌레 먹은 듯 보인다. 지름 2.5cm 이하의 작은 병변이 5개 이내로 관찰된다. 전신형-수많은 병변이 커져 합쳐지기도 한다. 농피증이 발생하며 피부 상태가 더 악화된다. 주로 젊은 개체에 영향을 준다. 전신형은 면역결핍과 관련이 있다.

코 일광성 피부염(콜리노즈) : 코와 주둥이가 맞닿는 경계 부위에서 탈모가 관찰된다. 심한 궤양이 생기기도 한다. 코의 색이 밝은 개에게 발생한다. 자가면역질환의 하나로 추측된다.

욕창(굳은살) : 털이 없고 회색의 두꺼운 패드처럼 변한 피부 조직으로 보통 팔꿈치 부위에 잘 생기지만 압력이 쏠리는 다른 부위에서도 발생할 수 있다. 단단한 바닥에 누워서 생긴다. 주로 대형 품종이나 초대형 품종에서 관찰된다.

링웜 : 곰팡이 감염. 12~50mm 크기의 각질과 딱지를 동반한 원형 병변이 관찰된다. 중심부는 털이 빠져 있고 주변 테두리가 반지 모양으로 빨갛게 관찰된다. 일부는 전신에서 광범위하게 관찰되기도 한다.

피지선염 : 주로 스탠더드푸들에서 관찰되나, 아키다 같은 다른 품종에서도 발생한다. 얼굴, 머리, 목, 등에 대칭형 탈모가 관찰된다. 비듬 같은 각질이나 모낭의 감염을 동반한다.

지루 : 건성-심한 비듬과 유사하다. 지성-누렇고 기름진 각질이 털에 붙어 있다. 냄새가 역하다. 다른 피부병에 의해 속발성으로 나타날 수도 있다.

백반증 : 일부는 탈모를 동반하지만, 대부분은 색소결핍으로 털색이 변한다. 주로 얼굴과 머리에서 관찰된다. 로트와일러와 벨지안 터뷰렌에게서 가장 흔히 관찰된다.

아연 결핍성 피부병 : 얼굴, 코, 팔꿈치, 뒤꿈치 부위 피부에 털이 빠지고 각질과 딱지가 관찰된다.

고름이 생기는 피부병

방선균증과 노카르디아증 : 농양이 생기고 고름이 흐르는 흔치 않은 피부 감염증으로 치료 반응이 더디다.

급성 습윤성 피부병(핫스팟) : 털이 빠진 피부에 염증이 급속히 진행되는데, 화농성 삼출물로 뒤덮인다. 스스로 깨물어 악화되고 농피증으로 진행된다. 뉴펀들랜드와 골든리트리버처럼 귀가 처진 개들의 귓바퀴 아래쪽 부위에 잘 발생한다. 기존의 피부 질환과 관계가 있을 수 있으며, 덥고 습한 날씨에 수영이나 목욕 후 털을 완전히 말리지 않는 경우에 발생할 수 있다.

봉와직염과 농양 : 심한 통증, 열감, 피부 발적, 피부 아래로 고름이 차는 증상을 보인다. 이물, 교상, 또는 피부 자극에 의한 자해성 상처인지 원인을 찾아본다.

모낭염 : 농포 정중앙에 털 줄기가 나와 있다. 체표형은 농가진과 유사해 보이지만 겨드랑이 주름과 가슴에서 관찰된다. 심부형은 농포가 더 커지고 단단해진다. 피부에 고름, 딱지, 삼출물이 흐른 흔적 등이 관찰된다.

농가진 : 복부와 사타구니의 털이 없는 피부에 농포와 얇은 갈색의 딱지가 관찰된다. 강아지에게 더 잘 발생하는데, 강아지 여드름이라고도 한다.

지간낭종 : 발가락 사이에 부종이 생기고 파열되어 고름이 흐르기도 한다.

진균종 : 보통 발이나 다리의 구멍 뚫린 상처 부위에 통증이 심한 부종이 생긴다. 종괴 깊숙한 구멍으로부터 고름이 흘러나온다. 주로 곰팡이에 의해 발생하는데 세균에 의해 발생할 수도 있다.

강아지 여드름 : 턱과 아랫입술에 자주색 종기가 관찰된다. 통증은 없다. 농가진이라고도 한다.

강아지 선역(유년기 농피증) : 얼굴에(입술, 눈꺼풀, 귀) 통증이 심한 부종이 발생하고 농포로 급속히 진행되어 고름이 흐르는 상처가 생긴다. 머리와 목 주변의 림프절이 부어오른다. 생후 4개월 미만의 강아지에게 발생한다.

피부주름농피증(피부주름 감염) : 입술 주름, 코 주름, 외음부 주름, 꼬리 주름 부위의 피부에 염증이 생겨 빨갛게 되고 역한 냄새가 난다.

자가면역성 및 면역매개성 피부병

수포성 유사천포창 : 심상성 천포창과 비슷하지만 보통 피부와 점막의 경계 부위에서 시작된다. 주로 입 부위에서 관찰된다.

원판상 홍반성 낭창 : 코의 편평한 표면에서 발생한다. 궤양과 색소 탈락이 특징이다.

다형 홍반 : 피부와 점막의 급성 발진. 종종 약물에 의해 발생한다. 빨간 테두리와 안쪽으로 창백한 색깔의 과녁 모양의 발진이 특징이다.

홍반성 천포창 : 천포창과 비슷하지만 얼굴, 머리, 발패드에 국한되어 발생한다.

천포창 : 빨간 피부 반점이 급속하게 농포로 진행되고 노란 딱지로 변한다. 보통 얼굴(코, 주둥이, 눈과 귀 주변)에 국한되어 발생한다. 딱지는 안쪽 피부와 털에 붙어 있다. 종종 전신성으로 발생하기도 하는데 나중에는 색소 탈락이 관찰된다. 발바닥 피부가 두꺼워지고 갈라진다. 때때로 발패드에서만 발생하기도 한다.

증식성 천포창 : 편평한 모양의 농포가 피부주름 부위에 생긴다. 사마귀 같은 증식체가 관찰된다.

심상성 천포창 : 수포와 물집이 궤양으로 진행되어 딱지를 형성한다. 보통 입술과 입 주변에서 관찰되는데 전신성으로 발생하기도 한다. 발패드에 궤양이 생기고 발톱이 빠지는 경우가 많다.

결절성 지방층염 : 등과 옆구리를 따라 다수의 덩어리가 관찰된다(피부 아래에 돌조각이 있는 것처럼). 결절이 터지면 고름이 흐르고 딱지가 앉으며 낫는다.

전신성 홍반성 낭창(루푸스) : 천포창과 유사해 보인다. 첫 번째 증상은 다리를 절며 걷는 것이다. 발패드의 궤양이 흔하다.

독성 표피괴사 : 통증이 심하고 심각한 피부병이다. 피부, 점막, 발패드에 물집과 궤양이 관찰된다. 화상처럼 다량의 피부 조직이 떨어져 나간다.

피하의 혹이나 종괴

농양 : 물리거나 뚫린 상처에 생기는, 통증이 심하고 고름이 차는 병변이다.

기저세포종 : 단독성 결절로 보통 종양의 목 부위가 좁거나 줄기 형태를 띤다. 일반적으로 원형의 털이 없는 형태로 관찰되고 궤양이 생기기도 한다. 노견의 머리, 목, 어깨 부위에 잘 생긴다.

귀지샘종 : 이도에 생기는 1cm 미만의 밝은 분홍색을 띠는 동그란 형태의 신생물. 궤양이 생기거나 감염이 일어날 수 있다.

표피낭종 : 피하의 단단한 혹. 치즈 같은 물질이 흘러나올 수 있으며, 감염이 일어날 수도 있다.

혈종 : 피하에 응고된 혈액이 찬 병변. 종종 귓바퀴의 문제와 관련이 있을 수 있다(이개혈종).

조직구종 : 급속히 자라나는 동그란 신생물로(단추 모양) 신체 어디서든 발생할 수 있다. 주로 젊은 개에게 발생한다.

지방종 : 피하에서 동그랗거나 타원형으로 만져지는 덩어리. 말랑한 느낌이다.

비만세포종 : 주로 몸통, 회음부, 다리에서 관찰되는 단독 또는 다발성 신생물. 복서, 골든리 트리버, 불도그, 보스턴테리어 등에서 잘 발생한다.

흑색종 : 검은색 피부 부위에서 발견되는 갈색 또는 흑색의 결절. 구강이나 발톱 아래 부위에 발생하면 보통 악성이다.

항문 주위 종양 : 항문 주변 회음부에 생기는 단독 또는 다발성의 결절상 신생물. 중성화하지 않는 수컷 노견에서 가장 흔히 발생한다.

피지선종 : 피지낭종이라고도 한다. 지름 2.5cm 미만의 부드러운 분홍빛 사마귀 형태의 신생물. 눈꺼풀과 다리에서 가장 잘 발생한다. 노견에게 많이 발생하며(평균 10살), 푸들과 코커스패니얼에서 흔하다.

피부 유두종 : 피부에서 자라나는데 사마귀처럼 보인다. 통증도 없고 위험하지도 않다.

연부조직 육종 : 크기와 위치가 다양하며 경계가 불분명하거나 명확한 종양. 보통 천천히 자란다.

편평세포암종 : 복부, 음낭, 발, 다리, 입술, 코에서 발견되는 잘 낫지 않는 회색 또는 붉은색의 궤양성 병변. 콜리플라워와 비슷한 형태로 관찰된다.

전염성 생식기 종양 : 수컷과 암컷 모두에게 발생하는데, 생식기에 궤양을 동반하는 콜리플라워처럼 생긴 다발성 신생물이 관찰된다.

벼룩flea

고양이 벼룩(*Ctenocephalides felis*)은 개와 고양이에게 가려움을 유발시키는 주범이다. 벼룩은 숙주동물의 몸으로 뛰어올라 피부를 뚫고 피를 빨아먹는다. 많은 개는 단지 가벼운 가려움만 느끼지만, 강아지나 체구가 작은 개의 경우 심한 감염이 발생하면 심각한 빈혈이나 죽음에 이를 수 있다.

일부 개들은 벼룩의 타액에 대한 과민반응으로 극심한 가려움을 느끼는데, 피부가 벗겨지고 털이 빠지며 농피증이 생길 정도로 긁기도 한다(145쪽, 벼룩 알레르기성 피부염 참조). 벼룩은 촌충의 중간숙주이기도 하다.

벼룩의 감염은 개의 몸에서 벼룩을 직접 찾아내거나 털 속의 검고 하얀(소금과 후추 같은) 알갱이를 찾아내는 것으로 진단한다. 이 알갱이들은 벼룩의 배설물(후추)과 알(소금)이다. 배설물은 소화된 혈액 성분으로 젖은 종이에 대고 빗질을 하면 붉은 갈색으로 변한다.

성충 벼룩은 약 2.5mm 크기의 암갈색의 작은 곤충으로 맨눈으로도 확인할 수 있다. 벼룩은 날개가 없어서 날 수 없지만 강력한 뒷다리로 엄청난 거리를 뛰어오를 수 있다. 벼룩은 털 사이를 빠르게 돌아다녀 잡기가 쉽지 않다. 벼룩을 제거하기 위해 이가 촘촘한 빗을 이용해 등, 사타구니, 꼬리와 하반신 주변으로 빗질한다. 이 부위들이 가려움도 가장 심하다.

벼룩의 생활사

가장 효율적인 벼룩 구제 전략을 세우려면 벼룩의 생활사를 이해해야 한다. 벼룩이 번성하고 번식하려면 따뜻하고 습한 환경이 필요하다. 온도와 습도가 높으면 높을수록 번식력이 더 왕성해진다. 성충 벼룩은 개의 몸에서 최대 115일까지 생존할 수 있지만, 몸에서 떨어지고 나면 겨우 1~2일만 살 수 있다.

피를 빨아먹은 뒤, 벼룩은 개의 피부 위에서 교미를 한다. 암컷은 24~48시간 내에 알을 낳고, 4개월 정도의 수명 동안 2,000개 가까운 알을 낳는다. 벼룩의 알은 바닥으로 떨어져 가구, 카펫, 틈새, 깔개 아래 등에서 성장한다. 여러 겹의 털로 짜인 카펫은 벼룩의 성장을 위한 이상적인 환경이다.

10일 이내로 알은 부화하여 유충이 되고 주변의 찌꺼기들을 먹고 산다. 유충은 번데기가 되어 며칠에서 몇 달을 지낸다. 이상적인 온도와 습도가 되면 신속하게 깨어난다. 부화한 미성숙한 성충 벼룩은 두 주 정도 지나면 숙주를 찾는다.

전체 벼룩 숫자의 약 1%만이 성충 벼룩이고, 나머지 99%는 눈으로 볼 수 없는 알, 유충, 번데기 상태로 존재한다. 따라서 벼룩을 효과적으로 구제하려면 이 비성충 단계를 박멸해야 한다.

벼룩 구제의 새로운 방법

어드밴틱스, 프론트라인 같은 새로운 제품이 벼룩의 치료와 예방을 위한 기존의 경구용 약물과 침지액, 가루약, 스프레이, 샴푸 등을 대체하고 있다. 이 제품들은 기존의 전통적인 살충제보다 더 효과적이고 안전하다. 사용도 간편하다.

어드밴틱스(이미다클로프리드, 퍼메트린)는 한 달에 한 번 투여하는 국소용 약물로 직접적인 접촉을 통해 벼룩을 죽인다. 약물이 작용하기 위해서 벼룩이 개를 물 필요도 없다. 어드밴틱스는 튜브 형태로 되어 있는데, 개가 핥기 어려운 목덜미나 어깨 부위에 털을 갈라 바른다(털이 아닌 피부에 잘 발라지도록 신경 써야 한다). 대형견은 등 부위 3~4곳에 나누어 바른다. 투여량은 개의 체중에 따라 다른데 수의사가 적당한 용량을 처방해 줄 것이다. 한 번 바르면 30일까지 방어 효과가 있다.

어드밴틱스는 직접적인 접촉에 의해 벼룩을 죽이며, 부화하는 알과 유충의 수도 줄일 수 있다. 적용 후 12시간 이내에 성충 벼룩의 98~100%가 죽기 때문에 개의 몸에 새롭게 감염된 벼룩도 알을 낳기 전에 죽는다. 이는 벼룩의 생활사를 차단해 실질적으로 주변 환경에서 벼룩을 박멸시킨다. 어드밴틱스는 개의 체내에 흡수되지 않으므로 독성이 없다. 사람 역시 약물 적용 후 개를 만져도 약물이 흡수되지 않는다. 참진드기에도 효과가 좋다.

어드밴틱스의 한 가지 단점은 일주일에 한 번 이상 온몸의 털이 젖는 경우에는 약효가 반감될 수 있다는 점이다. 이런 경우 재처방이 더 자주 필요하다.

어드밴틱스는 생후 7주 이전의 강아지, 임신견, 수유견에서는 사용해서는 안 된다.

프론트라인(피프로닐, S-메토프렌)은 성충 벼룩, 벼룩의 알과 유충을 모두 구제한다. 접촉한 벼룩은 24~48시간 이내에 죽는다. 벼룩이 개를 물지 않아도 죽는다. 프론트라인은 튜브형으로 된 국소용 액상 제품으로 어드밴틱스에서와 같은 방법으로 사용한다. 프론트라인의 효과는 개의 털이 젖어도 사라지지 않는다. 일부 개에서는 잔류 효과가 90일까지 지속되기도 한다. 어드밴틱스와 마찬가지로 프론트라인도 개의 몸에 흡수되지 않아 독성이 없다. 한 번 사용으로 30일간 효과가 지속된다. 참진드기와 이의 감염을 치료하고 부분적으로 개선충 치료에도 사용된다. 프론트라인은 생후 8주 이상의 강아지에게 사용 가능하며, 번식견이나 임신견, 수유견에서도 사용하도록 허가받았다.

레볼루션(셀라멕틴)은 어드밴틱스처럼 한 달에 한 번 개의 목덜미 피부에 바르는 심장사상충 예방 목적의 국소용 약물이다. 성충 벼룩을 구제하고 벼룩 알의 부화를 막

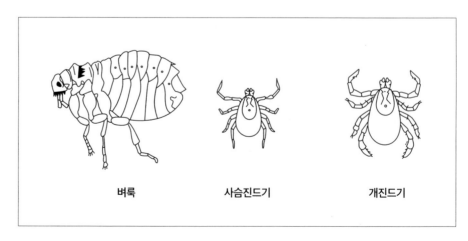

| 벼룩 | 사슴진드기 | 개진드기 |

외부기생충의 상대적인 크기 비교.

는 데도 효과가 있다. 심장사상충(338쪽)에서 자세히 설명하고 있다.

벼룩 구제를 위한 국소용 살충제

벼룩 구제를 위한 다양한 살충제 제품이 시판되고 있는데 안전성과 효과도 다양하다. 개를 위해 만들어진 벼룩 구제용 제품인지 어부를 잘 확인한다. 가능하다면 수의사의 추천을 받아 사용하는 것이 좋다. 반려견용으로 만들어진 제품을 고양이나 토끼에게 사용해서는 안 된다!

벼룩용 샴푸는 개의 몸에 있는 벼룩만 잡는다. 한 번 헹구고 나면 잔류 효과는 없다. 주변 환경을 먼저 개선하고 경미하거나 중등도의 벼룩 감염에 사용하기에 적합하다. 피레트린 샴푸가 가장 안전하고 강아지에게도 사용할 수 있다.

분말형 제품은 잔류 효과가 뛰어나다. 털 안쪽 피부까지 전체에 꼼꼼하게 뿌려 줘야 한다. 이 제품은 털을 건조하게 하고 모래가 묻은 것처럼 만든다. 일주일에 2~3번 제품 설명대로 반복해 사용한다. 몸을 핥거나 깨무는 경우 독성 성분을 섭취할 수 있어 주의가 필요하다.

스프레이나 거품형 제품은 살충 작용이 가장 뛰어나며 어드밴틱스나 프론트라인 같은 제품을 제외하면 심한 감염과 벼룩 알레르기성 피부염이 있는 개에게 가장 좋은 선택일 것이다. 스프레이나 거품형 제품은 털이 짧은 개에게 가장 효과가 좋다. 스프레이는 압축 캔에 담겨져 나오는데, 사용 시 쉭 하는 소리에 어떤 개들은 겁을 먹기도 한다. 이런 경우 거품형이 더 적합할 수 있다. 대부분의 스프레이 제품은 14일까지 지속되는 잔류 살충 효과가 있다.

인화성이 높고 피부 자극이 있는 알코올성 스프레이보다는 수성 스프레이를 권장한다. 스프레이를 사용할 때는 개의 머리 부근에서부터 시작해 꼬리 쪽으로 뿌린다. 이렇게 해야 몸통에서 얼굴 쪽으로 도망가는 벼룩까지 잡을 수 있다.

스프레이와 거품형 제품은 안전하다는 제조사의 설명이 있는 경우를 제외하고는 생후 2개월 미만의 강아지에게는 사용해서는 안 된다. 개가 몸을 핥거나 깨무는 경우 독성을 유발할 수 있으므로, 항상 지시사항을 정확히 따른다.

살충 침지액(담그는 용도의 약물)은 개의 털을 침지액에 담근 뒤 건조시켜 벼룩을 제거하는 효과를 극대화시킨다. 침지액이 털 속으로 침투해 살충 효과가 가장 즉각적으로 나타나고 잔류 효과도 가장 길게 유지된다. 하지만 잠재적인 독성 또한 가장 크다. 침지액을 사용하기에 앞서 제품 설명을 꼼꼼히 읽고 제조사의 추천 사용법을 따른다. 혹시라도 독성이 의심되는 증상이 나타나면 곧바로 목욕을 시켜 헹군다. 과도한 침흘림, 쇠약함, 비틀거림은 가벼운 중독 시에 나타나는 증상이다. 벼룩용 침지액에 대한 자세한 내용은 **살충 침지액(141쪽)**을 참조한다.

벼룩 방지 목걸이는 세레스토(이미다클로프리드, 플루메트린 성분) 등의 제품이 있는데 참진드기 예방도 가능하다. 반려견용 벼룩 방지 목걸이는 절대로 고양이에게 사용해서는 안 된다.

벼룩방지 목걸이에 함유된 성분에 개가 민감하게 반응하여 접촉성 피부염이 발생할 수 있다. 개봉 후 제품 사용에 앞서 24시간 정도 공기 중에 노출시키거나 목걸이를 느슨하게 채우면 이런 문제를 예방하는 데 도움이 된다. 개의 목과 목걸이 사이에 손가락 두 개 정도가 들어갈 여유를 두고 착용한다.

추천할 만한 벼룩 박멸 계획

어드밴틱스, 프론트라인 등을 이용해 예방이 가능하다면 벼룩 감염이 발생하기 전에 매달 정기적으로 예방관리를 한다.

이미 벼룩에 감염되었다면 개의 몸에 있는 벼룩을 없애고 재발을 막아야 한다. 즉시 벼룩을 박멸하려면 샴푸나 침지액을 사용한다. 그리고 주변을 철저히 청소하고 세탁한다. 24~48시간 후, 주변 환경에서 부화한 새로운 성충 벼룩을 없애기 위해 프론트라인이나 어드밴틱스를 투여한다. 일부 수의사는 보다 신속한 결과와 내성을 최소화하기 위해 프론트라인이나 어드밴틱스를 다른 약물과 함께 사용하기도 한다. 벼룩의 번식을 차단하여 실질적으로 주변 환경의 벼룩을 박멸한다.

이렇게 치료가 성공적으로 끝나면 집 안의 모든 개와 고양이에게 반드시 벼룩 예방을 실시한다(페럿이나 토끼도 포함). 개에게 안전한 제품이어도 고양이나 다른 동물에게는 안전하지 않을 수 있으니 주의한다. 퍼메트린이 들어 있는 제품은 포장에 고양이에게 안전하다고 쓰여 있다고 해도 고양이에게 잠재적으로 독성 위험이 있다.

다음은 매달 정기적인 벼룩 관리 프로그램을 실시하지 않고 있는 경우, 감염된 벼룩을 구제할 수 있는 방법이다.

- 모든 개, 고양이, 페럿, 토끼는 벼룩 구제 치료를 받아야 한다.
- 모든 동물을 격주로 클로르피리포스 또는 피레트린이 함유된 침지액으로 치료한다. 안전한 제품인지 확인하는 것이 중요하다(집 안의 모든 동물을 치료하는 것이 어렵다면 스프레이나 거품형 제품으로 권장 사용량의 최대 범위에서 사용할 것을 고려한다).
- 다른 방법으로는 피레트린(또는 퍼메트린)이 함유된 스프레이나 거품형 제품을 격주로 사용할 수 있다. 털뿐만 아니라, 피부 표면에도 적용한다.
- 벼룩에 감염되지 않은 동물은 침지액이나 스프레이 중 하나로 한 달에 두 번

정도 치료하면 충분하다.

- 참빗(2.5cm당 32개의 이가 있는 것)을 이용해 벼룩을 물리적으로 제거하는 방법은 가벼운 감염에 효과적이다. 최소한 이틀에 한 번 빗질을 해 주며, 몸통은 물론 얼굴도 빗겨 준다. 빗질로 떨어진 벼룩은 알코올이나 액상세제에 담가 죽인다.

주변 환경의 벼룩 박멸

어드밴틱스, 프론트라인 등으로 매달 벼룩 예방을 하고 있다면 주변 환경의 벼룩도 차차 번식에 실패해 사라진다. 보다 효과적인 구제를 위해 집 안의 모든 동물에게 벼룩 구제 제품을 사용한다.

집 안의 벼룩 수를 즉각적으로 감소시키고 싶거나 감염 정도가 심한 경우 집 안 전체를 철저히 청소하고 카펫 샴푸나 스프레이 형태의 살충제를 사용한다. 카펫이 깔린 바닥은 정전기가 있는 소듐폴리보레이트(SPB) 분말이 가장 효과적이며, 1년 가까이 효능이 유지된다.

고양이나 어린아이들이 있는 집에서 사용 가능한 가장 안전한 살충제는 피레트린(피레트로이드와 퍼메트린 등)과 곤충 성장 조절제인 메토프렌(methoprene)과 페녹시카르브(fenoxycarb)다. 곤충 성장 조절제는 알과 유충이 성충으로 자라는 것을 막는다. 메토프렌은 알을 낳고 12시간 이내에 접촉해야 완벽한 효과를 얻을 수 있는 반면, 페녹시카르브는 알의 발달 과정 어느 단계에서 접촉해도 효과가 있다.

살충제는 모든 바닥 표면에 매달 뿌린다. 피레트린만 단독으로 사용하는 경우 처음 3주간은 매주 스프레이를 뿌려 주어야 한다.

분무형 제품은 보통 퍼메트린 성분이거나 천연 피레트린 성분(피레트로이드)이 함께 들어 있는데, 곤충 성장 조절제가 들어 있는 제품도 있다. 분무형 제품의 단점 중 하나는 작은 입자가 카펫 표면에만 붙어서 가구 덮개 틈새나 가구 아래까지는 효과가 없다는 점이다. 반면 벼룩 유충과 번데기는 카펫 올 속으로 파고들고, 틈새 곳곳을 찾아다닌다. 이런 단점을 상쇄시키기 위해서 분무제를 뿌리기 전에 가구 아래에 스프레이를 뿌리고 카펫을 세척한다.

걸음마 아기들과 아이들이 생활하는 방에는 분무제를 사용해서는 안 된다. 제품 설명을 보면 사용 후 1~3시간 동안 방을 비우라고 되어 있지만 연구에 따르면 고농도의 잔류 성분이 일주일 이상 남아 있는 경우도 있다. 특히 살충제가 달라붙기 쉬운 플라스틱 장난감이나 봉제 동물인형 등이 위험하다.

벼룩 감염이 극심한 경우 청소와 살충제 사용을 3주 간격으로 반복해야 한다. 눈에 보이는 벼룩이 모두 없어지는 데만 9주가 걸리기도 한다. 상태가 심각한 경우 전문 해충구제업체에 서비스를 요청해야 할 수도 있다.

마당, 개집, 울타리, 휴식 공간 등에 대한 실외의 살충 관리도 필요하다. 자세한 내용은 **주변 환경의 소독**(141쪽)을 참조한다.

참진드기 tick

참진드기는 거의 모든 나라에서 발견된다. 특히 봄과 가을에 왕성하게 활동한다. 참진드기는 개에게 여러 질병의 매개체 역할을 한다.

- 록키산 홍반열
- 개 에를리히증
- 개 바베시아증
- 개 주혈원충증(헤파토준)
- 라임병

라임병과 록키산 홍반열의 경우 사람과 고양이에게도 전파될 수 있다. 또한 진드기는 사람과 다른 동물을 감염시키는 다른 형의 에를리히증, 바베시아증, 주혈원충증을 전파할 수 있다.

일부 참진드기의 타액은 진드기 마비라고 부르는 과민반응을 유발한다. 가장 흔한 참진드기는 성냥머리 크기의 수컷과 피를 빨아먹은 뒤에는 완두콩 크기만큼 커지는 암컷이 있다. 사슴진드기(deer tick)는 훨씬 더 작아 크기가 핀 끝 정도다.

참진드기는 알에서 시작해 다리가 6개 달린 유충으로 부화한다. 유충은 동물의 몸에서 약 일주일 동안 기생하다가 떨어져 탈피를 한다. 탈피한 유충은 다리가 8개다. 이 유충은 다시 3~11일간 동물의 몸에 기생하다가 떨어져 다시 탈피하고 성충이 된다.

참진드기는 벼룩처럼 뛰어오를 수는 없지만, 종종걸음으로 천천히 이동할 수는 있다. 풀과 식물 위로 올라가 다리를 숙주가 지나가는 쪽으로 향한 채 기다린다. 그러다 온혈동물이 옆을 지나가면 동물의 몸 위로 기어올라 피를 빨기 시작한다.

참진드기는 개의 모든 피부 부위에 단단히 매달릴 수 있는데 주로 귀 주변, 발가락 사이, 가끔 겨드랑이 부위에서 관찰된다. 감염이 심한 경우 수백 마리의 진드기가 전신에 달라붙기도 한다. 참진드기는 입을 먹이에 부착시켜 피를 빨아먹고 영양을 섭취한다. 피를 빠는 동안에 진드기의 타액이 숙주의 몸속과 혈류로 들어가게 되는데, 이 과정을 통해 질병이 전파된다.

사슴진드기		개진드기	
등쪽	배쪽	등쪽	배쪽

사슴진드기를 위쪽에서 보면 배 부위 가장자리가 매끄럽다. 아래쪽에서 보면 가장자리 주변에 솟아오른 조직에 둘러싸인 배설기관이 보인다.

개진드기를 위쪽에서 보면 배 부위 주변에 솟아오른 부위가 보이지 않는다. 아래쪽에서 보면 진드기 몸의 가운데 부위에 있는 배설기관이 보인다.

참진드기 수컷과 암컷은 개의 피부에서 번식한다. 암컷은 피를 다 빨아먹은 뒤 아래로 떨어져 알을 낳는다. 보통 개의 몸에 달라붙고 5~20시간 뒤에 몸에서 떨어지므로 즉시 참진드기를 제거하는 것이 진드기 유래 질병을 예방하는 효과적인 방법이다.

흔치는 않지만 참진드기는 개에게서 사람에게로 옮아갈 수 있다. 그러나 일단 진드기가 개의 피를 빨기 시작하면 배가 부를 때까지 피를 빨아먹기 때문에 대부분 다른 숙주를 찾지 않는다.

치료 : 진드기가 유행하는 지역을 산책한 뒤에는 항상 개의 몸을 잘 검사한다. 한두 마리 정도만 발견했다면 제거하는 것이 가장 좋은 방법이다. 진드기의 혈액은 사람에게 위험할 수 있으므로 맨손으로 진드기를 터뜨리거나 짜내지 않는다. 진드기를 제거하기에 앞서 고무장갑이나 일회용 장갑을 착용한다.

피부에 달라붙어 있지 않은 진드기는 집게로 쉽게 제거할 수 있다. 시판되는 진드기 제거용 기구를 사용해도 된다. 일단 제거한 진드기는 소독용 알코올에 넣어 죽인다.

그러나 피부에 머리를 파묻고 있는 진드기를 발견했다면 떼어낼 때 주의를 기울여야 한다. 진드기를 떼어내는 과정에서 머리가 분리되어 그대로 남아 있을 수 있기 때문이다. 진드기 제거 기구나 집게로 가능한 한 피부 가까이에서 진드기를 단단히 잡아서 떼어낸다.

집게를 이용해 소량의 알코올이 담긴 병이나 플라스틱 접시 속에 떼어낸 진드기를 넣은 후에 잘 밀봉하여 집 밖 쓰레기통에 버린다. 진드기가 살아남아 다른 동물에 다시 감염될 수 있으므로 변기에 버려서는 안 된다. 집게는 뜨거운 물이나 알코올로 철저히 세척한다.

진드기를 버리기에 앞서, 그 진드기가 다른 질병을 유발할 수 있는지 수의사에게 문의하는 것도 좋다.

진드기의 머리나 입 부위가 피부에 그대로 남아 박혀 있는 경우 그 부위의 피부가 빨갛게 부어오를 수 있다. 이런 증상은 대부분 2~3일 내에 사라진다. 항생제 성분의 연고를 살짝 발라주면 피부 감염을 예방하는 데 도움이 된다. 하지만 가라앉지 않거나 발적 증상이 심해진다면 수의사와 상의한다.

많은 수의 진드기에 감염되었다면 천연 또는 합성 피레트린이 함유된 살충 침지액이나 파라마이트 같은 유기인제 살충 침지액으로 치료한다. 자세한 내용은 **살충 침지액**(141쪽)을 참조한다.

감염이 심한 경우 4~6주간 침지요법을 매주 실시한다. 개의 잠자리도 잘 소독한다 (141쪽, 주변 환경의 소독 참조).

진드기가 귀 안쪽으로 들어갈 수도 있으므로, 이런 경우에는 수의사가 제거해야 한다.

예방 : 진드기가 전염병을 전파하려면 그 전에 몇 시간 동안 달라붙어 있어야 한다. 때문에 나무나 수풀에서 뛰어놀고 난 뒤에 진드기를 곧바로 제거한다면 많은 진드기 매개성 감염을 예방할 수 있다.

세레스토 같은 진드기 예방용 목걸이도 효과가 있다. 이런 제품은 최대 8개월 동안 효과가 유지되기도 한다. 생후 7주 미만의 강아지에게 사용해서는 안 된다. 프론트라

진드기 감염은 단순히 피부 문제만이 아니라 바베시아, 아나플라스마, SFTS (살인진드기) 등의 치명적인 매개질환 감염 가능성이 있다. 수의사의 진료를 받고 적절한 검사나 추적 관찰에 대한 조언을 받아야 한다.

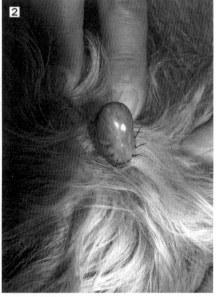

1 참진드기가 개에게 막 달라붙어 머리를 피부 쪽으로 파묻고 있다.

2 부풀어 오른 참진드기.

인(피프로닐)은 적용 한 달 동안 벼룩은 물론 대부분의 참진드기를 죽이거나 무력화시킬 수 있다. 어드밴틱스는 또 다른 제품으로 진드기 기피 효과 및 살충 효과가 있다.

집 밖의 참진드기 관리를 위해 길게 자란 잔디, 잡초, 수풀을 잘라 정리한다. 그리고 동물에게 안전한 살충제 처치를 한다. 사용 설명서에 따라 사용한다.

현재 넥스가드스펙트라(아폴솔라너), 심패리카(세롤레이너), 브라벡토(플루랄라너) 등의 진드기 구제에 효과적인 이소옥사졸린 계열 제품들이 출시되어 있어 예방관리가 더 간편해졌다. 개선충과 모낭충 치료에도 많이 이용되고 있다.

다른 외부기생충

개선충(옴)sarcoptic mange

개선충은 거미처럼 생긴 미세한 진드기로 전파력이 매우 강력하다. 주로 오염된 미용 도구나 개집을 통해 직접 접촉되어 감염된다. 사람과 다른 반려동물에게도 옮을 수 있다.

개선충만큼 심한 가려움을 유발하여 긁고 깨물게 만드는 피부병은 아마도 없을 것이다. 암컷이 피부 몇 mm 아래로 뚫고 들어가 알을 낳는 과정은 극심한 가려움을 유발한다. 이 알들은 3~10일 내로 부화하고, 이 미성숙한 개체가 성충이 되고 다시 알을 낳는다. 개의 피부에서 이루어지는 전체 생활사가 겨우 17~21일 만에 다 끝이 난다.

개선충은 주로 귀, 팔꿈치, 발뒤꿈치, 가슴 아래, 얼굴을 공격한다. 갑자기 긁거나 털이 빠지며 이런 부위의 피부에 염증이 생기는 증상으로 시작된다. 귀 끝에 생기는 딱지가 전형적인 특징이다. 개선충을 진단하는 고전적인 검사법은 손가락으로 귀 끝을 만져 개가 뒷다리로 귀를 긁는지 관찰하는 것이다. 상태가 악화되면 피부가 두꺼워지고, 딱지와 각질이 심해지며, 어둡게 변색된다.

개선충은 사람에게는 주로 허리 부위에서 가려운 발진을 유발한다. 이 발진은 개로부터 옮아 생긴 것인데, 다행히 개선충은 사람의 피부에서 3주 이상 살아남지 못한다. 만약 3주 이상 문제가 지속된다면 감염을 지속시키는 유발원이 없는지 찾아야 한다.

진단은 피부소파검사(피부를 긁어내어 현미경으로 검사하는 방법)를 통해 현미경으로 관찰해 이루어진다. 일부 증례에서는 개선충이 확인되지 않을 수도 있는데, 이런 경우 수의사는 강하게 의심되는 경우 진단 목적으로 시험적 치료를 시작하기도 한다. 치료에 반응을 보인다면 개선충으로 진단할 수 있다.

치료 : 개선충은 수의사의 감독 아래에 치료해야 한다. 중장모견은 병변부의 털을 짧게 자르고, 벤조일 페록사이드 샴푸로 몸 전체를 목욕시킨다. 각질을 감소시키고, 모공으로 살충 침지액이 전달되는 것을 용이하게 만든다.

개선충은 많은 유기인제 침지액에 내성을 나타낼 수 있다. 효과적인 약물은 아미트라즈와 2~4% 라임설파(lime sulfur, 석회유황 성분의 살균·살충제)다. 라임설파만 FDA 로부터 개에게 사용 승인을 받았다. 그러나 라임설파는 불쾌한 냄새, 흰 털을 변색시 키는 부작용, 피부 자극 등의 단점이 있다.

6주간 매주 한 번 수의사로부터 추천받은 침지요법을 실시한다(경우에 따라 증상이 사라질 때까지 실시한다). 다 나아 보여도 2주 더 실시한다. 어떤 침지액을 사용하든 포 장에 쓰인 지시사항을 잘 따른다. 자세한 내용은 **살충 침지액**(141쪽)을 참조한다. 감염 된 개와 접촉한 모든 개들을 치료하는 것이 중요하다.

이버멕틴도 효과적으로, 피부소파검사 결과가 음성일 때 진단 목적으로도 자주 사 용된다. 개선충에 사용되는 용량의 이버멕틴은 일부 목축견종 혈통(콜리, 셰틀랜드 시 프도그, 올드 잉글리시 시프도그, 오스트레일리안 셰퍼드 등)에서 중추신경계의 문제나 죽 음을 유발할 수 있다. 때문에 이런 품종에게는 고용량으로 사용해서는 안 된다.

이버멕틴을 투여하기 전에는 항상 심장사상충 검사를 실시해야 한다. 심장사상충 유충에 감염된 경우 문제를 유발할 수 있기 때문이다. 밀베마이신도 개선충에 효과적 인데, 이버멕틴이 금기인 품종에서도 사용이 가능하다. 셀라멕틴(레볼루션)도 개의 개 선충 치료와 예방에 도움이 된다.

스테로이드는 극심한 가려움을 완화해 주므로 치료 첫 2~3일간 처방되기도 한다. 감염된 피부의 상처는 경구용 또는 국소용 항생제 처방이 필요하다. 성충은 숙주로부 터 떨어진 뒤에도 21일간 생존할 수 있다.

재발을 방지하기 위해 실내의 소독관리가 필요하다(131쪽, 주변 환경의 벼룩 박멸에서 설명).

셸레티엘라 진드기(걸어 다니는 비듬)cheyletiella mange(walking dandruff)

셸레티엘라 진드기는 전염성이 강한 피부병으로 강아지에서 문제가 된다. 크고 붉 은색을 띤 수많은 진드기가 켄넬이나 펫숍으로부터 옮아온다. 이 진드기는 피부 표면 에서 살다 숙주의 몸에서 떨어져 10일 이내에 죽는다. 최근에는 셸레티엘라 진드기도 함께 구제하는 약물이 널리 쓰이면서 발병이 많이 줄었다. 예전과 달리 셸레티엘라 진드기가 주로 살던 지푸라기나 깔개의 사용이 드물어진 것도 한 이유다.

셸레티엘라 진드기는 보통 등 부위에서 관찰되는데, 가끔 다른 부위에서 관찰되기 도 한다. 다량의 비듬을 동반한 붉게 튀어나온 발진이 주 증상으로, 비듬이 많은 부위 를 잘 살펴보면 비듬이 움직이는 듯 보여 걸어 다니는 비듬이라고도 한다. 이 움직임 은 사실 각질 아래로 진드기들이 움직여서 생기는 것이다.

최근에 입양한 강아지나 어린 고양이의 목과 등 위로 다량의 비듬 덩어리가 관찰된

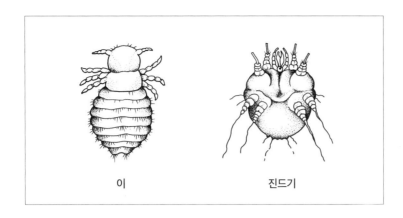

이	진드기

다면 의심해 본다. 가려움은 심할 수도 있고 전혀 없을 수도 있다.

참빗이나 접착 테이프로 비듬 덩어리를 채취해 진드기나 알을 발견하여 진단한다. 일부 증례에서는 알이나 진드기가 관찰되지 않을 수도 있는데, 이런 경우 시험적인 치료 반응을 바탕으로 진단할 수 있다.

셸레티엘라 진드기는 사람에게 옮아 가려운 발진을 유발할 수 있는데(한가운데가 괴사된 작고 빨간 뾰루지) 팔, 몸통, 엉덩이 부위에 가장 잘 생긴다. 이 발진은 옴에서와 비슷한데 성공적으로 치료되면 사라진다.

치료 : 감염된 개와 접촉한 모든 동물은 주변 환경의 진드기를 박멸하기 위해 모두 치료해야 한다. 피레트린 샴푸와 2% 라임설파 침지액이 효과적이다. 포장의 지시사항을 잘 따라 사용한다(140쪽, 살충제의 사용 참조). 6~8주간 매주 치료한다. 진드기가 계속 살아남는다면 수의사의 자문을 구하도록 한다. 또 다른 치료법을 적용할 수 있을 것이다.

개가 생활하는 주변 환경을 성충 벼룩 구제용 잔류성 살충제로 청소한다. 치료 기간 동안은 2주에 한 번 반복한다.

털진드기 유충chigger

털진드기는 하베스트 진드기(harvest mite) 혹은 레드버그(red bug)라고도 하는데, 성충은 상한 야채에 기생한다. 유충만 기생성이며, 털진드기가 번식하는 늦여름이나 가을에 개들이 풀밭이나 들판을 돌아다니며 감염된다.

붉은색, 노란색, 주황색의 작은 알갱이 모양 유충은 맨눈으로 겨우 보일 정도이지만 확대경으로는 쉽게 확인할 수 있다. 발가락 사이나 귀와 입과 같이 피부가 얇은 부위에 군집을 이루는 경향이 있다. 유충은 피부 위에서 살기 때문에, 심한 가려움과 딱지가 덮인 상처를 유발한다. 눈으로 직접 확인하거나 피부소파검사로 진단한다.

치료 : 라임설파 침지액이나 피레트린 샴푸를 한 차례 사용하는 것으로도 효과를 볼 수 있다. 가려움이 심한 경우 2~3일간 스테로이드 처방이 도움이 된다. 이도 내에 감염이 된 경우 티아벤다졸 점적액으로 치료한다. 재발을 방지하기 위해 털진드기가 많은 기간에는 개가 풀밭에 가지 못하도록 한다.

이lice

이는 개에게는 흔치 않다. 주로 쇠약하거나 관리가 잘 안 된 경우 감염된다. 보통 귀, 머리, 목, 어깨, 회음부 주변의 뭉친 털 아래에서 발견된다. 가려움으로 계속 긁어 털이 떨어져 나간 상처가 보이기도 한다.

이는 개의 머리, 귀, 엉킨 털 주변에서 관찰된다.

두 종류의 이가 있다. 피부의 각질을 먹고 사는 무는이와 개의 피를 빨아먹어 심각한 단백질결핍이나 빈혈을 유발하는 흡혈이가 있다.

성충은 길이가 2~3mm 정도로, 날개가 없고 어두운색을 띤다. 흡혈이는 느리게 움직이고, 무는이는 빠르게 움직인다. 이는 서캐라고 불리는 흰 모래알 같은 알을 낳는다. 성충이나 서캐를 직접 눈으로 확인해 진단한다. 서캐는 비듬처럼 보이기도 하는데 확대경으로 검사하면 쉽게 구분할 수 있다.

치료 : 이는 살충제에 저항력이 거의 없고 숙주로부터 떨어지면 오래 살 수 없다. 라임설파, 피레트린, 피레트로이드 같은 대부분의 살충제로 쉽게 구제할 수 있다. 이에 감염된 개나 접촉한 동물은 4주간 10~14일마다 살충 성분의 샴푸, 침지액 등으로 치료해야 한다. 바닥깔개도 버리거나 철저히 청소한다(이는 숙주로부터 떨어져 오래 살지 못한다). 개의 잠자리와 미용도구들도 소독해야 한다.

빈혈이 심한 개는 수혈을 받거나 비타민과 철분 보조제가 필요할 수 있다.

예방 : 프론트라인플러스로 이 감염을 예방할 수 있다.

펠로데라 피부염pelodera dermatitis(damp hay itch)

이 피부염은 썩은 쌀겨, 지푸라기, 축축한 건초, 축축한 땅에 있는 풀 등에서 발견되는 실 모양의 유충에 의해 발생한다. 이 유충은 개의 가슴, 복부, 발의 피부를 뚫고 들어가 심한 가려움과 여드름처럼 생긴 뾰루지를 유발한다. 시간이 지나면서 개가 피부를 긁고 깨물어 생살이 드러나고 딱지와 염증이 생긴다.

축축한 건초나 지푸라기 깔개 위에서 생활하는 개에서 관찰된다. 피부소파검사를 통해 현미경으로 유충을 확인해 진단한다.

치료 : 벤조일 페록사이드 샴푸로 목욕시켜 각질과 딱지를 제거한다. 파라마이트 같은 유기인제 살충 침지액으로 치료한다(140쪽, 살충제의 사용 참조). 개가 계속 가려워하면 한 주 더 반복한다. 염증이 생긴 피부는 국소용 항생제 성분의 연고를 하루 3번 바른다.

오래된 건초는 버린다. 개의 잠자리를 청소하고 말라티온이나 다이아지논이 함유된 유기인제 살충제로 소독한다. 바닥의 건초는 향나무 대패밥이나 잘게 자른 종이 등으로 교체한다. 자주 세탁할 수 있는 직물 소재 커버로 된 깔개도 좋다.

파리 fly

성충 파리가 벗겨지거나 감염된 상처에 알을 낳거나 토양 속의 유충이 피부를 뚫고 들어가 감염된다.

구더기증 myiasis

따뜻한 계절에 발생하는 계절성 질환으로 주로 검정파리나 똥파리에 의해 발생한다. 상처나 심하게 더러워지고 축축하게 엉킨 털에 알을 낳아 감염된다. 스스로를 청결하게 관리할 수 없는 쇠약해진 개나 노견이 더 취약하다.

알은 3일 내로 부화한다. 2주 정도 지나면 유충이 커다란 구더기로 성장한다. 구더기의 타액에는 피부를 뚫고 들어갈 수 있는 효소가 있다. 구더기는 피부를 뚫고 들어가 구멍을 넓히는데 이로 인해 피부에 세균 감염이 발생한다. 감염이 심한 경우 개가 쇼크에 빠질 수 있다. 쇼크는 구더기가 분비하는 효소와 독소에 의해 발생한다. 즉시 수의사의 치료가 필요한 응급상태다.

치료 : 오염되고 뭉친 털을 잘라낸다. 뭉툭한 집게로 구더기를 모두 제거한 후 감염된 부위를 베타딘 용액으로 닦아내고 완전히 건조시킨다. 피레트린 성분이 함유된 비알코올성 스프레이나 샴푸를 사용해 목욕시킨다. **벼룩**(126쪽)에서 설명한 것과 같이 반복한다. 남아 있는 구더기가 없는지 꼼꼼히 확인한다.

상처가 감염된 개는 경구용 항생제 처방을 받아야 하며, 치료하려면 먼저 개의 건강 상태와 영양 상태가 안정을 찾아야 한다.

말파리구더기증grub(cuterebriasis)

주로 미국에서 넓은 지역에 걸쳐 계절적으로 발생하는 말파리 유충에 의해 발생한다. 말파리는 설치류나 토끼의 굴 주변에 알을 낳는다. 개는 오염된 토양과 직접 접촉하여 감염된다.

부화한 유충은 피부를 뚫고 들어가 결정 같은 덩어리를 형성하는데, 바깥쪽에 유충이 숨을 쉬기 위한 작은 구멍이 나 있다. 한 부위에서 여러 마리의 유충이 발견되기도 하는데, 이런 경우 커다란 결절상 종괴를 형성한다. 주로 턱 주변, 복부 아래, 옆구리 등에서 관찰된다. 2.5cm가량의 유충이 이 구멍을 통해 튀어 나오기도 한다. 유충은 약 한 달 내에 밖으로 나와 땅으로 떨어진다.

치료 : 수의사의 치료가 최선이다. 수의사는 털을 깎아 호흡구멍을 노출시킨 뒤, 미세한 집게로 유충을 하나하나 잡아낸다. 과민성 쇼크를 유발할 수 있으므로 떼어내는 과정에서 유충을 터뜨리지 않도록 주의해야 한다.

개를 마취시킨 후, 작게 절개하여 제거해야 할 수도 있다. 이런 상처는 천천히 아물고 쉽게 감염되므로 항생제 치료가 필요할 수 있다.

살충제의 사용

벼룩, 이, 진드기, 기타 다른 외부기생충을 효과적으로 관리하려면 반려동물, 집, 마당에 살충제를 사용해야 한다. 살충제는 분말, 스프레이, 침지액 등의 형태로 되어 있다. 개의 몸은 물론 깔개, 집, 켄넬, 마당, 정원, 사육장, 차고 등 개가 성충이나 중간 단계의 기생충에 노출될 수 있는 모든 장소에 사용한다.

현재 사용되는 살충제는 크게 네 종류가 있다. 독성이 높은 순서에 따라 나열하면 다음과 같다.

1. 염소화 탄화수소
2. 유기인제와 카바메이트
3. 피레트린(천연 제품과 합성 제품)
4. 천연 살충제(d-리모넨 등)

여기에 더해, 곤충성장억제제(IGR, insect growth regulator)가 있는데 살충제는 아니지만 해충의 번식을 예방한다. 곤충의 외골격에 국한되어 작용하므로 포유류에게는 영향을 미치지 않는다.

살충제는 적합하게 사용하지 않으면 위험하므로 제품의 지시사항을 준수하고 주의 깊게 다뤄야 한다. 살충제 중독의 진단과 치료에 대해서는 **중독**(40쪽)에서 다루고 있다. 벼룩 구제를 위한 살충제 사용은 **벼룩 구제를 위한 국소용 살충제**(129쪽)를 참조한다. 개의 몸에 상처나 손상된 피부가 있으면 사용에 앞서 수의사에게 먼저 확인받는다.

살충제 구입 시 개에게 사용해도 안전한지 잘 확인한다. 양이나 가축용으로 생산된 제품은 개에서 피부 자극을 유발하고 심한 경우 죽음에 이를 수 있다.

살충제는 독극물이다! 살충제를 사용하기에 앞서 제품의 지시사항을 잘 숙지하고 따라야 한다. 그렇게 해야 잘못된 사용으로 인한 중독사고를 예방할 수 있다.

살충 침지액

살충 침지액을 체내로 스며들게 한 후 헹구지 않은 채로 털과 피부를 건조시킨다. 수의사가 추천하는 제품을 사용하는 것이 좋다. 직접 구입하는 경우에는 라벨을 잘 확인해 의심되는 기생충에 효과가 있는지 확인한다. 어떤 기생충에 감염되었는지 불확실하거나 여러 기생충에 감염된 경우라면 수의사와 상의한다. 최근에 구충을 한 경우에도, 침지액 사용에 앞서 수의사로부터 확인을 받는다.

침지액을 사용하기에 앞서 솜으로 귀를 막아 살충제가 이도로 흘러들어가는 것을 방지한다. 일반 샴푸나 수의사로부터 처방받은 샴푸로 몸을 부드럽게 닦아 딱지와 각질을 부드럽게 만든다. 털에 있는 물기를 짜내어 침지액이 희석되지 않도록 한다.

포장에 쓰인 지시사항에 따라 침지액을 만들고 적용한다. 샴푸나 침지액이 눈에 닿아 손상되지 않도록 주의한다(185쪽, 눈의 화상 참조).

개의 털이 풍성한 경우 침지액이 피부 안쪽까지 골고루 작용할 수 있도록 털을 잘 라야 하는 경우도 있다.

대부분의 침지액은 7~10일 간격으로 한 번 이상 반복하여 적용해야 한다. 라벨에 적힌 사용 횟수를 참조한다. 권장 사용 횟수를 초과해서는 안 되며 강아지에게 사용해서도 안 된다. 주의사항을 잘 확인한다. 개용으로 시판된 제품을 다른 동물에게 사용해서도 안 된다.

주변 환경의 소독

목표는 거주 환경의 기생충, 알, 유충, 그 외 중간 단계의 기생충을 모두 제거하여 재감염을 예방하는 것이다. 청소와 살충제를 적절히 사용하면 목표를 달성할 수 있다.

실내관리

재감염을 막으려면 집 안의 모든 동물이 반드시 치료를 받아야 한다. 감염된 깔개는 폐기하거나 살충제로 철저히 청소한다. 개가 평소에 잠을 자던 담요와 카펫은 매주 높은 열로 살균해야 한다. 개가 휴식을 취하거나 잠자던 모든 장소는 강력한 가정용 소독제로 문질러 닦는다. 효과를 높이려면 살충제 적용을 한 뒤, 3주 간격으로 적어도 두 번은 철저히 청소할 것을 추천한다.

진공청소기로 카펫, 커튼, 가구를 철저히 청소한다. 진공청소기 먼지 봉투는 벼룩이 증식하는 데 이상적인 공간이므로 사용 즉시 버린다. 마루는 걸레질을 해야 하는데, 갈라진 부위나 틈새는 알이 부화하기 쉬운 장소이므로 특별히 주의해야 한다.

알과 유충을 박멸하는 데 스팀 청소는 매우 효과적이다. 스팀 청소액에 살충제를 첨가해 사용하기도 한다. 감염이 심한 경우 전문적인 해충박멸업체에 의뢰하는 것도 고려해 본다.

살충제는 카펫 샴푸 형태나 스프레이 형태로 판매된다(131쪽, 주변 환경의 벼룩 박멸 참조). 사용 전에 주의사항을 꼼꼼히 읽고 모든 동물이나 어린이의 접근을 막는다.

벼룩을 탈수상태로 만들어 박멸에 도움을 주는 붕산 성분의 제품이나 규조토 성분의 제품도 있다.

실외관리

실외관리를 하려면 먼저 썩은 채소를 폐기해야 한다. 풀을 잘라내고 잘 모아 밀봉해서 버린다.

개집, 축사, 그 외 공간의 소독에는 클로르피리포스, 퍼메트린, 디아지논 성분의 액상 제품을 추천한다. 희석방법 및 적용방법에 대한 지시사항을 잘 준수한다. 스프레이형 제품을 사용하는 경우 현관 밑이나 차고와 같이 개들이 좋아하는 낮잠 장소 등에 각별히 신경 쓴다. 개를 밖에 내놓기 전에 소독한 바닥이 건조한지 확인한다.

3주 간격으로 두 차례 적용하거나 제조사의 지침을 따른다. 옥외용 살충제의 잔류 작용은 날씨에 따라 다르다. 건조한 날씨에는 잔류 작용이 한 달간 지속되지만 습한 날씨에는 겨우 1~2주 정도만 지속된다. 일부 살충 침지액은 스프레이 형태로 정원, 잔디 등 외부 장소에 사용할 수 있다. 라벨의 지시에 따라 사용한다.

규조토 성분의 제품을 개가 돌아다니는 마당에 뿌릴 수 있다. 또는 마당의 벼룩을 없애기 위해 벼룩의 유충을 잡아먹는 곤충류를 이용할 수도 있다.

다람쥐, 생쥐와 같은 설치류는 마당에 벼룩을 재감염시킬 수 있으므로 쫓아내야 한다. 직접 잡을 수도 있고, 새모이 그릇 등을 치워 설치류가 다른 곳으로 옮겨가도록 만들 수도 있다. 야생동물의 주의를 끌 수 있으므로 개나 고양이가 먹다 남은 음식은 집 밖에 두지 말고, 쓰레기통은 모두 덮개로 확실히 닫는다.

핥음 육아종(말단 소양성 피부염)
lick granuloma(acral pruritic dermatitis)

핥음 육아종은 보통 앞발목이나 뒷발목을 지속적으로 심하게 핥아 상처가 생긴 것이다. 도베르만핀셔, 그레이트데인, 래브라도 리트리버같이 털이 짧은 대형견에게 가장 많이 발생한다.

예전에는 무료함이나 활동저하 같은 심리적인 문제로 심하게 핥는다고 생각되었으나 지금은 대부분의 경우 아토피와 같이 가려운 피부의 문제로 인해 핥는 행동이 시작되는 것으로 알려져 있다. 모낭충, 세균이나 곰팡이 감염, 이전의 외상, 관절 질환에 의해서도 발생할 수 있다. 개가 그 부위에 관심을 가지는 것이 가장 중요한 촉발요소다. 이로 인해 핥는 행동이 하나의 습관으로 자리 잡을 수 있으므로 행동학적 문제 역시 원인이 될 수 있다.

발목을 핥음에 따라 털이 빠지고 피부 표면이 벗겨져 속살이 빨갛게 드러난다. 결국에는 피부가 붓고 두껍고 딱딱해지고 압력에 둔감해진다. 그러나 끊임없이 핥는 행동 때문에 최근에 생긴 상처처럼 보인다. 어떤 개들은 너무 심하게 핥아 피부가 파열되어 심각한 상처로 진행되기도 한다.

치료 : 핥는 원인을 잘 찾아내는 것이 중요하다. 아토피와 같은 질병이 진단되었다면 이를 치료하는 것이 중요할 것이다.

치료법으로는 국소용 또는 주사용 스테로이드의 사용, 방사선요법, 붕대감기, 외과적 절제, 냉동요법, 침술요법 등이 있다. 2차 세균 감염에 의해 항생제 처방이 필요할 수 있다. 예후는 다양하다. 핥음 육아종은 치료가 가장 어려운 피부병 중 하나다.

핥은 상처는 심인성 요소에 의해 악화될 수 있으므로 개의 일상이나 생활양식의 변

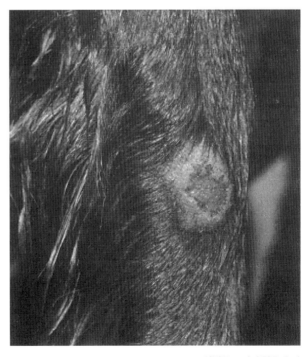

앞발목 주변의 핥음 육아종. 털이 빠지고 진물이 나는 궤양이 관찰된다.

화가 치료의 한 부분이 된다. 예를 들어, 주인이 없는 동안, 함께할 친구를 만들어 주는 것도 도움이 된다. 새로운 강아지를 가족으로 들이는 것도 노견에게는 자극이 될 수 있다. 일부 증례에서는 행동교정학적 약물이 도움이 된다.

알레르기allergy

최근 알레르기를 호소하는 개들이 급증하고 있다. 대략 10~20%의 개가 알레르기 증상을 호소하는 것으로 추정된다. 반려동물 보험사에 따르면 알레르기성 피부염은 개들이 동물병원을 방문하는 가장 흔한 원인이다. 유전적 요소가 관여하며, 특정 품종에서 알레르기가 더 많이 발생하기는 하지만 모든 품종에서 발생할 수 있다.

알레르기는 음식, 흡입물, 주변 환경의 무언가에 접촉해 발생하는 불쾌한 반응이다. 이 유발원을 알레르겐이라고 하는데, 이 알레르겐에 대한 면역학적 반응이 알레르기 반응 또는 과민반응이다.

개가 알레르기 반응을 일으키려면 그전에 최소한 알레르기 원인물질에 두 번은 노출되어야 한다. 첫 번째 노출은 면역계가 알레르겐에 대한 항체를 생산하게 하고, 두 번째 노출은 히스타민, 화학적 매개물질을 분비시키는 알레르겐-항체 반응을 촉발시킨다.

사람은 주로 상부 호흡기계에 알레르기 반응이 나타나는 반면, 개는 보통 극심한 가려움을 유발하는 피부 문제로 나타난다. 알레르기가 있는 개는 끊임없이 긁는 일이 흔하며 우울하고 신경질적이며, 불쾌한 모습을 보이기도 한다.

과민반응에는 두 가지 유형이 있다. 즉시형은 노출 몇 분 이내에 나타나고 보통 두드러기를 동반한다. 지연형은 몇 시간 또는 며칠 뒤에 나타나며 심한 가려움을 유발한다. 과민성 쇼크(30쪽)는 심각한 즉시형 과민반응으로 설사, 구토, 쇠약, 협착음을 내는 호흡곤란, 허탈 증상을 유발한다. 즉시 치료받지 않으면 죽음에 이를 수 있다.

개의 알레르기는 네 가지로 분류할 수 있다.

1. 벼룩이나 다른 곤충에 물려 발생하는 경우(벼룩 알레르기성 피부염)
2. 흡입성 집먼지진드기, 풀, 곰팡이, 나무나 잡초 꽃가루 등의 알레르겐에 의한 경우(아토피)
3. 음식이나 약물에 의한 경우(음식 알레르기)
4. 피부에 직접적으로 접촉하는 자극원에 의한 경우(접촉성 알레르기)

두드러기hives

두드러기는 알레르기 반응으로 얼굴 등의 피부에 갑자기 동그랗고 가려운 발진이 올라오는 것이 특징이다. 부분부분 작게 털이 빠지기도 한다. 눈꺼풀이 부어오르는 경우도 흔하다. 일반적으로 두드러기는 노출 30분 이내에 나타났다 24시간 이내에 사라진다.

곤충에 물려 발생하는 경우가 흔하며, 예방접종을 하고 발생하기도 한다. 페니실린, 테트라사이클린 등의 항생제에 의해서도 발생할 수 있다. 국소용 살충제나 비누도 원인이 된다. 두드러기는 주변 환경의 알레르겐에 의해 나타났다 사라졌다 한다.

치료 : 가능하다면 알레르기 유발원을 찾아내 다음에 노출되지 않도록 차단하는 것이다. 음식 알레르기가 의심되면 식단을 변경한다(148쪽, 음식 알레르기 참조). 급성 반응인 경우 위장관 내의 음식을 빨리 제거하기 위해 마그네시아 유제(변비약)를 투여할 수 있다.

샴푸나 국소용 살충제를 사용한 직후 두드러기가 생겼다면 개의 털과 피부에서 자극원을 제거하기 위해 철저히 목욕시켜 헹궈야 한다.

두드러기는 보통 항히스타민제에 잘 반응한다. 심한 경우 스테로이드 투여가 필요할 수 있다. 수의사와 상의한다.

벼룩 알레르기성 피부염flea allergy dermatitis

개에게 가장 흔한 알레르기다. 벼룩의 타액 속에 있는 하나 혹은 그 이상의 물질에 대한 과민반응으로 발생한다. 벼룩 알레르기성 피부염은 즉시형과 지연형 모두 발생할 수 있으며 가려움이 즉시 시작되어 벼룩이 죽을 때까지 오랫동안 지속되기도 한다. 한 번 물리는 것만으로도 알레르기 반응을 유발하기에 충분하며, 벼룩이 기승을 부리는 여름에 더 악화된다. 그러나 집 안에 사는 개는 집 안에 벼룩 유무에 따라 1년 내내 고생할 수도 있다.

벼룩 알레르기성 피부염은 심한 가려움을 동반한 피부의 염증과 빨간 발진이 특징이다. 주로 벼룩이 많이 기생하는 부위인 엉덩이 주변, 꼬리 아래, 다리 아래, 사타구니와 복부에서 많이 관찰된다. 개가 이 부위를 깨물고 비빌 것이다. 털이 빠지고 피부는 건조해지고 각질이 심해진다. 심한 경우 피부가 벗겨지고 생살이 드러나며 딱지가 생기고 감염이 일어난다. 시간이 지남에 따라 피부는 두꺼워지고 검게 변색된다.

개의 몸에서 벼룩을 발견하거나 특징적인 피부 발진이 관찰되면 의심해 봐야 한다. 하얀 종이에 개를 세워 놓고 빗질을 한다. 모래알처럼 보이는 하얗고 검은 알갱이가 종이 위로 떨어진다면, 이는 벼룩의 알과 배설물이다. 벼룩의 타액에 대한 알레르기

미국에서는 벼룩 감염이 가장 흔하고 문제가 되는 외부기생충이지만 국내에서는 비교적 발생이 드문 편이다.

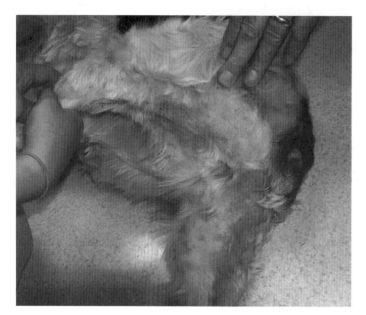

벼룩에 의한 심한 가려움 때문에 긁고 비벼서 엉덩이, 사타구니, 아랫배 부위의 털이 빠졌다.

반응은 피내반응검사로 확진할 수 있다.

치료 : 벼룩 알레르기성 피부염이 있는 개들은 대부분 몸과 주변 환경의 벼룩을 함께 제거해야 치료가 된다. 집 안의 모든 동물이 동시에 치료를 받아야 한다(벼룩에 감염되지 않은 동물까지 포함). 가려움을 완화시키기 위해 2~3일간 항히스타민제나 스테로이드 처방이 필요할 수 있다. 약욕도 증상 완화에 도움이 된다. 농피증이 생긴 경우 국소용 또는 경구용 항생제 처방이 필요하다. 수의사의 지시를 따른다.

더 빠른 방법은 **주변 환경의 벼룩 박멸(131쪽)**을 참조한다.

아토피성 피부염atopic dermatitis

아토피성 피부염은 흡입하거나 피부를 통해 흡수된 알레르겐에 노출되어 IgE 항체를 만들어 내는 유전적 요인이 있는 질병이다. 벼룩 알레르기 다음으로 흔한 알레르기성 피부 질환으로 약 10%의 개들에게서 관찰된다.

아토피는 1~3살에 시작된다. 골든리트리버, 래브라도 리트리버, 라사압소, 와이어 폭스테리어, 웨스트하이랜드 화이트테리어, 달마시안, 푸들, 잉글리시 세터, 아이리시 세터, 복서, 불도그에서 많이 발생하나 잡종견을 포함해 모든 개에게 발생할 수 있다.

일반적으로 늦여름이나 가을에 잡초 꽃가루가 날리는 시기에 증상이 처음 관찰된다. 이후로 3월, 4월의 나무 꽃가루, 5월, 6월, 7월 초 풀 꽃가루에 대해 반응한다. 나중에는 울, 집먼지, 곰팡이, 깃털, 식물 조직 등에도 반응이 나타난다. 노출이 길어지고 다양한 알레르겐을 접하게 되면 거의 1년 내내 증상이 지속된다. 실내 환경에 알레르기가 있는 개는(보통 집먼지, 작은 알갱이, 진드기, 곰팡이 등) 1년 내내 증상이 나타난다.

아토피 초기에는 계절적인 가려움이 나타나고 피부는 정상으로 보인다. 개는 귀나 몸 아래쪽을 긁는다. 얼굴을 문지르거나 재채기, 콧물(알레르기성 비염), 눈물, 발을 핥는 행동(발의 털이 갈색으로 변한다) 등의 증상이 나타날 수 있다. 많은 개들은 이 정도 단계에서 더 진행하지 않는다.

상태가 더 진행되면 가려워하고 긁고 가려워하고를 반복하고, 피부를 심하게 긁어 찰과상, 탈모, 딱지, 2차 세균 감염이 발생한다. 이런 개들은 비참하다. 시간이 지남에 따라 피부는 두꺼워지고 검게 변색된다. 피부 감염이 일어나면 건성 또는 지성의 비듬이 떨어지기도 한다.

이도 감염이 함께 발생할 수도 있고 피부 문제만 발생할 수도 있다. 귓바퀴에는 빨갛게 염증이 생긴다. 세균성 또는 효모성 외이염에 의해 이도에 누렇고 진득한 왁스 형태의 분비물이 생긴다(212쪽, 알레르기성 외이염 참조).

특히 아토피가 농피증으로 진행되면 벼룩 알레르기, 개선충, 모낭충, 음식 알레르기 같은 다른 피부병과의 감별이 어려워진다. 병력, 병변의 부위, 계절적인 영향 등을 진단할 때 고려한다. 본격적인 치료에 앞서 피부 스크래핑 검사, 세균과 곰팡이 배양, 피부생검, 시험적인 저알레르기성 식단 등을 고려해야 한다. 벼룩을 치료하고 박멸하는 것이 중요하다. 아토피가 있는 개는 대부분 벼룩에도 알레르기가 있고, 벼룩 알레르기는 상태를 더 악화시킨다.

아토피를 진단하는 가장 좋은 방법은 피내반응검사를 실시하는 것이다(많이 알려진 알레르기 유발물질을 피부에 소량 주사해 반응을 살펴보는 방법). 동물병원을 여러 번 방문해야 해서 시간도 제법 소요되고 비용도 비싸다. 정확도를 높이기 위해 검사 기간 동안에는 모든 약물을 중단한다. 피내반응검사를 실시할 수 없다면, 특이 IgE 항체를 탐지하는 혈청학적 검사(ELISA)가 진단에 도움이 된다.

치료 : 가장 효과적이고 장기적인 해결책은 알레르겐을 피할 수 있도록 개의 생활 환경을 바꾸는 것이다. 아토피가 있는 개는 보통 많은 물질에 알레르기 반응을 보이는 경우가 많아, 노출을 완전히 차단하는 것은 어려울 수 있다.

개들은 대부분 치료에 잘 반응하는 편이다. 우선적으로 가장 중요한 단계는 벼룩, 지루증, 농피증같이 처음 자극을 유발한 원인을 해결하고 치료하여 가려움의 역치를 낮추는 것이다. 개가 밖에 나갔다 오면 젖은 타월로 몸을 닦아 주는 것도 털 사이사이에 숨어 있는 꽃가루를 제거하는 데 도움이 된다.

항히스타민제는 20~40%의 개들에게 가려움에 효과가 있다. 스테로이드는 가장 효과적인 가려움 억제 약물이지만 부작용 또한 심각하다. 때문에 단기간에 걸쳐 저용량으로 가끔 사용하는 것이 가장 좋다. 국소적 가려움 치료를 위해 히드로코르티손에 프라목신이 첨가된 약품이 처방되기도 한다. 프라목신은 국소 마취 효과가 있어 통증과 가려움을 일시적으로 완화시킨다.

어유에서 추출한 오메가 3 필수지방산도 일부 개에게는 효과가 있다. 다른 치료법에 더해 영양 보조제로 사용된다. 수의사로부터 피부를 재수화(再水化, 다시 조직에 수분이 분포되어 수분을 머금은 상태)시켜 주거나 세균 감염을 치료하고, 지루를 억제하는 샴푸를 다양하게 처방받을 수 있다.

국내에서 보통 실시하는 알레르기 검사는 IgE를 이용한 혈청검사로 검사가 용이한 장점이 있으나 정확도가 비교적 낮은 단점이 있다. 상대적으로 정확도가 높은 피내반응 검사는 국내에 특화된 알레르겐 키트가 없고 실시하는 곳도 많지 않다.

최근에는 아토피성 피부염 치료에 가려움을 유발하는 사이토카인인 IL-31을 억제하는 약물인 오클라티닙(아포퀠), 로키베트맙(사이토포인트) 등이 많이 쓰이고 있다. 이들은 기존의 면역 억제제인 스테로이드나 사이클로스포린 등에 비해 부작용은 상대적으로 적은 반면 더 뛰어난 효과를 보이며, 약물 투여의 편의적인 면에도 뛰어난 장점이 있다. 다만 면역기전을 억제한다는 점에서 부작용에 대한 논란도 있다.

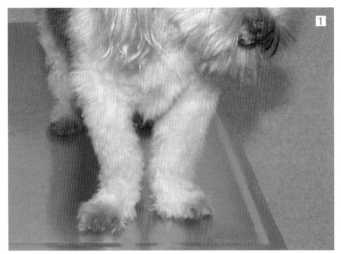

1 아토피에 걸린 개가 발을 계속 핥아 갈색으로 변색되었다.

2 이 개는 아토피로 인한 피부 감염과 알레르기성 피부염을 앓고 있다.

약물치료에 반응하지 않는 개라면 탈감작 면역요법을 고려할 수 있다. 알레르겐을 찾아내는 피내반응검사를 실시한 다음 찾아낸 특정 알레르겐을 9~12개월 또는 그 이상에 걸쳐 주사하여 탈감작시키는 방법이다. 어떤 개들은 알레르기가 심해지는 시기에 정기적인 주사가 필요할 수 있다.

어떤 개들은 음식 알레르기가 아님에도 불구하고 고품질의 사료로 교체하는 것이 도움이 되기도 한다. 그리고 집먼지진드기 알레르기가 있는 경우, 음식 부스러기를 먹고 사는 다른 종류의 진드기에도 반응하는 경우가 많으므로, 습식 사료나 부스러기가 덜 남는 사료로 교체하는 것도 도움이 된다.

음식 알레르기

음식 알레르기는 개에서 가려움을 유발하는 세 번째로 흔한 알레르기성 원인이다. 모든 나이에서 발생할 수 있으며, 아토피와 달리 계절의 영향을 받지 않는다. 닭고기, 우유, 달걀, 생선, 소고기, 돼지고기, 말고기, 곡물, 감자, 콩, 식품 첨가물 등이 모두 알레르기를 일으킬 수 있다. 개가 알레르기 반응을 일으키려면 한 번 이상 그 알레르겐에 노출되어야 한다. 보통 최소 2년 이상 같은 식단을 유지한 경우가 많다.

주요 증상으로는 심한 가려움을 호소하고, 작고 빨간 종기나 농포가 종종 생기거나, 피부가 군데군데 부어오르는 것이다. 발진이 주로 귀, 발, 다리 뒤, 몸의 바닥 쪽에서 관찰되는 것이 특징이다. 많은 개들이 처음에는 귀가 빨갛게 되고 눅눅한 발진이 생기는 가벼운 증상으로 시작한다.

치료 : 시험적으로 저알레르기 유발 식단을 적용하고 가려움 증상의 뚜렷한 감소 여부를 평가해 진단한다. 저알레르기 유발 식단은 극히 한정된 성분으로 만들어지는 데, 색소나 보존제, 향미료 등이 첨가되어 있지 않아야 한다. 가장 중요한 점은 과거에 먹어 보지 못한 성분이어야 한다. 수의사는 개의 현재 식단을 잘 검토한 뒤에 적절한 저알레르기 유발 식단을 처방할 것이다. 단지 다른 사료로 교체하는 것은 과거에 노출된 성분을 포함할 수 있어서 추천하지 않는다.

시험적인 식단은 보통 연어와 쌀, 오리와 감자 등의 성분으로 만든 저알레르기 유발 사료를 이용한다. 일단 적절한 저알레르기 유발 식단을 찾았다면 그 식단을 계속 유지한다. 모든 간식과 껌류를 중단하고, 츄어블 형태의 심장사상충 예방약도 다른 형태의 제품으로 교체한다.

시험적인 식단을 시작하고 단 며칠 만에 가려움이 완화되기도 하지만, 보통은 몇 주가 걸린다. 때문에 시험적인 식단은 적어도 10주 정도 지속해야 한다. 일단 증상이 개선되면 다양한 음식들을 한 가지씩 추가할 수 있다. 가려움이 나타나는지 체크하면서 알레르겐을 찾아가야 한다.

단순히 새로운 성분으로 전환하는 것이 아니라, 사료의 작은 분자들을 변형하고 변성시켜(가수분해) 알레르기를 유발하지 않도록 만든 처방 사료도 있다. 만약 단백질원이 범인이라면 이런 종류의 사료가 알레르기를 관리하는 데 효과적일 것이다.

최근에는 '가수분해'라고 표기된 사료나 간식이 크게 늘고 있다. 가수분해 사료는 분자를 얼마나 작게 쪼갰는가에 따라 그 효과도 차이가 크다. 보통 3000달톤, 1000달톤, 500달톤으로 더 작아질수록 효과가 크다. 효과적인 사료를 찾으려고 단순히 가수분해 사료로 교체하기보다는, 수의사로부터 가수분해가 적용된 적절한 사료나 간식을 단계적으로 추천받는 것이바람직하다.

자극성 및 알레르기성 접촉성 피부염

자극성 접촉성 피부염은 피부에 화학물질이나 자극물질이 직접 영향을 미쳐 유발된다. 발, 턱, 코, 뒤꿈치, 무릎, 음낭을 포함한 몸 바닥 부위와 같이 털로 보호되지 않는 부위에서 발생한다. 자극성 접촉성 피부염은 처음 접촉해서도 발생할 수 있다.

자극성 접촉성 피부염은 피부에 가렵고 빨간 발진과 염증을 유발한다. 축축하거나 진물이 나는 발진, 물집, 딱지 등이 관찰된다. 피부는 거칠어지고 각질이 생기고 털이 빠진다. 심하게 긁는 행동으로 피부가 손상되고 2차적으로 농피증으로 진행된다.

자극성 피부염을 유발하는 화학물질로는 산과 알칼리, 세제, 용제, 비누, 석유부산물 제품 등이 있다.

드물게 피부가 특정 화학물질에 민감해져 지연형 과민반응이 나타나는 경우도 있는데, 이는 알레르기성 접촉성 피부염이다. 이런 발진은 자극성 접촉성 피부염과 구분이 쉽지 않지만, 여러 번 노출된 뒤 발생하거나 종종 접촉하지 않은 부위에서도 발생한다는 면에서 차이가 있다.

알레르기성 접촉성 피부염은 비누, 외부기생충 방지용 목걸이, 샴푸, 울, 합성섬유, 가죽, 플라스틱 및 고무 재질의 식기, 풀과 꽃가루, 살충제, 바셀린, 식물, 카펫 염색제, 고무, 나무용 방부제 등의 화학물질에 의해 발생할 수 있다. 카펫 청소에 사용되는 화학제품도 흔한 자극원이다. 많은 국소용 약물에 들어 있는 네오마이신도 다른 약물과 마찬가지로 알레르기성 접촉성 피부염을 유발할 수 있다.

플라스틱 및 고무 식기 피부염은 코와 입술에 병변이 관찰된다(226쪽, 플라스틱 식기 코 피부염 참조).

외부기생충 방지용 목걸이 피부염은 알레르기성 접촉성 피부염이다. 가려움, 발적, 탈모, 찰과상, 딱지 등의 증상이 관찰된다. 목걸이를 사용하기 전에 24시간 동안 공기 중에 방치한 뒤 느슨하게 착용시키면 어느 정도 예방이 가능하다. 목걸이 안쪽으로 손가락이 두 개 정도 들어갈 여유를 두고 채우는 것이 좋다. 그러나 일단 개가 외부기생충 방지용 목걸이 피부염에 걸렸다면 가장 좋은 방법은 다시 채우지 않는 것이다.

치료 : 문제를 유발한 원인물질이 무엇인지 찾아내는 것이 중요하다. 추가적인 노출을 차단한다. 감염된 피부는 국소용 항생제 성분의 연고를 바른다. 가려움과 염증을 완화시키기 위해 수의사로부터 국소용 또는 경구용 스테로이드를 처방받을 수도 있다.

탈모

여기서 다루는 피부병은 가려움이나 긁는 행동 없이 털만 빠지는 문제들이다. 시간이 지남에 따라 이런 문제는 **지루증**(158쪽)과 농피증으로 진행되기도 한다.

호르몬 질환도 탈모와 관련이 깊다. 이런 질환은 많은 전신 증상을 동반하지만 피부와 털의 변화는 시각적인 증거를 제공하여 조기 진단과 치료에 도움이 된다. 호르몬성 피부 질환은 양측성 탈모와 피부의 변화를 유발한다(양쪽이 비슷한 대칭형).

갑상선기능저하증hypothyroidism

갑상선호르몬이 결핍되는 질병이다. 갑상선은 후두 아래 목 부위에 있다. 갑상선은 대사율을 조절하는 호르몬인 티록신(T4)과 트리요오드티로닌(T3)을 분비한다. 때문에 갑상선기능저하증에 걸린 개는 대사율이 정상보다 낮다. 대부분의 갑상선기능저하증은 자가면역성 갑상선염(림프구성 갑상선염)에 의해 갑상선 조직이 파괴되어 발생한다. 자가면역성 갑상선염은 유전적 소인이 있는 것으로 알려져 있다. 드물지만 특발성 갑상선 위축증에 의해 발생하기도 한다. 갑상선 위축증의 원인은 분명치 않은데, 환경적 요소나 식이적 요소가 영향을 미치는 것으로 추측된다.

중년의 중형 또는 대형 품종에서 가장 흔히 발생하나 모든 품종에서 발생할 수 있다. 골든리트리버, 도베르만핀셔, 아이리시 세터, 미니어처 슈나우저, 닥스훈트, 셰틀랜드시프도그, 코커스패니얼, 에어데일테리어, 래브라도 리트리버, 그레이하운드, 스코티시 디어하운드 등에서 흔하다. 갑상선기능저하증은 개에게 가장 많이 발생하는 내분비성 피부 질환이지만, 다른 피부병만큼 흔하지는 않다. 양측에 대칭성으로 털과 피부의 변화가 관찰된다. 털이 잘 자라지 않는 것이 전형적인 증상으로, 특히 털을 깎은 후에 잘 관찰된다.

목 아래 가슴 부위, 몸통 옆, 넓적다리 뒤쪽, 꼬리 끝 부위의 탈모도 흔히 관찰된다. 털은 심하게 건조해져 푸석거리고 쉽게 빠진다. 피부는 건조하고, 두꺼워지며, 어둡게 변색된다. 일부 개들에게는 속발성 지루증으로 진행되기도 한다.

갑상선기능저하증의 다른 증상으로는 체중 증가, 추위 많이 타기, 서맥(심박수가 느려짐), 발정 중지, 무기력 등 다양하다. 갑상선기능저하증이 있는 개는 눈꺼풀염, 각막궤양, 청각소실, 거대식도증(성견), 만성 변비, 빈혈 등도 발생할 수 있다. 또한 확장성 심근증, 뇌졸중, 관상동맥 질환(개에서는 드물다), 폰빌레브란트병, 중증 근무력증 등의 질환과의 관련성도 밝혀져 있다. 갑상선기능저하증이 있는 개 중 최소한 2/3는 혈중 콜레스테롤 농도가 높다. 일상적인 검사 중 고콜레스테롤혈증이 확인되었다면 갑상선기능저하증을 감별해 봐야 한다. 공격성을 포함한 행동학적 변화가 관찰될 수도 있는데, 특히 저먼셰퍼드에게서 많이 관찰된다.

감별 목적으로 추천되는 검사는 총 티록신(total T4) 검사다. 신체검사상 갑상선기능저하증이 의심되면 실시한다. T4 농도가 정상이라면 갑상선기능저하증을 배제할 수 있다. 그렇다고 정삼범위이지만 낮거나 정상 이하 농도가 나타난 개가 무조건 갑상선기능저하증이라고 단정지어서는 안 된다. 다른 원인에 의해서도 갑상선호르몬의 농도가 일시적으로 정상 이하로 낮아질 수 있기 때문이다.

이런 오진을 피하기 위해 평형 투석에 의한 FT4와 같은 추가적인 갑상선기능검사를 통해 T4가 낮은 원인을 찾는 것이 중요하다. 다른 혈액검사로도 진단이 가능하다. 하나는 티로글로불린 항체검사로, 자가면역성 갑상선염을 앓는 개의 50%에서 이 자가항체가 관찰된다. 특수 검사실에 보내 분석을 의뢰한다.

치료 : 갑상선기능저하증은 평생 지속되지만 호르몬 대체제인 합성 L-티록신(L-T4)을 하루 한 번 또는 두 번 복용해 효과적으로 치료할 수 있다. 초기 투여 용량은 체중에 기초해 결정하는데 개체의 환경에 따라 조정된다. 신체검사와 총 T4 농도를 측

정하여 모니터링을 한다. 특히 치료 초기에는 이런 검사를 자주 실시해야 한다. 갑상선기능저하증으로 인한 탈모 및 여러 증상은 보통 치료 후 회복된다. 일부 개들은 T3 보조제가 필요할 수 있다.

부신피질기능항진증(쿠싱 증후군)hyperadrenocorticism(Cushing's syndrome)

부신은 양측 신장 바로 위에 있는 작은 장기다. 부신의 바깥부위(피질)는 샘세포로 되어 있어 코르티코스테로이드를 생산하고 분비하고 퍼뜨린다. 코르티코스테로이드는 무기질코르티코이드와 당질코르티코이드 두 종류가 있다. 무기질코르티코이드는 전해질 농도를 조절하고, 당질코르티코이드는 염증을 감소시키고 면역계를 억제한다. 거의 모든 스테로이드 약물에 사용되는 코르티코스테로이드는 당질코르티코이드다. 부신에서 분비되는 코르티코스테로이드의 양은 뇌하수체가 분비하는 부신피질자극호르몬(ACTH)에 의해 조절된다.

쿠싱 증후군은 체내 분비에 의하거나 고용량의 당질코르티코스테로이드를 장기간 투여하여 발생한다.

뇌하수체의 종양으로 인해 ACTH의 분비량이 증가해 부신에서 많은 양의 호르몬이 생산될 수 있는데, 전체 쿠싱 증후군의 85%가 여기에 해당된다. 나머지 15%는 부신 자체의 종양으로 인해 발생한다.

자연발생적 쿠싱 증후군은 모든 나이에서 발생할 수 있으나 주로 중년 또는 노년에서 발생한다. 푸들, 보스턴테리어, 닥스훈트, 복서에서 발생률이 높다.

코르티코스테로이드 장기 처방에 의해서도 많이 발생하는데, 이를 의인성 쿠싱 증후군이라고 한다.

코르티손의 양이 증가하면 피부 아래쪽의 피부가 어두운색으로 변하고 몸통의 털이 대칭성으로 빠질 수 있다. 남은 털들도 푸석푸석하고 건조하다. 복부 피부에 검은 여드름(블랙헤드)이 관찰되기도 한다. 복부가 늘어지고 부풀어 항아리 모양처럼 보인다. 활력이 줄어드는 무기력증, 암컷의 불임, 수컷의 고환 위축 및 불임, 근육 소실, 허약 등의 증상이 관찰된다. 과도한 갈증과 빈뇨(소변을 자주 봄) 증상도 특징적이다.

부신피질기능항진증이 있는 개는 신체 상태가 악화되어 고혈압, 울혈성 심부전, 당뇨 등의 심각한 질병에 걸릴 수 있다. 감염에 취약해지거나 순환계의 혈액응고(혈전색전증), 행동변화나 발작과 같은 중추신경계 증상 등이 합병증으로 발생하기도 한다.

쿠싱 증후군의 진단은 실험실적 검사로 이루어지는데, 주로 ACTH나 덱사메타손 주사 전후의 혈청 코르티솔 농도를 측정하는 방법을 이용된다. ACTH 자극시험

(LDDST, HDDST 검사), CT 검사와 MRI 검사(자기공명영상검사)를 통해 뇌하수체나 부신의 종양을 시각적으로 확인할 수 있다. 복부초음파검사로 양측 부신의 크기와 대칭성을 평가할 수 있다.

치료 : 자연발생적 쿠싱 증후군은 미토탄으로 치료한다. 이 약물은 부신피질에 작용하여 선택적으로 당질코르티코이드의 생산을 억제한다. 약물 적용방법이 복잡하고 수의사의 집중적인 모니터링이 필수다. 예후는 다양하다. 일부 증례에서는 부신의 양성 또는 악성종양을 외과적으로 절제하기도 한다. 의인성 쿠싱 증후군의 경우 보통 약물을 중단하거나 감량하면 다시 회복된다. 만약 개가 장기간의 스테로이드 복용으로 인해 부신피질기능항진증 증상을 보인다면 수의사와 상의하여 용량을 줄이거나 다른 대체 약물을 찾아야 한다.

데프레닐(셀레길린)은 뇌하수체성 쿠싱 증후군 치료에 승인된 약물이다. 특히 활력 저하 증상 개선에 효과적이다. 뇌하수체 종양은 방사선치료 반응이 좋은 편이나, 치료시설이 많지 않고 비용도 매우 고가다.

현재는 쿠싱 증후군 치료에 미토탄을 거의 사용하지 않는다. 대신 대부분의 수의사들은 주로 트릴로스탄을 사용한다. 미토탄에 비해 효과적이며 부작용도 한결 적다.

고에스트로겐증 hyperestogenism

고에스트로겐증은 난소나 고환에서 에스트로겐이 과잉 생산되어 발생한다. 암컷은 과립막세포종양이나 난소낭종과 관련이 있고, 수컷은 고환종양에 의해 발생한다. 자세한 내용은 18장에서 다룬다.

고에스트로겐증이 있는 개는 암컷과 수컷 모두 유선과 유두가 커진다. 암컷은 외음부와 음핵이 커지며, 수컷은 포피가 붓고 늘어진다. 암컷은 불규칙적인 발정주기, 상상임신, 자궁축농증의 증상이 나타나기도 한다.

생식기 주변의 회음부에서 시작되어 복부 아래쪽으로 피부와 털의 변화가 보인다. 털이 푸석거리고 건조해지며, 쉽게 빠지고 잘 자라지 않는 전형적인 병변이 나타난다. 나중에는 피부도 검게 변색된다. 특히 암컷에게서 건조한 비듬이 생기는 지루증이 관찰될 수 있다. 피부와 털의 변화가 대칭성을 띤다.

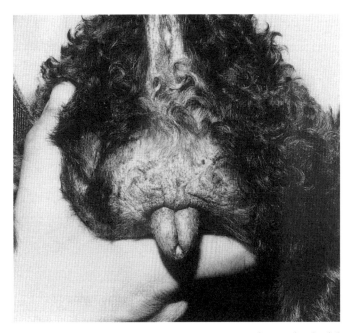

고에스트로겐증에 의해 외음부가 커져 있다.

신체검사, 초음파검사, 호르몬검사 등으로 고에스트로겐증의 원인을 찾아낼 수 있다. 필요한 경우 복강경검사나 탐색적 개복술을 실시한다.

치료 : 암컷과 수컷 모두 중성화수술을 하면 호전된다.

성장호르몬 반응성 탈모증growth hormone-responsive alopecia

양측 대칭성 탈모를 유발하는데 드문 편이다. 성장호르몬(소마토트로핀)은 뇌하수체에서 분비되는데, 어떤 개에게는 불명확한 이유로 충분한 양의 성장호르몬이 생산되거나 유리되지 못하는 경우가 발생한다. 이로 인해 피부와 털이 고에스트로겐증에서 설명한 것과 비슷한 변화를 일으킨다. 일반적으로 성성숙 시기에 나타나는데, 모든 나이에서 발생할 수 있다.

포메라니안, 차우차우, 푸들, 사모예드, 케이스혼트, 아메리칸 워터스패니얼 등에서 관찰된다. 주로 수컷에게 나타난다.

치료 : 탈모를 유발하는 다른 호르몬성 원인을 배제하는 것이 중요하다. 성장호르몬 반응성 탈모증을 치료하는 방법 중 하나는 중성화수술이다. 수술 후에도 털 상태가 나아지지 않는다면 성장호르몬 투여에 반응을 보일 수 있다. 피하주사로 4~6주 동안 일주일에 3번 약물을 투여한다. 성장호르몬을 투여받은 개는 당뇨병이 발생하지 않는지 주의 깊게 관찰해야 한다.

저에스트로겐증hypoestrogenism

이 경미한 피부병은 어릴 때 중성화수술을 받은 암컷 노견에게 발생한다. 배 아래 부위와 외음부 주변에 걸쳐 새로 나는 털이 줄어들며 점진적인 탈모가 진행된다. 나중에는 가슴과 목 아래까지 탈모 부위가 넓어진다. 피부는 물렁하게 부드러워지고 털이 거의 없는 상태가 된다.

치료 : 심각한 질병은 아니라 치료하지 않기도 한다. 치료를 원한다면 에스트로겐 투여를 고려할 수 있다. 털이 다시 나려면 최소 일주일에 두 번 투여해야 한다.

에스트로겐은 골수를 억압할 수 있다는 것을 알아야 한다. 제때 알아채지 못하는 경우 치명적일 수 있다. 때문에 에스트로겐을 투여하는 모든 개는 정기적으로 혈액검사를 받아야 한다.

견인성 탈모traction alopecia

머리핀, 고무줄, 그 외 털을 고정하는 도구를 사용하는 개에게 발생하는 탈모다. 이런 액세서리를 장시간 동안 너무 꽉 끼게 착용하면 잡아당겨진 털의 모낭이 영향을 받아 모근이 성장을 멈추게 된다. 이로 인해 탈모가 발생하는데 영구적일 수 있다.

치료 : 탈모 부위를 치료하는 유일한 방법은 수술로 털이 없는 부위를 잘라내는 것으로, 미용 목적으로 시술된다. 털을 느슨하게 묶고 단시간만 사용하면 예방할 수 있다. 이런 제품을 사용하지 않는 것이 가장 좋은 예방법이다.

흑색가시세포종acanthosis nigrans

흑색가시세포종은 말 그대로 '두껍고 검게 변한 피부'다. 원발성 흑색가시세포종은 주로 닥스훈트에게서 관찰된다. 1살 이전에 발생하는데 정확한 원인은 밝혀지지 않았다. 속발성 흑색가시세포종은 호르몬성 피부병, 소양성 피부병, 비만이 있는 개에서 발생한다.

닥스훈트는 겨드랑이, 귀, 사타구니 피부에서 병변이 관찰된다. 점점 진행되면 피부가 까맣게 변하고 기름기 있고 역한 냄새가 나는 분비물이 관찰된다. 2차 세균 감염이 흔하다. 나중에는 가슴 부위와 다리 전체에 걸쳐 많은 부위로 번진다. 개와 보호자 모두에게 상당한 고통을 준다.

치료 : 일차성 흑색가시세포종은 동물병원에서 치료받아야 한다. 상태를 어느 정도 관리할 수는 있으나 완치는 불가능하다. 개들은 대부분 국소용(경우에 따라 경구용) 스테로이드 적용으로 많이 호전된다. 일부 개에게는 멜라토닌과 비타민 E가 효과를 보이기도 한다. 2차 세균 감염 치료를 위해 항생제를 처방하기도 하며, 과도한 기름기와 세균을 제거하기 위해 항지루성 샴푸를 사용한다(158쪽, 지루 참조). 피부주름 부위를 줄이기 위해 체중 감량도 추천된다.

속발성 흑색가시세포종은 원인이 되는 피부병을 잘 치료하면 치료 반응이 좋다.

백반증vitiligo

백반증은 코, 입술, 얼굴, 눈꺼풀의 털과 피부에 색소가 빠지는 증상이다. 어릴 때는 검은 색소가 관찰되나 서서히 초콜릿 색이나 심한 경우 하얀색으로 변한다. 색소결핍과 관련된 건강상의 문제는 없다. 로트와일러는 이런 문제가 가장 많이 관찰되는 품종 중 하나다.

백반증의 정확한 원인은 아직 밝혀지지 않았다. 그러나 유전적 소인이나 자가면역성 문제에 따른 것으로 추측된다.

치료 : 확실한 치료법은 없다. 오메가 3 지방산과 비타민 C 같은 항산화제가 도움이 될 수 있다.

아연반응성 피부병zinc-responsive dermatosis

아연은 털의 생장과 피부 상태를 유지하는 데 필요한 미량원소다. 아연이 부족하면 주로 코와 눈, 귀, 입 주변을 중심으로 얼굴 전체에 걸쳐 털이 얇아지고 비듬이 생기거나 딱지가 앉는 피부병을 유발할 수 있다. 발은 굳은살이 생기고 쉽게 갈라진다.

시베리안 허스키, 알래스칸 허스키, 도베르만핀셔, 그레이트데인, 알래스칸 맬러뮤트 등의 품종은 유전적 소인이 있다. 시베리안 허스키, 알래스칸 허스키, 알래스칸 맬러뮤트는 장의 아연 흡수율과 관련된 유전적 결함이 밝혀져 있다. 이 품종들은 균형 잡힌 사료를 급여해도 발병할 수 있다.

식이섬유와 칼슘을 많이 함유한 식단도 위장관 내의 아연과 결합하여 아연 결핍을 악화시킬 수 있다. 아연결핍증후군은 비타민과 미네랄 영양제(특히 칼슘)를 과다 함유한 사료를 먹는 대형 품종 강아지에서도 많이 발생한다. 아연이 부족하게 들어간 시판 건사료를 먹는 개와도 밀접한 관련이 있다.

치료 : 치료에 대한 반응을 보고 확진한다. 이 피부병은 원인에 상관없이 황산아연(매일 체중 1kg당 10mg)이나 메티오닌 아연(매일 체중 1kg당 1.7mg)을 급여하면 빠르게 호전한다. 대부분 즉시 효과가 나타난다. 발병한 알래스칸 맬러뮤트, 알래스칸 허스키, 시베리안 허스키는 보통 평상시에도 아연 성분 보조제를 급여해야 한다. 후천성 아연결핍증이 있는 강아지는 아연 보조제와 영양학적으로 균형 잡힌 음식을 먹으면 좋아진다.

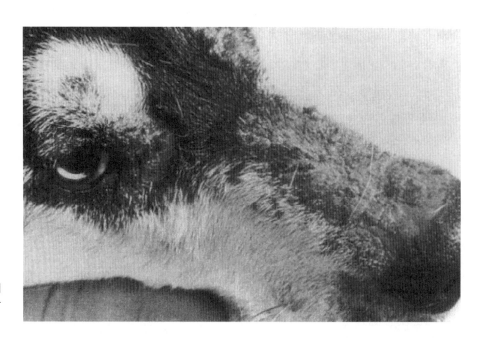

아연이 결핍되어 얼굴에 피부염이 생긴 시베리안 허스키.

색 돌연변이 탈모증(블루 도베르만 증후군)color mutant alopecia(blue doberman syndrome)

이 유전성 피부 질환은 황갈색 또는 푸른 털색의 도베르만핀셔에게서 가장 흔하게 관찰되는데, 가끔 블루 그레이트데인, 블루 뉴펀들랜드, 차우차우, 휘핏, 이탈리안 그레이하운드 등의 다른 품종에서도 관찰된다.

이런 개들은 태어날 때는 건강한 털을 가지고 있지만 생후 6개월이 지나면 털이 얇아지고 푸석거리고 건조해지면서 겉모습이 벌레 먹은 것 같다. 피부는 거칠어지고 각질은 증가한다. 증상을 보이는 부위에서 블랙헤드, 발진, 농포 등이 관찰된다. 일부 블루 도베르만은 3살 이전까지는 증상이 나타나지 않는 경우도 있다.

치료 : 치료법은 없다. 치료 방향은 피부의 상태를 완화시키는 것으로, 피부를 재수화시키고 각질을 제거하고, 모낭을 세정하는 샴푸요법이 중심이 된다. 이런 샴푸들은 수의사의 처방을 받아 사용한다. 털이 약하고 쉽게 빠질 수 있기 때문에 격렬한 빗질이나 부적절한 샴푸의 사용은 문제를 더 악화시킬 수 있으므로 삼간다.

털의 돌연변이는 유전적 문제에 기인하므로 이런 개들은 번식시켜서는 안 된다.

블루 모색은 보통 진회색에 가볍게 푸른빛이 도는 모색을 말한다.

검은모낭이형성증black hair follicle dysplasia

검은모낭이형성증은 아주 어릴 때 나타난다. 검은 털이 있어야 하는 부위에 털이 없는 증상이 나타난다. 검은 털만 영향을 받는다. 빠삐용과 비어디드콜리에서 흔하게 관찰되고 다른 품종에서는 드물다. 그러나 모든 품종에서 발생할 수 있다.

피지선염sebaceous adenitis

이 유전성 피부병은 피지선의 발달을 방해하는 상염색체 열성 유전자에 의해 발생한다. 스탠더드 푸들, 아키타, 사모예드, 비즐라 등의 품종에서 많이 발생한다. 임상 증상은 보통 4살 이전에 나타나는데, 그 이후에 발병하기도 한다.

스탠더드 푸들 같은 장모종은 주둥이, 머리 맨 윗부분, 귓바퀴, 목, 몸통, 꼬리의 윗부분 등에 대칭성 탈모가 관찰된다. 피부에는 비듬 같은 각질이 생기고, 심한 경우 모낭에 세균 감염이 일어난다. 비즐라 같은 단모종은 머리, 귀, 몸통, 다리 등에 각질을 동반한 동그란 탈모 병변이 관찰된다.

치료 : 피부조직생검으로 확진한다. 수의사는 스테로이드, 이소트레티노인, 그 외 다양한 항지루성 약물과 샴푸를 처방할 것이다.

피지선염이 있는 개나 보균자는 번식시켜서는 안 된다.

지루(지루증)seborrhea

지루는 죽은 세포 조각이 표피와 모낭에서 떨어져 나오는 상태다. 건조한 비듬 같은 경우도 있고, 기름기가 있는 경우도 있다. 유성 지루는 피지선의 과도한 피지 분비로 인해 발생한다. 피지로 인해 역한 개 냄새가 난다.

원발성 지루와 속발성 지루는 각기 다른 질병이다.

원발성 지루

아메리칸 코커스패니얼, 잉글리시 스프링거 스패니얼, 웨스트하이랜드 화이트테리어, 바셋하운드, 아이리시 세터, 저먼셰퍼드, 래브라도 리트리버, 차이니스 샤페이 등에 많이 발생하는 흔한 질병이다. 피부는 건조할 수도, 기름질 수도, 또는 두 가지 상태가 모두 나타날 수도 있다. 건성 지루는 피부에서 쉽게 떨어지는 반면, 유성 지루는 털에 달라붙어 잘 안 떨어진다.

유성 지루로 인해 모낭이 막히거나 감염되면 **모낭염**(165쪽)이 발생한다.

팔꿈치, 뒤꿈치, 목 아래쪽, 귀 가장자리 부위에 많이 발생한다. 유성 지루가 이도 내에 축적되는 경우 귀지샘 외이염으로 진행되기도 한다.

치료 : 원발성 지루는 완치는 어렵지만 치료는 가능하다. 샴푸와 린스를 사용하여 각질 형성을 조절하는 방향으로 치료를 한다. 다양한 항지루성 제품이 판매되고 있다. 수의사는 샴푸와 린스의 선택, 적용 횟수와 간격 등에 대해 조언해 줄 것이다.

경미한 건성 지루의 경우에는 색소, 향료 등의 첨가물이 들어 있지 않은 보습용 저알레르기 샴푸와 린스가 피부를 재수화시키는 데 도움이 된다. 이런 제품은 부작용이 없어 자주 사용해도 된다.

심한 건성 지루의 경우에는 유황과 살리실산 등을 함유한 샴푸를 각질 제거를 위해 추천한다. 유성 지루의 경우에는 콜타르가 함유된 샴푸가 효과적이며 각질 생산을 지연시킨다. 과산화벤조일 성분의 샴푸는 모낭의 세정 효과와 털에 붙어 있는 기름진 각질 제거에도 효과가 뛰어나다.

약욕 샴푸를 사용하는 경우에는 따뜻한 물로 몸을 먼저 씻긴 뒤에 적용하면 더욱 효과적이다. 약욕 샴푸를 적용하고 15분 정도(또는 사용법에 따라) 방치한 뒤 완전히 헹궈낸다.

모낭염과 다른 피부 감염의 치료를 위해 전신성 항생제를 처방할 수 있다. 가려움이 심할 경우에는 단기간의 경구용 스테로이드 투여가 필요할 수 있다. 어유에서 추출한 오메가3 지방산 보조제도 도움이 된다.

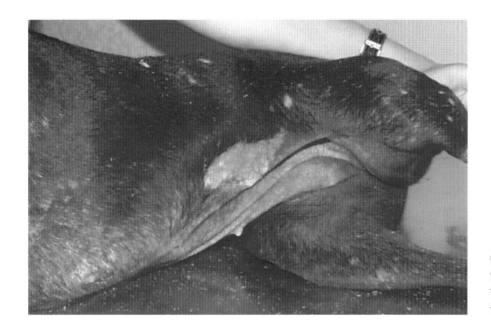

만성 아토피 피부염으로 인한 속발성 지루. 건조하고 비듬 같은 각질을 볼 수 있다.

속발성 지루

임의의 피부병이 지루성 과정을 촉발시켜 발생한다. 개선충, 모낭충, 아토피, 음식 과민성 피부염, 벼룩 알레르기성 피부염, 갑상선기능저하증, 호르몬 관련 피부 질환, 색 돌연변이 탈모증, 낙엽상 천포창 등이 속발성 지루와 관련이 있다. 하지만 속발성 지루를 감별하기에 앞서 성급하게 원발성 지루라고 진단 내려서는 안 된다.

치료 : 속발성 지루는 원발성 지루와 동일한 방법으로 관리한다. 원인이 되는 피부 질환을 잘 치료하면 보통 상태가 개선된다. 개가 지루 증상을 보인다면 항상 원인을 찾아보도록 한다.

링웜(피부사상균)ringworm

링웜은 털과 모낭으로 침입하는 곰팡이 감염으로, 대부분은 미크로스포룸 카니스(*Microsporum canis*)에 의해 발생한다. 링웜은 주로 강아지나 젊은 성견에게 발생한다. 얼굴, 귀, 발, 꼬리 부위에서 특징적으로 관찰된다.

링웜은 토양 속의 포자에 의해 전염되거나 감염된 개나 고양이의 털과 접촉해 전염된다(주로 카펫, 빗, 장난감, 가구 등). 사람도 동물로부터 감염될 수 있으며, 반대로 동물도 사람으로부터 감염될 수 있다. 어린아이는 특히 취약하다.

링웜이란 명칭은 전형적인 병변의 모습에서 유래되었다. 원 모양의 가장자리 피부는 빨갛게 되어 있고, 그 가운데 피부는 각질을 동반하며 털이 빠진다. 동그랗게 털이 빠지는 증례 중 국소 모낭충 감염, 모낭염 등에 의한 경우도 많다는 점에 주의해야 한다. 봄에 사타구니 부위에서 관찰되는 검은파리에 물린 병변도 형태가 동그랗다. 각질과 딱지를 동반한 탈모 병변이 불규칙하게 관찰되는 비전형적인 링웜도 흔하다.

링웜은 그 자체로는 가렵지 않다. 그러나 2차 세균 감염이 발생해 딱지가 생기면 핥거나 긁을 수 있다. 링웜은 발톱으로도 침투하는데, 발톱이 건조해져 갈라지고 부스러지거나 변형될 수 있다.

백선종창(kerion)은 모근에 링웜의 곰팡이균과 세균이 함께 침투하여 동그랗게 융기된 결절성 병변을 유발한다. 증례는 대부분 미크로스포룸 기프세움(*M. gypseum*)과 포도상구균(*Stapylococcus*)이 원인이다. 백선종창은 얼굴과 다리에 많이 생긴다. 모낭염(165쪽)에서 설명한 것처럼 세균 감염을 중심으로 치료한다.

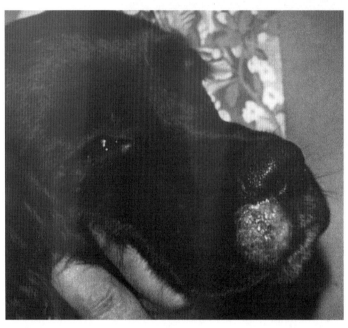

코커스패니얼의 주둥이에 생긴 링웜.

링웜은 다른 피부병과 비슷한 부분이 많아 정확한 진단이 필수다. 미크로스포룸 카니스에 감염된 털은 자외선(우드램프)으로 비춰 보면 형광색으로 관찰된다. 그러나 위양성과 위음성도 많으므로 우드램프는 감별 진단용으로만 사용해야 한다. 형광색을 띠는 부위의 털을 뽑아 현미경으로 검사하는 것도 때로는 신속한 진단에 도움이 되지만, 가장 신뢰할 수 있는 진단방법은 곰팡이를 배양하는 것이다. 비정상적인 부위의 털을 뽑아 특수한 용기에 넣어 곰팡이가 자라는지 관찰한다. 배양에 2주까지 걸리기도 한다.

치료 : 경미한 경우는 3~4개월 안에 저절로 낫기도 하지만, 링웜이 걸렸다면 집 안의 모든 동물과 사람에게 전염될 수 있으므로 반드시 치료해야 한다.

병변이 한두 부위에 국한되었다면 1~2% 미코나졸 성분이 들어간 국소용 항곰팡이 크림이나 로션을 하루 2회 바른다. 피부가 나을 때까지 치료를 지속한다. 최소한 4~6주의 시간이 걸릴 것이다.

여러 부위에 병변이 관찰된다면 앞에서처럼 치료를 반복하고 미코나졸 성분의 샴푸나 다른 링웜 치료용 샴푸를 추가로 적용한다. 병변이 다 낫고도 2주간 치료를 계속한다. 털이 긴 개는 치료 효과를 높이기 위해 털을 짧게 밀어야 할 수도 있다.

난치성인 경우 수의사는 케토코나졸이나 이트라코나졸 등의 이미다졸 계열 약물을

최근에는 PCR 검사나 키트 검사를 통해 링웜 진단이 보다 신속하게 이루어지고 있다.

백선종창은 링웜의 곰팡이균과 세균에 의해 발생하는 심층부 피부 감염이다.

처방할 것이다. 이 약물들은 효과적이지만, 유산 등의 심각한 부작용을 유발할 수 있어 임신견에게는 사용하지 않는다. 항곰팡이 약물의 사용은 수의사의 집중적인 관리와 감독이 필요하다.

예방 : 링웜 포자는 1년까지도 생존이 가능하므로 주변 환경에서 철저히 박멸해야 한다. 개가 쓰던 깔개는 폐기한다. 1 : 10 비율로 희석한 락스로 미용기구를 소독한다. 감염된 털을 제거하기 위해 최소한 매주 진공청소기로 카펫을 청소한다. 마루 등 단단한 표면은 희석한 락스를 이용해 걸레질하여 청소한다.

고양이는 링웜 백신이 있는데 주로 문제가 장기간 지속되는 캐터리 등에서 사용한다. 현재 개를 위한 백신은 없다.

사람이 감염되는 것을 예방하려면 철저한 손 씻기가 필요하다. 어린이들은 링웜에 걸린 반려동물을 만지지 못하도록 한다. 오염된 옷이나 천은 표백제로 세탁한다.

현재 국내에서는 개, 고양이용 링웜 백신이 유통되고 있으나 많이 사용되고 있지는 않다. 예방 목적의 일반 백신과 달리 주로 감염된 경우 치료 목적으로 사용한다.

모낭충demodectic mange

모낭충은 미세한 진드기인 데모덱스 카니스(*Demodex canis*)에 의해 발생하는데, 너무 작아 맨눈으로는 볼 수 없다. 거의 모든 개가 출생 후 첫 며칠간에 걸쳐 어미로부터 감염된다. 모낭충은 그 수가 적은 경우, 정상적인 피부균주로 간주된다. 그러나 면역계의 이상으로 그 수가 통제 불가능한 상태가 되면 질병을 유발한다. 주로 강아지나 면역력이 저하된 성견에서 발생한다. 유전적 면역의 취약성을 갖고 태어난 일부 순종 혈통에서 발생률이 높다.

모낭충은 국소형과 전신형이 있다. 여러 부위에서 피부 스크래핑 검사*를 실시해 진드기를 확인해 진단한다. 모낭충은 보통 쉽게 관찰된다.

* 피부 스크래핑 검사(피부소파검사) 피부를 긁어낸 후 검체를 채취하여 현미경으로 병원체를 확인하는 검사다.

국소형 모낭충 감염

1살 미만의 어린 개에게 발생한다. 피부 병변의 외양은 링웜과 비슷하다. 주요 증상은 눈꺼풀, 입술, 입 가장자리(가끔 옆구리와 다리, 발에도) 털이 가늘어진다. 가늘어진 털들은 더 진행되면 지름이 약 2.5cm로 누더기처럼 털이 빠진 형태로 관찰된다. 일부 증례에서는 피부가 발적되고, 딱지가 생기고, 감염이 발생한다.

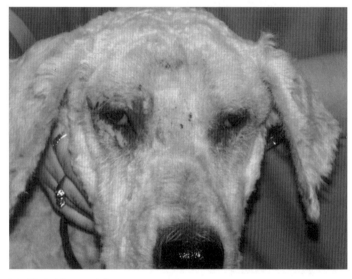

국소형 모낭충은 보통 6~8주 안에 저절로 치유된다. 그러나 몇 개월 동안 상태가 좋아졌다 나빠졌다를 반복할 수도 있다. 병변이 다섯 군데 이상 관찰된다면 전신형 모낭충으로 진행될 수 있다. 전체 증례의 10% 정도가 전신형으로 진행된다.

치료 : 하루 한 번 벤조일 페록사이드 성분이 함유된 국소용 약물이나 귀 진드기 치료용 약을 병변 부위에 발라 마사지한다. 질병의 치유를 촉진할 수 있다. 추가로 털이 빠지는 것을 막기 위해 털이 나는 부위까지 문질러야 한다. 처음 2~3주는 상태가 더 나빠 보일 수 있다.

국소형 모낭충을 치료하면 전신형으로 진행되는 것을 막을 수 있다는 근거는 없다. 4주 후 다시 상태를 체크한다.

국소형 모낭충으로 인해 이마와 오른쪽 눈 주변에 벌레 먹은 것처럼 털이 빠져 있다. 염증이 생겨 피부가 빨갛다.

전신형 모낭충 감염

전신형 모낭충 감염이 보이는 개는 머리, 다리, 몸통에 탈모성 병변이 생긴다. 작은 병변이 합해져 큰 탈모 병변이 된다. 모낭은 모낭충과 피부각질에 의해 막힌다. 피부에 상처와 딱지가 생기고 고름이 흐르는 등 심각한 문제를 발생시킨다. 일부 증례는 국소형 모낭충 감염의 연속선상에서 발생하며, 노견에게는 저절로 발생하기도 한다.

1살 미만의 개에게 전신형 모낭충이 발생했다면 30~50%는 저절로 회복될 수 있다. 수의학적 치료가 이런 회복 과정을 촉진시키는지의 여부는 분명치 않다.

1살 이상의 개는 저절로 낫는 경우가 드물다. 하지만 최근에는 치료를 통해 극적으로 호전되는 경우가 크게 증가했다. 대부분의 개들은 집중치료로 상태가 호전된다. 그 이외 경우 보호자가 시간과 비용을 부담할 의지만 있다면 관리가 가능하다.

치료 : 전신형 모낭충 감염은 수의사의 감시 아래 치료해야 한다. 피부의 각질을 제거하고 모낭충을 죽이는 약욕요법과 침지요법 등으로 치료한다. 약물 적용이 쉽도록 병변부의 털을 모두 자른다.

먼저 피부 각질을 제거하기 위해 벤조일 페록사이드 약욕을 실시한다. 10분 정도 방치한 뒤에 물로 헹궈낸다. 개의 털과 피부를 완전히 건조시킨다.

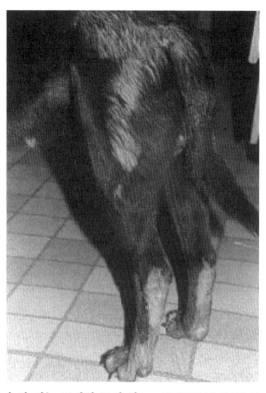

전신형 모낭충 감염은 여러 부위에 걸쳐 탈모, 딱지, 상처를 유발한다.

아미트라즈(상품명 미타반)는 침지액으로 사용한다. 환기가 잘 되는 곳에서 물에 희석한 약물로 목욕을 시킨다. 보호자의 피부도 손상될 수 있으므로 고무장갑을 낀다. 침지액이 피부 표면에 잘 흡수되도록 10분가량 방치한 뒤 자연 건조시킨다. 2주마다 또는 수의사의 지시에 따라 반복한다. 약욕제를 사용할 때 털과 발이 젖지 않도록 주의한다. 피부 스크래핑 검사가 음성으로 나올 때까지 60일간 치료를 지속한다.

아미트라즈 부작용으로는 졸음, 무기력, 구토, 설사, 어지러움, 휘청거리는 걸음걸이 등이 있다. 강아지는 성견에 비해 부작용 위험이 더 크다. 이런 문제가 발생한다면 즉시 피부와 털을 철저히 씻긴다.

위의 치료방법에 실패한다면 수의사는 다른 대안적인 치료를 제안할 수 있다. 정식 승인을 받지는 않았지만 경구용 밀베마이신과 이버멕틴으로 치료할 수 있다. 이런 경우 수의사의 밀접한 관리 감독이 필수다.

2차 세균 감염은 세균배양과 항생제 감수성 검사를 통해 항생제로 치료해야 한다. 심한 가려움에 자주 사용되는 스테로이드는 모낭충에 대한 면역력을 낮출 수 있으므로 사용해서는 안 된다.

유전적 면역상의 취약성이 있을 수 있으므로, 전신형 모낭충 감염에서 회복한 개는 번식시키면 안 된다.

평생 고생하는 난치성 피부 질환이었던 모낭충 감염은 새로운 치료 약물로 큰 전환점을 맞았다. 아폭솔라너, 플루랄라너 등의 이소옥사졸린 계열 약물은 적은 비용과 노력으로 모낭충을 거의 완치에 가깝게 치료할 수 있게 만들었다. 부작용이 큰 아미트라즈나 이버멕틴은 이제 거의 사용하지 않는다.

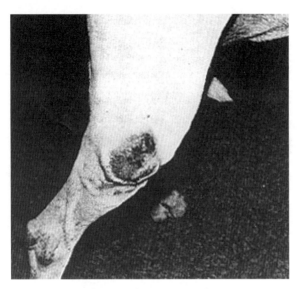

시멘트 바닥에 누워 생긴
뒷다리 바깥쪽의 굳은살.

욕창(굳은살)pressure sore(callus)

굳은살은 압력을 받는 부위의 피부가 회색빛으로 털이 빠지고 두껍고 주름진 형태로 변한 것이다. 단단한 바닥에 누워 있어서 많이 발생한다. 몸무게가 무거운 개나 시멘트 바닥의 개집에서 사는 개에서 많이 발생한다. 팔꿈치에 가장 흔하며, 발뒤꿈치 바깥쪽, 엉덩이, 다리 옆 부위에도 발생한다.

굳은살을 모르고 지나치면 나중에는 그 표면이 찢어져 궤양이 생기거나 감염이 일어나 농양으로 진행되기도 한다. 그러면 치료하기 가장 어려운 상태가 되어 버린다.

치료 : 반려견용 매트리스나 천을 씌운 폼 패드 등의 부드러운 바닥재를 깔아 준다. 뼈 부위 위쪽에 생긴 궤양은 수의사의 치료가 필요하다.

농피증(피부의 감염)pyoderma(skin infection)

외상을 입거나 피부의 과도한 마찰, 씹기, 긁기에 의해 주로 피부에 세균 감염이 발생한다. 이처럼 농피증은 다른 피부 질환의 흔한 합병증으로 발생한다(특히 가려움이 심한 경우). 항생제와 약욕 등이 치료에 사용된다.

강아지 피부병(농가진과 여드름)

농가진(impetigo)과 여드름(acne)은 1년 미만의 강아지에서 발생하는 가벼운 피부 표면의 감염이다. 농가진은 배나 사타구니의 털 없는 부위에 고름이 찬 물집 형태로 관찰된다. 농포가 터지면 갈색 딱지가 남는다. 위생 상태가 좋지 않은 곳에서 용변을 보는 강아지에게 가장 많이 발생한다.

여드름은 생후 3개월 이상에서 발생한다. 보랏빛의 빨간 농포와 블랙헤드가 특징인데 심해지면 고름이 흐른다. 주로 턱과 아랫입술에 발생하는데, 생식기나 회음부, 사타구니에서도 발생한다. 피부의 각질과 피지에 의해 모공이 막히면 많이 발생한다. 여드름은 도베르만핀셔, 골든리트리버, 복서, 그레이트데인, 불도그에게 흔하지만, 모든 품종의 강아지에서 발생할 수 있다.

치료 : 농가진과 가벼운 여드름은 벤조일 페록사이드 샴푸로 2~3주간 주 2회 약욕

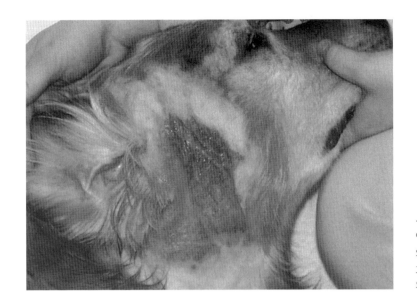

심하게 긁어서 생긴 얼굴 옆의 농피증. 이 개는 귀의 문제로 심한 가려움을 호소하고 있다. 핫스팟과 외양이 유사하다.

을 시켜 치료한다. 비위생적인 사육 환경 같은 취약한 원인도 해결한다.

여드름은 고질적인 피부 감염으로 국소요법에 반응을 보이지 않는 경우가 많다. 수의사는 포도상구균에 효과적인 경구용 항생제를 처방할 것이다. 여드름은 보통 성성숙 시기가 되면 저절로 사라진다.

모낭염folliculitis

모낭염은 모낭에서 시작된 감염이다. 가벼운 모낭염인 경우 한가운데 털이 나 있는 많은 작은 농포가 전형적으로 관찰된다. 경미한 경우 모낭 주변으로 동그랗게 각질이 관찰되기도 한다. 일단 모낭에 감염이 발생하면, 감염은 진피 안으로 더 깊숙이 진행되어 커다란 농포나 절종(종기)을 형성한다. 이것이 파열되면 고름이 흐르고 딱지가 앉는다. 심부 모낭염의 경우에는 고름 주머니가 생길 수도 있다.

모낭염은 보통 몸의 아래쪽 표면에 많이 발생하는데, 특히 겨드랑이, 복부, 사타구니에서 흔하다. 미니어처 슈나우저에서 발생하는 슈나우저 면포증후군은 등 가운데 부위 아래로 큰 블랙헤드가 다수 관찰된다.

모낭염은 종종 개선충, 모낭충, 지루증, 호르몬성 피부병 등에 의해 2차적으로 발생한다. 미용을 거칠게 하는 경우에도 모낭에 손상을 입혀 발생할 수 있다.

치료 : 모낭염은 물론 기저 질환을 찾아내 치료하는 것이 중요하다.

가벼운 경우는 앞에 설명된 여드름처럼 치료한다. 심부 모낭염은 국소요법과 전신요법을 함께 적용한다. 감염된 부위의 털을 깎고(단모종은 깎을 필요가 없다) 베타딘 샴푸나 클로르헥시딘 용액으로 10일간 하루 2회 목욕을 시킨다. 피부 감염이 개선되면

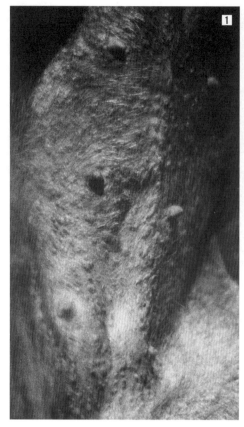
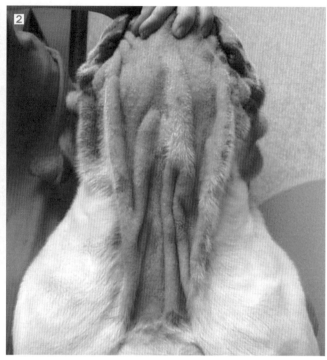

1 배에 생긴 작은 여드름 같은 농포는 모낭염의 전형적인 모습이다.

2 잉글리시 불도그에서 발생한 목의 피부주름농피증.

벤조일 페록사이드 성분의 샴푸로 바꾸어 일주일에 1~2회 사용한다. 완전히 나을 때까지 지속한다.

세균배양 및 항생제 감수성 검사를 바탕으로 경구용 항생제도 투여해야 한다. 6~8주 동안 경구용 항생제를 지속하는데, 완전히 나아 보여도 적어도 2주간 더 치료해야 한다. 항생제를 너무 일찍 중단하거나 너무 낮은 용량으로 사용하는 경우 치료에 실패할 수 있다. 모낭염 환자의 경우 장기간의 스테로이드 사용은 피해야 한다.

피부주름농피증skin fold pyoderma

피부 표면이 서로 부딪치면 피부는 축축해지고 염증이 발생하는데, 이는 세균 증식에 이상적인 환경을 제공한다. 피부주름의 감염은 다양한 형태로 나타난다. 스패니얼, 세터, 세인트버나드 등 입술이 늘어진 품종의 경우 입술주름농피증이, 페키니즈와 차이니스 샤페이의 경우 얼굴주름농피증이, 뚱뚱한 암컷의 경우 외음부주름농피증이, 불도그, 보스턴테리어, 퍼그처럼 나선형 꼬리가 있는 품종의 경우 꼬리주름농피증이 발생한다.

피부주름농피증의 증상은 발생 부위에 상관없이 동일한데, 바로 피부의 가려움과 염증이다. 축축한 피부는 또한 역한 냄새를 풍긴다.

치료 : 가장 효과적인 치료방법은 교정수술을 통해 피부주름을 제거하는 것이다. 수술이 불가능하다면 감염된 피부주름 부위를 벤조일 페록사이드 성분의 샴푸로 10~14일 동안 하루 2회 세정하여 관리할 수 있다. 가려움과 염증 관리를 위해 2~3일 간 하루 2회 항생제와 스테로이드가 함유된 연고를 바른다.

일단 잘 치료되었다면 재발 방지를 위해 벤조일 페록사이드 성분의 약물을 적절히 사용한다. 피부주름 부위를 세정하고 건조시키는 목적의 의료용 파우더도 증상관리에 도움이 된다.

급성 습윤성 피부염(핫스팟)acute moist dermatitis(hot spot)

핫스팟(hot spot)은 열감이 있고 아프게 부어오르는 2.5~10cm 크기의 피부 병변으로, 고름이 나고 역한 냄새를 풍긴다. 병변 부위는 급속히 털이 빠진다. 개가 핥거나 씹어대면 감염이 진행된다. 이 동그란 병변은 갑자기 나타나 불과 몇 시간 만에 급격히 커지기도 한다.

핫스팟은 몸의 모든 부위에 생길 수 있는데, 여러 군데 생기는 경우가 더 많다. 뉴펀들랜드나 골든리트리버 같은 귀가 크고 털이 많은 대형 품종의 경우 귓바퀴 아래 가장 많이 발생한다. 핫스팟은 털이 많은 품종에게 가장 많이 발생하며, 특히 털갈이 직전에 많이 관찰된다. 축축하고 죽은 털들이 피부 옆으로 뭉쳐 있는 것을 볼 수 있다. 벼룩이나 진드기 같은 외부기생충, 피부 알레르기, 자극성 피부 질환, 귀의 감염이나 항문낭 감염, 털 관리 불량 등으로 인해 가려워하고 긁고 가려워하고를 반복한다.

치료 : 핫스팟은 아주 고통스럽다. 초기에 치료하려면 개를 진정시키거나 마취시켜야 할 수도 있다. 수의사는 병변을 노출하기 위해 털을 자른 뒤에 포비돈(베타딘) 또는 클로르헥시딘 샴푸로 피부를 부드럽게 세정하고 건조시킬 것이다. 그리고 10~14일간 하루 2회 항생제와 스테로이드 성분이 들어간 연고를 바른다. 보통 경구용 항생제가 처방된다. 원인이 되는 피부의 문제도 함께 치료해야만 한다.

수의사는 극심한 가려움 완화를 위해 단기간의 스테로이드를 처방하기도 한다. 엘리자베스 칼라 등을 착용시켜 개가 병변부를 손상시키지 못하도록 한다.

덥고 습한 날씨에는 털이 풍성한 개는 목욕이나 수영 후에 몸을 철저하게 말려 줘야 한다. 그렇지 않으면 핫스팟이 발생하기에 완벽한 상태가 될 것이다.

봉와직염과 농양cellulitis and skin abscess

봉와직염은 피부와 피하조직에 발생한 감염이다. 대부분은 뚫린 상처, 깊이 긁히거나 물린 상처, 찢어진 상처가 원인이다. 봉와직염은 보통 **상처**(59쪽)에서와 같이 적절한 상처 치료를 통해 예방할 수 있다.

봉와직염이 발생한 부위는 누르면 아파하고 만졌을 때 열감이 느껴진다. 일반 피부보다 약간 단단하고 빨갛게 관찰된다. 감염이 상처로부터 퍼져 나가면, 피부 아래로 부드러운 선 같은 것이 만져지는데 이것은 림프절이 부어오른 것이다. 사타구니, 겨드랑이, 목 부위의 국소림프절도 커진다.

피부농양은 표피 아래에 고름 주머니가 생기는 것이다. 여드름, 농포, 종기 등도 작은 피부 농양에 해당한다. 커다란 농양은 피부 아래 물이 찬 것처럼 느껴진다.

치료 : 털을 자르고 감염 부위를 확인한다. 하루 3번 15분간 온찜질을 하는데, 식염수 찜질(물 1L에 소금 10g)이나 엡솜 찜질(물 1L에 엡솜솔트 33g)이 좋다. 피부에 나뭇조각이나 이물이 박힌 경우 염증이 지속되므로 반드시 제거해야 한다.

저절로 고름이 터지지 않는 여드름, 농포, 종기, 농양은 수의사가 절개해야 할 수 있다. 구멍이 큰 경우 수의사는 완전히 나을 때까지 클로르헥시딘 용액 같은 외과용 희석 소독액으로 하루 1~2회 소독하도록 지시하기도 한다. 치유를 촉진시키기 위해 큰 농양에는 배액관을 설치하기도 한다.

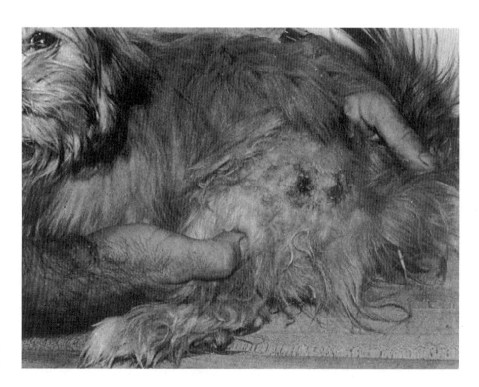

포도상구균에 의한 봉와직염에 걸려 발생한 농양.

상처의 감염, 봉와직염, 농양, 농피증의 치료를 위해 경구용 또는 주사용 항생제가 처방되기도 한다.

유년기 농피증(강아지 선역)juvenile pyoderma(puppy strangles)

유년기 농피증은 생후 4~16주의 강아지에게 발생하는데 보통 한배 형제 여러 마리에서 발생한다. 입술, 눈꺼풀, 귓바퀴, 얼굴이 갑자기 부어오르는데 농포, 딱지, 궤양 등이 급격하게 발생한다. 턱 아래 부위의 림프절이 붓고 커진다. 이런 강아지는 심하게 아파하므로 수의사의 진료를 받아야 한다.

일부 증례는 세균 증식에 의해 발생하기도 하지만 일반적이진 않다. 대부분은 원인불명의 염증성 면역반응에 따른 것으로 생각된다.

치료 : 하루 3번 15분 동안 따뜻한 온습포를 적용한다. 추가적인 치료로는 경구용 스테로이드 제제나 항생제를 2주간 처방한다. 항생제 단독 사용은 효과적이지 않다.

흉터가 생길 수 있으니 상처의 고름을 짜내려 시도하지 않는다.

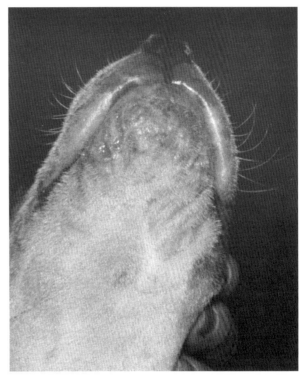

강아지 선역으로 농포가 생기고 턱 밑 림프절이 부어올랐다.

진균종mycetoma

진균종은 상처를 통해 체내로 침입한 여러 종류의 곰팡이에 의해 발생하는 종양과 유사한 종괴다. 발이나 다리 피부 아래에 과립성 물질이 흘러나오는 불룩한 덩어리 형태가 특징적으로 관찰된다. 이 과립은 곰팡이 종류에 따라 하얀색, 노란색, 검은색을 띤다. 장기간의 항생제 치료에도 잘 낫지 않는 만성 농양과 유사한 양상을 보인다.

치료 : 수술로 완벽히 제거하는 것이 추천되는 치료방법이지만 늘 가능한 것은 아니다. 난치성 증례도 이트라코나졸 등의 약물치료에 잘 반응한다. 완전히 나아져 보여도 최소 2달간 치료를 지속해야 한다.

지간낭종과 발피부염interdigital cyst and pododermatitis

지간낭종은 발가락 사이에 발생하는 염증 반응으로 진짜 낭종은 아니다. 붓고 구멍

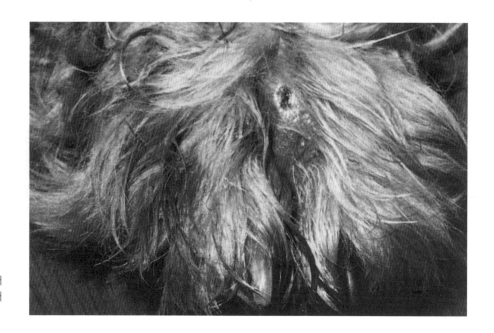

지간낭종이 파열되어 고름이나 진물이 흘러나오고 있다.

발가락 사이가 붓고 터지는 지간염증은 대부분 산책 중 풀씨가 박히거나 LPP(림프구형질세포성 지간염)에 의한 경우가 많다. 외형상 구분이 어렵다. 약물치료 반응이나 진행 양상 등으로 진단된다. 수술이 필요한 경우도 많다.

이 뚫려 고름이 난다. 원인은 외상, 자극물질과의 접촉, 가시나 풀씨 같은 이물, 벌레 물림 등 다양하다.

치료 : 장기간의 항생제 투여가 필요하다. 이물 등의 근본 원인을 해결한다. 온찜질이 도움이 될 수 있다. 염증이 생긴 발을 베타딘이나 클로르헥시딘 용액에 5~10분간 담그는 방법도 효과적이다. 근본 원인을 찾기 위한 추가적인 검사가 필요할 수 있다.

방선균증과 노카르디아증actinomycosis and nocardiosis

오염된 토양과 접촉해 발생하는 이 세균성 피부 감염은 일반적으로 사냥개에서 많이 발생한다. 둘 다 전신 감염을 유발하여 림프절, 뇌, 흉강, 폐, 뼈에 영향을 끼칠 수 있다. 고름이 흐르는 피하의 농양이 보통 머리나 목 부위의 구멍 뚫린 상처나 파열된 피부에서 관찰된다. 상처에서 흘러나오는 분비물은 종종 토마토 수프와 비슷한 외양을 띠며 노란 과립상의 물질이 함께 관찰되기도 한다. 노카르디아증은 치은염이나 구강궤양을 유발하기도 한다.

치료 : 상처의 분비물을 배양하여 진단한다. 감염된 농양은 절개하여 배액시킨다. 노카르디아증은 설파계 약물에, 방선균증은 페니실린계 약물에 잘 반응한다. 장기간의 항생제 투여가 필요하다. 감염이 피부 안쪽으로 깊숙이 퍼지면 생존이 어려울 수도 있다.

자가면역성 및 면역매개성 피부 질환

자가면역성 피부 질환은 피부의 정상적인 구성 성분에 대한 특정 항체의 작용으로 발생한다. 이 항체는(자가항체) 피부세포 간의 결합을 파괴시켜 물집, 농포 등의 특징적 병변을 유발한다. 천포창이 자가면역성 피부 질환의 대표적인 예다.

면역매개성 피부 질환은(홍반성 낭창이 대표적) 약물과 같은 외부 물질의 영향으로 자극받아 면역반응이 발생하는 전신 질환이다. 자가항체가 항원과 반응하여 복합체가 되어 신장, 혈관벽, 피부 등의 체내 여러 부위에 침착된다. 이 복합체들이 염증반응을 촉발시켜 조직을 파괴한다.

천포창pemphigus

천포창에서는 자가항체가 피부의 세포벽에 작용한다. 이런 세포벽은 부착되거나 분리되는 능력을 상실하여 물집이나 수포, 농포 등을 형성한다. 천포창 항체를 유발하는 정확한 원인은 알려져 있지 않다. 개에게는 네 가지 형태의 천포창이 있다. 모두 피부 생검을 통해 진단할 수 있다. 혈청학적 검사도 도움이 되지만 위양성이나 위음성이 나오는 경우가 많다.

낙엽상 천포창(pemphigus foliaceus)은 개에게 가장 흔한 자가면역성 피부 질환으로 보통 2~7살에 발생한다. 아키타, 비어디드 콜리, 뉴펀들랜드, 차우차우, 닥스훈트, 도베르만핀셔, 피니시 스피츠, 스키퍼키 등의 품종에서 많이 발생한다.

낙엽상 천포창은 농포성 피부염으로 얼굴과 귀에 빨간 발진이 생기는 것으로 시작하여 전신으로 퍼진다. 발진은 빠르게 물집과 농포로 진행되고, 나중에는 노랗게 마른 딱지로 변한다. 딱지들이 안쪽의 털과 피부에 달라붙어 있다. 더 진행되면 그 부위가 검게 착색된다.

낙엽상 천포창은 발에도 영향을 미치는데, 발패드가 두꺼워지고 갈라지거나 체중을 실으면 통

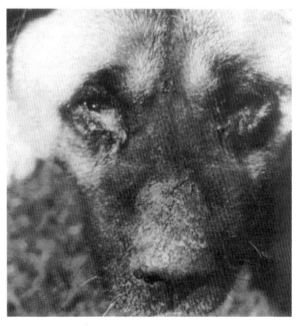

낙엽상 천포창에 걸려 얼굴에 광범위한 병변이 보이는 아키타 종.

증을 호소한다. 일부 증례에서는 발패드에서만 병변이 관찰되기도 한다. 개가 다리를 아파하고 발패드가 두꺼워지거나 갈라졌다면 낙엽상 천포창을 의심해 본다.

홍반성 천포창(pemphigus erythematosus)은 낙엽상 천포창이 얼굴, 머리, 발패드에 국

한되어 발생하는 국소적인 형태다. 콜리, 저먼셰퍼드의 발생 위험이 가장 높다. 원판상 홍반성 낭창(173쪽)과 혼동하기 쉽다.

심상성 천포창(pemphigus vulgaris)은 피부와 점막이 만나는 부위에 수포나 궤양이 생기는 형태로 흔치 않다. 입술, 콧구멍, 눈꺼풀 등에 발생한다. 발톱 아래 피부에 발생하면 발톱이 빠진다.

증식성 천포창(pemphigus vegetans)은 극히 드문 형태의 심상성 천포창이다. 겨드랑이와 사타구니의 피부주름 부위에 생기는 편평한 형태의 농포가 특징이다. 특징적으로 사마귀 같은 형태의 증식체가 관찰된다.

치료 : 천포창은 근본적인 완치는 불가능하다. 그러나 낙엽상 천포창과 홍반성 천포창에 걸린 개의 약 50%는 스테로이드 단독 투여 또는 사이클로스포린, 아자티오프린, 클로람부실 등의 면역억제와 병용 투여를 하면 증상이 나아진다. 평생 치료가 필요하다. 코 등의 탈색된 피부에 자외선차단제를 바르면 자외선 손상을 예방하는 데 도움이 된다(225쪽, 코 일광성 피부염 참조).

심상성 천포창과 증식성 천포창은 치료 효과가 좋지 않다.

최근에는 부작용이 더 적고 효과는 더 뛰어난 다양한 면역억제제들이 많이 사용되고 있다.

수포성 유사천포창bullous pemphigoid

옆구리, 사타구니, 겨드랑이, 복부 등의 피부에 물집, 궤양성 발진 등이 생기는 드문 자가면역성 피부 질환이다. 콜리와 도베르만핀셔가 잘 걸린다. 발패드에서도 발생할 수 있으며 증례의 80%는 나중에 입에서도 발생한다.

치료 : 낙엽상 천포창과 비슷하다(171쪽 참조). 치료 예후는 좋지 않다.

홍반성 낭창(루푸스)lupus erythematosus

홍반성 낭창은 면역매개성 질환으로 항원-항체 복합체가 피부를 포함한 여러 장기의 작은 혈관에 침착되는 병이다. 이 항원-항체 반응의 정확한 원인은 알려져 있지 않다. 개에게는 두 종류의 낭창이 있다.

전신성 홍반성 낭창(루푸스)systemic lupus erythematosus

피부, 신장, 심장, 관절 등 여러 부위에 영향을 끼치는 복합 질환이다. 가장 먼저 나타나는 증상은 부자연스럽게 걷거나 관절 부위를 불편해하며 절뚝거리는 것이다. 나중에는 폐, 신경계, 림프절, 비장에도 발생할 수 있다.

피부에 발생하는 경우 특히 얼굴과 코, 콧잔등에 잘 생기는데 다른 부위에서도 발생할 수 있다. 수포와 농포가 특징적인 미란성 피부염이 발생하고 딱지와 진물, 탈모 등이 생긴다. 구강 점막에서 많이 발생한다. 발패드는 두꺼워지고 궤양이 생겨 벗겨지기도 한다. 빈혈과 출혈장애가 발생할 수도 있다. 속발성 농피증이 주요한 사망 원인이다.

진단은 어렵다. 피부 생검과 항핵항체(ANA)검사가 도움이 되는데 증례의 90%가 양성이다.

치료 : 어느 장기에 발생했느냐에 따라 치료방법이 달라진다. 대부분은 화학요법이 필요하다. 속발성 농피증은 공격적으로 치료해야 한다. 장기간의 치료 예후는 좋은 편이 아니다.

원판상 홍반성 낭창(루푸스)discoid lupus erythematosus

낙엽상 천포창에 이어, 두 번째로 흔한 자가면역성 피부 질환이다. 얼굴 부위에만 국한되어 나타나는 전신성 홍반성 낭창의 경미한 형태라고 할 수 있다. 보통 코에 상처가 생기고 딱지가 앉은 뒤에 색소가 빠져 탈색된다. 콜리, 저먼셰퍼드, 시베리안 허스키, 셰틀랜드 시프도그, 브리타니, 저먼 쇼트헤어드 포인터에서 가장 많이 발생한다. 전형적인 원판상 낭창의 외양과 발생 부위, 다른 부위 피부 상태 등을 고려하여 진단하면 거의 확실하다.

코의 터진 상처와 딱지가 관찰되는 궤양성 피부 병변은 원판상 홍반성 낭창의 전형적인 모습이다.

치료 : 원판상 낭창은 경구용 또는 국소용 스테로이드로 치료할 수 있다. 경구용 비타민 E를 12시간마다 400IU의 용량으로 식사 2시간 전이나 후에 투여하면 효과가 있다는 보고도 있다. 햇볕에 노출되는 시기에는 국소용 자외선차단제를 바른다(225쪽, 코 일광성 피부염 참조). 자외선차단제는 예방적 방법으로도 도움이 된다. 자외선에 의한 손상은 피부 상태를 더 악화시킨다.

독성 표피괴사toxic epidermal necrolysis

독성 표피괴사는 드문 질환으로 다양한 약물, 암, 감염, 알 수 없는 원인 등에 의해 발생하는 궤양성 피부 질환이다. 물집, 궤양, 짓무름이 갑자기 발생하고 급격히 진행된다. 구강과 발패드에 자주 발생한다.

매우 고통스런 피부병으로, 개는 심각하게 위축되고 음식을 거부한다. 사망률이

30%에 달한다.

치료 : 의심되는 약물을 중단하고 기저질환을 치료한다. 급성기 동안에는 스테로이드, 정맥수액, 항생제 처치가 필요하다. 회복까지 2~3주가 걸린다.

다형 홍반erythema multiforme

다형 홍반은 피부와 점막에 나타나는 급성 발진이다. 원형 또는 타원형의 과녁 모양 발진이 특징이다. 약물, 감염, 종양, 결합조직 질환 등과 관련이 있다. 다형 홍반은 독성 표피괴사보다는 상태가 덜 심하다.

치료 : 대부분은 원인을 찾아 치료하면 저절로 좋아진다. 면역억제제나 스테로이드가 처방되기도 한다.

결절성 지방층염nodular panniculitis

등과 옆구리를 따라 피부 아래로 덩어리가 만져지는 피하지방의 염증으로 흔하지는 않다. 단모종에서 더 많이 관찰된다. 질병이 진행되면 이 덩어리에 궤양이 생겨 진물이 흐르고 나면 상처를 남기고 치료된다. 보통 개는 열이 나고 무기력해 보인다. 원인은 알려져 있지 않다. 결절 부위의 생검을 통해 확진한다.

치료 : 병변이 하나인 경우 수술로 제거한다. 결절이 여러 개인 경우 스테로이드, 비타민 E 등으로 치료한다. 장기적인 치료 예후는 좋은 편이다.

5장
눈

개의 눈은 특별한 필요성에 맞춰 알맞게 적응된 여러 부분으로 이루어져 있다. 안구는 뼈 안쪽에 있는데, 지방으로 이루어진 완충조직에 의해 보호된다. 안구를 둘러싸고 있는 근육은 외부의 통증, 자극 또는 눈앞으로 다가오는 물체에 반응하여 눈꺼풀을 감도록 만든다. 이런 반사적인 반응 때문에 눈 표면의 손상이나 이물을 검사하기가 어려워지기도 한다.

눈의 앞쪽에 있는 크고 투명한 막은 각막이다. 공막은 하얀 결합조직으로 이루어져 각막 가장자리를 둘러싸고 있으며 사람에 비해 더 적은 부분이 외부로 드러난다. 공막은 안구 전체를 둘러싸고 지지해 준다. 공막에 색소가 침착되거나 얼룩이 관찰되는 품종도 있다.

눈의 정중앙에 동그랗게 뚫려 있는 구멍은 동공이다. 동공은 홍채라고 부르는 조임근 같은 근육에 둘러싸여 있다. 홍채는 카메라의 셔터처럼 여닫는 작용을 통해 눈으로 들어오는 빛의 양을 조절한다. 홍채에는 색소가 있어 눈동자 색깔을 결정하기도 한다. 개들은 대부분 눈 색깔이 어두운 갈색 빛이지만, 어떤 품종은 푸른 눈이 정상이다. 북쪽 지방 품종과 밝은 바탕에 어두운 얼룩무늬 품종의 경우 오드아이(한쪽은 갈색이고 한쪽은 파란색)도 드물지 않다.

분홍색 점막으로 이루어진 결막은 흰자위 부분과 눈꺼풀 안쪽 표면을 덮고 있다. 결막에는 혈관과 신경말단이 분포되어 있어, 염증이 생기면 빨갛게 변하며 부풀어 오른다.

눈꺼풀은 팽팽한 피부주름으로 안구의 앞쪽을 지지해 준다. 속눈썹은 아래 눈꺼풀에는 없고 위 눈꺼풀에서만 관찰된다. 아래 눈꺼풀 가장자리에 짧은 털이 자라기는 한다.

개는 내안각(눈의 정중앙 안쪽) 안쪽에 중요한 역할을 하는 3안검(순막, 셋째눈꺼풀이라고도 부른다)이 있다. 3안검은 평상시에는 겉으로 드러나지 않지만, 겉으로 노출되면 눈 전체를 뒤덮어 마치 안구가 뒤쪽으로 말려들어간 것처럼 보인다.

눈물은 눈물샘에서 분비된다. 한쪽 눈에는 눈물샘이 2개 있다. 하나는 안와 위쪽 부위에 있고, 하나는 3안검에 있다. 눈물은 눈꺼풀 뒤쪽으로 분비되어 작은 관에 의해 안구 표면으로 이동된다. 눈물은 각막이 마르는 것을 방지하고, 감염에 대항하는 성분이 있어 감염을 예방하기도 한다. 눈물은 눈이 접촉하는 자극물질이나 이물을 씻어 내는 것을 돕는다. 눈물은 안쪽 모서리인 내안각으로 모아져 코눈물관(비루관)을 통해 코 앞쪽의 비강으로 흘러간다. 눈의 안쪽에는 액체가 들어 있는 3개의 방이 있다. 전안방은 각막과 홍채 사이에 있고, 홍채와 수정체 앞쪽 사이에는 작은 후안방이 있다. 크기가 큰 유리체방은 투병한 젤리상의 물질(유리체, 초자체)이 들어 있는데 수정체와 망막 앞쪽 사이의 공간을 채운다.

수정체는 지지인대에 의해 자리를 유지한다. 지지인대는 근육, 결합조직, 혈관으로 이루어진 모양체에 부착되어 있다. 모양체가 수축하면 수정체의 곡면이 변화한다. 따라서 다양한 거리에 있는 사물의 모습이 망막에 맺히게 한다.

빛은 각막, 전안방, 홍채, 수정체를 거치고, 유리체를 지나 망막에 상을 만든다. 망막은 광수용체 세포층으로 되어 있어 빛을 전기신호로 바꾼다. 이 신호는 시신경을 통해 뇌로 전달된다.

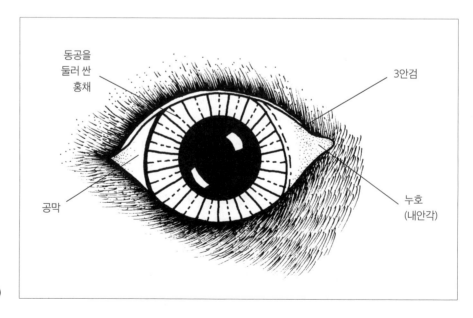

동공을 둘러 싼 홍채

3안검

공막

누호 (내안각)

눈의 정면(오른쪽 눈)

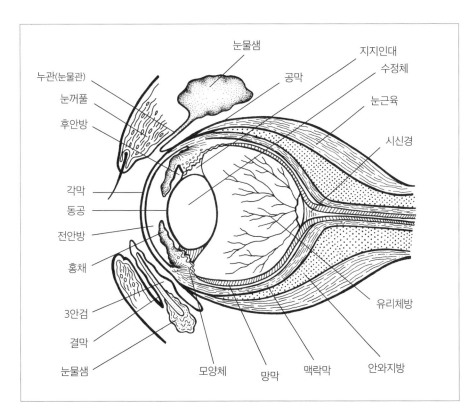

눈물샘

지지인대

누관(눈물관)

공막

수정체

눈꺼풀

눈근육

후안방

시신경

각막

동공

전안방

홍채

유리체방

3안검

결막

눈물샘

모양체

망막

맥락막

안와지방

눈의 측면

개의 시각

개는 사람과 비교해 일부 영역에서는 시력이 상대적으로 떨어진다. 개는 근시안이며 순응 능력도 낮다. 대부분의 개는 시력이 0.3 정도다(사람은 평균 1.0). 순응은 망막에 상이 맺히게 하려고 수정체가 변화하는 과정을 말하는데, 개는 사람에 비해 수정체의 모양을 변화시키는 모양체근이 상대적으로 약하기 때문에 순응 능력이 낮다.

개의 망막은 파란색, 노란색, 회색을 구분하는 원추세포를 소수 가지고 있다. 그러나 빨간색과 초록색을 감지하는 광수용체는 결핍되어 있어 사람의 적녹색맹과 비슷하다. 개는 일부 색들을 인지할 수 있으나, 개의 원추세포의 가장 중요한 기능은 회색 색조의 미묘한 차이를 인지하는 것이라 생각된다. 개는 명도를 구분할 수 있다.

뛰어난 부분도 있다. 개는 동공이 커 시야각이 넓고 동체시력도 좋다. 망막에 빛을 감지하는 간상세포가 풍부하여 회색 색조를 구분하는 원추세포와 함께 어두운 곳에서도 상대적으로 잘 본다. 또한 (양쪽 눈으로 상을 보는) 양안시이며 깊이 지각도 가능하다. 무엇보다 뛰어난 청각과 후각으로 시각의 단점을 충분히 보완할 수 있다.

시각 능력은 품종, 두상, 눈의 모양에 따라 달라진다. 주둥이가 긴 개들은 '시각띠(visual streak)'가 있다. 시각띠는 망막의 풍부한 시각세포 영역으로, 넓은 범위의 시야와 움직임 포착에 도움이 된다. 시각하운드(sighthound)가 이에 해당된다. 주둥이가 짧고 눈이 돌출된 개들은 '중심부'를 가지고 있는데, 정밀한 상을 잡을 수 있게 만들어주는 여분의 세포가 있는 망막의 중심부다. TV를 보려고 가까이 다가가는 개들이 아마도 이런 개일 것이다.

개의 눈에 문제가 생겼다면

개가 눈물을 흘리며 눈을 깜빡이거나, 눈을 제대로 못 뜨거나, 발로 눈을 긁는다면 눈에 통증이 있다는 의미다. 눈이 충혈되는 것도 문제가 있다는 뜻이다. 눈을 검사하고 문제의 원인을 찾아야 한다.

눈병의 증상

눈병은 다양한 증상을 동반하는데, 가장 심각한 것은 통증이다. 눈의 통증을 호소하는 개는 발견하자마자 즉시 가까운 동물병원에 데리고 가야 한다. 한 시간 내로 비가역적인 손상이 발생할 수 있다.

- **눈의 통증** : 통증이 있으면 눈물을 심하게 흘리거나 눈을 잘 뜨지 못하거나 건들면 아파하거나 빛에 민감한 반응을 보인다. 식욕감소, 무기력, 낑낑거림, 울부짖는 증상이 관찰되기도 한다. 발로 눈을 긁으려고 할 것이다. 심한 통증을 유발하는 가장 흔한 원인은 급성 녹내장, 포도막염, 각막염, 각막손상 등이다.
- **눈곱** : 눈곱의 양상은 원인을 찾는 데 도움이 된다. 다른 증상 없이 맑은 눈곱만 낀다면 눈물 생성과 관련된 문제를 의미한다. 눈이 충혈되고 통증 없이 눈곱이 낀다면 전형적인 결막염 증상이다. 눈의 통증을 동반한 눈곱은 각막이나 눈 안쪽의 문제일 가능성이 높다. 진득한 연두색 또는 누런 점액성 눈곱은 감염이나 눈의 이물을 의미한다. 눈곱은 눈꺼풀 위나 눈 주변의 털들에 들러붙는다.
- **눈을 덮은 막** : 눈 안쪽 가장자리 부위에 불투명한 막이 안구 위로 움직이는 것이 관찰된다면 돌출된 3안검(순막)이다. 원인에 대해서는 3안검(188쪽)에서 설명하고 있다.
- **혼탁** : 눈이 불투명하고 통증을 동반한다면 각막염, 녹내장, 포도막염일 가능성이 있다. 각막부종은 정상적인 투명한 각막에 수분이 침착되는 것으로 눈이 청

회색으로 보일 것이다. 보통 통증과 관련이 있다. 통증이 없다면 백내장일 가능성이 높다. 눈 전체가 뿌옇게 되면 개가 시력을 상실했다고 생각하기 쉬운데, 그렇지 않을 수도 있다.

- **단단하거나 말랑해진 눈** : 눈의 압력이나 안구의 단단한 정도가 변화하는 것은 눈 안의 질환을 의미할 수 있다. 동공이 확장되고 눈이 단단해졌다면 녹내장을, 동공이 축소되고 눈이 말랑해졌다면 포도막염을 의심할 수 있다.
- **눈꺼풀의 불편함** : 눈꺼풀의 부종, 딱지, 가려움, 탈모를 유발하는 질환에 대해서는 눈꺼풀(183쪽)에서 설명하고 있다.
- **안구의 돌출과 퇴축** : 안구의 돌출은 녹내장, 종양, 안구 뒤 농양, 안구탈출 시에 관찰된다. 안구의 퇴축은 탈수, 체중감소, 안통, 파상풍 등에서 관찰된다. 퍼그와 같은 품종은 정상적으로 안구가 어느 정도 튀어나와 있는 품종이다.

눈을 검사하는 방법

현재 상태가 응급상황인지 아닌지를 판단하는 정도의 검사는 특별한 전문기술 없이도 쉽게 실행할 수 있다. 확신이 서지 않는 경우, 눈의 변화는 모두 응급상황일 수 있음을 기억한다.

눈의 검사는 어두운 방에서 플래시 같은 하나의 광원을 이용해 실시하는 것이 가장 좋다. 눈 표면의 미세한 병변을 확인하려면 돋보기가 도움이 된다. 개를 보정하기 위해 **진료를 위한 보정**(21쪽)을 참조한다.

먼저 한 눈을 반대쪽 눈과 비교한다. 크기, 형태, 색깔이 동일한가? 동공의 크기는 동일한가(눈 안으로 밝은 빛을 비추면 동공이 수축해 작아진다는 점을 기억하자)? 분비물이 있는가? 만약 있다면 맑은 수양성인가 뿌연 점액성인가? 눈을 깜빡거리는가? 3안검이 관찰되는가? 각막이 뿌옇거나 혼탁해 보이진 않는가? 눈을 감은 상태에서 안구 위를 부드럽게 눌렀을 때 통증을 호소하는가?

안구 표면을 검사하기 위해 한쪽 엄지손가락을 눈 아래 뺨 부위에 대고, 다른 엄지손가락을 눈 윗부분 뼈 쪽에 댄다. 아래 엄지를 부드럽게 내려당긴다. 개의 얼굴 피부

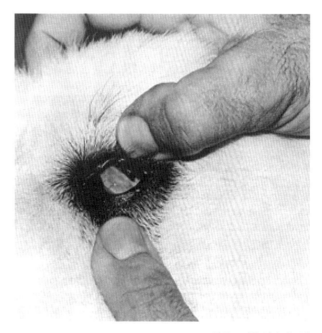

안구 표면을 검사하는 방법. 눈 아래쪽에 3안검이 보인다. 3안검에는 전체 눈물량의 절반을 생산하는 눈물샘이 있다.

는 잘 움직이므로 아래 눈꺼풀이 당겨지며 결막낭 안쪽과 각막을 확인할 수 있다. 위 눈꺼풀 쪽도 같은 방법으로 확인한다. 각막 표면을 향해 플레시를 비추어 각막이 투명한지 불투명한지 확인한다. 상처가 나거나 파인 병변이 관찰된다면 각막의 찰과상이나 궤양을 의미할 수 있다.

눈을 감은 상태에서 눈꺼풀 위를 부드럽게 눌러 반대쪽 눈보다 딱딱한지 부드러운지 검사한다. 눈을 만지는 것을 싫어한다면 통증이 있는 것일 수 있다.

시력 검사를 하기 위해, 한쪽 눈을 가리고 손가락으로 눈을 만지려는 움직임을 취해 본다. 문제가 없다면 손가락이 다가오면 눈을 깜빡일 것이다.

눈의 작은 변화도 간과해서는 안 된다. 진단에 모호함이 있는 경우, 특히 집에서 처치를 하고 24시간 이내로 호전되지 않는다면 동물병원을 찾는다. 눈의 문제는 아주 짧은 시간 안에도 작은 문제가 큰 문제로 진행될 수 있다.

눈에 약 넣기

아래 눈꺼풀 뒤 공간(결막낭)에 연고를 넣는다. 안약은 안구에 직접 작용한다.

연고를 넣을 때는 한 손으로 개의 머리를 움직이지 않게 잡고 다른 손의 엄지손가락으로 아래 눈꺼풀을 잡아당겨 결막낭을 노출시킨다. 연고를 잡은 다른 한 손은 아래 사진처럼 이마에 댄다. 이렇게 하면 개가 머리를 움직여도 손이 함께 움직이므로 연고 끝이 눈을 찌르는 것을 막을 수 있다. 천천히 연고를 짜 넣는다. 부드럽게 눈을 감긴 뒤, 연고가 눈 전체에 잘 퍼질 수 있도록 살짝 문지른다.

안연고를 넣을 때 개가 많이 움직이는 경우 눈꺼풀 가장자리에 연고를 짜 묻힌 뒤 위아래 눈꺼풀을 닫았다 열었다 움직이면 쉽게 투여할 수 있다.

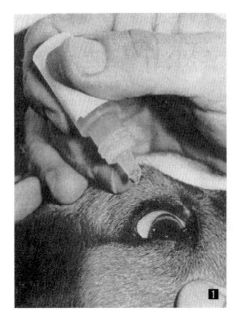
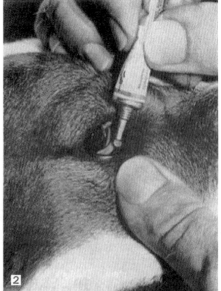

1 안구에 직접 안약을 넣는다.

2 연고를 아래 눈꺼풀 안쪽으로 넣는다.

안약을 넣을 때는 안약을 쥔 손을 머리 옆에 갖다 댄다. 주둥이가 위로 올라가도록 머리를 기울이고, 눈 안으로 안약을 떨어뜨린다. 안약이 눈물과 함께 밖으로 흘러나올 수 있으므로 하루에도 여러 번 넣어야 한다.

안과용으로 특별히 조제된 안약과 안연고만 사용해야 한다. 약물의 유통기한을 확인한다. 항생제 안약을 장기간 사용하면 내성을 유발할 수 있으므로 주의한다. 수의사는 안약 투여 전에 인공눈물을 이용한 안구세정을 추천하기도 한다.

안구

안구탈출

응급상황이다. 한쪽 혹은 양쪽 안구가 빠져 나오는 일은 보스턴테리어, 퍼그, 페키니즈, 말티즈, 일부 스패니얼 종과 같이 눈이 크고 돌출된 개들에게 흔히 발생한다. 보통 개끼리의 싸움이 원인인데 다른 외상에 의해서도 발생한다. 이런 개를 여러 이유로 붙잡거나 보정하려고 실랑이를 벌이는 과정에서도 안구가 튀어나올 수 있다. 튀어나온 안구 뒤쪽으로 눈꺼풀이 말려들어가면 안구가 제자리로 돌아가기가 어려워지고 시신경이 손상될 수 있다.

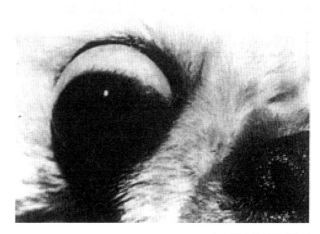

눈이 밖으로 튀어나온 상태는 응급상황이다.

치료 : 탈출된 안구는 시력을 상실할 수 있는 심각한 상태다. 안구가 탈출된 직후에는 부종으로 인해 원상태로 되돌리기가 매우 어렵다. 즉시 가장 가까운 동물병원으로 향한다. 젖은 천 등으로 눈을 감싸고, 개가 눈을 긁지 못하도록 한다.

30분 이내에 병원에 도착하기 어렵다면 보호자가 원래 위치로 되돌리는 것을 시도해 봐야 한다. 그러려면 최소한 두 명이 필요하다. 한 사람은 개를 잡아 보정하고, 다른 한 사람은 눈을 원상태로 집어넣어야 한다. 바셀린을 발라 안구 표면을 미끄럽게 만들고, 눈꺼풀을 벌려 들어 올린 상태에서 적신 솜뭉치로 튀어나온 안구를 부드럽게 잡아 안쪽으로 밀어 넣는다. 한 번 시도해 실패했다면 더 이상 시도하지 말고 전문가의 도움을 받아야 한다. 안구를 정상 위치로 되돌려놓았다 할지라도 민감한 조직의 손상 여부를 확인해야 하므로 수의사의 진료를 받아야 한다.

안구를 원위치시킨 뒤, 수의사는 재발을 막으려고 눈꺼풀 봉합 등의 외과적 시술을 실시할 수도 있다.

안구돌출의 다른 원인

안구 뒤 공간의 농양, 혈종, 종양에 의해서도 안구가 바깥쪽으로 밀려날 수 있다.

안구 뒤 농양은 통증이 매우 심하고 급속히 진행된다. 눈 주변의 얼굴이 붓고 손가락으로 눈을 누르면 매우 아파할 것이다. 입을 벌리거나 다무는 것도 힘들어한다. 안구 뒤 농양은 외과적으로 배액시켜 치료해야 한다.

안구 뒤 혈종도 갑자기 생길 수 있다. 머리의 외상에 의해 발생할 수도 있고 출혈장애에 의해 자연적으로 나타날 수도 있다.

안구 뒤 공간에 종양이 생기는 경우 돌출이 서서히 진행된다. 농양이나 혈종과 달리, 상대적으로 통증은 없는 편이다.

만성 녹내장에 의해서도 안구가 커지고 돌출될 수 있다.

안구함몰증(음푹 들어간 눈)enophthalmos(sunken eye)

안구가 퇴축되면 보통 3안검이 바깥으로 밀려나와 안구 표면 일부를 덮는다. 안구함몰의 치료는 그 원인에 따라 달라진다.

안구 뒤의 지방층을 이루는 물질의 손실로 인한 경우에는 양쪽 안구가 퇴축된다. 심한 탈수나 급격한 체중감소 등에 의해 발생한다.

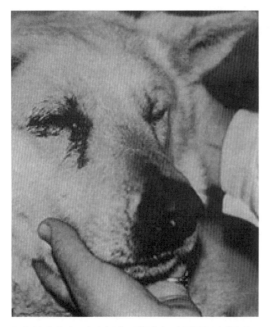

근육경련이 있는 경우에도 견인근에 의해 안구가 뒤로 당겨질 수 있다. 파상풍은 양측 안구의 견인근을 경련시키고, 3안검도 돌출시킨다.

한쪽 눈만 퇴축되었다면 가장 가능성이 높은 원인은 안구의 통증이다. 목 손상이나 중이 감염에 의한 신경손상이 원인이라면 통증을 동반하지 않는다. 한쪽 동공이 작아지는 호너 증후군도 그런 경우다. 마지막으로 심각한 눈의 손상에 의해서도 안구가 작아지고 위축되어 움푹 꺼질 수 있다.

유피낭종(더모이드)dermoid cyst(hair growing from the eyeball)

유피낭종은 보통 외안각(안구 바깥쪽 모서리)에서 관찰되는 선천성 신생물이다. 이 낭종에는 털이 있어 마치 눈

눈을 심하게 찡그리거나 감는 행동은 눈의 통증을 의미한다.

에 털이 난 것처럼 보인다. 유피낭종은 악성종양은 아니지만 털이 눈에 자극을 주므로 제거해야 한다. 저먼셰퍼드에서 가장 자주 관찰되는 데 흔하게 발생하는 문제는 아니다.

눈꺼풀

눈꺼풀경련(눈 찡그림)blepharospasm(severe squinting)

눈 주변의 근육 경련으로 인한 심한 찡그림은 눈의 통증을 의미한다. 눈의 통증은 모두 눈을 찡그리게 만들 수 있는데, 근육이 수축하며 눈꺼풀이 안구를 향해 말린다. 눈꺼풀이 말리면 눈꺼풀의 거친 가장자리와 털이 안구를 자극해 더 심한 통증과 경련을 유발한다.

치료 : 통증을 완화시키기 위해 점안용 마취제를 투여할 수 있다. 원인을 해결하지 않으면 통증 완화는 일시적이다.

눈꺼풀염blepharitis

세균성 눈꺼풀염이 생기면 눈꺼풀이 두꺼워지고 붉게 변하고, 염증과 딱지가 생긴다. 점액 같은 농이 눈꺼풀에 묻어 있을 수도 있다. 강아지의 눈꺼풀염은 주로 유년기 봉와직염과 관련이 있다. 성견에서는 아토피, 모낭충 감염, 자가면역성 피부염, 갑상선기능저하증 등의 다양한 피부병과 관련이 있을 수 있다.

포도상구균성 눈꺼풀염은 강아지와 성견에게 모두 발생할 수 있다. 눈꺼풀 가장자리에 생기는 작고 하얀 뾰루지가 특징이다.

치료 : 경구용 항생제와 국소용 항생제로 치료한다. 따뜻한 물에 적신 천으로 매일 눈꺼풀을 찜질해 주면 딱지 제거에 도움이 된다. 네오마이신, 박시트라신, 폴리믹신 B 성분의 안약이나 안연고를 하루 3~4회 적용한다. 수의사는 스테로이드 성분이 함유된 안연고를 처방하기도 한다.

눈꺼풀에 염증이 생겨 두꺼워지고 딱지가 생긴 전형적인 모습이다.

눈꺼풀염은 치료가 어렵다. 어떤 개들은 치료에 오랜 시간이 걸리기도 한다. 만성적인 눈꺼풀염을 호소하는 개는 갑상선기능저하증을 검사해 봐야 한다. 치료를 위해 원인이 되는 다른 질병이 없는지 검사해야 한다.

결막부종(알레르기성 눈꺼풀염)chemosis(allergic blepharitis)

눈꺼풀이 갑자기 부어오른다면 알레르기 반응일 수 있는데, 주로 벌레에 물리거나 음식의 특정 성분 때문인 경우가 많다. 눈꺼풀은 액체가 차 있듯이 부어오르고 개는 가려워하며 얼굴을 문지르려고 할 것이다. 전신에 군데군데 털이 서며 두드러기가 올라오는 증상을 동반할 수 있다.

심각한 문제는 아니다. 짧은 시간 동안만 지속되며 알레르기 유발원을 제거하고 나면 호전된다.

치료 : 가벼운 경우는 수의사가 처방한 스테로이드 성분의 안약이나 안연고를 넣어 주는 것으로 나아진다. 수의사는 알레르기 반응을 완화시키기 위해 경구용 항히스타민제를 처방할 수 있다.

눈의 이물

풀씨, 먼지, 식물 조각 같은 이물질이 눈의 표면에 달라붙거나 눈꺼풀 안쪽에 낄 수 있다. 트럭 뒤에 실려 다니는 개나 차창 밖으로 머리를 내밀고 있는 개는 눈에 먼지나 이물질이 끼기 쉽다. 가시, 엉컹퀴, 나뭇조각 등도 각막에 박힐 수 있다. 개들이 빽빽한 수풀이나 키가 큰 잡초 밭을 뛰어다니는 경우 이런 문제가 많이 발생한다.

눈의 이물이 있는 경우 눈물을 흘리거나, 눈을 잘 못 뜨고 찡그리거나 발로 긁는 증상을 보인다. 아픈 눈을 보호하기 위해 3안검이 돌출되어 드러날 수 있다.

179쪽에 설명한 것처럼 눈을 검사한다. 눈의 표면이나 눈꺼풀 뒤의 이물질을 발견할 수 있을 것이다. 만약 보이지 않는다면 3안검 안쪽에 끼어 있을 수도 있는데, 이런 경우 국소용 점안마취제를 투여해 제거할 수 있다.

치료 : 눈의 표면이나 눈꺼풀 뒤의 이물을 제거하려면 먼저 눈에 약 넣기(180쪽)에서처럼 개를 보정하고 눈꺼풀을 벌린다. 차가운 물, 멸균 생리식염수(가장 좋다), 인공눈물 등으로 10~15분 동안 눈을 세척한다. 솜에 물을 적셔 눈 안으로 짜 주는 식으로 세척을 반복한다. 안약병이 있다면 직접 눈에 넣어 세척하는 것도 좋다.

눈을 세척해도 이물질이 제거되지 않는다면 끝을 적신 면봉으로 조심스럽게 제거를 시도해 볼 수 있다. 이물이 면봉에 붙어서 떨어져 나올 수 있다. 눈 안에 박힌 이물은 반드시 수의사가 제거해야 한다. 동물병원에 데리고 가는 동안 눈을 긁지 않도록 잘 보정한다.

이물을 제거한 뒤에도 눈을 잘 못 뜨거나 눈물을 흘린다면 각막이 손상되었을 수 있으므로 수의사의 진료를 받는다.

눈의 화상

산, 알칼리, 비누, 샴푸, 국소용 살충제 등이 눈에 들어가면 결막과 각막에 화학적 손상을 유발할 수 있다. 독성 연기도 눈을 자극하고 손상시킬 수 있다. 눈물을 흘리거나 눈을 찡그리고, 발로 눈을 긁는 증상을 보인다.

치료 : 눈의 이물(184쪽)에서 설명한 것처럼 차가운 물, 인공눈물, 멸균 생리식염수 등으로 눈을 세척한다. 눈의 손상을 막기 위해 노출 즉시 실시해야 한다. 15분간 세척한다. 세척을 마친 후, 자세한 검사와 치료를 위해 동물병원에 데리고 간다.

목욕을 시키거나 침지액을 사용할 때 샴푸나 살충제가 눈에 들어가지 않도록 주의한다.

맥립종과 산립종(다래끼와 콩다래끼)

눈꺼풀에는 모낭과 마이봄샘(meibomian gland)이 있다. 마이봄샘은 유분을 분비해 눈물이 마르는 것을 방지한다. 모낭이나 마이봄샘이 감염되면 다래끼라고도 부르는 맥립종이 생기는데 작은 농양이 곪아서 터진다.

마이봄샘이 감염되지 않았는데 막히면 눈꺼풀에 산립종이라는 단단한 부종이 생긴다. 산립종은 노견에서 많이 발생하는데 비교적 안정적인 병변으로 커지지 않으면 딱히 치료가 필요하진 않다.

치료 : 맥립종이 생기면 눈꺼풀염(183쪽)에서 설명한 것처럼 경구용 또는 국소용 항생제를 투여해야 한다. 눈꺼풀 부위에 하루 3~4번 온습포를 해 주면 다래끼가 빨리 곪아터진다. 다래끼가 스스로 터지지 않으면 수의사는 멸균된 바늘이나 수술칼로 구멍을 내 배액한다.

산립종은 외과적으로 제거한다. 종양의 내용물을 배출시키려고 짜서는 안 된다. 눈꺼풀 안으로 산립종이 터지는 경우 유분 성분에 의해 심각한 염증반응이 일어나 치료가 아주 어려워질 수 있다.

첩모중생증(두줄속눈썹)distichiasis(extra eyelashes)

선천적인 문제로 눈꺼풀에 속눈썹이 한 줄 더 나는 것으로 눈의 표면으로 자라나면 자극을 유발한다. 치료하지 않고 놔두면 지속적인 자극으로 인해 각막찰과상에 이른다. 강아지가 성장하기 전까지는 이런 문제가 드러나지 않을 수 있다.

푸들, 코커스패니얼, 골든리트리버, 페키니즈에서 가장 흔하나 다른 품종에서도 발생할 수 있다.

눈꺼풀 안쪽으로 자라나는 비정상적인 속눈썹도 비슷한 문제를 유발한다.

치료 : 문제가 되는 눈썹은 제거해야 한다. 냉동요법(화학적 동결), 전기분해요법, 수술 등으로 모근을 제거한다. 집게로 털을 뽑는 것은 일시적인 조치로 몇 주가 지나면 다시 눈썹이 자란다.

얼굴 주변에 난 긴 털이 눈을 자극할 수 있다.

얼굴의 털

코 주름에서 눈 쪽을 향해 자란 털은 각막을 자극할 수 있다. 푸들, 말티즈, 요크셔테리어 그리고 페키니즈, 시추, 라사압소, 불도그같이 코가 짧은 견종에서 많이 발생한다. 올드 잉글리시 시프도그처럼 코가 긴 품종에서도 발생할 수 있다. 이런 털은 눈물에 얼룩져 붉은 갈색으로 물든다.

치료 : 털을 잘라 주거나 수술로 자극되는 코 주름을 교정한다.

안검내번entropion

눈꺼풀이 안으로 말려들어가는 상태로 눈꺼풀의 선천적인 결함에 의한 경우가 대부분이다. 외상이나 장기간의 눈꺼풀 감염에 의해 발생할 수도 있다. 비정상적인 눈꺼풀에 의해 눈물을 흘리거나 눈을 잘 못 뜨는 증상을 보인다. 털에 의한 찰과상으로 인해 각막이 손상되는 경우가 흔하다.

안검내번과 **눈꺼풀경련**(183쪽)은 구분이 어려울 수 있다. 가장 좋은 방법은 국소 점안 마취제를 넣어 보는 것이다. 안검내번이 원인이라면 일시적으로 통증을 차단해 경련이 사라질 것이다.

안검내번이 가장 잘 발생하는 견종으로는 차이니스 샤페이, 차우차우, 그레이트데인, 그레이트 피레네즈, 세인트버나드, 불도그, 수렵견종 등이 있다. 대부분 아래 눈꺼풀에 문제가 생긴다. 반면에 차이니스 샤페이, 블러드하운드, 세인트버나드같이 머리가 크고 얼굴 피부가 늘어지는 개들은 위 눈꺼풀이 문제인 경우가 많다.

치료 : 교정수술이 필요하다. 눈꺼풀을 교정하면 품평회에 참가할 수 없다.

많은 샤페이 강아지들이 신생아 안검내번증으로 고생한다. 이런 강아지는 생후 3~5주에 임시로 눈꺼풀을 외번(눈꺼풀이 밖으로 향하도록) 봉합한다. 이런 방법으로도 호전되지 않는 경우 나중에 성형수술이 필요할 수 있다.

안검외번ectropion

이런 개들은 아래 눈꺼풀이 바깥쪽으로 말려 있어, 눈이 자극원에 쉽게 노출되어 만성 결막염에 걸리거나 각막에 손상을 입기가 쉽다. 느슨해진 눈꺼풀 안으로 이물이 끼기도 쉽다. 안검외번은 얼굴 피부가 늘어진 개, 후각하운드, 스패니얼, 세인트버나드에서 발생한다. 얼굴 피부가 탄력을 잃은 노견에게서도 발생할 수 있다. 하루 종일 들판을 뛰어다닌 사냥개에서도 일시적으로 관찰할 수 있다.

치료 : 경미한 안검외번은 증상도 없고 치료도 필요 없다. 그러나 대부분의 경우 안검외번은 눈꺼풀을 오므려 주는 수술적인 교정이 필요하다.

눈꺼풀의 종양

가장 흔한 눈꺼풀 종양은 마이봄샘선종이다. 마이봄샘은 눈꺼풀에만 있는데, 유분을 분비하여 눈물이 마르는 것을 방지한다. 마이봄샘선종은 콜리플라워 비슷한 모양으로 한 개 또는 여러 개가 발생할 수 있다.

다른 눈꺼풀 종양 중에서는 피지선종이 가장 흔하다. 대부분 양성종양이며 노견에서 관찰된다.

유두종은 사마귀 같은 종양으로 개 구강유두종 바이러스에 의해 발생한다. 이런 종양들은 눈의 표면에서도 자라날 수 있다.

치료 : 눈꺼풀 종양은 각막 자극을 막기 위해 제거해야 한다. 여기에서 언급한 종양들은 악성종양은 아니다.

눈꺼풀을 밖으로 향하도록 임시로 봉합해 놓은 샤페이 강아지. 이런 방법으로 성형수술 없이 안검내번을 교정하기도 한다.

안검외번은 눈을 자극원에 노출시켜 만성적 눈의 감염이나 각막손상을 유발한다.

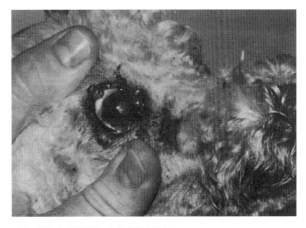

이 눈꺼풀의 신생물은 마이봄샘선종이다.

3안검(순막, 셋째눈꺼풀)

눈을 덮고 있는 막

불투명한 3안검은 평상시에는 보이지 않지만 어떤 이유로 돌출되면 눈앞으로 드러난다. 3안검이 관찰된다면 안구가 안쪽으로 들어갔거나(182쪽, 안구함몰증 참조) 심한 안구 통증에 따른 견인근 경련에 의해 안구가 뒤로 당겨졌을 가능성이 크다.

선천적으로 3안검이 노출되어 태어나는 경우도 있는데(순막노출증), 시력에 문제가 없다면 이를 제거할 의학적 이유는 없다.

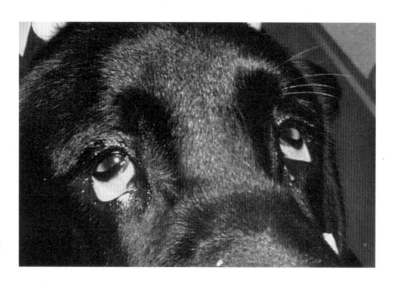

순막노출증으로 인해 3안검이 돌출되어 있다.

연골외번증eversion of the cartilage

선천성 문제로 와이마라너, 그레이트데인, 골든리트리버, 세인트버나드 등에서 흔하다. 3안검이 낙엽처럼 말려 보인다. 각막을 자극할 수 있다.

치료 : 문제가 되는 경우 수술적으로 치료한다.

체리아이cherry eye

눈에 공급되는 눈물의 대부분을 공급하는 눈물샘은 3안검의 연골 주변을 둘러싸고 있다. 체리아이가 있는 개는 3안검 바닥 쪽의 섬유성 부착점이 약해져 눈물샘이 돌출되거나 눈꺼풀 아래에 체리 모양으로 볼록한 것이 관찰된다(크기는 정상 눈물샘 크기). 이로 인해 눈을 자극해 재발성 결막염을 유발한다.

체리아이는 선천적인 결함으로 코커스패니얼, 비글, 보스턴테리어, 불도그에서 가장 흔하다.

체리아이(오른쪽 눈)는 눈
물샘과 3안검이 돌출된
것이다.

치료 : 3안검이나 눈물샘을 절제하는 경우 눈물 생산을 심각하게 방해해 안구건조
증을 유발하고 악화시킬 수 있다(191쪽, 눈물 참조). 눈물샘을 제거하면 평생 동안 매일
인공눈물을 넣어 줘야 한다. 때문에 제거하는 대신 눈물샘과 3안검의 위치를 재배치
시키는 수술을 권장한다. 이 방법은 눈물 생산에 영향을 주지 않는다.

눈의 외부

결막염(눈의 충혈)conjunctivitis(red eye)

결막염은 눈꺼풀 뒤쪽과 안구의 표면을 덮고 있는 결막의 염증이다. 개에게 가장
흔한 눈의 질환이기도 하다.

결막염의 전형적인 증상은 눈이 충혈되고 눈곱이 끼는 것이다. 보통은 통증을 동반
하지 않는다. 개의 눈이 충혈되고 눈을 찡그리거나 감고 있으려 한다면 각막염, 포도
막염, 녹내장 등을 의심해 본다. 이런 질환은 실명에 이를 수 있어 치료를 지체해서는
안 된다.

양쪽 눈에 눈곱이 낀다면 알레르기 또는 디스템퍼 같은 전신 질환 가능성이 있다.
한쪽 눈에만 증상이 나타나면 눈의 이물이나 눈 주변 털의 자극과 같은 문제를 고려
해 본다.

결막염으로 인한 눈곱은 맑거나(장액성), 점액성을 띠거나, 고름처럼(화농성) 관찰될 수 있다. 지저분한 점액성 눈곱이 많이 낀다면 **건조성 각결막염(192쪽)**으로 인한 눈물량 부족이 원인일 수 있다. 실제 개에서 결막염을 유발하는 가장 흔한 원인이기도 하다.

장액성 결막염은 결막이 살짝 충혈되고 약간 부어 보인다. 맑은 물 같은 눈곱이 관찰된다. 바람, 추위, 먼지, 다양한 알레르겐 같은 물리적인 자극원에 의해 심각한 결막염이 발생할 수 있다. 알레르기성 결막염은 흔히 가려움, 얼굴을 문지르는 행동을 동반한다. 일부 바이러스에 의해서도 맑은 눈곱이 낄 수 있다.

여포성(점액성) 결막염은 3안검 아래 있는 작은 점액샘(소포)이 눈을 자극하는 물질이나 감염과 반응하여 거칠고 우둘투둘한 표면으로 변해 눈을 자극하고 점액성 눈곱을 분비한다.

화농성 결막염은 감염이 발생한 심한 결막염이다. 보통 연쇄상구균과 포도상구균에 의해 발생한다. 결막이 충혈되고 부어오른다. 눈곱에서는 점액과 고름이 관찰된다. 끈적끈적한 분비물이 눈꺼풀에 말라붙을 것이다.

만성 화농성 결막염이 있는 개. 진득하고 끈적거리는 눈곱이 관찰되며, 치료가 어렵다.

* 소작 약물이나 전기를 이용해서 환부를 태우거나 지지는 방법.

치료 : 결막염을 유발하는 원인을 해결해야 한다. 결막염이 자주 재발하거나 지속된다면 건조성 각결막염을 감별해봐야 한다.

장액성 결막염은 집에서 치료할 수 있다. 멸균 생리식염수나 인공눈물로 하루 3~4번 눈을 세척한다. 눈 상태가 악화된다면 수의사의 진료를 받는다.

가벼운 점액성 결막염은 수의사로부터 항생제와 스테로이드 성분이 들어 있는 안약이나 안연고를 처방받아 투여한다. 잘 낫지 않는 경우, 점액샘(소포)을 화학적으로 소작*하는 치료가 필요할 수 있다.

화농성 결막염은 수의학적 검사와 치료가 필요하다. 눈은 물론 그 주변의 점액과 농을 제거해야 한다. 멸균 생리식염수에 적신 솜으로 눈을 부드럽게 닦아낸다. 따뜻한 온습포도 딱지를 제거하는 데 도움이 된다. 여러 번 반복하고 수의사로부터 처방받은 국소용 항생제를 투여한다(180쪽, 눈에 약 넣기 참조). 확실히 나을 때까지 국소용 항생제 투여를 유지한다.

전신성 스테로이드와 스테로이드 성분 안약은 화농성 결막염이 있는 개에게는 감염에 맞서 싸우는 국소 염증반응에 영향을 줄 수 있어 신중히 사용해야 한다. 결막염이 잘 낫지 않는다면 세균배양 및 항생제 감수성 검사를 실시한다.

신생견 결막염

신생견은 생후 10~14일경에 눈을 뜬다. 눈을 뜨는 시기 전후로 눈꺼풀 안쪽의 감염인 신생견 결막염이 생길 수 있다. 이 결막염은 출산 과정이나 직후에 세균과 접촉해 발생한다.

눈꺼풀이 정상적으로 넓게 벌어지지 않는 안검 유착증이 있는 강아지는 신생견 결막염에 더 쉽게 걸린다. 또한 신생견 결막염은 한배 새끼 중 여러 마리에서 발생하기도 한다. 눈꺼풀이 부풀어 오르거나 돌출되어 보인다면 의심해 봐야 한다. 감염이 일어난 상태에서 눈을 뜨기 시작한다면 화농성 분비물이 관찰된다. 이런 분비물로 눈꺼풀이 들러붙기도 한다.

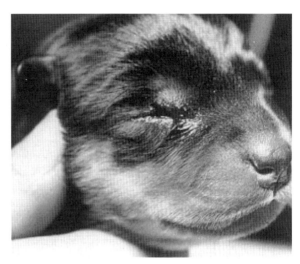

신생견 결막염에 걸린 강아지. 고름을 배출하고 감염을 치료하려면 눈꺼풀을 살짝 벌려 주어야 한다.

치료 : 신생견 결막염이 의심된다면 즉시 수의사의 진료를 받는다. 치료가 늦어지면 각막이 손상되거나 시력을 잃을 수도 있다.

눈꺼풀을 벌려 고름을 배액시켜야 한다. 생후 7일이 넘었다면 눈꺼풀을 부드럽게 잡아당기듯 벌려 배액한다. 일주일도 안 된 강아지라면 수의사는 외과도구로 눈꺼풀을 열어 배액시킬 것이다.

일단 눈꺼풀을 벌렸다면 화농성 분비물을 제거하기 위해 **화농성 결막염**(190쪽)에서 설명한 것처럼 안구 표면과 눈꺼풀을 세정해야 한다. 충분히 반복 세정한다. 위아래 눈꺼풀이 들러붙어 있다면 세정을 위하여 눈꺼풀을 분리시킨다. 수의사는 광범위 항생제가 들어 있는 안약이나 안연고를 처방해 하루에 여러 번 투여하도록 지시할 것이다. 신생견은 정상적으로 눈을 뜨는 시기 이전까지는 스스로 눈물을 만들어 내지 못하므로 인공눈물을 자주 넣어 주는 것이 도움이 된다. 인공눈물은 각막이 건조해지는 것도 예방해 준다.

눈물

각각의 눈은 2개의 눈물샘을 가지고 있다. 하나는 안와 위쪽에 있고 나머지 하나는 3안검 위에 있다. 각각의 눈물샘은 수분성 눈물량의 약 절반씩을 생산한다. 과도하게 생산된 눈물은 내안각으로 모여 코눈물관을 통해 비강으로 흘러들어간다.

눈물층은 3개층으로 구성되어 있는데, 바깥층은 지질 또는 유분층으로 마이봄샘에서 생산된다. 지질층은 방어벽으로 작용하며 눈물이 마르거나 눈꺼풀로 쏟아지는 것을 막아 준다. 중간층은 수분층으로 눈물샘에서 생산된다. 안쪽 층은 결막에서 분비된 점액으로 되어 있다. 점액은 눈의 표면에서 눈을 촉촉하게 만들고 수분층을 안정적으로 유지시킨다.

눈물분비성 질환은 안구건조증이나 유루증을 유발한다.

건조성 각결막염(안구건조증)KCS, keratoconjunctivitis sicca

건조성 각결막염은 눈물샘의 기능장애로 수분성 눈물의 분비량이 부족해지고 각막을 건조하게 만드는 질환이다. 눈물층의 수분성 눈물층이 줄어들고 점액성 눈물층이 증가한다. 이로 인해 진득하고, 끈적거리는 점액성 또는 점액화농성 눈곱이 끼는 전형적인 증상이 나타난다. 이런 눈곱은 결막염에서도 관찰될 수 있다. 그래서 안구건조증이 만성 결막염으로 잘못 진단되면 장기간의 치료에도 불구하고 치료 효과를 거의 보지 못할 수도 있다.

안구건조증이 있는 개의 눈은 정상적으로 밝고 윤기 있게 빛나는 대신, 각막이 건조하고 불투명하고 윤기 없는 모습을 보인다. 재발하는 결막염이 전형적인 증상이다. 결국 각막에 궤양이 발생하거나 각막염으로 진행된다. 실명에 이를 수도 있다.

안구건조증은 여러 원인에 의해 발생한다. 대다수는 면역매개성 질환에 의해 발생하며, 원인이 불분명한 특발성 원인에 의해 발생하기도 한다. 불도그, 코커스패니얼, 라사압소, 웨스트하이랜드 화이트테리어 등의 품종에서 많이 발생한다.

안구건조증이 발생하기 쉬운 특별한 조건은 다음과 같다.

* 분지 굵은 신경이 말초 신경으로 갈라지며 분포하는 것.

- 눈물샘으로 분지*하는 신경의 손상. 눈물샘을 활성화시키는 안면신경은 중이를 통과해 분지된다. 때문에 중이에 감염이 발생하면 이 신경분지를 손상시켜, 눈물샘은 물론 그쪽 안면근육에 영향을 미칠 수 있다. 이런 경우 반대쪽 눈은 정상이다.
- 눈물샘 자체의 손상. 디스템퍼(홍역), 애디슨병, 류머티스성 관절염과 같은 면역매개성 질환 등의 전신성 질환에 의해서도 눈물샘이 부분적 또는 전체적으로 파괴될 수 있다. 세균성 안검염 또는 결막염에 의해 눈물샘이 파괴되거나 눈물을 눈으로 전달하는 소관을 폐쇄시킬 수 있다. 다양한 종류의 설폰아마이드계 약물도 눈물샘을 손상시킨다. 기저질환이 치료되는 경우 눈물샘 손상이 부분적으로 개선되기도 한다.
- 드물긴 하나 선천적으로 눈물샘이 없는 경우도 소형 품종에서 발생할 수 있다.

• 3안검을 제거하거나 3안검이 유착된 경우

안구건조증은 눈물량을 측정해 진단한다. 쉬르머 검사는 개의 눈 앞쪽 눈물이 고이는 부위에 눈물검사지를 넣고 1분간 기다린 뒤 검사지가 젖은 정도를 평가하는 방법이다. 정상이라면 검사지가 20mm 이상 젖어야 한다. 안구건조증이 있는 개는 검사지가 10mm 이하로 젖는다(종종 5mm 이하).

치료 : 예전에는 인공눈물을 자주 넣어 주는 것이 안구건조증의 유일한 치료법이었다. 그러나 점안용 사이클로스포린의 사용으로 치료의 혁신이 이루어졌고 예후 또한 좋아졌다. 사이클로스포린은 면역억제제로 면역매개성 눈물샘 손상을 되돌린다.

사이클로스포린 안연고는 눈 표면에 투여하며 투여 간격은 수의사가 결정한다. 효과는 즉각적이지 않다. 쉬르머 검사상 눈물량이 충분해질 때까지는 인공눈물과 국소용 항생제 투여를 지속한다.

치료는 평생 해야 한다. 사이클로스포린 투여를 24시간 동안만 중단해도 90%의 개에게서 증상이 재발되었다. 이런 경우 다시 약을 투여하면 증상이 개선된다.

눈물샘 손상으로 정상기능 세포가 거의 파괴된 경우 사이클로스포린의 효과가 없을 수 있다. 수의사로부터 인공눈물(점안액이나 안연고)을 처방받아 평생 여러 번에 걸쳐 눈에 투여해야 한다. 안연고는 점안액에 비해 저렴하고 투여 횟수가 적은 장점이 있다. 생리식염수는 눈물층의 지질층을 씻어내 상태를 악화시킬 수 있으므로 대용제로 사용해서는 안 된다.

점액성 눈곱이 두껍게 끼는 경우, 아세틸시스테인 성분이 들어 있는 국소용 점액용해제도 추천한다. 점액성 눈곱이 화농성 눈곱으로 변하면 항생제를 투여해야 한다. 간혹 염증을 줄이려고 수의사는 국소용 스테로이드제를 처방하기도 한다. 하지만 각막궤양이 발생한 경우, 각막이 파열되기 쉬우므로 스테로이드제 처방은 금기다.

약물을 통한 관리에 실패한 경우, 마지막 수단으로 외과적 치료를 고려할 수 있다. 귀밑의 침샘 도관을 눈 가장자리로 이식하는 수술로, 타액으로 눈물을 대체한다. 그러나 이 수술은 몇 가지 중요한 문제가 있다. 그중 하나는 눈물량이 감당 가능한 배액 능력을 넘어서는 것인데, 이로 인해 눈물이 심하게 흐르고 각막과 얼굴에 미네랄 침전물이 침착될 수 있다.

사이클로스포린 안연고가 효과를 보이지 못하는 경우 또 다른 면역억제제인 타크로리무스 연고를 처방하기도 한다.

유루증(젖어 있는 눈)epiphora(watery eye)

수양성 또는 점액성 눈물이 눈에서 넘쳐흐르는 원인은 여러 가지다. 눈물이 심하게 많이 나면 눈 주변의 피부가 계속 젖은 상태가 되어 염증이 생기고 감염이 발생할 수 있다. 외모도 보기 흉하고 신체적인 불편도 생긴다.

유루증은 염증이 생기거나 통증이 있는 경우가 아니라면 주로 미용적인 면이 문제가 된다. 예를 들어, 안검내번, 결막염, 이물, 각막궤양, 전안방 포도막염, 급성 녹내장 등도 모두 눈물 분비를 증가시킨다. 눈썹이나 얼굴의 털이 눈 표면을 자극하는 경우에도 눈물 분비가 심해질 수 있다.

치료 : 유루증의 치료는 푸들아이(195쪽)를 참조한다.

코눈물관 폐쇄nasolacrimal occlusion

눈물 배액 시스템이 막힌 상태다. 눈물의 배액 시스템은 누호(tear lake)에서 모아진 눈물이 코눈물관을 통해 코 앞쪽의 비강으로 비워지는 구조다. 코눈물관은 눈 안쪽 모서리 부위(내안각)에서 두 갈래의 작은 관으로 분지되는데 위아래 눈꺼풀에 각각 구멍이 있다(누점).

눈물 배액 시스템에 결함을 가지고 태어나는 강아지들이 있다. 누점폐쇄가 있는 경우 코눈물관은 정상이나 결막이 아래 눈꺼풀의 누점을 가로질러 뒤덮는다. 코커스패니얼에서 가장 흔하다.

또 다른 원인으로는 안검내번으로 인해 안으로 말린 눈꺼풀이 누점을 막는 경우, 화농성 결막염으로 인해 누점에 상처가 남는 경우, 감염으로 인해 세포 찌꺼기가 소관을 막는 경우, 풀씨 같은 이물이 소관을 막는 경우 등이 있다. 이런 경우 보통 한쪽 눈에서만 눈물이 흐른다.

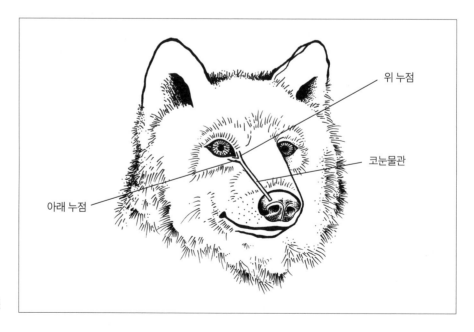

위 누점

코눈물관

아래 누점

코눈물관의 구조

눈물 배액 시스템은 형광 염색을 통해 먼저 검사해 본다. 염색된 눈물이 콧구멍으로 흘러나오지 않는다면 그쪽 코눈물관이 막힌 것이다. 코눈물관 탐지자를 삽입해 다양한 방법으로 세척하면 뚫을 수도 있다.

치료 : 코눈물관의 감염은 항생제로 치료하는데, 일부 증례에서는 직접 관 안으로 약물을 흘려 넣는다. 용량, 투여방법 등에 대해서는 수의사의 지시를 따른다.

관을 청소하고 뚫기 위해 가벼운 수술이 필요할 수도 있다. 염증 관리를 위해 국소용 항생제와 국소용 스테로이드 등의 치료가 뒤따를 수 있다.

푸들아이Poodle eye

내안각 부위의 털이 갈색으로 변하는 이 문제는 토이 푸들, 라사압소, 말티즈, 포메라니안, 페키니즈 등의 몇몇 소형 품종에서 흔히 관찰된다.

이 품종들에서 눈물이 과도하게 흘러나오는 정확한 원인은 밝혀지지 않았다. 이런 품종들은 눈물이 고여 있을 공간이 너무 좁아 눈물이 넘쳐흐른다는 가설도 있다. 눈물에는 빛과 반응하여 적갈색으로 변색되는 화학물질이 들어 있다. 이런 털의 변색은 하얀 털이나 밝은색 털을 가진 개들의 경우 더 두드러져 보인다. 주로 미용상으로 문제가 된다.

치료 : 푸들아이는 테트라사이클린을 투여하면 종종 호전되는데, 테트라사이클린은 눈물로 분비되어 변색을 유발하는 광화학물질(포르피린)과 결합한다. 털이 눈물에 젖어 있다고 변색이 일어나진 않는다. 테트라사이클린을 경구로 3주간 투여한다. 약을 중단한 후 다시 변색이 발생하면 항생제 장기 투여를 고려해 볼 수 있다. 저용량의 테트라사이클린은 매일 음식에 섞어 투여할 수도 있다.

수술적인 교정도 다른 대안이 될 수 있다. 3안검의 눈물샘을 일부 제거하는 방법이 있는데, 눈물량을 줄여 주고 눈물의 저장 공간을 늘려 주는 효과가 있지만 체리아이(188쪽)에서 언급한 안구건조증을 유발할 위험이 있다. 눈물샘을 제거하는 것은 반드시 쉬르머 검사로 분당 15mm 이상 측정되었을 때만 고려한다(192쪽, 건조성 각결막염 참조). 수술 후 나중에라도 건조성 각결막염이 발생할 가능성이 있다.

미용적인 목적으로 얼굴의 변색된 털을 뽑거나 잘라 주는 것으로도 외양이 좋아질 수 있다. 매일 닦아 주는 것만으로도 상태가 한결 나아지지만 변색 부위가 없어지지는 않는다. 희석시킨 과산화수소수(1 : 10)로 변색 부위를 닦아 제거할 수도 있다. 과산화수소가 눈에 들어가지 않도록 주의한다. 작은 얼룩은 하얀 파우더를 이용해 가릴 수도 있다.

<u>염소계 표백제를 사용해서는 안 된다!</u> 표백제에서 나오는 증기는 통증을 유발하고

눈물 자국이 심하게 생기는 문제를 눈물자국증후군(tear staining syndrome)이라고도 한다. 눈물의 변색을 유발하는 여러 안과 문제를 포괄한다. 눈물이 과도하게 넘쳐나는 문제의 경우 눈물의 저장 공간을 넓혀 주는 내안각 성형술이나 코눈물관의 개통을 돕는 누관개통술 등을 실시하기도 한다. 눈물의 변색이나 누낭염 완화를 위해 타이로신 등의 약물요법도 사용되고 있다. 일부 개들은 식이요법을 통해 호전되기도 한다.

화학성 결막염을 유발할 수 있다. 시판되는 눈물얼룩 제거제 등을 사용해 볼 수도 있다.

각막

각막은 눈의 투명한 부분이다. 각막이 손상되면 통증이 매우 심해 즉시 수의사의 치료를 받아야 한다. 각막을 다친 개는 눈을 잘 뜨지 못하고 눈물을 흘리며 빛을 피하려 할 것이다. 다친 눈을 보호하기 위해 종종 3안검이 노출된다. 페키니즈, 말티즈, 보스턴테리어, 퍼그, 일부 스패니얼 종과 같이 눈이 돌출된 품종은 특히 각막손상에 취약하다.

결막염 등의 치료에 쓰이는 안약에는 스테로이드가 들어 있는 경우가 많은데, 각막의 파열 위험이 있어 각막손상이 의심되는 경우에는 사용해서는 안 된다.

각막 찰과상corneal abrasion

각막은 상피세포로 이루어진 보호층으로 덮여 있다. 눈을 긁거나 이물에 따른 자극으로 각막 표면이 손상된다. 손상 부위에 부종이 발생하면 확대경으로 관찰했을 때 각막의 일부가 뿌옇게 보인다. 이 부위는 형광염색을 해보면 염색되어 관찰된다.

각막 찰과상이 각막 위 부위에서 발생했다면 잘못 자란 눈썹이 원인일 수 있고, 각막 아래 부위에서 발생했다면 눈 안쪽에 자리 잡은 이물이 원인일 수 있다. 내안각 가까운 부위에 발생했다면 3안검 아래쪽의 이물을 의심해 본다.

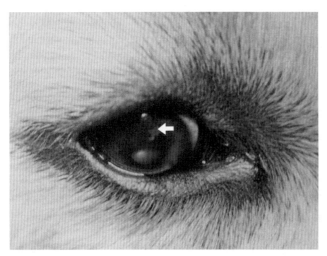

각막 찰과상은 보통 주변의 상피세포가 이주하여 손상 부위를 뒤덮는 과정을 거치며 3~5일 정도면 치유된다. 그러나 내안각이나 눈꺼풀 안쪽에 이물이 끼어 있는 경우라면 잘 낫지 않을 것이다. 각막 찰과상이 발생한 경우 이물의 존재 여부를 꼼꼼히 확인하는 것이 중요하다.

각막 찰과상과 각막궤양은 눈에 특수한 형광염색을 실시해 진단한다. 손상된 조직은 연둣빛 형광색으로 염색된다.

각막 찰과상에서 회복되었으나 각막 표면에 불투명한 부위가 보인다.

치료 : 모든 각막손상은 각막염이나 각막궤양 같은 합병증을 방지하기 위해 수의사의 진료를 받아야 한다. 감염방지를 위해 광범위 항생제가 들어 있는 국소용 점안액

이나 안연고를 처방받아 매일 4~6회 투여한다.

통증을 완화하기 위해 동공을 확장시키는 아트로핀 점안액을 투여하기도 한다. 동공이 확장되어 있는 상태에서는 햇빛과 같은 밝은 빛은 피한다. 아트로핀은 맛이 아주 써서 안약이 입 안으로 들어가면 거품을 물거나 뱉어내기도 하는데, 1~2분 정도 지나면 괜찮아진다.

치유 상태 평가를 위해 정기적으로 검사를 받는다. 찰과상이 회복될 때까지 치료를 지속한다.

각막궤양corneal ulcer

각막궤양은 각막 찰과상과 유사하다. 다만 그 정도가 더 깊어 각막의 중간층, 경우에 따라 안쪽까지 손상된다.

대부분의 각막궤양은 외상에 의해 발생하는데 일부 증례는 건조성 각결막염, 각막위축, 당뇨병, 애디슨병, 갑상선기능저하증 등과도 관련이 있다.

각막궤양은 통증이 심해 눈물을 많이 흘리며, 눈을 찡그리거나 발로 눈을 비비곤한다. 빛을 피하는 경우도 많다. 큰 궤양은 맨눈으로 보았을 때 각막 표면이 거칠거나 움푹 파여 보인다. 작은 궤양은 형광염색으로 염색하여 확인할 수 있다.

치료 : 조기에 진찰을 받아 치료하는 것이 심각한 합병증을 예방하고, 심한 경우 시력상실로 진행되는 것을 막을 수 있다. 시간이 더 오래 걸린다는 점만 빼고는 약물치료는 **각막 찰과상**(196쪽)에서 설명한 것과 비슷하다.

치유되는 동안 각막을 보호하기 위해 눈꺼풀을 봉합하거나 결막으로 덮개처럼 상처를 덮는 수술(결막플랩수술)을 하기도 한다. 손상받은 각막을 보호하기 위해 부드러운 콘택트렌즈나 콜라겐 렌즈를 적용하기도 한다. 콘택트렌즈의 장점은 매주 교체해가며 각막 상태를 확인하고 치료할 수 있다는 것이다. 콜라겐 렌즈는 며칠 만에 녹아 없어질 수 있어 정기적으로 다시 적용해야 한다. 눈이 낫는 동안 눈을 문지르거나 긁지 못하도록 엘리자베스 칼라를 착용시켜야 할 수 있다.

깊은 궤양 부위의 혼탁한 가운데 부분이 맑아지거나 내피층이 터진 타이어처럼 돌출되어 보인다면 궤양이 전안방 쪽으로 파열되었을 수 있다. 수의사의 검사가 필요한 응급상황이다. 시력상실을 막기 위해 응급 수술이 필요할 수 있다.

복서의 무통성 각막궤양

복서와 사모예드, 달마시안, 미니어처 푸들, 펨브룩 웰시코기, 와이어 폭스테리어, 셰틀랜드 시프도그 등의 품종에서 치유가 느린 특별한 형태의 각막궤양이 관찰된다.

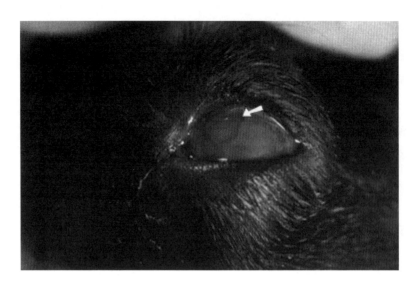

복서에서 종종 관찰되는
커다란 각막궤양.

대부분 6살 이상의 중성화한 개들이 많다.

무통성 궤양은 각막 기저막에서 정상적으로 관찰되는 결합 물질이 부족하여 발생
한다(이 기저막은 각막의 중간층와 바깥층 사이에 있는 얇은 세포층이다). 이 '접착제'가 없
으면 상피세포가 떨어져 나가 각막에 궤양이 발생한다.

치료 : 치료가 오래 걸려 종종 6~8주 이상 소요되기도 한다. 약하게 부착된 각막 상
피세포를 벗겨내고 **각막궤양**(197쪽)에서 설명한 것처럼 치료한다. 안약을 자주 넣어주
고 엘리자베스 칼라를 착용시켜야 한다.

각막염(혼탁한 눈)keratitis(cloudy eye)

각막염은 각막에 생긴 염증으로 각막이 뿌옇게 변해 투명성을 잃는다. 눈물량이 크
게 증가하고, 눈을 깜빡거리고, 발로 눈을 긁고, 빛을 피하려 하고, 3안검이 돌출되는
증상이 나타난다. 각막염은 여러 종류가 있는데, 모두 심각한 질환으로 부분적 또는
완전한 시력상실에 이를 수 있다. 모든 형태의 각막염은 수의사의 치료가 필요하다.

궤양성 각막염은 통증이 심한 각막의 염증으로 건조성 각결막염(KCS)이나 각막궤
양의 합병증으로 발생한다. 각막이 뿌옇게 변하며 혼탁해지고 나중에는 하얗게 변해
불투명해진다. 치료는 각막궤양에서와 비슷하다(197쪽 참조).

감염성 각막염은 궤양성 각막염, 건조성 각결막염, 각막궤양 등에 세균 감염이 병발
하여 발생한다. 가장 흔한 원인균은 포도상구균, 연쇄상구균, 녹농균이다. 감염성 각
막염은 통증 외에도 화농성 눈곱이 특징적이다. 눈꺼풀이 붓고 눈곱이 뭉쳐 있다. 이
런 증상은 우선적으로 결막염을 의심하게 만든다(때문에 진단과 치료가 많이 지연되곤
한다). 하지만 결막염은 일반적으로 눈의 통증을 유발하지 않는다는 사실을 상기한다.

치료는 각막궤양(197쪽)에서와 비슷하다. 세균배양과 항생제 감수성 검사를 바탕으로 선택한 국소용 항생제 투여가 중요하다.

곰팡이성 각막염은 개에게는 흔치 않은데, 국소용 항생제 안약을 장기간 투여한 경우 발생할 수 있다. 곰팡이 배양을 통해 진단한다. 항곰팡이 약물로 치료한다.

간질성 각막염(푸른 눈)은 각막에 푸른 기가 도는 하얀 막이 생기는 각막의 염증이다. 전염성 간염을 유발하는 바이러스가 원인인데 예전에는 CAV-1 예방접종 후에 발생하기도 하였다(이런 형태의 전염성 간염 백신은 이제는 사용되지 않고 있다). 바이러스 노출 10일 후에 증상이 나타난다. 눈물을 흘리기 시작하며, 눈을 깜빡거리고, 빛을 피하려고 한다. 대부분의 개는 몇 주 내로 완전히 회복하지만 일부는 영구적으로 혼탁함이 남기도 한다.

혈관성 각막염은 혈관 신생에 의해 발생하는데 혈관과 결합조직이 증식하여 각막의 투명성이 상실된다. 맨눈으로도 각막에 혈관이 생성된 것을 확인할 수 있다.

색소침착성 각막염은 각막에 멜라닌 색소가 침착되어 생긴다. 별개의 질병이지만 종종 혈관성 각막염과도 관련이 있다. 둘 다 시력을 방해하고 실명으로 진행될 수도 있다.

일부 증례의 혈관성 각막염이나 색소침착성 각막염은 안검내반증이나 토안증(눈을 완전히 감지 못하는 상태) 같은 만성적 각막 자극의 결과로 발생하기도 한다. 자극의 원인을 제거하면 각막염이 나아질 수도 있다.

판누스(pannus)는 특별한 유형의 통증이 없는 색소침착성 각막염으로 저먼셰퍼드, 벨지안 터뷰렌, 보더콜리, 그레이하운드, 시베리안 허스키, 오스트레일리안 셰퍼드 등에서 발병한다. 2살 이상에서 발생하며, 자가면역질환으로 추측된다. 높은 고도에서 사는 개들은 오존층 농도가 낮아 발병률이 더 높을 수 있다. 판누스를 구별하는 특징은 3안검이 두꺼워지고 발적되는 것인데 항상 그런 것은 아니다.

치료 : 만성적인 각막 자극에 따른 것이 아닌 혈관성 각막염과 색소침착성 각막염은 진행성으로 치료가 어렵다. 치료의 목표는 진행을 막고 관해상태(증상이 감소한 상태)를 유지하는 것이다.

신생 혈관(neovascularization)은 고농도 국소용 스테로이드에 잘 반응한다. 장기간의 스테로이드 사용은 경미한 쿠싱 증후군이나 다른 문제를 유발할 수 있어 수의사의 밀접한 감시가 필요하다. 2~6주 이내에 상태가 개선되기 시작한다. 평생 치료가 필요하며, 단기간만 안약 투여를 중단해도 재발한다. 낮은 용량만으로도 상태 유지가 가능하다.

안과용 사이클로스포린을 하루 2회 투여하면 멜라닌 색소침착을 감소시킬 수 있다.

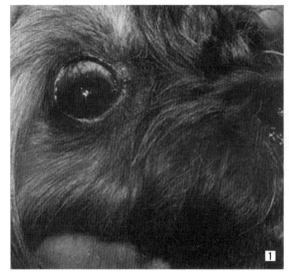
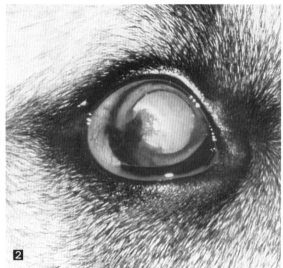

1 눈 표면에 혈관이 새로 자라고 있는데(색소침착성 각막염), 이 개의 경우 눈물량 부족으로 인해 발생했다(건조성 각결막염).

2 판누스가 있는 저먼 셰퍼드의 눈. 각막의 혈관과 색소침착, 3안검의 비후 등이 잘 보인다.

각막이영양증corneal dystrophy

각막이영양증은 양쪽 눈에 발생하는 각막 질환으로 염증과 관련이 없고 유전성이 있다. 대부분은 각막에 회백색의 맑거나 금속성의 불투명한 병변이 보인다. 이 불투명한 병변은 보통 타원형 또는 원형으로 종종 점점 커지는데, 일부에서는 같은 크기가 유지된다. 급격히 진행되면 보통 실명에 이르지만, 천천히 진행되는 경우 실명에 이르지는 않는다.

각막이영양증은 유전적 장애로 콜리, 시베리안 허스키, 카발리에 킹찰스 스패니얼, 비글, 에어데일테리어, 코커스패니얼, 알래스칸 맬러뮤트, 비어드 콜리, 비숑 프리제, 저먼 셰퍼드, 라사압소, 셰틀랜드 시프도그, 치와와, 미니어처 핀셔, 와이마라너, 포인터, 사모예드 등에게 많이 발생한다. 발병 시기, 진행 속도, 외양, 병변의 위치, 유전 방식 등은 품종과 개체에 따라 다양하다. 시베리안 허스키 같은 일부 품종의 경우 4개월령의 어린 시기에도 발병하는 반면, 치와와 같은 품종의 경우 13살이 다 되어서 발생하기도 한다. 에어데일의 경우 성별과도 관련이 있는데, 수컷에서 발생하는 경우 일반적으로 1살경에 증상이 나타난다.

일부 각막이영양증은 각막궤양이 함께 발생하기도 한다.

치료 : 효과적인 치료법은 없다. 시력을 위협하는 각막이영양증은 수술적으로 제거할 수 있다. 일시적으로 시력이 개선될 수 있으나 불투명함이 다시 발생할 것이다.

예방 : 각막이영양증은 수의사의 검사로 확인할 수 있다. 발병한 개는 번식시켜서는 안 된다. 일부 품종은 유전 방식이 밝혀져 있다. 이를 통해 그 혈통의 어떤 개가 유전을 시키는지 알아낼 수도 있다. 자세한 정보는 **망막 질환(205쪽)**을 참조한다.

눈의 내부

실명blindness

망막에 빛이 맺히는 데 문제가 되는 상태는 모두 개의 시각을 방해한다. 각막 질환과 백내장이 여기에 해당된다. 녹내장, 포도막염, 망막 질환은 실명을 일으키는 중요한 원인이다.

대부분의 원인은 눈을 겉으로 관찰하는 것만으로는 찾아내기 어렵다. 그러나 개의 시력이 이전보다 떨어진 것을 알아차릴 수 있는 증상이 몇 가지 있다. 예를 들어, 시력이 손상된 개는 발을 높이 올리거나 상당히 조심스럽게 걸으며, 평소라면 피해 갈 물체를 밟고, 가구에 부딪치거나 코를 지면에 가까이 대고 다닌다. 예전에는 던져 주면 잘 낚아채던 물체도 갑자기 놓치기 시작한다. 노견의 활동저하는 단순히 노화가 원인인 경우가 많지만, 시력감소도 원인이 될 수 있다.

밝은 빛을 눈에 비추어 동공의 수축을 확인하는 것은 실명을 확인하는 정확한 검사 방법이 아니다. 동공은 빛 반응만으로도 작아질 수 있기 때문이다. 이것으로 개가 시각적인 영상을 구현할 수 있는지는 판단할 수 없다.

시력을 검사하는 한 가지 방법은 가구의 위치를 바꿔 놓은 어두운 방 안에 개를 두고 관찰하는 것이다. 개를 걸어 다니게 한 뒤, 확신 있게 걷는지 아니면 주저하는지, 가구에 부딪치진 않는지 관찰한다. 불을 켜고 다시 검사를 반복한다. 완전히 실명한 개는 두 번의 검사에서 동일하게 행동할 것이다. 하지만 약간의 시력이 남은 개는 불이 켜진 상태에서 보다 확신이 있어 보일 것이다. 이런 검사들은 시력에 관한 정성적인 정보를 제공할 수는 있지만, 시력손상의 정도는 수의사의 진찰을 통해서만 판단할 수 있다.

실명 또는 비가역적인 시력손상을 진단받았다고 큰 재앙을 맞이한 것은 아니다. 대부분의 개는 정상 시력이어도 아주 잘 보지는 못한다. 개는 상당 부분 예리한 청각과 후각에 의존한다. 시력을 잃으면 이런 감각으로 대체되어 더 빠르게 반응한다. 이로 인해 시력이 손상된 개도 상대적으로 쉽게 익숙한 공간에 적응할 수 있다. 그러나 실명한 개를 낯선 환경에 풀어놓으면 안 된다. 다칠 수 있기 때문이다. 집 안에서는 개가 어디에 무엇이 있는지 '머릿속의 지도'를 활용할 수 있도록 가구의 위치는 옮기지 않는 것이 좋다. 집 밖에서는 울타리 안에 격리한다. 줄을 묶어 산책하는 것도 안전한 운동 방법이다. 개는 '맹도인(길 안내를 하는 사람이라는 뜻으로 맹도견을 빗댄 표현)' 역할을 하는 보호자에게 의지하는 법을 배울 것이다.

개가 아직 볼 수 있을 때 곧 시력을 잃을 상황임을 인지하는 것이 중요하다. 이 시기 동안 "멈춰", "기다려", "이리 와" 같은 기본적인 명령어를 교육시킨다. 개가 시력을 잃고 난 뒤에는 이런 교육이 생명을 구하는 도구가 된다.

백내장cataract

백내장은 수정체가 정상적인 투명도를 잃는 것이다. 수정체에 발생한 불투명 병변은 크기에 상관없이 엄밀히 말해 모두 백내장이다. 백내장은 맨눈으로도 확인이 가능한데 동공 뒤에 회백색 막이 있는 것처럼 관찰된다.

백내장은 대부분 유전적인 요인이 있는데, 유전의 방식은 품종에 따라 다양하다. 선천성 백내장(소아성 백내장)은 코커스패니얼, 비숑 프리제, 보스턴테리어, 와이어 폭스테리어, 웨스트 하이랜드 화이트테리어, 미니어처 슈나우저, 스탠더드 푸들, 시베리안 허스키, 골든리트리버, 올드 잉글리시 시프도그, 래브라도 리트리버 등 75개 이상의 품종에서 발생이 보고되어 있다. 소아성 백내장은 6살 이전에 나타나며 보통 같은 시기는 아니라도 양쪽 눈에 발생한다. 일부 자주 발생하는 품종에서는 유전자검사도 가능하다.

후천성 백내장은 노화와 다른 눈의 질환(대부분은 포도막염)의 결과로 발생한다. 당뇨병이 있는 개도 몇 주 만에 백내장이 발생할 수 있다. 아르기닌이 결핍된 분유를 먹은 강아지에서도 양측성 백내장이 발생할 수 있다. 요즘 나오는 분유는 이런 문제가 개선되었다.

노년성 백내장은 6~8살 이상의 개의 시력을 상실시키는 주요 원인이다. 이런 백내장은 수정체 중앙 부위에서 시작해 바퀴살처럼 가장자리 쪽으로 서서히 확장된다. 수정체가 균질하게 혼탁해지면 백내장이 성숙 단계가 된다. 노년성 백내장은 양쪽 눈에

1 선천성 백내장이 관찰된다.

2 수정체탈구가 동반된 후천성 백내장.

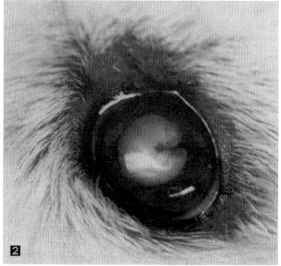

생기는 경우가 많지만, 진행 속도가 같은 경우는 드물다. 보통 한쪽 눈의 백내장이 다른 쪽 눈보다 빨리 성숙 단계에 이른다.

노년성 백내장은 수정체의 핵경화증과 구분되어야 한다. 핵경화증은 수정체 가장자리에서 중앙부 쪽으로 새로운 섬유조직이 지속적으로 형성되는 수정체의 정상적인 노화과정이다. 푸른빛의 희뿌연 변화가 관찰되는데 시력을 방해하지는 않는다.

치료 : 노년성 백내장은 양쪽 눈에 모두 발생해 생활이 불편할 정도의 시력 손실을 유발하는 경우가 아니면 치료가 필요하진 않다. 시력손상은 수술로 교정할 수 있다. 수정체유화술을 통해 수정체를 제거한다. 수정체가 없어도, 개는 흐릿하게나마 볼 수 있다. 인공 수정체를 삽입할 수도 있다.

일부 소아성 백내장은 저절로 재흡수되기도 하는데, 보통 처음 발생 후 1년 이내에 일어난다. 완전히 재흡수되면 수술을 한 것처럼 시력이 회복된다. 재흡수에 의해 백내장이 저절로 없어지는 경우 수술은 필요 없다.

예방 : 유전성 백내장은 백내장이 있거나 보인자인 개들을 번식시키지 않는 것으로 방지할 수 있다. 선천성 백내장이 있는 개들은 매년 안과검사를 실시해 확인한다.

전안방 포도막염(물렁한 눈)anterior uveitis(soft eye)

이 질환은 홍채와 모양체(섬모체)의 염증에 의해 발생한다. 홍채는 동공의 크기를 조절하는 셔터 역할을 한다. 모양체는 수정체 앞쪽의 구조에 영양을 공급하는 액체를 생산하고 안압을 유지시킨다.

대부분의 전안방 포도막염은 전안방과 접촉한 자가면역 복합체에 의해 발생한다. 때문에 전안방 포도막염은 심한 세균 감염이나 전신성 질환이 있는 개들에서 발생할 수 있다. 전안방 포도막염과 관련 있는 국소 질환으로는 각막궤양, 수정체파열, 눈의 외상 등이 있다. 일부 증례는 원인이 불분명하다.

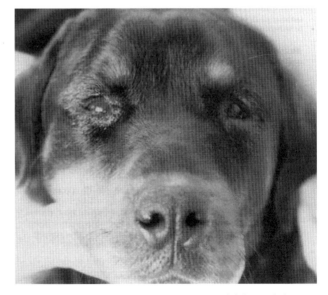

전안방 포도막염은 통증이 심해 눈물을 흘리고 눈을 찡그린다.

전안방 포도막염은 통증을 유발하며, 충혈, 심한 눈물흘림, 눈을 잘 뜨지 못하고 빛을 피하는 증상, 3안검 돌출 등이 나타난다. 동공이 작아지고 빛을 비추면 느리게 반응한다. 전안방의 염증으로 인해 뿌옇거나 혼탁해 보일 수 있다. 전안방 포도막염의 특징은(항상 그렇지는 않지만) 정상적인 눈에 비해 더 말랑하게 느껴진다는 점이다.

전체적인 안과검사를 통해 진단한다. 녹내장 감별을 위해 안압을 측정하는 것이 중요하다.

치료 : 전신 질환 또는 국소 질환을 모두 찾아내어 치료해야 한다. 포도막염의 치료는 복잡한데 국소형 및 전신성 스테로이드, NSAID, 면역억제제, 산동제 등을 투여하는 것이다. 속발성 녹내장, 백내장, 안구함몰, 실명 등이 포도막염과 함께 발생하거나 이후에 발생할 수 있다. 이런 합병증은 조기 진단과 치료를 통해 최소화할 수 있다.

녹내장glaucoma

녹내장은 흔히 실명에 이르는 심각한 안과 질환이다. 안방들과 전신 정맥순환 사이에서는 아주 느리지만 액체의 교환이 끊임없이 일어난다. 눈을 채운 액체는(안방수) 모양체에서 만들어져 홍채와 각막에 의해 형성된 우각을 통해 빠져나간다. 녹내장은 눈 안의 안방수가 생산되는 속도가 배출되는 속도보다 더 빨라서 발생한다. 이로 인해 안구 내의 압력이 증가하는데, 안압이 높아지면 시신경과 망막의 퇴행성 변화가 발생한다. 녹내장은 원발성 또는 속발성 원인에 의해 발생한다.

원발성 녹내장은 유전성 질환으로 비글, 코커스패니얼, 바셋하운드, 사모예드 등의 품종에서 많이 발생한다. 증례의 약 50%는 한쪽 눈에 발생하고, 2년 이내에 다른 쪽 눈에도 발생한다.

속발성 녹내장은 포도막염, 수정체탈구, 눈의 외상 같은 다른 안질환의 합병증으로 발생한다. 속발성 녹내장의 치료는 원인이 되는 문제를 먼저 치료해야 한다.

녹내장은 얼마나 빨리 진행되고 얼마나 오래 유지되는가에 따라 급성 또는 만성으로 분류한다. 급성 녹내장은 통증이 강렬하여 눈물을 흘리고 눈을 제대로 뜨지 못한다. 아픈 눈은 정상인 눈보다 더 단단하게 느껴지며, 각막이 뿌옇게 되고, 동공이 확장되어 멍해 보인다.

만성 녹내장이 되면 안구가 커지고 돌출된다. 눈을 눌러 보면 아파하고 반대쪽 눈에 비해 더 단단하게 느껴진다. 거의 모든 증례에서 시력을 상실한다.

녹내장은 수의사가 안압을 측정하여 진단한다.

치료 : 급성 녹내장은 몇 시간 안에 실명할 수 있는 응급상황이다. 눈의 통증이 의심되면 즉시 동물병원에 데려가야 하는 중요한 이유다. 안압을 급속히 낮추는 약물치료를 한다.

초기에 추천되는 약물은 정맥 만니톨 투여다. 일부 수의사는 잘라탄 같은 프로스타글란딘 성분 안약과 경구용 탄산탈수효소 억제제를 처방하기도 한다. 만니톨은 혈청 삼투압을 증가시켜 안방 내의 수분을 순환계로 끌어낸다. 녹내장 치료에 이용되는 다른 약물인 탄산탈수효소 억제제는 안구 내 안방수 생산을 차단한다. 국소용 약물은 동공을 수축시켜 홍채와 각막 사이의 우각을 넓혀 안방수의 배출을 늘린다.

약물요법이 효과가 없다면 모양체파괴술 또는 여과수술 같은 외과적인 치료를 실시할 수 있다. 이들은 눈의 안방수 생산을 줄인다. 일부 수의사는 안방수 생산을 줄이기 위해 모양체의 일부를 얼리고 파괴하는 냉동요법을 사용하기도 한다. 레이저를 이용해 모양체를 파괴하기도 하는데 이런 치료는 대형병원이나 안과 전문 동물병원에서 가능하다.

만성 녹내장으로 안구가 커지고 돌출되어 있다. 백내장도 관찰된다.

만성 녹내장에 걸리면 시력을 상실해 각막손상이나 심한 통증 같은 다른 문제가 쉽게 발생할 수 있다. 이런 경우, 안구를 적출해야 할 수도 있다. 원한다면 미용 목적으로 의안을 삽입할 수 있다.

치료 : 전문적인 안과검진으로는 안압의 작은 상승도 탐지할 수 있다. 녹내장으로 진행되기 전에 예방적인 치료를 실시할 충분한 시간을 벌 수 있을 것이다. 원발성 녹내장에 유전적 소인이 있는 모든 개는 매년 안과검진을 실시해야 한다.

한쪽 눈에 녹내장이 발생한 개는 다른 쪽 눈의 녹내장 발생 여부를 주의 깊게 관찰해야 한다. 발생위험이 높은 개는 4개월마다 안압을 측정해야 한다. 목줄 사용이 안압 상승을 유발한다는 연구도 있다. 때문에 안압이 상승하거나, 각막이 약해지거나 얇아진 개, 녹내장 말기인 개는 목줄보다는 가슴줄을 착용하고 산책해야 한다.

안구적출의 대안으로 겐타마이신, 시도포비어 등의 약물을 안구 내로 주입하여 안구를 퇴출시키는 시술을 실시하기도 한다. 시술받은 안구는 상대적으로 크기가 작거나 혼탁할 수 있다. 적출에 대한 거부감이 있는 경우에 선택할 수 있다.

망막 질환retinal disease

망막은 눈의 뒤편을 덮고 있는 얇고 정교한 막이다. 망막 뒤쪽에 위치한, 색소가 있는 혈관 조직층인 맥락막에 의해 유지되고 영양이 공급된다.

개의 망막에는 반사판이라고 하는 반사세포층이 있는데, 반사판은 빛을 눈앞으로 다시 반사시킨다(사진을 찍었을 때 눈이 빛나는 이유). 이로 인해 망막은 빛을 흡수할 두 번의 기회가 생겨 개는 빛이 부족한 곳에서도 잘 볼 수 있다. 망막 질환이 있는 개는 망막이 빛을 지각하는 능력의 일부 또는 전부를 상실한다. 망막 질환은 대부분 유전적이며 자손에게 전달될 수 있다. 때문에 망막 질환의 발생을 예방하려면 개를 번식시키기 전에 이런 문제를 가지고 있는지 확인하는 것이 중요하다. 유전성 안질환은 종종 수의안과 전문의에게 정기적으로 안과검진을 받으면 조기에 발견이 가능하다.

콜리 안구기형증후군(콜리아이)Collie eye anomaly syndrome

이 질환은 콜리에서 처음 보고되었으나 셰틀랜드 시프도그, 오스트레일리안 셰퍼드, 보더콜리 등의 품종에서도 발생한다. 망막에 영양을 공급하는 맥락막을 공격한다. 망막변성, 망막박리 같은 시력을 상실하는 안구기형을 유발한다.

콜리아이는 수의안과 전문의의 검사를 통해 강아지의 눈을 덮은 푸르스름한 막이 사라지는 생후 4~8주면 진단이 가능하다. 망막은 퇴행 정도에 따라 1~5등급으로 평가하는데, 1등급과 2등급은 시력이 손상되지 않은 상태다. 3등급, 4등급, 5등급은 시력손상이 증가한 상태로 성장해도 등급은 변하지 않는다. 그러나 언제든 갑자기 실명하는 망막박리가 발생할 수 있다. 치료방법은 없다.

예방 : 콜리 안구기형의 유전은 단순 열성 유전형질에 의한다. 콜리 안구기형 유전자검사도 가능하다.

진행성 망막위축증PRA, progressive retinal atrophy

진행성 망막위축증(PRCD, progressive rod and cone degeneration라고도 한다)은 1911년 고든 세터에서 처음 발견되었는데 현재는 86종 이상의 품종에서 발생한다. PRA는 몇 가지 특정 유전형을 가지고 있는데, 대부분의 증례는 상염색체 열성 유전에 의한다. 모든 증례에서 양쪽 눈의 망막세포가 파괴되어 실명에 이른다. 치료법은 없다.

PRA의 초기 증상은 야간 시력이 떨어지는 것이다. 개는 밤에 나가는 것을 주저하고 어두운 방에서는 의자 위로 뛰어오르려 하지 않는다. 시력상실이 진행되면 계단을 오르기는 하지만 내려가려고 하지 않는 등의 증상이 나타난다. 다른 행동적 변화도 시력상실을 의미할 수 있다.

느린 PRA의 조기 발병은 1살 때부터 야간 시력상실(야맹증)이 나타나지만 주간시력은 몇 년 이상 유지되기도 한다. 아키타, 미니어처 슈나우저, 노르웨이안 엘크하운드, 티베탄 테리어, 닥스훈트, 고든 세터 등의 품종에서 발생한다.

빠른 PRA의 조기 발병은 1살 때부터 시력손상이 시작되어 수개월 만에 완전히 실명한다. 콜리, 아이리시 세터, 카디건 웰시코기 등의 품종에서 발생한다.

PRA의 후기 발병은 2살 이후 야맹증이 발생한다. 약 4살이 되면 완전히 실명한다. 아프간하운드, 보더콜리, 코커스패니얼, 래브라도 리트리버 등에서 발생한다.

급성 후천성 망막변성(SARD, sudden acquired retinal degeneration)은 주로 6~14살의 건강한 암컷에서 알 수 없는 원인에 의해 발생한다. 몇 시간에서 며칠 만에 양쪽 눈이 급속히 실명한다.

망막전위도검사(ERG, electroretinogram)는 빛에 대한 망막의 반응도를 측정하는 검사로 전문적인 안과검진 후 PRA를 확진하기 위해 실시한다.

예방 : PRA의 유전 소인이 없는 개만 번식시킨다. 유전자검사를 통해 유전 위험을 평가할 수 있다.

중심성 진행성 망막위축증CPRA, central progressive retinal atrophy

중심성 진행성 망막위축증은 양쪽 눈에 발생하는 퇴행성 망막 질환이다. PRA보다는 덜 흔하며 노견에서 발생한다. CPRA는 망막 중앙부의 색소세포에 영향을 미친다. 래브라도 리트리버, 골든리트리버, 셰틀랜드 시프도그, 보더콜리, 러프 콜리, 레드본 쿤하운드 등에서 발생한다.

망막 중심부(가장 잘 보이는 부분)가 주로 영향을 받아 정지된 물체를 잘 볼 수 없는데 특히 밝은 빛에서 더 못 본다. 그러나 움직임은 주로 망막 가장자리에서 지각되므로 움직이는 물체는 여전히 볼 수 있다. 병이 진행됨에 따라 시력이 감소하긴 하나 완전한 실명에 이르는 경우는 드물다.

전문적인 안과검진을 통해 진단이 가능하며 유전자검사로도 검사할 수 있다. 아직까지 치료법은 없다.

선천성 정지성 야맹증congenital stationary night blindness

브리아드에서 관찰되는 이 각막의 퇴행성 질환은 사람에게서도 발생한다. 이 유전성 장애는 주로 망막의 간상 시각세포에 영향을 주어 야간 시력을 손상시킨다. 중등도에서 심한 근시가 함께 나타날 수 있다. 보통은 조명이 적절한 곳에서는 시력결함이 나타나지 않는다.

망막전위도검사로 진단한다. 결국에는 실명에 이른다.

코넬 수의과대학에서는 손상된 시력을 복구하기 위한 유전자 치료를 하고 있다. 유전자 치료로 도움을 받을 수 있을 가능성이 높아지고는 있지만, 여전히 가장 좋은 방법은 번식하려는 개의 유전자검사를 미리 실시하여 이런 결함이 있는 강아지가 태어나지 않도록 하는 것이다.

6장
귀

청각은 개의 예민한 감각 중 하나다. 개는 아주 희미해 감지하기 어려운 소리도 들을 수 있고, 시끄러운 고주파 소리도 들을 수 있다. 또 아주 작은 소리의 변화도 사람보다 훨씬 더 잘 감지할 수 있다. 청각이 매우 예민하므로, 개들은 세상을 탐험할 때 시각보다 청각에 훨씬 더 많이 의존한다.

개의 귀는 그 크기와 형태가 다양하다. 귀가 서 있는 모양, 구부러진 모양, 처진 모양도 있다. 귓바퀴의 바깥쪽은 털로 덮여서 몸의 털과 연결된다. 귓바퀴 안쪽에도 털이 있는데, 대부분의 품종에서는 듬성듬성 나 있다. 코커스패니얼과 푸들 같은 품종은 귓바퀴 안과 밖에 모두 털이 많이 난다. 귓바퀴 안쪽의 피부는 어떤 개는 밝은 분홍빛을 띠고, 어떤 개는 얼룩이 있기도 하다.

소리는 실제로는 공기의 진동으로 귓바퀴에 의해 모아져 비교적 큰 통로인 이도로 직접 전달된다(강아지는 생후 1~2주가 되기까지는 귓구멍이 닫혀 있어 소리를 듣지 못한다). 이도는 수직 방향으로 내려와 수평 방향으로 꺾여 고막에 다다른다. 이런 모양은 귀 안으로 들어온 습기나 이물질이 빠져나가는 것을 막아 많은 귀 질환의 원인이 된다. 고막의 움직임은 청소골을 통해 내이의 골성관으로 전달된다.

골성관 안에는 달팽이관이 있다. 달팽이관은 청각 수용체로 림프성 액체가 들어 있어 소리의 진동을 액체의 파동으로 바꾼다. 이 액체의 파동이 신경신호로 변형되고 달팽이신경(와우신경)에 의해 청신경으로 전도된다.

골성관 안에는 균형을 잡는 전정기관도 있는데 반고리관, 난형낭, 구형낭으로 이루어져 있다. 전정기관은 양쪽 눈의 움직임을 동일하게 만들고, 자세와 균형, 협응을 유지할 수 있게 해 준다. 전정신경은 달팽이신경과 함께 청신경을 이루어 뇌에 있는 청각 및 균형 중추로 연결된다.

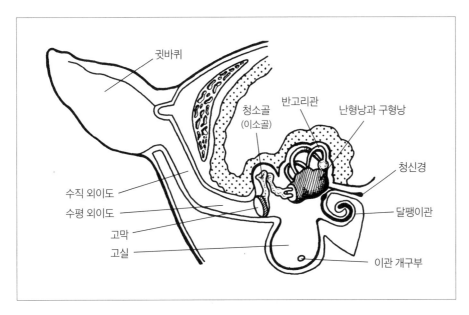

귓바퀴

청소골
(이소골)

반고리관

난형낭과 구형낭

청신경

수직 외이도

수평 외이도

고막

고실

달팽이관

이관 개구부

귀의 해부도

중이에는 이관 개구부가 있다. 이관은 중이강과 비인두를 연결한다. 이관은 양쪽 고막의 압력이 평형을 이루도록 한다.

기본적인 귀의 관리

귀 질환의 예방

펫보험사의 조사에 따르면 귀 질환은 개들이 동물병원을 방문하는 순위 중 두 번째를 차지한다.

축축한 이도는 귀의 감염에 취약하다. 목욕을 시키고 나면 귓속의 물이 잘 빠져나오고 마를 수 있도록 해 준다. 수영을 했을 때도 마찬가지다. 물이 귀 안으로 들어갔다면 솜으로 부드럽게 외이도(바깥귀길) 입구를 닦아 낸다. 귓병 등으로 인해 고막이 손상된 상태가 아니라면 귀를 말리는 데 도움이 되는 귀 세정제를 사용해도 된다(211쪽, 귀약 넣기 참조). 백식초 한 방울을 넣어 주는 것도 외이염 예방에 도움이 된다.

귀의 이물은 자극을 유발해 나중에 감염을 일으킬 수 있다. 흔히 풀씨와 까끄라기 등이 귀 주변의 털에 달라붙어 이도 내로 들어간다. 외이도는 ㄴ자 모양으로 생겼기 때문에 이물이 아래쪽 이도로 들어가면, 진정시킨 상태가 아니라면 철저히 세정해도 제거가 어려울 수 있다. 이런 문제를 예방하려면 풀밭에서 놀고 돌아온 이후에는 항상 귀 아래 주변의 털을 잘 정리해 준다.

개 미용실에서는 외이도의 털을 뽑아 주는 경우가 많다. 귀의 털을 뽑고 나면 모공에서 액체가 스며 나오는데, 이 액체는 세균의 성장을 위한 훌륭한 배양터가 된다. 푸들, 슈나우저같이 전문적인 미용을 많이 하는 개에게 귀의 감염이 더 많이 발생하는 이유이기도 하다. 의학적인 이유가 아니라면 귀의 털을 뽑는 것은 추천하지 않는다. 일부 증례는 귀의 털이 뭉쳐 이도를 막아 공기의 흐름을 방해하고 이도를 축축하게 만들 수 있는데, 이런 경우는 귀의 털을 뽑아 주는 것이 도움이 된다.

귓구멍 주변의 뭉친 털은 **엉킨 털 제거**(116쪽)에서 설명한 것처럼 제거한다. 외이도 안을 막고 있는 털 뭉치는 수의사가 제거해야 한다.

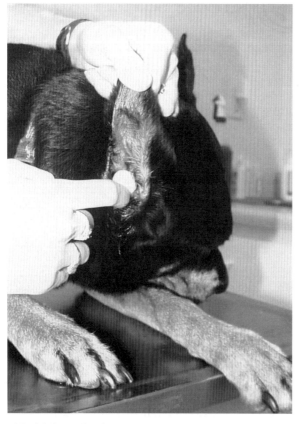

귀를 적신 솜으로 청소한다. 외이도 안으로 면봉 등을 넣어서는 안 된다.

귀 청소

일상적인 귀 청소는 필요하지 않다. 외이도에 분비되는 소량의 밝은 갈색 귀지는 정상이며, 때로는 귀의 건강에 필요한 경우도 있다. 그러나 귓바퀴 안쪽이 귀지, 먼지, 찌꺼기로 차 있다면 청소해 주어야 한다. 귀 세정제를 적신 솜으로 귀 안쪽 피부를 부드럽게 닦는다. 귀 세정제는 동물병원에나 용품숍에서 구입할 수 있다. 알코올, 에테르, 그 외 자극성 용제는 귀에 사용해서는 안 된다. 심한 통증과 염증을 유발할 수 있다.

외이도 내에 과도한 귀지가 생겨 공기의 흐름을 막는 경우, 귀에 빨갛게 염증이 생기고 눅눅해진 경우, 귀에 분비물이 관찰되는 경우에는 수의사의 진료를 받는다. 감염이 이미 발생했거나 곧 일어날 상태일 수 있다.

동물병원에서 귀 청소를 한 다음에는 보호자가 집에서 직접 세정액으로 청소를 해야 한다. 외이도 내에 귀 세정액을 몇 방울 떨어뜨린 후, 귀 아래 부위를 문질러 귀지와 찌꺼기를 녹인다. 그리고 외이도를 솜으로 부드럽게 닦아낸다.

면봉 등을 외이도 안으로 넣어서는 안 된다. 귀지와 세포 찌꺼기를 귀 안쪽으로 더 밀어 넣기 때문이다. 이도의 피부를 자극해 귀의 감염을 유발할 수도 있다. 다만 귓바퀴 주름 부위를 깨끗이 청소하는 데는 면봉을 사용해도 된다.

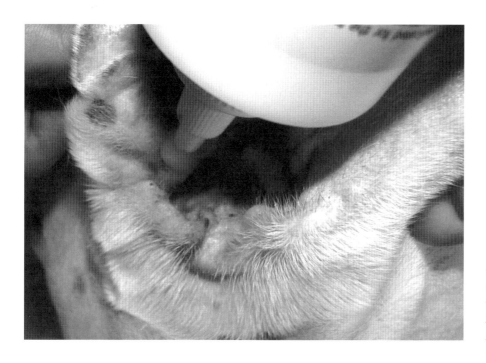

약을 넣으려면 귓바퀴를 머리 위로 젖힌 상태로, 약통 끝이 눈에 보일 때까지만 약통을 이도 안으로 밀어 넣는다.

귀약 넣기

귀약은 귀를 깨끗하게 청소하고 마른 상태에서 넣어야 한다. 어떤 제품은 입구가 기다란 튜브 형태로, 어떤 제품은 안약병 형태로 되어 있다. 개를 잘 보정하여 실수로 약통 끝이 이도 벽을 손상시키지 않도록 한다(21쪽, 진료를 위한 보정 참조). 귓바퀴를 머리 위로 젖힌다. 약통 끝이 눈에 보일 정도까지만 약통을 이도 안으로 집어넣는다. 수의사가 지시한 양만큼 연고나 약병을 짜 넣는다.

감염은 대부분 고막 옆의 이도에서 발생한다. 때문에 약물이 거기까지 도달하도록 하는 것이 중요하다. 귀연골을 20초간 문질러 약물이 잘 퍼지도록 한다. 찔꺽거리는 소리가 들릴 것이다.

수의사가 검이경 검사를 통해 고막의 손상 여부를 확인하기 전까지는 임의로 귀약이나 귀건조 용액을 사용해서는 안 된다. 고막이 천공된 상태에서 귀약을 투여하면 중이 안쪽으로 흘러들어가 청각에 필수 구조를 손상시킬 수 있다.

항생제 성분의 귀약

귀약은 하루에 1~2번 투여하거나 수의사의 지시를 따른다. 외이염 치료를 위해 항생제가 처방되는 경우가 많다. 겐타마이신은 이독성이나 난청을 유발할 수 있다(특히 고막이 파열된 경우). 이런 약물은 수의사의 감독하에서만 사용한다. 미코나졸이나 클로트리마졸이 함유된 약도 효모나 곰팡이 감염 치료를 위해 사용되는데, 이런 약물은 알레르기성 피부반응을 유발할 수 있다.

항생제를 장기간 사용하면 항생제 내성이나 효모 및 곰팡이 증식이 발생할 수 있다. 세균배양이나 곰팡이 배양을 실시하려는 경우, 적어도 3일 이상 항생제를 사용하지 않아야 한다.

귓바퀴

귓바퀴는 납작한 연골의 양쪽을 피부와 털이 덮고 있는 형태다. 귓바퀴는 4장에서 설명한 것처럼 종종 알레르기성 피부병이나 면역매개성 피부병 같은 전신 질환의 한 병변으로 염증이 발생하기도 한다.

교상과 열상(물린 상처와 찢긴 상처)bite and laceration

다른 동물과의 싸움으로 인해 귓바퀴를 다치는 일이 잦다.

치료 : 지혈을 하고 상처를 치료한다(59쪽, 상처 참조). 항생제 연고를 바른다. 개가 머리를 흔들어 상처가 다시 터지고 피가 나는 경우가 아니라면 붕대를 감지 않은 채 놔둔다(붕대가 필요한 경우 귀를 머리 쪽에 고정해 감아야 한다). 다른 동물에게 물린 상처는 감염으로 인해 합병증이 발생하는 경우가 많으므로 주의 깊게 관찰해야 한다.

귓바퀴 가장자리나 연골을 포함하여 크게 찢어진 상처는 즉시 수의사의 진료를 받는다. 흉터나 변형을 막기 위해 수술을 해야 할 수도 있다. 수의사는 치유를 앞당기기 위해 붕대처치를 할 수도 있다.

알레르기성 외이염(귀 알레르기)allergic otitis(ear allergy)

아토피나 음식 과민성 피부염이 있는 개는 귀에도 염증이 쉽게 발생한다. 사실, 알레르기 증상이 귀에만 나타나는 경우도 많다. 귀 알레르기가 있는 개는 가려워하고, 긁고, 또 가려워하는 것을 반복하며 귀에 찰과상, 탈모, 딱지 등이 생긴다. 이도에 갈색 귀지가 가득 차거나 염증이 아주 빨갛게 생기고 눅눅해지기도 한다.

치료 : 귀의 증상을 해결하려면 원인이 되는 알레르기성 피부병을 치료해야 한다. 가려움은 항히스타민과 국소용 또는 경구용 스테로이드를 사용해 치료한다. 알레르기 반응을 유발할 수 있는 귀약은 중단한다. 알레르기성 외이염과 함께 세균 감염이나 효모균 감염이 발생하는 경우도 있는데 이것도 함께 치료해야 한다.

귓바퀴 부종 swollen ear flap

농양이나 혈종에 의해 귓바퀴가 갑자기 부어오를 수 있다. 농양은 주로 싸움을 하고 난 뒤에 발생한다. 혈종(이개혈종)은 피하에 혈액이 축적되는 것으로 주로 머리를 격렬하게 흔들거나 귀를 긁어 발생한다. 혈종이 생긴 부위를 만져 보면 따뜻하고 약간 말랑하다. 통증을 호소할 수도 있다. 귀를 가려워하는 원인을 찾아야 한다.

치료 : 흉터나 변형을 막기 위해 혈종의 혈액을 제거해야 한다. 약 20%에서는 바늘과 주사기로 혈액을 제거하는 것만으로도 효과가 있다(수의사가 치료해야만 한다). 혈액을 제거한 뒤에도 다시 액체가 찬다면 피부를 절개해 배액창을 남겨 놓는다. 귓바퀴 양쪽의 피부가 딱 맞닿게 당겨 봉합해 액체가 차지 못하게 한다. 때때로 피부에 배액관을 장착해 액체가 차는 것을 방지하기도 한다. 혈액을 제거하지 못하면 연골이 구부러지고 안으로 오그라들어 귀가 변형될 수 있다.

농양의 치료는 **봉와직염과 농양**(168쪽)에서 설명하고 있다.

최근에는 이개혈종 치료를 위해 수술적 교정 외에도, 항염증 약물을 혈종 내로 직접 주입해 염증을 완화시키는 비수술적 치료법도 많이 적용되고 있다.

파리 물림 피부염

흡혈파리가 얼굴과 귀를 공격하여, 피를 빨고 귀 끝이나 꺾인 주름 부위에 아픈 상처를 남긴다. 이런 상처는 일반적으로 딱딱한 검은 딱지가 붙고 쉽게 피가 잘 난다. 저면셰퍼드 등의 귀가 서 있는 품종이 가장 취약하다.

치료 : 상처가 나을 때까지 낮 동안에는 개를 실내에 둔다. 이것이 불가능하다면 귀 끝에 곤충 기피제를 바른다. 말의 눈 주변에 사용하는 제품도 효과가 좋다. 귀를 청결하고 건조하게 유지하여 파리가 끓지 않도록 한다. 감염된 귀 끝에는 국소용 항생제 연고를 바른다.

동상 frostbite

동상은 추운 날씨에 실외에 있는 개의 귀 끝에 많이 발생한다(특히 바람이 강하고 습도가 높은 환경). 귀는 노출이 심해 동상에 특히 잘 걸린다.

처음에는 동상에 걸린 귀의 피부가 창백하거나 푸르게 보인다. 동상에 걸린 조직이 모두 회복될 수도 있고, 정상 피부와 검게 죽은 피부 사이에 경계선이 생길 수도 있다. 이 경계선은 처음에는 보이지 않을 수도 있는데, 조직이 살아남았는지 확인하기까지 며칠이 걸린다. 조직이 죽은 경우 수의사의 도움이 필요하다.

동상의 응급처치에 대해서는 **동상**(35쪽)에서 설명하고 있다.

귀 갈라짐

귀 갈라짐은 귀가 늘어진 품종에서 발생한다. 심하게 귀를 긁고 머리를 흔들어 생기는데 귀 끝의 털이 벗겨지고 종종 피가 나기도 한다. 손상이 지속되면 귀 끝이 갈라지고 피부가 벌어지는 상태가 된다.

치료 : 외이염(214쪽)과 같이 머리를 흔드는 자극의 원인을 찾아 치료해야 한다. 귀 끝에는 항생제와 스테로이드가 함유된 연고를 바른다. 찢어진 상처가 낫지 않으면 수술이 필요할 수 있다. 귀의 움직임을 최소화하는 붕대법이 치유를 앞당기는 데 도움이 된다.

가장자리 지루증marginal seborrhea

귓바퀴 가장자리를 따라 털에 피지가 쌓여 생기는 피부 질환이다. 털은 기름기가 있다. 손톱으로 문지르면 털이 빠진다. 닥스훈트에서 가장 흔하다.

치료 : 가장자리 지루증은 치료는 불가능하지만 벤조일 페록사이드나 설파타르 샴푸 등으로 귀를 목욕시켜 관리할 수 있다(158쪽, 지루 참조). 샴푸를 사용하기 전에 미리 귀 끝을 따뜻한 물로 적신다. 귀 안에 물이 들어가는 것을 막기 위해 솜으로 귀 안을 막는다. 기름기가 완전히 사라질 때까지 24~48시간마다 반복한다. 보습제를 사용하면 피부를 부드럽고 탄력 있게 유지할 수 있다. 필요한 경우 치료를 반복한다. 피부의 염증이 심한 경우, 1% 히드로코르티손 연고를 바른다.

이도耳道, ear canal

외이염external otitis

외이염은 이도의 감염이다. 이도는 연약한 구조로 쉽게 감염된다. 약 80%는 길고 늘어진 귀를 가진 품종에서 발생한다. 이는 환기가 잘 안 되어서다. 귀가 서 있어 열려 있는 경우는 귀가 처진 경우에 비해 이도가 건조한 상태를 유지하기 쉬우므로 세균이 쉽게 증식하지 못한다.

외이염의 발생에는 많은 요소가 관련이 있다. 차이니스 샤페이 같은 일부 품종은 이도가 좁아 감염이 쉽게 발생한다. 이도 안에 털이 많아 공기 흐름을 방해하기 쉬운 품종도 쉽게 감염된다. 알레르기성 피부병(특히 아토피와 과민성 피부염)이 있는 개도 전신 피부반응의 하나로 외이염이 발생하는 경우가 많다. 비슷하게 원발성 또는 속발성 지루가 있는 개는 노랗고 기름기 있는 귀지가 많이 생기는데, 이는 세균 증식을 위한 훌륭한 배양 장소가 된다. 이도 안에 풀씨와 강아지풀 같은 이물이나 신생물이 있는 경우에도 발생할 수 있다. 세균성 외이염에 앞서 **귀진드기**(216쪽) 감염이 발생하기도 한다.

귀 안쪽을 청소할 때 면봉을 사용하는 경우, 목욕 시 귀 안으로 물이 들어가는 경우, 귀를 너무 자주 청소하는 경우, 외이도 바깥쪽의 털을 뽑고 자르는 경우에 발생할 수 있다.

외이염의 증상은 머리를 흔들거나 아픈 귀를 긁고 문지르는 행동 등이다. 귀에 통증이 있다. 개는 종종 머리를 기울이거나 아픈 쪽으로 머리를 숙이고 울기도 하며, 귀를 건들면 낑낑거리기도 한다. 귀 안쪽 피부가 빨갛게 부어오른다. 보통 냄새가 좋지 않은 왁스상의 귀지나 화농성 분비물이 관찰된다. 청력이 영향을 받을 수 있다.

귀지샘 외이염은 원발성 지루에 의해 발생한다(158쪽 참조). 이도 내에 기름기 있는 노란 왁스상 귀지가 축적되어 세균과 효모균이 증식하기 좋은 환경이 된다. 지루증을 관리하는 것이 치료 방법이다. 문제가 해결되기 전까지는 정기적으로 이도를 세정해야 한다.

세균성 외이염은 급성의 경우 보통 포도상구균에 의해 발생한다. 분비물은 눅눅한 밝은 갈색이다. 만성 감염은 주로 프로테우스균이나 녹농균에 의해 발생한다. 예외가 있긴 하지만 분비물은 일반적으로 노랗거나 연둣빛을 띤다. 한 종류 이상의 세균에 감염된 경우 항생제 치료가 잘 안 될 수 있다.

효모균 또는 곰팡이성 외이염은 세균성 외이염의 항생제 치료 후에 발생할 수 있다. 효모균 감염은 아토피성 피부염, 음식 과민성 피부염, 지루성 피부염 등이 있는 개에서 흔히 발생한다. 고약한 냄새가 나는 갈색 왁스상 분비물이 관찰되거나 소량의 분비물로도 귀가 심하게 붉게 부어오르고 습해진다. 원인 질환을 치료하지 않으면 이런 감염은 지속되는 경향이 있다.

치료 : 외이염은 종종 중이염으로 진행되므로 귀의 문제가 의심되면 즉시 개를 동물병원에 데리고 가는 것이 매우 중요하다. 검이경을 사용하여 외이도 안쪽을 검사하는 것이 진단을 내리고 치료 계획을 세우는 데 가장 중요한 첫 단계다.

이도가 더러운 상태이거나 귀지나 고름으로 가득 찬 상태라면 검이경 검사는 시도하지 않아야 한다. 먼저 귀를 청소한다. 진정이나 전신 마취가 필요할 수 있다.

고막이 천공된 경우에는 귀에 약물을 투여하는 것이 위험할 수 있으므로, 고막의 손상 여부를 확인하는 것이 필수다. 이물이나 종양에 의한 문제가 아닌지 확인하는 것도 중요하다. 면봉으로 귀지를 채취하여 슬라이드글라스에 도말하여 현미경으로 검사한다. 이를 통해 세균, 효모균, 귀진드기, 그 외 다른 원인을 찾아낸다. 수의사는

외이염을 유발하는 효모균(곰팡이균)은 대부분 말라세치이균이다. 원래 정상적으로도 존재하지만 면역 저하나 알레르기성 피부염 같은 문제가 있는 경우 비정상적으로 증식하여 귀나 피부의 문제를 일으킨다.

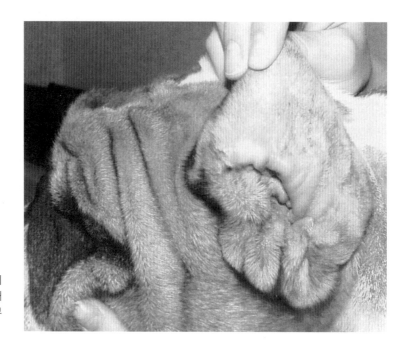

외이도가 붓고 염증이 생긴 심한 외이염 상태다. 귀를 긁어 생긴 피부의 찰과상도 보인다.

외이도의 협착이 심하고 약물로 개선되지 않는 경우 수직외이도절제술(Zepp's) 또는 전이도적출술(TECA) 등을 실시한다. 전이도적출술의 경우 심한 외이염 및 중이염일 때 실시한다. 전체 이도와 고실까지 제거하므로 수술한 쪽의 청력을 상실한다.

특히 재발성 외이염의 경우 분비물을 배양하거나 항생제 감수성 검사를 실시하기도 한다. 정확한 원인을 찾아 진단하는 것이 효과적인 치료를 하는 데 도움이 된다.

치료의 첫 단계는 외이도를 청소하고 건조시키는 것이다. 이는 동물병원에서 실시해야 한다. 이도 세정을 통해 세균이 증식하기 어려운 환경을 만들고 약물이 이도 표면에 잘 작용할 수 있도록 만든다. 약물은 귀의 찌꺼기를 통과할 수 없다.

가정에서의 사후 관리는 처방받은 귀약을 투여하는 것이다(211쪽, 귀약 넣기 참조). 계속 귀에서 왁스상 물질이나 삼출물이 나온다면 염증에 특화된 귀 세정제를 사용해 볼 수 있다. 이런 귀 세정제는 항생제나 항곰팡이 약물을 투여하기 직전에 사용한다. 통증을 관리하고 부종과 염증을 완화시키기 위해 국소용 또는 경구용 스테로이드를 추천할 수 있다. 심한 감염인 경우 경구용 항생제가 필요할 수 있다.

세균 감염이 지속되면 외이도의 비후 및 협착, 만성 통증이 발생한다. 이런 귀는 세정과 치료가 어렵다. 최후 방법으로 수의사는 이도의 환기를 돕고 배액을 향상시키기 위해 수술적인 방법을 추천할 수도 있다.

귀진드기ear mite

귀진드기는 이도 안에서 피부 찌꺼기를 먹고사는 미세한 곤충이다. 고양이와 개에서는 전염성이 매우 높지만, 사람은 옮지 않는다. 귀진드기는 강아지에서 흔한 귀 질환이다. 양쪽 귀에 모두 문제가 나타났다면 귀진드기를 의심해 본다.

귀진드기를 개선충과 혼동해서는 안 된다. 이 둘은 완전히 다른 질환으로, 개선충은 귀 끝에 딱지가 생기는 증상을 보인다(135쪽, 개선충 참조).

귀진드기 몇 마리만으로도 개는 격렬하게 머리를 흔들고 긁는 등 극심한 가려움을 호소한다. 귓바퀴가 빨갛게 벗겨지고 딱지가 앉는다. 외이도 안에서는 건조하고 잘 부스러지는 암갈색 귀지가 관찰된다. 마치 커피 가루처럼 보이며 2차 감염이 발생하면 역한 냄새가 날 수 있다.

귀진드기는 검이경으로 직접 확인하거나 면봉으로 귀지를 채취해 검은 배경에서 돋보기로 관찰해 확인할 수 있다. 귀진드기는 핀 끝 크기 정도의 하얀 알갱이처럼 보이며 움직인다.

치료 : 일단 진단이 되면 집 안의 모든 개와 고양이는 감염 예방을 위해 치료가 필요하다. 반려용 토끼나 페럿이 있다면 그들의 귀도 검사해야 한다. 외이염에서 설명한 것처럼 귀를 세정한다(214쪽 참조). 귀 세정은 필수다. 더러운 외이도는 귀지와 세포 찌꺼기로 인해 귀진드기의 안식처가 되는 것은 물론, 약물이 잘 도달해서 귀진드기를 죽이는 것을 방해한다.

귀를 세정한 뒤, 수의사가 처방한 진드기 구제약을 투여한다. 이런 약에는 대부분 피레트린과 티아벤다졸 성분이 들어 있다. 제조사의 지시에 따라 사용한다.

레볼루션(셀라멕틴)은 귀진드기의 치료와 예방에 효과가 있는 것으로 승인받았다. 승인받지는 않았으나 이버멕틴도 귀진드기 치료에 효과가 있다.

치료를 확실히 완료하는 것이 중요하다. 치료를 너무 빨리 중단하면 재감염될 수 있다.

치료하는 동안, 귀진드기가 귀에서 빠져나와 일시적으로 몸 어딘가에 숨어 가려움을 유발할 수 있다. 외이도 감염을 치료하는 것은 물론, 접촉 가능한 집 안의 모든 개와 동물을 4주간 매주 진드기 구제 성분의 샴푸로 목욕시키거나 레볼루션 등의 제품을 투여한다(126쪽, 벼룩 참조).

귀진드기 감염은 종종 2차 세균 감염을 동반한다. 이런 경우 외이염에서 설명한 것처럼 치료한다(214쪽 참조).

귀의 이물과 진드기

외이도의 이물은 자극을 유발하고 나중에는 감염을 일으킨다. 대부분은 풀씨, 까끄라기 등으로 처음에는 귀 주변의 털에 달라붙었다가 외이도 안으로 들어간다. 길이가 긴 풀밭을 뛰어놀고 난 다음에는 항상 귀를 검사한다.

귓구멍 가까이 있는 이물은 끝이 뭉툭한 집게로 제거할 수 있다. 이물이 이도 안쪽

귀진드기 감염은 동물병원에서 처방하는 외부기생충 예방약으로 치료와 예방이 가능하다. 그러나 귀진드기에는 효과가 없는 제품도 많으므로 반드시 수의사의 처방을 받아 투여한다. 대부분의 귀진드기 감염은 외이염이 이미 발생한 상태가 많아 귀진드기가 제거되어도 추가 염증 치료가 필요하다.

으로 더 깊숙이 들어가지 않도록 주의한다. 귀 안쪽 깊숙한 이물은 일반적으로 외이염을 유발하기 전까지는 드러나지 않다가 수의사의 진료를 받는 과정에서 발견해 제거되는 경우가 많다.

귓바퀴나 외이도에서 진드기가 발견될 수도 있다. 진드기를 떼어낼 수 있다면 참진드기(132쪽)에서 설명한 것처럼 제거한다. 진드기가 몇몇 질병을 매개할 수 있음을 상기한다. 맨손가락으로 쥐어짜거나 으스러뜨리면 안 된다. 이도 깊숙이 자리 잡은 진드기는 수의사가 제거해야만 한다.

귀지샘 종양ceruminous gland tumor

귀지샘 종양은 이도의 귀지 분비샘으로부터 발생한다. 연분홍색의 둥근 신생물로, 크기는 지름이 1cm 미만이다. 대부분은 자루 모양으로 기저부가 이도벽에 붙어 있는 형태다. 긴 종양은 바깥으로 튀어나와 보일 수 있다. 귀지샘 종양은 감염되거나 출혈이 발생할 수도 있다.

작은 종양은 양성인 경우가 많은 반면, 큰 종양은 보통 악성이고 침습적이다. 코커 스패니얼에서 많이 발생한다.

치료 : 수술로 제거한다. 침습적 종양은 수술과 방사선치료를 병행할 것을 추천한다.

중이

중이염otitis media

중이염은 고막과 세 개의 뼈를 포함한 고실의 감염이다. 대부분은 바깥쪽의 귀 감염에 의해 발생하는데 고막이 감염되고 중이로 번진다. 실제, 만성 외이염의 약 50%가 중이염과 관련이 있다. 중이와 비인두관을 연결하는 이관의 개구부를 통해서도 세균이 침입할 수 있다. 때때로 혈액을 통해 감염되기도 한다.

중이염의 초기 증상은 외이염과 같다(214쪽 참조). 그러나 중이가 감염되면 통증이 극적으로 심해진다. 개는 종종 아픈 쪽으로 머리를 기울이고, 움직임을 최소로 하며, 머리를 건들거나 입을 벌릴 때 통증을 호소한다. 청력도 영향을 받을 수 있는데, 양쪽 귀에 문제가 발생한 경우가 아니라면 알아채기 어려울 수 있다.

개를 진정시키거나 마취시킨 상태에서 검이경 검사를 실시하면 고막이 부어 불룩해 보인다. 고막이 파열되면 중이에서 고름이 흘러나올 것이다. 때때로 엑스레이검사에서 고실 내의 액체나 염증조직이 관찰되기도 한다. 고막을 지나는 안면신경 분지가 손상되면 윗입술과 아픈 쪽 귀가 늘어진다. 안면신경손상의 또 다른 증상은 호너 증후군으로, 동공이 작아지고, 위 눈꺼풀이 처지고, 3안검이 노출되고, 안구가 퇴축되는 복합적인 증상을 보인다.

치료 : 외이염(214쪽)에서 설명한 것처럼 귀를 철저히 청소하고 세척한다. 고막이 손상되지는 않았지만 부어 있다면 수의사는 주사기로 중이에 차 있는 고름과 액체를 흡인할 수 있다. 이런 시술은 압력을 낮추고 통증을 완화시킨다.

삼출물은 배양한다. 경구용 항생제 투여를 시작하고, 항생제 감수성 검사 결과에 따라 교체한다. 항생제는 최소 3주 이상 또는 다 나을 때까지 투여한다. 재발성 또는 만성 중이염은 수술이 필요할 수 있다.

예방 : 대부분의 중이염은 초기에 이도 감염을 잘 치료하면 예방할 수 있다. 귀의 문제가 의심되면 즉시 동물병원으로 개를 데리고 가야 하는 이유다.

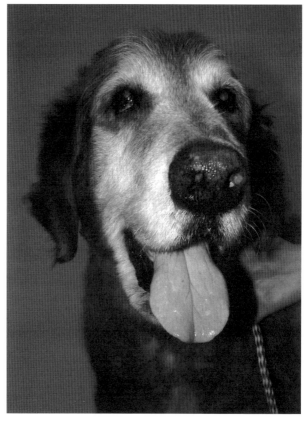

중이염에 의해 발생한 호너 증후군. 3안검이 돌출되고 위 눈꺼풀이 처지는 호너 증후군의 특징이 보인다.

내이

내이염otitis interna

내이염은 귀 안쪽의 염증과 감염을 말한다. 대부분은 외이염이 앞서 발생한다. 개가 갑자기 미로염의 증상을 보인다면 내이염을 의심해 본다.

치료 : 응급상황이다. 개를 동물병원으로 데리고 간다. 치료는 중이염에서와 비슷하다(218쪽 참조).

미로염labyrinthitis

귀 안쪽의 질환은 미로염과 현기증이 특징적이다. 미로는 반고리관, 난형낭, 구형낭으로 이루어진 균형을 조절하는 복합 기관의 일부다. 미로는 자이로스코프와 비슷하다. 미로는 양쪽 눈의 움직임을 동일하게 유지하고, 자세와 균형, 협응 반응을 유지시킨다. 미로염의 가장 흔한 원인은 내이의 감염이다.

미로염에 걸린 개는 종종 머리를 아픈 쪽으로 기울이는 비정상적인 자세를 취한다. 현기증, 협응력 부족, 균형감 상실 등이 나타난다. 개는 뱅글뱅글 돌고 아픈 쪽으로 몸이 기울거나 안구진탕이라고 부르는 안구가 빠르게 경련하는 증상을 보일 수 있다. 구토를 하는 개도 있다.

특발성 전정계 증후군은 중년 이상의 나이 든 개에서 발생하는 원인불명의 질환이다. 특발성 전정계 증후군은 두 번째로 흔한 미로염의 원인으로 갑자기 발생한다. 현기증, 비틀거림, 구토 등으로 정상적인 활동이 불가능하다. 며칠 동안 구토가 지속될 수 있는데, 이런 경우 정맥수액 치료가 필요하다. 증상은 24시간 안에 최고조에 이르는데

미로염의 전형적인 자세를 취하고 있는 보스턴 테리어. 아픈 쪽으로 머리를 기울이고 있다.

3~6주 동안 어느 정도의 균형감 저하가 지속된다. 거의 대부분은 회복된다. 회복 후에도 일부 개는 약간의 사경 증상을 보이는데 이는 영구적으로 남는다.

아미노글리코사이드와 네오마이신 등의 항생제를 장기간 투여하면 난청은 물론, 미로염을 유발할 수 있다. 대부분의 귀약은 민감한 내이의 구조물과 접촉하게 되면 미로염과 귀의 손상을 유발할 수 있다. 따라서 고막이 손상되었는지를 확인하기 전에는 귀를 세정하거나 약물을 투여해서는 안 된다.

미로염의 다른 원인으로는 머리의 외상, 뇌종양, 중독, 약물중독 등이 있다. 이전에 귀 질환 병력이 없는 개가 미로염의 증상을 보인다면 이런 원인을 의심해 본다.

치료 : 원인 질환을 진단하고 치료한다. 증상 완화를 위한 지지요법과 약물치료가 회복에 도움이 된다.

난청deafness

개가 소리를 들으려면 소리를 전달하는 세포가 손상되지 않아야 하고, 그 소리를 해석하는 뇌의 세포도 손상되지 않아야 한다. 청력상실은 선천적 난청, 노년성 변화, 중이와 내이의 감염, 머리 손상, 이도를 막고 있는 귀지와 찌꺼기, 중이의 종양, 약물독성이나 중독증 등에 의해 발생한다. 스트렙토마이신, 겐타마이신, 네오마이신, 카나

마이신 등의 항생제는 청각신경과 전정신경을 손상시켜 난청과 미로염 둘 다 유발할 수 있다. 갑상선기능저하증도 난청을 유발할 수 있는데, 갑상선호르몬 치료에 반응을 보일 수 있다.

선천성 난청은 청각기관의 발달 이상으로 발생한다. 출생 시 나타나지만 강아지가 소리에 반응을 보일 정도로 성장할 때까지는 확인이 어려울 수 있다(생후 11일 이후). 난청은 한쪽 또는 양쪽에 발생할 수 있다. 한쪽 귀만 난청인 경우에는 알아차리지 못할 수도 있다.

유전성 난청과 털색 유전자는 서로 관련이 있다. 하얀 모색을 우성으로 가지고 있거나 멀 패턴(얼룩덜룩 반점 모양의 털)을 가진 개는 선천성 난청 발생률이 높다. 달마시안에서 가장 높지만 60여 품종과 혼혈 품종에서도 발생한다. 난청은 소리를 탐지하는 '털세포'의 색소나 멜라닌 결핍에 의해 발생한다. 만약 멀 패턴의 개나 하얀 모색의 개라도 내이 안의 세포가 색소를 가지고 있다면, 나머지 털세포들이 색소결핍이라 해도 소리를 정상적으로 들을 수 있다.

노년성 난청은 서서히 진행되는데 10살쯤 시작된다. 소리를 완전히 듣지 못하는 경우는 드물다. 난청이 있는 개도 호루라기같이 높은 음조의 소리는 들을 수 있는 경우가 많다. 시력까지 상실한 경우가 아니라면 알아차리기 어려울 수 있다.

청력을 크게 상실한 개는 활동이 줄어들고, 보다 천천히 움직이며, 잠에서 잘 깨어나지 못하고, 명령에 반응하지 못하곤 한다. 불러서 개가 쳐다보지 않는다면 크게 소리치거나, 박수를 치거나, 호루라기를 불거나, 주의를 끌 만한 소리 등을 이용해 청력을 검사해 볼 수 있다.

진동을 느낄 수 있으므로, 마룻바닥을 발로 두드리는 것도 청력이 떨어진 개의 주의를 끄는 데 도움이 된다. 개를 깨우거나 만지기 전에 이런 행동을 해 주면 개가 놀라는 것을 방지할 수 있다.

청력검사는 강아지와 성견에서 실시할 수 있다. 청력검사는 뇌파검사(EEG)를 이용하는데, 다양한 주파수의 소리에 반응해 생성되는 뇌의 파장을 저장한다. 뇌파의 패턴에 변화가 없다면 소리를 듣지 못하는 것이다. 이를 청성뇌간유발반응검사(BAER)라고 하는데, 특히 선천성 난청이 있는 강아지들을 감별해 내는 데 유용하다.

최근에는 국내 일부 대학병원에서 BAER 청력검사를 실시하고 있다.

7장
코

개의 코는 주둥이 길이만큼의 비강과 콧구멍으로 이루어져 있다. 비강은 중격에 의해 두 개의 통로로 나뉘는데, 각각 콧구멍이 나 있다(252쪽, 머리의 해부학적 구조 참조). 이 통로는 연구개 뒤쪽의 목구멍과도 연결된다. 개는 비강과 연결된 큰 부비동을 두 개 가지고 있다(상악동과 전두동*).

비강은 혈관이 풍부하게 발달한 점액 섬모층이라는 점막으로 덮여 있다. 이 점액층은 세균이나 자극성 이물과 같은 외부 물질에 대한 방어막으로 작용하며 털처럼 생긴 섬모**의 작용을 통해 이들을 목구멍 뒤쪽으로 이동시킨다. 목구멍 뒤로 이동한 이물질은 점막에 둘러싸여 기침으로 배출되거나 삼켜진다. 탈수에 빠지거나 한기에 노출되면 섬모의 운동성이 중지되고 점액층이 두꺼워진다. 이로 인해 점액 섬모층의 효율성도 감소한다.

비강은 매우 민감하여 외상을 입었을 때 출혈이 발생하기 쉽다. 이물이 박힌 경우 검이경과 비강 포셉(집게)을 이용해 제거하곤 한다. 비도로 기구를 집어넣으면 재채기를 격렬하게 하므로 시술을 위해 깊은 진정이나 마취가 필요하다.

개들의 코는 대부분 검은색이지만 어떤 품종은 갈색, 분홍색, 얼룩무늬 등이 정상인 경우도 있다. 일부 개의 분홍색 코는 여름철에는 색이 어두워졌다가 겨울이 되면 다시 밝은색으로 변하기도 하는데 정상이다.

코끝의 촉촉함은 비강에 있는 점액선의 분비에 의한 것이다. 개의 코는 일반적으로 차갑고 촉촉한데 운동, 탈수상태, 기온과 습도에 따라 따뜻해지거나 마를 수 있다. 따뜻하고 마른 코가 꼭 열이 난다는 의미는 아니다. 열이 의심되면 직장체온계로 체온을 측정해 본다.

개의 비강에는 다른 대부분의 동물보다 훨씬 더 많은 수의 신경이 풍부하게 발달되

* **전두동**frontal sinuses 얼굴뼈 속의 공기로 채워진 공간 중 이마 쪽 부위.

** **섬모** 호흡기 점막을 덮고 있는 털처럼 생긴 미세한 기관.

어 있다. 이 신경은 뇌에 있는 극도로 발달된 후각중추와 연결되어 있다. 이로 인해 사람보다 후각 능력이 100배는 뛰어나다고 할 수 있다.

개는 동시에 다양한 냄새를 맡을 수 있고, 사람과 같은 후각피로가 없다(사람은 처음 맡은 냄새에 빠르게 순응하여 후각이 무뎌져 냄새를 맡지 못한다). 개들은 마약을 탐지하고, 실종된 사람을 찾고, 암이나 대사장애 등을 탐지하도록 하거나 흰개미부터 빈대까지 해충을 발견하도록 훈련받기도 한다.

개들은 친구와 적을 구분하는 주요 수단으로 후각을 이용한다. 많은 노견이 시력이나 청력을 잃는 것과 달리, 후각은 보통 평생에 걸쳐 유지되곤 한다.

코의 자극에 의한 증상

콧물 nasal discharge

콧물은 비도 내에 자극이 있음을 의미한다. 이런 자극은 재채기를 유발할 수 있는데, 콧물과 재채기를 동시에 보이기도 한다.

흥분하거나 긴장한 개들도 맑은 수양성 콧물을 흘릴 수 있다. 이런 경우 재채기를 하진 않으며, 안정을 찾으면 콧물 증상도 사라진다.

콧물이 몇 시간 동안 지속된다면 문제가 있는 것이다. 맑은 수양성 콧물은 알레르기성 비염이나 바이러스성 비염에서 전형적이다. 반면 진득한 콧물은 세균이나 곰팡이 감염과 관련이 깊다. 구역질처럼 컥컥거리며 관찰되는 콧물은 후비루(콧물이 목구멍의 인후부 쪽으로 떨어지는 상태)인 경우가 많다. 한쪽 콧구멍에서만 콧물이 흐른다면 구비강루, 코의 이물이나 종양을 의심해 볼 수 있다.

이물, 종양, 만성 세균 및 곰팡이 감염은 비강 점막의 염증을 악화시켜 피가 섞인 점액이나 코피를 유발할 수 있다. 코피는 폰 빌레브란트병과 혈소판감소증 같은 응고장애가 있는 경우에도 발생한다. 코에 충격을 받는 등의 외상에 의해서도 출혈이 발생할 수 있다. 콧물에서 피가 관찰된다면 수의사에게 알리도록 한다.

사람의 감기 바이러스는 개에게 전염되지 않지만 개들은 수많은 심각한 호흡기 질환에 걸릴 수 있으며 초기에는 사람의 감기와 유사한 증상을 보인다. 눈곱이 끼고 기침과 재채기를 하면서 콧물이 난다면 수의사의 진료를 받아야 한다. 기침과 고열을 동반한 노란 콧물은 개 인플루엔자(323쪽)를 의미할 수도 있으므로 즉시 동물병원을 방문해야 한다.

재채기sneezing

재채기는 코의 자극을 알려주는 중요한 증상이다. 가끔씩 관찰되는 재채기는 정상이지만, 재채기가 격렬하고 멈추지 않거나 콧물을 동반한다면 상태가 심각할 수 있으므로 수의사의 진료를 받아 봐야 한다. 어떤 개들은 카펫을 새로 깔거나 세제를 사용한 것만으로도 재채기를 하기도 한다. 향수, 담배연기, 헤어스프레이, 향초 등도 개에게 재채기를 유발할 수 있다.

재채기와 함께 맑은 콧물을 흘리며, 발로 얼굴을 문지르는 것은 전형적인 아토피 증상이다(146쪽 참조). 갑자기 재채기를 격렬하게 하며 머리를 흔들고 발로 코를 긁는다면 코의 이물을 의심해 볼 수 있다. 심한 재채기를 한 뒤에 코피를 흘리는 경우도 있다.

장시간의 재채기는 코 점막의 부종과 울혈을 유발한다. 이로 인해 계속 훌쩍거리거나 숨을 쉴 때 그르렁거리는 소리가 날 수 있다.

개구호흡mouth breathing

개는 코로 숨을 쉬고 헥헥거릴 때를 빼고는 보통 입으로 숨을 쉬지 않는다. 개구호흡은 양쪽 비도가 막혔음을 의미한다. 이런 개들은 코를 통해 공기를 이동시킬 수 없고 입으로만 호흡이 가능하다. 개가 흥분하거나 운동을 하여 숨이 차기 전까지는 분명하게 관찰되지 않을 수 있다.

코

비공협착(콧구멍이 좁아짐)stenotic nares(collapsed nostrils)

비공협착은 퍼그, 페키니즈, 불도그, 보스턴테리어, 시추 등의 단두개 품종 강아지에서 발생한다. 이런 강아지들은 코의 연골이 부드럽고 약해서 코로 숨을 쉴 때 좁아

비공협착은 퍼그와 같이 주둥이가 짧은 품종에서는 흔한 문제다. 이런 개들은 코를 골고 훌쩍거리거나 거품 같은 콧물이 난다.

지며 콧구멍을 막아 버린다. 이로 인해 다양한 정도의 호흡곤란이 유발되고 강아지의 건강과 발달에 심각한 악영향을 끼치기도 한다.

비공협착은 유전성 질환으로, 종종 311쪽에서 설명하는 단두개증후군의 다른 증상과 함께 나타난다.

코 일광성 피부염(콜리 노즈)nasal solar dermatitis(Collie nose)

진물이 나고 딱지가 생기는 피부병으로 콜리, 오스트레일리안 셰퍼드, 셰틀랜드 시프도그 등의 품종에서 발생한다. 햇볕이 강한 지역에서 가장 많이 발생한다. 이런 개는 코에 색소가 결핍되어 있어, 장시간 자외선에 노출되어 발생한다. 일부 개는 유전적으로 색소가 결핍되어 있지만 피부병이나 흉터로 인해 후천적으로 발생하기도 한다.

처음에는 검은 색소가 부족한 부위가 관찰되는 것 말고는 피부가 정상처럼 보인다. 그러나 햇빛에 노출되면 코와 주둥이 사이 경계 부위의 피부가 자극을 받는다. 이런 자극이 지속되면 털이 빠지고 피부에 진물이 흐르고 딱지가 생긴다. 노출이 더 지속되면 급기야 피부가 갈라진다. 심한 경우 코 피부 전체에 궤양이 생기고 벗겨져 보기 흉해지고 출혈이 쉽게 발생한다. 피부암으로 진행될 수도 있다.

코 일광성 피부염은 원판상 홍반성 낭창(discoid lupus erythematosus), 낙엽상 천포창(pemphigus foliaceus), 아연반응성 피부염(4장 피부와 털에서 다루고 있음)과 구별해야 한다. 이 피부병들은 코 일광성 피부염과 피부반응이 비슷한데, 구분되는 점이라면 코 일광성 피부염은 질병이 발생하기 이전부터 색소결핍이 관찰되고, 나머지 세 가지 피부병은 질병이 진행됨에 따라 색소가 사라진다는 점이다. 일단 이런 피부병에서 색소탈락이 발생하면 햇빛에 의한 손상이 더 추가된다는 점에 주목해야 한다.

코 일광성 피부염 때문에 코의 피부에 딱지와 궤양이 생겼다.

치료 : 햇볕이 강한 시간 동안은(오전 9시부터 오후 3시 사이) 가능한 한 개를 실내에 둔다. 흐린 날에는 구름이 자외선을 차단해 주므로 밖에 나가도 크게 문제가 되지 않을 것이다. 밖에서 보내는 시간이 많다면 자외선 차단제도 도움이 된다. SPF(자외선차단지수) 15 이상의 제품을 사용한다. 햇빛에 노출되기 30~60분 전에 차단제를 바르

고, 나중에 반복해 바른다.

자극을 받은 코는 히드로코르티손이 함유된 연고를 발라 치료한다.

코의 색소탈실증nasal depigmentation

코의 색소탈실증은 더들리 노즈(dudley nose)라고도 하는데 원인불명의 이유로 백반증 같은 형태가 되는 증후군이다. 태어났을 때는 새까맣던 코가 서서히 색이 빠지며 초콜릿색이나 완전히 분홍색으로 변한다. 어떤 개들은 저절로 다시 색이 어두워지기도 한다. 색소탈실증은 주로 털이 없는 코의 피부에 영향을 미친다. 아프간하운드, 사모예드, 화이트저먼셰퍼드도그, 도베르만핀셔, 아이리시 세터, 포인터, 푸들에게서 발생하는 경향이 있다.

코의 색소탈실증은 계절적인 영향을 받기도 한다.

스노 노즈(snow nose)는 겨울 동안 코의 색이 빠져 밝아졌다가 봄과 여름이 되면 다시 어두워지는 상태로 조금 다른 경우다. 색소가 완전히 빠지진 않는다. 스노 노즈는 시베리안 허스키, 골든리트리버, 래브라도 리트리버, 버니즈 마운틴 도그 등의 품종에서 흔하다.

치료 : 코의 색소결핍은 주로 미용상의 문제이기 때문에 쇼도그들에게만 고려 사항이다. 수많은 민간요법이 알려져 있으나 그 효과는 의심스럽다. 코 일광성 피부염에서 기술한 바와 같이 자외선 차단제가 자외선에 의한 색소결핍 부위의 피부손상을 예방하는 데 도움이 된다.

플라스틱 식기 코 피부염plastic dish nasal dermatitis

코와 입술에 국한되어 나타나는 색소탈락으로, p-벤질하이드로퀴논(p-benzyl-hydroquinone) 같은 화학물질이 들어 있는 플라스틱이나 고무 식기와 접촉해서 생긴다. 이 화학물질은 피부를 통해 흡수되어 피부의 어두운 색소를 생산하는 물질인 멜라닌의 합성을 방해한다. 색소가 빠진 피부는 자극을 받거나 염증이 생길 수 있다.

치료 : 식기를 유리, 도자기, 스테인리스 재질로 바꾸면 나아질 수 있다.

과각화증(코의 각화)hyperkeratosis(nasal callus)

노견에서 발생하는데, 원인은 알려져 있지 않다. 코의 피부가 건조해지고 두꺼워져서 뿔처럼 각화된다. 각화된 코는 건조해 갈라지고 염증이 생기고 감염이 발생한다. 과각화증은 아연 반응성 피부염, 천포창, 원판상 홍반성 낭창(4장에서 설명)과도 관련이 있을 수 있다.

경척증(hard pad)은 코의 각화와 함께 디스템퍼(개 홍역)의 후속 증상으로 발패드에 발생할 수 있다. 디스템퍼에서 회복되면 코와 발바닥은 정상 상태로 돌아온다.

치료 : 특발성 코 과각화증은 치료법이 없다. 코의 각화 부위를 미네랄오일, 알로에, 바셀린 등으로 습윤하고 부드럽게 관리해 주는 것을 목표로 한다. 국소적인 감염은 항생제 성분의 연고로 치료할 수 있다.

비강

코피(비출혈)epistaxis(nosebleed)

코피는 이물, 외상, 감염, 종양 또는 코의 점막 안으로 파고들어가는 기생충에 의해 발생한다. 콧구멍에 상처가 나거나 가시나 낚싯바늘 같은 물체에 찔린 상처로 인해 코피가 나기도 한다. 종종 재채기를 동반하기도 하는데 이는 출혈을 더 악화시킨다.

혈우병이나 폰빌레브란트병과 같은 전신성 응고장애도 자발성 비출혈을 유발한다. 비타민 K 결핍도 자연출혈의 또 다른 원인인데, 주로 살서제 중독으로 인해 발생한다.

치료 : 가능한 한 개를 조용한 장소에 두고 안정시킨다. 천으로 감싼 아이스팩을 콧잔등 부위에 대 준다. 만약 콧구멍같이 눈으로 볼 수 있는 부위에 출혈이 있다면 사각 거즈로 지그시 눌러 지혈한다.

대부분의 코피는 쉽게 가라앉는다. 만약 출혈이 멈추지 않거나 출혈의 분명한 원인이 없다면 즉시 동물병원에 데려간다.

코의 이물foreign body in the nose

풀 조각, 풀씨, 까끄라기, 뼈나 나뭇조각 등이 비강 안으로 들어가면 이물로 작용할 수 있다. 전형적인 증상은 갑자기 발로 코를 긁으면서 격렬한 재채기를 하는 것이다. 간혹 한쪽 콧구멍에서 출혈이 일어나기도 한다. 처음에는 쉴 새 없이 재채기를 하지만 나중에는 간헐적으로 관찰된다. 이물이 몇 시간에서 며칠 동안 콧속에 박혀 있게 되면 그쪽 콧구멍에서 진득한 콧물이 나오기 시작한다(핏기 있는 콧물이 흔하다).

치료 : 이물이 콧구멍 입구 가까이 있어 눈으로 보인다면 집게로 제거할 수 있다. 그러나 대부분의 경우 더 뒤쪽으로 들어가 있다. 신속히 이물을 제거하지 않으면 이물은 비강 깊숙한 곳으로 이동할 수 있다. 더 많은 손상을 유발할 수 있으므로 보이지 않는 상태에서는 콧속을 뒤적거리지 않는다. 동물병원에 데리고 가서 진료를 받는다. 코의 이물을 제거하려면 대부분 깊은 진정이나 전신마취가 필요하다.

이물을 제거하고 나면 수의사는 2차 세균 감염을 치료하기 위해 경구용 항생제를 처방한다.

구비강루oral-nasal fistula

구비강루(구강과 비강 사이에 비정상적으로 구멍이 뚫린 상태)가 있는 개는 먹은 음식이나 물이 코로 역류된다. 가장 흔한 선천적인 결함은 **구개열**(486쪽)이고, 후천적으로는 치아의 감염이 가장 흔하다. 위턱의 송곳니와 네 번째 작은어금니는 비도 뒤쪽으로 나 있는데, 이 치아에(주로 송곳니) 농양이 생기면 비강 쪽으로 터진다. 이가 빠지고 나면 입천장 쪽에 구멍이 남고 입으로 먹은 음식물이 코로 넘어가게 된다.

구비강루 증상은 재채기를 하며 한쪽 코에서만 콧물이 나는 것인데, 보통 음식을 먹고 난 뒤에 더 잘 보인다.

치료 : 구강 안쪽의 점막조직으로 구멍을 덮어 봉합하는 수술로 치료한다. 감염 관리를 위해 장기간의 항생제 처방이 필요할 수 있다.

예방 : 적절한 구강관리와 구강 문제에 대한 처치를 신속하게 시작해야 한다. 이가 썩어 생기는 문제를 최소화하는 데 도움이 될 것이다.

알레르기성 비염allergic rhinitis

알레르기성 콧물은 아토피가 있는 개에서 발생한다(146쪽 참조). 갑자기 재채기를 하며 맑은 콧물을 흘린다. 눈 주변이 가려워 얼굴을 카펫이나 가구에 문지르기도 한다. 다양한 알레르겐에 반복적으로 노출되다 보면 1년 내내 알레르기 반응을 보이기도 한다.

치료 : 알레르기성 비염은 항히스타민제에 잘 반응하는 편이다. 확실한 치료는 근본 원인인 아토피를 치료하는 것이다.

비염과 부비동염rhinitis and sinusitis

전두동과 상악동은 비강과 맞닿아 있고 콧속과 유사하게 점막으로 덮여 있다. 때문에 비강의 감염이 부비동으로 확장되거나, 반대로 부비동의 감염이 비강으로 확장될 수 있다. 코의 감염을 비염이라고 부르고, 부비동의 감염을 부비동염이라고 한다.

비염과 부비동염의 증상은 재채기, 콧물, 후비루로 인한 구역질 등이다. 콧물은 진득하고, 유백색으로 역한 냄새가 난다.

젊은 개의 경우 상부 호흡기 감염, 비강의 이물, 코의 외상 등에 의해 점막이 손상된 것이 아니라면 비염이나 부비동염이 발생하는 경우는 드물다. 허피스바이러스, 아데노바이러스, 파라인플루엔자바이러스 등에 의한 호흡기 감염이 급성 비염의 가장 흔한 원인이다. 이런 감염들은 2차 세균 감염으로 진행될 수 있다.

디스템퍼는 2차 세균 감염에 의한 비염을 일으키는 심각한 원인이다. 점액 화농성 콧물이 관찰된다. 디스템퍼의 다른 증상도 함께 관찰될 수 있다.

노견의 경우 종양과 치아의 감염이 비염과 부비동염의 가장 흔한 원인이다. 장기간 만성적으로 재채기와 훌쩍거림을 동반하며, 한쪽 콧구멍에서 화농성 콧물이 나온다. 콧물에 피가 섞이기도 한다.

비염과 부비동염의 진단은 엑스레이검사, 세균배양, 비강 내시경을 통해 직접적인 병변 확인, 일부 증례에서는 조직생검을 통해 이루어진다.

치료 : 상부 호흡기 감염에 의한 세균성 비염은 광범위 항생제로 치료하는 데 최소 2주 이상 투약해야 한다. 곰팡이 감염은 보통 이트라코나졸이나 플루코나졸 등의 약물이 효과가 있다. 항곰팡이 약물은 6~8주간 투여한다.

만성 감염은 치료가 어렵다. 염증 부산물이 쌓여 코의 공기 흐름 방해를 더욱 악화시킨다. 감수성 검사로 선택된 항생제를 투여한다. 일부 증례에서는 비강과 부비동을 세척하고 원인을 해결하기 위해 수술적인 접근이 필요하다.

코 진드기 nasal mite

코 진드기(*Pneumonyssoides caninum*)는 재채기, 기침, 머리를 흔드는 증상을 유발한다. 이 흔치 않은 진드기는 개에서 개로 직접 전파되며 대형견이 더 자주 감염된다. 코 내시경이나 식염수로 세정한 코 세척액을 통해 직접 눈으로 진드기를 확인하여 진단한다.

치료 : 코 진드기 치료를 위해 정식 승인된 약물은 아직 없다. 그러나 이버멕틴과 밀베마이신이 좋은 치료 반응을 보인다.

코의 폴립과 종양 nasal polyp and tumor

폴립은 코의 점액 분비샘 중 하나가 커지면서 시작되는 신생물이다. 마치 줄기에 자란 체리처럼 보인다. 암종은 아니지만, 폴립은 출혈을 일으키거나 비강 내 공기의 흐름을 방해할 수 있다. 수술로 제거할 수 있으며, 재발되는 경우도 있다.

비강이나 부비동에 종양이 발생하기도 한다. 대부분은 악성종양으로 노견에게 많이 발생한다. 에어데일테리어, 바셋하운드, 올드 잉글리시 시프도그, 스코티시테리어, 저먼셰퍼드, 케이스혼드, 저먼 쇼트헤어드 포인터 같은 품종에서 많이 발생하는 것으로 알려져 있다. 주 증상은 재채기와 훌쩍거림을 동반하며 한쪽 코에서 콧물이나 출혈을 보이는 것이다.

엑스레이검사로 의심해 볼 수 있으며 내시경으로 조직생검을 실시하여 확진한다. 뼈로의 전이 여부를 평가하기 위해 CT 검사가 도움이 된다. 큰 종양은 한쪽 얼굴이 돌출되어 보이게 만든다. 눈 뒤쪽으로 확장되는 경우 안구돌출을 유발할 수 있는데, 이런 경우 상당히 심각한 정도로 진행되었음을 의미한다.

치료 : 양성종양은 수술적으로 완전히 절제해 치료한다. 악성종양은 침습적으로 보통 치료가 어렵다. 그러나 수술과 방사선요법을 병행하여 생존기간을 연장시킬 수 있는 경우도 있다.

8장
입과 목구멍

구강은 입술과 뺨에 의해 앞쪽과 옆쪽의 경계가 구분된다. 위로는 연구개, 경구개와 맞닿아 있고 아래로는 혀와 입 아래의 근육층과 경계를 이룬다. 입 안에는 타액을 분비하는 침샘이 4개 분포하는데 턱밑샘과 귀밑샘이 가장 크다.

개의 침(타액)은 염기성으로 항균성 효소를 함유하고 있다. 구강 안에 존재하는 정상 세균총은 발에 묻어 전파되기 쉬운 유해한 세균으로부터 보호해 준다. 타액은 구강 감염의 발생빈도도 크게 낮춰 준다. 그렇다고 개의 침이 완벽히 멸균되어 있다거나 마법 같은 치유 능력이 있는 것은 아니다.

비도와 구강의 뒷부분이 만나는 부위를 인두라고 한다. 후두덮개는 뚜껑처럼 생긴 판막으로 개가 음식을 먹을 때 후두를 덮어 음식이 기도로 들어가는 것을 막아 준다.

구강검사

대부분의 구강 문제는 입술, 잇몸, 치아, 목구멍을 검사하여 확인한다. 입을 벌리려면 송곳니 뒤쪽에 엄지손가락을 밀어 넣고 입을 위쪽으로 당겨 벌린다. 입이 벌어지면 반대쪽 손의 엄지손가락으로 아래턱을 아래로 잡아내린다. 목구멍과 편도를 보려면 손가락으로 혀를 눌러야 한다. 또 다른 방법은 수염 바로 뒤 주둥이 끝 부위를 엄지와 검지로 부드럽게 짜내듯이 움켜쥐는 것이다. 입이 벌어지면 손가락을 이용해 위턱과 아래턱을 벌린다.

교합 상태를 확인하기 위해 입을 다문 상태에서 손가락으로 윗입술을 들어 올리고 아랫입술을 아래로 잡아당긴다. 위턱과 아래턱의 앞니가 어떻게 만나는지에 따라 교

8장 입과 목구멍 • 231

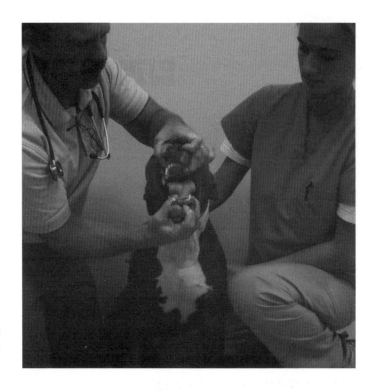

구강검사를 위해 엄지를
송곳니 뒤쪽에 위치시키
고 입을 벌린다.

합 상태가 결정된다(242쪽, 부정교합 참고).

입술을 들어 올려 잇몸 점막을 노출시킨다. 점막 상태로 빈혈이나 혈액순환 상태를
확인할 수 있다. 잇몸에 반점이 있는 개들도 있기는 하지만 잇몸이 분홍색인 개는 상
태를 손쉽게 평가할 수 있다.

입과 목구멍에 생기는 질병의 증상

입의 통증을 나타내는 중요한 증상은 먹는 행동의 변화다. 입이 아픈 개는 천천히
그리고 선택적으로 먹는 모습을 보이는데, 특히 거칠거나 덩어리가 큰 음식을 흘리며
먹는다. 한쪽 입이 아픈 개는 고개를 기울인 채로 반대쪽으로 씹곤 한다. 통증이 심하
다면 아예 먹기를 포기한다.

침을 심하게 흘리는 것도 통증을 동반한 모든 구강 질환에서 공통적으로 관찰되는
증상이다. 역한 입 냄새가 동반되는 경우도 많다. 모든 구취는 비정상이다. 개에서는
치주 질환과 치은염이 구취의 가장 흔한 원인이다.

갑자기 씹는 듯한 행동, 숨이 막힌 듯한 모습, 침흘림, 연하곤란(음식을 삼키기 힘들어
함) 등이 관찰된다면 입이나 목구멍에 이물이 있음을 의미한다.

입을 벌리거나 다무는 것을 불편해하는 것은 머리나 목의 농양, 신경손상, 턱손상의 특징적인 증상이다.

입

입술염cheilitis

입술염은 보통 입 안쪽의 감염이 입술로 전파되어 발생한다. 사냥개는 잡풀이나 덤불과 접촉해 입술염이 생길 수 있다. 아토피가 있는 개는 얼굴을 쉴 새 없이 문지르거나 발로 긁어 입술을 자극하기도 한다.

입술염은 보통 털이 난 부분과 입술 점막이 만나는 경계 부위에서 진물이 나는 딱지 형태로 관찰된다. 딱지가 떨어지면 생살이 드러나며 건드리면 민감한 반응을 보인다. 모낭에 감염이 일어나면 국소 모낭염으로 진행된다.

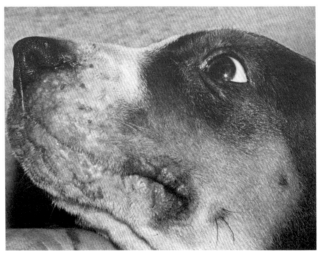

입술 부위의 염증은 입술염의 특징이다.

치료 : 입술을 벤조일페록사이드 샴푸나 물에 1 : 5로 희석한 과산화수소 용액으로 세정한다. 그리고 항생제와 스테로이드가 함유된 복합 성분의 연고를 바른다.

입술주름농피증lip fold pyoderma

입술이 늘어지는 품종은 아랫입술의 주름이 위턱 치아와 접촉해 염증이나 감염이 발생할 수 있다. 세인트버나드, 코커스패니얼, 세터, 일부 후각하운드에서 많이 발생한다. 아랫입술의 피부주름 부위는 종종 윗입술의 피부주름과 함께 주머니 같은 공간을 만들어 음식이나 타액이 끼거나 고여 지속적으로 세균 증식에 적합한 눅눅한 환경을 만든다. 피부주름 부위를 펼쳐보면 생살이 드러난다. 보통 역한 냄새 때문에 발견되고 치료를 받게 된다.

치료 : 피부주름농피증(166쪽)에서와 같이 치료한다.

구강 열상(찢어진 상처)mouth laceration

입술, 잇몸, 혀의 열상(찢어짐)은 흔히 발생한다. 다른 동물과 싸우다 발생하는 경우가 가장 흔하고, 때때로 자신의 입술을 깨물어 발생하기도 하는데 보통 삐뚤게 난 송곳니가 원인이다. 캔 뚜껑같이 날카로운 물체를 핥는 과정에서 혀가 잘리는 경우도 있다.

드물지만 아주 추운 날씨에 금속을 핥아 혀를 다치기도 하는데, 혀를 금속에서 떼어내면 점막의 상피세포가 함께 떨어져 나가 생살이 노출되고 혀 표면에서 피가 난다.

치료 : 입술의 출혈은 상처 위를 5~10분간 압박해 지혈한다. 깨끗한 거즈나 천 조각을 이용해 출혈이 생긴 입술을 손가락으로 잡는다. 혀의 출혈은 직접 압박해 지혈하기가 어렵다. 개를 진정시키고 가까운 동물병원으로 간다.

금방 지혈되는 작은 상처는 봉합이 필요 없다. 상처가 벌어지거나 입술 가장자리가 찢어진 경우, 압박지혈에 실패해 계속 출혈이 있는 경우에는 봉합을 고려한다. 혀의 근육층까지 잘린 경우에도 봉합이 필요하다.

치료 기간 동안 **구내염**(234쪽)의 치료에서 설명한 것처럼 항균 구강 세정제를 이용해 하루 2번 구강을 세정한다. 일주일 동안 부드러운 음식을 급여한다.

치열이 좋지 않아 발생한 상처라면 원인이 되는 치아를 발치하거나 교정해야 한다.

구강 화상mouth burn

전기선을 씹어 구강 화상이 발생한다(38쪽, 감전사고 참조). 대부분 저절로 낫지만 일부는 병변부가 회색으로 변하며 궤양이 생긴다. 이런 궤양은 외과적인 절제가 필요할 수 있다.

화학물질에 따른 화상도 흔하다. 양잿물, 페놀, 인산, 가정용 세제, 알칼리제 같은 부식성 화학물질을 핥아 발생하는데, 이 물질들을 삼키는 경우에는 식도와 위에도 화상이 발생할 수 있다.

치료 : 구강의 화학적 화상에 대한 응급처치는 우선 화학물질을 입 안에서 제거하고 다량의 물로 헹궈내는 것이다. 그리고 중독증에 대한 치료를 위해 가능한 한 빨리 가까운 동물병원으로 이동한다. 치료의 지연이 불가피하다면 **부식성 가정용품**(51쪽)에서 설명한 대처법을 따른다. 이후의 치료는 구내염에서와 같다.

구내염stomatitis

구내염은 입, 잇몸, 혀의 염증을 의미한다. 보통 치주 질환이나 치아 사이나 혀에 낀 이물에 의해 발생하는데, 때때로 입 안에 생긴 상처나 점막에 생긴 화상에 의해 발생하기도 한다.

구내염은 매우 고통스러워 침흘림, 구취, 음식 거부, 저작곤란, 구강 검사를 거부하는 등의 증상을 보인다. 입 안쪽에 빨갛게 염증이 생기고 가끔 궤양이 발생하기도 한다. 잇몸을 문지르면 피가 나는 경우도 많다.

구내염은 전신에 국소적 발현 형태로도 나타난다. 신부전과 요독증, 당뇨병, 부갑상선기능저하증, 렙토스피라증, 디스템퍼(홍역), 자가면역성 피부 질환에서도 관찰될 수 있다.

참호 구내염(빈센트 구내염, 괴사궤양성 구내염)은 다양한 세균에 의해 발생하는 통증이 심한 구내염이다. 앞발을 물들이는 갈색의 끈적거리는 타액이 관찰되며, 특징적인 심한 악취를 풍긴다. 잇몸이 붉게 부어올라 쉽게 피가 나며, 구강점막에는 궤양이 생긴다. 치주 질환이 진행되며 발생하기도 한다.

아구창(효모성 구내염)은 흔치는 않은데, 주로 광범위 항생제를 투여받아 정상 세균총이 파괴되어 효모 생장을 억제하는 능력이 저하된 개에서 발생한다. 만성질환으로 인해 면역력이 약화되어도 발생할 수 있다. 잇몸 안쪽 점막과 혀에 하얀 막이 뒤덮인다. 더 진행되면 통증이 심한 궤양을 볼 수 있다.

재발성 구내염은 뾰족하거나 부러진 치아 등이 입술, 볼, 잇몸 안쪽의 점막과 반복적으로 접촉하며 자극을 받아 입 안에 창상성 궤양이 발생하는 것이다. 궤양 부위에서 세균이나 곰팡이가 배양되는 일이 제법 흔하다.

치료 : 대부분 치주 질환을 동반한다. 수의사는 마취를 시키고 개의 입 안 전체를 철저히 청소할 것을 추천할 것이다. 이런 과정을 통해 치석, 충치, 골절치아 등을 발견해 치료할 수 있다. 그리고 적합한 항생제를 처방한다.

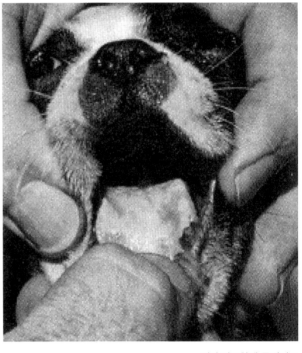

혀가 아구창에 특징적으로 나타나는 하얀 막으로 덮여 있다.

구내염의 전신성 원인을 찾아 진단하고 치료하는 것이 중요하다.

가정에서의 사후관리로 0.1~0.2% 클로르헥시딘 용액으로 하루 1~2회 구강을 세정한다. 용액을 솜에 적셔 잇몸, 치아, 구강을 부드럽게 닦아낸다. 일회용 주사기를 이용해 직접 잇몸에 적용할 수도 있다.

습식 사료나 건조 사료에 물을 섞어 부드럽게 만든 음식을 급여한다. 통증 관리를 위해 수의사로부터 진통제를 처방받을 수 있다. 니아신이 함유된 비타민 B군 영양제가 도움이 된다.

아구창은 국소용 니스타틴, 케토코나졸이나 이트라코나졸 같은 항곰팡이 약물로 치료한다.

구강 유두종oral papilloma

구강 유두종은 입술 위, 입 안쪽에서 관찰되는 통증이 없는 사마귀로 주로 2살 미만의 젊은 개에서 관찰된다. 개 구강 유두종 바이러스에 의해 발생한다. 처음에는 분홍색의 작은 혹으로 시작하여 4~6주가 지나면 크기가 커지고 표면이 거칠어지며 회백색의 콜리플라워 모양으로 변한다. 많게는 50~100개가량의 유두종이 관찰될 수 있다.

같은 바이러스에 의해 발생하는 피부 유두종도 흔하다. 주로 눈꺼풀 위나 몸통 피부에서 발생한다.

치료 : 구강 유두종은 보통 6~12주 이내에 저절로 없어진다. 없어지지 않는 경우, 절제 수술이나 냉동요법, 전기소락법 등으로 제거한다. 병변이 넓게 퍼진 경우 화학요법이 효과적일 수 있다. 개의 면역체계는 재발을 막기 위해 항체를 만들어 낸다.

입 안의 이물

입 안에 발생하는 이물로는 뼛조각, 나뭇조각, 바늘이나 핀, 호저 가시, 낚싯바늘, 식물 까끄라기 등이 있다. 날카로운 물체가 입술, 잇몸, 혀를 관통할 수 있다. 치아 사이에 끼거나 입천장 안쪽에 박히기도 한다. 끈 조각이 치아와 혀 주변에 휘감기기도 한다.

이물에 잘 찔리는 부위는 혀 밑이다. 혀를 들어 올리면 포도송이처럼 부풀어 올라 진물이 흐르는 병변이 보일 것이다. 이것은 이물이 언제부터인가 박혀 있었음을 의미한다.

도꼬마리나 돼지풀이 많이 자라는 지역에서는 개가 털과 발에 묻은 가시를 핥는 과정에서 혀와 잇몸에 작은 가시가 다량 박힐 수 있다.

이물이 있는 경우 입 주변을 발로 긁거나 바닥에 입을 문지르는 행동, 침흘림, 껵껵거림, 반복적으로 입술을 핥는 행동, 입을 벌리고 있는 모습 등이 관찰된다. 이물이 하루 이상 박혀 있는 경우 기력이 없고, 구취를 풍기며, 음식 먹기를 거부하는 주요 증상이 나타난다.

치료 : 앞서 설명한 바와 같이 밝은 광원을 이용해 입 안을 부드럽게 검사한다. 쉽게 원인을 찾을 수도 있고, 이물을 직접 제거하는 것이 가능할 수도 있다. 그렇지 않다면 동물병원에 가서 전신마취를 하여 제거해야 할 수도 있다.

바늘에 실이 연결된 경우, 바늘의 위치 파악에 중요하므로 실만 잡아당겨 제거해서는 안 된다.

하루 또는 그 이상 박혀 있는 이물은 제거가 어렵고 감염이 발생하기 쉽다. 이물은 반드시 제거해야 하며 그 뒤에도 수의사의 검사가 필요하다. 광범위 항생제로 일주일 정도 치료한다.

낚싯바늘

입술의 낚싯바늘을 제거하는 경우, 바늘이 보이면 펜치 등으로 미늘 옆 부분을 두 조각으로 잘라 제거한다. 미늘이 입술에 박힌 경우 바늘이 들어간 방향을 잘 판단하여 박힌 바늘을 밀어 통과시킨 뒤 펜치로 잘라 제거한다. 바늘을 잡아당기거나 뒤로 빼려고 해서는 안 된다! 바늘에 찔린 상처는 **상처**(59쪽)에서 설명한 대로 치료한다.

입 안에 박히거나 낚싯줄에 연결된 상태로 삼킨 낚싯바늘은 절대 집에서 제거하려고 시도해서는 안 된다. 즉시 동물병원으로 데려간다.

고슴도치 가시

고슴도치 가시가 얼굴, 코, 입술, 구강, 발, 피부에 박힐 수 있다. 얼굴에 박힌 가시를 발로 긁는 과정에서 박힐 수 있으므로 항상 발가락 사이를 세심하게 살피도록 한다. 집에서 가시를 제거할 것인지 아니면 병원에 가야 할지의 여부는 박힌 가시의 숫자, 부위, 깊이 박힌 정도에 따라 결정될 것이다. 입 안의 가시를 마취 없이 제거하기는 힘들다.

집에서 가시를 제거하려면 **진료를 위한 보정**(21쪽)에서 설명한 것처럼 개를 잘 보정한다. 수술용 집게나 앞이 뾰족한 펜치를 이용해 피부에 박힌 가시를 박힌 방향과 일직선으로 잡아당겨 제거한다. 가시가 부러지는 경우 남은 부분이 피부 깊숙한 곳에서 감염을 유발할 수 있으므로 수의사의 즉각적인 치료가 필요하다.

가시를 다 제거한 뒤에도 일주일 동안 감염이나 농양이 발생하지 않는지, 깊이 박혀 있던 가시가 문제가 되지는 않는지 잘 관찰한다.

가시가 많이 박힌 개는 제거를 위해 마취를 해야 할 수도 있다. 가시가 많은 경우 수의사는 항생제를 처방할 것이다. 부러진 가시 조각은 안쪽 조직으로 이동해 심각한 심부 감염을 일으킬 수 있다.

혀 주변의 끈

혀가 부어오르거나 푸른색으로 변색되었다면 혀 안쪽(기시부)에 고무줄이나 끈이

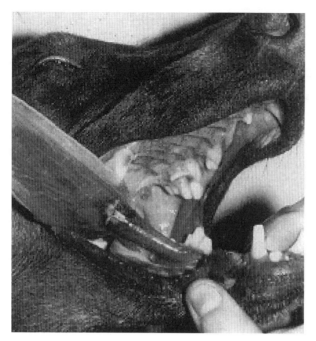
혀 아래쪽에 감긴 끈이 궤양을 유발했다. 혀를 들어올리기 전까지는 관찰할 수 없다.

감겼을 수 있다. 가끔 끈의 한쪽 끝은 삼키고 한쪽 끝은 혀에 감겨 있는 경우가 있다. 개가 끈을 더 삼키면 삼킬수록 혀에 감긴 끈을 더 조여 올 것이다. 혀가 얼마나 강하게 압박되었는지, 동맥이나 정맥 혈액 공급이 차단되었는지에 따라 비가역적인 조직손상 여부가 결정된다.

혀가 조여진 증상은 입 안에 이물이 있는 경우와 비슷해 보인다. 끈이 혀 조직 안쪽으로 파고들어가기 때문에 눈에 잘 띄지 않을 수 있다. 끈을 찾고 분리해 내기 위해 자세히 살펴보아야 한다. 찾아낸 끈을 끝이 몽툭한 가위로 잘라낸다. 개가 저항하는 경우 즉시 동물병원으로 데려간다.

입 안의 신생물growth in the mouth

입 안에 생기는 흔한 종양은 치은종으로, 복서와 불도그에서 가장 흔하다. 이 양성종양은 잇몸 염증에 의해 치근막에서부터 자라난다. 잇몸 조직에서는 덮개처럼 관찰된다. 종종 여러 개가 생기기도 한다. 드물게 악성종양으로 변성되기도 한다.

치은증식증은 잇몸이 치아를 덮거나 나란히 자라나는 것이다. 복서의 경우 유전적 소인이 있는 것으로 알려져 있으며, 그레이트데인, 콜리, 도베르만핀셔, 달마시안의 경우도 유전성이 의심된다. 늘어진 잇몸은 음식 먹는 것을 방해하고 다치기도 쉽다. 치주 질환에 걸리기도 쉬운데, 이런 경우 늘어진 잇몸을 수술로 제거해야 한다.

구강의 악성종양은 드물다. 흑색종, 편평세포암종, 섬유육종 순으로 발생하는데, 노견에서 많이 발생한다. 정확한 진단을 하려면 조직생검이 필요하다.

구강에 종양이 있는 개는 침을 흘리거나 씹는 것을 불편해하며, 숨 쉴 때 역한 냄새를 풍길 수 있다. 피가 섞인 침을 흘리기도 한다.

치료 : 초기에 광범위하게 국소절제를 하거나 방사선치료와 같은 공격적 치료가 가장 효과적이다. 위턱이나 아래턱을 제거하는 수술이 필요할 수도 있다.

종양이 이미 너무 진행된 증례가 많아 치료가 어렵다. 편평세포암종이 가장 예후가 좋은데, 치료받은 개의 50% 이상이 1년 이상 생존하는 것으로 보고되고 있다.

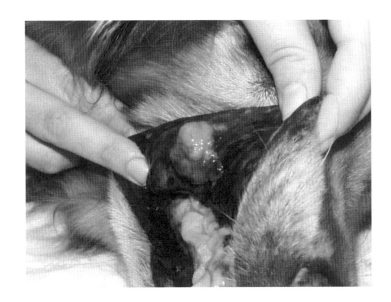

윗입술 안쪽에 자라난 흑색종.

치아와 잇몸

유치와 영구치

드문 경우를 제외하면 보통 강아지는 이가 없이 태어난다. 앞니가 생후 2~3주에 처음으로 난다. 다음으로 송곳니와 작은어금니가 나고, 생후 8~12주에 마지막 작은어금니가 난다. 일반적으로 대형견이 소형견보다 더 빨리 난다.

강아지는 평균적으로 28개의 유치(젖니)가 있는데 앞니, 송곳니, 작은어금니로 이루어져 있다. 어금니는 없다.

유치는 3~7개월 동안만 유지된다. 생후 3개월부터는 이갈이를 시작해 유치가 영구치로 교체된다. 생후 5개월에는 앞니를 모두 영구치로 갈아야 한다. 생후 4~7개월 사이에 송곳니와 작은어금니, 어금니가 난다. 따라서 생후 7~8개월에는 모두 영구치가 교체되어 있어야 한다. 이갈이 상태로 강아지의 대략적인 나이를 추측해 보는 것도 가능하다.

성견은 평균적으로 치아가 42개 있다. 아래턱에 22개, 위턱에 20개가 있다. 각각 앞니가 6개, 송곳니가 2개, 작은어금니가 8개 있다. 그리고 어금니는 아래턱에 6개, 위턱에 4개가 있다. 앞니의 마모 정도로 성견의 나이를 추정하기도 한다.

치아로 나이 추정하기

성견은 앞니의 마모 정도로 대략적인 나이를 추정할 수 있다. 6살이 안 되었다면 제

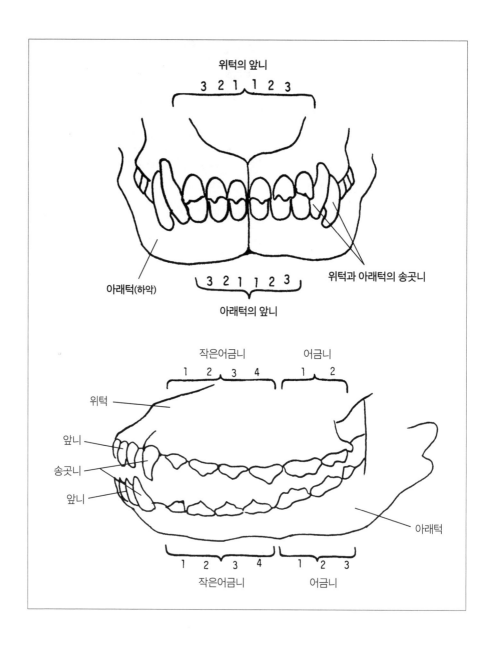

위턱의 앞니

3 2 1 1 2 3

아래턱(하악)

위턱과 아래턱의 송곳니

3 2 1 1 2 3

아래턱의 앞니

작은어금니

1 2 3 4

어금니

1 2

위턱

앞니

송곳니

앞니

아래턱

1 2 3 4

1 2 3

작은어금니

어금니

법 신뢰할 만한 정보를 얻을 수 있으나, 개체에 따라 다양한 변수가 있어 7살 이상에서는 정확도가 떨어진다.

앞니의 뾰족한 끝을 교두(cusp)라고 하는데, 교두의 마모 정도로 나이를 추정하는 것이 가장 중요하다. 치아의 전형적인 마모 패턴 표는 치아 마모가 전형적으로 진행되는 정도를 설명하고 있다(240쪽 그림 참고). 나이별로 교두의 마모 정도를 설명하고 있으나 개체 차이가 있을 수 있다. 철장이나 울타리를 씹거나 테니스 공 같은 연마성 재질을 많이 씹는 개는 마모가 더 빨리 진행될 수 있다.

치아의 전형적인 마모 패턴	
나이	마모 패턴
1살	아래턱 앞니 #1 마모. 송곳니에 치석이 생기기 시작
2살	아래턱 앞니 #2 마모. 송곳니에 치석이 제법 관찰
3살	위턱 앞니 #1 마모
4살	위턱 앞니 #2 마모
5살	아래턱 앞니 #3 약간 마모. 송곳니도 마모되기 시작
6살	아래턱 앞니 #3 마모. 송곳니가 뭉툭해지기 시작

#은 치아의 위치를 의미한다. 표의 '아래턱 앞니 #1'은 240쪽 그림의 '아래턱의 앞니 1번'이다.

잔존유치retained baby teeth

정상적으로는 영구치가 남에 따라 유치의 뿌리가 흡수되며 탈락하게 된다. 그러나 이런 과정에 문제가 생기면 이중으로 난 덧니가 관찰된다. 초소형 품종에서 특히 잔존유치가 많이 발생한다. 이로 인해 영구치가 치열을 벗어나고 비정상 교합과 같은 문제를 야기한다.

치료 : 생후 3~4개월의 강아지는 이갈이를 잘 하고 있는지 수시로 검사를 해야 한다. 유치가 영구치가 나는 것을 방해한다면 발치를 고려한다. 생후 4~5개월 전에 잔존유치를 발치해 주면 보통 교합은 저절로 정상적으로 돌아온다.

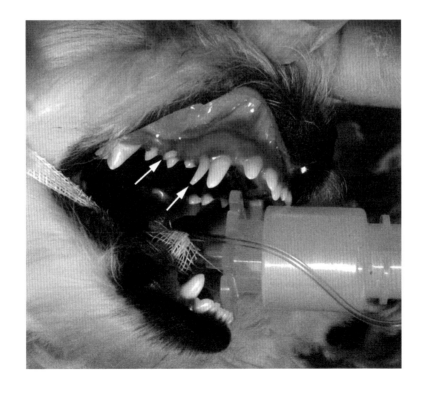

잔존유치(화살표 표시)는 영구치를 밖으로 밀어내 비정상적인 교합으로 치열을 망가뜨린다.

치아 개수의 이상

영구치의 개수는 대형견과 소형견 모두 42개가 표준이나 차이니스 크레스티드와 같이 털이 없는 품종은 탈모 유전자가 치아 발달에도 영향을 주어 예외적으로 치아 개수가 다를 수 있다. 불도그와 다른 단두개 품종도 짧은 턱 때문에 마지막 어금니가 없을 수 있다.

유전적 돌연변이로 인한 치아결손도 있다. 도베르만핀셔는 유전적인 이유로 작은 어금니가 정상적인 8개보다 적을 수도 있다. 이는 쇼도그로는 결격 사유일지 모르지만, 교합에 영향을 주지 않는다면 건강상의 문제는 되지 않는다. 이런 유전적 변이는 보통 유전된다.

개의 치아가 정상보다 많을 수도 있다. 스패니얼과 시각하운드(특히 그레이하운드)에서 가장 흔하다. 과잉치아는 밀집해서 나거나, 뒤틀리거나 겹쳐날 수 있어서 발치를 해야 한다.

부정교합malocclusion(incorrect bite)

개의 교합은 입을 다물었을 때 위턱과 아래턱의 앞니가 어떻게 만나느냐에 따라 결정된다. 이상적인 교합 상태는 위턱의 앞니가 아래턱 앞니를 살짝 덮어 닿는 상태로 가위교합이라고 한다. 위턱과 아래턱의 앞니가 서로 맞닿는 상태를 절단교합이라고 하는데, 이 역시 흔하게 관찰된다. 하지만 접촉하는 치아 끝이 마모될 수 있어 이상적인 교합 상태는 아니다. 각 품종별로 표준이 되는 교합 상태의 기준이 있다.

부정교합은 다른 구강 문제보다 더 심각할 수 있다. 교합이 좋지 않으면 개가 음식을 잡고 물고 씹는 능력에 방해가 되기 때문이다. 또 정상치열 밖으로 돌출된 치아는 구강의 부드러운 부위를 손상시킬 수 있다.

부정교합은 대부분 위턱과 아래턱의 길이를 조절하는 유전적 요소의 작용에 의해 유전된다. 잔존유치가 영구치를 치열 밖으로 밀어내서도 비정상 교합이 발생할 수 있다.

상악전출교합(overshot bite)은 위턱이 아래턱보다 긴 상태로 윗니가 아랫니와 닿지 않고 덮는다. 저먼셰퍼드 같은 품종의 경우 강아지 시기에 위턱이 더 긴 것이 정상이지만, 그 간격이 성냥머리 크기 이내인 경우 보통 저절로 정상교합으로 맞춰진다. 턱이 성장을 멈추는 생후 10개월까지는 교합의 개선이 지속된다.

상악전출교합이 심한 강아지는 영구치가 자라나며 입 안의 부드러운 부위를 손상시킬 수 있어 문제가 된다. 이런 경우 치료가 필요하다.

하악전출교합(undershot bite)은 상악전출교합의 반대로 아래턱이 돌출된다. 불도그

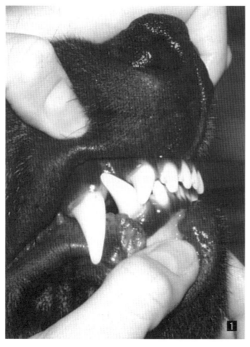

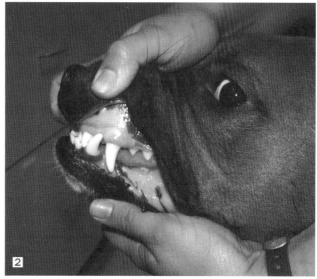

1 성견의 상악전출교합.

2 하악전출교합이 있는 경우, 치아가 잇몸을 자극해 손상될 수 있다.

나 퍼그 같은 단두개종에서는 정상으로 본다. 흔히 주걱턱이라고 한다.

삐뚤어진 입(wry mouth)은 가장 좋지 않은 부정교합이다. 한쪽 턱이 반대쪽보다 빨리 자라나 입이 뒤틀어진다. 음식을 물거나 씹는 데 심각한 장애가 된다.

치료 : 강아지는 생후 2~3개월경 수의사에게 교합 상태를 검사받아야 한다. 대부분의 경우 치료가 필요하진 않다. 그러나 영구치가 빽빽하게 나거나 위치가 틀어진 경우 발치를 하거나 치관단축술, 스페이서 적용과 같은 치과교정학 방법으로 교정해야 한다.

상악전출교합은 다음 세대에 유전될 확률이 매우 높다. 하악전출교합은 일부 품종에서 유전될 수 있다. 때문에 부정교합이 있는 개는 번식시켜서는 안 된다. 단두개종에서는 부정교합이 품종의 특성이므로 예외로 한다.

불안정한 턱

페키니즈, 치와와, 기타 초소형 품종에서 관찰된다. 양쪽 아래턱이 만나는 턱 끝 부위의 연골이 골화(骨化)되는 데 실패하고, 이 연골에서 앞니가 나면 흔들리거나 불안정해진다. 감염이 발생하면 치아뿌리까지 내려가 연골을 파괴할 수 있는데, 이로 인해 양쪽 턱뼈가 분리되어 따로따로 움직일 수 있다. 식단에서 칼슘과 인의 비율이 부적합한 경우 발생할 수 있다.

치료 : 문제가 있는 치아를 발치하고, 항생제를 처방하고, 외과적으로 턱을 고정하여 치료할 수 있다. 식단이 문제였다면 식단 역시 교정해야 한다.

치주 질환periodontal disease

치주 질환은 수의학 임상에서 가장 흔한 문제 중 하나다. 두 가지 형태로 발생하는데 하나는 잇몸의 가역적인 염증인 치은염이고, 다른 하나는 치아를 지탱하는 심부 구조의 염증인 치주염이다.

치은염gingivitis

치아와 잇몸 사이에 세균이 축적되고 자극을 유발하면, 염증이 심해지고 피가 나며 치은염이 발생한다. 건강한 잇몸은 끝이 치아 주변을 단단히 둘러싸고 있으나, 치은염이 있는 경우 불규칙한 잇몸선을 따라 치석이 거칠게 붙어 있고 잇몸 끝이 치아와 벌어져 있다. 이 틈새로 음식이나 세균이 끼어 잇몸에 감염이 발생한다.

치석은 칼슘 성분, 음식 찌꺼기, 세균, 기타 유기물로 이루어져 있다. 처음 형성될 때에는 부드러운 황갈색 물질로 침착된다(이 단계를 치태라 부른다). 치태는 빠르게 경화되어 치석이 된다. 치석은 모든 치아에 생길 수 있으나 위턱의 뺨 부위에 있는 어금니와 작은어금니에 가장 많이 생긴다.

치아에 생긴 치석은 잇몸 염증의 가장 큰 원인이다. 2살 넘은 모든 개에서 발생할 수 있는데, 푸들 같은 몇몇 특정 품종과 소형견에서 더 빨리 생긴다. 건조 사료를 먹고 딱딱한 뼈나 간식을 먹는 개는 부드러운 음식만 먹는 개에 비해 치석이 덜 생긴다.

치은염의 특징적인 증상은 입 냄새다. 예전부터 입 냄새가 있어 정상으로 넘겼을 수도 있다. 잇몸이 빨갛게 붓고 건들면 쉽게 피가 난다. 심한 경우 잇몸을 누르면 잇몸선에서 고름이 흘러나오기도 한다.

치료 : 치은염이 치주염으로 진행되지 않도록 예방하고 치주염 진행을 지연시키는데 주안점을 둔다.

스케일링을 실시하여 치아를 깨끗이 청소하고 폴리싱*으로 치태와 치석을 완전히 제거한다. 대부분의 수의사들은 사람에서 쓰이는 것과 비슷한 초음파 치과 장비를 사용한다. 효과적인 시술을 위해 전신마취가 필요하다.

스케일링 이후에도 가정에서의 구강관리가 뒤따라야 한다. 반려견용 구강 세정제가 도움이 된다. 치태와 치석 예방에 대한 부분은 **구강관리**(248쪽)를 참조한다.

* **폴리싱**polishing 스케일링 과정에서 생긴 치아 표면의 작은 홈집들을 매끄럽게 연마하는 과정이다. 치석 재발 방지를 위해 매우 중요하다.

치주염periodontitis

치주염은 치은염이 심해져 발생한다. 치아는 뼈의 홈 안쪽에 백악질이라고 하는 물질과 치주막이라고 하는 특수한 결합조직에 의해 고정된다. 잇몸의 감염으로 인해 백악질과 치주막이 공격당하면, 치근(치아뿌리)이 감염되고 이가 흔들려 결국에는 빠진다(아래 그림 참조). 이는 통증이 심한 과정으로, 식욕이 좋은 개가 밥그릇 앞에 앉아 잘 먹지 않거나 음식을 먹다 흘리는 모습을 관찰할 수 있다. 침을 흘리는 경우도 흔하다. 치근농양이 발생하여 상악공이나 비강 쪽으로 파열되면 편측성 화농성 콧물, **구비강루(228쪽)**, 눈 밑의 부종 등이 발생할 수 있다.

치료 : 치은염(244쪽)에서 기술한 바와 같이 수의사로부터 전문적인 스케일링을 받는다. 감염이 심한 경우 잇몸 일부를 절제해야 할 수 있다(치은절제술). 치주염이 심한

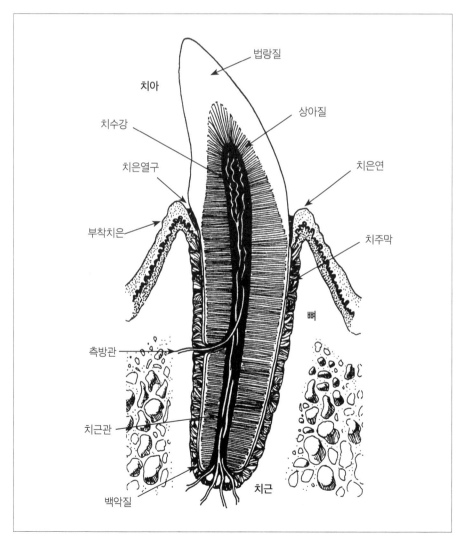

치아의 구조

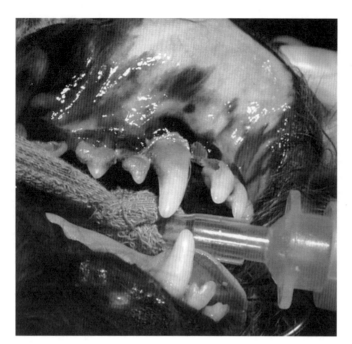
잇몸이 감염되어 부어 있고, 치아에 치석이 낀 심한 치주염 상태다.

경우 일부 치아 또는 치아 전체를 발치해야 할 수도 있다. 잇몸을 치료하고 나면 개는 이가 없어도 놀랄 만큼 잘 먹을 것이다. 심한 정도에 따라 1~3주가량 항생제를 처방한다.

치료 후에는 0.2% 클로르헥시딘 용액으로 하루에 1~2회 입 안을 세정한다. 용액을 솜에 적셔 부드럽게 잇몸과 치아를 닦아내거나 주사기를 이용해 용액을 직접 잇몸과 치아 부위에 적용한다. 반려견용 칫솔과 치약으로 양치질을 해 주어도 좋다. 손가락, 천 조각, 부드러운 거즈 등을 이용해 부드럽게 원을 그리는 것처럼 잇몸을 마사지한다. 잇몸이 건강해질 때까지 마사지와 구강 세정을 계속 실시한다. 입 안에 찌꺼기가 끼지 않도록 캔 음식 같은 부드러운 음식은 물과 섞어 주는 것이 좋다. 일단 잇몸이 건강해지면 일상적인 가정 내 구강관리로 전환한다.

과거 조에티스사에서 치주염을 유발하는 주요 세균인 포르피로모나스 덴티카니스(*Porphyromonas denticanis*), 포르피로모나스 굴라이(*P. gulae*), 포르피로모나스 살리보사(*P. salivosa*)를 대상으로 하여 치주염을 예방하고 치료를 돕는 백신을 출시하였으나 효능성 문제로 현재는 생산이 중단되었다.

충치cavity

개는 충치가 흔치 않다. 충치가 생긴다면 보통 잇몸선에 잘 생기고 치주 질환과 관련이 있다. 어금니 윗부분에 생기기도 한다. 치아에 검은 점 형태로 관찰되는데 통증이 심하고 치근농양으로 진행될 수 있다.

치료 : 가장 빠르고 쉬운 방법은 발치를 하는 것이다. 충치를 때우고 보존하는 방법도 있으나 이는 관련 시술 장비와 기술을 갖춘 치과 전문의의 시술이 필요하다.

충치가 심해 치수가 노출된 경우 근관치료(신경치료)가 필요할 수도 있다. 최근에는 근관치료를 하는 경우가 꽤 늘었다. 특히 송곳니가 부러졌을 때 많이 이용한다.

치근농양(치첨농양)abscessed root

치근농양은 모든 치아에서 발생할 수 있지만, 송곳니와 위턱 네 번째 어금니에서

가장 많이 발생한다. 치아의 농양은 통
증이 극심하고, 고열을 동반하며, 음식을
씹기 힘들어하고, 활력도 떨어뜨린다. 치
아 주변으로 흘러나오는 고름이 관찰될
수도 있다. 엑스레이검사로 진단하고 턱
뼈와의 관련 여부도 확인할 수 있다.

위턱 네 번째 어금니에 생긴 농양은
눈 아래쪽 얼굴 부위가 부어오르는 전형
적인 모습을 보인다. 나중에는 피부 아래
에서 농양이 터지며 얼굴 한쪽에 고름이
흐른다. 아래턱에 농양이 생기는 경우도
비슷하다. 치근농양으로 구비강루가 생긴다(228쪽 참조).

위턱 넷째 어금니에
생긴 치근농양이 터
져 한쪽 얼굴 전체에
서 고름과 피가 관찰
된다.

치료 : 전신마취를 하고 농양이 생긴 치아를 발치한다. 드물게 신경 치료와 치아 치
료를 통해 치아를 남겨 놓기도 한다. 감염을 치료하기 위해 항생제를 처방한다. 치료
후 가정 관리는 치주염에서 설명한 것처럼 클로르헥시딘 구강 세정을 해 준다(244쪽
참조).

부러진 이

치아골절은 흔하다. 돌이나 딱딱한 뼈와 같은 단단한 물체를 씹거나 장이나 울타리
의 철망에 이가 걸려서 또는 외상에 의해 발생할 수 있다.

치료 : 법랑질만 깨진 경우, 통증도 없고 치료도 필요 없다. 그러나 치아가 깨지며
치수까지 손상을 입은 경우, 통증이 심하고 개가 기운이 없으며 먹지 않으려 할 것이
다. 치근농양으로 진행되는 것을 막기 위해 발치를 하거나 치아 수복 치료를 한다. 근
관 치료와 함께 크라운을 씌워 깨진 치아를 복구한다. 금속이나 세라믹 소재 등을 사
용한다. 경찰견과 같은 활동견에게 가장 많이 시술된다.

법랑질형성부전/법랑질손상enamel hypoplasia/damage

어떤 개들은 치아를 덮고 있는 법랑질이 손상받을 수 있다. 발달상의 문제로 발생
하거나 디스템퍼나 치아가 나고 있는 시기에 고열을 동반하는 질환과 관련해 발생할
수도 있다. 이런 치아는 줄무늬로 변색되어 보이는 경우가 많다.

치아를 덮고 있는 법랑질은 금속으로 된 울타리나 장을 물어뜯거나 테니스 공 같은
연마성 재질을 장기간 물어뜯어 손상되기도 한다.

치료 : 일반적으로 일부 법랑질의 결손은 별문제가 안 된다. 법랑질결손으로 불편함을 호소한다면 레진과 같은 것으로 치료할 수 있다.

구강관리

대부분의 개들은 2~3살까지는 전문적인 치과 관리가 필요하다. 구강검진, 스케일링 및 폴리싱을 받는 횟수는 치석이 얼마나 빨리 생기느냐에 달려 있다. 잘 짜인 가정 내 구강관리를 통해 전문적인 시술의 횟수를 줄일 수 있다.

실제로 개의 구강 질환은 다음의 지침만 잘 따라도 거의 완벽히 예방할 수 있다.

- 건조 사료를 급여한다. 건조 사료는 치아 표면을 연마시켜 깨끗하게 유지해 준다. 하루 종일 조금씩 먹는 것보다 하루 1~2회로 시간을 정해 급여하는 것이 좋다. 습식 사료를 주고 싶다면 딱딱한 비스킷도 매일 함께 급여한다. 치태와 치석의 형성을 예방하는 처방 사료도 있다.
- 최소 일주일 3회 이상 양치질을 시킨다. 잇몸이 건강한 상태인 강아지 시절부터 시작하는 것이 좋다. 치주 질환이 생겼다면 매일 양치질을 시켜야 한다.
- 치아보다 단단한 씹을거리는 주지 않는다. 고압축 고무 재질 단단한 공과 생가죽 재질 장난감은 뼈를 씹는 것보다 치아가 부러지거나 쪼개질 위험이 더 높다. 치태와 치석 제거를 위해 만들어진 특별한 개껌도 많다. 닭뼈나 쪼개지기 쉬운 기다란 뼈는 주면 안 된다. 뼈를 씹는 특별한 이점도 없을 뿐 아니라 변비나 다른 문제를 유발하기 쉽다. 사실, 모든 종류의 뼈는 주지 않는 것이 가장 좋다.
- 매년 정기적으로 구강검진을 받는다. 구강 문제를 예방하는 가장 좋은 방법이다.
- 수의구강건강협회(www.vohc.org)는 구강건강에 도움이 되는 제품 목록을 제공하고 있다.

양치질하기(치아와 잇몸)

반려동물을 위한 수많은 구강 제품이 있다. 일부 치약은 칼슘과 규산염 같은 연마제 성분이 들어 있다. 다른 제품은 효소 성분으로 혐기성 세균의 성장을 저해시킨다. 항균 및 항바이러스 효과가 있는 클로르헥시딘 성분이 함유된 제품도 있고, 잇몸 질환의 치유를 촉진하는 성분인 아스코르브산 아연이 함유된 제품도 있다. 수의사는 잇몸 상태에 따라 적절한 제품을 추천해 줄 것이다.

1티스푼(5mL)의 물에 1테이블스푼(14g)의 베이킹 소다를 섞어도 좋은 치약을 만들

수 있다. 나트륨 제한식이를 하는 개
라면 베이킹 소다 대신 염화칼륨 같
은 소금 대체제를 사용해도 된다. 그
러나 대부분의 개들은 닭고기 향이나
민트 향 같은 전용 치약을 더 선호한
다. 이런 치약은 베이킹 소다의 단순
연마 효과 외에 치아 전체를 청소해
주는 효소도 함유하고 있다.

사람용 치약은 사용해선 안 된다.
개들은 거품을 좋아하지 않고, 양치질
후 입 안을 헹구거나 뱉어낼 수도 없
다. 사람 치약에 많이 들어 있는 불소
도 개에게는 좋지 않다.

손가락 또는 부드러운 나일론 칫솔
을 이용해 45도 각도로 치아와 잇몸
을 양치질한다. 개용으로 나온 다양한
칫솔을 구매할 수 있다. 손가락에 타
월 조각, 행주, 거즈 등을 감아 손가락

정기적으로 구강관리를 해 주는 경우라도 전문적인 스케일링과 폴리싱을 한번씩 해 줘야 한다.

칫솔로 사용할 수 있다. 판매되는 손가락 칫솔도 있다. 치약을 짜서 묻힌 뒤 입술을 들
어 올려 치아 바깥 면을 노출시켜 작은 원을 그리며 치아와 잇몸을 부드럽게 칫솔질
한다.

개들은 평소 혀를 움직이는 운동을 하기 때문에 상대적으로 치아 안쪽에는 치석이
잘 안 생기므로 입을 벌릴 필요는 없다. 가장 중요한 부분은 치은열구(잇몸이 치아와
맞닿는 부위에 있는 작은 틈, 245쪽 그림 참조)를 잘 닦는 것이다. 칫솔질을 너무 세게 하면
피가 날 수 있는데, 이는 잇몸 질환을 의미한다. 매일 양치질을 하면 1~2주 내에 잇몸
의 탄탄해지고 출혈도 멈춘다.

목구멍

인두염(인후염)과 편도염 pharyngitis(sore throat) and tonsillitis

이 두 가지 질환은 흔하며 종종 함께 발생하기도 한다. 개에게는 사람에서처럼 단

독 감염으로 인해 목이 아픈 경우는 흔치 않다. 목이 아프다면 대부분 구강, 부비동, 호흡기계 감염과 관련이 있다. 파보바이러스, 디스템퍼, 허피스바이러스, 가성 광견병 같은 전신성 질환에 의해서도 발생할 수 있다. 항문낭의 감염도 항문낭을 핥는 과정에서 감염이 전파되어 인후염을 유발할 수 있다.

인후염의 증상으로는 발열, 기침, 구역질, 음식을 삼킬 때의 통증, 식욕부진 등이 있다. 목구멍에 붉게 염증이 생긴다. 목구멍 뒤쪽에서 화농성 분비물이 관찰될 수 있다.

어린 아이들에서 발생하는 A형 연쇄상구균 인두염(패혈성 인두염, strep throat)은 개와 고양이에서 경미한 인후염을 유발할 수 있는데, 이런 경우 호흡기도에 세균들이 존재할 수 있다. 일반적으로 개와 사람 사이의 감염이 발생하는 일은 드물지만 패혈성 인두염이 재발한다면 집 안의 세균을 완전히 박멸하기 위해 사람은 물론 반려동물도 함께 치료받을 것을 추천한다.

편도는 사람과 마찬가지로 개의 목구멍 뒤쪽에 있는 림프 조직의 집합체다. 염증이 생긴 경우가 아니라면 관찰하기 어렵다. 보통 인후염에 의해 2차적으로 발생한다.

원발성 세균성 편도염은 드문데, 어린 소형 품종 강아지에서 발생한다. 39.5도 이상의 고열이 특징이라는 점을 제외하면 인후염과 증상이 비슷하다. 개는 기력이 없어 보이며, 편도가 선홍색으로 붓는다. 편도 표면에 하얀 반점처럼 보이는 국소 농양이 관찰되기도 한다.

편도가 커지는 만성 편도염은 지속적인 감염이나 장기간의 기침, 구역질, 위산 역류와 같은 기계적인 자극에 의해 발생한다. 편도염 증상을 보이는 개는 항문낭 문제를 반드시 확인해야 한다. 몸의 털을 손질하고 항문낭을 핥는 과정에서 입 안이 감염될 수 있기 때문이다.

치료 : 급성 인두염과 편도염은 기저질환을 치료하면 좋아진다. 원인이 불명확한 경우 10일간 광범위 항생제를 처방한다. 습식 사료와 물을 섞어 죽처럼 만들어 부드러운 음식을 급여한다. 통증 경감을 위해 진통제를 처방할 수도 있다.

편도가 부어오르면 편평세포암종(가장 흔한 편도의 암)과 잘 구분해야 하는데, 조직생검으로 진단한다. 만성 염증이 있는 경우라도 편도절제술이 필요한 경우는 드물다.

목구멍의 이물(구역질)

목구멍 뒤쪽에 작은 공이나 물체가 걸렸다면 개는 계속 구역질을 할 것이다. 목구멍 옆쪽에 박힌 뼛조각도 구역질을 유발하는 또 다른 원인 중 하나다. 목구멍에 이물이 걸린 경우 갑자기 우울해하거나, 격렬하게 발로 입을 긁거나, 침흘림, 구역질, 토하려 애쓰는 모습을 볼 수 있다.

목구멍에 이물이 걸렸다면 후두의 이물과 잘 구분해야 한다. 후두에 이물이 있는 경우 기침을 하고, 숨이 막혀 보이고, 호흡곤란이 나타난다.

치료 : 개를 안정시킨 뒤, 가까운 동물병원으로 데려간다. 개가 기침을 하고 숨 막혀 한다면(또는 기절할 수도 있다) 목구멍의 이물이 후두 쪽으로 이동하여 기도를 막은 것일 수 있다. 질식(314쪽)에서 설명한 것처럼 응급조치를 실시한다.

침샘

개는 입 안으로 타액을 분비하는 침샘을 네 쌍 가지고 있다. 그중 귀 아래에 있는 귀밑샘만 바깥에서 촉진된다. 침샘은 음식과 섞여 소화를 돕는 알칼리성 액체를 분비한다.

침 과다분비(침흘림)hypersalivation(drooling)

입술이 늘어진 품종에서처럼 개의 어느 정도의 침흘림은 정상이다. 과도한 침흘림은 보통 음식을 기다리는 경우는 물론, 두려움이나 걱정, 불안 같은 심리적인 문제로 인해 심해진다.

치주 질환, 치근농양, 구내염 같은 입의 통증에 의해서도 침흘림이 심해질 수 있다. 침을 심하게 흘리며 이성을 잃은 행동이 관찰된다면 광견병을 의심해 봐야 한다. 디스템퍼, 가성 광견병, 열사병도 관련이 있을 수 있다. 멀미에 의해서도 심해질 수 있다.

많은 중독 증상과 유사하게, 진정제에 의해서도 침흘림이 발생할 수 있다. 개가 건강해 보임에도 불구하고 특별한 이유 없이 침을 심하게 흘린다면 입 안에 이물이 없는지 살펴보도록 한다.

치료 : 침을 흘리는 원인에 따라 다르다.

침샘의 낭종, 감염, 종양

침샘은 싸우다 머리나 목 부위를 물리거나 다치면 손상될 수 있다. 분비관이나 샘 조직이 손상되면 주변 조직으로 타액이 새어나와 점액낭종이라는 액체로 찬 낭종이 생긴다. 입 아래쪽에 있는 턱밑샘에서 가장 많이 발생하는데, 이 부위의 낭종을 하마종이라고 한다. 하마종은 입 아래쪽 혀의 측면에 크고 말랑하고 동그란 덩어리로 관찰된다.

점액낭종이 음식을 먹거나 삼키는 데 장애를 줄 정도로 커지면 문제가 된다. 부어오른 부위를 바늘로 찔러 보면 진득하고 뿌연 점액성 액체가 배출된다. 주사기로 빼내는 것으로 문제가 해결될 수도 있으나 보통은 수술이 필요하다. 낭종을 입 안으로 배액시켜 주는 수술을 실시하는데, 시술이 어려운 경우 침샘을 제거해야 할 수도 있다.

침샘의 감염은 드문 편인데, 대부분 이전에 갖고 있던 구강 감염과 관련이 있다. 광대뼈 아래 있는 권골샘에서 가장 많이 발생한다. 권골샘 감염의 증상은 안구돌출, 눈물흘림, 입을 벌릴 때의 통증 등이다. 침샘을 제거하여 치료한다.

침샘의 종양은 드물고 대부분 악성종양이다. 혀 아래나 얼굴 옆쪽에 작은 덩어리 형태로 서서히 커진다. 작은 종양의 경우 수술로 절제해 치료할 수 있다.

머리

머리와 목의 농양

머리와 목의 농양은 다른 동물에게 물리거나 나뭇조각, 핀, 닭뼈, 가시같이 날카로운 물체가 연부조직에 박혀 발생한다. 인후염, 편도염, 구강 감염, 치근농양이 생긴 뒤 발생하기도 한다.

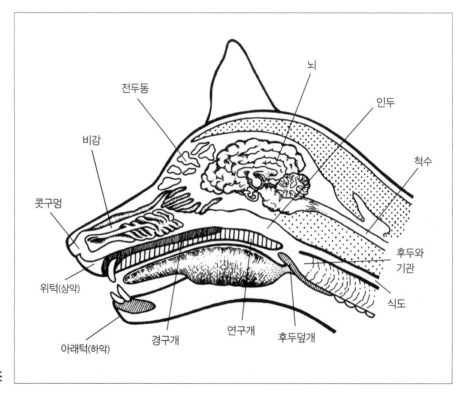

머리의 해부학적 구조

머리와 목의 농양은 갑자기 열이 나면서 관찰된다. 매우 아파하며 머리나 목이 한쪽으로 기울어 보일 수도 있다. 입을 벌리면 극심한 통증을 호소할 것이다. 먹거나 마시려 하지도 않는다.

안구 뒤 농양은 안구 뒤쪽의 공간에서 발생한다. 눈물을 흘리거나 안구가 돌출된다. 턱밑 농양은 입 아래 바닥 부위에 부종이 발생하는데 턱뼈로 퍼질 수 있다. 전두동에 발생한 농양은 눈 아래쪽에서 부종을 유발한다.

치료 : 머리와 목의 농양은 즉시 수의사의 진료를 받아야 한다. 농양의 진행을 촉진시키기 위해 하루 4번 15분씩 따뜻한 온찜질이 추천될 수도 있다. 국소적인 감염에는 항생제가 도움이 된다. 부어오른 부위가 말랑해지면 수의사가 배액시킬 준비가 된 것이다.

수의사는 농양을 절개하고 배액시킨 뒤, 다시 빈 공간에 고름이 차지 않도록 심지를 남겨두기도 한다. 이후 관리는 **봉와직염과 농양**(168쪽)에서와 비슷하다.

두개하악 골병증craniomandibular osteopathy

이 생소한 질병은 어린 웨스턴 하이랜드 테리어, 스코티시테리어, 캐언테리어에서 주로 발생하며, 보스턴테리어, 복서, 래브라도 리트리버, 그레이트데인, 도베르만핀셔에서도 발생이 보고되어 있다. 열성 유전에 의한 것으로 알려져 있다.

생후 4~10개월의 강아지 시기에 시작되는데, 아래턱의 아래 부위 또는 턱과 두개골의 다른 부위에 뼈가 침착되는 특징을 보인다. 부어오른 턱은 통증이 매우 심하다. 턱관절에 영향을 받으면 입을 벌리는 것을 매우 고통스러워할 것이다. 고열, 침흘림, 식욕감소가 관찰된다. 입을 강하게 벌리면 고통으로 비명을 내지를 것이다.

치료 : 비정상적인 골침착에 대한 효과적인 치료는 없다. 식욕저하가 심하면 영양공급을 위해 영양관 장착이 필요할 수 있다. 진통제로 통증을 완화시킨다. 1살이 되면 보통 상태가 나아진다. 과도하게 침착된 뼈의 일부 또는 전체가 퇴축될 수 있다. 완벽히 치료되진 않아도 대부분의 개들은 잘 먹으며 생활할 수 있다.

이런 문제가 있는 개들은 번식시켜서는 안 된다. 동물정형학재단(OFA, the Orthopedic Foundation for Animals)과 유전병관리연구소(GDC, Institute for Genetic Disease Centrol in Animals)는 두개하악골병증을 테리어 종에서 검사해야 하는 질병 목록에 올려두고 있다.

9장
소화기계

소화기는 입에서 시작하여 항문에서 끝난다. 입술, 치아, 혀, 침샘, 입, 인두는 다른 장에서 다룬다. 나머지 소화기관은 식도, 위, 십이지장(소장의 첫 번째 부분), 공장과 회장, 결장, 직장, 항문이다. 소화와 흡수를 돕는 기관은 췌장, 담낭, 간이다. 췌장은 십이지장 옆에 있으며, 췌장 효소는 췌관으로 분비되어 간에서 오는 담관과 만난다. 그리고 췌관과 담관은 십이지장으로 연결된다.

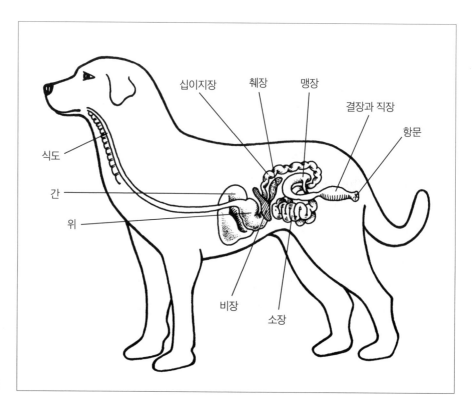

십이지장　췌장　맹장
결장과 직장
항문
식도
간
위
비장　소장

소화기계 해부도

식도는 근육으로 된 관으로 연속적인 수축을 통해 음식물을 위로 이동시킨다. 식도는 목과 흉강을 따라 있으며 위와 연결된다. 하부 식도는 예리한 각도로 위와 연결되어 있어 음식이나 액체가 위에서 식도로 역류하는 것을 막는다.

음식물은 위내에서 최대 8시간까지 머물다가 유문을 통해 십이지장과 나머지 소장으로 넘어 간다. 췌장과 소장에서 분비된 소화액이 음식을 아미노산, 지방산, 탄수화물로 분해시킨다. 소화산물은 소장의 혈류로 흡수되어 간으로 이동해 저장에너지로 전환된다.

식이섬유와 소화되지 않은 찌꺼기는 소장에서 결장으로 이동한다. 결장의 기능은 수분을 제거하고 남은 찌꺼기를 변으로 저장하는 것이다.

내시경

내시경은 체강 안쪽이나 위나 결장 같은 관상 장기의 내부를 보여 주는 장비다. 소화기 질환에 있어 매우 유용한 진단 방법으로, 점점 많은 병원이 도입하고 있다.

개를 전신마취 시킨 상태에서 유연성이 있는 내시경을 입이나 항문을 통해 삽입하여 소화관을 관찰한다. 장 내부를 보기 위해 강력한 광원과 광섬유 케이블을 사용한다. 내시경을 통해 미세한 기구를 통과시켜 조직을 채취하거나 다른 시술을 할 수 있다.

위내시경gastroscopy

위내시경은 식도위내시경(EGD)이라고도 부르는데, 상부 소화기관을 확인하고 조직검사를 하는 데 이용된다. 위염, 위와 십이지장의 궤양, 종양, 이물 진단에 있어 최고의 진단 방법이다. 내시경은 입 안으로 삽입되어 식도를 통해 위와 십이지장으로 들어간다. 검사 중 식도나 위의 이물이 발견되는 경우 특수하게 고안된 도구를 이용하여 제거할 수 있다. 그러나 큰 이물은 개복수술이 필요하다.

최근에는 작은 캡슐 크기의 카메라를 삼켜 식도부터 대장까지의 영상을 확인하는 '캡슐 내시경'도 상용화되어 진단에 이용되고 있다.

대장내시경colonoscopy

대장내시경은 항문을 통해 직장과 결장으로 내시경을 삽입한다. 하부 소화기 내부를 볼 수 있고 장의 조직생검을 할 수 있다. 아주 간편하게 결장염과 다른 대장 질환을 진단할 수 있다.

식도

식도는 근육으로 된 관 모양의 장기로 음식과 물을 위로 밀어낸다. 음식을 삼키는 행동과 함께 연동운동이라는 규칙적인 수축 작용을 통해 음식을 이동시킨다.

식도 질환의 증상으로는 역류, 연하곤란(음식을 삼킬 때 통증을 느낌), 침흘림, 체중감소 등이 있다.

역류regurgitation

역류는 소화되지 않은 음식물을 구역질 없이 비교적 큰 힘을 들이지 않고 배출시키는 증상이다. 식도가 물리적으로 막히거나 연동운동이 부족할 때 발생한다. 식도 내로 음식이 과도하게 축적되었을 때도 발생할 수 있다.

역류와 구토를 혼동해서는 안 된다. 구토는 위 내용물이 강력하게 배출되는데, 침흘림이나 구역질이 앞서 관찰된다. 구토의 내용물은 보통 시큼한 냄새가 나고, 부분적으로 소화가 되어 있으며 노란 담즙 빛을 띤다.

건강하던 개에서 갑자기 역류 증상이 관찰된다면 대부분 식도의 이물에 의한 경우다. 또 지속적으로 침을 흘린다면 침을 삼킬 수 없는 상황을 의미할 수도 있다.

만성적인 역류 증상은 (좋아졌다 나빠졌다를 반복하며 점점 악화되는 양상의) 거대식도증, 협착, 종양과 같은 부분적인 폐쇄에 의한 경우가 많다.

역류로 인한 심각한 합병증으로 흡인성 폐렴이 있는데, 이는 음식물이 폐로 들어가 감염을 일으키는 것이다. 또 다른 심각한 합병증은 비강 감염으로, 음식물이 코로 들어가 발생한다.

연하곤란dysphagia

식도가 아픈 개는 목을 쭉 편 채로, 천천히 반복적으로 입 안의 음식을 삼키려 애쓸 것이다. 상태가 더 심해지면 음식을 먹지 않고 체중도 감소한다.

음식을 삼키기 어려워하거나 통증을 호소한다면 식도 이물, 협착, 종양 등으로 인한 부분적인 폐쇄가 원인일 수 있다. 구강 감염, 목이 아픈 경우, 편도염에서도 음식을 삼킬 때 통증을 유발할 수 있다.

거대식도증megaesophagus

거대식도증은 식도가 커진 상태다. 식도가 부분적으로 폐쇄되고 상당한 시간이 지나면 풍선처럼 서서히 확장되어 음식이 쌓이기 쉬워진다. 거대식도증은 역류, 흡인성 폐렴의 재발, 체중감소 등을 동반한다.

거대식도증에는 두 가지 원인이 있다. 첫 번째는 식도가 수축하여 음식물을 위로 내보내는 데 실패하는 것이다. 이런 운동성의 문제는 강아지에서는 유전적인 장애로, 성견에서는 후천성 질환으로 발생한다. 두 번째는 이물이나 식도를 둘러싸는 비정상적인 혈관의 발달 같은 물리적인 폐쇄로 발생한다.

선천성 거대식도증은 유전성으로 강아지에게서 관찰되는데, 하부 식도신경총의 발달장애로 인해 발생한다. 식도가 마비된 부위에서는 연동운동이 중지되며 음식물이 이동하지 못한다. 시간이 지나면 기능을 못하는 식도 위쪽이 풍선처럼 부풀어 오른다. 강아지의 뒷다리를 잡고 들어올려 보면 목 옆쪽의 식도가 돌출된 것을 확인할 수 있다.

선천성 거대식도증은 저먼셰퍼드, 골든리트리버, 그레이트데인, 아이리시 세터, 그레이하운드, 래브라도 리트리버, 뉴펀들랜드, 미니어처 슈나우저, 차이니스 샤페이, 와이어 폭스테리어 등에서 발생한다. **유전성 근육병**(358쪽)도 선천성 거대식도증의 다른 원인이다.

선천성 거대식도증은 건조 사료를 먹기 시작하는 이유기에 나타난다. 음식에 관심을 가지고 다가가지만 조금 먹고는 물러서는 특징적인 모습이 관찰된다. 종종 소량의 음식물을 역류시키고, 다시 먹기도 한다. 음식을 반복적으로 되풀이해서 먹음으로써 음식물이 더 부드러워지며 위로 이동할 수 있는 상태가 된다. 반복적으로 음식물이 흡인되면 흡인성 폐렴이 발생할 수 있다.

선천성 거대식도증의 또 다른 형태는 흉강에 태아 시기의 동맥이 잔존하여 발생한다. 이 동맥이 식도 주변을 압박하여 음식을 삼키는 것을 방해한다(혈관륜 기형). 가장 흔한 기형은 오른쪽 대동맥궁 유잔증으로, 생후 4~10개월에 역류 증상과 연하곤란이 나타난다. 이런 강아지들은 잘 성장하지 못하고 영양 상태도 좋지 않다.

후천성 거대식도증은 중증 근무력증 같은 몇몇 드문 신경근육 질환에 의해 후천적으로 발생한다. 갑상선기능저하증, 부신피질기능저하증, 식도염, 자가면역질환, 중금속 중독 등에 의해서도 발생한다. 대부분의 증례에서 원인은 분명치 않다.

흉부 엑스레이검사로 식도의 확장, 식도 내의 불투명한 물질, 흡인성 폐렴 등이 관찰될 수 있다. 바륨 조영제를 투여하고 엑스레이를 찍어 확진한다. 초음파검사로도 거대식도증을 진단할 수 있다.

치료 : 가장 중요한 목표는 영양 공급을 유지하고 합병증을 예방하는 것이다. 강아지의 식사량을 4회 이상 소량으로 나누어 급여한다. 중력의 작용을 최대화하기 위해 밥그릇과 물그릇을 높게 해 주는 것이 중요하다. 어떤 개들은 반습식 또는 죽 형태의

음식을 보다 삼키기 쉬워하고, 어떤 개들은 건조 사료를 더 잘 삼킨다. 이는 시행착오를 통해 알 수 있다. 음식을 먹고 난 뒤 15~30분 동안 선 자세를 유지한다면 중력으로 인해 음식물이 위로 이동하는 데 도움이 된다(작은 계단이나 사다리를 이용).

헌신적인 노력에도 불구하고, 거대식도증에 걸린 많은 개들이 잘 성장하지 못하고 흡인성 폐렴에 걸린다. 흡인성 폐렴에 걸리면 세균배양 및 항생제 감수성 검사 결과를 바탕으로 항생제를 투여한다. 폐렴의 증상은 기침, 발열, 빠르고 힘든 호흡 등이다(322쪽, 폐렴 참조).

선천성 거대식도증이 있는 강아지는 나이를 먹으며 상태가 나아지기도 한다. 일부 혈관륜 기형은 수술적 교정도 가능하다. 선천성 거대식도증이 있는 개는 번식시켜서는 안 된다.

후천성 거대식도증은 비가역적이지만, 일부 개들은 주의 깊은 음식 급여와 호흡기 감염에 대한 즉각적인 조치 등을 통해 수년간 잘 지낸다.

식도의 이물

식도의 이물은 흔한데 뼈나 뼛조각이 가장 흔하다. 그 외 개의 식도에 걸릴 수 있는 물질로는 끈, 낚싯바늘, 바늘, 나뭇조각, 작은 장난감 등이 있다. 개가 갑자기 꺽꺽거리거나, 구역질을 하고, 침을 흘리거나 역류 증상을 보인다면 식도의 이물을 의심해 봐야 한다. 며칠 또는 그 이상역류 증상과 연하곤란의 병력이 있다면 부분적인 폐쇄 가능성이 있다.

날카로운 이물은 식도를 천공시킬 수 있어서 특히 위험하다. 식도가 천공된 개는 고열, 기침, 빠른 호흡, 연하곤란, 경직되어 서 있는 자세 등을 보인다.

일반적으로 목과 가슴 부위의 엑스레이검사를 통해 진단한다. 엑스레이검사를 실시하기 위해 가스트로그라핀 같은 조영제를 먹여야 할 수도 있다.

치료 : 식도의 이물은 응급상황이다. 즉시 개를 동물병원으로 데리고 간다.

이물의 다수는 내시경으로 제거할 수 있다. 전신마취를 한 상태에서 입 안으로 내시경을 삽입한다. 이물이 눈에 보이면 특수한 기구를 통해 제거한다. 만약 이물을 제거할 수 없는 경우라면 위쪽으로 밀어낸 다음 개복수술을 통해 위에서 제거한다. 내시경으로 제거할 수 없는 이물의 경우 식도절개술을 통해 제거해야 하는 경우도 있다. 식도천공의 경우도 마찬가지다.

식도염esophagitis

이물에 의한 점막손상이나 부식성 액체에 의한 화상 등으로 식도에 염증이 발생할 수 있다(51쪽, 부식성 가정용품 참조). 위식도 역류(사람의 위산 역류와 비슷)도 또 다른 원인이다.

위식도 역류는 위산이 식도 쪽으로 역류되는 증상으로 식도점막에 화학적 화상을 유발한다. 전신마취 상태에서 고개가 아래쪽으로 기울어져 발생하기도 한다. 위관 튜브 사용, 만성 구토, 식도열공탈장 등에 의해서도 발생할 수 있다.

식도열공탈장은 횡격막의 식도 개구부가 비정상적으로 커져 위가 탈출되는 상태다. 이로 인해 위의 일부분 또는 전체가 흉강 안으로 밀려들어간다. 개에서는 흔치 않다. 대부분 선천성으로 차이니스 샤페이에서 발생률이 높다. 식도열공탈장에 의한 주요 문제는 위식도 역류를 유발하는 것이다.

중등도 또는 심각한 식도염의 증상은 연하곤란, 반복해 삼키는 행동, 역류, 침흘림 등이다. 만성 식도염이 있는 개는 식욕과 체중이 감소한다. 위내시경으로 진단하는데, 식도점막의 염증과 부종이 관찰된다.

치료 : 기저질환을 교정하는 데 목표를 둔다. 식도열공탈장은 수술로 교정할 수 있다. 사람의 만성 위식도 역류 치료에 사용하는 약물은 개에게도 효과적이다.

식도협착증esophageal stricture

식도 내벽의 손상으로 인해 생긴 원형의 반흔(흉터) 조직이 협착을 유발한다. 이런 손상은 대부분 식도 이물에 의해 발생한다. 부식성 액체를 삼키거나 위식도 역류에 의해서도 발생할 수 있다. 식도의 종양도 협착과 유사한 증상을 유발할 수 있다.

식도협착증의 주 증상은 역류 증상이다. 바륨 용액을 먹이고 엑스레이검사를 실시하거나 식도 내시경검사를 통해 진단한다. 식도 내강의 좁아진 부분에 섬유소성 고리 형태로 관찰된다.

치료 : 초기 협착증은 내시경으로 풍선 카테터를 삽입하여 식도벽을 확장시키는 치료가 가능하다. 이런 시술이 실패하면 협착 부위를 제거하는 수술을 고려한다. 이런 수술은 난이도가 높고 합병증 발생 가능성도 높다. 수술이 성공적인 경우 대부분의 개들은 정상적으로 음식을 삼킬 수 있다. 지속적으로 문제를 호소하는 경우 식도가 확장되어 운동장애가 발생할 수 있다(256쪽, 거대식도증 참조).

신생물growth

식도의 원발성 종양은 드문 편이며, 대부분은 악성종양이다. 흔히 발생하는 양성종양은 평활근종이다. 식도 주변의 림프절로 확장된 종양은 식도를 압박하여 물리적인 폐쇄를 유발할 수 있다.

기생충 스피로케르카 루피(*Spirocerca lupi*)에 의해 발생하는 식도의 신생물도 있는데 흔치는 않다. 이 신생물의 일부는 암종으로 변형될 수 있다.

치료 : 양성종양은 (또는 전이되지 않은 악성종양) 수술로 제거하는 것이 가장 좋은 치료법이다. 기생충은 구충제로 치료한다.

위

위의 문제는 구토와 관련이 있는 경우가 많다. 개에서는 구토가 아주 흔하므로, 구토에 대해서는 따로 설명하도록 한다(269쪽 참조).

위와 십이지장 궤양stomach and duodenal ulcer

위와 십이지장 궤양은 위내시경 사용이 확대되면서 점차 진단이 늘고 있다. 내시경으로 보면, 표재성 궤양의 경우 점막에 염증과 상처가 생기고 노란 고름으로 덮여 있는 것이 관찰된다. 심부성 궤양은 위벽의 전체 층에 걸쳐 파인 병변이 나타난다. 궤양은 단독 또는 여러 개일 수 있으며 크기도 다양하다. 궤양은 십이지장보다는 위에서 더 많이 발생한다.

사람의 위궤양은 종종 세균에 의해 발생하는데, 개에서는 위내 세균에 따른 경우가 드문 편이다(개의 위에서도 헬리코박터 균주가 발견되긴 한다). 드물지만 스테로이드나 아스피린, 이부프로펜 등의 NSAID(비스테로이드성 소염진통제)에 의해서도 발생한다. 개는 이런 약물에 의한 궤양 발현 부작용에 사람보다 더 민감하다.

개에서 궤양을 유발하는 다른 원인으로는 간 질환, 신장 질환, 과도한 스트레스(심한 질병이나 큰 수술 등), 만성 위염(특히 호산구성), 쇼크 등이 있다.

피부의 **비만세포종**(512쪽 참조)도 궤양을 유발할 수 있다. 이 종양은 히스타민을 분비하는데, 이는 강력한 위산분비 자극물질이다. 실제, 비만세포종양이 있는 개의 80%에서 위궤양이 발생한다.

궤양의 주요 증상은 산발적 또는 만성적 구토다. 체중이 줄거나 빈혈이 발생할 수 있다. 만성 구토와 같이 비특이적인 증상이 나타나는 개들은 내시경으로 진단한다.

궤양에 의한 출혈은 대부분 미세한 편이나, 때때로 구토물에 응고된 혈액(커피 가루 같아 보이는)이나 붉은 핏기가 관찰되기도 한다. 급속한 출혈이 발생하면 개는 쇼크에 빠지고 검은색 혈변을 본다. 위와 십이지장 궤양이 복강으로 파열되면 복막염을 유발한다.

치료 : 천공된 궤양은 응급수술이 필요하다. 위장관출혈을 나타내는 개는 입원시켜 관찰하며 추가적인 검사를 진행한다. 심한 빈혈이 있는 경우 수혈이 필요하다. 발생 원인을 찾아내는 것이 중요하다. 궤양을 유발할 가능성 있는 약물은 모두 중단한다.

사람에게 사용하는 궤양 치료 약물은 개에게도 효과적이다. 시메티딘, 파모티딘, 라니티딘 등의 히스타민 차단제, 수크랄페이트, 미소프로스톨, 오메프라졸 등의 점막 보호제, 그 외 제산제 등이 여기에 해당된다. 이런 약물을 하루 여러 번에 걸쳐 함께 복용했을 때(제산제와 히스타민 차단제 등) 가장 효과적이다. 수의사는 가장 효과적인 처방을 내릴 것이다. 최소 3~4주간 치료를 지속한다. 완전하게 치료되었는지를 확인하기 위해 내시경검사가 추천된다.

위배출폐쇄gastric outflow obstruction

위의 배출구를 유문관이라고 한다. 유문관에 반흔 조직이 생기거나 비정상적인 수축이 발생하면 위가 비워지지 못한다. 유문관 가까운 부위에 발생한 위나 십이지장 궤양이 가장 흔한 원인이다. 비후성 위염이나 호산구성 위염(267쪽, 만성 위염 참조) 등에 의한 반흔 조직과 수축, 위종양 등도 다른 원인이다. 이물과 위석*도 위배출폐쇄를 유발할 수 있다(275쪽, 위장관 이물 참조).

위배출은 부분적으로 또는 완전히 폐쇄될 수 있다. 부분폐쇄가 있는 개는 간헐적으로 구토 증상을 보이는데 보통 음식을 먹고 12~16시간 뒤에 관찰된다. 구토물은 보통 소화되지 않은 음식물인데, 가끔 피가 섞여 있을 수 있다. 완전폐쇄가 있는 개는 간헐적으로 음식을 먹은 직후 구토를 하는데 분출성 구토인 경우가 많다. 식욕부진, 체중감소, 위내 가스, 트림 등의 증상이 관찰된다.

때때로 복부 엑스레이검사나 초음파검사로도 진단될 수 있는데, 위가 확장되고 액체로 가득 찬 모습이 관찰된다. 확진을 위해 위내시경이나 상부 위장관 조영검사가 필요할 수 있다.

치료 : 수술로 폐색 상태를 해결해야만 한다.

> * **위석** 털과 여러 물질이 뒤섞여 단단하게 뭉쳐진 위 속의 이물.

위종양gastric tumor

산발적으로 구토하는 노견에게는 위종양을 감별 목록에 넣어야 한다. 종종 구토물에 굳거나 부분적으로 소화된 혈액이 섞여 있다. 빈혈과 체중감소가 흔하다. 유문관 부위의 종양은 위배출폐쇄를 유발하기도 한다.

선암종은 가장 흔한 악성 위종양이다. 평활근종과 용종 같은 양성종양도 있다. 위내시경 검사와 종양 생검을 통해 진단한다.

치료 : 종양을 포함한 위의 일부를 절제하는 수술적인 치료를 실시한다. 양성종양은 예후가 매우 좋은 편이나, 악성종양은 예후가 좋지 않다.

위확장 및 위염전(고창증) gastric dilatation volvulus(bloat)

고창증은 <u>생명을 위협하는 응급상황으로</u> 한창 때의 성견에서 많이 발생한다. 위염전의 치사율은 50%에 이른다. 조기에 인지하고 치료하는 것이 생존 여부를 결정한다.

고창증의 해부학적인 이해

고창증은 실제 두 가지 문제가 함께 발생한 상태다. 첫 번째는 위확장증으로 위가 가스나 액체로 인해 확장된 것이다. 두 번째는 위염전증으로 확장된 위가 장축으로 꼬인 것이다. 비장은 위벽에 부착되어 있기 때문에 위와 함께 염전될 수 있다.

위확장만 일어날 수도 있고 염전증이 동반될 수도 있다. 염전이 발생하면 위는 최대 180도까지 꼬이는데, 나중에는 180~360도까지 또는 그 이상으로 꼬일 수 있다.

염전증이 발생하면 유문부가 당겨져 위식도 접합부의 좌측으로 변위된다(263쪽 그림 참조). 십이지장도 함께 뒤틀려 위내의 액체와 가스가 유문관을 통해 배출되지 못한다. 이와 동시에 위식도 접합부도 함께 꼬이고 폐쇄되어 개가 구토를 하거나 트림을 할 수 없게 된다. 가스와 액체가 밀폐된 위에 갇히고, 음식물이 발효됨에 따라 위는 거대하게 팽창된다. 혈액순환이 되지 않아 위벽의 괴사가 발생한다.

이런 일련의 과정은 급성 탈수, 세균성 패혈증, 순환성 쇼크, 심장 부정맥, 위천공, 복막염, 사망 등의 다양한 문제를 유발한다.

고창증은 모든 나이의 개에서 발생하는데, 전형적으로 중년 이상의 개에서 더 많이 발생한다. 유전적 연관성이 있으며, 흉강(목과 가로막 사이의 가슴 안 공간)이 깊은 대형 품종은 해부학적으로 취약하다. 그레이트데인, 저먼셰퍼드, 세인트버나드, 래브라도리트리버, 아이리시 울프하운드, 그레이트 피레니즈, 복서, 와이마리너, 올드 잉글리시 시프도그, 아이리시 세터, 콜리, 블러드하운드, 스탠더드 푸들 등이 이에 해당한다. 중형 품종의 경우 차이니스 샤페이와 바셋하운드가 발생률이 높다. 소형 품종의 경우 잘 발생하지 않지만 닥스훈트에서는 역시 흉강이 깊어 예외적으로 발생할 수 있다.

고창증은 보통 건강하고 활동적인 개에게 갑자기 발생한다. 다량의 음식을 막 먹고, 음식을 먹기 전후로 격렬한 운동을 하거나 음식을 먹은 직후 다량의 물을 마신 경우가 많다. 고창증과 단백질 또는 콩 성분이 관련이 있는지는 입증된 바 없다. 연구에 따르면 고창증에서 문제가 되는 가스는 대부분 공기를 삼켜서 발생한다.

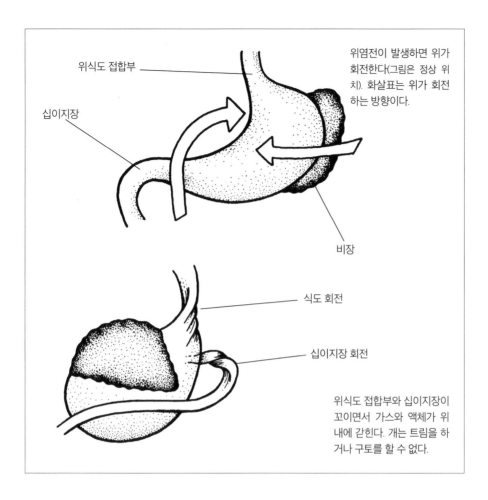

위염전이 발생하면 위가 회전한다(그림은 정상 위치). 화살표는 위가 회전하는 방향이다.

위식도 접합부

십이지장

비장

식도 회전

십이지장 회전

위식도 접합부와 십이지장이 꼬이면서 가스와 액체가 위 내에 갇힌다. 개는 트림을 하거나 구토를 할 수 없다.

고창증의 증상

고창증의 전형적인 증상은 안절부절못하며 여기저기 돌아다니는 행동, 침흘림, 구역질, 토하려 애를 써도 토하지 못하며, 복부가 팽만하는 것이다. 배를 누르면 낑낑대거나 신음을 한다. 복부를 두드려 보면 공명음이 난다.

불행히도 모든 증례가 전형적인 증상을 보이지는 않는다. 고창증 초기에는 배가 부풀어 보이지 않을 수도 있으며, 보통은 약간 단단한 정도로 느껴진다. 개는 무기력해 보이고, 확연히 불편해 보이며, 다리가 뻣뻣한 모습으로 걸으며, 고개를 늘어뜨린다. 그러나 크게 불안해하거나 힘들어 보이지 않는 경우도 있다. 초기에는 확장증과 염전증을 구분하는 것도 불가능하다.

말기 증상으로는(쇼크가 임박한 상태) 잇몸과 혀가 창백하고, 모세혈관재충만시간(CRT)이 지연되며, 심박이 빨리지고, 빠른 호흡과 노력성 호흡, 쇠약, 허탈 등의 증상이 관찰된다.

개가 트림이나 구토를 할 수 있다면, 염전증은 아닐 가능성이 있다. 하지만 이는 수의사의 진찰을 통해서만 진단이 가능하다.

고창증의 치료

고창증이 조금이라도 의심되는 경우, 즉시 개를 동물병원에 데리고 간다. 시간이 매우 중요하다.

염전이 발생하지 않은 위확장증은 기다란 고무 또는 플라스틱 튜브를 위내로 삽입하여 완화시킬 수 있다. 이는 고창증을 진단하는 가장 빠른 방법이기도 하다. 튜브가 개의 위 속으로 들어가면, 튜브를 통해 다량의 공기와 액체가 흘러나오며 증상이 개선될 것이다. 그리고 위를 씻어낸다. 36시간 동안 물과 음식 급여를 금지해야 하므로, 정맥수액 처치가 필요할 것이다. 증상이 재발하지 않는다면 서서히 음식 급여를 재개한다.

위 튜브를 삽입하는 것은 수의사만 시술할 수 있다. 부득이하게 전문적인 도움을 얻을 수 없는 극한의 상황이라면 보호자가 집에서 직접 조치해야 할 수도 있다. 수의학적인 서비스를 받기 어려운 지역에 살고 있다면, 만약을 위해 가정용 구급상자에 위 튜브를 준비해 놓는 것도 좋다.

위 튜브를 삽입하려면, 일단 개의 코에서부터 마지막 늑골(갈비뼈)까지의 길이를 측정하여 표시한다. 다음으로 튜브에 바셀린을 발라 매끄럽게 만든다. 동그란 반창고의 심을 개의 입 안에 물려 그 안으로 튜브를 통과시키면, 개가 튜브를 깨무는 것을 방지할 수 있다. 한쪽 송곳니 뒤쪽으로 튜브를 삽입하여 개가 삼키기 시작할 때까지 튜브를 목구멍으로 밀어 넣는다. 개가 구역질을 해도 관을 계속 밀어 넣는다. 개가 기침을 한다면 튜브가 기관으로 들어갔을 수도 있다. 따라서 튜브를 몇 인치(1인치는 2.5cm) 정도 뺐다가 다시 밀어 넣는다. <u>만약 튜브를 위 안으로 밀어 넣는 데 실패했다면 더 이상 시도하지 않는다.</u> 개에게 해로울 수 있다.

사용할 만한 튜브가 없는 경우, 주사기에 달린 18게이지 주삿바늘같이 꽤 두꺼운 크기의 멸균 주사침을 직접 확장된 부위의 체벽에 찔러 넣어 공기를 빼내면 복부 조직에 가해진 압력을 완화시킬 수 있다. 그러나 이는 단지 동물병원에 갈 때까지의 시간을 벌기 위한 임시방편이며, 바늘을 찔렀을 때 다른 조직을 손상시킬 위험이 있으므로 병원에 갈 수 없는 심각한 응급상황에만 실시한다.

튜브를 잘 넣었더라도, 이후의 치료와 재발 방지를 위해 동물병원으로 향한다. 튜브가 잘 들어갔다고 해도 항상 염전증을 배제할 수는 없다. 때때로 위가 꼬인 상태에서도 튜브 삽입이 가능할 수 있다.

위확장증과 위염전증의 진단은 복부 엑스레이검사를 통해 확진할 수 있다. 단순히

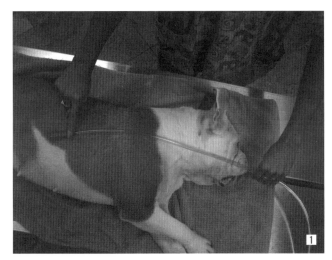

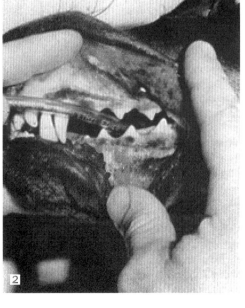

1 위 안으로 튜브를 밀어 넣기 전에, 먼저 코에서 마지막 갈비뼈까지의 길이를 측정하여 표시해 둔다.

2 튜브를 송곳니 뒤쪽으로 삽입하여 튜브에 표시한 길이까지 밀어 넣는다.

위가 확장된 개는 위내에 다량의 가스가 차 있지만, 가스의 양상이 정상적이다. 염전이 발생한 개는 엑스레이검사상 염전된 조직에 의해 가스가 찬 부위가 두 개로 분리되어 보이는 '더블버블(이중방울)' 양상을 보인다. 응급처치는 정맥수액과 코르티코스테로이드로 쇼크와 탈수를 교정하는 것이다. 감염을 방지하기 위해 항생제 처방이 필요할 수도 있다. 심실 부정맥이 흔히 관찰되는데, 심장 모니터링과 항부정맥 약물 처방이 필요하다.

염전증이 발생했다면 개가 마취를 견딜 수 있는 상태가 되는 즉시 응급수술을 한다. 목표는 위와 비장을 정상 위치로 되돌리고, 조직괴사가 이미 발생했다면 비장과 위 일부를 제거하는 것이다. 추가 재발을 막기 위해 종종 위벽을 복벽에 봉합하기도 한다(위고정술). 이 중요한 과정을 통해 위를 제자리에 위치시키고 꼬이는 것을 방지한다.

고창증의 예방

비수술적 방법으로 회복된 개의 70%는 다시 고창증이 발생한다. 다음과 같은 방법으로 재발을 예방할 수 있다.

- 하루 급여량을 세 번으로 나누어 충분한 간격을 두고 급여한다.
- 밥그릇을 높은 곳에 두지 않는다(한때는 밥그릇을 높은 곳에 두는 것이 고창증 예방에 도움이 된다고 생각했지만, 최근 연구에 따르면 오히려 상태를 악화시키는 것으로

밝혀졌다).

- 지방을 많이 함유한 사료는 피한다(포장의 성분함량 순서로 5번째 이후여야 한다).
- 구연산(시트르산)이 들어 있는 사료는 피한다.
- 식사를 하기 전후 1시간은 물 마시는 것을 제한한다.
- 한 번에 많은 양의 물을 마시지 못하게 한다.
- 위가 가득 찬 상태에서 격렬한 운동은 삼간다.
- 조기 증상을 빨리 발견하고, 고창증이 의심되는 경우 즉시 동물병원에 데려간다.

애디슨병(부신피질기능저하증)Addison's disease(hypoadrenocorticism)

신장 위쪽 복부에서 관찰되는 부신은 부신피질호르몬과 신체 기능을 조절하는 다른 호르몬을 분비하는 데 중요한 기능을 한다. 애디슨병은 부신피질호르몬과 미네랄코르티코이드의 분비가 부족해 발생한다.

일부 증례에서는 감염, 종양, 중독, 부신파괴 같은 다른 질병의 후유증으로 발생한다. 원인이 불분명한 증례는 부신피질(코르티코이드를 분비하는 부신의 부위) 세포를 공격하는 자가면역 반응에 의한 경우가 많다. 비어드 콜리, 포르투기스 워터도그, 스탠더드 푸들은 유전적 소인이 있을 수 있다.

의인성 애디슨병은 치료 목적으로 코르티코스테로이드를 투여받은 이후 발생한다. 투여된 코르티코스테로이드가 부신을 휴식 상태로 만든다. 갑자기 약물을 중단하면 일시적으로 히드로코르티손의 결핍이 발생하고 쇼크와 순환장애를 동반한 급성 애디슨병 발증(Addisonian crisis)이 발생한다. 애디슨병을 유발하는 또 다른 흔한 의인성 원인은 쿠싱 증후군 치료에 사용되는 약물들의 투여에 의해서다(152쪽 참조).

애디슨병의 증상은 무기력, 근육 쇠약, 간헐적인 구토와 설사, 서맥(느린 맥박) 등이다. 개가 특별한 이유 없이 기력이 없다면 감별이 필요하다. ACTH 자극시험으로 진단한다. 수치가 애디슨병을 나타낸다면 부신피질이 혈청 내 코르티솔 농도를 올리는 ACTH(부신피질자극호르몬) 주사에 대한 반응을 보이지 못한다는 의미다.

치료 : 급성 부신기능저하증은 코르티코스테로이드와 정맥수액에 신속한 반응을 보인다. 만성 부신기능저하증은 미네랄코르티코이드 대체제인 플루드로코르티손과 프레드니손 같은 경구용 코르티코스테로이드를 매일 투여해 조절할 수 있다. 평생 치료가 필요하다. 질병의 심각한 정도에 따라 투여량이 다르다.

급성 위염acute gastritis

급성 위염은 위 내벽에 갑작스런 자극이 발생한 상태다. 주요 증상은 심각하고 지

최근에는 매일 투여하는 미네랄코르티코이드 대신 DOCP(desoxycorti-costerone pivalate) 주사제를 투여하는 경우가 많다. DOCP 주사는 약효가 평균 28일간 지속되어 투약 편의성과 약물 농도가 일정하게 유지된다는 장점이 있다. 미네랄코르티코이드 단독 투여만으로 관리되지 않는다면 경구로 코르티코스테로이드를 병행해서 투여해야 한다. 애디슨병의 진단과 관리를 위해서는 정기적인 전해질 수치 측정이 매우 중요하다.

속적인 구토다. 지속적인 구토는 장폐색이나 복막염같이 치명적인 질환에 의해서도 발생할 수 있음을 명심한다. 모든 원인 모를 구토 증상은 수의사의 진찰이 필요하다.

위를 자극하는 흔한 원인으로는 오염된 음식이나 쓰레기, 배설물, 풀, 비닐 포장, 머리카락, 뼈 등이 있다. 일부 약물도 위 자극을 유발한다(특히 아스피린 등의 모든 NSAID, 코르티손, 부타졸리딘, 일부 항생제). 구토를 유발하는 흔한 중독물질로는 부동액, 비료, 식물성 독소, 제초제 등이 있다. 중독이 의심되면 바로 동물병원을 방문한다.

급성 위염에 걸린 개는 먹은 뒤 바로 구토를 한다. 나중에는 기운이 없고 물그릇 앞에 머리를 떨군 채 앉아 있다. 설사를 동반하는 급성 전염성 장염에 걸린 경우를 제외하면 체온은 정상이다.

치료 : 급성 비특이성 위염은 저절로 회복되는데, 보통 위가 휴식을 취하도록 하고 과도한 위산 자극을 방지해 주면 24~48시간 이내에 개선된다. 가정에서 하는 구토처치(271쪽)를 참조한다.

만성 위염chronic gastritis

만성 위염에 걸린 개는 며칠 또는 몇 주에 걸쳐 간헐적 구토 증상을 보인다. 이런 개들은 기력이 없고, 모질이 좋지 않고, 체중도 감소한다. 때때로 구토물에 이물질이나 전날 먹은 음식물이 섞여 있다.

만성 위염의 흔한 원인으로는 음식 알레르기가 있다(148쪽 참조). 지속적으로 풀을 먹거나, 장기간 약물을 복용하거나, 화학물질이나 독소에 노출되거나, 셀룰로오스, 플라스틱, 종이, 고무 등을 먹어도 발생한다. 털 뭉치로 인한 가능성도 고려해야 한다. 개들은 봄철에 심한 털갈이를 하는데 이때 심하게 핥으면서 털을 삼킬 수 있다. 털과 다른 이물질이 뒤섞여 위모구라는 단단한 덩어리를 형성하는데, 위모구는 위로 배출될 수 없는 크기까지 커질 수 있다. 만성 구토의 많은 증례가 원인을 알 수 없다는 점도 참고한다.

비후성 위염은 위 하부 절반의 점막이 두꺼워지는 상태로, 위의 폐색이나 음식물 정체를 유발할 수 있다. 음식을 먹고 3~4시간 뒤에 구토가 발생한다. 비후성 위염은 중년의 소형 품종에서 가장 많이 볼 수 있다. 불도그와 보스턴테리어 같은 단두종에서는 유문협착증이라는 선천적인 문제도 발생한다. 노견에서는 그 원인이 명확하지 않지만, 일부는 비만세포종양에 의한 히스타민 분비와 관계가 있을 수 있다.

만성 위축성 위염은 위벽이 얇아지는 상태다. 주로 노르웨이안 부훈트에게 발생하는데, 면역 문제로 인해 발생할 수 있다.

호산구성 위염은 위 점막에 호산구(백혈구의 일종)가 축적되는 만성질환으로 위벽이 얇아지고 반흔 조직을 동반한다. 원인은 알려져 있지 않지만 음식 알레르기나 기생충 감염과 관련이 있는 것으로 생각된다. 호산구성 위염은 다른 형태의 위염에 비해 궤양이나 출혈이 더 많이 발생한다.

위와 십이지장 궤양도 산발적인 구토를 유발한다. 마지막으로, 산발적인 구토의 원인이 명확하지 않다면 전신 질환에 따른 것일 수 있다. 간부전이나 신부전 등이 이에 해당하는데 혈액검사로 진단이 가능하다.

치료 : 만성 구토는 수의사의 진료를 받아야 한다. 위내시경으로 위벽을 생검하는 것이 만성 위염을 진단하는 가장 빠른 방법이다.

균형 잡힌, 고탄수화물 식단이 도움이 된다. 한 번에 많은 양 대신 소량씩 자주 급여하는 것이 좋다. 개가 회복하면 서서히 고품질의 사료를 급여하거나 가정식 급여를 위해 수의 영양 전문가의 자문을 받도록 한다.

비후성 위염에는 시메티딘, 파모티딘, 라니티딘 등의 히스타민 차단제가 도움이 된다.

호산구성 위염은 스테로이드 처방에 잘 반응하는 편이나, 가끔 다른 면역 억제제나 저알레르기성 처방식이 필요할 수 있다. 위배출폐쇄와 관련된 위염은 **위와 십이지장 궤양**(260쪽)에서 설명한 것처럼 치료한다.

멀미

많은 어린 개들은 자동차, 배, 비행기를 타면 멀미로 고생한다. 침을 흘리고, 하품을 하고, 메스꺼워하거나 구토를 하며 안절부절못하는 증상을 보인다. 멀미는 내이의 미로가 과도하게 자극받아서 발생한다.

치료 : 수의사는 증상 완화를 위해 멀미가 심한 개에게 디멘히드리네이트 등의 약물을 처방할 것이다. 출발 전에 첫 번째 용량을 투여한다. 최근에는 멀미를 포함한 개의 구토를 완화시키는 약물인 마로피턴트를 많이 사용한다.

생강(생강 쿠키도 포함)도 멀미 완화에 도움이 된다.

여행을 가는 개는 위를 비우는 것이 좋은데, 물과 음식을 모두 금식하는 것이 가장 좋다. 차 안을 시원하게 해 주고, 부드러운 도로를 이용하며, 서거나 회전하는 것을 최소화한다. 대부분의 개들은 성장하면서 차를 반복해 타다 보면 멀미에 적응한다.

개들의 멀미는 메스꺼움을 느끼는 사람들과 달리 심리적인 흥분에 의한 경우가 더 많다. 때문에 구토억제제 처방과 함께 스트레스 완화제나 안정제를 처방하는 경우도 많다.

구토

개에게는 구토가 흔하다. 모든 구토는 뇌에 있는 구토중추가 활성화되어 발생한다. 개는 구토중추가 발달해 다른 대부분의 동물보다 구토 반응이 더 빠르게 일어난다. 개는 구토를 할 것 같으면 불안해하며 불안정한 모습을 보인다. 이후 침을 흘리기 시작하고, 되삼키는 모습을 볼 수 있다.

구토는 위와 복벽의 근육이 동시에 수축하며 시작된다. 복강 내부의 압력이 급격히 상승한다. 하부 식도가 이완되고, 위 내용물이 식도를 거쳐 입 밖으로 배출된다. 개는 목을 쭉 펴고 거친 구역질 소리를 낸다. 이런 일련의 과정은 수동적인 작용인 역류와 구분되어야 한다(256쪽).

구토의 원인

가장 흔한 원인은 풀처럼 소화가 어렵고 위벽을 자극하는 물질을 먹어서다. 구토의 또 다른 원인은 과식으로, 일일 권장 급여량 이상을 먹는 경우인데 사료통을 뒤져서 그럴 수도 있을 것이다. 음식을 게걸스럽게 먹고 곧바로 운동을 하는 강아지도 구토를 하기가 쉽다. 큰 그릇에 음식을 주고 여러 마리가 함께 먹게 하는 경우에도 밥을 급히 먹고 토하는 일이 흔하다. 서로 음식을 두고 경쟁하기 때문에, 각자가 가능한 한 최대치를 먹으려 할 것이다. 강아지들을 분리시키거나 조금씩 자주 먹이면 이런 문제를 방지할 수 있다.

속이 불편하거나, 흥분했을 때, 또는 공포감을 느낄 때(예를 들어, 천둥이 치는 일)도 구토를 할 수 있다. 겁에 질린 개는 침을 흘리고, 낑낑거리고, 발로 긁거나, 몸을 떤다. 회충 감염이 심한 강아지는 기생충을 토해 내기도 한다.

대부분의 급성 전염병에서도 구토가 나타난다. 신부전이나 간부전, 쿠싱 증후군, 애디슨병, 당뇨병 같은 만성질환에 의해서도 구토를 할 수 있다.

구토의 원인을 찾아내려면 그것이 반복적인 증상인지, 그렇다면 산발적인지 지속적인지를 주목한다. 음식을 먹고 얼마 뒤에 구토를 하는가? 분출성인가? 구토물에 피, 변 같은 물질 그리고 이물은 없는지 검사한다.

지속적인 구토

만일 개가 반복적으로 거품이나 맑은 액체를 토하거나 구역질을 한다면 급성 위염 같은 위의 자극을 의미한다. 그러나 급성 췌장염, 위배출 폐쇄, 장폐색, 복막염 같은 치명적인 질환에 의해서도 지속적인 구토가 발생할 수 있다.

구토물을 배출하지 않는 지속적인 구역질은 전형적인 고창증 증상이다. 또 설사를 동반하는 반복적인 구토는 급성 전염성 장염일 수 있다.

산발적인 구토

때때로 며칠에서 몇 주에 걸쳐 가끔씩 구토를 하기도 한다. 먹은 음식과 관련이 없고, 식욕은 감소한다. 개가 초췌해 보이고 불안해 보인다. 간 질환이나 신장 질환, 만성 위염, 위나 십이지장 궤양, 심한 기생충 감염, 당뇨병 같은 질환을 의심해 봐야 한다.

위의 이물에 의한 가능성도 있다. 노견의 경우 위나 장의 종양을 의심해 볼 수 있다. 적절한 수의학적 검사를 받도록 한다.

피가 섞인 구토

구토물에서 붉은 피가 관찰된다면 입과 상부 소장 사이 어딘가에서 출혈이 발생했음을 의미한다(비인두나 식도에서의 출혈을 삼킨 것일 수도 있다). 위와 십이지장 궤양, 위장관 이물, 위종양 등이 흔한 원인이다. 커피 가루처럼 보이는 물질은 오래되고 부분적으로 소화된 혈액이다. 이것 역시 입과 상부 소장 사이 지점에서의 출혈을 의미한다. 피를 토하는 개는 모두 수의사의 진료를 받아야 한다.

변 같은 물질의 구토

모양과 냄새가 변과 비슷한 역한 구토물은 장폐색이나 복막염에 의한 경우가 가장 많다. 즉시 수의사의 치료가 필요하다. 변을 먹는 개들도 이런 증상을 보일 수 있지만 보통은 일회성이다.

분출성 구토

분출성 구토는 위 내용물이 제법 멀리까지 강력하게 배출되는 구토다. 전형적으로 위배출폐쇄를 보이는 개에서 관찰된다. 뇌의 압박을 유발하는 질환(종양, 뇌염, 혈전)에 의해서도 분출성 구토가 유발될 수 있다.

이물의 구토

고무공, 장난감 조각, 막대, 돌 같은 이물을 토할 수도 있다. 회충 감염이 심한 강아지는 성충을 토하기도 한다. 이런 강아지는 회충(70쪽)에서 설명한 것처럼 치료한다.

가정에서 하는 구토 처치

구토의 원인이나 심각성에 대해서는 수의사에게 문의한다. 구토하는 개는 체액과 전해질을 손실하며 급속히 탈수에 빠질 수 있다. 가정치료는 구토 이외의 증상은 나타나지 않은 정상적이고 건강한 성견인 경우에만 가능하다. 강아지, 기존에 건강상의 문제가 있는 개, 노견은 탈수를 견뎌내기 어려우므로 수의사의 진료를 받아야 한다.

중요한 첫 번째 단계는 위에 휴식을 주기 위해 최소 12시간 이상 물과 음식 급여를 중지하는 것이다. 구토가 멈추면 3~4시간마다 얼음 조각을 핥게 해 줄 수 있다. 구토가 멈춘 이후 2~3시간 간격으로 개의 체구에 따라 1/4~1/2컵의 물을 줄 수 있다. 물에 추가하여 소아용 전해질 용액을 소량 먹여도 된다(284쪽, 가정에서 하는 설사 처치 참조).

구토가 멈추고 12시간 뒤, 쌀과 소고기나 닭고기를 반반씩 섞어 만든 죽 등의 부드러운 음식을 먹인다(기름기 제거를 위해 고기를 삶아 준다. 지방은 위를 비우는 것을 지연시킨다). 코티지치즈, 캔 고등어, 고기가 든 아기용 이유식, 닭고기 국수 수프, 닭고기 쌀 수프 등의 부드러운 음식으로도 대체할 수 있다. 2~3시간마다 작은 양(한번에 15~30mL 정도)으로 시작한다. 다음 이틀간에 걸쳐 서서히 양을 늘려가고 평소 식단으로 바꿔 나간다.

다음과 같은 경우에는 물과 음식을 모두 금식시키고, 즉시 수의사의 진료를 받는다.

- 몇 시간 동안 물과 음식을 금식시켰음에도 계속 구토를 하는 경우
- 다시 물과 음식을 먹이니 구토가 재발하는 경우
- 구토와 함께 설사를 동반하는 경우
- 붉은 피나 커피 가루처럼 보이는 물질(부분적으로 소화된 혈액)을 토하는 경우
- 개가 기운이 없거나 다른 전신 질환의 증상을 보이는 경우

소장과 대장

소장과 대장의 문제는 설사, 변비, 혈변의 세 가지 주요 증상과 관련이 있다. 설사는 가장 흔한 증상이므로 별도로 다룬다(281쪽 참조).

염증성 장 질환IBD, inflammatory bowel disease

소장과 대장의 질환군으로 만성 설사, 흡수장애, 체중감소, 빈혈, 영양실조 등을 특징으로 한다. 모두 치료가 가능하지만 완치는 쉽지 않다. 소장 또는 대장의 장벽에서

다량으로 발견되는 염증 세포의 종류는 질환에 따라 다르다. 이 세포에 따라 각각의 특수 질환을 구분한다. 내시경 및 장벽 생검, 또는 탐색적 개복술로 진단한다.

림프구성 형질세포성 장염lymphocytic-plasmacytic enterocolitis

개에서 가장 흔한 염증성 장 질환이다. 림프구성 형질세포성 장염은 지아르디아 감염증, 음식 알레르기, 장 세균의 과증식 등과 관련이 있다. 생검검사를 하면 주로 림프구와 형질세포가 관찰된다.

특정 품종에서 잘 발생하여 유전적인 영향이 있는 것으로 생각된다. 바센지, 소프트코티드 휘튼테리어, 저먼셰퍼드, 차이니스 샤페이 등이 포함된다. 바센지의 경우 자가면역질환과 관계가 있는 것으로 알려져 있다. 젊은 개에서도 발생할 수 있으나, 대부분 설사가 시작되는 시기는 중년 이후다.

림프구성 형질세포성 장염은 소장성 설사를 유발한다(281쪽 참조). 구토도 흔하다. 결장이 관련되면 대장염을 유발한다.

치료 : 완치가 아닌 관리를 현실적인 목표로 삼는 질병이다. 일부 개들은 저알레르기 식단으로도 부분적 또는 완전히 개선된다. 처방 사료도 도움이 된다. 세균 과다증식과 지아르디아 감염의 치료를 위해 항생제를 처방할 수 있다. 다른 치료 방법으로 효과를 보지 못하는 경우 아자티오프린, 스테로이드 등의 면역 억제제를 투여한다.

호산구성 장염eosinophilic enterocolitis

개의 염증성 장 질환에서는 상대적으로 드물다. 생검을 실시하면 위, 소장, 결장에서 호산구가 관찰되며 혈액 내의 호산구 수도 증가할 수 있다. 일부 증례는 음식 알레르기나 회충 또는 구충의 조직이행과 관련이 있는 것으로 생각된다.

치료 : 고용량의 스테로이드를 투여한다. 증상이 사라지면 용량을 서서히 줄인다. 장의 기생충 검사를 실시하고 저알레르기 식단으로 교체해야 한다.

육아종성(국소) 장염granulomatous(regional) enteritis

드문 질환으로 사람의 크론병과 비슷하다. 주변 지방과 림프절의 염증으로 인해 소장 말단이 두꺼워지고 좁아진다. 결장을 생검해 보면 조직에서 감염에 맞서 싸우는 대식구가 발견된다. 점액과 혈액이 섞인 만성 대장성 설사를 한다(281쪽 참조). 생검검사 시 히스토플라스마증과 장결핵을 배제하기 위해 특수한 염색 과정을 거친다.

치료 : 염증과 반흔 조직을 감소시키기 위해 스테로이드와 면역 억제제를 투여한다. 메트로니다졸도 도움이 된다. 협착된 장은 수술이 필요하다.

호중구성 장염 neutrophilic enterocolitis

이 염증성 장 질환은 급성 및 만성 대장성 설사를 유발한다. 성숙 백혈구로 이루어진 염증성 침윤이 조직과 혈관에서 관찰된다. 결장 생검으로 진단하고 세균 감염을 배제하기 위해 변배양을 실시한다.

치료 : 항생제 및 스테로이드를 처방한다.

조직구성 궤양성 대장염 histiocytic ulcerative colitis

이 염증성 장 질환은 주로 복서에서 발생하는데, 증상은 보통 2살 이전에 나타난다. 이환된 개는 혈액과 점액이 섞인 심각하고 나아지지 않는 설사 증상을 호소하며 그로 인해 체중도 감소한다. 결장 생검으로 진단한다.

치료 : 림프구성 형질세포성 장염에서와 비슷하게 치료한다(272쪽 참조).

급성 전염성 장염 acute infectious enteritis

장염은 갑작스런 구토와 설사, 빈맥, 발열, 무관심, 침울함을 특징으로 하는 위장관의 감염이다. 구토와 설사에 피가 섞여 있을 수 있다. 급속히 탈수상태에 빠진다. 1살 미만이나 10살 이상의 개는 특히 탈수나 쇼크가 발생하기 쉽다.

가장 흔한 전염성 장염의 원인은 파보바이러스 감염이다(90쪽 참조). 살모넬라, 대장균, 캄필로박터 같은 세균에 의해서도 발생할 수 있다.

가스괴저균(*Clostridium perfringens*)은 개 출혈성 위장염을 유발한다. 갑작스런 구토로 시작해서 2~3시간 뒤 다량의 혈액성 설사가 관찰된다. 소형 품종, 특히 미니어처 슈나우저와 토이 푸들은 출혈성 위장염에 취약하다.

쓰레기에 의한 식중독이나 중독물질 및 독성 화학물을 먹은 경우에도 급성 장염과 유사한 증상이 나타난다. 설사와 구토가 함께 발생하는 경우, 개의 상태가 심각할 수 있으므로 서둘러 동물병원을 방문한다.

치료 : 신속히 수액 및 전해질을 대체하기 위해 정맥수액 처치가 필요하다. 원인이 되는 세균에 효과적인 항생제를 투여한다. 구토와 설사를 억제하는 약물치료가 필요할 수 있다.

흡수장애증후군 malabsorption syndrome

흡수장애는 특정 질병은 아니지만 소장이나 췌장에 발생한 어떤 문제에 의한 결과로 발생한다. 흡수장애증후군이 있는 개는 소장에서 음식을 소화하지 못하거나 소화된 산물을 흡수하지 못한다. 왕성한 식욕에도 불구하고 저체중을 나타내거나 영양 상태가 불량하다. 하루 서너 번씩 설사를 한다. 양이 많고, 시큼한 냄새가 나고, 기름기가 많은 전형적인 형태의 변을 본다. 항문 주변의 털에서 기름기가 관찰될 수 있다.

흡수불량의 원인으로는 외인성 췌장부전, 전염성 장염에 의한 소장 점막의 영구적인 손상, 염증이나 장 점막 파괴에 의한 염증성 장 질환, 소장의 상당 부위를 수술적으로 제거한 경우, 소장의 원발성 질환 등이 있다. 소프트코티트 휘튼테리어는 단백 소실성 장병증에 많이 걸리는데, 단백질을 제대로 소화하고 흡수하지 못한다(272쪽, 림프구성 형질세포성 장염 참조).

특발성 융모위축은 소장의 원발성 질환 중 하나다. 융모는 미세한 털 같은 구조로 소장 표면에서 흡수를 돕는다. 융모위축이 있는 개는 융모 끝이 뭉툭해지고 잘 발달하지 못한다. 특발성 융모위축은 저먼셰퍼드에게 가장 흔하게 발생한다. 유사한 유전성 질환으로는 아이리시 세터에서 발생하는 밀 과민성 장병증, 글루텐 과민성 장병증이 있다.

소장 세균 과잉증식(SIBO)은 흡수장애의 또 다른 중요 원인으로 밝혀져 있다. 저먼셰퍼드, 바센지, 차이니스 샤페이에서 많이 발생한다. 이런 개는 소장에 비정상적인 세균총이 과도하게 증식하여 고약한 냄새가 나는 설사를 유발한다. 일부 증례는 외인성 췌장부전, 염증성 장 질환, 장수술에 의한 창자정체증후군 등과도 관련이 있다. 저먼셰퍼드와 차이니스 샤페이는 특정한 면역 결핍과 관련이 있을 수 있다. 대부분 증례에서 세균 과잉증식의 원인은 명확하지 않다. 분변 분석검사와 장 생검 등의 특정한 진단검사를 통해 흡수장애의 원인을 찾아낼 수 있는 경우도 많다.

치료 : 특정 질환에 대한 치료를 목표로 삼는다. 융모위축이 있는 개는 글루텐이 들어 있지 않은 처방 사료로 관리한다. 소장의 세균 과잉증식은 보통 하나 혹은 몇 가지의 광범위 항생제를 투여하면 호전된다. 유산균이나 생균배양 요구르트 등도 치료에 도움이 된다.

대장염colitis

대장염은 결장의 염증으로 개의 만성 설사 중 약 절반을 차지한다. 대장염의 증상은 배변통, 오랜 시간 웅크리고 힘을 주는 모습, 장내 가스, 피나 점액이 섞인 변을 소량씩 보는 것 등이다. 이런 증상은 종종 변비로 오인되기도 한다.

대장염의 일반적인 원인은 염증성 장 질환이다(271쪽 참조). 편충도 또 다른 흔한 원인이다. 곰팡이성 대장염은 드문 편으로, 면역이 결핍되거나 저항력이 약한 개에게 많이 발생한다. 프로토테카 대장염은 수중 조류에 의해 드물게 발생하는데, 심각한 대장염을 일으키며 전신 질환으로 진행될 수 있다. 치료도 어렵다.

대장염은 대장내시경과 결장 생검으로 진단한다. 기생충과 곰팡이 감염을 확인하기 위해 분변검사도 실시한다.

과민성 대장증후군은 종종 스트레스와 관련된 장의 운동장애성 설사다. 아주 예민하거나 겁이 많은 개에게 많이 발생한다. 과민성 대장증후군이 있는 개는 소량의 변을 자주 보는데, 종종 점액이 섞여 있다. 대장염의 다른 원인을 배제하여 진단한다.

치료 : 치료 방향을 염증성 장 질환 같은 근본 원인을 해결하는 것으로 잡는다. 과민성 대장증후군은 식이섬유가 풍부한 식단이 도움이 된다(278쪽, 변비 참조). 살모넬라, 캄필로박터, 클로스트리듐 같은 세균성 대장염은 적절한 항생제로 치료한다.

위장관 이물

개는 뼈, 장난감, 막대, 돌, 핀, 바늘, 나뭇조각, 천, 고무공, 가죽, 끈, 복숭아씨 등의 물체 등을 삼키곤 한다. 끈을 삼킨 경우 한쪽 끝은 걸리고 한쪽 끝은 음식에 딸려 들어가는 경우가 많은데, 끈에 걸린 장력으로 인해 장벽이 찢어질 수 있다. 크기가 작은 동전은 보통 폐색을 유발하진 않지만 동전의 금속 성분이 용해되며 아연중독 등이 발생할 수 있다. 배터리도 삼켰을 때 독성을 유발할 수 있다.

개의 식도는 위의 배출구보다 크다. 따라서 위를 통과할 수 없는 크기의 큰 물체도 잘 삼킬 수 있다. 이런 위내 이물은 만성 위염이나 위배출폐쇄 등을 유발한다.

이물이 소장으로 들어가면 별문제 없이 장관을 통과할 수 있다. 폐색은 보통 회맹판(회장과 맹장의 경계에 있는 판)이나 결장과 직장에서 발생한다. 직장의 이물은 항문직장폐쇄를 유발한다. 핀, 나뭇조각, 뼛조각 같은 날카로운 물체는 소화관 어딘가에 박힐 수 있고, 장을 막거나 천공을 일으켜 장폐색이나 복막염을 유발할 수 있다.

소화불량을 유발하지 않는 경우, 이물은 증상이 나타나기 전까지는 모른 채 지닐 수 있다. 방사선 비투과성 이물은 복부 엑스레이검사로 확인할 수 있다. 엑스레이검사로 보이지 않는 이물은 조영검사가 필요할 수 있다.

치료 : 증상을 유발하는 이물은 제거해야 한다. 보통 개복수술이 필요하다. 위의 이물은 때때로 내시경을 통해 제거가 가능하다.

장폐색intestinal obstruction

장 내용물의 이동을 방해하는 모든 문제는 장폐색을 일으킨다. 가장 흔한 원인은 위장관 이물이다. 두 번째로 흔한 원인은 장중첩으로, 마치 양말이 뒤집어 벗겨지듯 장이 겹쳐지는 상태다. 장중첩은 대부분 소장과 결장이 만나는 부위인 맹장에서 발생한다. 소장이 맹장과 결장 안으로 밀려들어감에 따라 장이 중첩된다. 장중첩은 일반적으로 강아지나 어린 개에서 발생한다.

장폐색을 유발하는 다른 원인은 종양, 협착, 개복수술 후의 유착, 제대(배꼽)탈장과 서혜부탈장 부위 안쪽으로 장 분절이 딸려들어가는 것이다. 강아지의 경우 심각한 회충 감염에 의한 장폐색이 일어날 수도 있다.

장폐색은 부분 또는 완전 폐색일 수 있다. 부분폐색은 간헐적 구토나 설사를 유발하는데 수주에 걸쳐 발생한다. 완전폐색은 나아지지 않고 지속적으로 나타나는 갑작스런 복통과 구토를 유발한다. 폐색이 상부 소장에서 발생하면 분출성 구토를 보일 수 있다. 폐색이 하부 위장관에서 발생하면 복부가 팽만해지고 갈색의 변 냄새가 나는 구토를 한다. 완전폐색이 발생한 개는 변이나 가스를 배출시키지 못한다.

폐색에 의해 장으로의 혈행 공급이 방해받으면 장 교액 증상이 발생하고, 몇 시간 내에 괴사된다. 개의 상태는 급속하게 악화된다(277쪽, 복막염 참조).

장폐색은 복부 엑스레이검사나 초음파검사로 진단한다. 확장되어 가스가 차 있는 장 분절을 확인할 수 있다.

치료 : 장폐색은 즉시 수의사의 진료가 필요하다. 개복수술로 폐색을 해결해야 한다. 괴사된 장 부위를 절제하고 장문합술을 통해 장관을 이어준다.

장내 가스(방귀)

방귀를 자주 끼는 개는 보호자를 당혹스럽고 힘들게 만들 수 있다. 장내 가스의 가장 흔한 원인은 음식을 게걸스럽게 먹다가 다량의 공기를 함께 삼키는 것이다. 양파, 콩, 양배추, 콜리플라워 같은 발효성이 강한 음식을 먹는 것이다. 과도한 가스는 불완전한 탄수화물 소화와도 관련이 있다. 복서는 방귀를 많이 끼는 것으로 유명하다.

배를 불편해하고, 식욕이 줄고, 설사를 하고, 갑자기 가스가 찬다면 수의사의 진료를 받아야 한다.

치료 : 먼저 흡수장애증후군을 감별하는 것이 중요하다. 개의 식단을 소화율이 높고 식이섬유가 적은 음식으로 바꾸고, 사람 음식은 주지 않는다. 한 번에 많은 양을 주는 대신 소량씩 3번에 나누어 주면 음식을 급히 먹으며 공기를 삼키는 것을 예방할 수 있다. 이런 노력으로 증상이 개선되지 않는다면 동물병원에서 소화기용 처방 사료를 처방받아 급여한다.

추가 치료가 필요한 경우, 장내 가스의 흡수를 위해 시메티콘을 투여한다. 숯이 섞인 간식이나 비스킷, 유카 성분이 함유된 보조제 등도 가스 제거에 도움이 될 수 있다.

식분증(호분증)coprophagia(eating stool)

식분증은 변(자신의 변 또는 다른 동물의 변)을 먹는 버릇에서 온 명칭이다. 고양이의 변은 특히 개들의 관심을 끈다.

식분증이 있는 개들 대부분은 영양 상태가 양호하고 변을 먹을 정도로 영양 결핍 소견을 보이지 않는다. 이런 개들은 강아지 시절부터 시작된 변에 대한 후천적 취향에 따른 경우가 많다. 때때로 무료함이나 케이지 같은 밀집된 공간에 갇힌 스트레스로 변을 먹기도 한다. 배변교육 시 혼났던 경험 때문에 배변 흔적을 없애려고 변을 먹을 수 있다. 원인이 무엇이든 일단 습관이 들어 버리면 고치기 어렵다.

소수의 개들은 의학적인 원인으로 식분증 증상을 보이기도 한다. 특히 흡수장애증후군이 있는 개들은 식욕이 왕성하고 추가적인 열량을 보충하기 위해 변을 먹기도 한다. 스테로이드 치료를 받은 개나 쿠싱 증후군, 당뇨병, 갑상선기능항진증, 위장관 기생충 등이 있는 개에서도 관찰된다.

변을 먹는 것은 바람직하지 못한 행동으로, 심미적인 이유뿐 아니라 위장관 기생충 감염의 우려도 있다. 말 배설물로 만든 거름을 다량 먹은 개는 심각한 구토와 설사를 할 수 있다. 최근에 구충제를 먹은 대동물의 변을 먹은 개는 변 속에 잔존해 있는 약물에 의해 중독 증상이 나타날 수 있다.

치료 : 수의사의 진찰을 통해 기생충과 다른 의학적 문제를 감별한다. 주변 환경에서 가능한 한 빨리 변을 제거하고, 개가 고양이 화장실에 접근하는 것을 막고, 운동을 늘리고, 다른 사람이나 동물과의 상호작용을 높여 관심을 떨어뜨리도록 한다. 적당한 씹는 장난감을 주는 것도 무료해서 변을 먹는 것을 방지하는 데 도움이 된다. 가끔 변과 식감이 비슷한 습식 사료를 주는 것도 도움이 된다.

소화를 돕거나 변의 맛을 나쁘게 만드는 다양한 성분의 첨가제가 있다. 식육 연화제, 으깬 파인애플, 판크레아틴, 비타민 B 복합체, 유황, 글루타민산, 사워크라우트(독일식 김치), 호박 통조림 등이 여기 포함된다. 포비드(Forbid)는 알팔파로 만든 제품으로 변의 냄새와 맛을 좋지 않게 만들어 종종 추천된다. 이런 첨가제의 효과는 과학적으로 검증되진 않았지만, 일부 증례에서는 도움이 되는 듯하다.

포비드는 국내에서는 유통되지 않고 있다.

복막염peritonitis

장기가 들어 있는 복강의 염증을 복막염이라고 한다. 복막염은 소화효소, 음식, 변, 세균, 혈액, 담즙, 소변 등이 복강 내로 유출되어 발생한다. 고창증, 파열된 궤양, 위장관 이물에 의한 천공, 장폐색, 자궁파열, 방광파열, 급성 췌장염, 복부의 관통상, 장관 수술 후의 봉합부 파열 등이 흔한 원인이다.

복막염은 국소적일 수도 있고 범발적일 수도 있다. 국소성 복막염에서는 장막이 오염원 내용물을 덮어서 감싼다. 범발성 또는 전신성 복막염에서는 감염이 급속히 복강 전체로 퍼진다.

전신성 복막염에 걸린 개는 심각한 복통을 호소하며 움직이지 못한다. 구토도 흔하며, 복부를 누르면 신음을 한다. 웅크린 자세를 취하며 복벽근의 경련에 의해 배가 경직되거나 딱딱하게 느껴진다.

탈수, 감염, 쇼크 등이 급격히 뒤따른다. 맥박은 약하고 희미하며, 호흡은 빠르고 힘들며, 점막은 차갑고 창백하다. 모세혈관 재충만 시간은 3초 이상으로 늘어난다. 수 시간 내로 허탈상태나 죽음에 이른다.

치료 : 즉각적인 치료가 생존에 필수다. 정맥수액과 광범위 항생제 투여로 탈수와 쇼크를 치료한다. 개가 전신마취를 감당할 수 있는 상태가 되는 즉시 개복수술을 실시한다.

복막염의 원인을 찾아내 수습한 뒤, 모든 이물질을 제거하기 위해 반복하여 복강을 세척한다. 수의사는 감염된 복강액의 배액을 용이하게 하려고 복강의 상처를 열어둔 채 거즈를 덧대어 감싸놓기도 한다. 열린 절개 부위는 나중에 닫아 봉합한다.

국소형 복막염은 수액요법과 항생제요법만으로도 잘 반응하기도 한다.

변비constipation

변비는 변을 아예 못 보거나, 자주 보지 못하거나, 힘들게 보는 상태를 말한다. 대부분의 건강한 개는 하루에 1~2번의 변을 보는데, 이는 개체와 식단에 따라 다양하다. 변의 크기가 정상 범위이고 어려움 없이 배설할 수 있다면 하루 또는 이틀까지 변을 보지 않는다고 걱정할 필요는 없다. 그러나 변이 장내에서 2~3일 이상 정체되면, 건조해지고 딱딱해져 배출하려면 강력한 힘을 필요로 한다.

대장염, 방광폐색, 항문직장폐색이 있는 개도 힘을 주는 자세를 취한다. 변비 치료를 하기에 앞서, 이런 문제를 가지고 있지 않은지 확인하는 것이 중요하다. 특히 대장염은 흔히 변비와 혼동된다. 대장염이 있는 개는 점액이나 혈액이 섞인 소량의 변을 본다는 점을 기억한다.

변비의 원인

많은 중년 또는 노년의 개가 변비에 걸리기 쉽다. 여기에는 충분한 물을 마시지 못하는 이유가 크다. 가벼운 탈수상태에서는 대장의 수분을 거두어들이므로 변의 수분을 빼앗아 간다.

뼈, 털, 풀, 셀룰로오스, 천, 종이 등의 이물질 섭취도 급성 또는 만성 변비를 유발하는 원인이다. 소화되기 어려운 물질이 변과 섞이면 대장 안에서 돌멩이 같은 덩어리를 만든다.

개에게 흔히 사용하는 많은 약물도 2차적인 부작용으로 변비를 유발한다. 이에 관해서는 수의사와 상의한다. 갑상선기능저하증도 때때로 만성 변비의 원인이 된다.

개 스스로 배변하려는 욕구를 억제하기도 한다. 배변교육 기간에 이런 배변 억제 행동이 발달할 수 있다. 장시간 집 안에 혼자 남아 있을 때도 종종 배변 욕구를 상실하곤 한다. 입원을 하거나, 비행기를 타거나, 여행을 하는 중에도 배변하기를 원치 않을 수 있다.

최근에 변비 증상이 생긴 개는 수의사의 진료를 받아야 한다. 배변통이 있거나 배변 시 힘들어하는 경우, 혈변이나 점액변이 관찰되는 경우에도 수의사의 진료가 필요하다.

변비의 치료

변비의 원인을 제거하고 관리하는 것이다. 항상 깨끗하고 신선한 물을 마실 수 있도록 해 준다. 뼈 등의 이물을 먹어 생기는 변비는 이런 원인을 제거하고 대신 씹을 수 있는 개껌 등을 주어 교정할 수 있다. 장의 운동성이 감소한 노견은 사료에 같은 양의 물을 섞어 20분 정도 불려서 급여하면 도움이 된다.

스스로 변을 참는 개는 배변할 기회를 많이 제공하면 도움이 된다. 하루에 여러 번 밖에 데리고 나간다. 특히 익숙해하는 곳이 더 좋다. 여행할 때는 가벼운 변비약이 필요할 수 있다.

변비약(완하제)

변비 치료를 위한 많은 종류의 변비약(완하제)이 있다. 삼투성 완하제는 수분을 장으로 끌어들여 변을 액화시킨다. 락툴로오스 성분이 들어 있는 제품은 안전하고 효과적인 투약을 위해 수의사로부터 처방받아야 한다. 장 효소가 유당(락토오스)을 흡수 가능한 당으로 분해할 수 있는 한계치 이상의 우유를 식단에 첨가하는 것도 약한 삼투성 완하제 효과를 보인다. 다시 말해, 변비가 없는 개에게 설사를 일으킬 양의 우유를 첨가하는 것이다. 유당 분자는 장으로 수분을 끌어 모으고 장의 운동성을 자극한다.

약한 식염 완하제인 수산화마그네슘(마그네슘유제)은 삼투성 완하제와 비슷하게 작용한다. 수산화마그네슘은 신장 문제가 있는 개에게 사용해서는 안 된다.

자극성 완하제는 장의 연동운동을 강화한다. 변비 치료에 아주 효과적이나 반복적으로 사용하면 대장의 기능을 방해할 수 있다. 흔히 사용되는 자극성 완하제로는 비사코딜(둘코락스)이 있다. 개를 위한 용량은 하루 5~20mg이다.

이런 변비약은 변비 치료 목적으로만 사용해야 한다. 장폐색이 있는 개에게 사용할 경우 심각한 손상을 유발할 수 있다. 변비 예방 목적으로 변비약을 사용하는 것은 적합하지 않으며 매일 사용해서도 안 된다. 개에게 변비약을 투여하기 전에 수의사와 상의한다.

변비의 예방

충분한 수분 섭취, 변비에 좋은 식단, 규칙적인 운동이 가장 좋은 예방약이다. 필요하다면 식단에 식이섬유를 섞어 준다. 식이섬유를 첨가하는 가장 간편한 방법은 노견용 사료나 처방사료 등을 급여하는 것이다.

식이섬유를 첨가하는 또 다른 방법은 팽창성 변비약을 매일 식단에 첨가해 주는 것이다. 팽창성 변비약은 변을 부드럽게 만들고 변을 자주 보도록 해 준다. 가공하지 않은 밀기울(하루 1~5티스푼, 15~75mL), 메타무실(하루 1~5 티스푼, 5~25mL) 등을 흔히 사용한다. 호박 통조림도 개의 체중을 고려해 먹이면 도움이 된다. 팽창성 변비약이 호박은 부작용 없이 계속 먹일 수 있다.

도큐세이트가 함유된 연화성 변비약은 변이 마르거나 단단할 때 사용하는데, 탈수된 개에게 사용해서는 안 된다. 변으로 수분 흡수를 향상시켜 변을 부드럽게 만든다. 매일 사용할 수 있다.

미네랄 오일은 단단한 변이 항문을 잘 통과할 수 있도록 도와주는 윤활성 변비약이다. 그러나 미네랄 오일은 지용성 비타민의 흡수를 방해하므로 매일 또는 자주 급여할 경우 비타민 결핍을 유발할 수 있다. 또한 미네랄 오일은 도큐세이트와 반대로 작용하므로 연화성 변비약과 함께 사용해서는 안 된다. 미네랄 오일을 투여하는 가장 좋은 방법은 일주일에 1~2회 체중에 따라 1~25mL를 급여하는 것이다. 미네랄 오일은 절대 주사기로 투여해서는 안 되는데, 아무 맛도 나지 않기도 하고 폐로 들어갈 위험이 있기 때문이다.

시사프리드*같이 장운동에 영향을 주는 약물을 사용할 수도 있다. 이런 약물은 반드시 수의사의 처방 아래 사용해야 한다.

*시사프리드 시사프리드는 심장발작 부작용 등으로 현재 판매가 금지되어 유통되지 않는다. 대신 비슷한 약물로 모사프리드가 있다.

변막힘(분변매복)fecal impaction

변막힘은 직장이나 결장에 단단한 변 덩어리가 차 있는 상태다. 전립선비대증 같은 문제에 의해서도 직장이 압박될 수 있다(285쪽, 항문직장폐색 참조).

변막힘이 있는 개는 반복해서 변을 보려고 힘을 줘도 소량의 변만 보거나 아예 보지 못한다. 이로 인해 무기력, 식욕절폐, 복부팽만 및 구토 등의 증상을 보이며 등이 굽어 보인다. 직장검사를 해보면 관 모양의 큰 변이 촉진된다.

치료 : 수의사의 검사와 치료가 필요하다. 심각한 변막힘은 변 제거에 앞서 정맥수액으로 탈수를 교정해야 한다. 대부분 전신마취 상태에서 손가락이나 집게를 이용해 변을 제거한다.

경미한 변막힘은 삼투성 변비약과 자극성 변비약(278쪽, 변비 참조) 그리고 소량의 관장약(관장약 사용 시에는 잘못하면 직장을 천공시킬 수 있으므로 주의한다)으로 치료할 수 있다. 안전하고 효과적인 관장법은 체중 1kg당 5~10mL의 따뜻한 수돗물을 주입하는 것이다. 수돗물 관장은 몇 시간마다 반복할 수 있다.

일회용 주사기에 고무 카테터를 연결하여 식염수 관장액을 투여한다. 카테터 끝에 윤활제를 바르고 직장 내로 2.5~5cm 정도 삽입한다. 관장액을 다 배출하고 나면, 카테터를 통해 10~20mL(소형견은 5~10mL)의 미네랄 오일을 주입하여 남은 변이 쉽게 빠져나올 수 있게 한다.

인산나트륨이 함유된 식염 변비약(플리트 등)도 변비와 변막힘 치료에 효과적이다. 그러나 인은 신장 질환이 있는 개나 소형 품종의 경우 독성을 유발할 수 있어 사용하지 않는다. 플리트 관장약은 신장 기능이 정상인 중형 품종과 대형 품종의 경우 안전하게 사용할 수 있다. 반복해 투여하지 않는다. 동물용으로 아주 안전하게 만들어진 특별한 관장약도 있다. 주입구가 달린 플라스틱에 약이 들어 있어, 끝부분에 윤활제를 바르고 개의 직장에 삽입한다. 액체가 직장 쪽으로 잘 들어가도록 깊숙이 넣은 상태에서 관장약을 투여한다. 개가 저항할 경우 보정해 줄 조력자가 있으면 좋다. 대부분의 개는 관장약 투여 후 수분 이내에 변을 본다.

수돗물 대신 생리식염수를 구할 수 있다면 생리식염수로 실시하는 것이 좋다.

설사

설사는 묽고, 형태가 없는 변을 보는 것이다. 대부분은 변의 양이 많아지고 장운동도 증가한다. 설사의 가장 큰 원인 두 가지는 잘못된 음식과 위장관의 기생충이다. 많은 전염성 질환도 설사를 유발한다. 강아지의 설사에 대해서는 **탈수**(472쪽)에서 다룬다.

음식이 소장을 통과하는 데는 8시간 정도 걸린다. 이 시간 동안 소화된 음식과 약 80%의 수분이 소장에서 흡수된다. 결장은 찌꺼기를 농축시키고, 마지막으로 형태가 잘 잡힌 변을 배출시킨다. 정상적인 변에는 점액이나 혈액, 소화되지 않은 음식물 등이 섞여 있지 않다.

장을 빠르게 통과한 음식물은 수분이 있는 상태로 직장에 도달해 무르고 형태 없는 변이 된다. 개에게 발생하는 일시적인 설사는 대부분 이렇게 음식물이 장을 빠르게 이동하여 발생한다.

잘못된 음식도 음식물이 빨리 이동하게 만드는 흔한 원인이다. 개는 천성적으로 먹을 것을 찾아 뒤적거리며 쓰레기, 상한 음식, 죽은 동물, 풀, 화초, 플라스틱 조각, 나무, 종이같이 소화가 어려운 것을 먹어댄다. 이런 것들은 대다수 장은 물론 위에 자극을 주며 일부분은 구토를 통해 배출된다.

음식불내성*에 의해서도 음식물이 빨리 이동한다. 일부 개들에게 문제를 일으키는 성분으로는 소고기, 돼지고기, 닭고기, 말고기, 생선, 달걀, 향신료, 옥수수, 밀, 콩, 그레이비, 소금, 지방, 일부 상업용 사료 등이 있다. 음식불내성은 음식 알레르기(148쪽)와 같은 문제가 아님을 주지한다. 음식 알레르기는 피부병을 유발하고 구토가 관찰될 수 있지만 설사를 유발하는 경우는 드물다.

일부 성견은 락타아제 결핍으로 우유나 유제품을 소화시키지 못한다. 락타아제는 소화효소로 우유 속의 유당(락토오스)은 단당류로 분해한다. 소화되지 못한 유당은 흡수되지 못하고 장내에 남아 수분을 갖고 있다. 이로 인해 장의 운동성이 증가하고 다량의 설사를 유발한다.

장관 기생충은 급성 및 만성 설사를 일으키는 흔한 원인이다. 회충, 구충, 편충, 요충, 지아르디아 등이 문제가 된다.

많은 약물 부작용으로도 설사를 할 수 있는데, 특히 아스피린 등의 NSAID(비스테로이드성 소염제)가 문제가 된다. 일부 심장약, 구충제, 대부분의 항생제도 설사를 유발할 수 있다.

흥분하거나 불편할 때도 설사를 할 수 있다. 예를 들어 동물병원에 가면 설사를 하기도 한다. 갑자기 식단이 바뀌거나 생활환경이 바뀌어도 정서적인 원인으로 설사를 할 수 있다.

설사의 원인을 찾는 데 있어, 설사가 소장에서 시작된 것인지 대장에서 시작된 것인지 구분하는 것이 중요하다. 개의 상태는 물론 설사의 양상도 판단에 도움이 된다. 283쪽 표는 잘 관찰해야 할 것들을 설명하고 있다.

설사는 그 기간에 따라 급성과 만성으로 분류한다. 급성 설사는 갑자기 시작하여 단기간에 끝난다. 만성 설사는 종종 서서히 시작되어 몇 주 또는 그 이상 지속되거나 재발 양상을 보인다.

* 음식불내성 특정 음식이나 특정 성분을 소화하기 어려운 상태.

만성 설사는 수의사의 진료가 필요하다. 기생충(회충, 편충, 지아르디아), 세균(살모넬라, 캄필로박터, 클로스트리듐), 곰팡이(히스토플라스마, 아스페르길루스, 칸디다) 등의 감별을 위해 분변검사를 실시한다. 소화불량과 흡수장애증후군을 진단하기 위해 다양한 면역검사와 변흡수검사를 이용할 수 있다.

대장내시경은 직접 결장 내부를 확인하는 검사로 대장성 설사의 진단에 중요하다. 장벽이나 의심 부위에서 액상의 변을 빼내 배양 및 세포학적 검사를 실시하거나, 생검을 한다. 위내시경으로 십이지장을 생검하고 소장 분비액 시료를 채취하여 소장성 설사의 진단에 이용할 수 있다. 초음파검사도 설사의 정확한 원인을 찾는 데 도움이 된다.

설사의 특징		
	일반적인 원인	문제 위치
색깔		
노랑 또는 초록빛	빠른 이동	소장
검정, 갈색	상부 소화관 출혈	위나 소장
붉은색 또는 굳은 피	하부 소화관 출혈	대장에서 응고
옅거나 밝은색	담즙 부족	간
다량의 악취가 나는 회색	불완전한 소화	소장 또는 흡수장애
형태		
수양성	빠른 이동	소장
포말성	세균 감염	소장
기름기	흡수장애	소장, 췌장
윤기가 나거나 젤리 같은	점액 포함	대장
냄새		
음식 냄새 또는 상한 우유 냄새	빠른 이동, 불완전한 소화, 흡수장애(특히 강아지의 과식)	소장
역한 냄새	발효된 불완전한 소화	소장, 췌장
횟수		
소량의 변을 한 시간 이내에 여러 번	대장염	결장
하루 3~4회 다량의 변	불완전한 소화, 흡수장애	소장, 췌장

개의 상태		
체중감소	불완전한 소화, 흡수장애	소장, 췌장
체중감소가 없고 정상 식욕	대장장애	결장
구토	장염	소장, 드물게 결장

가정에서 하는 설사 처치

탈수가 없고 변에 피가 섞이지 않은 설사는 집에서 치료할 수도 있다. 중등도 또는 심한 설사가 24시간 이상 지속되지 않고, 열이 없는 성견이라면 탈수 방지를 위한 충분한 양의 수분 섭취가 가능하다. 그러나 급성 설사로 탈수가 발생할 위험이 큰 강아지나 노견은 수의사의 진료가 필요하다. 설사와 함께 구토를 동반하는 개는 탈수의 위험이 매우 크다.

급성 설사

급성 설사를 치료하는 가장 중요한 단계는 24시간 동안 모든 음식을 중단하여 위장관에 휴식을 주는 것이다. 어느 정도의 수분 섭취는 허용해도 된다. 설사가 지속되면 약국에서 전해질 용액을 구입해 먹일 수도 있다. 전해질 용액에 물을 절반 섞어 개의 물그릇에 준다. 반려견용 전해질 용액이나 스포츠 음료 등을 이용할 수도 있다. 개가 전해질 용액을 먹지 않는다면 그냥 물을 먹인다. 염도가 낮은 육수를 물에 섞어 주어도 물을 먹게 하는 데 도움이 된다.

지속적인 설사에는 장의 운동성을 감소시키는 지사제가 도움이 된다.

급성 설사는 보통 장이 휴식을 취하면 24시간 이내에 호전된다. 지방 함량이 적고 소화가 용이한 음식으로 다시 급여를 시작한다. 예를 들어 삶아서 다진 고기와 쌀밥 또는 껍질을 제거한 삶은 닭고기 등이다. 쌀밥, 코티지치즈, 삶은 마카로니나 오트밀, 살짝 익힌 달걀 등도 소화가 편한 음식이다. 하루 3~4번에 걸쳐 소량의 음식을 급여한다. 그러고 난 뒤 천천히 평소에 먹던 음식으로 돌아간다.

다음과 같은 상황에는 즉시 동물병원을 방문한다.

- 24시간 이상 지속되는 설사
- 피가 섞여 있거나 검거나 암갈색을 띠는 변
- 구토를 동반한 설사
- 기력이 크게 떨어지거나 열이 나는 경우

만성 설사

첫 번째 단계는 원인을 찾아 치료하는 것이다. 음식을 바꿔서 생긴 설사는 원래 먹던 음식을 먹이면 교정되므로, 천천히 원인을 찾아나간다. 락타아제 결핍이 의심되면 식단에서 우유나 유제품을 뺀다. 특히 성견에서 문제가 된다.

과식에 의한 설사(양이 많고 형태가 없는 특징)는 개의 적정 칼로리 요구량으로 조절하여 관리할 수 있으며, 하루 3번에 나누어 급여한다.

3주 이상 지속되는 간헐적인 만성 설사는 수의사의 진료가 필요하다.

항문과 직장

항문직장 질환의 증상은 배변 시의 통증, 변을 보려 애를 쓰거나, 직장출혈, 바닥에 엉덩이 끌기, 엉덩이를 깨물거나 핥는 증상 등이다. 항문과 직장에 통증이 있는 개는 종종 선 자세로 변을 보려고 한다.

항문 안쪽에서의 출혈은 피가 변과 섞여 있기보다는 변 바깥쪽에 피가 묻어나온다.

바닥에 엉덩이를 비비는 행동은 항문이 가렵다는 것이다. 벼룩 물림, 항문 피부의 염증, 항문낭 질환, 촌충 등에 의해 항문이 가려울 수 있다.

항문직장폐색anorectal obstruction

항문직장폐색의 흔한 원인은 비대해진 전립선이 뒤쪽으로 돌출하여 직장을 압박하는 것이다. 노년의 수컷에서 발생한다. 상부 위장관을 통과한 이물이 직장을 막을 수도 있다. 제대로 치유되지 않은 골반 골절에 의해서도 폐쇄가 발생해 직장이 협착될 수 있다. 보스턴테리어와 불도그처럼 꼬리가 나선형으로 말려 있는 개들은 꼬리가 항문 부위를 압박하여 꼬리를 펴는 데도 어려움이 있을 수 있다. 변막힘, 항문 주변에 뭉쳐 굳은 변, 직장협착, 항문 주위 선종, 회음부탈장, 직장의 폴립(용종)과 암종 등도 원인이 된다.

직장의 협착은 항문 주변의 감염, 누공, 직장수술의 합병증 등에 의해 발생한다. 회음부탈장에서는 항문 옆쪽이 불룩하게 돌출된다. 직장을 지지하는 근육을 약화시키고 배변 시 힘이 작용하는 것을 방해한다. 돌출 부위는 개가 힘을 줄수록 점점 커진다. 회음부탈장은 주로 중성화수술을 하지 않은 노년의 수컷에서 많이 발생한다.

항문직장폐색의 주 증상은 배변을 할 때 힘을 주며 고생하는 것이다. 변은 납작하거나 리본 모양으로 관찰된다. 피가 섞일 수도 있다. 손가락으로 직장검사를 실시하여 진단하고 대장내시경을 이용하기도 한다.

치료 : 폐색의 원인에 따라 치료법도 다양하다. 대부분의 이물은 진정이나 마취 상태에서 손가락으로 제거할 수 있다. 전립선비대증은 중성화수술을 실시한다(410쪽 참조). 회음부탈장은 단독으로 중성화수술만 하거나 탈장의 외과적인 교정술을 함께 실시해 치료한다. 협착증도 수술로 교정한다. 항문 주위 선종과 폴립은 뒤에서 다루고 있다(291쪽 참조). 말린 꼬리와 관련한 변비는 보통 꼬리의 수술적 교정이 필요하다.

수술이 어려운 경우, 변비약(완하제)과 변을 부드럽게 만들어 주는 식단을 통해 정상적인 배변을 하도록 하는 것을 목표로 삼는다(278쪽, 변비 참조).

거짓변비(항문 주변의 변 뭉침)pseudoconstipation(matted stool around the anus)

항문 주변의 털이 엉켜 변과 뒤섞인 채 굳어 뭉치면 배변을 방해하여 거짓변비를 유발한다. 주로 장모견에게 발생하는데 설사 뒤에 발생한다. 피부가 자극되고, 통증을 유발하고, 감염이 발생한다. 이로 인해 스스로 변을 참기도 한다.

거짓변비가 있는 개는 안절부절못하며 항문 부위를 핥거나 깨문다. 항문을 바닥에 비비거나, 낑낑거리고, 서서 변을 보려는 시도를 한다. 심하게 역한 냄새가 난다.

치료 : 항문을 막고 있는 원인을 해소하기 위해 엉킨 털을 잘라낸다. 통증이 심한 경우, 수의사는 전신마취를 시킨 상태에서 털을 자르고 상처를 치료할 것이다. 염증 부위를 청결히 유지하고 항생제나 소염제 성분의 국소 연고를 바른다.

개가 계속 힘을 주고 쉽게 변을 보지 못한다면 변비를 참조한다(278쪽 참조). 거짓변비가 잘 생기는 개는 항문 주변의 털을 정기적으로 짧게 다듬어 줘야 한다.

직장항문염(항문과 직장의 염증)proctitis(inflamed anus and rectum)

거짓변비로 인해 항문 피부에 염증이 생길 수 있다. 반복된 설사로도(특히 강아지) 항문에 염증이 생길 수 있다. 곤충에 물리거나 기생충에 의해서도 발생할 수 있다. 뼛조각이나 단단한 변을 보는 과정에 의해서도 항문이 자극된다.

변을 보려 애쓰는 것이 직장항문염의 주 증상이다. 바닥에 엉덩이를 끌거나, 핥고 깨무는 증상도 나타난다.

치료 : 자극받은 항문 피부는 거짓변비에서처럼 연고를 발라 가라앉힌다. 먼저 따뜻한 물과 자극이 적은 비누로 꼼꼼히 잘 씻겨 준다. 앞에서 설명한 변비와 설사에서처럼 치료한다.

항문직장탈출증(직장탈)anorectal prolapse(protrusion of anal tissue)

항문직장탈출증은 항문을 통해 직장 조직이 돌출되는 것이다. 심한 변비, 변막힘, 설사, 직장항문폐색, 분만, 방광폐색, 심한 기생충 감염(특히 강아지)같이 심하게 힘을 주는 상태와 관련이 있다.

점막탈출증은 항문 안쪽의 점막만 튀어나오는 상태다. 붉고 부어오른 도넛 모양의 조직이 관찰된다. 치질로 오인될 수도 있는데, 개들은 치질이 없다. 직장이 완전히 탈출되면 직장의 분절이 항문을 통해 몇 cm 길이로 탈출되는데 분홍빛 또는 붉은 원통형 덩어리로 관찰된다.

치료 : 점막탈출증은 힘을 주는 원인이 해결되면 저절로

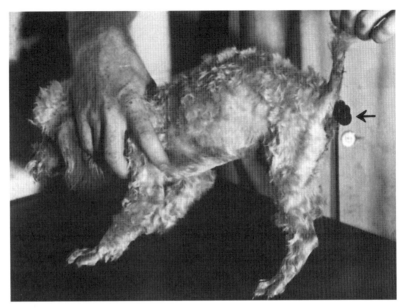

직장이 완전히 탈출된 개.

사라진다. 변 연화제를 투여하고 증상이 치유될 때까지 소화가 쉽고 찌꺼기가 적은 식단으로 급여한다.

직장탈출증은 수의사의 진료를 받아야 한다. 재발을 막기 위해 임시로 항문 주변을 쌈지봉합 해 주기도 한다. 탈출된 장이 괴사한 경우 외과적으로 절제하고, 장문합술로 장을 이어 준다. 변 연화제, 찌꺼기가 적은 식단 등 수술 후 관리가 필요하며 장의 운동성을 조절하기 위한 약물처방이 필요할 수도 있다.

항문의 기형

항문폐쇄증은 드문 선천성 기형으로 항문 또는 항문과 직장이 발달하지 못하는 것이다. 암컷 강아지에서는 직장질루라는 대장과 질 사이에 통로가 생기기도 한다.

항문 없이 태어난 신생견은 가스나 태변(보통 출생 시 배출되는 암녹색의 변 물질)을 배출할 수 없다. 생후 첫 24시간 이내에 복부가 팽만되고 구토가 관찰된다. 대장이 질과 연결되면 가스와 변이 외음부를 통해 배출되어 임시로 장폐색은 피할 수 있다.

치료 : 항문폐쇄증과 직장질루는 수술적 교정이 필요하다. 그렇지 않으면 생존이 어렵다.

항문낭 질환anal sac disease

개는 항문낭을 두 개 가지고 있다. 항문을 중심으로 5시와 7시 방향에 있다. 항문 아래쪽 피부를 아래로 당기면 눈으로 확인할 수 있다.

항문낭은 향선(냄새를 분비하는 분비샘)과 비슷하다. 스컹크는 방어적인 목적으로 항문낭을 활용한다. 개는 개체를 확인하고 영역을 표시하는 목적으로 분비한다. 개들이 엉덩이 쪽 냄새를 맡으며 인사를 나누는 이유다.

항문낭은 변이 항문을 통과하며 생기는 압력에 의해 비워진다. 개가 놀라거나 불쾌해할 때와 같은 상황에서도 항문 괄약근의 강력한 수축에 의해 배출될 수 있다.

항문낭 질환은 항문낭이 막혀 감염이 일어나고, 이것이 농양이 되고 파열되는 순서를 따른다. 항문낭의 염증 분비물을 핥아 편도염이 발생하기도 한다.

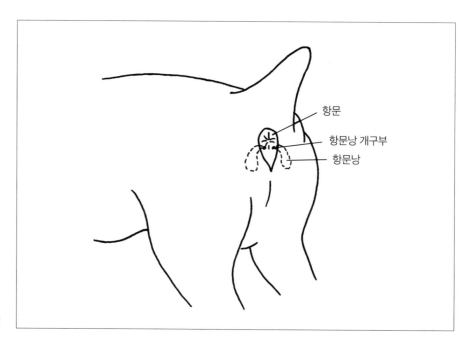

항문낭

항문낭 막힘증anal sac impaction

진득한 분비물이 항문낭에 축적되어 막힌다. 항문낭이 부풀어 오르고 조금 아플 수 있다. 짜낸 분비물은 진득하고 암갈색 또는 회갈색을 띤다. 완전히 비워지지 못하면 항문낭이 막힌다. 작고 부드러운 변을 보는 경우, 배변 시 항문낭을 자극하는 압력이 부족하거나 괄약근의 압력이 부족한 경우, 진득하게 마른 분비물에 의해 개구부가 막힌 경우 발생할 수 있다. 항문낭 막힘증은 주로 소형 품종이나 과체중견에게서 발생한다.

치료 : 손으로 항문낭 분비물을 짜서 치료한다. 항문낭 막힘증이 재발하는 개는 항문낭을 정기적으로 짜 주어야 한다. 식이섬유가 많이 들어 있는 식단을 급여하거나 변의 크기를 늘리기 위해 팽창성 변비약을 투여할 수 있다(278쪽, 변비 참조).

항문낭을 짜는 방법

개에게 항문낭 질환이 없고 고약한 냄새를 자주 풍기지 않는다면 항문낭을 짜 줄 필요는 없다. 일회용 라텍스 장갑이나 비닐장갑을 착용한다. 개의 꼬리를 수직으로 들어 올리고 288쪽 그림에서처럼 항문낭 개구부의 위치를 확인한다. 항문낭이 가득 찼다면 항문 주변 5시와 7시 방향에 작고 단단한 덩어리가 만져질 것이다.

엄지와 검지로 항문낭 주변을 잡고 꾹 눌러서 짠다. 항문낭이 막힌 경우, 검지를 항문 안에 넣고 엄지를 그 바깥에 대고 누르면 잘 짤 수 있다.

항문낭을 짜면 강력한 냄새가 날 것이다. 물티슈 등으로 분비물을 닦아내거나 엉덩이 주변을 부드럽게 씻겨 준다. 정상적인 분비물은 액상으로 갈색을 띤다. 분비물이 노랗거나, 피가 섞여 있거나, 고름 같다면 감염이 발생한 것으로 수의사의 진료를 받아야 한다.

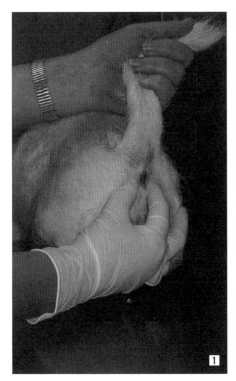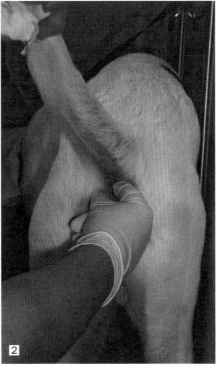

1 항문낭을 짤 때는 엄지와 검지로 항문낭 주변의 피부를 누른다.

2 막힌 경우, 검지를 항문 안에 넣고 엄지를 그 바깥에 대고 누르면 잘 짤 수 있다.

항문낭염sacculitis(anal sac infection)

항문낭 막힘증이 악화되면 감염이 일어난다. 항문 옆이 부어오르고 통증을 호소할 것이다. 항문낭 분비물은 진득해지고 노란빛이나 핏빛을 띤다. 개는 엉덩이를 바닥에 끌고 다니며, 비비고 핥거나 깨물 것이다.

치료 : 항문낭을 짜 준다. 1~2주간 반복한다. 감염이 재발하면 매주 항문낭을 짜 준다. 항문낭을 짠 후, 항문낭 안으로 항생제를 주입하기도 한다(동물병원에서 수의사가 시술한다).

항문낭염이 자꾸 재발하는 개는 수술로 항문낭을 제거해야 한다. 감염이 없는 상태에서 수술하는 것이 가장 좋다.

항문낭농양anal sac abscess

항문낭염 증상에 더해 열이 난다. 보통 한쪽 항문낭 부위가 부어오르는데, 처음에는 붉은색이었다가 나중에는 보라색으로 변한다. 항문낭염과 달리, 항문낭을 짜도 부기가 개선되지 않는다. 농양은 흔히 주변 피부를 통해 파열되고 고름이 흐른다.

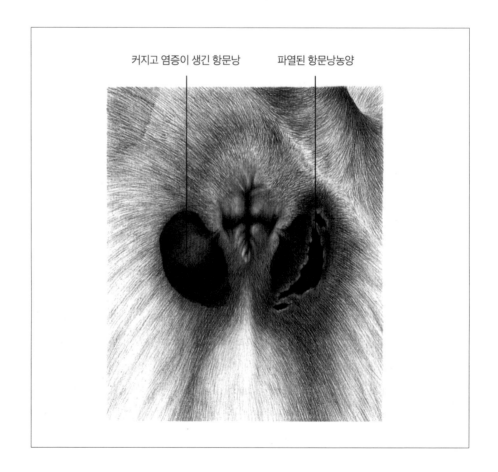

커지고 염증이 생긴 항문낭   파열된 항문낭농양

치료 : 농양이 저절로 파열되지 않는 경우, 수의사는 적절한 시기가 되면 째서 배액한다. 농양 안을 여러 번 세척하고 경구용 항생제를 처방한다. 수의사는 1~2주간 희석한 베타딘 같은 국소용 소독액으로 하루 두 번 농양 안을 세정하고 주변을 온찜질하도록 지시하기도 한다.

항문 주위 누공perianal fistula

항문 주위 누공은 항문 주변의 피부가 감염되어 고름이 흐르는 통로가 형성된 것이다. 처음에는 구멍 뚫린 상처가 보이다가, 나중에는 합쳐져 상처가 벌어지고 분비물이 흐르는데 고약한 냄새를 풍긴다. 때때로 누공이 안쪽으로 나 항문낭과 연결되기도 한다.

항문 주위 누공은 저먼셰퍼드에서 가장 많이 발생하지만 아이리시 세터, 잉글리시 세터, 래브라도 리트리버 등에서도 발생한다. 주로 꼬리가 지면 가까이에 넓게 깔리는 품종에서 발생하는 듯하다.

증상은 항문낭염과 비슷하다(290쪽 참조). 역한 냄새가 나는 분비물이 관찰되기도 한다. 항문 주변을 눈으로 검사하여 진단한다.

치료 : 수술이 가장 효과적인 치료법으로 꼬리 절단이 필요할 수 있다. 사이클로스포린과 다른 면역 억제제가 치료에 도움이 될 수 있다. 항문 주위 누공은 치료가 어렵고 수술 후 후유증과 재발도 흔하다. 조기에 치료하는 것이 회복에 가장 중요하다. 냉동 치료와 레이저 치료가 도움이 되기도 한다. 안타깝게도, 수술을 받은 개 중 일부는 약간의 변실금이 후유증으로 남는다.

직장 폴립과 직장암rectal polyp and cancer

폴립(용종)은 포도처럼 생긴 양성 신생물로 직장에서 발생하는데 항문으로 돌출되기도 한다. 발생이 흔치는 않지만, 발견되면 제거해야 한다.

선암종은 결장과 직장에 가장 흔한 악성 신생물로, 그다음으로는 림프종이 잘 발생한다. 선암종은 천천히 자라는 위장관 종양으로 주로 노견에서 발생하며, 보통 하부 결장과 직장에서 발생한다. 이런 종양은 장을 막거나, 궤양이 생기거나, 출혈을 일으킬 수 있다. 대장내시경과 종양 생검을 통해 진단한다.

항문낭에서 암이 유래되기도 하는데, 주로 노년의 암컷에서 발생한다. 항문낭 선암종은 부갑상선호르몬을 분비하는 특이한 속성이 있어 심각한 고칼슘혈증을 동반한다(399쪽, 부갑상선기능항진증 참조). 이런 종양은 겨우 만져지는 작은 크기부터 직장에서 돌출되는 큰 크기까지 다양하다.

치료 : 결장과 직장의 암은 수술로 절제해 치료한다. 림프종은 화학요법으로 치료

할 수 있다. 항문낭 선암종은 수술로 절제하는 것이 가장 좋은데, 큰 종양은 화학요법을 고려할 수 있다. 방사선요법도 치료에 도움이 된다.

항문 주위 종양perianal gland tumor

흔히 발생하는 종양으로 항문 주변이나 꼬리 기저부의 선 조직에서 발생하는데 여러 개가 생기는 경우가 많다. 주로 중성화수술을 하지 않은 7살 이상의 수컷에게서 발생한다(테스토스테론이 필요). 선종은 발생 부위와 동그랗고 고무 같은 모양이 특징이다. 일부는 악성으로 변형되어 선암종이 되기도 한다. 이 암종은 크게 자라며, 피부가 파열되고, 감염이 발생하여 항문과 직장의 폐색을 유발한다. 폐로 전이되는 경우도 흔하다.

치료 : 조직생검으로 확진한다. 작은 종양은 완전히 절제하는 것이 가장 좋다. 종양이 악성으로 진단되면, 흉부 엑스레이검사를 실시하여 전이 여부를 평가해야 한다.

항문 주위 종양은 고환을 절제하면 저절로 퇴축되기도 한다. 때문에 항문 주위 종양이 있는 개는 양성이든 악성이든 모두 중성화수술을 시켜야 한다. 양성종양은 가장자리의 정상 조직까지 제거한다. 악성종양은 중성화수술을 실시하며, 변실금을 유발하지 않는 수준에서 가능한 한 넓게 제거한다. 방사선요법과 화학요법도 도움이 될 수 있다.

간

간은 효소와 단백질, 대사산물 등을 합성하고, 혈액에서 암모니아와 다른 노폐물을 제거하며, 응고인자를 생산하고, 약물이나 독소로부터 혈액을 해독하는 등 많은 생명 기능을 수행한다.

간부전liver failure

간 질환의 초기 증상은 비특이적이다. 식욕감소, 체중감소, 간헐적인 만성 구토와 설사 등이 이에 해당된다. 설사보다는 구토가 더 흔하다. 평상시보다 더 많은 물을 마시고 소변을 자주 보는 것이 첫 증상으로 병원을 찾는 주요 원인이기도 하다.

간 질환 초기에는 간이 붓고 커진다. 질병이 진행되면 간세포가 죽고 반흔 조직으로 대체된다. 간이 고무처럼 변해 단단해지는 상태를 간경화라고 하는데, 다시 회복되지 않는다. 이런 말기 단계에 이르기 전까지, 간은 손상에서 회복하고 정상 기능을 수행할 수 있는 수준까지 스스로 치유할 수 있다. 초기에 적절한 치료를 받는 것이 중요하다. 회복의 범위는 간손상의 정확한 원인에 따라 다르다. 간세포의 80%가 죽으면 간부전이 시작된다. 간부전의 증상으로는 황달, 간성 뇌증, 복수, 자연출혈, 의존성 부종(하지부종) 등이 있다. 간부전의 치료는 원인이 되는 간 질환을 치료하는 것이다.

황달jaundice

간 기능이 손상되면 담즙이 혈액과 조직에 축적되어 조직을 노랗게 물들인다. 눈의 흰자위, 잇몸 점막과 혀가 노랗게 변한다. 귀 안쪽도 노랗게 침착되는 부위다. 담즙은 소변으로도 배설되어 소변을 암갈색으로 변화시킨다(홍차색).

황달은 급성 용혈성 빈혈같이 다량의 적혈구가 파괴된 경우에도 발생할 수 있다(345쪽 참조). 간후성 담관폐색도 황달을 유발한다.

간성 뇌증hepatic encephalopathy

혈액 내의 암모니아와 다른 독소의 농도가 높아져 뇌의 기능이상을 유발한다. 암모니아는 단백질 대사의 부산물로 건강한 간에서는 혈류에서 제거된다. 하지만 간이 아프면 암모니아가 독성을 일으킬 수준으로 축적되고 뇌에 중독성의 영향을 끼친다.

간성 뇌증이 있는 개는 운동실조, 산발적인 쇠약, 방향감각 상실, 헤드프레싱(벽에 머리를 대고 있는 행동), 행동변화, 침흘림, 혼미, 정신이 둔해지는 증상을 보인다. 증상은 심해졌다 나아졌다를 반복한다. 고단백 식사를 하고 나면 더 심해진다. 간성 뇌증이 더 악화되면 발작이 오거나 혼수상태에 빠진다.

복수ascite

복수는 복강에 액체가 저류되는 것이다. 간 질환이 있는 개의 경우 혈청 단백질의 농도가 낮아지고 간으로 공급되는 정맥의 압력이 증가해 발생한다. 복수가 있는 개는 배가 부풀어 보인다. 복부를 두드려 보면 둔탁하고 낮은 소리가 난다.

출혈

자연출혈은 심한 간 질환이 있는 경우 발생한다. 주로 출혈이 발생하는 부위는 위, 장, 비뇨기다. 구토물, 변, 소변에서 피가 관찰될 수 있다. 잇몸에서 점상출혈(작은 점 크기)이 관찰될 수 있다. 입술과 피부에서 멍이 관찰되기도 한다. 자연출혈에 의한 다량의 출혈은 상대적으로 흔치 않다. 다만 개가 다치거나 수술을 받는 경우 지혈을 시키지 못해 심각한 문제가 발생할 수 있다.

의존성 부종dependent edema

복벽과 하지의 부종은 영양실조, 낮은 혈청 단백질 농도와 관련이 있다. 간 질환에 따른 경우에는 울혈성 심부전이 있는 개들에서만큼 흔하지는 않다.

간 질환의 원인

다양한 질병, 화학물질, 약물, 독소 등이 간을 손상시킨다. 간은 전염성 간염과 렙토스피라증에 의해 직접적으로 영향을 받는다. 심장사상충 감염, 쿠싱 증후군, 당뇨병 등도 관련이 있다. 원발성 또는 전이성 종양도 간부전을 유발하는 주요 원인이다.

간독성을 일으킨다고 알려진 화학물질로는 사염화탄소, 살충제, 독성 용량의 납, 인, 셀레늄(셀렌), 비소, 철 등이 있다. 간을 손상시킬 수 있는 약물로는 흡입용 마취제, 항생제, 항곰팡이 약물, 구충제, 이뇨제, 진통제(NSAID 포함), 항경련제, 테스토스테론, 코르티코스테로이드 등이 있다. 대부분의 약물반응은 과량 투여하거나 장기간 사용해 발생한다.

일부 식물과 허브도 간부전을 유발할 수 있다. 금방망이, 일부 버섯류, 남조류 등이 이에 해당된다. 옥수수나 오염된 음식물에서 관찰되는 아플라톡신 등의 곰팡이도 심각한 간손상을 유발한다.

담석에 의한 담관폐색, 간흡충, 종양, 췌장염 등도 흔치는 않지만 원인불명의 황달이 있는 경우 참고해야 한다.

치료 : 담즙산검사를 포함한 혈액검사, 초음파검사, CT 검사 등으로도 유용한 정보를 얻을 수 있지만 유일한 확진 방법은 간 생검이다. 치료 예후는 개가 얼마나 오래 아팠는지, 간손상의 범위, 수술적으로 치료할 수 있는지 아니면 약물로 관리해야 하는지에 따라 다르다.

전염병은 원인을 치료하면 좋아진다. 약물이나 중독물질에 의한 경우 더 이상 노출되지 않으면 일시적으로 상태가 개선되는 경우도 많다. 담관폐색이나 일부 간의 원발성 종양은 수술로 교정할 수 있다.

간 질환의 치료와 더불어 합병증을 예방하는 것도 중요하다(특히 간성뇌증과 출혈). 저단백식 급여, 혈중 암모니아 농도 관리, 응고인자 유지, 발작 예방, 전해질 불균형 교정, 위와 십이지장 궤양을 위한 제산제 투여 등이 포함된다. SAM-e와 밀크시슬(실리마린) 같은 보조제도 간의 기능을 복구시키고 정상으로 유지하는 데 도움이 된다.

간문맥단락증PSS, portosystemic shunt

간문맥*단락증은 장에서 나온 비정상적인 정맥이 간을 우회하여 생기는 병이다. 혈

담낭점액종 담낭점액종은 담즙이 끈끈한 점액이나 고체 형태로 변화되어, 배출되지 못하는 상태로 담관폐색이나 담낭파열을 일으킨다. 초음파검사로 쉽게 진단이 가능하며 일부 증례는 약물치료로 호전되기도 한다. 약물치료가 효과가 없는 경우 담낭절제술이 필요하다. 담낭을 제거하더라도 일상생활에 큰 지장은 없다.

* **문맥** 소화기와 비장에서 나오는 정맥혈을 모아 간으로 운반하는 정맥.

류 중의 암모니아와 다른 독소가 대사되거나 제거되지 못해 간성 뇌증을 유발한다.

간문맥단락증은 선천성이다. 간외성 다발성 단락은 선천적인 경우도 있지만, 간경화에 따른 경우가 더 많다. 다양한 품종에서 발생할 수 있는데 미니어처 슈나우저, 말티즈, 요크셔테리어 등은 간외성 선천성 단락이 발생할 위험이 높다. 아이리시 울프하운드 같은 대형견은 간내성 단락의 발생 위험이 높은데, 태아 시절의 혈관이 출생 이후 정상적으로 닫히지 못해 발생한다. 선천성 간문맥단락증이 있는 개는 대부분 생후 6개월 이전에 간성 뇌증 증상을 보이지만, 어떤 개들은 중년 또는 노년이 되어서도 증상이 나타나지 않는다. 간의 혈관으로 조영제를 주입하여 엑스레이검사를 하거나 담즙산검사를 통해 진단한다. 초음파검사가 유용할 수도 있다. 이런 검사는 보통 대형병원에서 가능하다.

치료 : 간문맥단락증의 치료는 수술로 비정상 혈관을 부분적으로 또는 완전히 결찰하는 것이다. 하지만 이것이 불가능한 경우도 있다. 내과적인 관리는 간성 뇌증을 관리하는 것이다. 간문맥단락증이 있는 개는 번식시켜서는 안 된다.

특발성 만성 간염idiopathic chronic hepatitis

하나의 질병이 아닌, 간경화로 진행되는 원인이 불명확한 간 질환을 말한다. 구리와 관련된 간염을 제외하고는 대부분 면역과 관련이 있다. 어떤 자극에 의해 개의 면역계가 자신의 간에 대한 항체를 만들어 내는 것으로, 염증이 발생하고 간부전으로 진행된다. 이런 자가면역반응에 대해서는 자세히 알려진 바가 없다.

치료 : 스테로이드와 아자티오프린 같은 면역 억제제로 치료한다. SAM-e, 항산화제, 밀크시슬 같은 보조제가 종종 도움이 된다. 예후는 다양하다. 어떤 개는 치료에 잘 반응하여 약물을 끊기도 하고, 또 어떤 개는 평생 치료가 필요하다. 일반적으로 치료 반응이 좋지 않은 개는 간경화 같은 중증 간 질환으로 진행된다.

구리 관련성 간염copper-associated hepatitis

도베르만핀셔, 베들링턴 테리어, 웨스트 하이랜드 화이트테리어, 스카이 테리어에서는 고농도의 구리와 관련해 간염이 발생한다. 베들링턴 테리어와 웨스트 하이랜드 화이트테리어는 구리 대사에 유전적 결함이 있어서 구리가 독성 농도로 간에 축적된다.

도베르만핀셔와 스카이 테리어는 전부는 아니지만 대부분 구리 농도가 높다. 높은 구리 농도가 간염을 유발한 것인지 아니면 간염의 결과로 구리 농도가 높아진 것인지는 분명하지 않다. 간염에 의해서도 간에 구리가 축적될 수 있다. 일반적으로 구리 농도가 높으면 높을수록 구리가 원인일 가능성이 더 높다. 베들링턴 테리어와 도베르만핀셔의 경우 구리 독성에 대한 유전적 검사가 가능하다.

치료 : 치료법은 품종에 따라 다르다. 간에 축적된 구리를 혈류로 배출해 소변으로 내보내는 약물을 사용한다. 경구용 아연 제품을 투여해 장에서 구리와 결합시켜 구리의 흡수를 감소시킬 수 있다. 유전적으로 구리 대사에 문제가 있는 개는 번식시켜서는 안 된다.

췌장

췌장은 두 가지 기능을 한다. 첫 번째는 소화효소를 공급하는 것이고, 두 번째는 당대사를 위해 인슐린을 분비하는 것이다. 소화효소는 선방세포에서, 인슐린은 섬세포에서 만들어진다.

췌장염pancreatitis

췌장염은 췌장의 염증과 부종을 말한다. 경미할 수도 심각할 수도 있다. 자연적으로 발생하는 췌장염의 원인은 잘 알려져 있지 않다. 코르티코스테로이드를 투여한 개는 췌장염 발생 위험이 커진다. 쿠싱 증후군, 당뇨병, 갑상선기능저하증, 특발성 고지혈증(미니어처 슈나우저)이 있는 개도 발병 가능성이 높다. 혈청 지질 농도와도 관련이 있다. 췌장염은 중성화수술을 한 과체중의 암컷과 고지방 식단을 먹는 개에게 더 많이 발생한다. 사람 음식을 먹거나 기름진 음식을 먹으면 발병이 촉발되기도 한다.

급성 췌장염은 갑작스런 구토와 심각한 복통이 특징적이다. 개는 배를 웅크린 채로 기도하는 듯한 자세를 취한다. 소화효소가 췌장과 주변 조직으로 유리되며 복통을 유발한다. 설사, 탈수, 쇠약, 쇼크가 뒤따를 수 있다.

신체검사를 바탕으로 의심해 볼 수 있다. 혈액 내 아밀라아제와 리파아제 농도의 상승, cPLI(canine pancreatic lipase immunoreactivity) 검사와 TAP(trypsinogen activation peptide) 검사 등으로 확진한다. 복부초음파검사에서 췌장의 확장과 부종이 관찰될 수 있다.

경미한 췌장염은 식욕감소, 침울, 간헐적인 구토, 설사, 체중감소 등이 나타난다.

급성 괴사성 췌장염은 급성의 아주 심각하고 치명적인 형태의 췌장염이다. 개는 단 몇 시간 만에 쇼크 상태에 빠진다. 구토를 하거나 단순히 심한 복통만을 호소하기도 한다. 이런 문제가 의심되면 즉시 동물병원으로 데려간다.

췌장염을 앓고 나면 췌장은 영구적인 손상을 입는다. 섬세포가 파괴되면 당뇨병에

대부분의 동물병원에서는 췌장염의 진단을 위해 cPLI를 상업적으로 간편하게 검사화한 canine pancrease-specific lipase, 즉 cPL 검사와 CRP 등의 염증검사를 이용한다. 최근에는 췌장염 여부를 판단하는 키트식 정성검사 외에도 수치를 확인할 수 있는 정량검사가 일반화되어 진단 및 만성 췌장염의 모니터링이 용이해졌다.

걸릴 수 있고, 선방세포가 파괴되면 외분비성 췌장부전증에 걸릴 수 있다.

치료 : 급성 췌장염에 걸린 개는 쇼크와 탈수를 치료하기 위해 입원 치료가 필요하다. 췌장염을 치료하기 위해 가장 중요한 것은 췌장에 휴식을 주는 것이다. 경구로 아무것도 먹이지 않고 수액 처치로 전해질 및 영양 공급을 실시한다. 2차 세균 감염을 예방하기 위해 항생제를 투여한다. 통증 관리를 위해 마약성 진통제 등의 강력한 진통제가 필요할 수 있다. 심장 부정맥이 나타나는 경우 항부정맥 약물을 투여한다.

약물치료에 반응을 보이지 않는 경우 수술로 배액을 시키거나 감염된 췌장을 절제하기도 한다. 쇼크가 있거나 복막염으로 진행된 경우 예후는 좋지 않다.

췌장염에서 회복되어도 재발하는 경우가 많은데, 그 정도는 다양하다. 위험 요인을 잘 관리하면 부분적으로 예방이 가능하다. 예를 들어 과체중견은 체중을 감량시킨다. 하루 급여량을 조금씩 2~3회로 나누어 췌장의 과도한 자극을 피한다. 사람 음식은 주지 않는다. 혈청 지질 농도가 높은 개는 저지방 식단으로 교체해야 한다. 선방세포나 섬세포가 손상된 경우, 소화효소나 인슐린의 보조 투여가 필요할 수 있다(297쪽, 외분비성 췌장부전증과 298쪽, 당뇨병 참조).

외분비성 췌장부전증exocrine pancreatic insufficiency

음식을 먹으면 췌장의 선방세포는 소화효소를 생산해 십이지장으로 분비한다. 소화효소가 없으면 음식물은 충분히 소화되지 못하고, 이로 인해 영양소도 잘 흡수되지 못한다. 알 수 없는 원인으로 선방세포가 위축되고 소화효소 생산이 중단될 수 있다. 이런 상태를 췌장 선방세포 위축(PAA, pancreatic acinar cell atrophy)이라고 하는데, 췌장부전증의 주요 원인 중 하나다. 선방세포 위축은 2살 미만의 개에서 시작된다. 모든 품종에서 발생 가능하나 대형견에서 많이 발생하며, 특히 저먼셰퍼드는 상염색체 열성 형질에 의해 유전될 수 있다.

췌장부전증의 다른 원인은 췌장염이다. 염증을 앓고 난 후 췌장에 상처가 남거나 위축될 수 있다. 이로 인해 선방세포의 위축과 유사한 상태가 된다. 이런 유형의 췌장부전증은 중년 이상의 소형 품종에서 많이 발생한다.

췌장부전증이 있는 개의 경우 왕성한 식욕과 음식 섭취에도 불구하고 체중이 감소한다. 소화되지 않은 음식에 의해 다량의 약간 소똥 같은 형태의 회색빛 시큼한 설사를 한다(273쪽, 흡수장애증후군 참조). 항문 주변의 털에는 종종 소화되지 못한 지방 성분에 의해 기름기가 묻어난다. 강렬한 식욕에 의해 자신의 변을 먹기도 한다.

췌장부전증은 변의 형태와 그 외 사항을 관찰하여 의심해 볼 수 있다. 가장 정확하고 좋은 진단 방법은 TLI 검사(trypsinlike immunoreactive assay)다. 엽산과 비타민 B_{12} 농

최근에는 췌장염의 경우에도 장기간 금식 대신 구토가 없는 경우 경구로 음식을 급여하는 것이 회복에 도움이 된다는 연구가 더 많다.

도도 진단에 도움이 된다.

치료 : 대부분의 개는 식단에 부족한 소화효소를 보충해 주면 호전된다. 췌장에서 추출한 성분으로 만든 제품들로, 분말 형태가 캡슐이나 정제보다 효과가 더 뛰어나다. 하루 음식 섭취량을 2~3회로 나누어, 먹기 직전 수의사로부터 처방받은 보조제를 1~2티스푼(5~10mL) 첨가해 먹인다. 설사가 잡히고 나면 효과가 있는 최소한의 용량으로 양을 줄여 나간다.

췌장효소 첨가로 완전히 좋아지지 않는 개는 유지 식단을 소화율이 높은, 저지방 식단으로 교체하면 도움이 된다. 수의사는 위산에 의한 췌장효소 파괴를 방지하기 위해 제산제를 처방하기도 한다.

췌장부전증이 있는 개는 비타민 흡수도 감소한다. 적어도 첫 3개월 정도는 비타민 보조제가 추천된다. 수의사와 상의하도록 한다.

당뇨병diabetes mellitus(sugar diabetes)

당뇨병은 개에게 흔한 질병이다. 골든리트리버, 저먼셰퍼드, 미니어처 슈나우저, 케이스혼드, 푸들에서 발병률이 높으나, 모든 품종에서 발생할 수 있다. 수컷보다 암컷에서 3배 정도 더 많이 발병한다. 발병하는 평균 나이는 6~9살 정도다.

당뇨병은 췌장 섬세포의 인슐린 분비 부족으로 발생한다. 일부 개는 유전적 소인이 있을 수 있다. 췌장염을 앓은 일부 개의 경우 섬세포 파괴가 발생한다. 인슐린은 당이 세포 내로 들어가 대사*되고 에너지를 만들 수 있게 해 준다. 인슐린 결핍은 고혈당증과 당뇨(소변에 당이 많아짐)를 유발한다. 소변 속의 당은 개가 다량의 소변을 보게 만드는데, 이로 인해 탈수가 생기고 많은 양의 물을 마시게 된다.

처음에는 충분한 당을 대사시키지 못한 개의 식욕이 증가하고 음수량도 증가한다. 그러나 나중에는 영양 부족으로 인해 식욕도 감소한다.

요약하면, 초기 당뇨의 증상은 소변을 자주 보고, 많은 양의 물을 마시고, 식욕이 증가했음에도 이유 없이 체중이 감소하는 것이다. 임상병리검사상 혈액과 소변의 당 농도가 상승한다.

좀 더 진행되면 무기력, 식욕감소, 구토, 탈수, 쇠약, 혼수 등의 증상이 관찰된다. 백내장도 흔히 발생한다. 궁극적으로 당뇨병은 모든 장기에 영향을 끼치는 질병이다. 간이 커지고, 감염에 취약해지며, 치료하지 않는 경우 종종 신경학적 문제도 일으킨다.

당뇨병성 케톤산증**은 혈액 내에 케톤(산)이 축적되며 심각한 고혈당증이 발생하는 상태다. 케톤은 지방의 대사산물이다. 당뇨병성 케톤산증 상태에서는 당을 사용할수 없으므로 에너지 대사에 지방을 사용한다. 쇠약, 구토, 빠른 호흡, 숨을 쉴 때 아세

[좌측 여백 주석]

췌장 기능이 약화된 개를 위한 다양한 췌장 보조제가 판매되고 있다. 보조제에는 췌장효소 성분인 리파아제, 아밀라아제, 프로테아제 성분이 포함되어 있는데 중요한 것은 제품 속 함량이다.

* 대사 섭취한 영양물질을 분해하고 합성하여 생명활동에 쓰이는 물질이나 에너지를 생성하고, 필요하지 않은 물질은 몸 밖으로 내보내는 작용.

** 케톤ketone 갑작스럽거나 과도한 지방산 파괴로 인해 생산되는 최종 산물.

톤 냄새(네일 리무버 냄새)가 나서 인지하게 된다. 당뇨병성 케톤산증은 생명을 위협하는 응급상황이다. 당뇨병성 케톤산증이 의심되면 즉시 동물병원으로 데려간다.

당뇨병의 치료

대부분의 개는 식이관리와 매일 인슐린을 투여해 조절하면 활동적이고 건강한 삶을 유지할 수 있다. 사람에게 쓰이는 경구용 혈당강하제는 별 효과가 없지만, 이에 관한 연구가 계속 이루어지고 있다.

인슐린 투여량은 체중만으로는 판단할 수 없다. 모든 개의 췌장 기능부전 정도가 다르므로, 각각의 개만의 일일 인슐린 투여량을 찾아내야 한다. 처음 당뇨병을 진단받은 개는 병원에서 혈당곡선(12~24시간에 걸친 연속적인 혈당검사)을 작성하여 혈당이 언제 가장 높고 언제 가장 낮은지를 측정한다. 이를 바탕으로 인슐린 투여량과 주사 시점을 조정한다. 수의사는 인슐린 주사 방법과 준비사항을 안내해 줄 것이다. 수의사는 소변을 채취해 소변검사지(소변의 당을 검출해 내는 작은 시험지)로 소변의 당을 검사하도록 요청하기도 한다.

최근에는 몸에 장착하여 24시간 혈당을 측정하는 기기가 널리 사용되고 있다. 동물병원에서 혈당 곡선을 그리는 것처럼 연속적인 혈당 측정이 가능하여 정확한 인슐린 투여량을 결정하고 저혈당을 방지하는 데 도움이 된다.

식이관리

비만은 조직의 인슐린 반응성을 크게 감소시켜 당뇨병 관리를 어렵게 만든다. 때문에 과체중의 당뇨견은 적정 체중에 도달할 때까지 식이섬유와 복합 탄수화물이 풍부한 식단을 급여한다. 설탕이 많이 들어간 습식 사료와 간식은 피한다.

식이섬유와 복합 탄수화물이 풍부한 사료를 급여하는 개에게는 고혈당증이 많이 발생하지 않는다. 이런 성분은 천천히 흡수되고 식사 후의 급격한 혈당 변화를 최소화시킨다. 이런 조건을 만족시키는 처방 사료도 구입할 수 있다.

개의 체중과 활동 수준을 고려해 일일 칼로리 요구량을 결정한다. 일단 그 양을 정하고 나면, 거기에 따라 음식의 급여량을 계산한다. 인슐린 투여량에 영향을 주므로 매일 일정한 칼로리를 유지하는 것이 중요하다.

인슐린 주사 일정을 철저하게 지키는 것도 마찬가지로 중요하다. 식후의 심한 고혈당증을 예방하기 위해 한 번에 식사를 다 주어서는 안 된다. 2~3번에 나누어 동일한 양을 급여하거나 수의사의 지시를 따른다. 당뇨병이 있는 개는 매일 절반으로 나누어 급여하고 인슐린을 투여하는 것이 가장 좋다. 이상적으로는 개의 운동량과 활동량도 동일해야 한다.

체중이 감소한 마른 개는 체중이 늘 때까지는 저식이섬유 사료를 급여한다(저식이섬유 사료는 열량이 더 높다).

사료 회사에 따라 당뇨병용 처방 사료의 탄수화물 비율은 다양하다. 고단백 저탄수화물 사료도 있고, 복합 탄수화물이 풍부한 고탄수화물 사료도 있다.

인슐린 과다투여

인슐린을 과다투여하면 혈당이 정상 수준 아래로 떨어지는데 이를 저혈당증이라고 한다. 혼미, 방향 감각 상실, 어지러움, 떨림, 비틀거림, 허탈, 혼수상태, 발작 등이 나타난다. 인슐린 과다투여는 투여량을 잘못 계산해 투여하거나 인슐린 종류를 바꾸었을 때 발생하기 쉽다. 이에 대한 치료는 저혈당증(487쪽)을 참조한다.

음식 급여와 영양

개는 사람에 비해 미뢰가 적다(사람은 약 12,000개인 데 반해 개는 약 2,000개). 때문에 상대적으로 미각이 덜 민감하다. 개는 단맛, 신맛, 쓴맛, 짠맛을 구분할 수 있다. 개의 미각에 대한 정확한 판단은 아마도 좋아하거나 싫어하거나 무관심한 것 정도로 구분할 수 있을 것이다.

그럼에도 불구하고 개는 특정 음식을 선호한다. 다양한 음식을 나란히 두고 비교해 보았을 때 약 80%의 개들이 좋아하는 것과 싫어하는 것을 분명히 구분했다.

단백질

사료회사들은 개들에게 밥을 주는 일을 간단하게 만들어 주었다. 보호자는 어떤 제품을 사서, 얼마나 먹일지만 결정하면 된다. 종종 사료 가격이 최종 고려사항이 되기는 하지만, 가격이 영양의 질에 우선해선 안 된다.

모든 사료 제조업체는 포장에 성분 목록을 기재하도록 법률로 정하고 있다. 그러나 이 목록은 사료의 질에 대한 대략적인 정보만 제공할 뿐이다. 예를 들어, 사료의 단백질 공급원은 육류와 가금류, 육류 부산물, 가금물 부산물, 어류 부산물, 콩, 곡류(옥수수나 밀)가 될 수 있다. 이런 다양한 단백질원은 그 품질과 소화율이 동일하지 않다. 포장에 단순히 소고기나 다른 단백질이 적혀 있다고 해서 그것이 품질을 보장하진 못한다(실제로는 3% 미만만 함유되었을 수 있다).

제조사가 '소고기', '닭고기', '양고기', '생선' 등의 이름을 제품에 사용하고 있다면 그 제품의 건조중량의 95%는 그 단백질원을 사용해야 한다(비록 부산물이나 분쇄물 같은 다양한 형태를 포함할 수는 있지만).

품질이 좋은 식단은 균형 잡힌 필수 아미노산을 제공할 수 있어야 한다. 개는 10가지의 아미노산을 직접 합성하지 못하므로 음식으로 보충해야 한다. 이 10개의 필수 아미노산은 아르기닌, 히스티딘, 이소루신, 루신, 라이신, 메티오닌, 페닐알라닌, 트레오닌, 트립토판, 발린이다. 음식의 단백질 품질은 필수 아미노산의 올바른 조합에 달려 있다. 일반적으로 동물성 단백질과 식물성 단백질의 조합을 통해 균형 잡힌 아미노산 조합을 완성할 수 있다. 어떤 성분에는 특정 아미노산이 결핍될 수 있고, 어떤 성분에는 풍부할 수 있기 때문이다.

아미노산 결핍의 증상으로는 식욕감소, 성장장애, 회색 털(원래 어두운색 털이 나야 하는 부위), 낮은 헤모글로빈 농도, 면역결핍, 생식 능력 저하 등이 있다.

상업용 사료

상업용 사료는 저가, 일반, 프리미엄으로 분류할 수 있다. 저가 사료는 일반 사료보다 저렴하고, 프리미엄 사료는 가장 비싸다.

저가 사료는 이름도 없다. 판매하는 상점의 이름이 붙거나 유통업체의 이름이 붙기도 한다. 이런 사료도 법이 정하는 조건에 따라 성분 목록이 적혀 있긴 하지만, 대부분은 영양적으로 불균형하거나 부족하다. 저가 사료는 원가가 낮은 원료를 사용하므로 일반 사료보다 저렴하다. 게다가 원료도 그때그때 다른데, 제조 당시 수급 상황에 따라 원료가 달라지기 때문이다. 시험적으로 먹여 보면 저가 사료는 소화가 잘 안 되는 섬유소가 많이 첨가되어 소화율이 낮은 경우가 많다.

일반 사료는 유명 사료회사 브랜드가 많다. 대부분 슈퍼마켓이나 식료품가게에서 판매한다. 이런 회사들은 자신들의 제품을 시험하고 홍보하는 데 많은 시간과 에너지를 할애한다.

개의 성장과 유지에 필요한 모든 단백질, 지방, 비타민, 미네랄 등을 함유했음을 보여 주기 위해 유명한 회사들은 보통 품질기준에 적합하다고 적어놓는다. 미국사료관리협회(AAFCO)는 동물 사료의 생산, 포장, 판매에 대한 지침과 기준을 만들어 놓았다. 한 가지 기준은 사료가 AAFCO의 기준에 맞추어 이론적으로 개가 건강하게 활동할 수 있는 모든 영양소를 포함해야 한다는 것이고, 또 다른 기준은 그 제품을 먹은 개가 실제로도 건강하게 잘 자랄 수 있어야 한다는 것이다.

모든 개들이 필요로 하는 영양소는 개체마다 다르기 때문에, 이런 수치적인 접근은 한계가 있다. 또 특정 사료에 들어 있는 모든 영양소를 개가 흡수하고 소화할 수 있다는 보장도 없다. 그 제품이 실제 어떻게 작용하고 바람직한 결과를 얻을 수 있는지를 판단하려면 산술적인 접근법보다는 시험 급여를 해보는 것이 더 좋다. 그러나 문제는 6개월간의 짧은 시험 급여 기간과 소수의 시험견을 대상으로 시험 급여가 이루어진다는 점이다. 사료회사들은 '완벽한', '균형 잡힌', '과학적인', '성장견, 임신견, 수유견을 위한' 등의 표현을 강조할 것이다. '모든 나이용'이라는 문구를 사용하려면 나이 든 최근에는 유명 브랜드 사료업체도 일반 사료에 더해 고품질의 프리미엄급 사료도 함께 출시하고 있다.

개는 물론 성장하는 강아지에게 필요한 추가적인 단백질과 칼로리를 함유해야만 한다. 이런 제한사항 때문에, 이 제품들의 영양적 성분들은 다른 원료를 사용하더라고 꽤 균일하게 유지된다.

프리미엄 사료는 동물병원이나 펫숍, 인터넷 등에서 구입할 수 있다. 일반적으로 이런 제품은 소화율이 높고 영양소의 이용률이 뛰어난 성분을 사용한다. 유명 브랜드와 대조적으로 프리미엄 사료는 정해진 레시피에 따라 생산된다. 사용되는 원료가 유통 상황이나 시장가격에 따라 달라지지 않는다. 이런 제품도 AAFCO의 연구를 참고해 만들어진다. 이런 사료들은 고품질의 원료를 사용하므로 소화가 더 잘 되고, 저급 사료에 비해 더 적은 양을 급여해도 된다. 때문에 사료 한 포의 가격은 더 비쌀 수 있지만, 한 끼당 드는 비용을 고려하면 일반 사료에 비해 큰 차이가 나지 않을 수도 있다.

사료는 습식 사료, 반건조 사료, 건조 사료 형태로 판매된다. 이들은 영양적인 관점에서 약간의 차이가 있다. 반건조 사료는 방부제가 더 많이 들어 있어 선호하지 않는 보호자들도 있다. 어떤 개들은 습식 사료를 더 좋아하는데, 일반적으로 수분과 지방의 비율이 더 높기 때문이다. 건조 사료는 보다 저렴하고 치아와 잇몸 건강을 유지하는 데 도움이 된다는 이점이 있다. 밥그릇에 사료를 가득 채우고 자유롭게 먹도록 할 수도 있다(과체중이거나 용변을 잘 가리지 못하는 경우는 제외). 습식 사료는 쉽게 변질되므로 짧은 시간 동안만 놓아둘 수 있다. 사용하지 않은 부분은 냉장고에 넣어 보관한다.

사료 포장에는 체중에 따른 권장 급여량이 적혀 있다. 제조사의 권장 급여량이 종종 실제 필요량보다 많은 경우도 있다. 일단 권장 급여량을 따르고, 개의 체중을 잘 체크한다. 체중이 감소하면 급여량을 늘려 주고, 체중이 늘거나 사료를 남긴다면 급여량을 줄인다. 모든 개는 실제 크기, 건강 상태, 나이, 활동 수준을 바탕으로 한 자신만의 필요 급여량이 있을 것이다.

요컨대 AAFCO의 기준은 약간의 한계는 있지만, 여전히 사료 선택 시 가장 유용한 지침이다. 제품이 영양적으로 충분한지, 적합한 급여 시험을 했는지, 포장의 AAFCO 인증 여부를 확인한다. AAFCO 인증이 아닌 일반적인 문구나 개별적인 인증이 적힌 제품은 피한다.

일단 범위를 좁혔다면 개의 입맛에 맞는 제품을 선택한다. 프리미엄 사료는 소화율이 더 높고 품질이 일정하지만, 일부 개의 경우 이런 것들이 중요한 고려사항이 아닐 수 있다.

성장기 강아지의 급여

대부분의 브리더는 강아지 입양 시 어떤 사료를, 얼마나, 어떻게 주었는지를 함께 제공한다. 갑작스런 식단의 변화는 소화기에 문제를 일으킬 수 있으므로 적어도 첫 며칠간은 이를 따라야 한다.

성장하는 강아지의 칼로리 요구량은 491쪽의 표에서와 같다. 생후 6개월 미만의 강아지는 성견과 비교해 일일 칼로리 요구량이 두 배정도 높다. 단백질 요구량도 더 높다. 생후 6개월 이후에는 강아지의 성장 속도가 줄면서 함께 감소하기 시작한다.

이런 영양 요구량은 '성장기 강아지용'이라고 적힌 사료를 먹여 충족시킬 수 있다. 포장의 성분 표시에는 다음과 같이 적혀 있어야 한다.

- 단백질 25% 이상
- 지방 17% 이상
- 식이섬유 5% 이상
- 칼슘 1.0~1.8% 이상
- 인 0.8~1.6% 이상
- 소화율 80% 이상
- 사료 kg당 대사에너지 3,800kcal 이상

포장에는 하루 권장 급여량도 적혀 있다. 참고치로는 유용하지만, 모든 강아지나 모든 성장 단계에 딱 들어맞는 것은 아니다.

강아지는 생후 6개월 이전에는 최소 하루 3번 이상 급여해야 한다. 생후 6개월 이후에는 2번에 나누어 줄 수 있다. 식단을 불균형하게 만들 수 있으므로 식사시간 사이에 간식을 주지 않는다. 규칙적으로 밥을 주는 것은 배변교육에도 도움이 된다.

급여량 부족보다는 과잉 급여가 더 흔한 문제다. 하루 종일 밥그릇에 사료를 채운 채 남겨두지 않는다! 과잉 급여는 비만을 유발하고 고관절이형성증과 다른 유전성 뼈 질환을 악화시킨다. 과잉 급여는 특히 뼈가 크고 성장속도가 빠른 대형 품종 강아지의 경우 문제가 된다. 실제로, 대형 품종의 경우 뼈의 성장속도에 맞춰 근육과 힘줄이 발달할 수 있도록, 성장속도가 적당할수록 더 건강하게 성장하는 것으로 밝혀졌다.

강아지가 대형 품종이라면 포장의 권장 급여량보다 조금 적게 주는 것이 좋다. 일부 제품은 대형 품종의 급여량이 따로 적혀 있는데, 일반적인 급여 지침을 따르는 것보다 더 정확할 것이다. 수의사로부터 대형 품종에 적합한 칼로리, 지방, 칼슘 함량이 적용된 제품을 추천받을 수도 있다. 처방받은 대로 급여한다.

성견의 급여

강아지가 1살 정도가 되면, 성견의 건강 유지에 적합한 식단으로 교체해야 한다. 수의사는 개의 성장 발달 상태에 따라 식단 교체를 앞당기기도 한다. 일반적으로 성견은 강아지에 비해 더 적은 양의 단백질과 지방을 필요로 한다.

영양적인 측면으로는, 적당한 양을 유지할 수만 있다면 성견에게 강아지용 사료를 계속 급여한다고 특별히 해로울 것은 없다. 하지만 일일 칼로리 섭취량을 조절하는 데 실패하면 젊은 시기부터 체중이 느는 주요 원인이 된다.

많은 개가 하루 한 번 급여만으로도 잘 지내지만, 하루 급여량을 두 번으로 나누어 주는 것이 건강에도 좋고 만족도도 높다. 건조 사료를 급여하는 경우, 개가 과체중 소견이 없고 특별히 세심하게 급여량을 조절해야 하는 경우가 아니라면 하루 종일 사료를 자유롭게 먹도록 꺼내 놓아도 된다. 다만 자율 급여를 하는 경우, 개가 매일 밥을 잘 먹고 있는지 얼마나 먹고 있는지 정확히 파악하기 어려운 단점이 있다. 때문에 매일 먹지 않고 남긴 사료는 버리는 것이 좋다. 습식 사료나 반건조 사료는 하루 2번 급여해야 한다. 먹지 않으면 15분 정도 두었다가 냉장 보관한다. 규칙적인 식사는 개의 식단을 관리하는 가장 좋은 방법이다.

칼로리 요구량은 개들마다 차이가 있지만, 일반적으로 나이를 먹을수록 더 적은 양의 칼로리를 필요로 한다. 따뜻한 날씨와 비활동적인 계절에서도 더 적게 필요하다. 다시 한 번 말하지만, 사료 포장의 권장 급여량은 참고만 한다. 이런 급여량은 대략적인 양일 뿐 특정 품종이나 개체에 항상 적용될 수는 없다. 목표는 정상 체중을 유지하는 것이다. 이상적인 체중을 유지할 수 있다면 무엇이든 먹일 수 있다. 많은 일을 하는 개는 체력과 신체 상태 유지를 위해 지방 함량이 높고 소화율이 높은 식단이 필요하다. 사역견 전용 프리미엄 사료가 특히 도움이 된다. 일을 하지 않는 기간에는 고칼로리 사료의 급여량을 줄이거나 영양밀도가 낮은 사료로 서서히 교체한다.

임신 기간과 수유 기간의 급여에 대해서는 임신기의 관리 및 음식 급여(448쪽)에서 다루고 있다. 노견의 급여에 대한 내용은 식단과 영양(535쪽)에서 다루고 있다.

생식과 가정식

생식 또는 BARF(뼈와 생식)는 최근 인기가 높다. 이런 식단은 약간의 과일, 채소, 때때로 곡물을 섞은 생고기를 주 원료로 하며, 고기가 붙은 생뼈도 함께 급여한다.

이런 음식은 심각한 문제를 많이 유발할 가능성이 있다. 일단 정확한 영양학적 균형을 맞추기가 어렵다. 또 생식은 개는 물론 사람에게도 문제가 되는 살모넬라 같은 세균성 질환을 예방하기 위해 매우 조심해서 취급해야만 한다. 세심한 보관 및 해동, 조리에 있어 철저한 위생관리가 건강상의 문제를 예방하기 위해 필수적이다. 기생충도 생식에서는 심각한 문제가 될 수 있다. 뼈를 씹는 것은 치아가 골절될 위험이 있으며, 간 뼈(골분)를 주는 것도 변정체를 유발할 수 있다.

평균적인 보호자는 생식 급여를 성공적이고 안전하게 실천할 만한 시간적 여유나 영양학적 지식이 없는 경우가 많다. 생식을 먹이기로 결정했다면 수의영양 전문가의 조언을 받아야 할 것이다. 직접 만든 가정식을 급여하는 경우에도 마찬가지다.

사람 음식 및 간식

사람 음식은 개의 식욕에 있어 개의 음식과 경쟁 관계에 있다. 때로는 식사 이외의 추가적인 간식이 정기적인 식사량에 버금가는 양의 칼로리를 제공하기도 한다. 고품질의 사료를 급여하고 있다면 추가적인 칼로리는 식단의 균형을 깨뜨리고 비만을 유발할 수 있다. 소량의 떡이나 시리얼, 채소 등은 칼로리가 낮아 간식거리로 좋다.

사람 음식을 많이 먹으면 췌장염을 유발할 수 있다. 또 개가 사람 음식을 달라고 애원하거나 훔쳐 먹는 등의 원치 않는 행동 문제를 야기하기도 한다.

개에게 사람 음식이나 간식을 주기로 결정했다면 개의 일일 칼로리 섭취량의 5~10%를 넘지 않도록 제한한다. 사람도 잘 먹지 않을 것 같은 기름진 음식은 주지 않는다. 육류, 생선, 가금류는 잘 익혀서 뼈를 제거하고 준다. 많은 성견들이 유당(락토오스)불내성이 있다. 우유와 치즈 같은 유제품은 설사를 유발할 수 있으므로 가급적 피하는 것이 좋다.

영양 보조제

좋은 품질의 사료에는 충분한 양의 칼슘, 인, 철분, 미량 미네랄, 비타민이 들어 있다. 비타민과 미네랄 보조제는 필수적이지 않으며 오히려 개의 건강에 해로울 수 있다. 수의사로부터 급여를 추천받은 경우를 제외하고는 그다지 추천하지 않는다. 수의사로부터 관절건강을 위한 글루코사민과 콘드로이틴 같은 보조제를 추천받을 수도 있는데 증상 개선에 효과를 나타내기도 한다. 다른 보조제도 특정 건강상의 문제에서는 도움이 될 수 있다. 개에게 영양제를 급여하기 전에는 항상 수의사의 자문을 구하도록 한다.

질병이 있는 개의 식단

건강상의 문제를 치료하고 관리하는 식단에 대해서는 엄청난 진전이 이루어졌다. 주로 동물병원에서만 구입할 수 있는데 이런 제품은 특정 문제에 대해 특화되어 있다. 예를 들어 알레르기, 신장 질환, 요로결석 등에 대한 처방 사료들이다. 정상적인 개에서는 문제를 유발할 수 있으므로, 수의사의 처방 없이 임의로 급여해선 안 된다.

최근에는 화식이란 이름으로 불리는 신선 조리식의 유통이 늘고 있다. 기존 생식의 단점을 보완하고 가정식과 같이 더 신선하고 좋은 재료로 만든 음식이라는 장점이 있다. 다만 사람 음식처럼 철저한 품질관리가 이루어지지 않고 있다. 우후죽순으로 생겨나는 제품을 보호자들이 꼼꼼하게 체크해야 한다.

식단의 교체

개들은 매일 같은 음식을 먹는다고 해서 음식을 거부하진 않는다. 그러나 많은 사람이 그렇듯이, 다양한 음식을 맛보는 것이 삶의 즐거움일 수도 있다는 생각에 가끔 식단을 바꿔 주고 싶은 생각이 들 수 있다. 일단 음식의 맛을 바꾸는 것은 음식의 영양가도 바꾸는 것이다. 새로운 맛에는 더 많거나 적은 양의 단백질, 지방, 식이섬유가 들어 있을 수 있다.

때로는 의학적인 이유로 수의사로부터 처방받은 새로운 식단으로 교체해야 할 수도 있다.

식단을 교체할 때는, 7~10일에 걸쳐 점진적으로 기존의 음식에 새로운 음식을 섞어 나간다. 변의 형태가 바뀐다면(무르거나 양이 증가) 새로운 음식이 기존의 음식만큼 몸에 잘 맞지 않는다는 뜻일 수 있다.

체중 감량

미국의 개들 중 약 40%는 과체중이라는 보고가 있다. 비만은 과잉 급여, 특히 식사 사이에 주는 간식, 성견에서의 칼로리 감량 실패, 운동 부족 등에 의해 발생한다. 영양학적으로 균형 잡힌 식단에 사람 음식을 추가로 먹이는 것도 비만의 또 다른 원인이다. 비글과 래브라도 리트리버 같은 일부 품종은 비만이 되기 쉽다.

비만은 당뇨병, 고혈압, 심장병, 관절염, 그 외 근골격계 문제 같은 많은 질환을 크게 악화시킨다. 개의 수명과 삶의 질 또한 떨어뜨린다. 이런 이유로, 과도한 체중 증가를 예방하고 과체중견을 정상적인 신체 상태로 되돌리는 것이 중요하다.

개의 몸 상태는 외형 및 갈비뼈 위의 지방의 양으로 평가한다. 갈비뼈 하나하나가 잘 촉진되어야 한다. 위에서 봤을 때 흉곽 뒤쪽으로 허리 부위가 분명히 들어가 보여야 한다. 갈비뼈 촉진이 어렵고 허리선도 보이지 않는다면 지방이 너무 많은 상태다.

각 품종마다 암수별로 제시하는 이상적인 체중의 품종기준이 있다. 크기에 맞는 체중이어야 할 것이다.

체중 감량을 위한 식이적인 접근법 두 가지는 현재 먹고 있는 음식을 덜 급여하거나 칼로리가 적은 음식으로 바꾸어 급여하는 것이다. 현재 먹고 있는 음식을 적게 급여하는 것은 영양 결핍을 유발할 수 있다는 단점이 있다. 개가 권장 급여량을 먹고 있다면 그 양이 일일 권장 영양 요구량일 수 있기 때문이다. 게다가 먹는 양이 줄어 포만감을 느끼지 못하면 음식을 애걸하거나 훔치기 쉽다.

칼로리가 적은 특수한 감량용 사료는, 음식의 양에는 큰 변화가 없다는 장점이 있다. '라이트', '저칼로리' 등의 문구가 적혀 있어도, 지시대로 급여하면 영양적인 요구

비만 정도는 미국동물병원협회에서 만든 신체충실지수를 바탕으로 평가한다._옮긴이

신체충실지수(BCS, body condition score)

점수	평가	개의 상태
1	마름	멀리서도 갈비뼈, 척추, 골반뼈가 드러나 보임. 지방이 없고 명확한 근육량의 감소.
2		갈비뼈, 척추, 골반뼈가 쉽게 드러남. 지방이 없고 근육량도 약간 감소.
3		갈비뼈가 보이거나 쉽게 손으로 만져지고, 척추돌기와 골반뼈가 돌출되어 보임. 허리 라인이 분명하게 구분되어 보임.
4	이상적	갈비뼈가 손으로 쉽게 만져지며 소량의 지방이 덮여 있음. 위와 옆에서 보았을 때 허리 라인이 분명히 구분되어 보임.
5		갈비뼈가 손으로 만져지며 지방으로 덮여 있음. 위와 옆에서 보았을 때 허리 라인이 분명히 구분되어 보임.
6	뚱뚱	지방으로 덮여 있으나 갈비뼈가 손으로 만져짐. 허리 라인이 구분되나 확연하진 않음.
7		두꺼운 지방으로 인해 갈비뼈를 손으로 만지기 어려움. 허리와 꼬리 기저부에 지방의 침착이 관찰됨. 허리 라인이 구분되지 않음.
8		갈비뼈를 손으로 만지기 어려움. 허리 라인이 구분되지 않고 복부팽만이 관찰될 수 있음.
9		흉부, 척추, 꼬리 기저부에 다량의 지방이 침착됨. 허리 라인이 구분되지 않음. 목과 다리에서도 지방이 관찰됨. 복부팽만이 명확하게 관찰됨.

사항을 만족시킬 수 있어야 한다. 영양 결핍이 발생해선 안 된다.

체중 감량 사료들은 지방 함량을 줄여 더 적은 칼로리를 공급한다. 이는 지방을 소화할 수 있는 탄수화물이나 소화가 어려운 식이섬유로 대체시켜 가능하다. 하지만 식이섬유를 사용하는 경우보다 탄수화물을 사용하는 편이 더 좋다. 일반 체중 감량 사료보다 더 엄격한 칼로리 제한이 필요한 경우 수의사는 특수한 사료를 처방한다.

체중 감량 프로그램을 시작하기 위해 개의 현재 체중을 측정한다. 그리고 일주일마다 체중을 기록한다. 개의 이상적인 체중(현재 체중이 아님)에 대한 급여량을 계산한다.

일주일에 체중의 2% 이상 감량해서는 안 된다. 사료 포장의 권장 급여량은 좋은 참고가 된다. 다만 체중을 서서히 감량하기 위해 음식의 양을 조절한다. 간식은 피한다. 개가 이상적인 체중에 도달한 뒤에는 그 체중을 유지할 수 있는 균형 잡힌 비율로 급여한다. 훈련을 위해 간식(treat)을 사용한다면 간식 대신 평소 먹는 사료를 사용하고 일일 급여량에서 차감한다.

체중 감량 식단과 더 많은 운동을 병행한다. 개에게 무리가 되지 않도록 운동량을 서서히 늘려 나가는 것이 좋다. 산책은 개를 운동시키는 이상적인 방법이다. 수영도 좋은 운동이며 관절의 긴장도를 완화시키는 데도 좋다.

10장
호흡기계

상부 호흡기계는 비도, 목구멍, 후두, 기관(252쪽, 머리의 해부학적 구조 참조)으로 구성되어 있다. 기관지와 폐는 하부 호흡기계에 해당한다. 호흡관은 점점 얇아지며 공기주머니(폐포) 안까지 이어진다. 폐는 기관지(bronchi), 폐포, 폐혈관으로 구성되어 있다. 횡격막을 따라 있는 갈비뼈와 가슴 근육의 움직임에 의해 공기가 폐의 안과 밖으로 이동한다.

비정상적인 호흡

빠른, 노력성 호흡rapid, labored breathing

개에게 안정 시 호흡수는 분당 10~30회 사이다. 호흡을 빨리하는 것은 열이 나거나 통증, 불안, 폐나 가슴의 문제를 의미한다. 빠른 호흡과 헥헥거림을 구분해야 하는 이유는 헥헥거림은 개가 체온을 낮추는 중요한 방법이기 때문이다. 입, 혀, 폐로부터 수분을 증발시켜 체내의 따뜻한 공기를 주변의 차가운 공기와 교환한다.

숨쉬기 힘들어하는 노력성 호흡을 동반한 빠른 호흡은 호흡 억제의 징후다. 울혈성 심부전이나 폐 질환이 있는 개는 종종 안정 시나 가벼운 활동만으로도 빠른 노력성 호흡을 나타낸다. 또 다른 원인으로는 쇼크, 열사병, 탈수, 당뇨로 인한 케톤산증, 신부전, 중독 등이 있다.

빠른 노력성 호흡을 하는 개는 수의사의 진료가 필요하다.

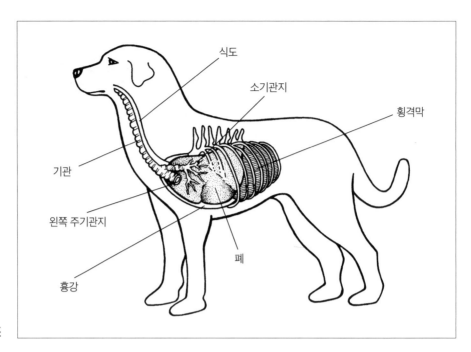

식도

소기관지

횡격막

기관

왼쪽 주기관지

폐

흉강

호흡기계의 구조

잡음성 호흡noisy breathing

잡음성 호흡은 비도, 목구멍 뒤쪽, 후두 부위의 폐쇄를 의미한다. 311쪽에서 설명한 단두개증후군을 보이는 개의 경우는 그르렁거리거나 쿵쿵거리는 소리가 특징적이다. 평상시 조용히 숨을 쉬던 개가 갑자기 잡음성 호흡을 한다면 문제가 있을 수 있으므로, 수의사의 진료를 받아야 한다.

크루프성 호흡(협착음)stridor(croupy breathing)

크루프성 호흡은 높은 음조의 거친 소리로 공기가 좁아진 성대를 통과하며 발생한다. 개가 운동할 때만 들릴 수도 있다. 증상이 갑자기 나타나는 경우, 대부분은 성대의 이물로 인해 발생한다. 가끔 후두마비가 있는 경우에도 크루프성 호흡이 관찰될 수 있다.

쌕쌕거림(천명음)wheezing

천명음이라 불리는 쌕쌕거림은 들숨이나 날숨 시 호루라기 소리처럼 들린다. 기관이나 기관지의 경련이나 협착을 의미하는데, 폐를 청진하면 가장 명확히 들린다. 만성 기관지염, 울혈성 심부전 그리고 후두, 기관, 폐의 종양에 의해서도 발생할 수 있다.

얕은 호흡

얕은 호흡은 갈비뼈가 골절되거나 흉벽에 심각한 타박상을 입은 경우 관찰된다. 흉강에 혈액, 고름, 혈청 등이 축적되어(흉수) 흉곽의 움직임을 제한하거나 폐의 팽창을 방해할 수 있다. 얕은 호흡을 하는 개는 호흡수를 늘려 호흡을 보상하려 할 것이다.

단두개증후군brachycephalic syndrome

불도그, 퍼그, 페키니즈, 시추, 잉글리시 토이 스패니얼, 보스턴테리어, 차우차우와 같이 두개골이 넓고 주둥이가 짧은 품종은 어느 정도의 기도폐쇄 소견을 보이는 경우가 많다. 이를 단두개증후군이라도 하는데 입을 벌리고 숨을 쉬거나, 코를 골거나, 콩콩거린다. 운동을 하거나 몸에서 열이 나는 경우에 더 심해지고 나이를 먹을수록 더 악화되는 경향이 있다.

이런 개의 폐쇄성 호흡은 비공협착, 연구개 노장, 후두낭 외번 등의 기형에 의해 발생하는데, 이런 문제가 동시에 발현되기도 한다. 비공협착과 연구개 노장은 선천적으로, 후두낭 외번은 후천적으로 발생한다.

비공협착stenotic nares(collapsed nostrils)

비공협착이 있는 강아지는 콧구멍 개구부가 좁게 태어났거나 코연골이 물렁하게 접혀 호흡 시 콧구멍이 좁아진다. 이로 인해 다양한 정도의 기도폐쇄가 발생하는데, 그 결과 입을 벌려 숨을 쉬거나 잡음성 호흡을 하며, 콧물을 흘리기도 한다. 심한 경우 가슴을 들썩거리며 호흡하기도 한다. 이런 강아지는 잘 성장하지 못한다.

치료 : 비공협착은 콧구멍의 개구부를 넓히는 수술을 통해 성공적으로 치료할 수 있다. 콧구멍 피부와 연골 일부를 제거하는 수술로, 비공협착이 있다고 모두 수술을 필요로 하는 것은 아니다. 일부 강아지는 생후 6개월이 되면 연골이 단단해지며 상태가 개선되기도 한다. 응급을 요하는 경우가 아니라면, 수의사는 시간을 두고 치료 여부를 지켜볼 것이다.

연구개 노장elongated soft palate

연구개는 음식을 삼킬 때 비인두 부위를 막는 역할을 하는 점막으로 된 판이다(252쪽, 머리의 해부학적 구조 참조). 정상적으로는 후두덮개와 딱 맞닿거나 살짝 덮는다. 연구개 노장이 있는 개의 경우 연구개가 후두덮개를 지나치게 덮어 호흡 시 부분적인 기도폐쇄를 유발한다. 코를 골고 콩콩거리거나, 협착음, 그르렁거림, 껵껵거림 등이 관찰된다. 운동을 하면 폐쇄 증상이 더 심해진다. 시간이 지남에 따라 후두의 인대가 늘어나 노력성 호흡이나 후두허탈로 진행된다.

치료 : 연구개 노장은 후두덮개와 딱 맞닿거나 살짝 덮는 정도가 정상이므로 늘어

난 부위를 잘라내어 치료한다. 후두의 손상이 심하게 발생하기 전에 수술을 한다면 예후가 좋다.

후두낭 외번eversion of the laryngeal saccule

후두낭은 후두 쪽을 향해 있는 작은 점막성 주머니다. 상부 기도폐쇄가 장기간 지속되면 이 낭이 커지고 틀어져서(외번) 더 심한 폐쇄를 유발한다.

치료 : 후두낭 외번이 있는 개는 연구개 노장을 동반하는 경우가 많다. 보통 두 가지를 동시에 수술한다. 수의사는 외과 전문의를 추천해 줄 것이다.

후두

후두는 기도 위 목구멍 부위에 있는 길쭉한 조직이다. 후두 바로 위에는 나뭇잎 모양의 연골인 후두덮개가 있어서 음식을 삼키는 동안 후두를 덮어 기도를 보호한다.

후두는 인대에 의해 지지되는 연골로 구성된다. 후두 안에는 성대가 자리 잡고 있어 보이스 박스(voice box)라고도 한다. 개의 성대는 두껍게 돌출되어 있어 크게 짖을 수 있다. 후두의 안쪽은 점막으로 덮여 있다. 이 점막은 다른 호흡기 점막과 달리 섬모

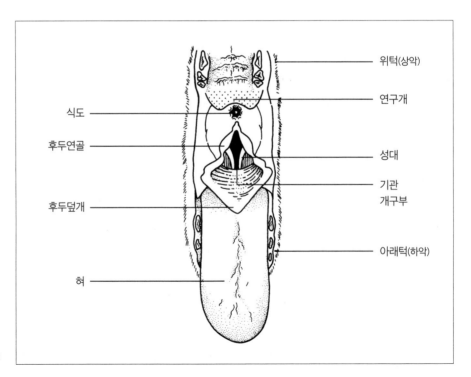

후두

층이 없어, 후두 안에 점액이 정체되기 쉽다. 때문에 가래를 뱉어내려는 격한 행동이 자주 관찰된다.

후두는 호흡기계에서 가장 기침에 민감한 부위다. 꽉 끼는 목줄을 착용하는 경우처럼 후두에 압력이 가해지면 격렬한 기침을 유발할 수 있다.

후두에 문제가 생기면 목이 쉬고 점진적으로 짖는 능력이 감소한다. 숨 막힘, 격격거림, 기침이 관찰되는데, 특히 음식을 먹거나 물을 마실 때 자주 관찰된다. 후두허탈, 성대마비, 기도 내 이물 등으로 인해 후두폐쇄가 일어나면 호흡이 짧아지고, 협착음, 청색증, 허탈 등이 발생한다.

후두염laryngitis

후두염은 성대와 후두 주변의 점막이 붓고 염증이 생기는 것이다. 목이 쉬고 잘 짖지 못하는 것이 주 증상이다. 가장 흔한 원인은 과도한 짖음이나 기침에 의한 성대결절이다. 그것이 아니라면 성대마비를 의심해 볼 수 있다. 편도염, 목구멍의 감염, 켄넬코프, 목구멍의 종양 등도 후두염을 동반할 수 있다.

치료 : 과도한 짖음으로 인한 후두염은 짖는 원인을 해결하면 호전된다(316쪽, 성대수술과 과도한 짖음 참조). 심한 기침으로 인해 성대결절이 생긴 경우, 동물병원을 방문해 진료를 받고 기침의 원인을 해결하도록 한다.

후두부종laryngeal edema

기도가 부분 또는 완전히 폐쇄되면 후두와 성대의 갑작스런 부종이 발생할 수 있다. 협착음, 빠른 노력성 호흡, 청색증, 허탈이 관찰될 수 있다.

벌레에 물려도 과민성 쇼크 반응에 의해 성대가 갑자기 부어오를 수 있다. 후두부종의 또 다른 원인은 과도한 헥헥거림, 특히 열사병으로 인한 경우다. 비슷하게, 기도가 좁아진 상태에서(성대마비 같은) 과도하게 호흡을 하면 원래 질환을 악화시키는 부종이 발생할 수 있다.

치료 : 갑자기 협착음과 호흡곤란이 보인다면 응급상황이다. 가능한 한 빨리 가까운 동물병원으로 데려간다. 부종과 염증을 가라앉히려면 스테로이드를 투여해야 한다. 알레르기 반응의 해독제로 아드레날린을 투여할 수 있다(30쪽, 과민성 쇼크 참조). 항히스타민제도 도움이 된다. 불안감이나 헥헥거림을 완화시키기 위해 진정제 처방을 고려할 수 있다.

질식(후두의 이물)

건강하던 개가 갑자기 강렬하게 기침을 하고, 발로 입을 긁거나 호흡을 힘들어한다면 후두에 이물이 걸렸을 수 있다. 이는 응급상황이다! 개가 의식이 있고 호흡할 수 있다면 즉시 가장 가까운 동물병원으로 향한다.

만약 개가 꺽꺽거리며 구역질을 하는데 아직 호흡곤란이 관찰되지 않았다면 뼛조각이나 고무공 등의 이물이 입 안이나 목구멍 뒤쪽에 걸려 있을 수 있다(250쪽, 목구멍의 이물 참조).

다행스럽게도, 후두의 이물은 흔하지 않다. 대부분 후두 자극에 의한 강력한 기침으로 인해 배출되기 때문이다.

치료 : 개가 허탈상태에 빠져 호흡을 못한다면 머리를 아래쪽으로 하여 옆으로 눕힌다. 입을 벌리고 혀를 가능한 한 많이 잡아당긴다. 이 상태에서 손가락을 좌우로 휘저어 보고, 이물을 잡아서 제거한다. 상황에 따라 인공호흡이나 심폐소생술(CPR)을 실시한다(26쪽, 심폐소생술 참조).

이물을 쉽게 제거할 수 없다면 계속 시도하지 말고 중단한다. 이물이 목구멍 더 깊숙이 이동할 수도 있다. 대신 하임리히법을 실시한다.

하임리히법Heimlich maneuver

1단계 복부 압박. 개의 머리를 위로 한 채(얼굴은 아래를 향하게 하고) 개를 무릎 위에 앉히고, 수직으로 세워 잡는다. 개의 등을 보호자 가슴에 맞닿게 잡으면 편하다. 뒤에서 팔을 개의 허리 주변에 갖다 댄다. 주먹을 쥐고 다른 손으로 주먹을 감싸 잡는다(소형견의 경우 주먹 대신 손가락 두 개를 이용할 수 있다). 주먹이나 손가락을 개의 상복부 한가운데(V자로 파인 가슴뼈 아래 부위. 대략 명치 부위)에 놓는다. 연속으로 4회 정도 개의 복부를 강하게 압박한다. 이 방법은 횡격막을 위쪽으로 밀어 올려 강한 공기압이 후두 쪽에 걸리게 만들어 이물을 배출시킨다. 2단계를 진행한다.

2 단계 손가락 휘젓기. 혀를 잡아당기고 손가락으로 입 안을 휘젓는다. 이물을 제거했다면 5단계를 진행한다. 만약 이물을 제거하지 못했다면 3단계를 진행한다.

3 단계 인공호흡. 입-코(mouth-to-nose) 호흡을 5회 반복한다. 소량의 공기라도 폐쇄된 공간을 통과할 수 있다면 큰 도움이 된다. 4단계를 진행한다.

4 단계 흉부 압박. 손바닥의 넓은 부위를 개의 팔꿈치 뒤쪽 가슴 위에 대고 짧고 강한 압박을 가한다. 손가락 휘젓기를 반복한다. 여전히 이물을 제거하지 못했다면, 제거할 때까지 1단계부터 4단계까지를 반복한다.

소형견의 경우 몸을 세운 후 뒤에서 팔을 개의 허리에 대고 체구에 따라 주먹이나 손가락으로 개의 상복부 한가운데를 강하게 압박한다.

5 단계 환기. 일단 이물이 제거되었으면 호흡 상태와 심박을 확인한다. 인공호흡과 심폐소생술이 필요할 수 있다. 개가 정신을 차리면 추가적 치료를 위해 동물병원으로 데려간다.

후두경련(역재채기)laryngospasm(reverse sneezing)

역재채기는 흔치 않은 증상이지만 마치 개가 호흡곤란에 처한 듯한 소리를 내서 보호자가 깜짝 놀랄 수 있다. 개는 고통스럽게 공기를 들어 마시며 코를 고는 듯한 큰 소리를 낸다. 연속으로 몇 차례 반복되기도 한다. 증상이 지나가고 난 뒤에는 언제 그랬냐는 듯이 평온해진다.

역재채기는 후두근육의 일시적인 경련에 따른 것으로 추측된다(연구개 쪽의 점액이 성대 쪽으로 떨어져서 그렇다는 가설이 있다). 개가 침을 삼키고 나면 멈추기도 한다. 턱 바로 아래쪽 목 부위(인두 부위)를 마사지해 주면 침을 잘 삼킨다. 잠깐 동안 손으로 개의 콧구멍 부위를 감싸듯 막아도 멈추곤 한다.

만약 이런 증상이 멈추지 않고, 개가 쓰러진다면 후두의 이물이 없는지 확인한다. 역재채기는 웰시코기와 비글에서 흔히 관찰된다(314쪽, 질식 참조).

후두마비(성대마비)laryngeal paralysis(vocal cord paralysis)

후두마비는 나이 든 대형견이나 초대형견(래브라도 리트리버, 골든리트리버, 아이리시세터, 세인트버나드, 그레이트 피레니즈 등)에서 발생하는 후천성 질환이다. 시베리안허스키, 부비에 데 플랑드르, 불테리어, 달마시안에서도 유전적 결함에 의해 발생할 수 있는데 이런 문제가 있는 개들은 번식시켜서는 안 된다.

후두마비는 후두의 운동을 조절하는 신경이 손상되어 발생한다. 외상이나 노화도 원인이 될 수 있으며, 갑상선기능저하증도 원인이 될 수 있다.

전형적인 증상은 개가 숨을 들이쉴 때 크루프성(협착성) 또는 '그르렁거리는' 잡음이다. 처음에는 운동 중이나 직후에 관찰되는데, 나중에는 안정 시에도 관찰된다. 또 다른 증상은 잘 짖지 못하고, 나중에는 쉰 목소리를 내는 것이다. 결국에는 호흡 시 심한 잡음이 나고 힘들게 숨을 쉬고, 운동도 길게 하지 못하며, 기절하기도 한다. 후두부종으로 진행되거나 기도가 잘 유지되지 못하면 호흡부전을 유발하고 심한 경우 죽음에 이른다.

후두경으로 성대를 검사하여 진단한다. 성대마비에 걸리면 성대가 서로 떨어져 있지 않고 가운데에서 서로 붙어 있다. 이로 인해 후두를 통과하는 공기의 이동이 어려워진다.

치료 : 기도를 넓히기 위한 다양한 수술적 방법이 적용된다. 가장 흔히 사용하는 방법은 성대와 성대를 지지하는 연골을 잘라내는 것이다. 기도폐쇄를 완화시키지만 개는 짖을 수 없다. 수술로 인해 흡인성 폐렴에 취약해질 수 있다. 그래서 보통 내과적 치료를 먼저 시도해 본다(개를 안정시키고, 진정제나 스테로이드를 투여한다).

후두의 외상

초크체인 사용, 꽉 조여진 목줄, 목 주변에 감긴 줄 등에 의해 설골이 골절되거나 인두와 후두의 신경이 손상될 수 있다. 물린 상처 또는 뼈나 핀같이 뾰족한 이물이 후두를 관통하여 외상을 입기도 한다. 후두가 손상되면 안정 시에는 정상적으로 호흡을 하지만 흥분 시에는 호흡곤란을 보이는 경우가 많다.

치료 : 후두의 외상은 개의 활동을 제한하고 안정을 취하며, 소염제를 투여해 치료한다. 손상이 심각한 경우, 기관절개술(기관을 절개하여 그 개구부를 피부로 연결해 새로운 기도를 만들어 주는 수술)이 필요할 수 있다. 초크체인에 의한 손상은 버클형 목줄, 헤드홀터(고삐형 줄),* 가슴줄 등을 사용해 예방할 수 있다.

* **헤드홀터**head halter 말 고삐처럼 주둥이와 목에 줄을 매는 방법.

후두허탈laryngeal collapse

기도폐쇄의 말기 단계다. 비공협착, 연구개 노장, 후두마비, 후두낭 외번 등에 의해 발생한 하부 기도의 압력 변화에 의해 후두연골을 지지하는 인대가 늘어난다. 연골이 서서히 안쪽으로 허탈되며 기도가 폐쇄된다. 이런 단계에서는 개에게 산소 공급에 작은 변화만 발생해도 호흡부전이나 심정지가 발생할 수 있다.

치료 : 외과적으로 원인을 교정하는 것이 첫 번째 단계다. 증상이 지속되면 기관절개술을 실시하는 것이 도움이 된다.

성대수술과 과도한 짖음

일부 개들은 단순히 짖는 것을 좋아하는 듯 보인다. 그러나 끊임없이 날카로운 소리로 짖어댄다면 이웃과 마찰을 불러일으켜 파양되기도 한다.

성대수술은 성대 조직 일부를 절제하는 수술이다. 입 안을 통해서 실시하거나 목구멍을 통해 실시한다. 레이저 수술기를 이용하기도 한다. 수술 후에도 개가 짖을 수 있는데, 소리는 한결 작고 거칠게 들린다. 그러나 반흔 조직이 발달하면 다시 정상적인 소리에 가깝게 짖을 수 있게 되는 경우도 있다. 반흔 조직이 너무 크게 생기면 호흡에 불편을 줄 수도 있다. 이 부위의 부종은 급성으로 호흡상의 문제를 유발할 수 있어 수술 후 관리가 매우 중요하다. 성대수술 경험이 풍부한 수의사를 찾아야 한다.

하지만 성대수술을 하기 전에, 행동교정 교육을 해보거나 과도하게 짖는 원인을 찾아 없애려는 노력이 선행되어야 한다. 가스 분사식 또는 전기식 짖음 방지기가 도움이 될 수 있다. 짖음 방지기는 개가 짖을 때 시트로넬라향(시큼한 냄새)을 내뿜거나 약한 전기 자극을 주어 짖는 행동을 멈추도록 만든다.

기침

기침은 기도가 자극되어 유발되는 반사작용이다. 호흡기 감염, 울혈성 심부전, 만성 기관지염, 호흡기도종양, 기관허탈, 목줄에 의한 압박, 풀씨나 연기, 음식 파편 같은 자극원 흡입 등에 의해 발생한다.

기침은 저절로 계속되는 속성이 있다. 기침이 점막을 건조하게 만들어 기도를 자극하고, 이로 인해 또 기침을 하게 된다.

기침의 진단

기침의 형태는 종종 진단에 도움이 된다.

- 운동이나 흥분 시에 더 심해지는 깊고 건조한 잔기침은 켄넬코프의 특징이다.
- 습성의 가래가 끓는 기침은 폐의 체액이나 가래를 의미하며, 폐렴일 수 있다.
- 높고 약한 컥컥대는 기침을 한 뒤에 삼키거나 입술을 핥는 행동은 편도염과 인후염의 특징이다.
- 밤이나 가슴을 대고 누웠을 때 발작성으로 장시간 기침을 한다면 심장 질환일 수 있다.
- 소형 견종에서의 거위 울음소리 같은 기침은 기관허탈일 수 있다.

만성적으로 기침을 하는 개는 진단을 위해 흉부 엑스레이검사, 기관 세척 등을 실시한다. 기관 세척은 식염수 용액으로 기관을 세척하여 세포를 채취하는 방법이다. 개를 진정시킨 상태에서 멸균한 관을 삽입하거나 바늘과 카테터를 이용해 목의 피부를 통해 기관에 직접 삽입하여 채취한다. 채취액은 세포학적 검사를 실시하고 세균배양을 한다. 검사 결과를 바탕으로 보통 특정한 질병이 진단된다.

기관지 내시경은 만성 기침과 점액이나 혈액을 배출하는 기침에서 특히 유용한 검사법이다. 진정 또는 전신마취가 필요하다. 기관과 기관지 내로 내시경을 집어넣는다. 이를 통해 수의사는 호흡기 내부를 볼 수 있다. 정확한 조직을 채취하여 생검을 할 수 있고, 검사와 배양을 위한 액도 채취할 수 있다. 기관지내시경은 기관지의 이물을 제거할 때도 쓴다.

기침의 치료

단기간의 가벼운 기침만 집에서 치료한다. 노력성 호흡, 눈이나 코의 분비물, 피가 섞인 가래를 동반한 기침은 수의사에게 진찰을 받고 치료해야 한다.

원인을 찾고 교정하는 것이 중요하다. 담배연기, 살충제 스프레이, 강한 세척제, 집 먼지, 향수 등과 같은 공기 중의 자극성 오염원을 제거한다.

자극성 기침을 치료하려면 기침의 주기를 끊는 것이 중요하다. 거담제(가래 제거제)인 구아이페네신 성분은 기침반사를 억제하지는 못하지만, 점액 분비물을 묽게 만들어 배출을 쉽게 한다. 모든 기침에 안전하게 사용할 수 있다.

기침 억제제(진해제)는 선별적으로 단기간 동안만 사용해야 한다. 기침의 횟수와 정도를 완화시킬 수는 있지만 근본 원인을 치료하지는 못한다. 과용하면 진단과 치료를 지연시킬 수 있다. 기침 억제제는(거담제는 해당 안 됨) 세균 감염이 있는 개와 가래를 뱉어내고 삼키는 경우에는 사용해서는 안 된다. 이런 경우, 기침을 통해 기도의 불순물이 배출되고 청소되기 때문이다.

건조한 기침을 하는 개는 샤워할 때 환풍기를 켜지 않은 상태로 욕실에 두면 도움이 된다. 수분이 증가해 분비물을 묽게 해 줄 수도 있다. 가습기도 도움이 된다.

기관과 기관지

켄넬코프 복합증(급성 기관기관지염)acute tracheobronchitis(kennel cough complex)

켄넬코프 복합증은 개에게 전염성이 매우 강한 질환이다. 켄넬이나 많은 개가 모이는 도그쇼나 공원 등에서 급속히 전파되는 감염의 성향 때문에 이런 이름이 붙여졌다. 몇 가지 바이러스와 세균이 단독 또는 복합적으로 질병을 유발한다. 가장 흔한 원인체는 개 파라인플루엔자 바이러스와 보르데텔라 브론키세프티카(*Bordetella bronchiseptica*) 균이다(둘 다 3장에서 설명하고 있다). 개 아데노바이러스 1형과 2형(CAV-1, CAV-2), 개허피스바이러스, 개디스템퍼, 마이코플라스마 등도 켄넬코프의 원인이 될 수 있다.

심한 마른기침이 특징이다. 가래가 없는 기침을 보이며 종종 컥컥대거나 구역질을 동반하기도 한다. 기침을 제외하고는 의식이 또렷하고 식욕도 좋고 체온도 정상이다. 대부분의 켄넬코프 증례는 경미한 소견을 보인다. 스트레스가 없는 환경에서 휴식을 취하면 대부분의 성견은 7~14일 이내에 완전히 회복된다. 개를 조용히 쉴 수 있게 해 주면 회복 속도도 빠르다.

켄넬코프의 합병증으로 2차 세균성 폐렴이 발생할 수 있다. 기관지염, 기관허탈 또는 감염에 취약한 질병이 있는 경우 가장 많이 발생한다. 강아지는 코막힘을 동반하기도 한다. 이런 강아지들은 진득한 콧물을 완화시키고, 호흡을 개선하고, 폐렴을 막기 위한 적극적인 치료가 필요하다. 초소형견에게도 마찬가지다.

심각한 기관지염으로 인해 발생한 폐렴은 미열이 지속되고, 식욕이 감소하며, 침울해하는 특징이 있다. 이런 개들은 물기가 있는 가래가 끓는 기침, 콧물, 운동불내성, 쌕쌕거림(천명음), 빠른 호흡 등을 보인다. 이런 형태의 켄넬코프는 입원 치료가 필요하다.

치료 : 켄넬코프는 수의사의 치료를 받아야 한다. 전파를 막기 위해 개를 격리시킨다. 격리 장소는 따뜻하고, 건조하며, 환기가 잘 되는 곳이어야 한다. 가습기도 도움이 된다. 대기 중의 과도한 열기가 더해질 수 있으므로 따뜻한 분무보다 시원한 분무가 더 좋다. 가습기가 없는 경우, 보호자가 샤워를 하는 동안 개를 욕실에 함께 두는 것도 도움이 된다.

일상적인 적절한 운동은 기관지의 배액을 돕는 이점이 있다. 개줄 없이 과격하게 활동하는 것은 피해야 한다. 개가 목줄을 매고 잡아당기는 편이라면, 가슴줄이나 헤드홀터(고삐형 줄)로 교체한다. 켄넬코프 치료에는 흔히 항생제를 사용한다. 테트라사이클린, 트리메토프림설파 등의 약물을 추천하는데, 7~10일간 투여한다. 기침이 심한 경우 기침 억제제를 투여한다.

심한 기관지염이나 폐렴은 입원 치료를 통해 정맥수액 처치나 정맥용 항생제, 호흡기를 확장시키는 약물 등으로 집중 치료해야만 한다.

예방 : 피하접종 백신으로 예방할 수 있다. 최근에는 비강용 백신과 구강용 백신도 사용되고 있다. 백신 접종으로 전염성과 중증도를 낮출 수 있다. 많은 개와 접촉하는 경우에는 백신접종이 필요하다.

폐의 이물

풀씨와 음식 파편 등은 개가 흡인하는 가장 흔한 이물질로 작은 기관지에 걸리기 쉽다. 이것들은 대부분 기침을 통해 빠르게 배출된다. 이런 물질이 기도에 걸리면 강렬한 자극을 일으키고 기도의 부종을 유발한다. 폐쇄 부위 아래에 고인 점액은 세균의 생장과 감염에 최적의 조건인 배양터가 된다. 이물이 몇 주 동안 폐에 그대로 남아 있는 경우 폐렴을 유발한다.

구토 또는 풀밭에서 뛰어놀고 난 직후에 갑자기 기침을 한다면 이물을 흡인했을 가능성이 높다. 기관지 안에 사는 폐충도 심각한 기침을 유발할 수 있다.

치료: 원인불명의 기침은 수의사의 검사가 필요하다. 수의사로부터 처방받은 것이 아니라면 치료를 지연시킬 수 있어 기침약은 투여하지 않는다. 기관지 내시경은 기관지 이물을 확인하고 제거하는 데 효과적인데, 특히 흡인으로부터 2주 이내 실시하는 것이 좋다.

기관허탈collapsing trachea

주로 노년의 초소형 견종에서 발생하는데, 특히 치와와, 포메라니안, 토이 푸들에서 흔하며, 때때로 선천적인 문제가 있는 젊은 개에서도 발생한다.

기관허탈은 C자 모양의 기관륜이 정상적인 단단함을 잃어 발생한다. 이로 인해, 개가 숨을 들이마시면 기관벽이 찌그러진다. 만성 기관지염과 비만이 있는 경우 더 쉽게 걸린다.

기관허탈의 주요 증상은 거위 울음소리 같은 기침이다. 스트레스, 운동, 목줄을 잡아당겼을 때 더 악화된다. 음식을 먹거나 마실 때도 기침을 할 수 있다. 질병이 진행되면 호흡부전이 나타나기도 한다.

치료 : 수의사의 진료를 받는 것이 첫 번째로 해야 하는 일이다. 진단에 앞서 심장과 폐의 질병 여부를 감별한다. 경미하거나 중등도의 증상을 보이는 개는 적절한 영양 공급과 기침을 유발할 수 있는 스트레스를 최소화시킨 일상을 통해 호전될 수 있다. 적당한 운동은 유익하다. 목줄 대신 가슴줄이나 헤드홀터를 사용하는 것이 중요하다.

과체중인 개는 **만성 기관지염**(321쪽)에서 설명한 것처럼 체중 감량 식단을 실시해야 한다. 담배연기와 다른 공기 중 오염물질 같은 기침 유발원을 제거한다.

아미노필린, 테오필린, 알부테롤 같은 기관지 확장제는 많은 소형견에게 도움이 된

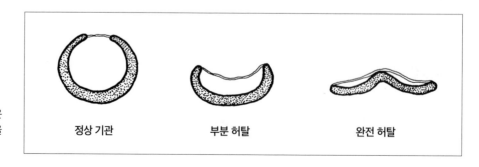

기관허탈이 있는 연골은 단단함을 잃어 개가 숨을 내쉴 때면 찌그러진다.

| 정상 기관 | 부분 허탈 | 완전 허탈 |

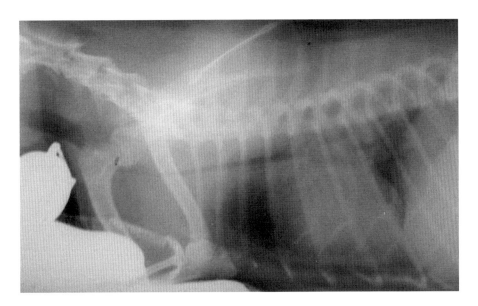

흉부 엑스레이검사상 기관의 지름이 정상인 목 부위는 공기 부분이 넓고(어두운 부분), 기관허탈이 있는 가슴 부위는 공기 부분이 좁은 것을 볼 수 있다.

다. 심하게 흥분할 때는 가벼운 용량의 진정제가 도움이 된다. 특히 기침이 심한 경우, 기침 억제제와 스테로이드를 처방하기도 한다. 호흡기계 감염은 항생제로 신속히 치료한다.

심각한 증례는 수술을 고려할 수 있다. 기관 주변을 플라스틱 링으로 봉합하는 방법으로 기도를 넓혀 준다. 합병증이 발생할 수 있다.

만성 기관지염chronic bronchitis

모든 성별의 중년 개에서 발생할 수 있다. 작은 기관지 내부에서 발생하는 급성 염증 반응이 특징이다. 두 달 이상 기침이 지속된다면 만성 기관지염을 의심해 봐야 한다.

대부분은 원인이 분명하지 않다. 일부 증례는 켄넬코프 병력이 있기도 하지만, 전염성 원인체는 보통 2차 감염을 제외하면 주 원인이 아니다. 집 먼지, 담배연기, 그 외 대기 중의 자극원이 기관지 염증과 관련이 있을 수 있다.

만성 기관지염의 전형적인 특징은 심한 마른기침으로 가래는 있거나 없을 수 있다. 운동이나 흥분에 의해 촉발될 수 있다. 기침 끝에 격격거림, 구역질, 거품 같은 타액을 배출하는 등의 증상을 많이 보인다. 때문에 구토로 오인하기도 한다. 식욕과 체중은 잘 유지된다.

만성 기관지염을 모르고 지나치면 기도가 손상되고 확장된 기관지 안으로 감염된 점액과 농이 축적될 수 있다. 이런 상태를 기관지확장증이라고 한다. 또 만성 기침에 의해 폐포가 확장되면 폐기종이 발생한다. 이 두 질환은 비가역적으로 서서히 진행되어 만성 폐 질환과 울혈성 심부전으로 진행된다.

기관허탈의 외과적인 교정 방법은 부작용이 많은 편이라 발생 증례에 비해 수술을 많이 추천하지는 않는다. 본문에서 설명한 수술법은 PLLP법 등과 같이 기관 외부에 링을 장착하여 기관조직을 당겨 봉합하는 방법이다. 국내에서는 시술하는 곳이 많지 않다. 국내에서 주로 시술되는 방법인 기관스텐트법은 가는 금속성 그물망을 기관 내부에 삽입하는 방법으로 시술이 간단한 편이나 삽입한 스텐트가 찌그러지는 경우 제거가 어려운 단점이 있다.

기관지염의 진단은 **기침의 진단**(317쪽)에서와 같다.

치료 : 먼지와 담배연기 같은 대기 중의 오염원을 제거하는 등의 일반적인 방법을 실시한다. 스트레스, 피로, 흥분을 최소화한다. 과체중인 개는 체중 감량 식단을 급여한다(306쪽, 체중 감량 참조). 줄을 묶어 산책하는 것은 좋은 운동이 되지만 지나친 것은 좋지 않다. 후두에 압박을 가하지 않도록 하며, 목줄을 가슴줄이나 헤드홀터로 바꾼다.

약물치료는 기관지 염증을 감소시키는 데 목적을 둔다. 수의사는 10~14일간 스테로이드를 처방할 수 있다. 효과가 있는 경우, 유지 용량으로 하루 또는 이틀에 한 번 처방하기도 한다. 테오필린이나 알부테롤 같은 기관지 확장제는 호흡 통로를 이완시키고 호흡기계의 피로도를 완화시킨다. 쌕쌕거림이나 기도 경련이 있는 개들에게 효과적이다.

기침이 악화된다면 아마도 2차 세균 감염이 발생했을 수 있다. 항생제 처방이 필요할 수 있으므로 동물병원을 찾는다. 기침 억제제는 심한 기침에 효과적이나, 숙주 방어를 방해하고 화농성 분비물의 배출을 막을 수 있어 단기간 동안만 사용해야 한다. 거담제가 필요할 수도 있다.

치료 반응은 다양하다. 어떤 개들은 거의 정상 수준으로 회복하는 반면, 어떤 개들은 빈번한 약물 투여가 필요할 수 있다.

심한 기침에는 분무 치료(네불라이저)도 큰 도움이 된다. 수의사로부터 처방받은 약물을 투여하기도 하며, 가정용 네불라이저를 통해 호흡기 점막을 촉촉하게 해 주는 것만으로도 큰 도움이 된다.

폐렴pneumonia

폐렴은 바이러스, 세균, 곰팡이, 기생충에 의해 유발될 수 있다. 세균성 폐렴과 바이러스성 폐렴은 비인두나 기도의 감염이 선행되는 경우가 많다.

건강한 성견에서 폐렴은 드물다. 아주 강아지나 노견, 스테로이드 치료, 화학요법, 만성질환 등에 의해 면역력이 저하된 개에게 많이 발생한다. 세균성 폐렴은 만성 기관지염, 기관허탈, 하부 기도의 이물 등이 있는 개에서 많이 발생한다.

흡인성 폐렴은 거대식도증, 위식도 역류, 연하기능장애, 구토, 전신마취 동안 위 내용물이 폐로 역류하는 경우 발생한다. 화학적 폐렴은 연기를 흡입하거나 가솔린이나 등유 같은 탄화수소를 섭취하여 발생한다.

폐렴의 증상으로는 기침, 고열, 침울, 빠른 호흡, 빈맥(맥박이 빨라짐) 등이 있으며, 때때로 진득한 점액성 콧물이 관찰된다. 기침은 습성으로 부글거리는데 이는 폐 안의 액체를 의미한다. 심한 폐렴에 걸린 개는 종종 머리를 늘어뜨리고 가슴이 팽창되기 쉽도록 팔꿈치가 바깥으로 돌아간 자세로 앉는다.

흉부 엑스레이와 혈액검사로 진단한다. 세균 배양과 항생제 감수성 검사는 가장 효과적인 항생제를 선택하는 데 도움이 된다.

치료 : 열이 나고 호흡기 감염의 증상을 보이는 개는 응급치료가 필요하다. 개를 즉시 동물병원으로 데려간다. 기침 억제제를 투여해서는 안 된다. 기침은 기도를 청소하고 호흡을 용이하게 해 준다.

세균 감염은 원인균에 특화된 항생제를 사용하면 잘 낫는다. 수의사는 가장 적합한 약물을 선택할 것이다. 항생제는 적어도 3주간 또는 엑스레이검사상으로 깨끗해질 때까지 지속해야 한다.

위식도 역류, 기관지 이물 등의 원인에 의한 경우 재발 방지를 위해 치료해야 한다.

호산구 폐침윤PIE, pulmonary infiltrates of eosinophil

호산구 폐침윤은 개에게는 흔치 않은 호흡기 질환으로 혈액, 호흡기 분비물, 폐에서 다량의 호산구(백혈구의 일종)가 증가해 발생한다. 호산구는 보통 과민반응을 의미한다. 때문에 호산구 폐침윤도 알레르기 반응의 일종으로 추측된다. 개가 무엇에 의해 알레르기 반응을 일으키는지는 알려져 있지 않다.

진단에 앞서, 심장사상충이나 폐충, 위장관 기생충의 이행, 곰팡이 감염, 림프육종 같은 호산구증가증의 다른 원인도 잘 감별해야 한다.

증상으로는 고열, 기침, 빠른 호흡, 체중감소가 있다. 청진기로 흉부를 청진하면 건조한 수포음이 나타난다. 혈액과 기관 세척액에서 호산구를 확인하여 진단한다.

치료 : 고용량의 스테로이드로 치료하는데, 몇 주에 걸쳐 용량을 서서히 줄여 나간다. 많은 개가 완전히 회복되지만 재발할 수 있다.

개 인플루엔자

이 호흡기 바이러스는 2004년 경주용 그레이하운드에서 처음 발견되었다. 말의 인플루엔자 바이러스에서 변이된 것으로 추정되는데, 현재는 모든 품종의 개에서 발생하고 있다.

고열, 가볍게 컥컥대는 기침(켄넬코프의 거위 울음소리와는 다른)을 보이며 콧물이 나기도 한다. 약 80%의 개는 가볍게 앓고 지나가지만 일부는 폐렴으로 진행된다. 치사율은 5~8% 정도로 대부분 강아지, 노견, 면역력이 떨어진 개에서 문제가 된다. 어떤 개는 증상이 나타나거나 만성화되기 이전에 바이러스를 배출하기도 한다.

'일반적인' 켄넬코프와 구별하기 위해 실험적인 검사가 필요하다. 때문에 바로 치개 인플루엔자는 동물병원에서 신속 검사를 통해 진단이 가능하다. 백신도 보급되어 '개 인플루엔자백신', '개 신종플루백신' 등의 명칭으로 동물병원에서 쉽게 접종할 수 있다.

료를 시작해야 한다.

치료 : 이 질환은 전염성이 매우 강하고 공기 중으로 전파되므로 개를 격리한다. 지지요법이 중요하며 2차 세균 감염이 발생하면 항생제 치료가 필요하다. 폐렴으로 진행된 개는 대부분 수액 처치와 입원 치료를 받아야 한다.

흉수pleural effusion

흉수는 흉강에 혈청이나 혈액이 축적되는 것이다. 가장 흔한 원인은 울혈성 심부전이다. 그 외 원인으로는 간 질환, 신부전, 췌장염, 폐의 원발성 및 전이성 종양 등이 있다. 세균성 폐렴이 흉강으로 확장되면 농흉이라는 감염성 흉수가 발생한다. 흉부 외상, 악성 폐종양, 자연출혈장애 등에 의해 흉강에 혈액이 차는 혈흉도 있다. 유미흉은 흉강에 림프액이 축적되는 것으로 폐의 염전, 종양, 림프액 흐름 차단 등에 의해 발생한다. 아프간하운드는 유전적 소인이 있으며, 시바견에서도 많이 발생한다.

다량의 흉수는 폐를 압박하고 호흡을 억압한다. 상태가 심한 개는 빠른 노력성 호흡을 하며 종종 팔꿈치를 벌리고 가슴을 확장시킨 상태로 고개를 쭉 펴고 서거나 앉는다. 입을 벌리고 호흡한다. 입술과 잇몸, 혀는 창백해 보인다. 조금만 힘을 써도 허탈상태에 빠질 수 있다.

치료 : 긴급한 치료가 필요하다. 호흡을 편하게 해 주기 위해 가능한 한 빨리 폐의 액체를 제거해 줘야 한다. 수의사는 흉강으로 바늘이나 카테터를 삽입하여 주사기로 액체를 빨아들인다. 문제의 원인을 찾아 치료하기 위해 입원 치료를 받아야 한다.

후두, 기관, 폐의 종양

후두, 기관, 기관지, 폐에 양성종양이나 악성종양이 발생할 수 있다. 흉부 엑스레이검사, 초음파검사, 기관지내시경, 기관 세척 및 세포학적 검사 등으로 진단한다(317쪽, 기침의 진단 참조). 조직생검은 정확한 진단과 치료 계획을 세우는 데 도움이 된다.

후두종양은 흔치 않으며 중년 이상에서 발생한다. 대부분 악성이다(편평세포암종). 시끄러운 호흡음, 목소리 변화, 짖지 않는 등의 증상이 나타난다. 숨을 들이마실 때 특징적인 협착음이 들릴 수 있다. 호흡기폐쇄로 인해 급사할 수 있다.

기관종양은 드물다. 노견의 경우에는 악성이 많고(골육종), 젊은 개의 경우에는 양성이 많다(골연골종). 가장 흔한 증상은 가래가 끓는 기침이다. 운동 또는 헉헉거릴 때 숨을 들이마시면 협착음이 들릴 수 있다. 종양이 많이 커져 심각한 호흡기폐쇄를 유발하면 청색증과 허탈상태에 빠질 수 있다.

폐종양은 개의 신생물 중 약 1%을 차지한다. 대부분 기관지 내강의 세포에서 기인한다. 성별에 상관없이 노견에서 많이 발생한다. 폐종양은 담배연기 노출과 연관이 있다.

원발성 폐종양은 대부분 악성종양으로, 진단받았을 때는 이미 몸 여러 부위로 전이되어 있는 경우가 많다.

심한 마른기침이 가장 흔한 증상이다. 말기 합병증으로 흉수가 발생할 수 있다.

전이성 폐종양은 다른 장기에서 폐로 전이된 종양으로 원발성 폐종양보다 더 흔하다. 유선암, 골육종, 갑상선암, 흑색종, 편평세포암종 등이 폐로 전이된다.

치료 : 외과적 탐색술 및 작은 종양의 절제는 치료에 큰 도움이 된다. 큰 종양은 보통 치료가 어렵지만 화학요법에 반응을 보이기도 한다. 호흡기 종양을 앓고 있는 노견은 현실적으로 공격적인 치료가 어렵다.

11장
순환기계

순환기계는 심장, 혈액, 혈관으로 구성된다.

심장은 우심방과 우심실, 좌심방과 좌심실의 네 개의 방으로 이루어진 펌프다. 심장의 좌우는 근육으로 된 벽에 의해 분리된다. 정상적인 개의 심장은 해부학적으로 전신순환이나 폐순환을 거치지 않고는 좌우 어느 쪽에서도 반대쪽으로 혈액이 이동할 수 없다. 네 개의 심장판막은 혈액이 한 방향으로 흐르도록 해 준다. 판막에 병이 생기면 혈액이 역류할 수 있다.

순환이 정상적으로 이루어지면 혈액은 좌심실에서 밀려나와 대동맥 판막을 통해 대동맥으로 이동한다. 이 혈액은 피부, 근육, 뇌, 내부 장기의 모세혈관계에 이를 때까지 점점 더 작은 크기의 동맥을 거친다. 모세혈관계에서는 산소가 이산화탄소와 교환된다. 모세혈관에서 혈액은 다시 정맥을 타고 점점 더 큰 혈관을 거쳐 최종적으로 전대정맥과 후대정맥이라는 큰 혈관에 도착한다.

혈액은 다시 이 커다란 정맥에서 우심방으로 들어가고, 삼첨판을 통해 우심실로 이동한다. 우심실이 수축하면 폐동맥 판막이 열리면서 혈액이 주 폐동맥으로 들어간다. 폐동맥은 작은 혈관으로 분지하여 폐포 주변의 모세혈관까지 이어진다. 여기서 이산화탄소와 산소가 교환된다. 폐정맥을 거친 혈액은 좌심방으로 들어가고, 다시 이첨판을 통해 좌심실로 이동한다. 좌심실이 수축하면 대동맥 판막이 열리면서 혈액이 전신순환으로 들어가며 순환이 완료된다.

심박은 전기적 충격을 발생시키는 내부 신경계에 의해 조절된다. 외부의 영향에 의해서도 반응하므로 개가 흥분하거나, 겁을 먹거나, 열이 오르거나, 몸에 더 많은 혈류량이 필요한 경우 심장박동을 증가시킨다. 동맥과 정맥이 이완되거나 수축함으로써 적정 혈압을 유지한다.

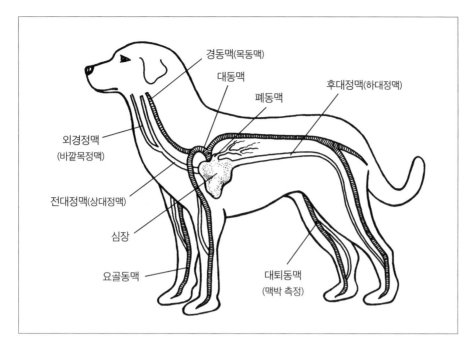

경동맥(목동맥)

대동맥

폐동맥

후대정맥(하대정맥)

외경정맥
(바깥목정맥)

전대정맥(상대정맥)

심장

요골동맥

대퇴동맥
(맥박 측정)

개의 순환기계

정상 심장

  개의 심장과 혈액순환계가 제대로 작동하는지 평가하는 데 도움이 되는 신체 증상이 있다.

맥박pulse

  맥박은 심박이 전달되는 것으로 사타구니에 있는 대퇴동맥을 만져 보면 쉽게 확인할 수 있다. 개가 네 발로 선 자세나 배를 드러내고 누운 자세에서 사타구니 안쪽 부위를 촉진한다. 손가락으로 살짝 누른 상태로 맥박을 측정한다.

  심장 위를 감싸고 있는 갈비뼈 부위에서도 맥박을 느낄 수 있다. 팔꿈치 바로 뒤에서 심박을 촉진한다. 만일 심장이 커지고 질병에 걸린 상태라면 흉벽 위로 웅웅거림이나 떨림을 감지할 수도 있다.

  맥박수는 1분 동안의 박동수로 계산한다. 대부분의 성견은 안정 시 맥박수가 분당 60~160회다. 대형견은 약간 느리고 초소형견은 약간 빠르다. 강아지의 맥박수는 분당 약 220회다.

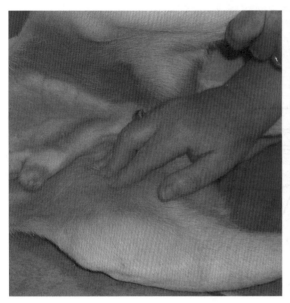

맥박은 다리와 몸통이 만나는 사타구니 부위에 있는 대퇴동맥에서 측정할 수 있다.

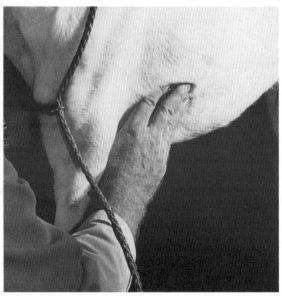

또 다른 방법으로는 왼쪽 팔꿈치 바로 뒤에서 심박을 촉진하는 방법이 있다.

심음heart sound

수의사는 청진기로 심장의 소리를 듣는다. 물론 개의 가슴에 귀를 직접 갖다 대고 들을 수도 있다. 정상적인 심박은 두 개의 소리로 구분된다. '쿵' 하는 소리가 나고 뒤이어 '쾅' 하는 소리가 나는데(LUB-DUB), 이 소리는 뭉쳐져 안정적으로 리듬감 있게 '쿵쾅-쿵쾅' 들린다.

심음은 강하고, 안정적이며, 규칙적이어야 한다. 개가 숨을 쉼에 따라 심박이 약간 흐트러지는 것은 정상이다. 맥박이 크게 증가했다면 불안, 발열, 빈혈, 혈액 손실, 탈수, 열사병, 심장 질환이나 폐 질환을 의심할 수 있다. 반대로 맥박수가 감소했다면 심장 질환 또는 뇌의 압력 변화, 순환장애를 일으키는 중증 질환을 의심할 수 있다.

일정하지 않고 불규칙하거나 이상한 맥박은 심장 부정맥을 의미한다. 부정맥의 상당수는 환자가 부정맥이 시작되며 갑자기 혈압이 떨어지는 증상을 보인다. 이로 인해 근육과 뇌로 가는 혈류량이 감소하고 갑작스런 쇠약이나 허탈 증상, 종종 기절하는 듯한 인상을 준다.

심음이 가슴 전체에서 들린다면 심장이 커진 상태일 수 있다.

심잡음은 흔하다. 심잡음은 심장을 통과하는 혈류의 와류에 의해 발생하는데, 심각한 심잡음은 심장병이나 해부학적인 결함에 의해 발생한다. 빈혈에 의해서도 심잡음이 들릴 수 있다.

모든 심잡음이 심각한 것은 아니다. 질병이 아니라 정상적인 수준의 와류를 나타내는 무해성 심잡음도 있다. 심잡음이 심각한지 무해한지를 판단하기 위해 수의사는 흉부 엑스레이검사, 심전도*검사(ECG 또는 EKG), 심장초음파검사 같은 진단 방법을 추천할 것이다.

진전음(떨림)은 가슴 위로 웅웅거리거나 진동이 느껴지는 정도의 와류에 의해 발생한다. 혈류의 폐쇄를 의미하는데, 예를 들어 판막이 좁아지거나 두 심방 사이의 근육성 벽에 구멍이 생긴 경우 등이다. 진전음은 심각한 심장 상태를 의미한다.

최근에는 혈액검사를 통해 심장 상태를 평가하는 NT-proBNP 검사도 이용되고 있다.

* **심전도**ECG/EKG, electrocardiogram 심박동과 관련되어 나타나는 전위를 그림으로 기록하는 검사로, 주로 부정맥이나 관상동맥 질환 진단에 쓰인다.

혈액순환

개의 잇몸과 혀를 검사하여 순환되는 혈액량이 충분한지 빈혈 상태인지를 평가한다. 진한 분홍색 잇몸은 정상적인 적혈구량을 의미하고, 회색이나 푸른빛은 혈액의 산소결핍을 의미한다(청색증). 혈액순환에 심각한 문제가 생기면 점막은 차가워지고 창백하게 변한다. 하지만 차우차우 같은 품종은 입술, 잇몸, 혀에까지 색소가 침착되어 있어 정상적으로 항상 푸르거나 보랏빛, 검정빛으로 보일 수 있다. 개가 정상 상태일 때의 색깔을 잘 기억해 둔다.

순환 혈액량은 손가락으로 잇몸 점막을 꾹 눌러 하얗게 된 잇몸이 다시 붉어지는 시간을 측정해 평가한다(CRT, 모세혈관재충만시간). 정상적인 상태에서 반응 시간은 1초 이내다. 2초 이상 걸린다면 순환 혈액량이 부족함을 의미하고, 3초 이상 점막이 창백한 채로 남아 있다면 쇼크 상태라고 판단할 수 있다.

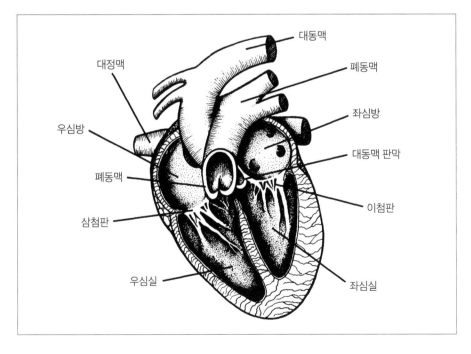

심장의 판막, 심방, 심실

심장병

심부전의 가장 흔한 원인은 만성 판막 질환이다. 다음으로 확장성 심근증, 선천성 심장 질환, 심장사상충 감염이 그 뒤를 따른다. 드물지만 세균성 심내막염과 심근염 등도 원인이 된다. 개에게 관상동맥 질환은 드문 편인데, 혈청 내 콜레스테롤 수치가 과도하게 상승한 중증의 갑상선기능저하증 환자에서 발생한다.

만성 판막 질환

정확한 원인이 밝혀지지 않은 심장 질환으로 전체 개의 20~40%에서 발생한다. 초소형 품종과 소형 품종에서 가장 많이 발생한다. 특히 말티즈, 카발리어 킹찰스 스패니얼, 푸들, 치와와, 라사압소, 요크셔테리어, 슈나우저, 코커스패니얼에서 발생한다.

만성 판막 질환은 심장 판막의 퇴행성 변화가 특징이다. 이첨판은 거의 모든 증례에서, 삼첨판은 약 3분의 1에서 영향을 받는다. 판막첨판(판막의 뾰족한 끝부분)이 두꺼워지고 뒤틀리면 더 이상 판막끼리 맞닿을 수 없다. 판막을 심장 안쪽에 부착시키는 건삭(힘줄끈)이 파열될 수도 있는데 판막이 혈류에 의해 너덜거리게 된다.

이런 변화는 판막 기능을 악화시키고 심박출량을 저하시킨다. 심실이 수축하면 혈액의 일부가 심방으로 거꾸로 흘러 들어가는데 이를 역류라고 한다. 역류가 일어나면 심방의 혈압을 증가시켜 확장시킨다. 대부분 이첨판이 관련되어 있어, 만성 판막 질환을 이첨판폐쇄부전 또는 이첨판 질환이라고도 한다.

만성 판막 질환의 특징은 왼쪽 가슴에서 들리는 큰 심잡음이다. 흉부 엑스레이검사, 심전도, 심장초음파검사 등에서 좌심방의 확장, 판막의 비후, 건삭파열이 관찰될 수 있다. 삼첨판에 문제가 있는 경우, 심장의 오른쪽에서 큰 소리의 심잡음을 들을 수 있다. 심장사상충 감염도 심장 오른쪽에서 심잡음을 유발할 수 있으므로 잘 감별해야 한다.

심장의 박출량 저하와 폐울혈로 인해 울혈성 심부전 증상이 나타날 수 있다. 밤에 더 심해지는 경향이 있는 운동 후의 기침, 무기력하고 쉽게 지치는 모습, 흔히 부정맥과 관련이 있는 실신 등의 증상이 나타날 수 있다.

치료 : 많은 개들이 만성 판막 질환을 앓고 있으나 합병증 없이 심잡음만 관찰되는 상태로 증상 없이 수년을 지낸다. 그러나 이 질환은 만성적이고 점진적이다. 심부전에 의한 증상이 나타나면(기침, 쉽게 피로함) 치료를 시작해야 한다. 예후는 병이 얼마나 진행되었는지, 개의 전반적 건강 상태와 나이에 따라 다르다(치료에 관한 자세한 내용은 **336쪽, 울혈성 심부전 참조**).

수술적 교정을 통한 이첨판폐쇄부전 치료도 활성화되고 있다. 2020년 충남대 수의대에서 처음 판막성형술이 성공한 이후 시술이 보급되고 있으며, 최근에는 개심술이 아닌 중재적 시술인 V-clamp(클립형 고정장치) 시술도 늘고 있다. 심장약을 중단하는 환자도 있을 정도로 예후가 좋은 것으로 보고되고 있다. 고가의 수술비와 부작용의 장기 추적 등이 과제로 남아 있다.

개 심장병의 대부분을 차지하는 이첨판 질환은 2019년 미국수의내과학회(ACVIM, American College of Veterinary Internal Medicine)에서 발표한 진단과 치료 지침을 따르고 있다.

개 이첨판 질환의 진단과 치료 가이드 라인

등급		기준	치료 지침
A 단계		심장 질환의 발생 가능성이 높은 개 (품종 등)	특별한 치료가 필요하지 않음.
B 단계		판막 역류로 인한 심잡음 등 구조적 변화 발생	
	B1	B1 무증상. 방사선 또는 초음파검사상 심장 리모델링이 관찰되지 않는 개	특별한 치료가 필요하지 않으나 6~12개월마다 재검사 추천
	B2	B2 무증상. 좌심방 확장과 같은 혈류 역학적 변화가 관찰되는 개	심장약 투약 시작 추천. 약물 관리로 심부전 발생 시기를 지연시킬 수 있음.
C 단계		이첨판 질환에 의한 심부전 증상이 현재 혹은 과거에 있었던 개	이뇨제 투여, 나트륨 제한 등 추천
D 단계		말기 이첨판 질환으로 심부전 임상 증상을 보이며 치료 효과가 낮음.	

심장 질환은 청진, 흉부 엑스레이검사, 심장초음파검사 등으로 조기에 발견해 진단할 수 있다. 기침이나 실신, 호흡곤란 같은 증상이 나타나 동물병원에 내원하는 경우에는 이미 상당히 진행된 경우가 흔하다. 심장병이 있는 경우 평소 분당호흡수를 측정하는 것이 큰 도움이 된다. 수면중호흡수(SSR)를 기준으로 분당 25회 미만은 안정적이며, 30회 이상은 주의를 필요로 하며, 40회 이상은 폐수종 등의 응급상황일 수 있으므로 진료가 필요하다.

확장성 심근증DCM, dilated cardiomyopathy

확장성 심근증에 걸리면 심방이 커지고 심실벽이 얇아지는데, 심장근육도 약해져 기능에 문제가 생긴다.

확장성 심근증은 대형 품종과 초대형 품종에서 가장 흔한 울혈성 심부전의 원인이다. 소형 품종에서는 드물다. 주로 복서, 도베르만핀셔, 스프링거 스패니얼, 코커스패니얼에서 발생하고, 영향을 받은 품종으로는 저먼셰퍼드, 그레이트데인, 올드잉글리시 시프도그, 세인트버나드, 슈나우저 등이 있다. 대부분 2~5살 정도의 나이에 증상이 처음 시작되고 대부분 수컷에게 발생한다.

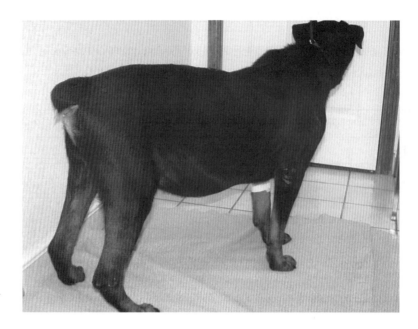

확장성 심근증과 울혈성
심부전으로 인해 배가 부
풀어 있다.

확장성 심근증의 원인은 알려져 있지 않다. 일부 개에서는 확장성 심근증에 앞서 심장의 염증인 심근염이 발생한다. 갑상선기능저하증과도 관련이 있고, 대형 품종에서 더 많이 발행하는 유전적 소인도 있다. 아메리칸 코커스패니얼, 복서, 골든리트리버, 뉴펀들랜드 등의 품종에서는 타우린과 카르니틴 결핍과 관련된 심근증도 보고된다.

확장성 심근증의 증상은 울혈성 심부전 및 심장 부정맥에서와 같다. 몇 주 만에 체중이 감소할 수 있다. 무기력증, 쉽게 지치는 모습, 빠른 호흡, 잦은 기침을 보이며 때때로 피가 섞인 가래도 관찰된다. 기침은 특히 밤에 더 심하다. 복수에 의한 복부팽만도 관찰될 수 있다. 심장 부정맥은 쇠약함과 허탈을 유발한다.

확장성 심근증은 심전도검사(부정맥), 흉부 엑스레이검사(심방 확장), 심장초음파검사(심장근육의 기능이상) 등으로 진단한다.

치료 : 심장근육의 수축력을 향상시키고, 부정맥을 조절하고, 폐와 복강의 액체 저류를 예방하기 위한 치료가 필요하다(336쪽, 울혈성 심부전 참조). 식단에 타우린과 카르니틴을 첨가해 주면 도움이 된다. 장기적인 예후는 좋지 않은 편이다. 약물관리가 아주 잘 이루어지는 경우 어떤 개들은 수년 이상 생존하기도 한다. 보통 갑작스런 심장 부정맥으로 사망한다. 어떤 개들은 아무런 증상 없이 급사하기도 한다.

선천성 심장 질환

개에게는 모든 형태의 선천성 심장 질환이 발생할 수 있다. 가장 흔한 결함은 판막 기형(형성장애), 판막협착, 심방 사이의 비정상적인 구멍(중격결손), 동맥관개존증, 팔로사징(Tetralogy of Fallot)* 등이다.

* **팔로사징** 폐동맥협착, 심실중격결손, 대동맥 우 방전위, 우심실비대의 네 가지 결함이 함께 발생하 는 선천성 심장병.

동맥관개존증(動脈管開存症)은 정상적으로는 출생 후에 닫혀야 하는 대동맥과 폐동맥 사이의 동맥관이 닫히지 않고 남아 있는 상태다. 이 관은 모견의 자궁 내에서 아직 정상적인 기능을 하지 못하는 태아의 폐로부터 혈액을 우회시키는 중요한 역할을 한다. 많은 대형 및 소형 품종이 동맥관개존증에 걸린다. 이 심잡음은 종종 체벽을 통해서 느껴지기도 한다(마치 세탁기 돌아가는 소리처럼 들린다).

팔로사징은 혈액의 산소 부족을 일으키는 네 가지 기형을 함께 나타내는 선천성 심장결함이다.

심각한 선천성 심장결함이 있는 개들은 대부분 1살을 넘기기 전에 죽는다. 중등도의 결함이 있는 개들은 살아남기도 하지만 보통 운동불내성, 실신, 성장 지연 등이 나타난다. 이런 개체에서는 예고 없이 갑자기 심부전이 발생한다. 경미한 판막 질환이나 작은 크기의 중격결손이 있는 개는 종종 무증상을 보이기도 한다. 신체검사 시에 발견된 심잡음이 선천성 심장결함의 유일한 표시일 수도 있다.

선천성 심장결함은 심전도검사, 흉부 엑스레이검사, 심장초음파검사로 진단한다. 심장초음파검사로 심방과 심실에서의 혈액의 방향과 속도를 측정한다. 이런 정보로 선천성 심장결함의 정확한 진단이 가능하다. 전문적인 심장 전문병원에 의뢰할 수도 있다.

혈관심장조영술과 함께 실시하는 심장도관술은 한때 선천성 심장결함 진단의 기준이었으나, 약간의 위험이 따르고 대형 동물병원에서만 실시할 수 있다는 단점이 있다. 도플러 심장초음파검사가 많이 정확해지고 비침습적인 장점이 있어 심장도관술을 많이 대체하게 되었다.

치료 : 결함이 경미한 경우는 예후도 좋고 수술을 통한 장점도 크게 없다. 그러나 결함이 심각한 개는 수술적인 교정이 큰 도움이 된다. 이런 수술은 대형 동물병원에서만 시술이 가능하다.

동맥관개존증은 수술적 교정이 도움이 되는 경우로, 수술을 하지 않는 경우 강아지의 60%가 1살 이전에 사망한다. 반면 수술을 받은 강아지의 사망률은 10% 미만이다.

중등도의 심방과 심실의 중격결손은 수술적으로 교정할 수 있는데 예후는 다양하다. 이를 위해서는 개흉술과 심폐우회술이 필요하다.

판막의 형성이상이나 크기가 큰 중격결손은 치료 방법에 상관없이 예후가 좋지 않다. 이런 개들은 울혈성 심부전이나 급사 위험이 있다.

울혈성 심부전과 심장 부정맥의 치료는 이 장의 뒷부분에서 다루겠다.

예방 : 대부분의 선천성 심장결함은 유전에 의해 나타난다. 특정 선천성 심장결함

에 취약한 품종적 소인은 아래의 표와 같다. 여기 나열된 것은 참고대상일 뿐 모든 품종에서 이런 결함이 나타날 수 있다.

선천성 심장결함의 유전적 소인

심방중격결손	사모예드
심실중격결손	불도그
대동맥과 대동맥판하 협착증	뉴펀들랜드, 골든리트리버, 저먼셰퍼드, 로트와일러, 복서, 저먼 쇼트헤어드 포인터, 사모예드
삼첨판형성장애	래브라도 리트리버, 그레이트데인, 바이마라너, 저먼셰퍼드
이첨판형성장애	그레이트데인, 저먼셰퍼드, 불테리어
동맥관개존증	푸들, 포메라니안, 콜리, 셰틀랜드 시프도그, 저먼셰퍼드, 코커스 패니얼, 잉글리시 스프링거 스패니얼
폐동맥협착증	비글, 래브라도 리트리버, 코커스패니얼, 슈나우저 뉴펀들랜드, 로트와일러
팔로사징	케이스혼트, 잉글리시 불도그, 미니어처 푸들, 미니어처 슈나우저

치료가 가장 성공적일 수 있는 시기에 빨리 발견하고, 번식시키기 전에 미리 찾아내는 것이 중요하다. 강아지들이 선천성 심장결함이 있는지 확인하는 최적의 시기는 새로운 집으로 입양되기 전인 생후 6~8주다. 네 개의 판막 부위를 청진기로 잘 검사하여 심잡음을 확인한다. 심잡음을 잘 인지해 낼 수 있는 수의사가 검사해 판단하는 것이 가장 좋다. 이 시기에는 질병이 아니어도 심잡음이 들릴 수 있는데, 이런 경우에는 성숙하며 사라진다. 그러나 생후 16주가 지나도 심잡음이 지속된다면 심장초음파 검사를 실시해야 한다.

세균성 심내막염 bacterial endocarditis

세균성 심내막염은 심장의 안쪽 면과 판막에 발생한 감염으로 흔치는 않다. 상처나 다른 부위의 감염을 통해 특정 세균이 순환기계로 들어와 발생한다. 대부분의 증례에서 정확한 발생원은 확인이 어렵다. 스테로이드나 면역 억제제를 투여 중인 개들과 중대형 품종에서 발생 위험이 높다.

세균이 심장판막으로 침투해 궤양과 작은 사마귀 같은 우종(세균 덩어리)을 형성한다. 이로 인해 만성 판막 질환과 유사한 문제가 발생한다. 또 감염된 우종 조각이 파열되며 혈류를 따라 다른 장기로 퍼질 수 있다. 이런 경우 고열, 오한, 관절 부종, 파행, 자연출혈, 실명, 행동 및 성격 변화, 불안정한 보행, 의식혼미, 발작 등의 다양한 증상을 유발한다. 이런 증상은 특별한 것이 아니고 다른 수많은 질병에서도 나타날 수 있다.

특히 갑자기 심잡음이 들리거나 변화되어 들린다면 세균성 심내막염을 의심해 볼 수 있다. 심전도검사, 흉부 엑스레이검사, 심장초음파검사로 확진한다. 혈액 배양으로 원인균을 확인할 수 있다.

치료 : 혈액 배양과 항생제 감수성검사를 바탕으로 항생제를 선택해야 한다. 우종을 제거하려면 장기간의 항생제 투여가 필요하다(2~4개월). 울혈성 심부전 증상이 갑자기 발생하거나 항생제 내성균이 발달하지는 않는지 세심하게 모니터링해야 한다.

판막 질환이 심하지 않은 경우 가벼운 손상만 남긴 상태로 회복된다. 이첨판이 손상된 경우 예후는 좋지 않으며, 대동맥 판막이 손상된 경우 예후는 더욱 나쁘다.

심근염myocarditis

심근염은 심장근육의 염증으로, 개에서는 드물다. 아메리카 트리파노소마증, 라임병, 디스템퍼 등의 바이러스 질환, 세균 감염, 곰팡이 감염, 원충 감염 등으로 발생한다. 파보바이러스는 신생견에게 치명적인 심근염을 유발하는데, 최근에는 모견의 예방접종 실시로 많이 드물어졌다. 심근염의 첫 번째 증상 중 하나는 심장 부정맥에 의한 쇠약 증상과 실신 증상이다. 갑작스럽게 울혈성 심부전 증상이 발생하고 심전도검사나 심장초음파검사상 비정상 소견이 관찰된다면 의심해 볼 수 있다. 필요한 경우 심장근육 생검을 통해 확진하는데, 대형병원에서 검사 받을 수 있다.

치료 : 치료와 예후는 **확장성 심근증**(331쪽)에서 설명한 것과 비슷하다. 특정한 원인이 확인된다면 치료해야 한다.

부정맥arrhythmias

부정맥은 불규칙적인 심장박동이다. 정상적인 심장박동은 일정하고 규칙적이다. 활동이나 휴식에 의해 변화가 있을 수는 있으나, 거의 항상 규칙적인 리듬을 보인다. 그러나 비정상적인 박동은 정상에 비해 느려지거나(서맥) 빨라질 수 있다(빈맥). 때때로 박동의 속도나 횟수는 정상이지만 비정상적인 패턴으로 나타나기도 한다.

심박수와 박동을 불규칙하게 만드는 요인으로는 칼륨 증가, 호르몬 영향, 혈관육종 같은 암종, 심근증 같은 심장병 등이 있다. 부정맥이 있는 개는 불안, 쇠약, 무기력증, 실신 같은 증상을 보일 수 있다.

심전도검사(EKG나 ECG라고 부르기도 한다)와 가능하다면 심장초음파검사를 통해 진단한다. 이상소견이 불규칙하게 발생하는 경우, 수의사는 24시간 착용하는 특별한 심장 모니터링 기기를 부착하기도 한다.

치료 : 심박수나 박동을 조절하기 위해 다양한 약물을 사용한다. 일부 개의 경우 페이스메이커 이식이 도움이 된다.

울혈성 심부전congestive heart failure

울혈성 심부전은 심장이 신체의 필요를 충족시킬 만큼의 충분한 순환 기능을 할 수 없는 상태를 말한다. 심장근육이 약해져 발생한다. 순환장애로 인해 간, 신장, 폐 등의 다른 장기의 건강도 악화되는데, 이로 인해 다발성 장기부전으로 진행되기도 한다.

병든 심장은 수개월에서 수년간 증상이 나타나지 않은 채 기능할 수 있다. 하지만 기능이상은 예고 없이 갑자기 나타난다. 종종 격렬한 운동 직후 심장 능력의 한계치를 벗어나면 발생한다.

이첨판 역류를 보이는 만성 판막 질환은 초소형 및 소형 품종에서 가장 흔한 울혈성 심부전이다. 대형 품종에서는 확장성 심근증이 흔하다.

울혈성 심부전의 초기 증상은 쉽게 피곤해하고, 활동 수준이 감소하고, 간헐적으로 기침을 하는 것이다. 격렬한 움직임이나 흥분 시에는 기침도 관찰된다. 기침은 특히 밤에 많이 하는데, 보통 잠자리에 들고 두 시간 정도 지난 후에 심해진다. 잠에 빨리 빠지는 대신 안절부절못하며 돌아다니기도 한다.

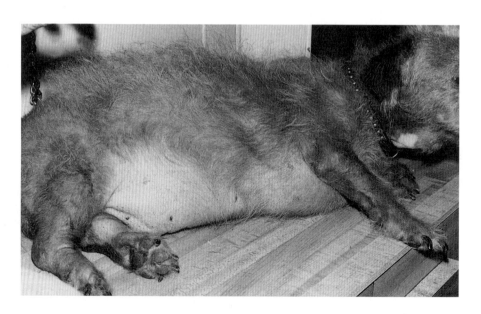

우심의 울혈성 심부전으로 인해 복수가 차고 뒷다리가 부어 있다.

이런 초기 증상은 비특이적이며 나이에 따른 정상적인 행동으로 여겨져 지나치기 쉽다. 심부전이 진행되면 식욕감소, 빠른 호흡, 복부팽만, 현저한 체중감소 등의 증상을 보인다.

심장이 더 이상 효과적으로 수축할 수 없게 되면 혈액이 폐, 간, 다리 등 다른 장기에서 정체된다. 정맥 내 압력이 증가함에 따라 체액이 폐와 복강으로 새어 나온다. 폐에 저류된 체액은 기침을 유발한다. 작은 기도에 체액이 급속하게 저류되면 개는 기침으로 거품기 있는 붉은 액체를 뱉어내는데, 이를 폐수종이라고 한다. 폐수종은 좌심실의 기능부전을 의미한다.

우심실 기능부전이 발생하면 체액이 복강으로 흘러나와 배가 항아리처럼 팽만해진다(복수). 다리가 붓는 증상이 함께 나타날 수 있다(부종). 우심부전에 의해 흉강에 액체가 축적되기도 한다(흉수).

울혈성 심부전의 말기 단계가 되면 개는 머리를 쭉 뺀 상태로 팔꿈치를 벌리고 앉는다. 힘들게 호흡하며, 맥박은 빠르고 약하며 종종 불규칙하다. 구강점막과 혀는 청회색을 띠며 차가워진다. 가슴에서 떨림이 느껴질 수도 있다. 스트레스를 받거나 흥분하면 실신 증상이 나타날 수 있다.

정확한 진단을 위해 흉부 엑스레이검사, 심전도검사, 심장초음파검사, 심장사상충 항원검사 등을 실시한다.

치료 : 가능하다면 원인을 찾아 교정하는 것이 가장 중요하다. 심장사상충 감염, 세균성 심내막염, 선천성 심장 질환 등은 심장이 손상되기 전에 치료하면 회복이 가능하다.

울혈성 심부전의 치료에는 저염식 급여, 운동제한, 심장 기능을 향상시키고 심장 부정맥을 예방하기 위한 적절한 약물치료 등이 포함된다.

대부분의 사료는 염분이 과도하게 들어 있다. 수의사는 저염 성분의 심장 질환용 처방식을 추천해 줄 것이다. 증상이 경미한 개는 저염 식단 정도로만 실시하기도 한다.

운동은 도움이 되지만, 증상이 없는 개에서만 추천된다. 쉽게 지치거나, 기침, 운동 시 호흡이 빨라지는 등의 증상이 보이면, 증상을 악화시킬 수 있는 활동을 시켜서는 안 된다.

심장근육의 수축력을 높이고 부하를 줄이기 위해 다양한 약물이 처방된다. 강심제, 칼슘채널 차단제, 안지오텐신 전환효소(ACE) 억제제, 베타 차단제, 항부정맥 약물 등이 있다. 사람에게 쓰는 약과 같은 성분이다. 에날라프릴, 베나제프릴 같은 ACE 억제제는 판막성 심장 질환과 심근증이 있는 개의 수명을 연장시켜 줄 수 있어 많이 사용되고 있다. 폐와 다른 장기에 발생한 체액 저류는 푸로세마이드 같은 이뇨제로 치료

최근에는 부작용이 적고 효과적인 강심제인 피모벤단을 많이 사용하고 있다. 특히 B2 단계의 초기 심장병에 사용 시 진행을 늦춰 주는 효과도 확인되었다. 그 외 폐동맥 고혈압 관리를 위한 실데나필 등의 약물도 많이 사용하고 있다.

한다. 이뇨제를 투여받는 경우 칼륨 보조제가 필요할 수도 있다. 스피로노락톤은 체내 칼륨을 보존하며 작용하는 이뇨제다.

울혈성 심부전이 있는 개는 비타민 B, 타우린, 카르니틴 등의 보조제가 도움이 될 수 있다. 코엔자임Q도 심장 질환이 있는 개에게 도움이 된다.

심장 부정맥을 치료하려면 상태를 악화시키는 전해질 또는 대사 장애를 찾아내 교정하는 것이 중요하다. 부정맥 치료를 위해 디기탈리스, 리도케인, 딜티아젬, 프로카인아미드, 아트로핀, 프로프라놀롤 등의 약물을 사용한다. 원발성 부정맥인 개는 심박을 조절하기 위해 페이스메이커(인공심박동기) 이식을 고려할 수 있다.

울혈성 심부전이 있더라도 적절한 치료를 받는 경우 더 오래 보다 편안하게 살 수 있다. 그러나 심장 질환은 집중적인 관리와 모니터링이 필요하다. 동물병원을 방문해 정기적으로 상태를 체크해야 한다.

심장사상충heartworm

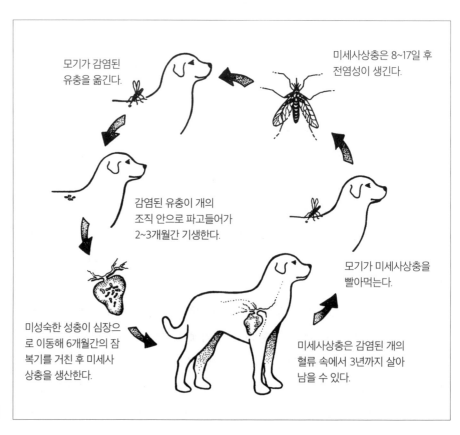

모기가 감염된 유충을 옮긴다.

미세사상충은 8~17일 후 전염성이 생긴다.

감염된 유충이 개의 조직 안으로 파고들어가 2~3개월간 기생한다.

모기가 미세사상충을 빨아먹는다.

미성숙한 성충이 심장으로 이동해 6개월간의 잠복기를 거친 후 미세사상충을 생산한다.

미세사상충은 감염된 개의 혈류 속에서 3년까지 살아남을 수 있다.

심장사상충의 생활사

심장사상충 감염은 우심에 기생하는 실처럼 생긴 성충의 감염으로 많은 동물에서 큰 문제를 일으킨다. 모기에 의해 전파되므로 전 세계에 걸쳐 발생한다. 암컷보다 수컷의 발병률이 4배가량 더 높으며, 실내견보다 실외견에서 4~5배 더 많이 발생한다.

다양한 환경에 따라 감염 빈도가 다를 수 있으나, 심장사상충이 발생하는 지역에 사는 모든 개는 발병 위험을 막기 위해 예방 프로그램을 실시해야 한다.

심장사상충의 생활사

심장사상충($Dirofilaria\ immitis$)의 예방과 치료를 위해서는 생활사를 이해하는 것이 매우 중요하다. 개가 모기에 물리면 모기의 입 부위에 있는 전염성이 있는 L_3 단계의 유충이 피부를 통해 들어오면서 감염이 시작된다. 유충은 피부 아래로 파고들어가 두 차례의 탈피 과정을 거쳐 작고 미성숙한 성충으로 발달한다. 개가 모기에 물리고 1~12일 후에 첫 번째 탈피(L_3에서 L_4로)가 일어나고, 유충은 L_4 상태로 50~68일간 지내다가 탈피해 L_5 단계가 된다(미성숙한 성충).

디에틸카바마진은 유충이 개의 몸속으로 들어오고 1~12일 후인 짧은 L_3 단계에서만 구제 효과가 있다. 그러나 이버멕틴, 셀라멕틴, 밀베마이신은 L_3와 L_4 단계 모두에서 효과가 있다.

미성숙한 성충은 말초혈관으로 들어가 우심실과 폐동맥으로 이동한다. 개의 몸속에 들어오고 약 6개월이 지나면 성숙하여 완전한 성충이 된다. 성충은 10~30cm가량 자라며 최대 5년까지 산다. 감염이 심한 경우 개 한 마리에서 250마리 정도가 발견되기도 한다.

우심방과 우심실에 있는 심장사상충의 모습을 보여 주는 모형.

심장사상충의 암컷과 수컷이 모두 있는 경우 번식이 일어난다. 암컷은 미세사상충을 생산하는데 한 마리가 하루에 5,000마리까지 생산한다. 미세사상충은 개의 혈류 속에서 최대 3년까지 살아남기도 한다.

미세사상충이 다른 개를 감염시키려면 L_1 단계의 유충이 2차 숙주인 모기에게로 전달되어야만 한다. 모기의 몸속에서 L_1 단계의 유충은 탈피해 L_3 단계가 된다. 따뜻한 기후에서는 이런 과정이 10일 안에 이루어지기도 하며, 추운 기후에서는 17일까지도 걸린다. L_3 단계의 유충은 모기의 입 부위로 이동해 새로운 숙주를 감염시킬 준비를 끝낸다.

심장사상충 감염증heartworm disease

평균 크기의 개에서 50마리 이하로 감염된 경우 심장사상충은 주로 폐동맥과 우심실에 기생한다. 75마리 이상이 되면 우심방으로도 이동하며, 감염이 심한 경우 전대정맥과 후대정맥, 간의 정맥으로도 이동할 수 있다.

폐의 심장사상충은 폐동맥의 분지부로 이동해 혈액의 흐름을 막고 혈전을 생성하는데, 이를 폐혈전색전증이라고 한다. 치료 후에도 죽은 사체가 폐순환의 혈류 속으로 이동해 유사한 반응을 일으킬 수 있다. 만성 폐혈전색전증은 폐 조직 손상 및 우심의 울혈성 심부전을 유발한다. 혈전색전증에 걸린 개는 객혈 증상을 보일 수 있다(기침을 하며 혈액성 가래를 뱉어낸다).

심장판막에 뒤엉킨 심장사상충은 심장의 기능을 방해하여 만성 판막 질환과 유사한 증상을 유발한다. 대정맥이나 간의 혈관에 뭉쳐 있는 심장사상충은 대정맥증후군(카발신드롬)이라는 상태를 유발하는데 황달을 동반하는 간부전, 복수, 자연출혈, 빈혈 등이 발생한다. 2~3일 내로 허탈상태에 빠지거나 사망한다.

진단

심장사상충 감염의 증상은 감염된 심장사상충의 수와 개의 체구에 따라 다르다. 심장사상충의 수가 몇 마리 되지 않는 경미한 감염인 경우 증상이 거의 없을 수도 있다.

심장사상충 감염에서 나타나는 전형적인 초기 증상은 쉽게 지치고, 운동을 힘들어하고(운동불내성), 가볍고 깊은 기침을 하는 것이다. 병이 진행되면 증상이 점점 심해지는데 개는 체중이 줄고, 숨을 빨리 쉬고, 운동 후에 기침을 하며 기절하기도 한다. 갈비뼈가 드러나고 가슴이 부풀어 오르기 시작한다. 급성 대정맥증후군이나 혈전색전증이 발생해 허탈상태에 빠지거나 사망한다.

심장사상충 감염의 진단은 다양한 혈액검사로 가능하다. 가장 정확도가 높은 방법은 심장사상충 항원검사로, 암컷 성충이 분비하는 항원을 확인하는 검사 방법이다. 초기 감염(성숙 성충이 되기 이전), 5마리 미만의 경미한 감염, 수컷만 감염된 경우에는 위음성이 나올 수 있다. 위양성은 드물다.

또 다른 중요한 검사 방법은 미세사상충 농축검사로, 혈액 속의 미세사상충을 현미경으로 직접 확인하는 것이다. 양성인 경우 감염을 확진할 수 있지만, 음성이더라도 감염을 완전히 배제할 순 없다. 감염된 개의 10~25%는 말초혈액에서 미세사상충이

검출되지 않을 수 있기 때문이다.

미세사상충 농축검사가 음성이지만 실제로는 심장사상충에 감염된 개는 잠복감염 상태다. 잠복감염은 여러 경우가 가능하다. 하나는 개가 심장사상충 예방약을 투여받고 있는 경우다. 예방약은 미세사상충은 죽일 수 있지만 성충은 죽이지 못한다. 때문에 이런 개는 심장사상충 항원검사는 양성, 미세사상충 검사는 음성으로 나타난다. 또 다른 경우는 한 가지 성별의 성충에만 감염되어 번식이 불가능해도 이런 결과가 나올 수 있다.

심장사상충 검사 시 발견되기도 하는 또 다른 종류의 미세사상충이 있다. 디페탈로네마(Dipetalonema)라는 기생충은 피부 아래에 기생하는데 별다른 위해성은 없다. 문제는 이 기생충이 심장사상충의 미세사상충으로 오인될 수 있다는 점이다. 그러나 현미경으로 신중하게 검사하면 둘을 구분할 수 있다.

흉부 엑스레이검사로 감염의 심각성을 판단하는 것도 좋은 방법이다. 폐동맥에 심각한 감염이 발생한 개는 엑스레이 사진상 우심실과 폐동맥 확장이 관찰된다.

심전도검사로 우심실 확장과 심장 부정맥이 관찰될 수 있다. 심장초음파검사로 주폐동맥이나 우심실 안의 심장사상충을 확인할 수도 있다. 대정맥증후군이 발생한 개는 대정맥에서 심장사상충이 관찰된다. 빈혈검사 및 신장과 간기능 평가를 위해 혈액검사와 소변검사도 필요하다.

심장사상충의 치료

언제 어떻게 치료를 시작할지는 심장사상충의 수, 위치, 합병증(울혈성 심부전이나 간질환, 신장 질환), 개의 나이와 건강 상태, 미세사상충의 존재 여부에 따라 달라진다. 전체적인 검사를 한 뒤, 수의사는 이러한 사항과 검사결과를 바탕으로 치료 계획을 논의해야 한다.

심장사상충 감염으로 인한 합병증이 발생하지 않은 개는 모든 성충을 제거하고, 미세사상충을 죽이고(존재하는 경우), 예방을 시작하는 것이 목표가 된다. 이와 동시에, 약물의 독성을 관리하고 심장사상충의 사체가 폐로 이동하여 발생할 수 있는 합병증을 최소화시키는 것이 중요하다. 수의사에 따라 먼저 미세사상충의 수를 줄이고, 그 이후 성충을 제거하는 방법을 선택하기도 한다.

먼저 성충을 제거하기로 결정했다면, 합병증이 없는 감염에서의 첫 번째 단계는 성충을 죽이는 약물을 투여하는 것이다. FDA에서 승인받아 주로 사용되는 약물은 멜라소민(이미티사이드)이다. 이 약물에는 비소가 들어 있다. 예전에는 카파솔레이트도 사용했지만 독성이 강해 최근에는 사용하지 않는다. 이미티사이드는 90% 이상의 성충을 제거할 수 있어 카파솔레이트보다 더 효과적이며, 안전성이 더 높아 고위험군 개에게도 사용할 수 있다. 이미티사이드는 이틀에 걸쳐 하루 1회 근육주사로 투여한다. 만약 심장사상충 감염으로 개가 많이 쇠약해진 상태라면 30일의 간격을 두고 투여할 수도 있다. 주사 부위에서 국소적인 염증반응이 나타날 수 있으며, 죽은 성충으로 인해 혈전색전증이 발생할 수도 있다. 이미티사이드 치료를 하고 난 뒤에는 미세사상충 치료를 실시해야 한다.

약 10%의 개는 심각한 폐동맥 감염과 울혈성 심부전으로 인해 즉시 약물치료를 시작할 수 없다. 이런 개는 약물요법 전과 후에 최소 2~3주간 철저한 휴식과 운동을 제한하는 것이 도움이 된다. 심장사상충에 의한 혈전색전증으로 발생하는 호흡부전 예방을 위해 항응고제를 투약하기도 한다.

심장사상충에 감염된 노견은 성충을 죽이는 치료로 인해 생명을 잃을 위험이 크다. 어떤 개는 치료를 하지 않는 편이 더 나을 수도 있다. 운동을 제한하고 추가적인 폐의 손상을 예방하기 위해 저용량의 아스피린을 매일 투여하는 것도 대안으로 고려할 수 있다. 새로 감염되는 것을 예방하기 위해 매달 심장사상충 예방약을 투여해야 한다.

대정맥증후군이 발생한 개는 간부전이나 혈전색전증 발생 위험이 높아 약물치료가 어렵다. 이런 경우 외과적으로 성충을 제거할 수도 있다. 목에 있는 경정맥을 일부 절개한 후 기다란 집게가 달린 장치를 삽입해 상대정맥을 통해 우심방과 하대정맥으로 들어간다. 그리고 성충을 한 마리 한 마리씩 잡아 꺼내 제거한다. 이런 시술은 투시용 엑스레이장치(C-arm)와 특별한 기술이 필요하다. 개의 상태가 호전되면 약물요법으로 남아 있는 성충을 제거한다.

심장사상충 항원검사는 약물치료 후 3~5개월 뒤에 실시해야 한다. 모든 성충이 제거되었다면 검사결과는 음성일 것이다. 만약 양성이라면 재치료를 고려해야 한다.

다음 단계는 혈류 중의 미세사상충을 제거하는 것이다. 미세사상충 검사가 음성이었다면 이 과정은 생략해도 된다. 대부분의 수의사는 미세사상충 치료를 시작하기에 앞서 개가 성충 치료로 인해 약해진 몸을 회복할 수 있도록 4주 정도 기다린다. 현재 미세사상충 치료에 사용되는 약물은 이버멕틴, 셀라멕틴, 밀베마이신, 목시덱틴 네 가지다. 이버멕틴은 약물 감수성 문제만 제외하면(344쪽 참조) 가장 효과적이고 부작용 가능성도 낮다.

요즘은 많은 수의사가 미세사상충이 6~9개월에 걸쳐 서서히 죽는다는 사실을 알기 때문에 간단히 매달 한 번씩 예방약을 투여하는 방법으로 미세사상충을 치료한다. 이 기간 동안 개는 심장사상충 보균상태이므로 모기가 많이 활동하는 시기에는 실내에 머무르도록 하고 밖에 나갈 때는 벌레 기피제를 사용한다.

수의사가 가능한 한 빨리 미세사상충을 없애고 싶어한다면 하루 동안 입원해 치료한다. 이버멕틴을 경구 투여하고 10~12시간 동안 구토, 설사, 무기력증, 쇠약, 쇼크 등의 독성 증상이 발생하는지 관찰한다. 대부분의 약물반응은 경미하고, 정맥수액 처치와 스테로이드에 잘 반응한다. 콜리, 셰틀랜드 시프도그, 오스트레일리안 셰퍼드, 올드 잉글리시 시프도그, 목축견 품종과 그 혼혈종은 이 약물이 뇌로 이동하는 유전적 결함이 있어 쇼크가 발생하거나 생명을 잃을 수도 있다(344쪽, 이버멕틴 감수성 참조). 이개들에게 고용량의 이버멕틴 사용 시 주의해야 한다.

미세사상충 치료를 시작하고 며칠 만에도 그 숫자는 극적으로 감소한다. 3주 후면 약 90%에서 모든 미세사상충이 제거된다. 이때 다시 미세사상충 농축검사를 실시해야 한다. 만약 양성이라면 앞의 과정을 다시 반복한다. 음성이라면 심장사상충 예방을 시작한다.

두 번의 치료 후에도 여전히 미세사상충 농축검사 결과가 양성이라면 개의 몸 속에 아직 성충이 살아남아 있을 가능성이 아주 높다. 심장사상충 항원검사를 실시하고 그에 따라 치료한다.

심장사상충의 예방

앞의 내용에서와 같이 심장사상충 감염의 치료는 어렵고 위험하다. 그에 반해 사전에 미리 심장사상충을 예방하는 방법은 훨씬 더 쉽고 효과적이다. 이론상 심장사상충을 예방하는 가장 좋은 방법은 개가 모기에게 물리지 않게 하는 것이다. 불행히도 100% 완벽하게 모기를 차단할 수 있는 방법은 없다. 모기가 주로 출몰하는 늦은 오후나 저녁시간 동안 실내에 머무르는 것만으로도 예방에 상당한 도움이 된다.

해안가, 늪지, 기수 지역(해수와 담수가 만나는 곳)은 모기 번식에 이상적인 환경으로 심장사상충 감염이 더 많이 발생한다. 모기가 날아다니는 비행 영역은 정해져 있으므로 마당과 개집 주변에 모기 방지 스프레이를 뿌리거나 고여 있는 물을 청소하는 것도 부분적으로 효과적일 수 있다. 다만 모기로부터의 위협을 완전히 없앨 순 없다.

심장사상충이 유행하는 지역에 살거나 개와 여행하는 경우, 특히 심장사상충 예방을 잘 실시해야 한다. 수의사는 적절한 예방법에 대해 조언해 줄 것이다. 대부분의 개는 정기적으로 심장사상충 예방을 해야 한다.

심장사상충이 유행하는 지역이라면 생후 6~8주부터 혹은 기후 상태에 따라 신속히 예방을 시작해야 한다. 어떤 지역은 1년 내내 모기가 출몰하므로 1년 내내 심장사상충 예방이 필요하다. 1년 내내 모기가 있는 지역이 아니라면 모기가 날아다니기 한 달 전부터 예방을 시작해 첫서리가 내리고 한 달 후까지 지속한다(보통 5~6월부터

11~12월까지). 심장사상충 예방은 개의 전체 삶에 있어 중요하다. 인수공통 기생충을 예방하고 투약을 정확히 지키지 못하는 경우를 고려하여 1년 내내 예방약을 투여하는 보호자도 많다. 생후 7개월 이상의 개는 모두 심장사상충 예방에 앞서 심장사상충 항원검사를 실시해야 한다. 검사결과가 양성이라면 미세사상충 농축검사도 실시한다. 항원검사는 매년 실시할 것을 추천한다(심장사상충 예방을 꾸준히 하는 경우도 해당된다). 미세사상충이 있는 상태의 개에게 심장사상충 예방약을 투여하면 문제가 발생할 수 있다.

현재 심장사상충 예방을 위해 판매되는 약품은 몇 가지가 있다. 주성분에 따라 이버멕틴(하트가드), 밀베마이신 옥심(넥스가드, 인터셉터), 셀라멕틴(레볼루션), 목시덱틴(애드보킷) 등이 있다.

하트가드는 한 달에 한 번 투여하는 효과적인 예방약이다. L$_4$ 단계 유충에 작용한다. 두 달 이내에 감염된 개는 성충으로 진행되지 않는다. 매달 약을 투여하는 것을 잊었다면, 다시 투약을 시작하고 7개월 뒤에 항원검사를 실시한다. 하트가드는 씹어 먹는 간식 형태로 되어 있으며, 체중에 따라 그 크기가 다르다. 예방 용량은 일반적으로 콜리 등의 목축견 품종에 안전하지만, 많은 보호자는 보다 안전한 다른 성분의 약을 선호하기도 한다. 하트가드는 이버멕틴에 피란텔 파모에이트가 함께 들어 있어 심장사상충은 물론 회충과 구충도 예방할 수 있다.

밀베마이신 옥심 성분의 경구용 예방약은 L$_4$ 단계 유충에 작용한다. 하트가드처럼 체중에 따라 투여량이 다르다. 구충, 회충, 편충까지 구제할 수 있다. 콜리나 콜리 혈통의 개에게도 안전하게 사용할 수 있다.

레볼루션(셀라멕틴)은 한 달에 한 번 양측 어깨뼈(견갑골) 사이 피부에 발라 적용한다. 레볼루션의 장점은 한 달 동안 벼룩 성충과 벼룩 알을 구제할 수 있다는 점이다. 귀진드기와 옴을 유발하는 개선충도 치료한다.

이버멕틴 감수성

일부 품종은 이버멕틴과 유사계열 약물에 대한 잠재적 독성에 높은 감수성을 보인다. 이런 개들은 MDR-1 유전자 결함이 있다. 이 유전자는 다중약물 수송 유전자로 약물이 뇌혈관장벽을 가로질러 이동하는 데 영향을 미친다. 이 상염색체 열성 형질에 대한 동형접합(동일한 대립 인자를 가진 유전자들의 접합)인 개는 이버멕틴 등의 약물에 심각하고 치명적인 반응을 보인다. 이형접합인 개는 약물을 안전하게 투여받을 수 있으나 자손에게 이런 결함이 유전될 수 있다.

이런 결함에 대한 유전자검사도 가능하다. 면봉으로 볼 점막을 긁어 실험실에 보내

주사를 한 번 맞으면 1년 동안 심장사상충 예방이 지속되는 제품도 있는데(목시덱틴 성분), 이전에 6개월간 지속되던 제품이 리콜되었던 이력이 있다. 편의적인 이유가 아니라면 크게 추천하지 않는다.

기생충 구제 목적의 고용량 이버멕틴과 달리, 심장사상충 예방 목적의 이버멕틴 용량은 콜리 같은 품종에서도 안전한 것으로 보고되어 있다. 참고로 가장 대표적인 심장사상충 예방약인 하트가드의 포장지 모델견은 보더콜리다.

검사한다. 콜리, 보더콜리, 셰틀랜드 시프도그, 오스트레일리안 셰퍼드, 올드 잉글리시 시프도그, 롱헤어 휘핏 등은 검사를 추천한다. 콜리 등의 품종은 약 70%가 동형접합 자 소견을 보인다.

빈혈과 응고장애

빈혈은 순환계 내의 적혈구 부족으로 정의된다. 성견은 전체 혈액 중 적혈구의 부 피가 37% 미만인 경우 빈혈로 진단한다(정상범위는 39~60%). 적혈구는 골수에서 생 산되며 수명이 110~120일 정도다. 노쇠한 적혈구는 비장으로 이동해 제거된다. 적혈 구가 가지고 있던 철분은 새로운 적혈구를 만드는 데 재활용된다.

적혈구의 목적은 산소를 운반하는 것이다. 따라서 빈혈 증상은 장기와 근육의 산소 부족에 의해 유발된다. 식욕 결핍, 무기력증, 쇠약 등을 보인다. 구강 점막과 혀는 창 백한 분홍빛 또는 하얀색을 띤다. 심각한 빈혈이 있는 경우 맥박과 호흡이 빨라지고 조금만 힘을 써도 허탈상태에 빠진다. 심잡음이 들릴 수도 있다.

빈혈은 혈액손실, 용혈, 적혈구 생산 부족에 의해 발생한다.

혈액손실성 빈혈blood-loss anemia
성견에서 혈액손실이 발생하는 가장 흔한 원인은 외상, 위와 십이지장 궤양과 관련 된 만성 위장관출혈, 기생충, 소화관의 종양 등이다. 비뇨기계 문제로 인해 만성적인 혈액손실이 발생할 수도 있다(403쪽, 혈뇨 참조). 구충과 벼룩도 강아지에서 만성 빈혈 을 유발하는 흔한 원인이다.

치료 : 빈혈의 원인을 찾아 치료한다. 위장관출혈은 현미경으로 분변검사를 실시해 탐지할 수 있다. 소변검사를 통해 맨눈으로 발견하기 어려운 출혈을 찾아낼 수도 있 다. 미세출혈의 원인을 찾기 위해 다른 검사도 실시한다.

용혈성 빈혈hemolytic anemia
용혈이란 적혈구가 파괴되는 정상적인 과정이 가속화된 상태다. 적혈구는 담즙과 헤모글로빈을 만들기 위해 파괴된다. 용혈이 심해지면 적혈구 파괴로 인해 생산된 물 질이 체내에 축적된다. 때문에 급성 용혈 위기가 발생한 개는 황달과 헤모글로빈뇨 (헤모글로빈이 들어 있는 암갈색 소변)를 볼 수 있다. 이런 개는 창백하고 쇠약해 보이며, 맥박도 빠르다. 비장, 간, 림프절이 확장될 수 있다.

양파 중독도 용혈을 일
으키는 대표적인 원인
중 하나다.

용혈의 원인은 면역매개성 용혈성 빈혈, 선천성 용혈성 빈혈, 전염병(바베시아증과 렙
토스피라증), 아세트아미노펜 같은 약물에 의한 반응, 뱀독 중독 등이다. 많은 세균이 적
혈구를 파괴하는 독소를 생산하므로, 심각한 감염에 의해서도 용혈이 발생할 수 있다.

신생견 적혈구용혈증(483쪽)은 신생견에게 발생하는 용혈성 빈혈이다.

면역매개성 용혈성 빈혈IMHA, immune-mediated hemolysis anemia

성견에게 가장 흔한 용혈의 원인이다. 자가항체에 의해 적혈구가 파괴되는데, 적혈
구 표면의 항원을 공격하거나 적혈구 벽에 달라붙은 항원이나 유기체를 공격한다. 약
해진 적혈구는 비장에서 파괴된다.

푸들, 올드 잉글리시 시프도그, 아이리시 세터, 코커스패니얼에서 많이 발생하지만,
모든 품종에서 발생할 수 있다. 보통 2~8살에 많이 발생한다. 암컷이 수컷보다 4배 더
많이 발생한다.

대부분의 증례는 발병 원인을 알 수 없는 특발성으로 발생한다. 일부 증례에서는 최
근에 약물치료를 받은 병력이 있다. 전신 홍반 루푸스(낭창)와 함께 발생하기도 한다.

도말한 혈액을 현미경으로 검사하여 적혈구와 다른 혈액요소의 특별한 형태적인
변화를 확인해 진단한다. 혈청학적 검사도 이용한다.

치료 : 특발성 면역매개성 용혈성 빈혈의 치료는 스테로이드와 면역 억제제를 처방
하여 항원항체반응에 의한 추가적인 적혈구 파괴를 막는 것이다. 빈혈이 심각하면 수
혈을 실시한다. 비장적출술도 도움이 되는데, 용혈과 비장의 관련성이 입증된 경우에
만 해당한다.

치료 반응은 용혈의 정도, 근본적인 원인을 찾아 교정할 수 있는지에 따라 다르다.
예후는 좋지 않은 편이다. 적절한 치료를 실시하는 경우에도 치사율이 40%에 가깝다.

선천성 용혈성 빈혈congenital hemolytic anemia

적혈구 구조의 심각한 유전적 기형으로 인해 조기 파괴가 일어난다. 포스포프럭토
키나아제 결핍은 상염색체 열성 형질로 잉글리시 코커스패니얼과 잉글리시 스프링거
스패니얼에서 발생한다. 이 효소의 결핍이 적혈구의 pH를 변화시키고, 주기적으로
적혈구를 파괴하여 혈뇨가 나타난다. 효과적인 치료법은 없다.

피루브산 키나아제 결핍은 상염색체 열성 형질에 의한 또 다른 적혈구 효소 결핍이
다. 바센지, 비글, 웨스트 하이랜드테리어 등 몇몇 품종에서 발생하는 것으로 알려져
있다. 보통 생후 2~12개월에 용혈성 빈혈이 발생한다. 보통 3살 이전에 사망한다.

포스포프럭토키나아제와 피루브산 키나아제 결핍의 유전자검사는 유전자검사업체

를 통해 가능하다(국내에서도 유전자검사가 가능하다).

적혈구 생산 부족

골수의 대사활동이 억제되면 새로운 적혈구의 생산 속도가 사멸 속도를 따라가지 못하게 된다. 그 결과 적혈구 생산 부족에 따른 빈혈이 발생한다. 골수억압의 주요 원인은 만성질환인데, 특히 신장 질환과 간 질환이 관계가 깊다.

철, 미량 미네랄, 비타민, 지방산은 모두 적혈구 생산에 필요하다. 때문에 이런 영양소가 하나라도 부족하면 적혈구 생산이 멈추거나 느려질 수 있다. 그러나 일반적인 사료에는 필수 비타민과 미네랄이 충분히 들어 있어 개에서는 이런 원인은 흔치 않다.

다만 철분 결핍은 예외다. 음식으로 섭취하는 철분의 양보다 몸에서 잃어버리는 철분의 양이 더 많아지면 빈혈이 발생한다. 만성적인 위장관출혈이 있거나 흡혈기생충(벼룩, 진드기, 이 등)에 심하게 감염된 경우 이런 상태가 가장 많이 발생한다.

특정 약물에 의해서도 적혈구 생산이 억제될 수 있다. 에스트로겐은 골수억압을 일으키는 대표적인 약물이다. 치료 목적의 에스트로겐을 투여받은 경우는 물론, 고환종양이나 난소종양에서 생산되는 에스트로겐도 포함된다. 골수를 억압하는 다른 약물로는 화학요법제, 클로람페니콜, 부타졸리딘, 티아세타르사마이드, 퀴니딘, 트리메토프림-설파디아진 등이 있다.

원발성 종양 및 전이성 종양도 골수를 침범해 정상세포를 밀어내 적혈구 생산을 억제한다.

적혈구 생산 부족은 골수 생검을 통해 진단한다.

치료 : 골수를 억압하는 원인을 해소하는 치료가 필요하다. 신장 질환과 간 질환을 감별해야 한다. 분변검사 및 추가적 검사로 철분 결핍성 빈혈을 진단한다. 에스트로겐을 분비하는 난소와 고환의 종양이 있다면 치료해야 한다. 골수를 억압하는 약물에 의한 경우 약물을 중단하면 회복된다.

에리스로포이에틴은 적혈구 생산을 자극하는 물질이다. 정상적으로는 신장에서 생산되지만 간에서도 아주 소량 생산된다. 재조합 에리스로포이에틴은 골수를 자극하는 데 도움이 된다. 대부분 사람용 재조합 에리스로포이에틴을 사용하는데, 개들은 이에 대한 항체를 형성하기도 한다. 개 재조합 에리스로포이에틴도 곧 출시될 예정이다.

개 재조합 에리스로포이에틴이 출시되었으나 흔히 사용되진 않는다. 에리스로포이에틴에 내성이 생긴 경우에는 다베포에틴이 많이 쓰인다.

응고장애 clotting disorder

응고장애는 혈액응고를 위한 응고인자가 결핍되어 발생한다. 심각한 결함은 자연출혈과 관련이 있다. 혈뇨와 혈변도 자연출혈과 관련이 있을 수 있다.

폰 빌레브란트병vWD, Von Willebrand's disease

폰 빌레브란트병은 개에서 가장 흔한 유전성 응고장애다. 50여 품종에서 발생한다. 암컷과 수컷 모두에 이 유전적 형질이 나타나고 유전될 수 있다. 다양한 표현형에 의한 상염색체 우성 유전자에 의해 유전된다. 어떤 표현형을 가지고 있느냐에 따라 출혈의 심각한 정도가 달라진다.

폰 빌레브란트인자라는 혈장단백질이 결핍되어 출혈이 발생하는데, 이 물질은 초기 지혈 단계에서의 정상적인 혈소판 기능에 중요하다.

폰 빌레브란트병에 의한 출혈은 대부분 경미하거나 잘 드러나지 않으며, 나이를 먹음에 따라 약해진다. 지속되는 코피, 피하출혈과 근육 내 출혈, 혈변과 혈뇨 등 심각한 문제를 일으킬 수 있다. 발치 후 잇몸의 출혈, 발톱제거나 단미술 뒤 상처에서 스며 나오는 출혈 등의 병력이 있는 경우가 많다.

가벼운 증상이 나타나는 품종은 도베르만핀셔, 골든리트리버, 스탠더드 푸들, 펨브룩 웰시코기, 맨체스터테리어, 미니어처 슈나우저, 아키다 등이다. 보다 심각한 증상을 보이는 품종은 스코티시테리어, 셰틀랜드 시프도그, 저먼 쇼트헤어포인터, 체서피크베이 리트리버 등이다.

폰 빌레브란트병이 있는 개에서는 갑상선기능저하증이 흔한데 출혈 문제와도 관련이 있는 것으로 보인다.

지혈 시간을 포함해 특별한 혈액검사를 통해 진단한다. 작은 상처를 내어 스스로 지혈되는 시간을 측정한다. 발톱을 짧게 잘랐을 때는 2~6분 이내가 정상이고, 잇몸의 상처는 2~4분 이내가 정상이다. 폰 빌레브란트병 항원의 양을 측정하는 정량적인 검사 방법도 있다. 정상범위 이하의 수치를 보인다면 이런 형질을 가지고 있거나 발현할 위험이 높다.

혈우병hemophilia

성별과 관련이 있는 열성 형질로 유전자 결함이 있는 모체의 X 염색체를 유전받은 수컷에서만 발생한다. 암컷은 항상 두 개의 X 염색체를 유전받는데, 그중 적어도 하나는 보통 정상적 우성 유전자다. 때문에 암컷은 이런 형질을 가지고 있지만 질병이 발현되진 않는다. 예외적으로 두 개의 열성 유전자를 받는 경우가 있다. 하나는 혈우병에 걸린 부견으로부터 하나는 혈우병에 걸리거나 보인자인 모견으로부터 받는 경우인데, 극히 드물다.

혈우병 A(가장 흔한 유형)는 응고인자 VIII이 부족하고, 혈우병 B는 IX가 부족하다. 모든 품종에서 발생할 수 있으며, 저먼셰퍼드, 에어데일테리어, 비숑 프리제가 많이 걸린다.

다른 응고결함은 VII, X, XI, 프로트롬빈과 관련이 있다. 이런 결함은 단일인자 상염색체 형질에 의해 유전되며 암컷과 수컷 상관없이 영향을 받는다. 혈우병만큼 흔하진 않다. 복서, 코커스패니얼, 잉글리시 스프링거 스패니얼, 비글, 케리블루 테리어에서 많이 발생한다.

응고인자 결핍의 진단은 다양한 응고검사에 더해 특정 인자가 결핍되었는지를 알기 위한 분석을 통해 이루어진다. VII과 XI의 결핍은 유전자검사로 검사할 수 있다.

파종성 혈관내응고DIC, disseminated intravascular coagulation

쇼크와 감염, 특정 종양(특히 혈관육종, 골육종, 전립선암, 유선종양), 심각한 외상, 화상 등에 의해 발생하는 후천성 출혈장애다. 파종성 혈관내응고(DIC)는 말초순환 전체의 혈관 내 응고가 특징인데, 모든 응고인자들이 소진되어 버리면 자연출혈이 발생한다. 코, 입, 소화기관, 체강에서 출혈이 발생한다. DIC가 발생한 개는 심하게 아프거나 목숨을 잃는다.

또 다른 후천성 응고장애는 비타민 K 결핍이다. 살서제 중독(43쪽)에서 다루고 있다.

응고장애의 치료

자연출혈을 성공적으로 치료하려면 신속한 진단이 중요하다. 심각한 혈액 손실이 발생했다면 적혈구와 혈소판, 활성 응고인자가 들어 있는 신선한 전혈을 수혈해야 한다. 수혈이 필요한 정도가 아니라면 신선냉동혈장*이나 결핍된 응고인자가 들어 있는 농축액을 투여한다. 동물혈액은행에서 혈액과 응고인자를 취급하고 있다.

갑상선기능저하를 동반한 폰 빌레브란트병(vWD)은 갑상선 호르몬 대체치료를 통해 추가적인 출혈을 예방할 수 있다.

DIC 치료를 위한 중요한 또 하나의 과정은 혈관 내 응고의 근본 원인을 관리하는 것이다. 모순적이지만 응고가 일어나는 것을 막기 위해 헤파린 투여가 필요할 수 있다.

유전성 응고장애가 있는 개는(보인자도 포함) 번식시켜서는 안 된다.

* **신선냉동혈장** 전혈을 채혈한 후 혈장을 분리하고 급속히 냉동시킨 것으로, 모든 혈액응고인자를 온전히 가지고 있는 혈장.

12장
신경계

뇌는 대뇌, 소뇌, 중뇌, 뇌줄기(뇌간)로 구성된다. 뇌의 가장 커다란 부위인 대뇌는 학습, 기억, 감각 인지, 행동, 자발운동 등의 중추다. 대뇌에 문제가 생기면 침울, 성격과 행동의 변화, 발작 등이 특징적으로 나타난다.

소뇌는 두 개의 엽으로 되어 있다. 주요 기능은 운동 경로를 통합하고, 움직임을 조정하고, 균형을 유지하는 것이다. 소뇌에 질병이 생기면 신체운동을 잘 조절하지 못하고, 불안정한 보행을 하며, 근육떨림이 관찰된다.

중뇌와 뇌줄기는 호흡, 심박, 혈압, 그 외 생명활동에 필수적인 활동을 조절하는 중

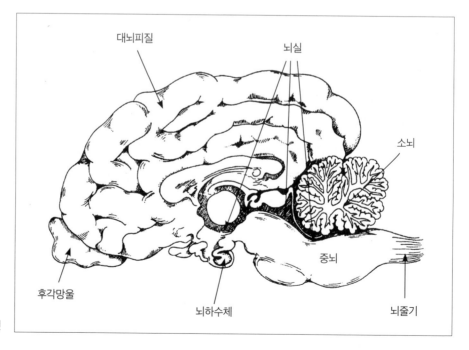

뇌의 단면

추다. 뇌의 기저부에서 중뇌와 뇌줄기 가까이로 시상하부와 뇌하수체가 연결되어 있다. 이들은 체온과 호르몬 분비 조절에 중요하다. 배고픔, 갈증, 분노, 공포와 같은 원초적인 반응의 중추이기도 하다.

척수는 척추골(척추뼈)에 있는 척주관을 지나간다. 척수에서 퍼져 나간 신경뿌리는 서로 결합하여 말초신경을 형성한다. 척수의 질환은 다양한 정도의 쇠약이나 마비를 유발한다.

마미(cauda equina)는 척수의 끝부분으로, 마미에 문제가 생기면 꼬리마비, 방광과 장의 조절장애, 항문괄약근마비 등을 유발한다(마미증후군, 말총증후군).

총 12쌍의 뇌신경은 중뇌와 뇌줄기로부터 곧장 두개골의 구멍을 통해 빠져나와 머리와 목에 분포한다. 눈으로 가는 시신경, 귀로 가는 청신경, 비강으로 가는 후각신경 등이 있다.

신경학적 평가

건강 상태에 관한 철저한 병력 청취는 설명 불가능한 신경학적 징후를 진단하는 데 아주 중요하다. 수의사는 개가 사고 난 적이 없었는지 알고 싶어할 것이다. 머리에 충격을 입지는 않았는지, 약물을 복용하고 있지는 않았는지, 유사한 증상이 나타나는 다른 개와 접촉한 일은 없었는지, 독성물질에 노출되진 않았는지, 증상을 언제 처음 관찰했는지, 증상이 갑자기 시작되었는지 아니면 서서히 진행되었는지 계속 더 진행되는 양상인지, 그렇다면 진행 속도는 더딘지, 빠른지 여부를 물을 것이다. 일부 신경학적 질환은 유전적인 성향이 있으며, 특정 품종이나 나이에서 나타나는 경우도 있기 때문에 나이, 성별, 품종도 중요하다. 신경학적 문제가 있는 개는 특별한 표준 신체검사 방법으로 검사한다. 수의사는 개의 균형감각, 운동 조절 능력, 감각 인지 등을 검사할 것이다.

신경학적인 기능을 평가하는 방법에는 두개골과 척추의 엑스레이검사, 뇌파검사(EEG, electroencephalography), 근육 및 신경의 전도검사 등이 포함된다. 척수천자는 바늘을 척수강으로 삽입해 검사를 위한 뇌척수액(CSF)을 채취하는 방법이다. 척수조영술은 척수천자를 통해 척수강 내로 조영제를 주입하는 방법으로 엑스레이검사를 통해 척수의 압박 여부를 확인할 수 있다. 컴퓨터단층촬영(CT)과 자기공명영상검사(MRI)는 뇌, 척주관, 체강의 구조를 컴퓨터로 영상화하여 보여 준다.

머리의 손상

개는 교통사고, 낙상, 외상, 총상 등 여러 원인에 의해 머리를 다칠 수 있다. 뇌는 뼈 안에 들어 있고 주변이 액체층으로 둘러싸여 있으나, 큰 충격을 받으면 두개골이 골 절되고 뇌가 손상을 입을 수 있다.

두개골절 skull fracture

두개골절은 선상, 방추선상으로, 또는 뼈가 밖으로 튀어나오거나 움푹 파이는 형태 로 발생한다. 두개골절은 종종 중이, 비강, 부비동으로 이어져 세균이 접촉하는 통로로 작용해 뇌의 감염을 유발하기도 한다. 일반적으로 골절이 크면 클수록 뇌의 손상 가능 성도 커진다. 하지만 두개골절이 없는 경우에도 뇌는 손상받을 수 있다.

숫구멍(천문) 잔존

두개골은 3개의 뼈판(골판)으로 형성되는데, 이 판들은 머리 꼭대기 부위의 숫구멍 이라고 하는 곳에서 서로 만난다. 이 구멍은 보통 강아지가 생후 4주 정도가 되면 뼈 판들이 융합되어 막히는데, 가끔 닫히지 않고 열려 있는 상태로 남는 경우가 있다. 구 멍의 크기는 큰 것부터 작은 것까지 다양하다.

대부분 1살 정도가 되면 구멍이 닫히지만 평생 남아 있는 경우도 있다. 이런 부위는 외상에 취약할 수 있으나 보통은 문제가 되지 않는다. 하지만 일부 개에게는 이런 문 제가 수두증과 관련이 있는 경우도 있다(362쪽 참조).

선천적인 숫구멍 잔존은 주로 치와와에서 관찰되는데, 모든 초소형 품종에서 발생 할 수 있다. 유전적 소인이 있을 수 있으므로 이런 개는 번식시켜서는 안 된다.

뇌손상

두개골이 골절될 정도의 심각한 손상은 종종 뇌 안쪽 및 주변에서 출혈을 일으킨 다. 뇌손상은 손상 정도에 따라 다음과 같은 단계로 분류된다.

타박상(멍)

가벼운 손상으로 의식을 잃지는 않는다. 머리에 충격을 받은 개는 멍한 상태로 휘 청거리거나 방향을 잡지 못한다. 이런 상태는 서서히 사라진다.

뇌진탕concussion

사전적으로 뇌진탕은 의식을 잃고 쓰러진 상태다. 가벼운 뇌진탕은 명료했던 의식이 흐릿해지는 정도에 그치지만, 심한 뇌진탕의 경우 몇 시간에서 며칠 동안 의식을 잃을 수 있다. 의식을 되찾으면 타박상과 같은 상태를 보인다.

심각한 뇌진탕이 발생하면 수백만 개의 신경세포가 사멸한다. 최근 연구에 따르면 이런 뇌세포의 사멸은 손상 후 몇 시간 내로 멈추지 않고 길게는 몇 주에서 몇 개월 동안 지속될 수 있다.

발작

뇌의 손상 시점 또는 손상 이후 발작이 나타날 수 있다. 손상 시점의 발작은 두개골 내의 압력을 상승시키고 혈액순환을 악화시켜 특히 더 위험하다. 손상 정도를 더욱 악화시킨다. 손상으로부터 몇 주 후에 나타나는 발작은 뇌 조직이 죽은 부위에 형성된 반흔(흉터)에 의해 발생한다.

뇌부종과 뇌출혈

심각한 뇌손상을 받으면 뇌가 부어오르거나 뇌 안쪽과 주변에 출혈이 발생한다. 뇌부종이 발생하면 의식상태가 떨어지며 종종 혼수상태에 빠지기도 한다. 뇌는 딱딱한 두개골에 둘러싸여 있기 때문에 뇌가 부어오르면 서서히 소뇌를 두개골 기저부의 큰 구멍 쪽으로 밀어낸다. 이로 인해 중뇌에 있는 생명 중추가 찌그러지며 압박을 받는다. 심정지나 호흡정지가 발생해 사망할 수 있다.

혈전은 두개골과 뇌 사이 또는 뇌 자체에서 발생한다. 혈전은 국소적인 압박성 증상을 유발하는데 적어도 초기에는 생명 중추를 압박하지는 않는다. 뇌부종처럼 처음에는 의식상태가 떨어진다. 한쪽 동공이 커진 상태로 눈에 빛을 비추어도 동공이 수축하지 않는다. 또 다른 증상으로는 몸 한쪽 방향의 다리가 마비되거나 쇠약해질 수 있다.

뇌손상의 치료

뇌손상의 치료에 앞서 쇼크 치료를 한다(28쪽, 쇼크 참조). 의식이 없다면 목이 일직선이 되도록 고개를 쭉 편 상태에서 혀를 송곳니 앞쪽으로 가능한 한 잡아당겨 기도를 확보한다.

죽음의 징후는 맥박과 호흡이 없고, 동공이 확장되고 눈이 물렁해지는 것이다. 일반적으로 사고 순간에 개의 상태가 소생 가능한지 판단하는 것은 불가능하다. 따라서 개가 숨이 끊어졌다고 생각된다면 즉시 심폐소생술을 실시한다(26쪽, 심폐소생술 참조).

머리를 다친 상황에서는 개를 가까운 동물병원으로 데려가기 전에 다음 사항을 기억한다.

- 개를 아주 주의 깊고 조심스럽게 다룬다. 통증과 두려움은 쇼크 상태를 더 악화시킨다. 따뜻한 담요로 개를 감싼다.
- **상처**(59쪽)에서 설명한 바와 같이 출혈을 관리한다.
- **척수손상**(370쪽)에서 설명한 바와 같이 편평한 들것에 눕힌다.
- 가능하다면 모든 골절 부위를 고정시킨다(32쪽, 골절 참조).
- 기본적인 신경학적 검사 내용을 기록한다(의식 수준, 다리의 움직임, 동공 크기 등).
- 머리를 엉덩이보다 위쪽으로 향하게 하여 이송한다. 두개골 내 압력을 떨어뜨리는 데 도움이 된다.

뇌부종의 증상은 손상 후 24시간 이내에 언제든 나타날 수 있다. 가장 중요한 것은 개의 의식상태를 관찰하는 것이다. 명료 단계의 개는 쉽게 각성한다(뇌부종이 없음). 반혼수 단계의 개는 자려고 하나 외부 자극에 반응을 보인다(경미하거나 중간 정도의 뇌부종). 혼수 단계의 개는 자극에 아무런 반응을 보이지 않는다(심각한 뇌부종).

뇌부종은 스테로이드 정맥 투여, 산소 공급, 이뇨제(만니톨과 푸로세마이드)로 치료한다. 발작 증상은 디아제팜 같은 항경련제를 정맥 또는 경구로 투여해 조절한다.

개방성 두개골절은 수술을 통해 뼛조각을 제거하고 세정해야 한다. 뇌의 압력을 완화시키기 위해 움푹 들어간 뼈를 들어 올려야 할 수도 있다. 개방성 골절은 보통 감염을 방지하기 위해 항생제를 처방한다.

의식이 완전히 돌아오고, 발작이 없으며, 신경학적 증상이 없는 개는 퇴원이 가능하다. 집에 오고 처음 24시간 동안은 2시간마다 개를 깨워 반응 수준을 검사한다. 어떤 변화라도 관찰되는 즉시 동물병원으로 돌아가 수의사의 진료를 받아야 한다. 개의 동공을 검사하는 것도 잊지 않는다. 양쪽 눈의 동공은 같은 크기여야 한다. 빛을 비추어 봤을 때 커진 동공이 작게 오그라들지 않는다는 것은 뇌의 압력이 높아졌음을 의미한다. 개의 호흡이 빨라지거나 불규칙한 경우, 근육쇠약 증상이 나타나는 경우, 발작을 하는 경우에도 수의사에게 알려야 한다.

회복과 관련된 예후는 뇌의 손상 정도에 따라 달라진다. 48시간 이상 혼수상태에 빠져 있는 경우 예후는 좋지 않다. 그러나 첫 일주일 동안에 걸쳐 서서히 호전되는 경우라면 예후는 좋다.

회복한 개도 발작, 행동변화, 사경(머리를 기울임), 실명과 같은 외상후증후군이 나타날 수 있다.

뇌질환

뇌염encephalitis

뇌염은 뇌의 염증을 말한다. 증상으로는 고열, 침울, 행동이나 성격적인 변화(특히 공격적으로), 불안정한 걸음걸이, 발작, 의식혼미, 혼수상태 등이 있다.

디스템퍼는 뇌염의 가장 흔한 원인으로, 발병 2~3주 후에 증상이 나타난다. 뇌염을 일으키는 바이러스성 원인으로는 광견병, 가성 광견병, 허피스바이러스 등이 있다. 광견병은 아주 심각한 질환이지만, 요즘에는 백신접종률이 높아져 반려동물이나 축산동물에서는 발생이 아주 드물다. 허피스바이러스는 생후 2주 이전의 강아지에서 뇌염을 유발한다.

세균성 뇌염은 세균성 심내막염같이 순환기계를 통해 감염되거나 감염된 부비동, 비도, 머리와 목의 농양 등으로부터 직접 전파된다. 고슴도치 가시나 잔디 씨앗 같은 이물이 직접 중추신경계로 침입하기도 한다. 곰팡이성 뇌 감염(크립토코쿠스, 분아균, 히스토플라스마 등)은 원충성 뇌감염만큼이나 드물다. 진드기에 의해 발생하는 록키산홍반열이나 에를리히증 같은 리케차성 질환은 흔치 않지만, 척수에도 문제를 유발할 수 있다.

백신접종으로 인한 뇌염은 요즘 사용하는 백신에서는 드물다. 생후 6~8주 미만의 강아지에게 변형 생독백신 디스템퍼 백신과 변형 생독 파보바이러스 백신을 동시에 접종했을 때 가장 많이 발생하는데, 최근에는 잘 사용하지 않는다.

납중독성 뇌염은 페인트나 벽(특히 오래된 건물)같이 납이 함유된 물질을 물어뜯는 개들에서 주로 발생한다. 납은 뇌의 대사작용을 변화시켜 염증과 부종을 유발한다. 중추신경계 증상이 나타나기 전에 종종 구토, 설사, 변비 같은 증상이 먼저 나타날 수 있다. 혈중 납 농도가 상승한 것으로 확진한다.

뇌수막염은 뇌와 척수의 표면에 발생하는 염증이다. 머리나 목 주변을 물려 생긴 상처에 의해 발생하거나 부비동, 비도, 중이로부터의 감염이 뇌로 전파되어 발생한다. 무균성 뇌수막염은 원인불명의 비세균성 질환이다. 생후 4~24개월의 대형 견종에서 많이 발생한다.

뇌염이나 뇌수막염은 척수천자로 채취한 뇌척수액 검사를 기반으로 진단한다. 혈청학적 검사로 염증의 원인을 특정할 수 있다.

치료 : 뇌의 염증과 부종을 완화시키기 위해 스테로이드가 사용된다. 발작은 항경련제로 관리한다. 세균성 감염의 치료를 위해 항생제가 처방된다. 리케차는 테트라사이클린과 독시사이클린에 감수성이 높다. 뇌염에서 회복한 개는 발작이나 다른 신경

학적 증상이 나타날 수 있다. 광견병에 걸린 개는 거의 모두 사망한다.

육아종성 수막뇌염GME, granulomatous meningoencephalitis

개에서 흔히 발생하는 뇌의 염증성 질환으로 줄여서 GME라고도 하는데 원인은 알려져 있지 않다. 암컷 소형 품종(특히 테리어, 닥스훈트, 푸들, 푸들 혼혈)에서 많이 발생한다. 모든 나이에서 GME가 발생할 수 있으나 2~6살에서 가장 많이 발생한다.

퍼그 뇌염이라고 하는 만성형의 GME는 생후 9개월에서 4살 사이의 퍼그에게 발생하는 유전질환이다. 흔히 발작, 혼돈,[*] 기억상실 등의 증상으로 시작된다. 요크셔테리어와 말티즈에서 발생하기도 한다.

GME는 뇌의 모든 영역에 영향을 미치기도 하며(파종형), 특정 영역에만 영향을 미치기도 한다(국소형). 시신경에 영향을 미치는 안구형은 드문 편이다.

파종형은 갑자기 발생해 몇 주 만에 진행된다. 조화운동불능, 비틀거림, 넘어짐, 선회증상(서클링), 사경, 발작, 인지장애 등의 증상이 특징이다.

국소형은 뇌종양과 유사한 증상으로 시작된다. 행동이나 성격의 변화가 두드러진다. 국소형은 3~6개월에 걸쳐 파종형으로 진행된다.

안구형은 동공이 확장되며 갑자기 시력을 상실하는 것이 특징이다. 국소형에 비해 더 서서히 파종형으로 진행된다.

푸들 등의 소형 품종에서 몇 주 만에 급속하게 원인을 설명할 수 없는 혼돈, 방향감각 상실, 발작, 그 외 신경학적 증상이 발생한다면 GME를 의심해 볼 수 있다. 뇌척수액(CSF)검사가 확진에 도움이 된다. CT 검사나 MRI 검사로 위치나 형태를 확인할 수 있다.

치료 : 스테로이드와 면역 억제제 치료는 진행을 늦추고 몇 개월간 일시적으로 증상을 완화시킨다. 그러나 GME는 거의 회복이 어렵고 점점 진행되는 치명적인 질환이다.

최근에는 조기 진단되는 경우 미코페놀레이트 등의 다양한 면역억제 약물을 병용 사용하여 GME 환자들이 수 년 이상 생존하는 증례가 많이 보고되고 있다.

뇌종양과 뇌농양

뇌종양은 흔치 않은데, 중년과 노견의 개에서 잘 발생한다. 복서, 불도그, 보스턴테리어처럼 코가 짧고 머리가 큰 돔 형태인 품종에서 많이 발생한다. 유선종양, 전립선종양, 폐종양, 혈관육종 등은 뇌로 전이될 수 있다.

종양의 위치와 생장 속도에 따라 증상이 달라진다. 대뇌의 종양은 발작, 행동변화 등을 유발한다. 비틀거리는 걸음걸이, 사경, 안구진탕(안구가 규칙적으로 움직이는 증상), 사지의 힘빠짐이나 마비 증상을 보이기도 한다. 이런 증상은 진행성으로 점점 더 악화된다. 말기가 되면 의식혼미나 혼수상태를 보인다.

뇌농양은 뇌 안이나 주변에 고름이 차는 것이다. 증상은 뇌종양과 유사하다. 열이 날 수도 있다. 구강, 내이, 호흡기의 감염이 먼저 발생하는 경우도 많다.

치료 : 뇌종양과 뇌농양은 신경학적 검사, 뇌파검사, 뇌척수액검사, CT 검사 및 MRI 검사 등으로 진단한다. 일부 증례에서는 양성 뇌종양을 수술로 제거할 수 있다. 화학요법과 방사선요법은 대부분의 뇌종양에서 큰 효과가 입증되지 않았다. 스테로이드와 항경련제 투여로 일시적인 증상 개선을 기대할 수 있다.

농양은 고용량의 항생제로 치료한다. 스테로이드는 보통 사용 금기다. 예후가 좋지 않을 수도 있다.

뇌졸중stroke

뇌졸중은 개에게는 흔치 않다. 뇌졸중은 뇌 안의 출혈, 색전에 의한 동맥폐색, 뇌동맥의 혈전 등에 의해 발생한다. 색전은 다른 부위에서 생성된 부유물로 혈관을 따라 돌아다니다 작은 혈관을 틀어막거나 동맥이 분포하는 부위의 혈류를 방해한다. 이로 인해 영향을 받은 부위의 조직이 죽는 경색상태가 된다. 개에서 발생하는 뇌졸중은 대부분 색전에 의해 발생한다.

뇌 내부의 출혈은 뇌혈관이 파열되거나 뇌종양에 의해 발생한다. 응고장애로 인한 자연출혈에 의해 발생하기도 있다. 파종성 혈관내응고(DIC)도 출혈과 경색을 모두 유발할 수 있다. 어떤 출혈성 뇌졸중은 특별한 이유 없이 발생하기도 한다.

록키산 홍반열, 갑상선기능저하증과 관련된 동맥경화증, 또는 특별한 원인이 없이 뇌경색이 발생할 수도 있다.

뇌졸중은 갑자기 발생한다. 출혈이나 경색이 발생한 부위에 따라 증상이 다르다. 행동변화, 방향감각 상실, 발작, 몸의 한쪽이 힘이 빠지거나 마비되는 증상, 의식혼미, 혼수상태 등의 증상이 나타난다. 심한 뇌졸중은 부정맥과 허탈 증상을 동반한다. 진단방법은 뇌종양에서와 비슷하다.

치료 : 뇌의 부종을 막기 위해 스테로이드를 처방하고, 발작 조절을 위해 항경련제를 처방한다. 발병 후 며칠간 생존한 개들은 예후가 좋다. 장기적인 예후는 기저질환의 관리나 치료 여부에 따라 다르다.

유전성 질환

유전성 신경계 질환은 흔치 않다. 대부분 가족력이 있다. 이런 개들은 번식시켜서 는 안 된다.

유전성 근육병(근육위축증)hereditary myopathies(muscular dystrophy)

근육위축증은 유전질환의 하나로 골격근(뼈에 붙어 있는 근육)이 점진적으로 퇴화된 다. 신경과 근육은 밀접한 관련성을 갖고 있어 신경이 손상되면 근육의 손상도 발생 한다. 근육의 힘이 빠지는 것이 두드러진 증상이다. 혈청 CPK(크레아틴인산효소) 농도 가 상승했다면 진단해 볼 수 있다.

정확한 진단을 하려면 근육 생검이 필요하다.

래브라도 리트리버의 유전성 근육병

이 병은 상염색체 열성 형질에 의해 유전된다. 생후 6주에서 생후 7개월 사이에 근 육위축이 시작된다. 잘 움직이지 않으려는 증상이 눈에 띄게 심해진다. 강아지는 고개 를 들기 힘들어하고, 토끼처럼 뛰며, 잠깐만 힘을 써도 허탈상태에 빠진다. 씹거나 삼 키는 근육에 영향을 줄 수도 있는데, 이런 경우 침을 흘리거나 거대식도증이 발생한 다. 추위에 노출되면 증상이 더 심해진다.

치료 : 일부 강아지에게는 하루 두 번 디아제팜을 투여하면 도움이 된다. 스트레스 와 추위를 피하는 것이 중요하다. 추위에 노출되었다면 즉시 몸을 따뜻하게 해 준다. 생후 6~12개월이 되면 흔히 상태가 안정되거나 호전된다. 많은 개가 정상적인 삶을 산다. 그러나 유연증(침흘림)이나 거대식도증이 발생하면 예후는 좋지 않을 수 있다.

번식을 하는 개는 이런 결함이 있는지 확인하기 위해 유전자검사를 실시해야 한다.

성 연관 근육위축증

이 병은 골든리트리버, 아이리시테리어, 사모예드, 로트 와일러, 벨지안 터뷰렌, 미 니어처 슈나우저 등이 많이 걸린다. 어미의 X 염색체로부터 전달된다. 병에 걸린 강아 지는 출생 시부터 허약하고 종종 생명을 잃는다. 살아남는 경우 부자연스런 걸음걸이, 침흘림, 근육감소, 성장장애 등이 관찰된다. 생후 6개월이 되면 일시적으로 상태가 안 정되지만, 나중에 다시 악화된다.

치료 : 효과적인 치료법은 없으며, 장기적인 예후는 좋지 않다. 중년까지 살아남는 경우에도, 많은 개가 심근병으로 생명을 잃는다.

부비에 드 플랑드르의 근육병

이 병은 오직 연하근(삼키는 근육)에만 문제를 일으키는데, 역류나 거대식도증을 유발한다. 2살쯤에 증상이 나타난다. 거대식도증이 심한 경우는 예후가 좋지 않을 수 있다.

치료 : 유일한 치료법은 거대식도증 증상을 치료하는 것이다(256쪽).

로트 와일러의 말단 근육병

이 병은 다리나 발에 발생하는데, 발가락이 벌어진 상태로 발목에 힘이 없이 비정상인 모습으로 서 있는 증상을 보인다.

치료 : 치료 방법은 없다.

근육긴장증myotonia

차우차우, 스탠퍼드셔테리어, 로디지안 리지백, 카발리에 킹찰스 스패니얼, 그레이트데인, 골든리트리버, 아이리시 세터 등에서 발생한다. 강아지가 걷기 시작할 무렵부터 증상이 시작된다. 일어나거나 걸을 때 다리가 뻣뻣해 보인다. 더 진행되면 개가 운동할 때도 뻣뻣한 모습으로 걷는다.

치료 : 정식으로 승인을 받지는 않았으나 일부 개에게는 프로카인아미드가 도움이 된다.

퇴행성 척수병증degenerative myelopathy

유전적으로 나타나는 퇴행성 척수 질환이 있다. 주로 중년의 저먼셰퍼드에서 발생하는데 다른 품종에서도 발생할 수 있다. 저먼셰퍼드 혈통에서 후지 유약 증상을 일으키는 가장 흔한 원인이다. 시베리안 허스키, 올드 잉글리시 시프도그, 로디지안 리지백, 와이마라너 등의 대형견종에서도 발생한다. 더 작은 품종인 노년의 펨부룩 웰시코기에서도 발생한다.

후지마비로 인한 유약 증상이 서서히 진행되거나 고관절이형성증으로 인한 불안정한 보행이 함께 발생하기도 한다. 바닥을 쓸고 다니며 뒷발의 발톱이 비정상인 형태로 닳는다. 자가면역에 의해 발생하는 질환으로 사람의 다발성 경화증과 유사하다.

치료 : 그 효능이 입증되진 않았지만 스테로이드와 비타민 보조제를 사용한다. 또한 아미노카프론산과 n-아세틸시스테인 투여가 약 50%의 개에서는 증상을 호전시켰다는 보고가 있다. 두부, 비타민 C, 비타민 E, 코엔자임Q10, 녹차(항산화효과) 등의 식이 보조제도 도움이 된다. 개의 운동 능력에 따라 만들어진 규칙적인 운동 프로그램

도 도움이 된다.

유전성 신경병증inherited neuropathy

감각신경과 운동신경을 퇴화시키는 희귀 질환이 많다. 감각과 운동 기능을 상실하면 넘어졌을 때 다리의 자세를 감지하고 정상적인 자세로 고쳐잡는 것이 불가능하다. 통증 자극을 주었을 때 다리를 잡아당기는 행동도 취하지 못한다.

감각 및 운동 신경 검사를 실시해 진단한다. 치료법은 없지만 서서히 진행되므로 일부 개는 수년간 잘 살기도 한다. 이런 신경병증은 대부분 상염색체 열성 형질에 의해 유전된다. 가장 흔한 몇 가지 형태는 다음과 같다.

저먼셰퍼드와 잉글리시 포인터의 신경병증은 생후 3~4개월 때 처음 나타난다. 감각성 신경병증으로 인해 강아지는 발이 붓고, 빨개지고, 궤양이 생기고, 심하게 훼손시킬 정도로 발을 핥고 깨문다. 감각상실은 다리와 몸통까지 확대된다. 상염색체 열성 유전이다.

닥스훈트의 감각성 신경병증은 생후 2~3개월의 장모 닥스훈트에서 발생한다. 부자연스러운 걸음걸이, 요실금, 전신의 감각저하 등이 특징적이다. 수컷은 생식기를 물어뜯어 훼손시키는 것이 첫 번째 증상이다.

공세포백색질장애는 효소 결핍으로 신경세포가 퇴행되는 질환이다. 웨스터하이랜드 화이트테리어, 케언 테리어, 비글, 포메라니안, 푸들 등에서 발생한다. 불안정한 걸음, 머리 떨림, 안구진탕, 실명 등의 증상을 보인다.

스코티 경련은 스코티시테리어에서 발생하는 상염색체 열성 유전질환으로, 흥분하거나 스트레스를 받거나 격렬한 운동을 할 때 잘 발생한다. 뻣뻣하고 과장된 걸음걸이가 특징이다. 디아제팜이 도움이 되며, 대부분은 편안한 삶을 살 수 있다.

티베탄 마스티프의 비대성 신경병증은 생후 7~12주에 시작되는데 후지 유약 증상으로 시작되어 점차 전신쇠약으로 진행되어 나중에는 일어서지도 못하게 된다. 일부 개는 어느 정도 근력을 유지하기도 한다. 상염색체 열성 유전질환이다.

알래스칸 맬러뮤트의 다발성 신경병증은 생후 12~18개월에 나타난다. 처음에는 운동불내성을 보이다가 점차 마비가 진행된다. 일부 개는 상태가 안정되기도 하지만 대부분 점점 악화된다. 효과적인 치료법은 없다.

수초형성부전증은 출생 시 신경섬유를 둘러싸고 있는 수초의 형성이 완전히 발달하지 못하는 질환이다. 이로 인해 신경자극이 아주 느리게 전달된다. 차우차우, 와이마라너, 사모예드, 버니즈 마운틴도그에서 발생한다. 강아지떨림증후군이라고 부르는 유형도 있는데, 오직 수컷에서만 발생하는 성 연관 열성 형질에 의해 발생한다.

수초형성부전증의 특징적인 증상은 신생견에서의 다리, 몸통, 머리, 눈의 근육떨림 증상이다. 활동할 때 더 심해지고 잠들면 사라진다. 증상이 심각한 강아지는 몸을 제대로 움직이지 못하고 서지도 못한다. 치료법은 없다. 차우차우와 와이마라너는 증상이 서서히 호전되어 1살 정도가 되면 사라지기도 한다.

화이트도그떨림증후군

이 증후군은 주로 흰색 털을 가진 성견에서 발생하는데, 가끔 다른 색 털의 개에서도 발생한다. 이 병은 웨스터하이랜드 화이트테리어, 말티즈, 비숑 프리제, 미니어처 푸들 등 소형 품종에서 많이 발생한다.

갑작스런 떨림 증상이 특징이다. 간혹 격렬하고 불규칙적인 안구의 움직임을 동반하기도 한다. 이 병은 근육의 움직임을 조절하는 소뇌에 영향을 끼치는데, 갑자기 전신과 머리가 떨리는 것이 주 증상이다. 잠자는 동안에도 떨림이 지속되며, 움직이면 더 심해진다. 통제가 불가능하다.

원인은 알려져 있지 않으나 자가면역적인 문제가 의심된다.

치료 : 소형견이 갑자기 점점 심해지는 떨림 증상을 보인다면 수의사의 진료를 받는다. 스테로이드 처방으로 며칠 내로 증상이 회복될 수 있다. 일부 개는 보다 장기간의 투약이 필요하다. 약 25%의 개는 평생 어느 정도의 떨림 증상을 갖고 살기도 한다. 재발되는 경우 근육떨림을 조절하기 위해 추가로 디아제팜을 처방하기도 한다.

소뇌 질환

소뇌변성증은 소뇌의 신경세포가 서서히 죽어 가는 진행성 질환이다. 케리블루 테리어, 고든 세터, 러프코티드 콜리, 그레이트데인, 래브라도 리트리버, 골든리트리버, 코커스패니얼, 에어데일테리어, 사모예드, 케언 테리어, 불 마스티프 등 많은 품종에서 발생한다.

소뇌변성이 있는 강아지는 생후 1~2달 동안은 정상처럼 보이지만 이후 움찔거림, 비틀거림, 넘어짐 등 몸의 움직임을 잘 조절하지 못하는 증상을 보인다. 치료법은 없지만, 일부 강아지에서는 증상이 안정화되고 활력적으로 살아갈 수 있다.

소뇌형성부전은 출생 시 소뇌가 비정상적으로 작은 상태다. 에어데일, 고든 세터, 차우차우에서는 유전적인 문제가 보고되어 있다. 불테리어, 와이마라너, 닥스훈트, 래브라도 리트리버 등에서는 비유전성으로 발생한다. 증상은 소뇌변성증과 유사하지만 신생견이 기어 다니기 시작하는 출생 직후부터 증상이 관찰된다. 일부 강아지는 잘 적응하여 잘 살아간다.

활택뇌증은 라사압소, 아이리시 세터, 와이어 폭스테리어, 사모예드에서 드물게 발생하는 질환이다. 뇌의 표면에 주름이 없거나 부족하여 매끈하게 보인다. 이런 개는 배변교육이 잘 안 되거나 때때로 발작을 하는 등의 행동이상을 보인다.

수두증hydrocephalus

수두증은 뇌실 안에 과도한 양의 뇌척수액이 축적되어 발생한다. 확장된 뇌실은 대뇌피질을 두개골 쪽으로 압박하여 손상을 가한다. 대부분 선천성이지만, 외상이나 뇌의 감염, 종양에 의해 후천적으로 발생하기도 한다.

말티즈, 요크셔테리어, 치와와, 라사압소, 포메라니안, 토이 푸들, 케언테리어, 보스턴테리어, 퍼그, 페키니즈, 불도그 등의 품종은 선천적으로 수두증 발생 위험이 높다.

수두증은 발작, 부분 또는 완전한 실명, 인지장애 등을 유발한다. 두개골 엑스레이 검사, 뇌실 초음파검사, CT 검사와 MRI 검사로 진단한다. 선천성 수두증에서는 두개골 윗부분이 둥그렇게 돔 모양으로 확장되는 특징이 있는데, 강아지가 생후 수개월이 될 때까지는 관찰되지 않을 수도 있다.

뇌실의 확장이 심해져도 임상 증상이 나타나지 않기도 한다. 이를 무증상수두증이라고 한다. 수두증 발생 위험이 높은 소형 품종은 EEG 검사(뇌파검사)로 감별해 내고 뇌파검사가 정상인 개만 번식시키면 수두증의 발생 위험을 낮출 수 있다.

치료 : 스테로이드와 이뇨제 투여로 뇌척수액의 생산을 감소시킨다. 일부 증례에서는 수술이 도움이 된다. 뇌가 손상되기 전에 진단과 치료가 시작된 경우 장기적인 예후는 양호하다. 그러나 종종 둔하거나 학습 능력이 떨어지는 경우가 많다.

소형견 수두증의 상당수는 후두골이형성에 의해 발생한다. 뇌척수액의 흐름이 원활하지 않아 수두증 외에도 척수공동증 같은 문제가 함께 발생할 수 있다.

발작장애seizure disorder

발작은 뇌 안의 전기신호가 비정상적으로 급격한 변화를 일으켜 발생하는데, 보통 한쪽 대뇌반구에서 일어난다. 이 전기 활동은 때때로 중뇌를 포함한 다른 부위로 확대되기도 한다.

전형적인 대발작은 전조 증상이라 부르는 행동 변화가 먼저 나타난다. 이 전조 증상 동안 개는 안절부절못하며 불안해하며, 울부짖거나, 관심을 받으려 하거나, 구석진 곳을 찾는다. 순수한 발작은 보통 2분 이내로 지속되는데 다리가 뻣뻣하게 굳은 채로 허탈상태에 빠지는 특징이 있다. 개는 의식을 잃고 10~30초간 호흡을 멈추기도 한다. 규칙적인 다리의 움찔거림이 뒤따르기도 한다(달리거나 휘젓는 것과 유사하게). 어떤 개들에서는 쩝쩝대거나 씹는 행동, 침흘림, 대변이나 소변을 지리는 행동이 관찰되기도 한다. 의식을 되찾음에 따라 방향을 잘 찾지 못하거나 혼미해 보이는 발작 후 상태가 된다. 벽 쪽으로 비틀거리거나 앞이 안 보이는 것처럼 행동하기도 한다. 발작 후 상태는 몇 분에서 몇 시간이 걸릴 수도 있다. 대발작은 전형적인 뇌전증이다.

부분발작은 경련이나 뒤틀림이 특정 신체 부위에 국한된다(적어도 처음에는). 부분발작은 보통 반흔, 종양, 농양과 같이 뇌 특정 부위의 병변을 의미한다.

발작은 흔히 뇌손상, 뇌염, 열사병, 뇌농양, 뇌종양, 뇌졸중, 중독, 신부전, 간부전과 관련이 있다. 뇌진탕에 의한 경우 뇌손상이 발생한 때부터 몇 주 또는 몇 달 뒤에 발생하는 경우도 흔한데 뇌에 생긴 반흔 조직에 의해 유발된다.

뇌염 후유증성 발작은 뇌염이 발생하고 3~4주 후에 발생한다. 특히 디스템퍼는 쩝쩝거리고, 혀를 씹고, 입 안에 거품을 물고, 머리를 흔들고, 눈을 깜빡거리는 증상으로 시작해 멍한 모습을 보이는 특징이 있다.

예방접종 후유증성 발작은 생후 6주 미만의 강아지에게 디스템퍼-파보바이러스 혼합백신을 접종한 경우 발생할 수 있는데, 요즘 사용하는 백신에게는 발생이 극히 드물다.

출산 후의 모견은 칼슘 농도가 떨어져 발작 증상이 나타날 수 있다. 갑작스런 혈당 저하(저혈당)에 의해서도 발작이 발생한다. 심폐증후군이 있는 신생견에게도 발생한다(473쪽, 강아지가 사망하는 이유 참조). 충분한 영양을 섭취하지 못한 소형 품종 강아지에서도 발생할 수 있다. 당뇨병 개에서 인슐린 과다투여로 인해 발생한 저혈당증도 흔한 원인 중 하나다.

발작을 유발하는 흔한 독성물질로는 스트리키닌 등의 동물용 미끼, 부동액(에틸렌글리콜), 납, 살충제(유기인제), 초콜릿 등이 있다. 유기인제에 의한 발작은 침흘림과 근육떨림(뒤틀림) 증상이 먼저 나타난다. 스프레이나 침지용 제품, 소독한 축사 등에 노출 가능성 등으로 진단을 고려한다.

실제로는 발작이 아니지만 종종 오인되는 경우도 많다. 예를 들어, 벌에 물린 경우 미친 듯이 짖다가 실신하거나 허탈상태에 빠질 수 있다. 심장 부정맥도 의식을 잃거나 허탈상태에 빠질 수 있어 발작으로 오인된다.

치료 : 발작이 발생한 순간 개가 위험한 곳에 있다면 안전한 곳으로 옮긴다. 그럴 수 없다면, 발작을 더 악화시킬 수 있으므로 발작을 하는 동안과 끝난 후에는 개를 건드리지 않는 것이 좋다. 잘못된 속설을 믿고, 개의 혀를 잡아 빼거나 입에 재갈을 물리는 행동은 삼간다. 개의 혀는 쉽게 말려들어가지 않는다.

발작 지속시간을 기록한다. 발작이 끝나는 대로 수의사에게 알린다. 수의사는 진단과 치료를 위해 진료를 추천할 수도 있다.

5분 이상 지속되는 발작(중첩발작, 뇌전증 지속 상태)이나 연속발작(의식이 돌아오기 전에 몇 차례 발작이 연속적으로 지속되는 경우)은 응급상태다. 영구적인 뇌손상이나 죽음에 이르는 것을 막기 위해 정맥주사로 디아제팜이나 다른 항경련제를 투여한다. 즉시 동물병원을 찾아야 한다. 중첩발작은 보통 중독이나 심각한 뇌질환에 의한 경우가 많아 예후가 나쁘다.

뇌전증epilepsy

뇌전증은 특발성 또는 후천성으로 재발되는 발작장애다. 후천성 뇌전증은 뇌손상에 따른 뇌의 반흔성 종괴 같은 명확한 원인에 의해 발생한다. 특발성 뇌전증은 약 3%의 개에서 발생하는데 재발성 발작의 약 80%를 차지한다. 원인은 알 수 없는데, 뇌의 전기적 신호를 전달하는 화학물질의 불균형이 원인으로 추측된다. 발작은 보통 대발작 형태로, 생후 6개월에서 5살 사이에 시작된다.

비글, 닥스훈트, 케이스혼트 저먼셰퍼드, 벨지안 터뷰렌 등은 유전적 소인이 있다. 발생률은 높으나 유전성이 명확히 밝혀지지 않은 품종으로는 코커스패니얼, 콜리, 골든리트리버, 래브라도 리트리버, 아이리시 세터, 푸들, 미니어처 슈나우저, 세인트버나드, 시베리안 허스키, 와이어 폭스테리어 등이 있다. 혼혈 품종에서도 발생할 수 있다.

진성 뇌전증이 진단되었다면, 비슷한 양상으로 재발될 것이다. 뇌전증은 보통 시간이 지남에 따라 더 자주 발생한다. 수의사는 발생빈도와 발작 증상 발현 시, 발작 전, 발전 후의 행동을 기록하라고 요청할 것이다.

전형적인 뇌전증 발작은 전조 증상, 전신 대발작, 발작 후 상태의 3단계를 거친다. 휴식 중이나 수면 중에 발작하는 경우도 많으므로 항상 3단계가 모두 관찰되지 않을 수도 있다. 게다가 일부 증례에서는 발작 증상이 비전형적일 수 있다. 전통적인 대발작 경련 대신, 미친 듯이 짖거나 자기 몸을 핥고 깨물고, 허공을 응시하고, 보이지 않는 물체를 물려고 달려드는 등의 이상행동을 보이기도 한다. 이를 정신운동성 발작이라고 하는데 뇌의 하부 중추로부터(대뇌는 아님) 발생하는 것으로 생각된다.

앞서 이야기한 국소 운동성 발작은 뇌의 병변을 의미한다. 최근에 발작 증상은 없었지만 신경검사나 뇌파검사상 비정상 소견을 보인다면 이 역시 뇌의 병변을 의미하므로 진단에서 뇌전증을 배제할 수 있다. 뇌전증 진단을 위해 뇌척수액검사, 두개골 엑스레이검사, CT 검사나 MRI 검사와 같은 추가적인 검사를 진행할 수 있다.

치료 : 뇌전증을 치료하기 위해 수많은 신약이 이용되고 있다. 그러나 항뇌전증 약물의 단일 또는 병용 투여가 100% 효과가 있는 것은 아니다. 치료를 위한 가장 희망

적인 목표는 발작의 발생주기를 늦추고 그 횟수와 중등도를 크게 낮추는 것이다. 일반적으로 한 달에 2회 이상 또는 1년에 10~12회 이상 발작을 하는 경우 치료가 필요하다. 연속발작과 중첩발작은 다른 기준으로 치료 여부를 적용한다.

페노바르비탈은 개의 뇌전증 치료를 시작하는 가장 효과적인 약물이다. 초기 주요 부작용은 진정작용이다. 그러나 대부분의 개는 몇 주 내로 진정작용에 대한 내성이 생겨 적응한다. 일부 개에서는 간손상을 유발할 수 있다. 브롬화칼륨도 뇌전증 치료에 사용된다. 대부분의 개는 브롬화칼륨보다는 페노바르비탈에 더 잘 반응한다. 그러나 브롬화칼륨은 간손상 유발 가능성이 없다. 드물게 뒷다리가 뻣뻣해지는 증상을 유발할 수 있는데, 투약을 중단하면 회복된다. 많은 개는 페노바르비탈과 브롬화칼륨을 함께 사용하면 가장 잘 관리된다. 몇몇 개는 브롬화칼륨 단독 사용만으로도 잘 관리된다.

페노바르비탈과 브롬화칼륨으로 발작이 조절되지 않는다면 클로나제팜, 발프로산, 클로라제페이트 등의 약물을 추가할 수 있다. 모든 항경련제의 용량과 작용은 다양하다. 혈청 농도를 정기적으로 모니터링 하는 것은 발작을 관리하고 독성을 방지하기 위해 필수적이다. 간효소 수치도 모니터링해야 한다. 치료에 실패하는 가장 흔한 원인 두 가지는 충분한 약물 농도를 유지하지 못하거나 지시대로 잘 투약하지 못한 경우다. 항경련제 농도가 낮아지면 발작이 발생할 수 있다. <u>수의사와 긴밀히 의논하며 치료하는 것이 중요하다.</u>

침술요법과 식이요법도 발작의 횟수와 정도를 낮추는 데 도움이 될 수 있다.

뇌전증을 유발하는 유전자나 유전자결함을 찾아내는 연구들이 진행 중이다. 이런 연구를 통해 결함 유전자가 있는 개들의 번식을 막을 수 있다. 이런 문제를 가지고 있음에도 3~5살이 될 때까지 첫 번째 발작을 일으키지 않아 이미 번식시켜 버리는 경우도 있다. 뇌전증이 의심되는 개들은 번식시켜서는 안 된다.

최근에는 조니사미드, 레비티라세탐, 가바펜틴 등 경련 관리를 위해 다양한 약물이 사용되고 있다. 또 발작 증상 개선에 도움이 되는 중쇄지방산이 첨가된 사료나 보조제 등도 많이 추천되고 있다.

기면증과 탈력발작 narcolepsy and cataplexy

기면증(수면발작)과 탈력발작은 흔치 않은 수면장애다. 하루 종일 지나치게 졸려하거나(기면증) 갑작스런 근육마비나 허탈 증상(탈력발작)을 보인다. 이런 증상이 나타나지 않을 때는 지극히 정상적이다. 기면증과 탈력발작은 단독으로 나타나기도 하고 함께 나타나기도 하는데, 개에서 기면증만 알아차리는 것은 어렵다.

하루에 한 번 또는 여러 번의 허탈 증상을 보이는데, 몇 분에서 길게는 30분까지 지속되기도 한다. 이런 증상은 보통 몸을 건드리거나 큰 소리를 들려주면 깨어난다.

치료 : 기면증과 탈력발작을 예방하는 데 효과적인 약물이 몇 가지 있다. 유전적인 영향인 경우 종종 나이를 먹으며 개선된다(도베르만핀셔, 닥스훈트, 래브라도 리트리버).

이런 품종에서는 상염색체 열성 유전에 의해 발생한다. 번식 전에 유전자검사를 실시한다.

강박행동compulsive behavior

실제로는 부분적인 발작이지만 비정상적인 행동처럼 보이는 경우가 있다. 플라이바이팅,* 꼬리 쫓기 등이 이에 해당된다. 플라이바이팅을 보이는 개는 가만히 앉아 있다가 갑자기 상상 속의 파리를 물려고 할 것이다. 이런 개는 보통 주의가 산만해 보이긴 하지만 의식을 잃진 않는다. 카발리에 킹찰스 스패니얼은 이런 행동이 자주 관찰되는 품종 중 하나다.

꼬리를 쫓는 순간, 개는 몰두하여 꼬리를 향해 빠르게 뱅글뱅글 돈다. 너무 몰두하여 집중 상태에서 빠져나오기 어려울 수 있다. 불테리어와 저먼셰퍼드는 이런 행동의 유전적 요소가 있다.

치료 : 이런 문제가 있는 개는 수의행동 전문가로부터 행동교정 훈련과 다양한 행동교정 약물을 처방받아 치료한다. 이런 약물은 승인되지 않은 것이 많아 반드시 수의사와의 긴밀한 협력 아래 사용해야 하며 임의로 사용해서는 절대 안 된다. 클로미프라민과 플루옥세틴도 처방되는 약물인데, 클로미프라민은 개에게 사용이 승인되었다.

공격행동aggressive behavior

분노증후군과 갑작스런 공격성 같은 일부 증후군은 발작이나 세로토닌 대사장애 같은 신체적 문제에 인해서도 발생할 수 있다. 이런 개는 정상적으로 행동하다가 갑자기 주변에 있는 사람이나 동물을 공격한다. 그리고 몇 분 후, 아무 일 없었던 듯 평상시로 돌아온다.

잉글리시 스프링거 스패니얼과 코커스패니얼은 유전적으로 이런 문제가 있을 수 있다. 골든리트리버, 저먼셰퍼드, 셰틀랜드 시프도그의 공격행동은 갑상선기능저하증과 관련이 있을 수도 있다. 최근에 갑자기 공격적인 행동을 보이는 개라면 갑상선호르몬 농도를 확인해야 한다.

치료 : 신체적 문제인지 행동학적 문제인지는 확실히 알 수 없다. 때문에 이런 증상을 보이는 개는 신체적 문제가 없는지 검사를 받고 수의행동 전문가에게 진료도 받아보아야 한다. 행동수정요법과 행동수정 약물을 통해 일부 개는 비교적 안전한 개가 되기도 한다. 치료가 가능한 신체적 문제를 가지고 있다면 치료한다.

* **플라이바이팅** 허공에서 파리를 잡는 듯한 행동.

최근에는 동물행동의학 분야의 발전으로 인해 행동학 약물도 많이 처방되고 있다. 이런 약물들은 뛰어난 효과만큼 부작용과 위험성도 크다. 반드시 수의사의 처방과 감독이 필요하다.

혼수상태

혼수상태는 의식이 억압된 상태다. 착란상태(confusion)로 시작하여 혼미상태(stupor)로 진행되고 완전히 의식을 잃게 된다. 혼수상태의 개는 통증에 대한 감각이 없고 깨어나지 못한다. 산소 결핍, 뇌부종, 뇌종양, 뇌염, 중독 등에 의해 발생한다. 발작을 유발하는 많은 질환도 혼수상태로 진행될 수 있다. 뇌진탕으로 인해 머리에 손상을 입은 경우에도 초기 증상을 거치지 않고 바로 혼수상태에 빠질 수 있다.

저혈당도 흔한 원인이다. 주로 초소형 품종 강아지나 들판에서 하루 종일 활동하고 돌아온 성견 사냥개에서 발생한다. 당뇨병에 걸린 개에게 인슐린을 너무 많이 투여하는 것도 저혈당의 흔한 원인이다(298쪽, 당뇨병 참조). 장시간의 저체온증도 혼수상태에 빠지는 원인이다(34쪽, 추위에 노출됨 참조).

고열과 열사병에 의한 혼수상태는 영구적 뇌손상을 일으킬 수 있는 심각한 합병증으로 보통 발작 증상이 먼저 나타난다. 열을 떨어뜨리기 위해 최선의 노력을 기울여야 한다(38쪽, 열사병 참조). 뇌의 외상과 관련이 있거나 신장 질환이나 간 질환 말기에 발생하는 혼수상태는 특히 예후가 좋지 않다.

혼수상태를 유발하는 흔한 중독물질로는 에틸렌글리콜(부동액), 바르비투르산염, 등유, 테레빈유, 비소, 시안화물(청산가리), 유기인제, 식물, 초콜릿, 납 등이 있다. 밀폐된 차 안이나 환기가 안 되는 공간에서 혼수상태의 개를 발견했다면 질식되었거나 일산화탄소 중독일 수 있다(36쪽, 익사와 질식 참조).

치료 : 먼저 의식 상태와 개가 살아 있는지 여부를 파악한다. 개가 생명의 징후를 보이지 않는다면 **심폐소생술(26쪽)**을 실시한다. 의식을 잃은 개는 구토물에 의해 질식될 수 있으므로 혀를 잡아 빼고 손가락으로 기도를 확보한다. 고기 조각 같은 이물이 기도를 막고 있다면 **질식(314쪽)**에서 설명한 것처럼 조치한다. 개를 담요로 감싼 후 즉시 동물병원으로 간다.

쇠약 및 마비

흔하지 않지만 운동신경을 공격하여 쇠약과 마비는 유발하지만, 감각은 온전히 유지되는 질병이 있다. 이런 질병은 서로 유사한 점이 많아 따로 구별하기가 쉽지 않다.

진드기 마비

다양한 진드기들의 타액에는 운동신경을 손상시켜 쇠약과 마비를 유발하는 독소가 들어 있다. 개가 진드기에게 물리고 나서 약 일주일 후 증상이 나타나는데 48~72시간에 걸쳐 점진적으로 힘이 빠진다. 꼬집어 보면 감각은 정상이다. 시간이 지남에 따라 마비가 진행되면 개는 허탈상태에 빠져 머리를 드는 것조차 불가능해진다. 호흡정지로 죽음에 이를 수 있다.

치료 : 수목이 많은 지역에 다녀온 적이 있는지 여부가 진단에 도움이 된다. 개가 이유를 알 수 없는 쇠약 증상을 보인다면 수의사의 진료를 받는다. 진드기 마비는 즉시 진드기를 떼어내거나 진드기 구제 방법을 통해 예방할 수 있다(132쪽, 참진드기 참조). 대부분의 개는 진드기를 떼어내는 것으로도 확연히 증상이 개선된다. 하지만 한동안 지지요법이 필요할 수 있다.

보툴리누스 중독

보툴리누스 중독은 보툴리누스균(*Clostridium botulinum*)이 생산하는 신경독소에 의한 마비 질환이다. 감염된 사체나 멸균이 안 된 야채나 고기 통조림을 먹어 발생한다.

치료 : 급속히 진행되는 경우를 제외하면 치료 예후는 좋다. 가볍게 감염된 개는 치료를 받지 않고도 회복된다.

쿤하운드 마비

원인은 알려져 있지 않은데, 아마도 개 스스로 자신의 말초신경에 대한 항체를 만들어 발생하는 면역매개성 질환으로 추정된다. 세균이나 바이러스에 의해 면역반응이 촉진될 수 있다. 너구리와 접촉하고 1~2주 경과한 사냥개에서 가장 자주 발생한다. 쿤하운드만 걸리는 것은 아니다.

하반신의 쇠약 증상으로 시작해 앞쪽으로 마비가 진행되어 일어설 수 없게 된다. 이런 상태로 인해 개는 두려움을 느끼나 의식은 명료하다. 호흡 기능이나 연하 기능(삼킴)과 관련된 근육에도 마비가 일어날 수 있다. 발병 후 10일경에 가장 심한 증상이 나타난다. 근육위축도 빠르게 진행된다.

치료 : 잘 간호하는 것이 치료의 핵심이다. 완전히 회복하는 데 몇 주 또는 몇 달이 걸린다.

중증 근무력증myasthenia gravis

신경말단과 근육세포의 접합부에서 관찰되는 아세틸콜린 수용체가 결핍되어 발생하는 질환으로 흔치는 않다. 동물이 근육을 움직이려고 결정하면, 신경말단은 신경전달물질인 아세틸콜린을 분비한다. 아세틸콜린은 수용체와 반응하여 신경신호를 전달한다. 그러나 이 수용체의 숫자가 줄어들거나 기능이 약화되면 전신적인 근육쇠약이 나타나는데, 운동을 하면 더 악화된다. 하반신의 쇠약 증상이 가장 심하다. 중증 근무력증이 있는 개는 일어서기 힘들어하고 휘청거리며 걷는다.

음식을 삼키는 근육에만 국소적으로 작용하는 중증 근무력증도 있다. 이런 개는 단단한 음식을 삼키지 못하고 식도는 크게 확장되어 거대식도증이 발생한다. 종종 흡인성 폐렴도 발생한다.

상염색체 열성인자에 의해 유전되는 선천성 중증 근무력증도 있다. 잭 러셀 테리어, 스프링거 스패니얼, 스무스 폭스테리어에서 발생한다.

후천성 중증 근무력증은 모든 품종에서 발생할 수 있는데 골든리트리버, 저먼셰퍼드, 래브라도 리트리버, 닥스훈트, 스코티시테리어에게 가장 흔하다. 1~4살 또는 9~13살에서 가장 많이 발생한다. 후천성 중증 근무력증은 자가항체에 의해 아세틸콜린 수용체가 파괴되어 발생하는 면역매개성 질환이다.

자가면역성 중증 근무력증이 발생한 시점에 갑상선기능저하증이 함께 나타날 수 있다. 가끔 중증 근무력증은 흉선종양과 관련이 있을 수 있는데 흔치는 않다.

중증 근무력증의 진단은 신경학적 검사를 바탕으로 이루어진다. 염화 에드로포니움(텐실론)을 주사해 검사하는 방법도 있다. 이 약물은 아세틸콜린을 파괴하는 효소를 차단하여 수용체의 신경전달물질 농도를 높인다. 주사 후 근력이 향상되었다면 중증 근무력증이다. 자가면역성 중증 근무력증을 진단하는 혈청학적인 검사도 가능하다.

치료 : 아세틸콜린 수용체의 농도를 높이는 약물을 사용하면서 근력을 회복할 수 있다. 이 약물은 시럽 형태나 주사제로 투여한다. 개의 활동성과 스트레스 수준에 따라 용량이 달라진다. 수의사의 밀접한 모니터링이 필요하다. 면역반응을 막는 약물도 도움이 될 수 있다.

거대식도증은 257쪽에서처럼 치료한다. 흉선종양은 수술로 제거한다. 갑상선기능저하증은 갑상선 대체요법(150쪽 참조)으로 치료된다. 적절한 치료를 받는다면 완전히 회복하여 정상적인 연하 기능을 되찾는 등 예후는 좋은 편이다.

저칼륨혈증hypokalemia(low serum potassium)

저칼륨혈증은 개의 혈중 칼륨 수치가 낮은 상태로, 전신 근육쇠약을 유발하는 대사가 원인이다. 심한 구토를 하면 칼륨이 소실된다. 푸로세마이드 같은 이뇨제를 장기간 투여받은 경우에도 신장이 칼륨을 배출시켜 발생할 수 있다. 고창증, 당뇨성 케톤산증, 쿠싱 증후군 등에서도 저칼륨혈증이 나타날 수 있다.

치료 : 혈청 칼륨 농도를 측정하여 진단한다. 칼륨을 공급하고 유발 원인이 교정되면 쇠약 증상은 사라진다. 정상 수치에 다다를 때까지는 수의사의 정밀한 감시가 필요하다.

척수 질환

척수의 손상이나 질병은 일반적으로 한쪽 또는 여러 다리, 꼬리의 쇠약과 마비를 유발한다. 척수 질환은 발작을 유발하지 않으며, 성격이나 행동적인 변화를 유발하지도 않는다. 이런 특징은 뇌질환과 구별된다. 그러나 말초신경의 손상은 척수손상과 구별이 쉽지 않을 수 있다.

척수손상spinal cord injury
척수손상은 교통사고, 총상, 낙상 등에 의한 추간판(디스크)파열, 척추골절, 척추변위 등에 의해 발생한다.

척수손상을 입은 직후 목이나 허리의 통증, 다리의 쇠약이나 마비, 비틀거리는 걸음, 다리 감각의 상실, 요실금이나 변실금 등이 나타날 수 있다. 손상 이후에 증상이 더 악화되기도 하는데 주로 조직의 부종으로 인해 척수로의 혈액순환을 방해받아 발생한다. 영구적인 마비로 진행될 수 있다.

골반골절은 척추골절로 오인될 수 있다. 두 경우 모두 개가 하반신을 지탱하지 못하고 손상 부위 주변을 건드렸을 때 통증을 호소할 수 있기 때문이다. 이런 이유로 골반골절이 완전히 치료된 이후에도 예후가 좋지 않아 보일 수 있다.

치료 : 척수손상을 입은 개는 보통 그 전에 즉각적인 치료를 필요로 하는 치명적인 손상을 입었을 가능성이 크다(353쪽, 뇌손상의 **치료** 참조). 의식이 없거나 일어서지 못하는 개는 확인되기 전까지는 척수손상 가능성을 염두에 두고 다루어야 한다. 척추가 다치지 않도록 극도의 주의를 기울인다. 척추골절은 불안정한 상태다. 목이나 허리를 구부리면 척수를 압박하여 손상을 더 악화시킬 수 있다.

사고 발견 직후, 개를 조심스럽게 합판같이 편평한 바닥으로 옮긴 후 가까운 동물병원으로 이동한다. 임시로 쓸 만한 들것이 없는 경우 담요에 눕히고 네 가장자리를 들어 옮기는 것도 좋은 방법이다.

척수손상은 손상 부위의 부종이 악화되는 것을 막기 위해 스테로이드와 만니톨 같

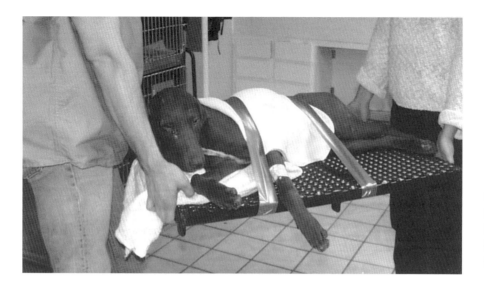

허리를 다친 개는 편평한
바닥에 고정시켜 옮긴다.
테이프로 어깨와 엉덩이
를 고정시켜 개가 허리를
움직이는 것을 방지한다.

은 이뇨제로 치료한다. 합병증을 예방하고 회복을 앞당기기 위해 적절한 간호와 물리
치료가 매우 중요하다. 척추의 골절을 고정시키거나 척수에 가해지는 압력을 완화시
키기 위해 수술이 필요할 수 있다.

척수에 가볍게 멍이 든 정도라면 며칠 내로 회복하기 시작한다. 그러나 척수에 상
처가 나거나 심각한 손상이 발생한 경우 마비나 죽음에 이를 수도 있다.

감염과 종양

척추, 추간판, 척수의 감염은 흔치 않다. 대부분의 세균 감염은 외상이나 척추 주변
의 상처로 감염되어 발생한다. 뇌염을 유발하는 바이러스, 곰팡이, 리케차, 원충은 척
수도 감염시킬 수 있다(척수염). 척수염은 MRI 검사와 뇌척수액검사로 진단한다.

척수, 신경근(신경뿌리), 척수 주변에 종양이 발생할 수 있다. 척수나 척수로부터
나오는 신경을 압박하여 증상이 나타난다. 수막종 같은 양성종양이나 골증식체(뼈돌
기)도 압박을 유발할 수 있다(375쪽, **척추증 참조**). 골육종과 림프육종 같은 악성종양도
있다.

치료 : 척수염을 치료하려면 세균배양 및 항생제 감수성 검사를 바탕으로 항생제를
장기간 투여해야 한다. 이물을 제거하거나 농양을 배액시키고, 검사물질을 채취하고,
척수의 압박을 완화시키기 위해 수술이 필요할 수 있다.

일부 양성종양은 수술로 제거한다. 악성종양은 보통 제거가 어렵지만, 방사선요법
이나 화학요법을 통해 일시적으로 호전될 수 있다.

추간판탈출증(척추디스크)ruptured disc

추간판(디스크)은 척추골(척추뼈) 사이에 있는 연골판으로 충격을 흡수한다. 거친

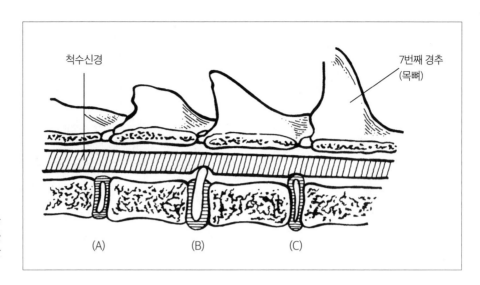

척수신경

7번째 경추
(목뼈)

(A)　　　　　(B)　　　　　(C)

(A) 정상 추간판, (B) 급성 한센 1형 추간판탈출증, (C) 한센 2형 추간판탈출증

결합조직으로 된 섬유성 막(섬유륜)이 내부의 젤 같은 수핵을 둘러싼 구조로 되어 있다. 추간판이 파열되면 한 가지 또는 두 가지 상황이 발생한다. 첫 번째는 섬유륜이 터져 안쪽의 수핵이 밖으로 흘러나와 척수나 신경뿌리에 영향을 미친다. 이런 형태의 파열 양상을 한센 1형이라고 한다. 두 번째는 섬유륜은 터지지 않고 디스크 전체가 바깥으로 돌출된 형태로 한센 2형이라고 한다.

추간판탈출증은 신경학적 검사와 엑스레이검사, 척수조영술, CT 검사, MRI 검사 등의 영상진단검사로 진단한다.

허리 부위의 한센 1형 추간판탈출증은 닥스훈트, 비글, 코커스패니얼, 페키니즈 등의 소형견에서 많이 발생한다. 다른 품종보다 닥스훈트에서 가장 흔하다.

섬유륜은 생후 2~9개월부터 퇴행하기 시작하며, 척수를 자극하는 증상은 주로 3~6살에 나타난다. 한센 1형 추간판탈출증의 약 80%는 마지막 흉추골(T13)과 첫 번째 요추골(L1) 사이 부위에서 발생한다. 나머지는 주로 목에서 발생한다. 소파에서 뛰어내리는 등의 가벼운 외상을 입은 병력이 있는 경우가 흔하지만 특별한 사건이 없어도 한센 1형 탈출증이 발생할 수 있다. 가끔 하나 이상의 부위에서 추간판이 탈출하는 경우도 있다.

한센 1형 추간판탈출증의 증상은 보통 서서히 나타나는데, 갑자기 폭발적으로 나타나기도 한다. 주 증상은 통증이다. 개는 등이 뻣뻣해지고 아픈 부위 주변을 건드리면 울부짖기도 한다. 보통은 계단을 오르거나 차 위로 뛰어오르려 하지 않는다. 쇠약, 파행, 휘청거리는 걸음걸이 등의 신경학적 증상을 보인다. 급성 파열로 인한 심한 통증이 있는 경우 등을 구부린 자세를 취하고 배에 힘을 준다. 헥헥거리고 몸을 떨기도 한다. 갑작스런 추간판탈출로 인해 뒷다리 전체가 마비되기도 한다.

최근에는 ANNPE(급성 비압박성 추간판탈출증)처럼 척수의 압박 없이 갑작스런 충격에 의해 수핵물질만 빠져나와 척수를 손상시키는 경우를 한센 3형으로 새로 분류하기도 한다. 한센 3형은 압박이 없어 수술적 교정이 필요없으나 척수신경의 손상은 더 심각할 수 있다.

두 마리 모두 한센 1형 추간판탈출증에 의해 후지 마비가 발생했다.

한센 2형 추간판탈출증은 주로 저먼셰퍼드, 래브라도 리트리버 등의 대형견에서 발생한다. 추간판 전체가 서서히 척수관을 압박한다. 주로 5~12살에 발생한다. 서서히 진행되므로 증상도 서서히 나타난다.

목 부위에 한센 1형 추간판탈출증이 발생하면 개는 고개를 뻣뻣하게 숙이고 목이 짧은 듯이 보인다. 통증이 상당히 심하다. 머리 주변을 만지면 울부짖는 경우가 많으며 먹거나 마실 때 고개를 숙이는 것을 힘들어한다. 쇠약과 파행 증상은 주로 앞다리에 나타난다. 사지마비가 발생하기도 하는데 흔치 않다.

목의 한센 2형 추간판탈출증은 워블러 증후군을 보인다(374쪽).

치료 : 갑작스럽게 마비 증상이 나타난 개는 즉시 수의사의 진료를 받아야 한다. 만일 수술이 필요한 경우라면 24시간 이내에 실시했을 때 예후가 가장 좋다.

통증 또는 경미한 마비를 보이는 대부분의 디스크 증상은 휴식 또는 약물치료로 호전된다. 추간판이 이전의 정상 위치로 되돌아갈 수 있도록 2~4주간 격리시켜야 한다. 스테로이드는 부종과 염증을 감소시킨다. 진통제는 통증을 완화시킨다.

목 디스크가 있는 개는 목줄 대신 가슴줄을 착용하고 산책을 시킨다.

마비를 일으키는 추간판손상을 입은 개를 다루고 이동시키는 방법은 **척수손상**(370쪽)에서 설명한 것처럼 특별한 주의가 필요하다. 가장 흔히 실시되는 수술은 척추후궁절제술로, 척추를 열어 돌출된 추간판 물질을 제거하는 것이다. 수술을 받은 개는 일정 기간 동안 세심한 재활 과정이 필요하다.

새로운 방법은 추간판 물질을 용해시키기 위해 단백분해효소를 이용하는 것이다. 이를 화학적 수핵용해술*이라고 한다. 이 방법은 신경학적 결함 없이 통증만 호소하는 개에게만 유용하다. 신경학적 증상이 있다면 척수신경에 가해지는 압력을 보다 신속히 완화시켜 줄 수 있으므로 수술이 더 나을 수 있다.

침술요법과 물리치료도 치료에 도움이 된다.

추간판탈출증과 같은 척추 질환 분야에서는 특히 침술 치료가 나날이 대중화되고 있다. 디스크가 주로 발병하는 노견이나 중증 질환이 있는 경우처럼 약물치료나 수술이 어려운 상황에는 침술치료가 유일한 대안이 되기도 한다. 한방 치료를 전문으로 하는 동물병원도 늘어나고 있다. 그 외 레이저나 전기충격파, 자기장 등을 활용한 다양한 물리치료 시술도 많이 이루어지고 있다.

* **수핵용해술** 국내는 소형견이 대부분이라 미세한 수술이 어렵다. 사람에게는 흔한 시술이다.

섬유연골색전성 척수병증fibrocartilaginous embolic myelopathy

섬유연골색전증(FCE)이라고도 하는데, 추간판 물질의 작은 색전이 척수의 혈관을 막아 발생한다. 단기간의 통증이 있은 뒤 가벼운 운동실조에서 마비에 이르는 쇠약 증상이 나타나는 경우가 많다. 한쪽 방향에서만 발생한다. 대형견이나 초대형견에서 더 자주 발생하는데, 셰틀랜드 시프도그와 미니어처 슈나우저에서도 발생한다.

치료 : 대부분의 개들이 스테로이드 치료 이후에 부분적으로만 회복된다.

워블러 증후군Wobbler syndrome

워블러 증후군은 목의 척수신경이 압박되는 질병이다. 경추의 기형이나 한센 2형 추간판탈출증에 의한 척추골의 불안정으로 인해 압박이 발생한다. 둘 다 척추골 아래 의 척추관에 있는 인대의 증식(비대)을 동반한다. 인대의 증식은 불안정한 척추에 대한 반응으로 여겨진다.

워블러 증후군은 5살 이상의 도베르만핀셔에서 가장 많이 발생하고 2살 미만의 그레이트데인에서도 적지만 발생한다. 다른 품종에서도 발생할 수 있다. 도베르만핀셔에게는 추간판파열이 더 흔하고, 그레이트데인에게는 척추골의 기형이 훨씬 더 많다. 척추골의 기형은 그레이트데인의 기다란 목과 급속한 성장속도가 관련이 있다.

주요한 증상은 점진적으로 뒷다리가 조화를 이루지 못하고 이상하게 비틀거리는 걸음을 걷는 것이다. 더 진행되면 앞다리에도 쇠약이나 부전마비 증상이 나타난다. 목을 위아래로 움직이면 통증을 호소하며 마비가 더 악화되기도 한다. 경추 부위의 엑스레이검사와 척수조영검사, MRI 검사로 진단한다.

치료 : 약물치료는 추간판탈출증에서와 비슷하다. 증상이 가벼운 경우 약물치료로 잘 회복된다. 증상이 더 심한 개는 척수신경의 압박을 완화시키고 척추를 고정시키는 수술적 방법이 가장 효과적일 수 있다. 수술 뒤에도 재활치료가 필요하다. 침술요법과 물리치료도 도움이 된다.

품종 요소와 유전적 연관성이 의심되므로, 정확한 원인이 밝혀지기 전까지는 이런 문제가 있는 개는 번식시키면 안 된다.

환축추아탈구AAI, atlantoaxial instability

환축추아탈구는 첫 번째 경추(목뼈)인 환추골과 두 번째 경추인 축추골이 견고하게 고정되지 못한 상태를 말한다. 선천적인 치아돌기의 형성저하 또는 결손, 인대손상, 외상 등으로 인해 발생한다. 주로 말티즈, 치와와, 포메라니안 같은 초소형 견종에서 발생한다.

환축추아탈구가 있는 개는 목의 척수신경이 압박되어 디스크와 유사한 통증과 마비 증상이 나타난다. 고개를 똑바로 들기 힘들어하거나 사지의 마비, 심한 경우 호흡마비로 죽음에 이르기도 한다.

심한 환축추아탈구는 엑스레이검사로도 진단이 가능하다. 첫 번째 경추와 두 번째 경추 사이가 꺾이듯 벌어진 것이 관찰된다. CT 검사와 MRI 검사는 신경의 압박 상태 및 해부학적 구조의 이상을 확인하는 데 유용하다.

치료 : 경미한 환축추아탈구는 목을 고정하기 위한 부목이나 보호대 착용, 스테로이드 약물치료로 호전되기도 한다. 약물처치에 반응이 없거나 마비가 심한 경우, 수술적으로 두 뼈 사이를 고정하는 치료가 필요하다. 척수의 손상이 경미한 경우 예후는 좋은 편이다. 수술 이후에도 재활치료가 필요할 수 있다.

마미증후군cauda equina syndrome

마미는 척수의 말단 부분을 구성하는 신경이 모여 있는 곳이다. 추간판파열, 이분 척추(요추 하부 뼈의 발달결함), 척수와 추간판 공간의 감염, 척수종양, 요천추 척추관협착증 등에 의해 마미가 손상을 입는다.

요천추 척추관협착증은 아래쪽 허리의 척추 불안정을 보이는 후천적 장애다. 선천적으로 척추관이 좁은 경우도 있는데, 주로 저먼셰퍼드에서 많이 관찰된다.

마미증후군의 초기 증상은 허리 아래쪽의 통증(요천추 부위), 일어서기 힘들어하고 한쪽 또는 양쪽 뒷다리의 파행 증상이 재발되는 것이다. 요천추 부위의 감각을 검사해 보면 건들거나 핀 끝으로 긁었을 때 민감도가 증가한다. 조기 진단 시 중요한 증상이다.

좀 더 진행되면 뒷다리의 쇠약 또는 마비 증상이 나타나며, 요실금이나 변실금도 나타날 수 있다. 항문 괄약근이 완전히 이완되기도 한다.

치료 : 약물적인 관리는 추간판탈출증에서와 비슷한데, 증상이 경미할 때 가장 효과가 좋다. 약물처치에 반응이 없거나 후지 유약 증상이 진행되는 경우라면 외과적 감압술과 골유합술을 고려해 볼 수 있다. 방광이나 직장이 마비된 개는 치료에 별 반응을 보이지 않는다.

척추증(뼈증식)spondylosis(bone spur)

척추증은 뼈증식(개가 나이를 먹음에 따라 추간판 주변으로 형성되는 뼈돌기)이 관찰되는 것이 특징이다. 이는 일반적으로 증상을 유발하지 않는다. 드물게 뼈돌기가 척추관 쪽으로 자라나 추간판탈출증과 비슷한 증상을 보이기도 한다. 뼈증식들이 융합되면 변형성 척추증이라고 하는 상태가 되는데 척추의 움직임이 제한되고 통증이나 뻣뻣함을 유발한다. 대형견에서 더 흔하다.

치료 : 변형성 척추증으로 인한 통증이나 뻣뻣함을 호소하는 개는 진통제에 잘 반응한다. 진통제로 관리가 안 되는 개는 뼈돌기를 제거하거나 척수신경의 압박을 완화시키는 수술을 고려할 수 있다. 침술요법과 물리치료도 도움이 된다.

말초신경 손상

신경의 손상은 신경이 분포하는 구조물의 감각과 근육 움직임까지도 악화시킨다. 완전히 마비된 다리는 축 늘어진다. 부전마비가 있는 개는 다리에 체중을 실으면 휘청거린다. 신경이 늘어나거나 찢어지는 손상이 흔하다.

상완골(위팔뼈)과 요골(노뼈)의 신경이 늘어나는 경우는 보통 교통사고나 낙상사고로 앞다리가 갑자기 확 당겨져 발생한다. 비슷하게 대퇴골(넓적다리뼈)과 좌골(궁둥뼈)의 신경이 늘어나면 뒷다리가 마비될 수 있다. 자동차가 다리를 밟고 지나가며 신경을 으스러뜨리는 경우도 있다. 신경손상과 더불어 골절과 근육손상이 함께 발생하는 경우도 많다.

신경마비(보통 일시적인)의 또 다른 원인은 신경 주변에 자극적인 약물을 주사하는 경우다. 흔하진 않지만 발생 가능성은 있다.

치료 : 찢어진 신경은 재생되지 않는다. 마비는 영구적일 수 있다. 늘어난 신경은(항상 그런 것은 아니지만) 정상으로 되돌아오기도 한다. 3주경부터 호전되기도 하지만 12개월 가까이 걸리기도 한다. 회복되지 않는다면 마비된 다리를 절단하는 것도 고려해볼 수 있다. 신경을 자극하는 침술치료나 전기침 시술 등도 도움이 된다.

축 처진 꼬리

이런 증상은 래브라도 리트리버, 포인터, 세터, 폭스하운드, 비글 등에서 관찰된다. 이런 개는 꼬리가 축 늘어지거나 구부러져 흔들릴 것이다. 사냥이나 수영 등으로 힘든 하루를 보내고 난 뒤 증상이 나타나는 경우가 가장 많다(특히 물이 차가운 경우).

꼬리가 아픈 것처럼 행동할 수도 있다. 평소보다 더 힘든 운동을 하고 난 뒤 꼬리의 근육과 신경이 늘어나거나 다친 것처럼 보인다.

치료 : 휴식을 취하고 항염증 약물치료를 하면 보통 며칠 이내에 꼬리가 정상으로 돌아온다.

13장
근골격계

개의 골격은 319개의 뼈로 이루어져 있다(사람보다 100여 개 더 많다). 모든 품종의 대략적 뼈의 수는 비슷한 편이나, 선별교배의 결과로 그 크기와 형태가 상당히 차이가 난다.

두 뼈가 만나는 부위를 관절이라고 한다. 어떤 관절에는 뼈 사이에서 쿠션 역할을 하는 패드가 붙어 있는데, 이를 연골이라고 한다. 연골이 손상되면 관절 상태가 악화되고 염증이 발생한다. 관절 표면이 비정상적으로 닳거나 파열되면 관절의 연골에서 관절염이 발생한다. 고관절이형성증과 같이 유전적인 문제와 관련이 있는 경우가 많다.

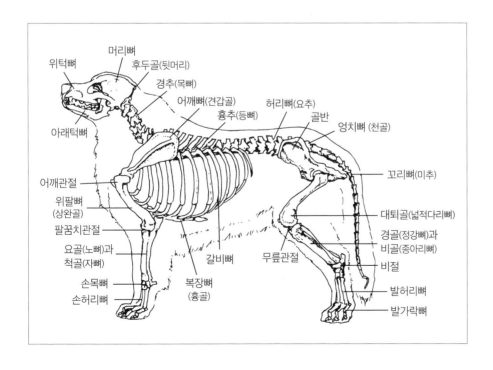

관절은 관절을 둘러싼 인대, 힘줄, 단단한 관절낭에 의해 유지된다. 이 구조는 관절의 안정성을 제공하고 관절을 함께 지지한다. 지지 구조가 늘어나면 관절이 느슨해진다(이완증). 이로 인해 뼈의 끝단이 부분적으로 위치를 벗어나기도 한다. 관절낭이 파열되면 뼈가 정상 위치를 완전히 벗어나는데, 이를 탈구라고 한다.

사람과 개의 골격은 해부학적으로 용어가 유사할 뿐 아니라 많이 비슷하다. 그러나 뼈의 각도, 길이, 위치 등은 크게 다르다. 사람은 걸을 때 발바닥으로 걷지만 개는 발가락으로 걷는다. 사람은 모든 체중을 고관절에 싣지만 개는 체중의 75%를 어깨와 앞다리에 싣는다.

수의사, 브리더, 도그쇼 심사위원은 개의 전반적인 신체 구조와 구성요소를 특정한 용어를 사용하여 묘사한다. 형태는 개의 몸의 다양한 각도, 모양, 신체 부위가 얼마나 품종의 기준에 적합한지를 평가한다. 각각의 품종에 따라 순종을 판단하는 기준이 기술되어 있다. 이런 기준은 어느 정도 미학적인 측면에 바탕을 두고 있지만 활동견으로서 본연의 목적도 고려하고 있다. 대부분의 품종 기준은 어깨, 골반, 뒷다리의 각도나 기울기를 제시하고 있다.

또 다른 용어인 견실함은 개의 신체적인 속성을 평가하기 위해 사용된다. 근골격계의 경우, 견실함이란 개의 모든 뼈와 관절이 적합하게 배열되어 있고 효율적으로 기능함을 의미한다. 특히 골격 형태가 좋은 개는 자연스럽게 서 있거나 움직이며 걸을 때 다리의 정렬 상태에 의해 체중이 동일하게 분배되고, 뼈에 동일한 압력이 가해지며, 주변 인대에도 동일한 긴장이 가해진다.

절뚝거림(파행)

절뚝거림은 다리의 통증이나 쇠약함과 관련이 있다. 뼈나 관절의 질병에서 가장 흔히 나타나는 증상일 뿐만 아니라, 근육이나 신경의 손상에 의해서도 나타날 수 있다.

원인 찾기

절뚝거리는 모습과 관련된 병력, 환경을 고려한다. 저절로 다리를 절게 되었나? 아니면 부상을 입었나? 어느 쪽 다리를 저나? 개는 흔히 아픈 다리를 들고 있거나 그 다리에 체중을 싣지 않으려는 모습을 보이곤 하는데, 특히 최근에 다쳤다면 더욱 그렇다. 보통 아프거나 약해진 다리로는 걸음을 짧게 내딛는다. 머리를 숙이거나 아픈 다리 쪽으로 넘어지기도 한다. 만성적인 파행이 있는 경우, 개는 눈에 띄게 절뚝거리는 증상 없이 단순히 짧은 걸음으로 걷는 경우도 있다. 하나 이상의 다리를 다쳤을 때도 그럴 수 있다. 개는 아픈 쪽으로 고개를 숙이고 멀쩡한 다리 쪽을 바닥으로 향하게 앉는다.

어느 쪽 다리가 아픈지를 알았다면 정확히 아픈 부위가 어딘지, 원인이 무엇인지 찾아야 한다. 먼저 발을 검사하고 발가락 사이를 살펴본다. 파행의 원인 중 상당수는 염좌, 발패드 손상, 발톱 부러짐, 찔린 상처 등과 같이 발을 다치는 경우다. 발가락부터 다리까지 주의 깊게 살펴본다. 아주 살짝 눌러보았을 때 아파하는 부위를 찾는다. 부은 곳을 발견할 수도 있다. 다음으로 발가락부터 어깨, 골반에 이르기까지 모든 관절을 굽히고 펴 보면서 모두 편하게 움직이는지, 저항감이 있는지 확인한다. 저항감이 관찰된다면 관절에 통증이 있음을 의미하는데 개는 만지지 못하게 다리를 뺄 것이다. 만약 특별한 이상을 발견하기 어렵다면 반대쪽 다리를 만져서 비교하는 것도 도움이 된다.

통증이 있는 부위를 찾아냈다면 다음 단계는 통증의 원인을 찾는 것이다. 다음 사항을 참고한다.

- **감염**에 의한 경우 빨갛게 발적되어 열감이 있고 만지면 아파한다. 보통 피부의 열상이나 교상과 관련이 있다. 상처에서 화농성 분비물이 관찰될 수 있다. 파행은 서서히 악화되며 농양이 생기기도 한다. 몸에서 열이 날 수 있으며, 농양 부위나 상처 부위를 핥는 경우가 많다.
- **염좌(접질림)**는 갑자기 발생하며 종종 부종과 멍을 동반한다. 다리에 어느 정도 체중을 실을 수 있다. 파행은 며칠에서 몇 주까지 지속될 수 있다.
- **골절과 탈구**는 심각한 통증을 유발하며 다리에 체중을 싣는 것이 불가능하다. 외형상 변형이 관찰된다. 주변 조직은 부어오르고 출혈로 변색된다.
- **유전성 정형외과 질환**은 보통 서서히 나타난다. 젊은 개부터 중년의 개에서 흔히 발생한다. 파행의 원인을 알아낼 수 있는 국소적인 병변은 찾기가 쉽지 않다. 만약 드러난다면 경미한 부종 정도다. 파행이 지속되면 시간이 지나며 더욱 악화된다.
- **퇴행성 관절 질환**은 관절염 또는 골관절염이라고도 하는데, 노견에서 가장 흔한 파행의 원인이다. 잠자고 일어났을 때 더 심해지고 움직이기 시작하면 상태가 나아진다.
- **척수손상과 말초신경손상**(12장에서 다룸)은 한쪽 이상의 다리에서 통증은 없지만 쇠약 증상이나 마비 증상을 유발한다.
- **골종양**에서는 염증이 없이 단단한 종괴나 부종이 발생한다(516쪽 참조). 골종양 부

위를 눌러 보면 다양한 정도의 통증을 보인다. 나이 든 개가 원인을 알 수 없는 파행을 호소한다면 골종양을 의심해 본다. 대형견에서 더 흔하다.

진단방법

골절과 탈구 같은 진단을 하기 위해 뼈와 관절의 엑스레이검사를 이용한다. 뼈의 신생물과 연부조직의 부종을 구분할 때도 도움이 된다. 다만 파행 증례의 다수가 전통적인 엑스레이검사에서 특별한 소견을 보이지 않음을 기억한다.

뼈스캔 섬광조영술(핵의학검사)은 방사선 동위원소를 체내로 주입해 엑스레이 장치로 뼈와 주변 조직의 영상을 얻는 기술이다. 이 검사법은 골종양을 진단하고 전이 정도를 평가하는 데 특히 유용하다. 뼈스캔검사는 비용과 방사성 동위원소 사용 제한 등의 문제로 방사선 동위원소 사용을 전문 대형병원과 수의과대학에서만 실시되고 있다.

CT 검사와 MRI 검사는 특히 힘줄과 인대, 근육손상 등을 검사하는 데 유용하다.

관절액은 점성이 있는 관절 윤활액으로 히알루론산이 들어 있다. 관절액은 멸균 주사기를 이용해 채취할 수 있는데, 이 액체를 분석하면 관절부종의 원인을 찾는 데 도움이 된다. 정상적인 관절액은 맑고 옅은 노란색을 띤다. 피가 섞여 있다면 최근의 관절손상을 의미하고, 고름이 섞여 있다면 관절의 감염을 의미한다(패혈성 관절염).

뼈와 관절의 손상

골절의 응급처치는 **골절(32쪽)**에서 다루고 있다. 골절(또는 골절이 의심되는 경우)은 항상 응급상황이므로 즉시 수의사의 진료를 받아야 한다.

골수염(뼈의 감염)osteomyelitis(bone infection)

세균에 오염되어 발생하는 감염은 뼈가 노출되면 발생할 수 있는 위험이다. 개방골절에서 가장 흔히 발생하며, 총상이나 교상(물린 상처)에 의해서도 발생하는데, 감염이 주변의 뼈로도 진행된다. 드물게 혈액 매개 세균이나 곰팡이에 의해서도 발생한다. 화학요법을 받은 개나 면역 기능을 손상시키는 병에 걸린 개에서도 발생한다.

급성 골수염의 증상은 극심한 통증, 파행, 고열, 부종 등이다. 만성 골수염이 있는 개는 피부와 뼈가 연결되는 공간에 간헐적으로 화농성 분비물이 관찰된다. 엑스레이검사와 세균배양을 통해 진단한다.

치료 : 골 감염은 치료가 가장 어려운 질환 중 하나다. 죽은 뼈 부위를 철저히 제거

하고 상처를 열어놓은 채로 매일 붕대를 교체하며 상처를 세척한다. 감염된 뼈를 세균배양하면 적합한 항생제를 선택하는 데 도움이 된다.

골절이 치유되지 않은 상태의 골수염은 플레이트와 스크루로 골절 부위를 고정시키고 멸균 골 조직을 이식하여 치료한다.

염좌sprain

염좌는 관절 주변의 인대, 또는 관절낭 자체가 갑자기 늘어나거나 찢어져 손상되는 것이다. 관절 부위의 통증, 부종, 일시적인 파행 등의 증상이 나타난다.

치료 : 만약 개가 한쪽 다리에 힘을 싣지 못한다면 골절이나 탈구를 감별하기 위해 동물병원을 찾는다. 24시간 이내로 전혀 호전되지 않는다면 골절이나 탈구일 수 있으므로 엑스레이검사를 실시해야 한다.

다친 부위를 쉬게 하여 손상이 악화되지 않도록 하는 것이 가장 중요하다. 개를 좁은 공간에 격리해 활동을 제한한다. 첫 24시간 동안은 하루 3~4번 다친 관절 부위에 15~30분가량 냉찜질을 실시한다. 냉찜질팩이나 잘게 부순 얼음을 비닐에 넣어 사용한다. 냉찜질팩을 수건으로 싸서 다친 관절 위에 안정적으로 올려놓고 붕대로 느슨하게 감는다. 다친 다리 위로 하루 3~4번 차가운 물을 5~10분 동안 틀어놓는 것도 냉찜질을 대체할 수 있는 방법이다.

다치고 24시간이 지나면, 온찜질(온습포)로 바꾸어 2~3일간 하루 3번 15~30분간 실시한다. 냉찜질과 같은 방법으로 적용한다. 너무 뜨거운 찜질은 피부에 화상을 입힐 수 있으므로 피한다.

수의사는 통증을 완화시키기 위해 진통제를 처방하기도 한다. 진통제의 단점은 개들이 다리가 낫지 않았는데 무리하게 다리를 사용하게 만들 수 있다는 점이다. 이는 치유를 지연시킨다. 만약 개의 활동을 제한하고 있다면 상관없다. 소염제는 부종과 염증을 감소시켜 치유를 촉진한다. 좁고 밀폐된 공간에 개를 격리시키고 배뇨 시에만 밖으로 데리고 나간다. 성공적으로 치료하려면 최소한 3주가 소요된다. 치유가 불완전하면 장기간 절뚝거리거나 퇴행성 관절염으로 진행되기도 한다.

힘줄손상tendon injury

힘줄이 늘어나거나, 부분적으로 찢어지거나, 파열될 수 있다. 갑자기 비틀어지거나 뒤틀어지는 손상을 입으면 힘줄이 파열된다. 앞발의 힘줄(앞과 뒤)을 가장 잘 다친다. 힘줄이 손상되면 파행, 체중을 실을 때의 통증, 통증을 동반하는 부종 등의 증상이 보인다.

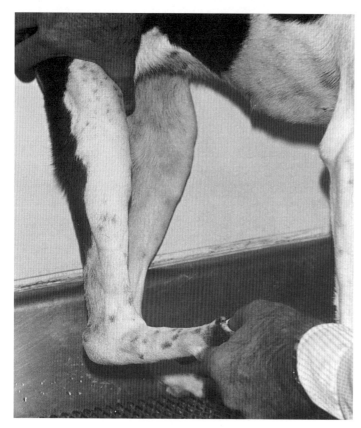

뒤꿈치에 있는 아킬레스건(힘줄)의 파열은 뒤꿈치가 갑자기 급격하게 굽혀져 발생한다. 그레이하운드처럼 활동이 왕성한 품종에서 많이 발생한다. 아킬레스건의 손상은 개들 간의 싸움이나 교통사고로 가장 많이 발생한다. 아킬레스건이 파열되면 뒤꿈치를 바닥에 대고 걷는다.

힘줄의 염증은 힘줄염(건염)이라고 한다. 격렬한 운동이나 다리를 심하게 혹사하는 경우 많이 다친다.

치료 : 염좌(381쪽)에서 설명한 것과 같다. 파열된 아킬레스건은 수술로 치료해야 한다. 수술 후에도 장기간의 휴식과 재활이 필요하다.

뒤꿈치의 아킬레스건은 가장 많이 파열되는 힘줄이다.

근육파열

근육파열은 근섬유가 찢어지거나 근육을 무리하게 사용하여 발생한다. 파행, 근육 부종, 다친 부위를 누를 때의 통증, 멍 등의 증상이 나타난다. 멍은 털에 가려 발견이 어려울 수 있다.

치료 : 초기 치료는 염좌에서 설명한 것과 비슷하다. 최소한 3주 이상 휴식을 취해야 한다.

탈구(관절의 변위)luxation(dislocated joint)

관절이 파열되거나 탈구되려면 강한 힘이 필요하다. 이런 손상은 보통 교통사고나 낙상에 의해 발생한다. 탈구의 증상은 갑작스런 통증과 다리를 쓰지 못하는 것이다. 팔꿈치나 무릎이 구부러져 보일 수 있는데, 다리의 방향은 몸 쪽을 향할 수도 있고 몸 바깥쪽을 향할 수도 있다. 다친 다리는 반대쪽 다리에 비해 짧거나 길어 보일 것이다.

뼈가 원래 있어야 할 자리에서 벗어났다면 인대, 힘줄, 근육 같은 연부조직도 찢어지거나 손상되었을 수 있음을 인지하는 것이 중요하다. 때문에 단순히 뼈를 제자리로 복귀시키는 것으로 충분하지 않고, 관절을 유지시켜 주는 조직의 치료도 함께해야 한다.

아탈구(또는 탈구)는 관절이 부분적으로 탈구된 상태다. 일부 아탈구는 선천성이지만, 대부분 외상에 의해 발생한다. 다리가 짧아 보이진 않으며 관절의 기형도 심하지 않다.

고관절, 슬관절(무릎관절), 어깨, 팔꿈치, 앞 발목과 뒤 발목의 작은 관절도 탈구될 수 있다. 이런 작은 관절의 탈구는 뛰어오르는 행동 같은 갑작스런 힘에 의해 발생한다.

치료 : 골절을 감별하고 탈구된 뼈를 바로 맞추기 위해(마취 필요) 수의사의 진료를 받아야 한다. 생명을 위협하는 손상에 대한 치료가 먼저 이루어져야 한다. 탈구된 뼈를 바로 맞춘 후에는 부목이나 붕대 등으로 다리를 고정한다.

손상 정도에 따라 케이지 안에 엄격히 격리하거나 목줄을 짧게 하여 제한된 운동을 시킨다. 수영처럼 제한된 움직임을 통해 수동적으로 관절을 운동시켜 주는 물리치료는 관절의 유연성을 회복하는 데 도움이 된다.

다리의 조작을 통해 바로 맞추는 것이 불가능한 탈구는 관절 수술이 필요하다. 발목의 재발성 탈구는 수술로 좋은 결과를 얻는다. 주변 연부조직 손상을 치료하기 위한 수술도 필요할 수 있다.

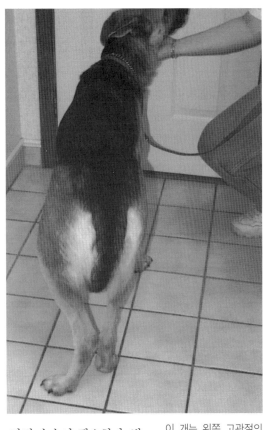

이 개는 왼쪽 고관절의 탈구 소견을 보인다. 무릎이 바깥쪽으로 돌아가 있고, 발꿈치는 안쪽으로 돌아가 있다.

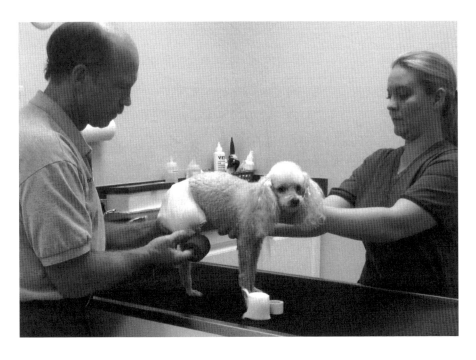

다리를 고정하기 위해 붕대를 감고 있다.

무릎의 손상

무릎관절은 여러 인대에 의해 고정된다. 관절 가운데를 가로지르는 두 개의 큰 인대는 전십자인대와 후십자인대다. 관절의 옆쪽을 고정시키는 인대는 내측 측부인대와 외측 측부인대. 반월상연골은 대퇴골과 경골(정강이뼈), 비골(종아리뼈) 사이의 완충 역할을 하는 연골이다.

전십자인대파열은 무릎을 다치는 흔하고 심각한 원인이다. 나이에 상관없이 모든 품종에서 발생할 수 있는데, 특히 젊고 활동적인 개에서 많이 발생한다. 일부 품종에서는 선천적으로 또는 후천적으로 많이 발생하기도 한다(392쪽, 골연골증 참조). 한쪽 무릎의 인대가 파열되면 치료하지 않을 경우, 결국에는 다른 쪽 무릎의 인대도 파열된다.

갑자기 뒷다리를 절뚝인다면 인대파열 가능성이 있다. 휴식을 취하면 증상이 사라졌다가 운동을 하면 다시 재발할 수 있다. 일부 증례는 한쪽 다리 또는 양쪽 뒷다리 모두 지속적으로 절뚝인다. 무릎관절을 촉진하여 진단한다. 내측 측부인대가 함께 손상되는 경우도 흔하다.

내측 또는 외측 측부인대의 파열은 보통 관절 옆쪽으로 심한 충격이 가해지거나 빠른 속도로 뒤틀려 발생한다. 손상된 인대는 늘어나거나, 부분적 또는 완전히 파열된다. 관절을 촉진하고 느슨해진 정도를 확인하여 진단한다. 무릎관절에 심한 충격이 가

소형견에서 십자인대파열은 흔하다. 특히 슬개골 탈구가 있는 경우 무릎관절이 불안정하므로 십자인대파열이 더 쉽게 발생한다. 인대가 부분적으로 손상된 경우에는 운동제한, 약물요법, 물리치료로 상태가 호전되기도 한다. 인대가 완전히 끊어진 경우 비수술적으로 호전되는 경우도 있으나 회복까지는 많은 시간이 필요하고 연골손상의 위험도 크므로 수술적인 교정이 우선시되어야 한다. 침술치료나 관절 주사치료 등도 십자인대 수술 전후 회복에 도움이 된다.

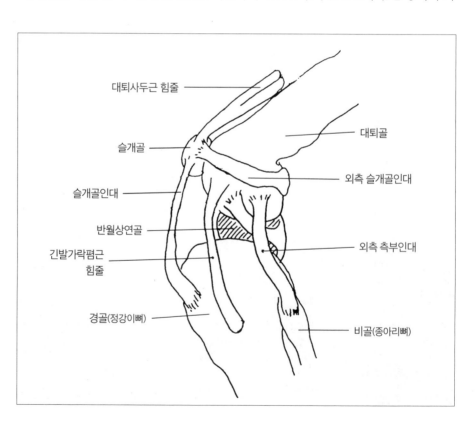

무릎관절

해지는 경우 관절에 골절이 발생할 수 있다. 전체적인 무릎 상태를 평가하기 위해 마취가 필요할 수 있다.

반월상연골의 손상은 십자인대 손상과 관련이 있다. 십자인대 손상을 치료하지 않으면, 그로 인해 몇 주 또는 몇 개월 뒤 반월상연골이 손상된다. 나중에는 퇴행성 관절염과 영구적인 파행에 이른다. 개는 반월상연골만 단독으로 다치는 경우는 드물다.

치료 : 십자인대파열의 치료는 수술적으로 교정하는 것이다. 그렇지 않으면 관절이 불안정해지고 추가적인 손상을 입을 수 있다. 수술을 받은 후에도 성공적인 회복을 위해 물리치료나 운동제한(382쪽, 탈구에서 설명)이 중요하다. 평상시의 왕성한 활동 수준 정도로 돌아올 때까지 수개월 동안 재활 프로그램을 철저히 따라야 한다.

늘어났지만 찢어지진 않은 측부인대는 보통 휴식을 취하고 활동을 제한하면 스스로 치유된다.

반월상연골 손상은 손상된 연골을 제거하는 수술을 통해 회복된다.

유전성 정형외과 질환

유전성 골 질환 및 관절 질환은 일부 후손에서만 발생하긴 하지만 유전성 소인을 가지고 있다. 수의사의 진찰을 통해 이런 문제 중 하나가 진단되었다면 번식시켜서는 안 된다.

고관절이형성증(고관절형성장애)hip dysplasia

고관절이형성증은 개의 뒷다리 파행의 가장 흔한 원인이다. 세인트버나드, 뉴펀들랜드, 로트와일러, 체서피크베이 리트리버, 골든리트리버, 저먼셰퍼드, 래브라도 리트리버 등의 대형 품종에서 발병률이 높다. 소형 품종도 발생할 수 있다.

고관절이형성증은 다유전자성 형질이다. 하나 이상의 유전자가 유전에 영향을 미친다는 뜻으로, 식단과 같은 환경적인 요소도 관련이 있다. 고관절은 절구관절로, 공 모양의 대퇴골머리(대퇴골두)와 움푹 파인 홈 모양의 골반 관골구가 관절을 이룬다. 이형성증이 있는 고관절은 대퇴골머리가 얕은(발달이 제대로 안 된) 관골구와 만나 딱 들어맞지 않고 느슨하다. 관절이 불안정하면 근육 발달이 골격의 성장 속도를 따라가기 어렵다. 체중부하의 긴장도가 지지하는 결합조직과 근육의 한계치를 넘어서면, 관절은 느슨해지고 불안정해진다. 이로 인해 대퇴골머리는 관골구에서 정상 범위를 벗어나 움직이고, 비정상적으로 닳거나 찢어진다.

성장기 개에게 심한 고칼로리 식단을 급여하는 것도 고관절이형성증의 발병 위험을 높인다. 급속한 체중 증가는 고관절에 더 큰 부담이 되기 때문이다. 과체중은 다른 근골격계 질환은 물론 고관절이형성증의 유전적 발병과도 관련이 있다. 칼슘과 인이 불균형한 식단은 뼈의 성장에 좋지 않다.

고관절이형성증의 증상을 유발하는 또 다른 원인은 뼈가 급속히 성장하는 기간 동안의 부적절한 운동이다. 어린 개는 높은 곳에서 뛰어내려 뒷발로 착지하는 행동(공을 잡으려 뛰어오르는 경우 등)이나 뒷다리로 지탱하고 두발로 서는 행동(밖을 바라보려 울타리나 창문에 뒷다리로 서서 기대는 경우 등) 등은 못하도록 자제시켜야 한다. 보도블록에서 달리는 것도 피해야 한다.

고관절이형성증이 있는 개는 정상적인 고관절을 가지고 태어나지만 생후 4~12개월부터 점진적으로 구조적 변화가 일어나기 시작한다. 이런 강아지는 고관절의 통증을 호소하거나, 다리를 절거나, 흔들거리며 걷거나, 달릴 때 토끼처럼 뛰거나, 일어날 때 하반신의 불편함이 관찰된다. 엉덩이 부위를 누르면 주저앉기도 한다. 강아지를 뒤집어 눕혀 개구리 자세를 취하려 뒷다리를 펴면 통증을 호소한다.

고관절과 골반의 엑스레이검사만이 확실한 진단방법이다. 정확한 촬영을 위해서는 진정 처치나 마취가 필요하다. 개를 눕혀 뒷다리를 평행하게 쭉 펴서 촬영하는 것이 표준자세다. 무릎은 안쪽 방향으로 돌린다. 골반이 기울어지지 않도록 주의한다.

고관절이형성증은 엑스레이 소견상의 중증도를 가지고 등급을 매긴다. 이상적인 고관절은 관절 사이의 공간이 거의 없이 대퇴골머리가 잘 형성된 관골구에 딱 들어맞는 것이다. 대퇴골머리의 대부분이 관골구 안에 완전히 들어가 있다.

정상적인 고관절은 이상적인 구조에 얼마나 가까운가에 따라 '매우 우수', '우수', '보통'으로 등급을 나눈다. 고관절이형성증은 '경미', '중등도', '심각'으로 등급을 나눈다. 소견이 분명치 않은 경우 '경계'로 등급을 매긴다.

경미한 고관절이형성증인 개는 대퇴골머리가 부분적으로 관골구를 살짝 벗어난 경미한 탈구 소견(관절 사이가 살짝 넓어진)을 보인다. 퇴행성 관절염과 관련된 변화는 없다.

중등도의 고관절이형성증인 개는 대퇴골머리가 얕은 관골구에 겨우 걸쳐져 있다. 관절염도 보이기 시작한다. 대퇴골머리의 마모 및 편평화, 관절면의 거칠어짐, 뼈돌기가 생성되기 시작하는 것들이 이에 포함된다.

고관절이형성증이 심각한 개는 대퇴골머리가 관절에서 완전히 벗어나고 관절염도 확연히 관찰된다. 일단 관절염이 나타나면 이 상태는 되돌릴 수 없다. 그러나 관절염이 생겨도 어떤 개들은 다리를 절지 않는다. 파행의 시기는 예측하기 어렵다. 어떤 개는 생의 대부분을 고관절이형성증 상태로 살아도 파행을 보이지 않는다. 반면 어떤

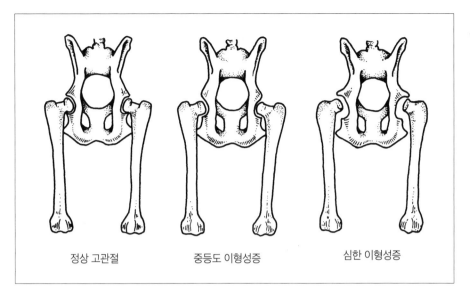

정상 고관절   중등도 이형성증   심한 이형성증

고관절이형성증. 관절 사이의 공간이 점진적으로 늘어나고 마모가 심해지는 것을 관찰할 수 있다.

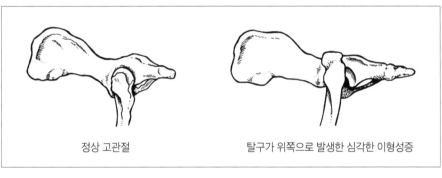

정상 고관절   탈구가 위쪽으로 발생한 심각한 이형성증

고관절이형성증에서는 탈구가 위쪽 방향으로 일어나는 형태가 가장 흔하다.

개들은 강아지 때부터 파행이 관찰된다.

많은 품종에 적용 가능한 고관절이형성증의 유전적 검사 방법이 개발 중이다. 그러나 유전성의 형태가 아직 명확하지 않아 검사 방법 개발이 어려운 실정이다.

펜힙(PennHip) 등의 표준 고관절 평가법을 이용해 진단하기도 한다.

치료 : 고관절이형성증은 내과적 치료와 외과적 치료를 한다. 내과적 치료는 활동을 제한하고 비스테로이드성 진통제(NSAID)를 투여하거나 연골손상을 회복시키고 통증과 염증을 완화시키기 위해 관절 보조제를 투여하는 것이다. 체중 감량과 적절한 운동도 중요하다. 이런 약물에 대해서는 **고관절염**(394쪽)에서 더 자세히 다루고 있다.

다리가 아픈 개는 목줄을 착용해서 통증을 호소할 정도로 거칠게 달리거나, 뛰어오르거나, 놀지 못하도록 통제하며 운동시키는 것이 중요하다. 수영은 고관절에 큰 무리가 가지 않고도 근육량과 관절의 유연성을 향상시킬 수 있는 훌륭한 운동이다.

엑스레이검사를 보고 수의사는 고관절 수술을 추천할 수도 있다. 수술을 일찍 시켜 일부 퇴행성 관절 변화가 발생하는 것을 예방할 수도 있다. 약물치료에도 불구하고

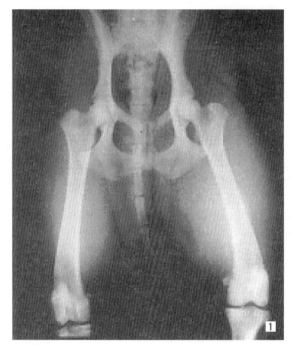

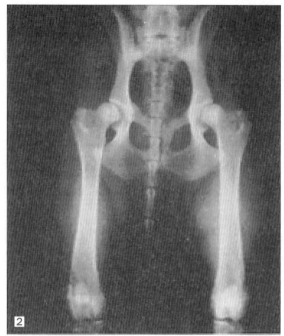

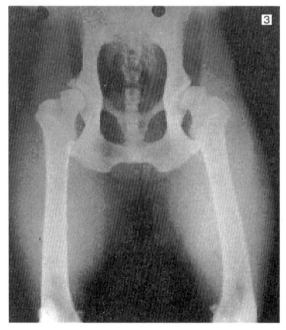

1 정상적인 고관절 엑스레이. 대퇴골머리가 잘 형성된 관골구에 딱 들어맞는다.

2 중등도 고관절이형성증. 고관절이 부분적으로 느슨해지고 대퇴골머리가 편평해지기 시작한다.

3 퇴행성 관절염을 동반한 심한 고관절이형성증. 양측성 아탈구와 대퇴골머리 및 관골구 주변에 뼈돌기가 관찰된다.

지속적으로 통증과 파행을 호소하는 경우에도 수술이 필요하다.

기술적인 요소에 따라 5가지의 수술 방법을 선택할 수 있다.

삼중 골반 절골술(TPO, triple pelvic osteotomy)과 대퇴골 절골술(FO, femoral osteotomy)은 퇴행성 관절 변화가 발생하지 않은 강아지에게 시술되는 수술이다. 둘 다 목표는 대퇴골머리가 관골구 깊숙이 위치하도록 만드는 것이다. 정상적인 관절 기능이 유지되어 관절염이 발생하지 않을 수 있으나 모든 경우에서 그런 것은 아니다.

치골근 근육절제술은 상대적으로 간단한 수술로, 양쪽 고관절 옆의 치골근을 제거하는 방법이다. 이 수술법은 관절 질환의 발생을 늦출 수는 없으나 일정기간 통증을 완화시킬 수 있다.

대퇴골머리 절단술(FHNO, femoral head and neck ostectomy)은 난치성 고관절 통증을

완화하는 효과적인 수술법이다. 대퇴골머리 부위를 제거하고 섬유성 유합이 본래의 절구관절을 대체하도록 한다. 이 수술은 보통 16kg 미만의 개에게 적용된다.

인공고관절 전치환술은 생후 9개월 이상의 퇴행성 관절 질환 장애가 있는 개에게 가장 효과적인 수술법이다. 이 수술은 오래된 관절을 새로운 인공관절로 대체하는 방법이다. 특수한 장비가 필요하고 정형외과 전문의가 시술한다. 수술을 받은 개의 95% 이상에서 예후가 좋다.

등쪽 절구륜 관절 성형술은 신체 다른 부위의 뼈를 가져와 붙여 관골구 홈을 더 깊게 만들어 주는 수술로 현재 임상연구가 이루어지고 있는 또 다른 수술법이다.

예방 : 강아지 시기에 체중이 지나치게 늘거나 고관절에 과도한 부하가 걸리지 않도록 관리하면 고관절이형성증에 유전적 소인이 있는 많은 개의 발병 시기를 늦출 수 있다. 또 발병이 되어도 상태가 덜 심각한 경우가 많다. (빠른 성장이 아닌) 정상적인 성장을 위해 강아지에게 적정량의 좋은 음식을 급여한다. 고관절이형성증 발생 위험이 있는 강아지는 이유(489쪽)에서 설명한 것처럼 칼로리 조절 식단을 적용해야 한다. 과체중인 강아지는 칼로리 제한 식단으로 급여해야 한다. 수의사와 상의하도록 한다. 비타민과 미네랄 보조제는 고관절이형성증의 예방과 치료에 아무 도움도 되지 않는다. 오히려 과다 투여할 경우 상태를 악화시킬 수 있다.

혈통에서 고관절이형성증을 예방하는 방법은 선별교배 방식을 적용하는 것이다. 고관절이형성증은 중등도의 유전성 질환이다. 한쪽 부모가 고관절이형성증이 있다면 자견의 발병 가능성은 다른 개보다 두 배 정도 높다. 경험적으로 고관절이 정상인 개들로만 번식시킨 집단에서의 고관절이형성증 발병률은 현저히 낮다.

레그-페르테스병(대퇴골머리무혈성괴사)Legg-Perthes disease

레그-페르테스병은 대퇴골머리의 혈관이 괴사되어 발생한다. 무혈성 괴사란 대퇴골머리의 뼈에 혈액이 잘 공급되지 않아 뼈가 죽는 것을 말한다. 원인은 명확하지 않으나, 유전적인 요소와 관련이 있는 것으로 생각된다.

주로 생후 4~11개월 사이의 초소형 품종 강아지에서 발생하며, 가끔 대형견에서도 발생한다. 전체 증례 가운데 양측 고관절에 무혈성 괴사가 15% 정도 발생한다. 때때로 교통사고나 낙상 같은 외상으로 인해 고관절이 탈구되어 발생하기도 한다.

체중이 실리면 대퇴골머리 연골 아래의 괴사된 뼈가 으스러진다. 이로 인해 연골이 손상되고 고관절의 기능이 서서히 악화된다.

심각한 파행, 가끔씩 다리에 체중을 싣지 못하는 증상을 보인다. 근육 위축이 심해지고 관절의 가동 범위에도 문제가 생긴다. 아픈 다리는 정상 쪽 다리에 비해 더 짧아

보일 수 있다. 고관절과 골반의 표준적인 엑스레이검사를 통해 진단한다.

치료 : 내과적 치료는 활동을 제한하고 진통제를 처방하는 것이다. 일부는 호전되기도 하나, 보통 수술이 가장 결과가 좋다. **고관절이형성증**(385쪽)에서 설명한 대퇴골머리 절단술이나 인공고관절 전치환술을 실시한다. 아주 작은 개는 인공관절 대체수술이 어렵다.

슬개골탈구luxating patella(slipping kneecap)

슬개골은 뒷다리의 무릎관절을 보호하는 작은 뼈다. 슬개골은 인대에 고정되며, 활차구라고 부르는 대퇴골의 홈 안쪽으로 밀려들어간다. 이 홈이 너무 얕으면 무릎을 구부렸을 때 슬개골이 밖으로 밀려나온다. 슬개골이 안쪽으로 탈구되는 것을 내측 탈구라고 하고, 바깥쪽으로 탈구되는 것을 외측 탈구라고 한다.

슬개골탈구는 일반적으로 유전적인 발달 결함으로 발생한다. 드물게 외상으로 발생하기도 한다.

내측 탈구가 더 흔하다. 모든 품종에서 발생할 수 있으며 일부 강아지의 경우는 걷기 시작할 때부터 관찰되기도 하지만 보통은 나중에 나타난다. 탈구가 되었다 정상위치로 돌아갔다 하므로 걸음걸이도 정상적이었다가 그렇지 않았다 한다(보통은 산책 중 한쪽 다리를 들었다 디뎠다 하는 형태로 증상이 관찰되는데, 다리를 만져 보면 통증이 관찰되지는 않는다). 슬개골이 탈구되면, 보통은 다리를 구부린 채 발이 안쪽으로 돌아가 보인다. 증례의 25%는 양측성으로 일어난다.

외측 탈구는 생후 5~6개월의 대형견이나 초대형견에서 많이 발생한다. 외반슬(안짱다리)이 가장 눈에 띄는 증상이다. 체중이 다리에 실리면 종종 발이 바깥쪽으로 틀어진다. 거의 항상 양쪽 다리에서 함께 발생한다.

슬개골탈구는 초기에 통증이 없을 수 있다. 그러나 탈구가 반복되며 활차구가 닳고 관절염이 발생함에 따라 통증도 심해진다.

슬개골탈구는 관절을 촉진하여 슬개골을 활차구 밖으로 밀어내 본 후 진단한다. 탈구 정도, 자발적으로 활차구 안으로 복귀되는지 등에 따라 1~4기로 등급을 매긴다. 이런 촉진검사는 반드시 경험이 풍부한 수의사가 실시해야 한다. 초소형 또는 소형 품종의 강아지는 입양에 앞서 생후 6~8주에 예비적으로 슬개골탈구 여부를 확인하는 수의학적 검사가 추천된다.

치료 : 1기는 악화되지 않을 수 있으므로, 통증 관리를 위한 약물치료만 필요하다. 그러나 2기 이상인 경우 수의사와 상의하여 수술을 고려할 수 있다. 활차구를 깊게 조성해 주거나 늘어나고 찢어진 인대를 단단하게 교정하는 수술을 실시한다. 개의 나이

와 탈구 형태에 따라 특정한 수술법이 필요할 수 있다.

슬개골탈구가 있는 개는 번식시키지 말아야 한다.

슬개골탈구는 보통 1~4기로 구분한다. 1기는 슬개골이 활차구에 정상적으로 위치하고 있지만 손으로 힘을 가해 밀면 탈구가 되는 상태다. 수술이 필요하지는 않다. 2기는 슬개골이 수시로 활차구 밖으로 탈구되는 상태로 대부분의 보호자가 다리를 들거나 순간적으로 아파하는 등의 증상을 관찰하는 시기다. 일반적으로 수술이 추천되진 않지만 통증이 심한 경우 수술이 필요할 수 있다. 3기는 슬개골이 대부분의 시간 탈구되어 있는 상태로 힘을 가해 밀면 활차구로 돌아오지만 조금 있으면 다시 탈구되는 상태다. 통증은 오히려 줄어들 수 있지만 실제로는 다리의 축이 돌아가 무릎관절의 손상이 심해지는 단계로 수술을 추천한다. 4기는 슬개골이 항상 탈구된 상태로 손으로 밀어도 제자리로 들어가지 못하는 상태다. 다리 축이 심하게 돌아가고 보행이상이 관찰되므로 수술이 필요하다.

반려견의 대부분이 소형견인 국내의 경우 슬개골탈구가 있는 개들이 아주 많다. 예전에는 슬개골탈구 2기의 경우 일반적으로 수술을 추천했으나, 최근 노견이 늘면서 슬개골탈구 수술의 합병증에 대한 논의가 많이 이루어지고 있다. 교과서에서는 다리가 틀어지는 3기부터는 수술을 추천하고 있다. 하지만 2기의 경우에도 통증과 보행자세 변화, 십자인대 손상 가능성 등을 고려하여 수술 여부를 결정하는 것이 바람직하다. 최근에는 정상보행을 돕는 슬관절보조기도 많이 출시되어 있다._옮긴이

주관절이형성증elbow dysplasia

주관절(팔꿈치)이형성증은 대형견에서 앞다리 파행을 일으키는 흔한 원인이다. 골든리트리버, 래브라도 리트리버, 잉글리시 세터, 잉글리시 스프링거 스패니얼, 로트와일러, 저먼셰퍼드, 버니즈마운틴 도그, 차우차우, 차이니스 샤페이, 뉴펀들랜드 등의 품종에서 많이 발생한다.

팔꿈치는 상완골(위팔뼈)과 요골(노뼈), 척골(자뼈)이 만나 관절을 이룬다. 약 생후 6개월이 되면 주돌기가 척골과 유합하여 척골의 움푹한 홈을 형성하고, 갈고리돌기는 척골의 아래쪽 움푹한 부분이 된다.

주관절이형성증이 있는 개는 다음의 유전적 발달 결함을 하나 혹은 그 이상 가지고 있다. 주돌기 유합부전, 내측 갈고리돌기 손상, 상완골 내측 관절융기의 박리성 골연골염, 요골과 척골의 생장속도가 달라 요골이 길게 휘어진 경우 등이 여기 해당된다. 앞에 세 가지 문제는 **골연골증**(392쪽 참조)과 관련이 있고, 네 번째 문제는 요골머리(요골두) 부위의 성장판 확장과 관련이 있다.

양측 주관절이형성증으로 인해 앞다리 간격이 넓고, 팔꿈치관절이 부어 있다.

주관절이형성증의 증상은 보통 생후 4~10개월에 나타나는데, 어떤 개들은 성견이 되어서도 퇴행성 관절염이 발생하기 전까지는 증상이 나타나지 않는 경우도 있다. 운동을 하면 악화되는 다양한 정도의 앞다리 파행이 주 증상이다. 팔꿈치가 가슴으로부터 바깥쪽으로 벌어지고 관절이 부어 보이는 것이 특징이다.

팔꿈치를 최대한 편 상태에서 엑스레이를 촬영해 진단한다. 척골의 주돌기 형태를 특히 유심히 관찰한다. 주관절이형성증이 있는 개의 주돌기는 관절염으로 인해 표면이 거칠어지거나 불규칙해진다. 또 다른 증상은 느슨해지고 불안정한 관절에 의해 관절 공간이 넓어지는 것이다. 생후 7개월 미만의 강아지는 엑스레이로는 진단이 어려울 수 있다. 갈고리돌기의 손상을 확인하기 위해 CT 검사가 필요할 수 있다.

치료 : 약물요법은 고관절이형성증(385쪽)에서와 비슷하다. 대부분 수술이 필요하다. 개의 나이, 결함의 심각도 및 유형 등을 고려하여 수술 방법을 선택한다. 팔꿈치에 문제가 많으면 많을수록 수술 여부와 상관없이 퇴행성 관절염이 발생할 가능성도 높아진다.

골연골증 osteochondrosis

뼈가 자라는 것은 뼈 말단 부위에서 급속히 성장하는 연골이 골화(骨化)되고 서서히 뼈로 합쳐지는 연속적인 과정이다. 골연골증은 이런 성장연골의 골화 과정에 결함이 생겨 발생한다. 골연골증에 걸린 개는 연골이 균질한 모양이 아닌 불규칙한 형태로 골화된다. 이로 인해 뼈 말단 부위가 골화에 실패한 연골로 덮인다. 관절에 부하가 걸리면 이 연골들이 파열되어 관절서(joint mice)라고 부르는 작은 뼛조각들이 되는데, 관절의 통증과 부종을 동반하는 이런 과정을 박리성 골연골염이라고 한다.

골연골증은 어깨관절의 상완골 머리 부위에서 가장 잘 발생한다. 팔꿈치에서도 발생하는데, 주관절이형성증을 일으키는 원인이 되기도 한다. 골연골증은 무릎이나 뒤꿈치에서는 발생이 흔치 않다. 무릎에 발생하는 경우에는, 경골과 맞닿는 대퇴골의 관절면에서 발생한다. 슬개골탈구와 유사하게 간헐적인 파행이 관찰될 수 있다. 뒤꿈치에 발생하는 경우, 경골과 거골(첫 번째 발꿈치뼈) 사이에서 발생한다.

골연골증은 급속히 성장하는 대형견 강아지에서 흔한 질환이다. 생후 4~8개월에 처음 증상이 나타난다. 성장하는 강아지에게 파행을 유발하는 또 다른 원인인 범골염과 유사한 증상을 보인다. 대형 품종의 강아지에서 전형적으로 어깨, 팔꿈치, 무릎, 발뒤꿈치로부터 퍼져 나가는 점진적인 파행이 관찰된다. 흔히 운동을 하면 증상이 더 심해진다. 계단을 뛰어내리는 등의 외상을 입을 만한 사건이 있은 후 증상이 나타날 수 있다. 관절을 구부리거나 펼 때 통증을 느낀다. 엑스레이검사로 관절 연골 파편이나 늘어진 연골 조각이 관찰된다. 생후 18개월 이전에는 확진이 어려울 수 있다.

치료 : 내과적 치료는 활동을 제한하고 진통제와 관절보조제(394쪽, 골관절염 치료에서 설명)를 처방하는 것이다. PSGAG(polysulfated glycosaminoglycan) 성분이 함유된 제품은 연골변성의 진행을 막고 통증과 염증을 완화시키는 데 도움이 된다.

대부분은 손상된 연골을 다듬고 관절서(joint mice)를 제거하는 수술이 필요하다. 어깨와 주관절의 수술 예후는 좋다. 발뒤꿈치(더 작은 관절)와 무릎(더 복잡한 관절)의 수술 예후는 아주 좋은 편은 아니다. 발뒤꿈치와 무릎은 시간이 지나며 퇴행성 관절 질환이 발생하기 쉽다.

범골염(돌아다니는 파행)panosteitis(wandering lameness)

범골염은 생후 5~12개월 사이의 크고 급속히 성장하는 강아지에게 발생하는 질환이다. 주로 저먼셰퍼드, 도베르만 핀셔, 그레이트데인, 아이리시 세터, 세인트버나드, 에어데일테리어, 바셋하운드, 미니어처 슈나우저 등에서 발생한다. 원인은 분명치 않지만 다유전자성 형질에 의해 유전되는 것으로 추측된다. 암컷에 비해 수컷에서 4배 더 많이 발생한다. 강아지가 특별한 외상 없이 하나 혹은 여러 다리를 간헐적으로 저는 증상이 관찰된다면 범골염을 의심해 본다.

특징적인 증상은 통증과 파행이 몇 주 또는 몇 달의 간격을 두고 한 다리에서 다른 다리로 이동해 나타난다는 점이다. 때때로 '돌아다니는 파행'이라고 부르는 이유이기도 하다. 아픈 다리의 뼈 위를 눌러 보면 통증을 호소한다. 범골염은 성장하는 강아지에서 골연골증, 주관절이형성증, 고관절이형성증 등의 파행을 유발하는 다른 질환과 잘 구분해야 한다.

치료 : 이 질환은 저절로 낫는다. 그러나 파행 증상이 수개월간 지속될 수 있다. 생후 20개월 정도면 보통 증상이 사라진다. 수의사는 통증 완화를 위해 진통제를 처방하기도 한다. 개가 심하게 아파하면 운동을 제한한다.

관절염arthritis

관절염은 하나 또는 여러 관절에 퇴행성 변화가 일어난 상태다. 대부분은 골연골증, 고관절이형성증 같은 유전적인 정형외과 질환이 있거나 관절에 손상을 입은 개에서 발생한다. 일부 증례는 면역매개성 관절 질환이나 관절 감염과 관련이 있다.

골관절염(퇴행성 관절 질환)osteoarthritis (degenerative joint disease)

골관절염은 개들의 생애에서 다섯 마리 중 한 마리에게 발생하는 흔한 질환이다. 노견에만 국한되지 않는다. 고관절이형성증, 십자인대파열, 슬개골탈구, 관절외상 등에 의해 젊은 개에서도 퇴행성 관절 질환이 발생할 수 있다. 소형견보다 대형견에서 더 많이 발생한다. 몸이 무거운 개는 관절과 인대에 과도한 부하가 걸리기 때문에 증상이 더 많이 나타난다.

퇴행성 관절염이 있는 개는 다양한 정도의 파행, 뻣뻣함, 관절 통증을 호소하는데 아침이나 낮잠을 자고 일어났을 때 더 심하다. 불편함이 커짐에 따라 예민해지거나 행동적인 변화가 나타나는 경우도 흔하다. 춥고 축축한 주변 환경도 통증과 뻣뻣함을 악화시킨다. 퇴행성 관절염은 진행성으로 시간이 지날수록 개의 삶을 더 황폐화시킨다.

진단은 관절 엑스레이검사로 이루어지는데, 인대와 관절낭이 부착되는 뼈 부위에 뼈돌기가 관찰된다. 관절 공간이 좁아지거나, 관절 주위 뼈의 밀도가 증가하기도 한다.

골관절염의 치료

퇴행성 관절 질환은 완치시킬 수는 없지만, 치료를 통해 개의 삶의 질을 크게 향상시킬 수 있다. 치료에는 물리치료와 체중 조절, 통증 완화 및 기능 향상을 위한 진통제나 스테로이드 투여, 관절연골을 복구하고 추가적인 손상을 예방하는 관절보조제 등이 포함된다. 침술요법은 관절염이 있는 개들에게 효과적인 또 다른 치료법 중 하나다. 이런 치료를 동시에 적용하면 더 효과적이다(397~398쪽, 골관절염 치료를 위한 약물 표 참조).

침술요법과 물리치료는 관절염이 있는 개를 편안하게 해 주는 대안적인 방법이다.

상태가 심한 경우 발뒤꿈치나 팔꿈치같이 통증이 심한 관절은 외과적 유합술을 실시하여 통증을 완화시키고 다리를 사용할 수 있게 해 주기도 한다.

물리치료

적당한 운동은 근육량 및 관절의 유연성 유지에 도움이 된다. 그러나 과도한 운동은 역효과가 난다. 관절염이 있는 개는 뛰어오르거나 뛰어내리지 못하게 해야 하고, 뒷다리로 서게 해서도 절대 안 된다. 통증과 파행을 호소하는 개는 목줄이나 하네스를 착용해 운동시킨다. 운동 및 체중 관리 프로그램을 짜는 데 수의물리치료 전문가들의 도움을 받을 수도 있다.

수영은 관절에 과부하를 주지 않고 근육량을 늘릴 수 있는 훌륭한 운동이다. 약물 사용을 통해 상태가 호전되면 운동량을 늘릴 수 있다.

과체중인 개는 **체중 감량**(306쪽)에서 설명한 것처럼 체중을 줄여야 한다. 과체중은 골관절염을 치료하는 데 있어 큰 방해 요인이다.

비스테로이드성 소염진통제(NSAID)

이 약물은 염증을 억제하지만 연골을 복구하거나 치료하지는 못한다. 이상적으로 영양 보조제와 함께 음식에 섞어 주면 좋다. 급속히 통증을 완화시킨다.

일부 NSAID는 연골을 보호하는 특성이 있는데, 이는 연골이 파열되는 것을 방지할 수 있다는 의미다. 반면에 아스피린 같은 약물은 진통제 용량으로 투여 시 오히려 연골을 파괴한다. 골관절염에 아스피린을 잘 사용하지 않는 이유다.

최근에 새롭게 사용되는 NSIAD는 아스피린이나 기존의 NASID에 비해 큰 장점이 있다. 리마딜(카프로펜)은 시간이 지나면 발생하기 쉬운 위장관 부작용의 발생률을 낮춘 뛰어난 약물이다. 매일 투여해야 하며, 진통 효과가 뛰어나고 관절염의 진행도 늦춰 주는 듯하다. 연골을 손상시키는 부작용도 없다. 그러나 래브라도 리트리버 등의 일부 품종은 카프로펜에 의한 간독성이 나타날 확률이 더 높다. 에토돌락은 또 다른 NSAID로 하루 한 번 투여한다. 카프로펜만큼 효과적이다. 수의사로부터 처방받을 수 있다. 골관절염 치료를 위한 약물(397~398쪽 참조)을 참고한다. 사람용 일반 의약품 NSAID는 개에게 투여하면 위험할 수 있으므로 주의한다. 수의사의 허가 없이 어떤 약도 개에게 투여해서는 안 된다. 그리고 동시에 절대 하나 이상의 NSAID를 투여해서도 안 된다.

잠재적인 심각한 부작용 때문에, 이런 약물을 빈번히 투여받은 개는 먼저 간과 신장 검사를 실시해야 한다. 이 약물은 출혈 시간을 늘리고 혈액응고를 방해할 수 있으며, 생명을 위협하는 간과 신장의 문제를 유발하거나 위장관 궤양을 유발할 위험도 있다. 메스꺼움과 구토 증상이 가장 먼저 나타날 수 있다. 6개월마다 혈액검사를 재실시해야 하는데, 문제가 관찰되면 더 앞당겨 실시한다. 이들 약물은 스테로이드와 함께 투여해서는 안 된다.

가장 흔한 부작용은 위장관 출혈이다. 증상이 분명해지기 전까지는 진단이 어렵고 광범위하게 진행된다(260쪽, 위와 십이지장의 궤양 참조). 미소프로스톨은 궤양을 예방하고 NSAID에 의해 손상된 점막의 치유를 돕는다. 수크랄페이트도 점막손상을 보호하는 약물이다. 수의사는 개가 만성 관절염으로 NSAID를 복용하는 경우 이런 위보호

기존의 NSAID는 위점막을 보호하고, 신장 기능 유지, 혈소판 응집 작용 등에 도움이 되는 COX-1 효소와 통증과 염증을 유발하는 COX-2 효소를 모두 억제하여 통증에는 효과가 있지만 위장관장애를 유발하는 문제가 컸다. 최근에는 멜록시캄, 피로콕시브, 시미콕시브와 같은 COX-2 효소에만 선택적으로 작용하는 NSAID도 많이 사용되고 있다. 그러나 이런 선택적 억제제들도 장기간 투여할 시 주의를 요한다.

제를 함께 처방한다.

스테로이드

경구용 당질코르티코이드(코르티코스테로이드)는 항염증 효과로 사용된다. 저용량은 연골을 보호하지만, 고용량(통증 완화를 위해 사용)은 오히려 연골을 파괴한다. 언젠가 연골 보호 작용은 더 커지고 부작용은 작아지는 제품이 개발될 수도 있을 것이다.

불행히도, 개들은 일반적으로 NSAID와 스테로이드 모두에 부작용이 민감하게 나타난다. 스테로이드는 NSAID 치료에 반응을 보이지 않는 골관절염 환자에게 단기간 동안 사용할 때 가장 효과적이다. 면역매개성 관절염에 걸린 개는 장기간 투여해야 한다.

스테로이드는 많은 부작용 때문에 아주 위험한 약물로 간주된다. 연골의 회복을 방해하는 것부터 다음증 및 다식증을 유발하는 것까지(다뇨증과도 관련이 있다) 부작용이 다양하다. 장기간의 사용은 간과 부신의 문제를 일으킬 수 있다. 그러나 여전히 스테로이드는 여러 질환에서 신속한 증상 완화 효과를 나타내며, 면역에 문제가 있는 경우에도 사용할 수 있다. NSAID와 함께 투여해서는 안 된다.

프레드니손 같은 대부분의 스테로이드는 경구로 투여하지만, 장기 지속형 주사제를 사용하기도 한다. 처방 용량과 기간은 다양하며, 보통 부작용을 최소화하기 위해 가능하면 점진적으로 감량시켜 나가며 중단한다(테이퍼링).

연골 보호제

이런 물질은 연골의 손상을 막아 골관절염의 진행을 늦춘다. 연골이 손상되는 것은 퇴행성 관절 질환이 발생하는 첫 번째 단계다. 연골 보호제는 골관절염 초기에 사용했을 때 가장 효과적이다.

아데콴(PSGAG, polysulfated glycosaminoglycan)은 4주 동안 일주일에 2회 근육주사를 하는 연골 보호제다. 고관절이형성증과 같이 퇴행성 관절 질환에 걸릴 확률이 높은 개에게 예방적으로 사용한다.

다른 연골 보호제는 영양 보조제(건강기능성 식품)다. 이런 제품은 그 효능에 대한 의학적 가치들이 보고되어 있기는 하지만, 엄격한 임상실험에 대한 연구는 부족하다. 약물과 달리 영양 보조제는 승인을 받지 않고 규제도 까다롭지 않다. 사람에 관한 연구 자료는 풍부한 반면 개의 관절염에서 이런 성분의 효과에 대한 연구는 제한적이다. 397~398쪽에서 이런 제품을 소개하고 있다. 임상연구는 부족하지만, 아직까지 이런 성분들은 안전하고 효과적인 것으로 생각되고 있다.

국내에는 아데콴, 즉 폴리설파이드 글리코사미노글리칸(polysulfated glycosaminoglycan) 성분 제품은 유통되지 않고 있다. 대신 최근에는 국내에서 개발된 조인트벡스, 티스템조인트 등의 관절 주사제가 출시되어 시술되고 있다. 아데콴에 비해 주사 횟수가 적고 지속 기간이 길어, 치료 증례가 축적되면 관절염 관리에 큰 도움이 될 것으로 기대된다. 그밖에도 기존 성분과는 다른 새로운 성분의 관절 영양제도 많이 출시되어 있으나 효과가 검증되기까지는 주의가 필요하다.

골관절염 치료에 사용되는 영양 보조제는 대부분 관절연골의 생성 및 치유와 관련이 있는 성분들로 글루코사민, PSGAG, 콘드로이틴 등의 성분을 함유하고 있다. 아데콴 시술 후에 먹는 약으로 추천되기도 하며, 그 외에도 외상, 수술, 퇴행성 관절 질환, 면역매개성 관절염같이 관절손상이 우려되는 경우에도 투여할 수 있다.

관절 보호제는 NSAID와 함께 투여할 수 있다. 함께 투여하면 통증을 줄이고 염증을 완화한다. 관절 보호제는 골관절염의 발생을 예방하는 데도 도움이 된다. 관절 보호제 성분을 함유한 처방 사료도 있다. 어떤 종류의 영양 보조제든 투여 전에는 현재 먹고 있는 약물과의 상호작용을 피하기 위해 반드시 수의사로부터 확인받도록 한다. 영양 보조제는 일반적으로 효과가 나타나기까지 한 달 정도 걸린다. 용량은 다양하며 수의사에게 자문을 구한다.

골관절염 치료를 위한 약물

비스테로이드성 소염진통제(NSAID)

성분명	제품명	용량	특별한 부작용
카프로펜	리마딜	하루 1~2회	래브라도 리트리버에서 잠재적 특이체질 반응 유발(3주 이내 간독성)
데라콕시브	데라맥스	하루 1회, 음식과 함께	
에토돌락	에토제식	하루 1회, 음식과 함께	잠재적인 안구건조증 유발
피로콕시브	프레비콕스	하루 1회(츄어블)	
멜록시캄	메타캄	하루 1회, 음식과 함께 (현탁액)	
페닐부타존	부타졸리딘	하루 3회, 음식과 함께	
피록시캄	펠덴	1~2일에 1회, 음식과 함께	잠재적 암 예방 효과
테폭살린	주브린	하루 1회, 음식과 함께 (급속 용해 알약)	

연골 보호제와 다른 영양 보조제

성분명	효능	부작용
초록입홍합	연골의 보호 및 복구	최소
해삼	연골의 보호 및 복구	최소
황산 콘드로이틴	연골의 보호 및 복구, 손상방지, 통증 관리	최소

글루코사민	연골의 보호 및 복구	최소
MSM (methysulfonylmethane)	유황 보조제, 통증 관리	최소
폴리설파이드 글리코사미노글리칸(주사제)	연골의 보호 및 복구	최소
오메가 3 지방산	항염증 작용	최소
비타민 C, E	항산화제	최소, 지나친 고용량은 독성 유발
보스웰리아	항염증성 허브	최소
유카	항염증성 허브(사포닌 함유)	최소

면역매개성 관절염 Immune-mediated arthritis

드물게 발생하는 이 질환은 항체가 개의 결합조직을 공격하여 미란성(침식성) 또는 비미란성 관절염을 유발한다. 미란성 관절염에서는 연골과 관절 표면이 파괴되며, 비미란성 관절염에서는 염증은 있지만 조직은 파괴되지 않는다.

류머티스성 관절염은 미란성 관절염으로 주로 4살 정도의 초소형견이나 소형견에서 발생한다. 아침에 다리가 뻣뻣하거나, 돌아가면서 다리를 절거나, 발목 같은 작은 관절 부위에 생기는 부종이 특징이다. 고열, 식욕감소, 림프선염 등을 동반하기도 한다.

비미란성 관절염은 5~6살 정도의 중형견이나 대형견에서 발생한다. 원인은 알려져 있지 않다. 간헐적인 발열, 식욕감소, 관절부종, 범골염(돌아다니는 파행) 등의 증상을 보인다. 전신성 홍반성 루푸스에서도 비미란성 관절염이 발생한다.

면역매개성 관절염은 관절 엑스레이검사와 특수한 실험실 검사로 진단한다. 관절 활액분석검사는 면역매개성 관절염과 감염성 관절염, 골관절염을 감별하는 데 도움이 된다.

치료 : 면역매개성 관절염은 스테로이드와 화학요법제 같은 소염제와 면역 억제제로 치료한다. 치료는 8주 이상 지속해야 한다. 수의사는 여러 약물을 사용하거나 최상의 치료 효과를 위해 약물을 병용해 사용하기도 한다. 류머티스 관절염은 비미란성 관절염에 비해 약물에 대한 반응이 떨어진다.

경미하거나 중등도의 활동은 도움이 되지만 격렬한 운동은(특히 차도를 보이기 시작할 시기) 관절을 손상시킬 수 있어 제한해야 한다. 과체중견은 칼로리 제한 식단을 실시한다. 실제로 개가 약간 마른 편이 도움이 된다. 이에 대해서는 수의사와 상의한다.

감염성 관절염infectious arthritis

감염성 질환은 관절염을 유발할 수 있다. 리케차성 관절염은 로키산홍반열, 에를리히증, 스피로헤타에 의한 라임관절염 등에서 관찰된다(모두 진드기 매개성 질환). 곰팡이성 관절염은 전신성 곰팡이 감염의 합병증으로 드물게 발생한다.

패혈성 관절염은 관절 주변의 상처나 연부조직 감염, 혈류 등을 통한 세균에 의해 발생한다. 관절 내로 스테로이드를 주사하는 것도 가능성이 낮긴 하지만 세균 감염 위험이 있다.

치료 : 관절을 절개하여 모든 감염 조직과 죽은 조직을 제거한다. 그리고 장기간 항생제를 처방한다. 대부분의 진드기 매개성 질환은 독시사이클린이나 테트라사이클린으로 치료된다. 일부 개들은 관절에 영구적인 손상이 남는다.

대사성 뼈 질환

부갑상선기능항진증hyperparathyroidism

부갑상선은 목에 있는 갑상선 근처에 있는 네 개의 작은 분비샘이다. 부갑상선은 PTH(부갑상선호르몬)를 분비하는데 이는 뼈의 대사와 혈중 칼슘 농도 조절에 필수적인 역할을 한다.

원발성 부갑상선기능항진증primary hyperparathyroidism

개에서는 드물다. 부갑상선 종양에 의해 발생하는데 PTH를 과도하게 분비한다. 중년과 노년의 개에서 발생하는데 평균 발생 나이는 10살이다. 케이스혼트는 품종 소인이 있는 것으로 추측된다.

증상은 비특이적으로 식욕부진, 무기력, 심한 갈증, 빈뇨(소변을 자주 봄) 등이 나타난다. 변비, 쇠약, 구토, 근육 뒤틀림, 뻣뻣한 보행 등도 보고되었다. 혈액검사상 칼슘 농도가 상승하기 전까지는 쉽게 의심하기가 어려울 수 있다.

원발성 부갑상선 증식증후군은 네 개의 부갑상선이 커지는 상태로 저먼셰퍼드 강아지에서 관찰된다. 상염색체 열성 유전 형질이다.

항문낭선암종은 PTH를 분비하는 독특한 특성이 있는데, 이로 인해 드물지만 가성 부갑상선기능항진증의 원인이 된다.

원발성 부갑상선기능항진증의 진단은 PTH를 측정하여 확진한다. 이런 개들은 혈청 PTH가 정상치 이상이다.

치료 : 문제가 있는 부갑상선을 수술적으로 제거하는 것이 유일한 치료방법이다.

신장 속발성 부갑상선기능항진증renal secondary hyperparathyroidism

장기간 지속된 신장 질환에 의해 체내에 인이 정체되어 발생한다. 혈청 인 농도가 높아지고, 칼슘 농도가 낮아지면 부갑상선이 PTH를 분비하도록 자극한다. 증상은 원발성 부갑상선기능항진증과 비슷한데, 보통 신장의 문제에 가려져 잘 드러나지 않는다.

치료 : 신부전(414쪽)에서 설명한 것처럼, 신장 질환을 교정하는 치료를 한다.

영양 속발성 부갑상선기능항진증nutritional secondary hyperparathyroidism

최근에는 드물어졌지만 식단의 인 함량이 너무 많거나 칼슘 함량이 부족하여 발생한다. 칼슘이 소장에서 흡수되려면 비타민 D가 필요하다. 때문에 비타민 D가 부족하면 칼슘도 부족해진다. 이로 인해 부갑상선의 PTH를 분비하도록 만든다.

영양 속발성 부갑상선기능항진증의 한 원인은 심장, 간, 신장 등의 내장 고기를 주성분으로 만든 사료를 급여하는 것이다. 이런 식단은 인 함량은 너무 높은 반면, 칼슘과 비타민 D의 함량은 너무 낮다. 채소로만 구성된 식단, 옥수수빵, 남은 음식으로 만든 식단 등도 칼슘 함량이 낮다. 이 질환은 영양적으로 균형 잡힌 음식을 먹는 개에게는 발생하지 않는다.

강아지에서는 파행, 뼈의 통증, 성장저하, 자연골절을 포함한 근골격계 증상이 나타난다. 성견에서는 영양 속발성 부갑상선기능항진증에 의한 치주 질환이 발생한다. 턱뼈가 얇아지고 치근이 노출된다. 그리고 치아가 빠진다.

치료 : 고품질의 균형 잡힌 음식을 먹여 교정한다. 강아지의 경우 성장을 돕는 제품이 좋다. 수의사가 처방하지 않았다면 비타민과 미네랄 보조제는 급여하지 않는다.

이런 문제가 있는 강아지는 처음 몇 주간 골절을 방지하기 위해 조용한 곳에 격리시킨다. 심한 치주 질환이 있거나 입맛이 까다로운 노견은 균형 잡힌 음식을 충분히 먹기 어려울 수 있다. 이런 개들은 치과 수복 치료와 식이 보조제 급여가 필요할 수 있다.

비대성 골이형성증hypertrophic osteodystrophy

비대성 골이형성증은 생후 2~8개월의 대형견이나 초대형견에게 발생하는 발달성 질환이다. 원인은 알려져 있지 않다.

비대성 골이형성증은 앞뒤 발목의 성장판 가까운 긴뼈에서 발생한다. 이 부위들에서 통증을 느끼고 파행을 보인다. 파행의 정도는 가벼운 정도부터 사용하지 못하는 정도까지 다양하다. 종종 양쪽 다리에 함께 발생하기도 한다. 뼈 부위에 열감과 부종이 관찰되고 만지면 아파한다. 움직이지 않으려고 한다. 일부 개들은 고열, 침울, 식욕부진, 체중감소 등을 보인다.

엑스레이검사상 성장판이 확장되고 성장판 주변의 골밀도가 증가한 것이 관찰된다. 이런 소견으로 성장기의 강아지들에서 파행을 유발하는 범골염과 비대성 골이형성증을 구분할 수 있다.

치료 : 비대성 골이형성증의 특정한 치료법은 없다. 휴식하고 수의사에게 비스테로이드성 소염제를 처방받아 투여하는 등의 대증치료를 한다. 많은 강아지가 항생제나 프레드니손 등의 처방에 효과를 보인다.

수의사와 함께 과잉급여는 없는지 강아지의 식단을 잘 검토한다. 만약 그렇다면 칼로리 섭취를 줄인다. 모든 비타민 보조제를 중단한다. 이런 문제가 있는 강아지는 대부분 한두 차례 비대성 골이형성증에 걸리고 잘 회복한다. 그러나 영구적인 뼈의 변형이나 신체적인 기형으로 진행되는 경우도 있다.

비타민과 미네랄 보조제

사람들의 믿음과 달리 강아지들은 정상적인 성장과 발달을 위해 비타민이나 미네랄 보조제를 필요로 하지 않는다. 요즘 판매되는 강아지용 사료는 정상적인 성장을 위한 모든 영양소를 함유하고 있으므로, 사료를 주식으로 먹는 경우라면 충분한 섭취가 가능하다. 식단에 추가적인 비타민이나 미네랄을 첨가한다고 더 많은 영양소가 개에게 전달되는 것은 아니다.

칼슘, 인, 비타민 D를 개에게 필요량 이상으로 주는 경우, 성장과 발달을 악화시키는 역효과가 나타날 수 있다. 비타민 D 과잉은 뼈가 울퉁불퉁한 모양으로 자라게 만든다. 또 칼슘이 폐, 심장, 혈관 등에 침착될 수 있다.

비타민과 미네랄 보조제는 입맛이 까다로워 특정 영양소가 결핍되기 쉬운 노견에게 가장 효과적이다. 모든 영양 보조제의 적절한 용량은 반드시 수의사의 지시를 따른다.

14장
비뇨기계

비뇨기계는 신장, 요관, 방광, 요도, 전립선(수컷)으로 이루어진다(아래 그림은 수컷의 비뇨생식기계로 암컷의 비뇨생식기계는 438쪽에 설명되어 있다). 신장은 두 개로 등쪽 척추 방향으로 양쪽 마지막 갈비뼈 바로 아래에 있다. 각각의 신장에는 소변을 요관으로 이동시키는 깔때기에 해당하는 신우가 있다. 소변은 요관을 통해 방광으로 이동하며, 다시 방광에서 요도로 이동한다. 요도 개구부는 수컷의 경우 음경 끝에서, 암컷의 경우 외음부 주름 사이에서 관찰된다. 요도는 수컷에서는 정액이 이동하는 통로 역할도 한다. 전립선은 방광 바로 아래에서 요도를 감싸고 있는데, 전립선 표면의 위쪽 부

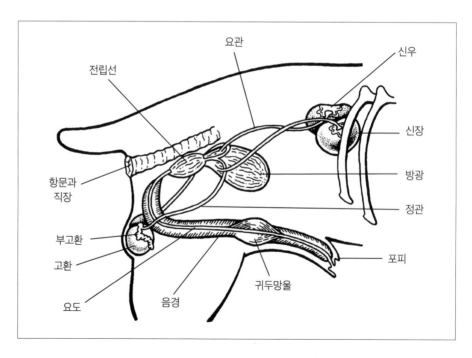

수컷의 비뇨생식기계

분은 직장 검사로 촉진이 가능하다.

신장의 주 기능은 체액, 전해질, 산-염기 균형을 조절하고 대사산물을 배출시키는 것이다. 이는 신장 기능의 기본 단위인 수백만 개의 네프론에 의해 이루어진다. 네프론에는 구형의 혈관 구조로 되어 있는 사구체가 있어서 혈장으로부터 노폐물을 걸러내고, 물과 전해질은 세뇨관을 통해 재흡수된다. 농축된 노폐물로 이루어진 액체가 바로 소변이다. 소변은 보통 노랗고 투명하다. 그러나 수분 공급 상태, 다양한 약물, 질병 등에 의해 색이 변할 수 있다.

방광을 비우고 배뇨를 하는 결정은 뇌에 의해 의식적으로 조절된다. 때문에 개에게 배변교육을 가르치는 것이 가능하다. 일단 개가 소변을 보기로 결정하면 복잡한 척수 반사를 통해 방광을 비우는 기전이 작동한다.

요로기계 질환의 증상

대부분의 요로기계 이상은 정상적인 배뇨 활동이 방해받아 발생한다. 몇 가지 증상이 있다.

배뇨곤란(배뇨통)dysuria(painful urination)

배뇨곤란의 증상에는 소변을 보려고 힘을 주거나, 소변을 뚝뚝 흘리거나, 음경이나 외음부를 핥거나, 통증으로 울부짖거나, 소변을 조금씩 자주 보거나, 소변을 보려 여러 번 시도해도 소변이 잘 나오지 않거나, 점액이나 피가 섞여 나오는 것 등이 포함된다. 이런 증상은 방광, 요도, 전립선의 이상을 의미한다.

하복부에 통증을 느끼거나 부풀어 보이면 방광이 심하게 팽만된 상태일 수 있다. 장시간 소변을 보려 애써도 소변을 보지 못한다면 요로가 폐쇄되었을 수도 있다. 보통 결석에 의해 발생하지만 종양이 소변의 흐름을 방해하여 발생할 수도 있다.

혈뇨hematuria(blood in the urine)

소변 첫 부분에 관찰되는 혈뇨는 요도, 음경, 전립선, 자궁, 질의 문제를 의미한다. 반면에 소변 끝부분에 관찰되는 혈뇨는 방광이나 전립선의 문제를 의미한다. 소변이 전체적으로 붉은 것은 신장, 요관, 방광에 문제가 있을 때 관찰된다.

통증을 동반하지 않는 혈뇨는 신장 문제일 가능성이 높다. 외음부의 출혈이 혈뇨로 오인되기도 한다. 미세한 혈뇨는 맨눈으로는 확인되지 않지만 현미경으로 검사하면 적혈구가 관찰된다.

다뇨(과도한 배뇨)polyuria(excessive urination)

소변을 다량으로 자주 보는 것은 신장 질환을 의미한다. 개는 보상적으로 다량의 물을 섭취할 것이다. 음수량이 늘어난 것을 먼저 관찰할 수도 있다(다음증).

다뇨 증상의 다른 원인으로는 당뇨병, 쿠싱 증후군, 뇌하수체 종양, 부갑상선기능항진증, 일부 중독증 등이 있다. 다뇨증은 배뇨곤란이나 요실금 증상과 잘 감별해야 한다.

요실금urinary incontinence

요실금이 있는 개는 소변 실수를 하는데 대부분 자발적인 조절 능력을 상실해 발생한다. 특정적 증상은 개가 잠을 잤던 깔개나 바닥이 젖어 있거나 소변을 뚝뚝 흘리는 것으로, 때때로 흥분하거나 스트레스를 받았을 때도 소변을 지리기도 한다. 요실금(407쪽)에서 다루고 있다.

요로기계 질환의 진단

증상이 겹치거나 여러 부위가 동시에 관련되었을 수 있어 증상만으로는 정확한 진단을 내리기가 어렵다. 실험적 검사들이 도움이 된다. 소변검사는 수의사가 요로기계의 감염 여부를 판단할 수 있게 해 주고, 혈액검사는 신장의 기능을 평가할 수 있는 정보를 준다. 혈액화학검사에는 BUN(혈액요소질소) 항목이 포함되어 있는데 신장의 여과 능력의 효율을 평가한다. 그러나 이 수치는 식단이나 다른 요소에 의해 영향을 받을 수 있다. 크레아티닌도 신장 기능 평가를 위한 검사항목이다.

수의사는 소변을 받아올 것을 요청하기도 한다(개가 소변을 볼 때 컵에 받아 쉽게 채취할 수 있다). 이 '신선한 시료'는 음경이나 외음부 주변의 털에 의해 오염될 수 있다. 멸균된 바늘로 방광에서 직접 소변을 흡인하는 방광천자*를 통해 멸균된 소변을 채취하거나 멸균 카테터를 요도로 삽입해 방광에서 소변을 채취할 수도 있다. 소변배양 등 멸균이 중요한 경우 수의사가 직접 채취한다. UPC 검사는 단백질과 크레아티닌의 비율을 측정하여 신장의 효율을 평가하는 방법이다. 단백질 비율은 염증이나 체내 어딘가의 질병에 의해서도 변화할 수 있다.

복부 엑스레이검사는 결석을 진단하는 데 특히 유용하다. 복부초음파검사는 신장,

* **방광천자**는 가는 바늘을 통해 복벽을 통과하여 방광에서 직접 소변을 채취하는 방법.

요관, 방광을 비침습적인 방법으로 평가하는 훌륭한 방법이다. 정맥 신우조영술(IVP)은 조영제를 정맥으로 주사하여 엑스레이검사를 실시하는 방법으로, 신장으로 배설된 조영제를 통해 신우와 요관의 윤곽을 확인할 수 있다. 다른 선별검사들로는 CT 검사, 탐색적 개복술, 신장이나 방광의 조직생검 등이 있다.

방광과 요도의 질환

하부 요로기계에는 네 가지 주요한 문제가 발생하는데 서로 관련이 있는 경우가 많다. 감염, 결석, 폐쇄, 요실금이 그것이다.

방광염cystitis

방광염은 방광 내벽에 발생하는 세균 감염이다. 수컷과 암컷에서 모두 방광염에 앞서 요도 감염이 발생한 경우가 많다. 노화, 방광염, 장기간의 코르티코스테로이드 치료 등에 의해서도 발생한다. 중성화수술을 하지 않는 수컷은 이미 전립선염이 있는 경우도 있다. 장시간 소변을 보지 못한 개는 방광염이 발생할 위험이 매우 높다.

방광결석은 방광염의 결과로 발생한다. 세균은 나중에 결석으로 발달하는 결석핵을 형성한다.

방광염의 주요 증상은 소변을 자주 보고 아프게 보는 것이다. 소변은 혼탁하고 비정상적인 냄새가 날 수 있다. 방광염이 있는 암컷은 외음부를 핥는다. 질 분비물이 관찰되기도 한다. 소변의 세균, 백혈구, 종종 적혈구 등을 확인하여 확진한다.

치료 : 신장의 감염을 막기 위해 방광염은 즉시 치료해야 한다. 수의사는 효과적인 항생제를 처방할 것이다. 2~3주간 항생제를 투여하며 그 후 감염이 완치되었는지 검사한다.

세균이 방광벽에 달라붙는 것을 방지할 목적으로 요 산성화제를 투여하기도 한다. 블랙베리와 라즈베리에는 엘라지탄닌(ellagitannin)이 들어 있어 세균이 방광벽에 달라붙는 것을 막는다. 크랜베리도 비슷한 작용을 한다. 이런 베리류는 소변의 pH를 낮추는 데 도움이 된다. 재발된다면 방광결석과 같은 2차적인 문제를 확인하기 위해 엑스레이검사와 초음파검사가 필요하다. 세균 배양과 항생제 감수성 검사를 실시하여 적합한 항생제를 투여한다. 투약 중단 후 1~2개월 뒤에 다시 소변을 배양한다. 만성 방광염은 잠자리 전에 장기간에 걸친 항생제 투여가 필요할 수 있다.

글루코사민과 콘드로이틴은 재발성 방광 감염이 있는 고양이에게 도움이 되는 것으로 알려져 있다. 개에게 그 유효성이 확인되진 않았으나 도움의 여지가 있는 안전한 보조제다.

방광결석과 요도결석bladder and urethral stone

개에서 신장결석은 드물고, 방광결석은 흔하다. 방광에 생긴 결석이 요도로 이동할 수 있다. 모든 개에게 방광결석이 발생할 수 있는데 주로 미니어처 슈나우저, 달마시안, 시추, 닥스훈트, 불도그에서 많이 발생한다.

방광결석과 요도결석의 크기는 다양하며, 한 개만 생기거나 여러 개가 생길 수 있고, 저절로 배출되거나 요로에 걸려 폐색을 일으킬 수 한다. 방광결석으로 인해 소변을 볼 때 통증을 느끼고 출혈이 동반될 수 있다.

방광결석은 대부분 인산암모늄 마그네슘 성분의 스트루바이트다. 주로 알칼리뇨에서 발생하며 보통 방광염이 앞서 발생한다. 세균과 요 침전물이 결석핵을 형성하면 인산암모늄이 침착된다.

요산결석은 주로 산성뇨에서 생기는데, 유전적으로 요소 대사 과정에 문제가 있는 경우가 많다. 달마시안과 불도그는 유전인 소인이 있다.

칼슘옥살레이트와 시스틴 결석도 있다. 시스틴 결석은 뉴펀들랜드 등의 품종에서 관찰된다. 실리카 결석은 드물게 발생하는데 수컷 저먼셰퍼드에서 가장 많이 발생한다. 이런 결석은 보통 이전의 방광염 발생 여부와는 상관이 없다.

크기가 크고 숫자가 많은 방광결석은 때때로 촉진되기도 한다. 대부분은 엑스레이검사로 진단하며, 확진을 위해 조영검사가 필요할 수 있다. 엑스레이검사에서 보이지 않던 결석이 초음파검사나 신우조영술을 통해 확인되기도 한다. 소변검사도 일상적으로 실시된다.

자연적으로 배출되거나 수술을 통해 제거한 결석은 성분검사를 실시해야 한다. 남아 있는 결석이나 재발 방지를 위한 치료에 도움이 된다.

치료 : 방광염이 있다면 405쪽에서와 같이 치료한다. 수 주에서 수개월 간의 특수한 처방 사료 급여를 통해 결석이 용해되는 경우도 있다. 스트루바이트 결석은 산성뇨에서 용해되므로 저마그네슘 및 저단백 식단이 추천된다. 요산결석은 알로푸리놀 투여와 함께 저퓨린 식단*이 추천된다. 시스틴 결석은 결석 용해 약물과 처방식이 추천된다. 야채 사료는 유레이트 결석 예방에 도움이 된다. 칼슘옥살레이트와 실리카 결석에 대한 효과적인 식단은 아직까지 없다. 그러나 재발 방지를 위해 처방 사료와 보조제가 추천된다.

요도를 막고 있는 결석이나 식이요법과 약물요법에 실패한 방광결석은 수술로 제

개에게 가장 흔한 방광결석은 스트루바이트와 칼슘옥살레이트다. 최근에는 칼슘옥살레이트의 발병이 증가하고 있다. 방광의 감염과 관련이 높은 스트루바이트와 달리 칼슘옥살레이트는 대사질환과 관련이 높다.

결석 성분분석은 국내 모든 동물병원에서 간편하게 의뢰할 수 있다. 보통 국내 검사기관을 통해 검사가 실시되며 일주일 이내로 결과를 받아볼 수 있다. 미네소타 결석센터로도 검사를 의뢰할 수 있다.

* **저퓨린 식단** 요산 수치를 높이는 퓨린 성분을 낮춘 식단.

거해야 한다(407쪽, 방광폐색 참조). 울혈성 심부전 등으로 약물치료가 불가능하거나 증상의 신속한 개선이 필요한 경우에도 수술이 필요하다.

증례의 30%는 결석이 재발한다. 정기적인 검사가 필요하며, 수의사는 장기간에 걸친 식이요법과 비타민 C, 라즈베리 추출물, 크랜베리 추출물 등의 보조제 급여를 추천할 것이다.

방광폐색obstructed bladder

방광폐색을 일으키는 가장 흔한 원인은 결석이다. 종양이나 협착에서도 발생한다. 드물게 수컷에서 전립선비대증에 의해서도 방광폐색이 발생하기도 한다.

방광폐색이 발생한 개는 급격히 불편해하며 심하게 위축된다. 암컷과 수컷 모두 소변을 보려고 다리를 이상하게 벌리고 서 있는 모습이 관찰된다. 소변을 뚝뚝 흘리며, 소변 줄기가 약하고 자주 본다면 부분폐색을 의심할 수 있다.

부분폐색을 치료하지 않고 방치하면 완전폐색 상태가 된다. 완전폐색이 발생하면 소변이 전혀 나오지 않는다. 아랫배가 부풀어 오르고 누르면 아파하며 마치 골반 앞쪽에 커다란 공이 있는 듯 느껴진다. 방광폐색으로 인해 지속적인 배뇨 자세를 취하는 것이 자칫 변비로 오인되기도 하므로 주의한다.

치료 : 요도에 결석으로 인한 부분폐색이 발생한 경우 저절로 배출되기도 한다. 이후 치료는 **방광결석과 요도결석(406쪽)**에서와 비슷하다.

완전폐색은 급성 응급상태다. 즉시 개를 동물병원으로 데려간다. 폐색 상태를 해결하지 않으면 신부전이나 방광파열로 진행될 수 있다. 종종 멸균 카테터를 이용하거나 수압을 이용해 결석을 방광 쪽으로 밀어 넣기도 한다. 실패할 경우 수술로 제거해야 한다.

요실금urinary incontinence

요실금은 배뇨 작용의 자발적인 조절 능력을 상실하는 것이다. 이 의학적인 문제는 배변 실수나 강아지의 복종성 배뇨가 아닌지 잘 감별해야 한다. 요실금이 있는 개는 잠자고 일어난 자리가 젖어 있으며, 때때로 소변을 뚝뚝 흘리거나 정상보다 더 자주 소변을 보곤 한다. 개의 깔개 주변에서 소변으로 인한 암모니아 냄새가 난다. 음경이나 외음부 주변의 피부도 헐어 있다.

요실금에는 여러 형태가 있다.

호르몬 반응성 요실금

중년 또는 노년의 중성화한 암컷에서 가장 흔히 발생하며, 어린 암컷이나 중성화한 노년의 수컷에서는 흔치 않다. 암컷에서는 에스트로겐 부족으로, 수컷에서는 테스토스테론 부족으로 발생한다. 이 두 가지 호르몬은 요도괄약근의 근육 긴장도 유지에 중요하다.

호르몬 반응성 요실금은 마치 야뇨증처럼 보인다. 개는 소변을 정상적으로 보지만, 이완되거나 잠들었을 때에는 소변을 지린다.

치료 : 중성화한 암컷에서 발생하는 호르몬 반응성 요실금은 요도괄약근의 긴장도를 높여 주는 약물인 페닐프로판올아민*을 투여해 치료한다. 페닐프로판올아민이 효과가 없는 경우, 디에틸스틸베스트롤(에스트로겐)을 투여할 수도 있다. 그러나 디에틸스틸베스트롤은 골수억압 위험이 있기 때문에 최근에는 잘 사용하지 않는다. 페닐프로판올아민은 사람에게는 식이 보조제로도 사용되고 남용되기도 하여 재고가 부족한 경우가 발생한다. 약물을 사용할 수 없는 경우, 수의사는 저용량 에스토로겐을 처방한다.

중성화한 수컷의 요실금은 개 테스토스테론 투여에 잘 반응한다. 페닐프로판올아민도 수컷에게 효과가 있다.

복종성 배뇨

이 역시 흔히 발생하는 문제로, 정상적인 배뇨처럼 요도의 근육이 이완됨과 동시에 복벽 근육이 수축하며 소변을 지리는 특징이 있다. 개는 불편하거나 스트레스를 받는 상황에서 소량의 소변을 보는데 이를 스트레스성 요실금이라고도 한다. 새로운 집에 입양된 강아지에서 가장 흔하며 대부분 시간이 지나면 없어진다.

치료 : 복종성 배뇨는 행동교정과 더불어 페닐프로판올아민이나 요도근의 긴장도를 높여 주는 약물로 치료한다. 스트레스를 유발하지 않도록 낮은 억양으로 간결하게 말하고, 개에게로 몸을 숙이거나 직접 눈을 마주치는 것을 피한다. 요실금 증상을 더 악화시킬 수 있으므로 혼을 내서는 안 된다. 훈련사나 행동 전문가의 도움을 받을 것을 추천한다.

신경성 요실금

척수손상, 감염, 종양, 유전성 신경병증에 의해서도 방광을 조절하는 신경이 영향을 받을 수 있다. 신경이 손상된 방광은 근육 긴장도가 떨어져 수축이 어려울 수 있다. 방광은 요도괄약근이 견디지 못할 정도의 압력이 생길 때까지 소변을 채운다. 이로 인해, 간헐적으로 소변을 조절하지 못하고 뚝뚝 흘린다.

* **페닐프로판올아민**Phenylpropanolamine 페닐프로판올아민은 '프로팔린'이라는 상품명으로 판매되고 있다. 효과는 좋은 편이나 본문에서 설명한 바와 같이 품절되는 경우가 많다. 미세한 양을 물이나 사료에 떨어뜨려 투여하므로 투약과 관리가 간편하다.

신경성 요실금은 방광내압곡선검사(cystometrogram)로 확진하는데, 카테터를 통해 액체를 점진적으로 주입하고 이에 반응하여 방광이 얼마나 강력하게 수축하는지를 측정하는 검사다. 이 결과를 바탕으로 신경학적 결함이 있는 부위도 찾아낼 수 있다 (척수 또는 방광).

치료 : 신경성 요실금은 장기간의 카테터 장착과 감염 억제를 위한 항생제 투여로 치료한다. 방광에 작용하는 약물도 도움이 될 수 있다. 이런 형태의 요실금은 치료가 어렵다. 그러나 척수손상이 성공적으로 치료되는 경우 요실금이 완치되기도 한다.

방광의 과도한 팽창에 의한 요실금

이런 형태의 요실금은 요도의 결석, 종양, 협착 등에 의한 방광의 부분적인 폐색으로 인해 발생한다. 증상은 신경성 요실금에서와 유사하지만 방광의 신경 작용은 정상이다.

치료 : 과도하게 팽창된 방광은 폐색의 원인을 해결하고 방광이 근육 긴장도를 되찾을 때까지 요도 카테터를 장착하여 치료한다. 약물요법도 도움이 된다. 방광은 신경학적으로 정상이므로 완전히 정상으로 회복될 수 있다.

신부전kidney failure

신부전이 발생한 개는 소변을 농축시킬 수 없다. 다량의 소변을 보고, 수분 손실을 보충하기 위해 평소보다 물을 많이 마신다. 필요한 만큼 소변을 보러 밖으로 나가지 못하면 집 안에서 소변을 보기 시작할 것이다. 개가 요실금을 보인다면 신부전인지 확인하기 위해 신장 기능을 체크해야 한다.

치료 : 신부전의 치료는 416쪽에서 설명하고 있다.

요실금의 다른 원인

요실금의 또 다른 원인은 이소성* 요관이다. 암컷은 수컷에 비해 이 선천적인 문제가 발생할 확률이 8배나 더 높다. 하나 또는 두 개의 요관이 방광 대신 질로 연결되어 있어 소변이 계속 질로 유입된다. 이소성 요관으로 인한 요실금은 출생 시부터 나타나서 배변교육이 끝날 시기인 생후 3~6개월이 되면 더 명확하게 드러난다. 화이트 웨스트하이랜드 테리어, 폭스테리어, 미니어처 푸들과 토이 푸들에서 많이 발생한다. 시베리안 허스키와 래브라도 리트리버도 유전적 소인이 있을 수 있다.

중성화수술을 받은 지 얼마 안 되는 암컷에서 발생하는 요실금은 보통 수술 후 골반유착에 의해 발생한다.

* **이소성**異所性 정상 위치가 아닌.

치료 : 이소성 요관과 골반유착 모두 수술적인 교정이 필요하다.

전립선비대

전립선은 수컷의 부생식선으로 방광 목 부위에서 요도를 완전히 둘러싼다. 전립선은 수컷이 교미 시 사정하는 정액에 일부 성분을 첨가하는데, 이 액체는 정자의 움직임을 돕는 영양분을 공급한다. 전립선비대를 유발하는 원인은 양성 전립선비대증, 전립선염, 전립선암의 세 가지다.

전립선비대증의 진단은 손가락으로 직장검사를 실시해 전립선의 크기, 위치, 경도 등을 평가하여 이루어진다. 초음파검사는 추가적인 정보를 제공하며 암종이 의심될 경우 조직검사를 위한 바늘의 위치를 유도하는 데도 도움이 된다.

양성 전립선비대증benign prostatic hyperplasia

전립선의 크기가 커지는 것이다. 호르몬 관련성 질환으로 테스토스테론의 영향을 받는다. 양성 전립선비대증은 중성화수술을 받지 않은 수컷에서 5살경부터 시작하여 나이를 먹음에 따라 점점 더 진행된다. 때문에 노견에서 증상이 더 심하게 나타난다.

전립선이 커짐에 따라, 서서히 뒤쪽으로 확대되며 직장을 압박하고 가로막아 변비를 유발하며 배변 시 힘을 주게 만든다(285쪽, 항문직장폐색 참조). 변이 납작하거나 리본 형태로 관찰된다. 변을 힘들게 보며, 변정체도 흔하다.

드물게 전립선이 앞쪽으로 밀려나와 요도를 압박하면 소변을 힘들게 볼 수 있다. 혈뇨도 양성 전립선비대증의 증상이다.

치료 : 개가 임상 증상을 보이지 않는다면 치료가 필요 없다. 중성화수술로 전립선이 비대해지는 것을 예방할 수 있으므로 번식이 필요 없는 경우라면 수술을 추천한다. 중성화수술을 하면 단시일 안에 전립선 크기가 현저히 작아진다.

중성화수술을 하지 않는 경우, 대체할 수 있는 방법은 합성 프로게스테론인 메게스트롤을 투여하는 것이다. 메게스트롤은 번식 능력을 훼손하지 않고 전립선의 크기를 줄일 수 있다. 그러나 장기간의 사용은 당뇨병이나 부신의 문제를 유발할 수 있다. 잠재적인 심각한 부작용으로 인해 에스트로겐은 이제 사용되지 않는다.

전립선염prostatitis

전립선염은 전립선에 발생한 세균 감염으로 보통 방광염에 뒤이어 발생한다. 급성 전립선염의 증상은 발열, 침울, 구토, 설사, 배뇨통증 등이다. 개는 등이 굽거나 배를 웅크리는 자세를 취한다. 포피에서 핏기 또는 화농성 분비물이 관찰될 수 있다. 전립선은 확장되어 붓고 만지면 아프다.

주기적으로 악화되는 양상을 보이며 만성으로 진행되기도 한다. 만성 전립선염은 불임의 중요한 원인이다.

치료 : 수의사는 전립선 분비물을 이용해 세균 배양 및 세포학적 검사를 실시할 것이다. 일단 진단을 내리고 나면 배양 및 항생제 감수성 검사 결과를 바탕으로 경구용 항생제를 투여한다. 항생제는 부어오른 전립선 안으로 잘 침투하지 못하므로 약물을 장기간 동안 복용해야 한다.

전립선 농양과 같은 심한 합병증이 발생하는 경우 전립선 수술이 필요할 수 있다.

전립선암 prostate cancer

개에서는 드물다. 테스토스테론의 영향을 받지 않으므로, 중성화수술 여부에 관계없이 발생한다.

치료 : 수술적 요법과 방사선요법을 실시한다. 대부분의 개들은 진단 시점에 병이 상당히 진행된 경우가 많다. 전립선암은 테스토스테론의 영향을 받지 않으므로 중성화수술을 시켜도 암의 진행을 늦출 수 없다. 마찬가지로, 중성화수술로 전립선암의 발생을 예방할 수 없다.

신장 질환

선천성 신장 질환

선천성 신장 질환은 출생 시부터 가지고 있는 신장의 문제다. 신부전 증상이 즉시 나타나지 않을 수는 있으나, 신장에 문제를 일으킬 수 있는 유전결함이나 조직손상이 관찰될 수는 있다. 일부 선천성 문제는 유전성이지만, 자궁 내 또는 분만 시 외상의 결과로도 발생하며 임신 기간 동안 모견이 화학물질이나 약물에 노출되어 발생하기도 한다.

선천성 신장 질환은 양쪽 신장 또는 한쪽 신장에 발생할 수 있다. 개는 건강하다면 하나의 신장만으로도 매우 잘 지낼 수 있다.

다낭성 신장 질환 polycystic kidney disease

이 병에 걸린 개는 한쪽 또는 양쪽 신장에서 낭종이 여러 개 관찰된다. 정상 신장 조직과 낭종 조직의 비율에 따라 개는 경미한 증상을 보일 수도 있고, 신부전에 이를 수도 있다. 초음파검사로 진단할 수 있다.

케언 테리어는 비글과 함께 이 병에 유전적인 소인을 가지고 있다. 불테리어도 다낭성 신장 질환의 상염색체 우성 유전을 가지고 있다.

치료 : 낭종성 신장에 대한 특별한 치료법은 없다. 416쪽에서 설명한 신부전 관리를 따른다. 신장이 심각하게 악화되었다면 신장이식도 한 방법일 수 있다.

신장이형성증 renal dysplasia

신장이형성증은 신장의 분화 과정에 문제가 있는 경우로, 비정상적 조직이 무엇이냐에 따라 다양한 형태의 신부전을 유발하고 심각한 정도도 달라진다. 소변을 농축시키지 못하거나 일부 영양소가 손실되기도 한다.

생후 6~24월에 음수량이 늘고 소변량이 증가하는 것으로 시작된다. 한쪽 신장에만 문제가 있고 나머지 한쪽 신장은 건강하다면 개는 평생 정상처럼 보일 수 있다. 신장 생검으로만 확진할 수 있다.

대부분의 개들에서 상염색체 열성 유전으로 발생하므로 양쪽 부모견은 보인자일 수도 있고, 모든 성별에서 발생할 수 있다. 사모예드에서는 X 염색체 연관 형질유전으로 임상 증상이 암컷보다 수컷에서 더 많이 나타난다.

신장이형성증은 알래스칸맬러뮤트, 코커스패니얼, 라사압소, 시추, 미니어처 슈나우저, 소프트코티드 휘튼테리어, 스탠더드 푸들, 케이스혼트, 노르웨이안 엘크하운드 등 20여 품종에서 보인다.

치료 : 유일한 치료법은 신부전(416쪽) 관리방법을 따르는 것이다. 신부전이 심한 경우 신장이식을 고려해 볼 수 있다.

단백소실성 신장병증 protein-losing nephropathy

이 병에 걸린 개는 신장의 여과 기능에 문제가 생겨 몸의 단백질을 잃어버린다. 첫 번째 증상 중 하나는 음수량과 소변량이 증가하는 것이다. 소변검사상 과도한 양의 단백질을 확인할 수 있다.

면역매개성으로 발생할 수도 있다. 주로 소프트코티드 휘튼테리어, 버니즈마운틴도그, 래브라도 리트리버, 골든리트리버 등이 걸린다.

치료 : 416쪽에 설명한 바와 같이 신부전을 조절하는 것이 목표다.

아밀로이드증amyloidosis

아밀로이드증에 걸린 개는 신장에 단백성 아밀로이드가 축적되는데, 이로 인해 정상적인 여과 기능이 불가능해져 희석뇨를 보거나 소변으로 단백질이 손실된다. 모든 품종에서 발생할 수 있지만, 특히 차이니스 샤페이에서 문제가 된다. 이 품종에서는 5살 이전에 증상이 시작되는 경우가 많은데 주기적으로 발생하는 관절부종과 고열 증상을 동반한다.

치료 : 과도한 요산에 의해 발생하는 염증을 완화시키는 약물인 콜히친이 치료에 도움이 된다. 신부전에 대한 관리도 병행한다.

판코니 증후군fanconi syndrome

판코니 증후군은 특정 물질이 신장에 의해 혈류로 재흡수되지 못하고 소변으로 배설되는 신장의 기능부전이다. 소변으로 배설되어 소실되는 물질로는 포도당, 아미노산, 요산, 인 등이 있다. 이런 물질의 소실에 의해 성장장애나 골기형과 같은 문제가 발생할 수 있다. 너무 많은 양의 중탄산염이 소변으로 배출되면 혈중에 과도한 산이 축적된다.

모든 품종에서 발생할 수 있으나, 바센지에서 가장 많이 발생한다. 많은 개들이 4~8살에 처음 증상이 나타난다. 급격한 영양소 손실로 인해 치료받지 않으면 컨디션이 급속히 악화되고 죽음에 이른다.

치료 : 손실된 영양소를 정기적으로 보충해 주면 도움이 된다. 중탄산염은 산-염기 균형을 유지하는 데 특히 중요하다.

신우신염(신장의 감염)pyelonephritis

신우신염은 신우와 요관을 포함한 신장의 세균 감염이다. 대부분은 방광 감염에 의해 상행성*으로 발생한다. 요로기계의 폐색이나 선천적인 기형이 있는 경우 많이 발생한다. 때때로 혈액을 통해 감염되기도 한다.

급성 신우신염은 고열, 식욕부진, 구토, 등 아래 부위의 통증 등의 증상으로 시작된다. 뻣뻣한 걸음걸이와 등이 굽는 자세가 특징적이다. 일부 개들은 소변을 볼 때 통증을 호소한다. 현미경으로 검사하면 소변에 백혈구 원주(소변을 가라앉혀 현미경으로 검사하였을 때 관찰되는 유기물질을 요원주라고 부르는데, 그중 백혈구가 부착된 원주를 말한다. 감염이나 염증을 의미한다)가 관찰된다. 정맥신우조영술(IVP)이나 초음파검사로 확장된 신장이나 확장된 신우가 관찰될 수 있다.

만성 신우신염은 서서히 진행되는 질환으로 앞서 급성 신우신염이 발생했을 수도

* **상행성**上行性 상행성, 하행선이라는 표현은 소화기, 비뇨기에서 물질의 이동 순서를 바탕으로 정의된다. 비뇨기의 경우 신장-요관-방광-요도-생식기의 순서가 하행성이다. 신장의 감염으로 방광에 문제가 발생하면 하행성 감염, 반대로 방광의 염증으로 신장에 문제가 생기면 상행성 감염이 된다.

있고 그렇지 않을 수도 있다. 식욕감소, 체중감소, 음수량과 배뇨량 증가 등의 증상을 보인다. 수개월에서 수년에 걸쳐 서서히 진행되며 결국 신부전 상태가 된다. 급성 신우신염을 조기에 치료하면 예방에 도움이 된다.

치료 : 신장의 감염은 완치가 어렵고 재발도 흔하다. 문제가 되는 원인들은 모두 치료해야 한다. 세균배양 및 항생제 감수성 검사를 바탕으로 항생제를 투여해 치료한다. 항생제 투여는 6~8주간 지속해야 한다. 항생제 효과를 확인하기 위해 치료 기간 중에 소변을 재배양한다.

치료 후에도 치료를 완전히 종료하기에 앞서 6~8주의 간격을 두고 세 차례 소변을 재배양해야 한다.

신염과 신증nephritis and nephrosis

신염과 신증은 반흔 조직과 신부전을 유발하는 신장 질환이다. 신염이나 신증은 신장 조직생검으로 진단한다.

신염은 간염, 에를리히증, 라임병, 로키산홍반열 등과 같은 특정 감염성 질환에 따른 염증성 과정과 관련이 있다. 전신성 홍반성 루푸스와 만성 췌장염에 의해서도 신염이 발생할 수 있다. 도베르만핀셔, 사모예드, 불테리어에서 발생하는 사구체신염은 유전적 소인이 있다. 불테리어는 상염색체 우성 유전에 따른다.

신증은 신장에 영향을 끼치는 독소나 중독, 허혈(신장으로의 혈류 공급이 부족한 상태)에 의해 발생하는 퇴행성 변화의 결과다. 가장 주요한 신장 독소는 아스피린, 이부프로펜, 부타졸리딘이다. 일부 항생제도 신장 독성이 있는데 특히 고용량으로 장기간 투여했을 때 문제가 심하다. 폴리믹신 B, 겐타마이신, 암포테리신 B, 카나마이신 등이 있다.

신증후군은 신염이나 신증이 있는 개에게 발생할 수 있다. 다량의 단백질이 손상된 신장에서 소변으로 배출된다. 그 결과 혈중 단백질 농도는 낮아진다. 이로 인해 혈관 내의 체액이 다리(부종), 복강(복수), 흉강(흉수)으로 이동한다. 신증후군에 의한 다리의 부종과 부풀어 오른 복부는 외양상으로 우심성 울혈성 심부전과 비슷해 보일 수 있으나 실험실 검사를 통해 두 질환을 구분할 수 있다.

치료 : 적절한 시기에 발견하여 신염과 신증을 일으킨 원인을 해결하면 치료에 반응을 보인다. 신증후군의 치료는 이어지는 요독증을 참조한다. 라임병에 의한 신염은 보통 치명적이다.

신부전(요독증)kidney failure(uremia)

신부전은 신장이 혈액으로부터 노폐물을 제거할 수 없는 상태를 말한다. 독소가 쌓이면 요독증 증상이 나타난다. 신부전은 갑자기 나타날 수도 있고(급성 신부전) 수개월에 걸쳐 서서히 나타날 수도 있다. 대부분의 증례는 신염과 신증에 의해 서서히 진행하여 발생한다.

급성 신부전을 유발하는 원인은 다음과 같다.

- 결석에 의한 요로의 완전폐색
- 방광이나 요도의 파열
- 쇼크(신장으로의 부족한 혈류 공급)
- 울혈성 심부전(낮은 혈압과 신장으로의 혈류 감소)
- 중독(특히 부동액)
- 라임병
- 렙토스피라증

신부전이 있는 개는 정상 기능을 하는 신장 조직의 75%가 파괴되기 전까지는 증상이 나타나지 않는다. 때문에 증상이 나타났을 때는 이미 상당히 손상을 입었을 수 있다.

신부전의 증상

처음 발견하는 증상은 아마도 평상시보다 더 많은 양의 물을 마시고, 많은 양의 소변을 보며, 소변을 보는 횟수의 증가일 것이다. 밖에 자주 나가지 못하면 개는 집 안에서 소변 실수를 하기도 한다. 이런 증상은 소변을 농축하는 신장의 기능에 문제가 생겨 발생한다. 이로 인해 개는 조절할 수 없는 다량의 소변을 보게 되고, 탈수와 갈증이 발생한다.

신장 기능이 악화되면 개의 혈액과 조직에 암모니아, 질소, 산, 그 외 다른 화학적 노폐물이 정체되는데, 이를 요독증이라고 한다. 요독증의 정도는 혈액요소질소(BUN, blood urea nitrogen), 크레아티닌, 전해질 수치를 측정해 판단할 수 있다.

요독증의 증상으로는 무력감과 침울, 식욕감소와 체중감소, 건조한 피모, 혀 표면의 갈색 변색, 호흡 시 암모니아 냄새 등이 있다. 이 단계의 개는 정상보다 적은 소변을 본다. 입 안에 궤양이 생길 수도 있다. 신증후군이 있는 개는 복수와 부종이 발생한다. 구토, 설사, 위장관출혈이 있을 수 있다. 신부전 말기에는 혼수상태에 빠진다.

만성 신부전에서는 고무턱(rubber jaw)증후군이 관찰되기도 하는데, 턱뼈가 약해져 이가 흔들리고 입과 잇몸에 궤양이 생기는 특징이 있다. 칼슘 섭취 부족이나 칼슘과 인의 불균형에 의해서도 발생할 수 있다.

수의사는 정확한 진단을 위해 탐색적 개복술과 신장 생검, 초음파 가이드 조직검사 등을 실시할 수 있다. 이런 검사들은 치료의 방향을 결정하고 치료 가능 여부를 판단하는 데 도움이 된다.

신부전의 치료

신부전에 걸린 개는 의학적 개입이 필요한 신장 기능의 변화를 탐지하기 위해 정기적으로 혈액검사를 해야 한다. 가장 중요한 단계는 소금 섭취를 제한하는 것이다. 부종, 복수, 고혈압을 예방하는 데 도움이 된다.

신부전에 걸린 개는 단백질을 잘 대사하지 못한다. 그러나 식단에서의 단백질 비율에 대해서는 현재 논란이 많다. 어떤 수의사들은 고기가 많은 식단 또는 저등급 단백질이 들어간 식단이 간과 신장에서 대사해야 하는 질소의 양을 늘린다고 생각한다. 신장이 약한 개는 자신이 감당할 수 있는 양 이상의 단백질을 섭취하면 요독증에 빠질 수 있다. 반면 다른 수의사들은 높은 생리학적 가치가 있는 단백질이라면 신장의 기능을 유지하는 데 도움이 된다고 생각한다. 이런 이유로 식단은 각각의 개에 따라 조절해야 한다.

인 섭취를 제한하는 것에는 모든 수의사들이 동의한다. 식단 조절과 함께 인 농도를 낮추는 약물이 필요할 수 있다.

동물병원에서 신부전의 증상을 완화시키고 조절에 도움이 되는 처방 사료를 구입할 수 있다.

신선한 물을 공급하는 것도 매우 중요하다. 다량의 소변량을 보충하기 위해 물을 충분히 섭취해야 한다. 일부 개들은 때때로 수액을 공급받아야 한다. 이는 피하수액으로 가능하다. 대부분의 개들은 보호자가 수의사로부터 집에서 투여하는 방법을 배워 적용할 수 있다. 신부전 말기에는 피하수액을 매일 공급해야 한다.

요독증 상태의 개는 소변으로 비타민 B가 빠져나간다. 비타민 B 보조제 투여로 이런 손실을 보충해야 한다. 수의사는 산-염기 불균형을 교정하기 위해 중탄산나트륨 알약을 처방하기도 한다. 혈중 인 농도를 낮추는 데 인흡착제를 추천한다.

질병 때문이거나 수분을 충분히 섭취하지 못해 탈수가 생긴 개는 갑자기 요독증 위기(uremic crisis)라고 부르는 기능부전 상태에 빠질 수 있다. 이런 개는 입원하여 정맥수액과 전해질 용액을 공급하여 재수화시켜야만 한다.

급성이며 경미한 형태의 신부전은 개가 의학적으로 잘 극복하면 완전히 회복할 수 있다. 그러나 신장에 어느 정도의 기능적인 결함이 남아 남은 생의 관리 방법을 바꾸어야 하는 경우도 많다. 만성 신부전은 치료 방법이 없다. 그래서 개의 남은 삶을 위해

개의 신부전 관리를 위해 많은 방법이 적용되고 있다. 독소 발생을 감소시키는 고효율 유산균(아조딜 등), 독소를 흡착해 제거하는 구형 흡착탄(크레메진 등), 항염증제(루비날, 오메가 3 지방산 등), 인흡착제 혈압약, 빈혈약 등도 만성 신부전 환자의 생명을 연장하고 증상을 관리하는 데 큰 도움이 된다.

가능한 한 관리를 잘 해야만 한다.

치료방법에는 두 가지가 있다. 투석과 신장이식이다.

투석dialysis

투석은 신장의 여과 기능을 복제하기 위한 것으로 복막투석과 혈액투석의 두 가지 방법이 있다. 복막투석은 카테터를 이용해 특수한 액체를 복강 안으로 투입한다. 이 투석액은 조직을 씻어내고 조직의 경계를 두루 거치며 체내의 독소들을 흡수한다. 일정 시간이 경과한 뒤 동일한 카테터로 투석액을 독소들과 함께 흡인해 제거한다. 이런 방법은 2차 병원에서 부동액 중독과 같은 단기간의 신장 문제 등에 이용된다.

혈액투석은 개를 위해 만들어진 특수한 고가 장비가 필요해 일부 대형병원에서만 시술이 가능하다. 개의 혈액이 기계를 순환하면서 건강한 신장에서처럼 여과된다. 특수한 카테터가 필요하며 일주일에 3회까지, 3~4시간에 걸쳐 치료한다. 치료비가 매우 고가이므로, 이상적으로는 개의 신장이 회복할 시간을 벌기 위한 목적으로, 중독증이나 렙토스피라증 같은 단기간의 문제일 경우에만 추천한다. 만성 신부전인 개도 혈액투석으로 1년까지 상태를 유지할 수 있으나 일반적인 경우는 아니다.

신장이식kidney transplant

말기 신부전인 개를 위한 또 다른 방법으로 신장이식을 고려한다. 신장이식은 소수의 대형병원에서만 실시하고 있으나 점점 늘어나고 있다. 사람 이식 환자에서처럼 개도 수술 후 장기 거부반응을 막기 위해 약물을 투여해야 한다. 이런 약물은 매우 고가이며 부작용을 최소화하기 위해 신중히 조절해야 한다.

현재 신장 공여자를 찾는 방법은 조직 적합성이 맞는 보호소 유기견을 찾는 것이다. 보호소 유기견은 사람처럼 한쪽 신장을 주어도 다른 건강한 신장으로 잘 살아갈 수 있다. 신장을 공여한 유기견은 이식수술 후 수혜견의 가정으로 입양된다. 수혜견의 가정은 입양한 유기견의 남은 삶을 잘 돌보겠다는 내용에 사전에 동의해야만 신장이식을 받을 수 있다.

국내에서는 아직 개와 고양이의 신장이식은 이루어지지 않고 있다.

15장
성과 번식

개는 수세기 동안의 선별적인 교배를 통해 두상, 전체적인 크기, 털, 모색, 신체 구조 등을 바탕으로 한 여러 품종이 생겨났다. 유전적 변이 현상에 의해 다른 품종이 나타나기도 했다. 돌연변이는 종종 원인을 알 수 없이 자연적으로 발생한다. 돌연변이는 유전자에 저장된 정보를 변화시켜 중요한 세포의 기능을 수행하는 효소나 단백질을 추가하거나 삭제시킨다. 돌연변이가 난자나 정자에서 발생하면 모든 배아세포에 영향을 끼치고, 만일 동물이 살아남는다면 그런 변이가 다음 세대로 전달된다.

돌연변이의 대다수는 주변 환경에 대한 동물의 적응 능력을 떨어뜨리는 부정적인 무언가로 작용한다. 자연적으로는, 보통 이런 문제가 있는 개체들은 생존하여 후대에 유전자를 전달하기 어려우므로 유전자풀 안에 남아 있기 어렵다.

야생의 개가 생존을 위해 사람에게 의지하게 됨에 따라, 사람들은 특정한 이유에 따라 선별적으로 가장 적응력이 뛰어나고 경쟁력 있는 개체끼리 교배시키기 시작했다. 돌연변이가 일어나면 보통은 외모가 바뀌는 일이 많았지만, 후각이 더 뛰어나거나 설치류를 잡기 위해 땅을 파는 능력이 뛰어난 경우도 있었다. 유사한 속성에 대한 선별적 교배를 통해 긴 세월에 걸쳐 세인트버나드, 치와와, 퍼그, 살루키 등의 수백여 품종이 만들어졌다. 이런 차이에도 불구하고, 이들은 여전히 모두 '개'이며 적어도 이론적으로는 이종교배가 가능하다.

불행하게도 선별교배로 인해 이 책에서 다루고 있는 수많은 유전적 질환이 초래되었다(이런 돌연변이들은 믹스견에서도 발생할 수 있다). 슬프게도, 이런 질환이 동물의 건강을 악화시키고 윤리적인 문제를 불러일으킴에도 불구하고 특정 품종의 특징으로 받아들여지고 있다. 유전적인 질병은 교배 과정에서 충분히 통제할 수 있다(일부는 완전히 없애 버리는 것도 가능하다).

유전학의 기초

유전은 셀 수 없이 많은 유전자의 임의적인 조합에 따른 결과다. 개의 게놈(유전정보)에는 39쌍의 염색체(총 78개의 염색체)와 약 80,000개의 유전자가 있다. 염색체는 유전자 서열이 들어 있는 DNA 가닥이다. 염색체가 짝을 이루면, 그에 대응하는 유전자도 짝을 이룬다. 그러면 유전자 쌍이 특정 형질의 발현을 결정한다.

수컷과 암컷이 후손의 유전적 형성에 동일하게 관여한다. 몸의 다른 세포와 달리 난자와 정자가 만들어지면, 39개의 염색체는 그대로 남고 39개는 폐기된다. 때문에 모든 생식세포는 염색체가 39개다. 어떤 염색체를 계속 가지고 있고 어떤 염색체를 버릴지는 순전히 운이다. 난자와 정자가 수정되어 결합하면 난자의 염색체 39개와 정자의 염색체 39개가 수정된 배아가 되어 39쌍의 염색체가 된다.

난자와 정자가 각각 모든 염색체 쌍 중 하나를 제공하므로 주어진 염색체 쌍의 가능한 조합의 숫자는 4가지다. 마찬가지로, 어느 특정 부위의 유전자 쌍의 조합 가능 수도 4가지로 제한된다. 그러나 품종의 유전적 잠재성을 전체적으로 고려한다면 이론적으로 다른 유전자 쌍의 조합 가능한 숫자는 그 품종에서 번식 가능한 개체 수의 두 배다. 따라서 번식 가능한 개체 수가 늘어날수록 유전적 다양성도 커진다.

서로 혈연 관계가 없는 개들의 수가 많은 품종일수록 유전적 다양성은 더 커진다. 유전적으로 다양성이 큰 집단에서는 생식 효율성과 생존율이 높아지는 장점이 있다. 반대로 소수의 동물로 새로운 혈통을 들이지 않고 가까운 혈연관계끼리 빈번한 교배가 이루어지는(근친교배) 집단에서 출생하는 개체들은 문제가 생기기 쉽다.

유전적 문제를 일으키는 유전자

전체적으로 약 1%의 강아지는 선천성 결함을 가지고 있다. 흔히 발생하는 좋지 않은 유전적 특성으로는 잠복고환, 서혜부와 제대(배꼽) 탈장, 비정상적으로 짧거나 없는 꼬리, 선천성 심장 결함, 고관절과 팔꿈치의 이형성증, 슬개골탈구, 워블러 증후군, 부정교합, 출혈성 질환, 선천성 난청, 안검내반과 안검외반, 콜리 눈 기형, 진행성 망막 위축증, 녹내장, 선천성 백내장, 특발성 간질, 행동학적 장애(유전적 공격성, 수줍음 등)가 있다. 여기 나열한 것이 전부는 아니다.

바람직하지 않은 수많은 형질이 열성 유전자에 의해 유전된다. 열성 유전자에 의해 조절되는 형질은 양쪽이 모두 이 유전자를 가지고 있지 않으면 발현되지 않는다. 열성 유전자는 같은 유전자와 결합하기 전까지는 아무 문제도 유발하지 않지만 여러 세대에 걸쳐 후손에게 전달될 수 있다. 보인자에 대한 유전학적 검사를 실시할 수만 있다면 단순 열성 유전질환은 상대적으로 관리가 용이하다.

우성 유전자에 의한 장애는 관리가 훨씬 쉽다. 이 유전자를 가지고 있는 모든 개체는 임상적으로 영향을 받기 때문이다. 번식가들이 이런 개체와 그 자손을 번식에서 제외한다면 그 그룹에서는 이런 문제도 사라질 것이다. 가끔 이런 문제들이 나이를 먹고 뒤늦게 나타나는 경우도 있는데, 그때까지 번식에 이용되었을 수 있다. 이런 경우 유성 유전자에 의한 문제들이 계속 남아 있을 수 있다.

그러나 단순한 우성 유전자나 열성 유전자는 순종견에서 유전학적 문제의 주요 문제가 되지는 않는다. 브리더들이 관심을 갖는 형질은 대부분 다유전자적 형질로, 여러 유전자에 의해 조절되며 대다수는 알려져 있지 않다. 예를 들어, 고관절이형성증은 다유전자적 형질이라 생각된다. 왜냐하면 이형성증이 발생하려면 근육, 인대, 뼈의 결함이 함께 나타나야 하기 때문이다.

특정한 유전자 검사 방법이 없는 유전적 이상은 시험교배와 혈통분석을 통해 확인하고 유전 유형을 알아낼 수 있다. 혈통의 어떤 동물이 유전적 질환의 영향을 받았는지 알아냄으로써 특정 개체가 질병을 전달할 가능성이 높은지 낮은지를 예측할 수 있다. 이는 선별교배 시 큰 도움이 된다. 예를 들어, 진행성 망막위축증의 일부 증례는 단순 상염색체 열성 유전자에 의해 발생하는데, 강아지가 걸리려면 부모견이 모두 결함 유전자를 갖고 있어야 한다. 때문에 자견이 진행성 망막위축증에 걸렸다면 부모견이 모두 이 유전자를 가지고 있거나 이 병에 걸렸다고 추측할 수 있다. 이 부모견 중 하나의 또 다른 자손과 동배형제, 또는 병에 걸린 자견의 배다른 형제는 이 결함 유전자를 가지고 있을 확률이 높다.

하나 이상의 유전자에 의한 유전적 질환은 그 병에 걸리지 않았다고 해서 보인자가 아니라고 구분할 수 있는 방법은 없다. 만일 직계가족 중 하나가 질병을 가지고 있다면 보인자일 가능성이 더 높아질 것이다. 한배형제, 부모견, 부모견의 한배형제가 이환되었는지를 아는 것이 중요하다. 혈통의 깊이보다 너비가 더 중요하다. 다시 말해, 과거의 많은 세대에 대한 정보가 아니라, 확대가족(직접적인 혈연 상태의 가족구성원)의 건강 상태를 아는 것이 더 중요하다.

한 가지 문제는 직계가족의 발병률이 높음에도 불구하고, 질병 검사상 정상이라도 어떤 자손은 보인자가 되고 어떤 자손은 그렇지 않다는 것이다. 보인자 상태를 찾아내는 검사 방법이 없다면 유전적으로 정상이고 우수한 종견의 자질을 갖췄음에도 혈통적인 문제로 인해 번식시키지 않을 수 있다. 게다가 유전자풀이 다소 작은 경우라면 정상견을 번식에서 제외시킴으로써 유전자 다양성이 떨어지는 악영향이 발생할 수 있다. 일반적으로 그 개의 혈통에 정상적인 개체가 많을수록 유전적 질환을 앓는 개나 보인자의 수도 더 적다.

아이리시 센터에서의 진행성 망막위축증 같은 일부 질환은 혈액을 이용한 DNA 검사로 보인자 확인이 가능하다. 그러나 아직 이런 검사는 특정 품종에서 특정 질환만 찾아낼 수 있다. 개의 유전자 지도가 작성되고 있으므로, 연구를 통해 특정 형질에 영향을 주는 결함 유전자와 부위를 찾아내는 것이 가능해질 것이다. 개 게놈에 대한 정보가 더 많아지면 유전질환을 찾아내고 치료하는 새로운 방법도 등장할 것이다. 이미 이용 가능한 다양한 유전질환 검사방법들이 개발되고 있다.

개의 유전자 지도는 이미 완성되었으나 유전질환의 예방과 치료를 위한 추가적인 연구들이 계속되고 있다.

개의 발정주기

암컷은 보통 생후 6~12개월 정도가 되면 첫 번째 발정이 오고 성적으로 성숙해진다. 초소형 품종은 초대형 품종에 비해 성성숙이 몇 달 더 빠르다. 성성숙이 체구가 다 자라는 신체적 성숙이 끝났음을 의미하지는 않는다. 보통 중형 품종은 생후 14개월 정도에 신체적인 성숙이 완료된다.

난소의 활동은 6살 정도부터 쇠퇴하기 시작해 대부분 10살 정도면 멈춘다. 8살 정도가 거의 끝 무렵이므로, 7~8살 이상의 암컷은 보통 임신을 시도하지 않는다.

암컷은 일반적으로 5~9개월마다 발정이 온다(바센지는 1년에 한 번 발정이 온다). 발정주기는 각 개체마다 다르다. 일부 다른 동물과 달리 개의 발정주기는 낮의 길이 같은 외부 요인에 영향을 받지 않는다.

발정주기는 4단계로 구분되는데 주요 호르몬의 영향에 따라 그 시기가 결정된다. 프로게스테론과 에스트로겐의 조합에 의해 평균적으로 21일간 지속된다.

발정 전기

발정주기의 첫 번째 단계로 평균 9일 정도 지속된다(3~17일 범위). 첫 번째 징후는 외음부의 혈액성 분비물이다. 발정 전기 초기에는 옅은 분홍색이나 노란색으로 관찰되기도 한다. 분비물이 모호해 보인다면, 티슈로 외음부를 꾹 눌러 닦아 본다. 분홍빛이 관찰된다면 발정 상태다. 출혈성 분비물과 함께 외음부도 단단해진다.

암컷은 발정 전기 동안 페로몬이라 부르는 화학물질을 만들어 낸다. 이 물질은 수컷을 유혹하는데, 경험이 적은 수컷은 아직 배란기에 이르기 전까지는 강한 관심을 보이지 않을 수도 있다.

발정 전기 4~5일간 암컷은 교미에 관심을 보이지 않는다. 교미를 시도해도 주저앉

흔히 출혈 증상을 보고 발정을 '생리'라고 부르는 보호자들이 많다. 그러나 실제 배란기가 지나 발생하는 자궁의 출혈인 사람의 생리와는 많이 다르다. 개는 출혈이 나타나고 배란기가 시작되며 출혈 기전도 차이가 있다.

아 버리거나 뛰어오르고, 으르렁거리며 수컷을 물려고 할 것이다. 다음 단계인 발정기를 며칠 앞두고서야 수컷의 접근을 허락하는데, 아직 교미는 할 수 없다. 암컷이 수컷을 받아들이게 되며 발정 전기는 끝이 난다.

발정기

발정주기의 두 번째 단계로 승가허용 발정기라고도 한다. 이제 교미를 할 준비가 되었다. 발정기는 7~9일간 지속된다(2~20일 범위). 암컷이 수컷을 거부하기 시작하면 끝난 것이다.

발정기가 시작되면 교미를 위해 외음부가 부드러워지고 유연해진다. 수박색 또는 분홍빛 분비물이 관찰된다. 이 시기가 되면 암컷은 꼬리를 들어 한쪽으로 제치거나, 골반을 치켜세우며, 엉덩이를 건들면 외음부를 들이대는 등 수컷을 유혹하기 시작한다.

배란은 보통 발정기 둘쨋날 또는 발정 전기가 시작되고 12일경에 일어난다. 개들마다 발정 전기와 발정기의 기간이 다양하므로 배란이 예상보다 빠르거나 늦어질 수 있다.

질 분비물을 현미경으로 검사하면(질도말검사) 발정기를 알아내는 데 도움이 된다. 질 점막세포의 특징적 변화를 통해 수의사는 발정기인지 발정기가 지난 휴지기인지를 판단한다.

하지만 질도말검사로는 배란이 언제 일어날지를 정확히 예측할 수 없다. 더 정확한 방법은 혈청 프로게스테론 농도를 측정하는 것이다. 프로게스테론 농도는 발정 전기 동안에는 낮은 수치를 유지하지만(mL당 2나노그램 이하) 배란기에 가까워지면 농도가 상승하기 시작한다. 황체형성호르몬(LH) 농도가 상승하며 그 자극으로 인해 프로게스테론 농도도 상승한다. LH가 최고치에 달했다가 급격히 떨어지는 점에 주목한다. LH의 급격한 상승은 배란을 촉발시키고 최고치에 다다른 이틀 후 배란이 일어난다. LH가 최고치가 되면 프로게스테론 농도가 2ng/mL 이상으로 상승하므로, 24~48시간 이내에 배란이 일어날 것이라 예측할 수 있다.

수의사는 원내신속검사(ELISA)로 프로게스테론 농도를 측정할 수 있다. 일상적으로 자주 사용되는 검사는 아니다. 실험실로 혈액을 보내 방사선면역측정법을 실시할 수도 있다. LH 농도를 측정할 수 있으나, 배란 시기를 놓치지 않으려면 프로게스테론 농도도 함께 검사해야 한다.

임신율을 높이기 위해 배란 72시간 이내 수정되는 것이 좋다. 인공수정을 계획하거나, 비정상 발정주기, 무발정 등의 문제가 있는 암컷의 경우 특히 중요하다.

발정 휴지기

발정주기의 세 번째 단계로 황체기라고도 한다. 암컷이 수컷을 거부하기 시작한다. 이 시기에는 수컷도 흥미를 잃는다. 질도말검사로 확진할 수 있다. 약 60일간 지속되다 무발정기로 들어간다. 임신을 하는 경우, 56~58일간 지속되고 출산을 한다.

무발정기

발정주기의 네 번째 단계로 프로게스테론에 의해 자극된 자궁내막이 회복하며 성적으로 휴식을 취하는 시기다. 프로게스테론 농도는 난소의 활동이 거의 없어 낮아진다. 무발정기의 기간은 평균 130~150일로 다양하다. 무발정기가 끝나면 새로운 발정주기가 시작된다.

발정기 동안의 호르몬 영향

발정은 뇌하수체가 난포자극호르몬(FSH)을 분비하여, 난소가 난포를 발달시키고 에스트로겐을 생산하며 시작된다. 에스트로겐은 외음부가 커지고 자궁내막에서 출혈이 일어나게 만든다. 이로 인해 발정 전기에 혈액성 분비물이 관찰된다.

발정 전기 동안 에스트로겐 농도는 서서히 상승하여 발정기 직전 1~2일경에 급격히 감소한다(423쪽 그림 참조). 황체형성호르몬(LH)도 비슷한 경로를 따르지만 에스트로겐보다 1~2일 늦게 최고치에 이르렀다가 급격히 감소한다. LH의 상승 및 하강은 발정기가 시작되는 신호이고 이틀 뒤 배란이 일어나도록 촉발시킨다. 가임 기간은

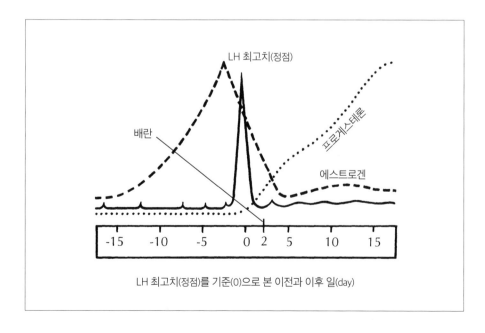

LH 최고치(정점)
배란
프로게스테론
에스트로겐

-15 -10 -5 0 2 5 10 15

LH 최고치(정점)를 기준(0)으로 본 이전과 이후 일(day)

발정기 동안의 혈청 호르몬 농도

LH 최고치 이전 3일부터 이후 6~7일 정도다.

LH는 또한 배란된 난포가 황체낭종으로 전환되어 프로게스테론을 분비하게 한다. 혈청 프로게스테론 농도는 LH의 상승과 유사한 모습인데, 발정 전기 마지막 이틀 정도에 상승하기 시작하여, LH가 최고치일 때는 2ng/mL 이상으로 높아지고, 발정기 내내 계속 상승하여 발정 휴지기 8~10주까지 높은 농도를 유지하다가 무발정기가 되면 낮은 농도로 되돌아온다. 프로게스테론은 자궁내막에 배아가 착상하고 성장하는데 필수적이다. 임신 초기에 난소를 제거하거나, 황체낭종이 프로게스테론을 생산하지 못하면 자연유산이 발생한다.

발정주기의 호르몬 변화는 임신 방지에도 응용된다(436쪽, 피임약 참조). 발정 전기 첫 3일 동안 프로게스테론을 투여하면 뇌하수체의 FSH 분비를 막아 발정주기도 중단된다. 테스토스테론도 뇌하수체에 의한 LH의 분비를 막는다. 발정주기를 중단시키려면 발정기 30일 전에 미리 투여해야 한다.

교배 적기

임신에 실패하는 가장 흔한 원인은 대부분 교미 시기가 적절하지 않아서다. 많은 보호자들이 날짜를 헤아리는 것 외에는 아무것도 하지 않고, 단지 발정기의 10~14일경에 교미를 시키려고 시도한다. 그러나 앞서 언급했듯이, 모든 개는 자신만의 발정주기가 있다(발정 전기와 발정기의 기간은 다양하다). 발정주기에 따라 날짜만 헤아리는 것으로는 정확한 배란 시기를 예측하기가 어렵다. 게다가 발정 증상을 뒤늦게 발견하거나 발정 징후가 미약한 경우라면 정확한 날짜를 계산하는 것도 불가능하다.

다행스럽게도 자연은 안전장치를 만들어 놓았다. 신선한 정자는 암컷의 배란기 동안 최대 7일까지 생존이 가능하다. 난자는 수정되기 이전 3일 동안 난관에서 성숙되어야 하는데, 이는 성공적인 교배를 위해 배란 전후 며칠 동안의 여지를 만든다. 실제로 수정에 가장 적합한 시기는 배란 3일 후다.

암컷의 발정주기에서 가임기는 빠른 경우 4일째, 늦은 경우 21일째까지도 가능하다는 보고도 있다. 발정주기가 비정형적인 경우 질도말검사와 프로게스테론 농도 측정을 통해 발정기를 확인하고 배란기를 예측할 수 있다.

한 번만 교미하는 것보다 여러 번 교미하는 것이 임신 가능성을 높이고, 새끼 수를 늘리는 데도 도움이 된다. 때문에 수의사들은 대부분 암컷의 발정이 지속되는 경우 이틀 간격으로(또는 3일 간격) 교미시키는 것을 추천한다. 어떤 이유로 한 번 밖에 교미를 할 수 없는 경우라면, 배란기를 정확히 예측하기 위해 프로게스테론 검사를 실시할 것을 고려한다. 특히 동결정액 등을 통한 인공수정의 경우 호르몬검사를 통한 교배 적기 판단이 매우 중요하다.

수컷의 번식장애

수컷의 불임은 선천적 또는 후천적일 수 있다. 여러 번의 교배에도 불구하고 임신이 되지 않는 수컷은 선천적 불임을 의심해 봐야 한다. 선천적 원인으로는 염색체이상(간성), 고환형성부전, 잠복고환, 교미를 방해하는 음경과 포피의 기형 등이 있다.

후천적 문제는 번식 능력이 확인되었던 수컷이 이후에 계속 번식에 실패하는 경우다. 고환의 손상과 감염, 전립선염, 브루셀라병 같은 생식기 감염에 의해 발생한다. 약물치료, 고환변성, 면역매개성 고환염 등도 후천성 불임의 또 다른 원인이다.

뇌하수체와 갑상선의 질환도 선천성 및 후천성 불임을 모두 유발할 수 있다. 갑상선기능저하증은 불임의 가장 흔한 호르몬성 원인으로, 개의 성욕과 정자수를 모두 감소시킨다.

역행성 사정도 후천적인 원인인데, 사정 시 수축하는 내부 요도괄약근이 기능을 하지 못해 정액이 방광으로 들어간다.

번식 능력 감소의 또 다른 원인은 교배를 너무 많이 시키는 것이다. 3일 동안 연속으로 교미를 시켰다면 이틀은 쉬어야 한다. 번식 능력이 높은 개는 격일로 교미를 시킬 수 있으나, 과잉 교배를 막고 성욕 감소를 방지하기 위해 성적인 휴식기를 주어야 한다.

교배를 너무 많이 한 수컷은 한 번의 교미만으로는 임신되기가 어려울 수 있다. 한동안 교배를 하지 않은 개도 정자 생산 능력이 감소하여 정자 수가 적을 수 있다. 교미를 두 번 시키는 경우, 첫 번째 교미 후 이틀 뒤 실시한다면 정액의 질이 한층 더 향상될 것이다.

체온 상승이 지속되면 정자생산세포를 손상시킬 수 있다. 어떤 개들은 여름에 생식 능력이 감소하는데, 특히 아주 더운 날씨에 실외에 사는 경우 더욱 그렇다. 고열 증상을 보인 개는 정상적인 정자 수를 회복하는 데 몇 주에서 몇 개월이 걸린다. 노견도 나이를 먹음에 따라 정자 생산 능력이 감소한다.

성욕감퇴

성욕감퇴는 대부분 과잉교배, 앞에서 이야기한 생리학적 요소에 의해 발생한다.

수컷의 성욕은 고환에서 분비되는 테스토스테론의 영향을 받는다. 정상적인 개는 수컷을 받아들이려는 발정기의 암컷을 만나면 성욕이 쉽게 상승한다. 그러나 성욕이 낮은 개는 암컷의 적극적인 태도에도 불구하고 성적인 관심을 거의 보이지 않는다. 고환 질환, 갑상선기능저하증, 뇌하수체 장애가 있는 개는 성욕 감소와 정자 수 감소가 함께 발생한다.

드물게 고환의 세르톨리세포 종양에 의해서도 성욕감퇴가 발생할 수 있다(518쪽, 고환의 종양 참조). 이 종양은 에스트로겐을 생산하여 테스토스테론의 작용을 중화시킨다. 유선의 발달, 포피의 늘어짐, 양측 대칭성 탈모와 같은 수컷의 암컷화가 일어날 수 있다.

수컷의 번식장애 평가

유전적 소인에 대한 가족력은 물론 과거 교배 경험에 대한 포괄적인 검토를 포함하여 철저한 검사가 필요하다. 다른 요소로는 최근의 질병, 약물 투여, 예방접종, 식단 등이 있다.

정액을 채취하고 평가하는 것이 번식 능력을 평가하는 데 가장 중요하다. 1mL당 정자의 수와 정자의 질이 가장 중요한 사항이다. 정자 수가 적다면(정자감소증) 부고환이나 고환에 문제가 있을 수 있다. 정자가 하나도 없는 상태는(무정자증) 심각한 고환변성, 정관의 폐색, 고환종양, 고환형성부전, 역행성 사정 등을 의미한다. 역행성 사정을 하는 개는 사정 직후 방광에서 소변을 채취해 검사하면 정자를 관찰할 수 있다. 감염을 감별하기 위해 정액과 전립선액을 배양한다.

만성질환의 감별을 위해 기본적인 실험실적 검사도 실시한다. 성호르몬과 갑상선 호르몬 검사는 내분비적 불임의 원인에 관한 정보를 제공한다(테스토스테론, FSH, LH, 갑상선호르몬 관련 검사). 고환 생검은 정자 수 감소의 원인에 대한 정보를 제공하며, 약물치료 반응을 추정하는 데 도움이 된다.

수컷의 번식장애 치료

스트레스, 성적 과잉 사용, 고열, 정자생산세포의 일시적인 손상 등은 잠재적으로 회복이 가능하고 종종 일정기간 성적 휴식을 취하면 개선되는 경우가 많다. 포피염, 고환염, 잠복고환 등에 대해서는 뒤에서 설명한다.

번식 능력이 확실치 않은 수컷은 암컷의 번식 능력이 최고조일 때 교배시켜야 한다 (배란 72시간 후). 질세포학적 검사와 프로게스테론 검사로 시기를 결정한다(421쪽, 개의 발정주기 참조).

역행성 사정과 면역매개성 고환염 치료를 위한 약물요법은 일부 증례에서 효과를 보였다. 유전적 이상 및 염색체이상에 의한 간성인 경우 생식기가 비정상적인 형태일 수 있다. 염색체 핵형검사로 진단한다(염색체 쌍의 숫자, 크기, 형태를 분석).

선천성 불임인 개와 후천성 불임이나 6개월간 치료해도 정자를 생산하지 못하는 개는 일반적으로 번식 능력을 회복하기 어렵다.

암컷의 번식장애

번식에 실패하는 가장 흔한 원인은 부적절한 교배 관리로, 특히 교미 시기와 횟수 등을 위한 발정주기를 잘못 판단하는 것이다. 이에 관한 내용은 앞에서 설명한 바 있다. 번식 성공을 위한 다른 중요한 요소는 암컷의 전반적인 건강 및 영양 상태, 효과적인 예방접종 및 기생충 관리, 좋은 환경을 유지하고 밀집 사육을 피하는 것 등이다.

자궁의 질환(자궁내막염, 낭성 자궁내막증식*증, 자궁축농증)도 번식장애의 또 다른 주요 원인이다.

* **자궁내막증식** endometrial hyperplasia 자궁의 내막이 과잉 성장하는 상태.

암컷의 번식장애 평가

여기에는 과거 교배 과정에 대한 포괄적인 검토와 번식 문제에 대한 가족력이 포함된다. 최근의 질병과 약물치료 등도 고려 요소다. 신체검사는 교배 전 신체검사와 유사하다. 초음파검사, 질세포학적 검사, 호르몬검사(FSH, LH, 갑상선, 에스트로겐, 프로게스테론) 등의 추가적인 검사도 포함된다.

암컷의 불임은 종종 비정상적인 발정주기와 관련이 있는데, 다른 요소에 의해서도 유발될 수 있다. 자궁의 생검이 추천되기도 한다.

발정주기가 정상적인 경우

성공적인 교배를 마쳤으나 임신에 실패했다면 가장 가능성이 높은 원인은 자궁감염이다(자궁축농증 또는 낭성 자궁내막증식증 등). 브루셀라병와 개 허피스바이러스도 임신을 방해하거나 조기유산, 자연유산을 유발할 수 있다.

교미를 방해하는 질협착증, 질종양 등도 원인이 될 수 있다. 난관폐쇄로 인해 난자와 정자가 수정되지 못하기도 한다. 자궁의 종양과 선천적인 기형도 임신과 착상을 방해한다. 치명적인 유전자와 염색체에 의해서도 배아의 결함, 기형 태아가 발생해 자연 흡수되거나 배출된다.

발정주기가 비정상적인 경우

비정상적인 발정에는 무혈발정, 분열발정, 지속발정, 무발정, 불규칙한 발정이 포함된다. 가끔 전체 발정주기를 건너뛰는 경우도 있다. 어린 암컷은 발정주기가 불규칙하거나 무혈발정인 경우가 더 흔하다. 일반적으로 2~3살이 되면 발정주기가 규칙적이된다. 대부분의 암컷은 어미의 발정주기를 닮는다.

무혈발정(미약발정)silent heat

무혈발정은 외음부의 종대나 출혈이 미약하여 잘 인지하지 못하는 발정으로 임신은 가능하다. 무혈발정인 개는 짧은 기간의 배란기 전후 시기를 제외하면 수컷에 거의 관심을 보이지 않는다. 성성숙이 일찍 온 소형 품종은 확실한 발정주기를 나타내기 전에 한두 번의 무혈발정이 오기도 한다. 알아차리지 못하고 지나치면 종종 암컷을 무발정으로 잘못 진단하는 경우도 많다.

까다롭고 스스로 몸을 청결히 하는 개라면 외음부 출혈을 모르고 지나치기 쉽다. 정상적인 외음부 크기를 잘 모르고 있다면 발정 전기의 외음부종대도 알아차리기 어려울 것이다. 그러나 일주일에 1~2회 외음부를 관찰한다면 경미한 외음부종대와 살짝 핏기가 있는 분비물을 인지할 수 있을 것이다. 일주일에 두 번 수컷에게 노출시켜 두 마리의 행동을 살펴보는 것도 참고가 된다.

질세포학적 검사와 프로게스테론 농도 검사 같은 수의학적 검사로 암컷의 발정주기를 정확히 판단할 수 있다.

분열발정split heat

분열발정이 있는 개는 발정주기가 두 번에 나누어 관찰된다. 처음 발정에는 수컷에게 관심을 가지고 외음부가 종대되고 전형적인 발정 전기의 출혈이 관찰된다. 그러나 에스트로겐을 분비하지 않으므로 수컷을 받아들이지 않고 발정이 끝나 버린다. 두 번째 발정은 2~10주 뒤 일어나는데, 이때는 대부분 수컷을 허용한다.

분열발정은 전형적으로 어린 암컷에서 발생한다. 뇌하수체의 LH 분비 부족에 의해 발생하는데, LH가 높아지지 못하면 난소가 배란난포를 생산하지 못하고 혈청 프로게스테론 농도도 여전히 낮게 유지된다(423쪽, 발정기 동안의 호르몬 영향 참조). 대부분은 치료가 필요 없다. 다음 발정주기는 보통 정상적이다.

지속발정prolonged heat

발정 상태가 21일 이상 지속되는 경우다. 지속발정 기간 동안, 계속 외음부 출혈이 관찰되고 수컷에게 관심을 보인다. 첫발정인 개에서 많이 발생한다. 보통 성숙하면 정상적이 된다.

다른 경우는 에스트로겐 분비성 난소낭종, 때때로 난소의 과립막세포종양(520쪽, 난소의 종양 참조) 등에 의해 에스트로겐 농도가 지속적으로 상승해 발생한다. 질세포학적 검사와 혈청 에스트로겐 농도 검사로 확진한다. 초음파검사로 난소낭종이나 종양을 확인할 수도 있다. 난소낭종은 퇴축되기도 하는데, 그렇지 않은 경우 수술이 필요하다. 난소종양은 수술로 제거해야 한다.

3~4개월 동안 안드로겐을 투여하면 발정이 사라진다. 안드로겐에 반응을 보이는 개는 보통 4~5개월 뒤에 새로운 발정주기를 시작하는데 이때 교배가 가능하다. 현재 발정기에 교배를 원하는 경우 사람융모성선자극호르몬(hCG)이나 성선자극호르몬분비호르몬(Gn-RH)을 투여하여 배란을 유도할 수 있다. 번식을 계획하지 않는다면 중성화수술이 대안이다.

무발정absent heat

무발정은 발정이 오지 않는 것이다. 2살 미만의 어린 암컷은 성적 미성숙으로 발정이 오지 않을 수 있다. 일부 대형 품종은 2살이 될 때까지 성성숙이 되지 않아 첫 번째 발정이 오지 않기도 한다. 생후 24~30월이 되어도 발정이 오지 않는다면 수의사의 검사를 받는다.

중성화수술을 한 경우에도 발정이 오지 않는다. 중성화수술 여부를 알 수 없다면 하복부의 수술 자국이 없는지 검사해 본다. 안드로겐이나 프로게스테론 치료를 받은 개도 치료 기간 동안과 이후 얼마 동안 발정이 오지 않는다. 스테로이드를 투여받은 개에서도 비슷한 영향이 나타날 수 있다.

영양 상태가 좋지 않거나 최근 질병으로 건강 상태가 악화된 개도 몸 상태가 좋아지기 전까지는 발정이 오지 않을 수 있다. 갑상선기능저하증도 무발정의 흔한 원인으로, 다른 증상이 함께 있거나 없을 수도 있다. 갑상선호르몬 검사로 진단한다. 쿠싱 증후군은 흔치 않은 원인으로, 대부분 8살 이상으로 가임 나이를 넘긴 경우가 많다.

난소 발육부전은 난소가 성숙되지 못하여 충분한 양의 에스트로겐을 생산하지 못하는 질병이다. 유선과 외음부가 작은 상태로 남아 발달하지 못한다. 난소 발육부전은 성염색체 기형으로 발생할 수도 있다. 난소의 면역매개성 염증도 일부 무발정의 원인일 수 있다. 난소 종양도 무발정과 관련이 있다.

무발정의 진단은 매주 질세포학적 검사와 프로게스테론 농도를 검사하여 에스트로겐의 호르몬 반응이 없는 것을 확인해 확진한다. 난소 발육부전이나 난소가 없는 개에서는 LH 농도가 상승한다. 초음파검사로 미성숙한 자궁이나 난소종양이 관찰될 수 있다. 검사 6개월 이후에도 발정이 오지 않는 개는 염색체핵형 검사가 추천된다. 염색체가 정상이고 생후 30개월까지도 발정이 오지 않는다면 수의사는 FSH와 hCG로 발정과 배란을 유도해 볼 수 있다. 주요한 번식장애가 있는 개는 자손에게 유전될 수 있으므로 번식시키지 말아야 한다.

발정 사이의 간격

발정주기 사이의 간격은 평균적으로 5~9개월이다. 어떤 개는 정상보다 더 길기도 짧기도 하고, 불규칙한 경우도 있다. 발정주기 사이의 간격이 4개월 미만이거나 1년 이상이면 비정상적인 간격이라 할 수 있다.

어떤 개는 4개월마다 발정이 오고, 어떤 개는 10~12개월마다 발정이 오는데 유전적인 영향이 있을 수 있다. 예를 들어, 바센지와 늑대개 혼혈은 발정이 1년에 한 번 온다.

발정 사이 간격이 길어짐

이런 상태는 무발정기가 길어지는 것으로 이전 발정이 오고 16개월 이상 발정이 오지 않은 상태다. 흔한 원인은 난소낭종이 프로게스테론을 분비하여 난소 활동이 멈추는 것이다. 프로게스테론과 안드로겐 투여에 의해서도 비슷한 효과가 나타난다. 갑상선기능저하증과 쿠싱 증후군에 의해서도 무발정기가 길어질 수 있다.

갑상선기능저하증은 갑상선호르몬 검사로 진단한다. 쿠싱 증후군은 보통 암컷 노견에서 잘 발생하는데 생식기계의 문제는 흔치 않다.

정상적인 난소를 가지고 있으나 발정이 잘 오지 않는 경우에는 발정 중인 다른 암컷과 함께 두거나 수컷에게 정기적으로 노출시키면 호전되는 경우가 많다. 만약 이런 방법으로도 효과를 보지 못하고, 혈청 프로게스테론 농도도 낮고, 의학적인 이유도 찾을 수 없다면 간성*을 감별하기 위해 염색체핵형 검사를 고려한다. 염색체 핵형이 정상이라면 **무발정**(429쪽)에서 설명한 것처럼 발정과 배란유도를 시도해 본다.

* **간성** 자형(암컷)이나 웅형(수컷)이 아닌 중간 형태의 성별을 가지는 것.

발정 사이 간격이 짧아짐

이런 상태는 발정과 다음 발정 사이의 간격이 4개월 미만으로 짧아지는 것으로 분열발정과는 구별해야 한다.

발정 간격이 짧아지면 자궁내막이 이전 발정기 동안 프로게스테론에 의해 유도된 손상으로부터 회복할 만한 충분한 시간을 갖지 못한다는 문제가 생긴다. 따라서 자궁내막은 배아의 착상을 감당할 만큼 호르몬적으로 준비되지 못한다. 발정 간격이 짧아진 개는 임신을 하기가 어렵다.

치료는 필요 없는 경우가 많다. 대부분의 어린 암컷은 성숙해지면서 정상적인 발정 간격을 찾아가기 때문이다. 성숙한 암컷에서 발정 간격이 짧아진다면 배란 전에 발정을 끝내기 위해 안드로겐을 투여하여 자궁의 회복을 촉진시킬 수 있다. 이로써 다음 발정주기에 정상적인 자궁내막 상태를 갖출 수 있게 준비할 수 있다.

조기 난소부전premature ovarian failure

난소의 기능은 약 6살부터 감소하기 시작하여 평균적으로 10살이 되면 중지된다. 대부분의 개는 7~8살이 지나면 교배를 하지 않으므로 일반적으로는 문제가 되지 않는다. 그러나 일부 개들은 6살 정도의 나이에 난소 기능을 상실하여 영구적으로 무발정기 상태가 된다. FSH와 LH 농도 검사로 확진할 수 있다(조기 난소부전에서는 둘 다 농도가 크게 상승한다). 치료법은 없다.

임신 기간 동안의 유산

자궁내막염이나 낭성 자궁내막증식증에 의한 부적합한 자궁 내 환경 등으로 인해 배아가 착상되기도 전에 조기 배아상실이 발생할 수 있다. 염색체이상과 태아의 유전적 기형에 의해서도 발생한다.

임신하고 3~4주 정도가 지나면 복부 촉진으로도 진단할 수 있는데, 경험이 풍부한 수의사가 진단해야 한다. 초음파검사는 첫 교배로부터 18일 이후 진단이 가능하나 대부분은 교배 후 3~4주경까지 기다렸다가 실시한다. 초음파검사는 임신 진단을 위한 훌륭한 방법이지만 새끼 수를 정확히 알기는 어렵다.

혈중 릴랙신 농도를 검사하여 임신을 확진할 수도 있다. 임신 30일경에 검사한다. 엑스레이검사는 보통 임신 45일 이후에 실시하는데 새끼 수 확인에 유용하다.

임신을 확인한 개가 나중에 새끼를 낳지 않는다면 태아가 흡수되거나 유산한 것이다.

태아 흡수는 수태 시부터 생후 40일 사이 어느 시기에서도 발생할 수 있다. 태아는 모체의 몸으로 다시 흡수된다. 일부 개들은 불안감, 고열, 식욕상실, 옅은 혈액성 또는 화농성 질 분비물이 관찰되기도 한다. 조기 태아흡수의 경우 보통 증상이 없어 임신 사실과 태아흡수 자체를 모르고 지나가기 쉽다. 때문에 단순히 임신하지 않은 것으로 오인되기도 한다.

유산은 태아가 사망하여 배출되는 것을 의미한다. 유산은 일반적으로 임신 기간의 마지막 3주 동안에 일어난다. 유산의 증상은 질 출혈과 조직물의 배출이다. 이런 증상들은 개가 깔끔하여 배출물을 핥아먹은 경우 발견하기 어려울 수 있다.

초음파는 초기에 임신 여부를 확인하는 데 주로 사용되고, 말기에는 엑스레이로 정확한 새끼의 수와 태아의 위치를 확인한다.

임신 말기의 유산과 사산의 잘 알려진 원인은 브루셀라병이다. 허피스바이러스도 임신 말기 유산과 사산, 산자 수 감소, 암컷의 불임 등을 유발하는 또 다른 원인이다. 가끔 세균 감염으로 인해 유산이 발생하기도 한다. 이런 세균으로는 대장균, 캄필로박터, 마이코플라스마, 연쇄상구균 등이 있다. 코르티코스테로이드와 클로람페니콜같이 유산을 유발하는 약물도 있다.

조기 태아흡수나 유산이 연속적으로 발생하는 개는 자궁 감염이나 프로게스테론 결핍을 의심해 보아야 한다. 프로게스테론 결핍(저황체증)은 난소의 황체가 태반 부착을 유지하기 위한 충분한 양의 프로게스테론을 분비하지 못해 발생한다. 다음 번 임신에서도 재발되므로 반복적으로 임신 유지에 실패하는 개는 가능성이 높다.

임신 기간 동안 고열을 동반하는 중증 질환(디스템퍼나 렙토스피라증), 높이 뛰어오르는 등의 과격한 활동, 복부의 외상, 부적절한 급여 및 산전 관리 등도 유산의 산발적인 원인이다.

치료 : 태아 조직을 배출한 개는 수의사의 진료를 받아야 한다. 잔존된 태아나 태반 조직이 없는지 확인하기 위해 초음파검사가 필요할 수 있다. 전염성 유산은 항생제로 치료하고 필요한 경우 지지요법*을 실시한다.

가능하다면 유산이 발생하는 원인을 찾아 해결하는 것이 중요하다. 태아와 태반의 실험실적인 검사를 통해 약 50%의 증례는 원인을 찾을 수 있다.

이런 검사를 통하지 않고는, 보통은 원인이 절대 해결되지 않는다. 안전을 위해, 모든 유산은 일단 전염성이 있다고 간주한다. 개집을 위생적으로 관리하고 모든 분비물이나 조직을 다룰 때는 일회용 장갑을 착용하고 취급한다.

유산한 암컷은 브루셀라병과 허피스바이러스 여부를 감별해야 한다(교배 전 검사에서 이 검사들을 이미 실시한 경우에도 해당된다). 만성 자궁 감염의 검사에 대해서는 **암컷의 생식기계 질환**(437쪽)에서 설명하고 있다.

저항체증은 임신 초기 낮은 혈장 프로게스테론 농도와 관련이 있다. 확실한 연구는 부족하지만, 저항체증이 있는 일부 개에서는 프로게스테론 치료가 반복적인 유산을 방지하는 데 도움이 된다. 임신 기간 동안 사용하는 프로게스테론은 심각한 부작용을 유발할 수 있으므로 주의 깊게 모니터링해야 한다. 사실 이런 개를 임신시켜야 하는지 의문스럽다.

상상임신

가벼운 상상임신 증상은 흔한 편으로 임신을 하지 않은 개가 마치 임신한 것처럼 행동한다. 이런 상태는 난소의 황체낭종에서 분비되는 프로게스테론에 의해 발생한다. 발정이 끝나고 약 6~8주경에 증상이 나타난다.

심한 상상임신의 경우에는 복부팽만, 유선발달(젖이 나오는 경우도 있을 정도로) 같은 진짜 임신의 신체적인 증상과 행동적인 증상의 일부 혹은 전부가 나타날 것이다. 어떤 개들은 보금자리를 꾸미고 작은 장난감이나 인형 등에 집착하기도 한다. 때때로 그것들을 보호하려고 공격적이 될 수도 있다. 구토를 하거나 침울해하기도 한다. 설사를 하는 경우도 있다. 유선이 발달하여 젖이 뭉치고 통증을 호소하기도 한다.

치료 : 대부분의 경우 치료는 필요 없다. 상상임신 증상은 12주 이내에 저절로 사라진다. 공격적인 행동을 하거나 심각한 증상을 보이는 개는 호르몬 약물치료가 필요할 수 있다. 이런 약물은 심각한 부작용이 발생할 수 있어 흔히 사용되지는 않는다. 유즙 정체의 치료는 유선염(463쪽)을 참조한다.

상상임신이 발생했던 암컷은 또 쉽게 상상임신을 할 수 있다. 번식을 할 계획이 없다면 중성화수술을 시킨다. 상상임신 증상이 끝난 후에 수술을 하는 것이 좋다.

원하지 않는 임신

개에게는 사고로 인한 임신이 흔하다. 수컷들은 발정기의 암컷을 찾아내는 데 아주 뛰어나다. 발정기의 암컷을 울타리나 장 안에 가두는 등의 일상적인 방법만으로는 결의가 굳은 수컷으로부터 완벽히 보호하기가 어려울 수 있다.

확실하게 안전한 방법은 발정기 상태의 암컷을 집 안에만 머물게 하는 것이다. 밖에 나갈 때는 반드시 줄을 착용한다. 밖에서는 단 1분이라도 보호자의 시야에서 벗어나지 못하도록 한다. 발정기 내내 격리시킨다(처음 출혈이 비치고 지속되는 최소 3주 동안의 기간).

동물병원에서 판매하는 클로로필 같은 약은 발정 냄새를 감출 수는 있지만 교미를 막는 데는 효과적이지 않다.

암컷 개가 교미를 했다는 의심이 든다면 즉시 동물병원에 데려간다. 먼저 질세포검사와 혈청 프로게스테론 농도 검사로 발정주기의 단계를 확인한다. 가임기가 아니라면 임신될 가능성은 낮다. 질 속의 정자는 교미 후 24시간 동안 관찰될 수 있다. 하지만 정자가 관찰되지 않았다고 교미나 임신 가능성을 배제할 수는 없다.

개가 실제로 교미를 했고 임신 가능성이 높다면 두 가지 방법이 있다. 하나는 임신이 되었는지 기다려 지켜본 뒤 임신을 유지시키는 것이다. 다른 하나는 임신을 막는 것으로, 임신 확진 이전이나 이후에 조치를 할 수 있다.

첫 번째 방법인 새끼를 낳는 것은 암컷이 가치가 높고 향후 출산을 계획하고 있다면 가장 안전하고 좋은 방법이다. 그러나 번식을 시킬 계획이 없고 새끼를 낳아 키울 상황이 안 된다면 최선의 선택은 중성화수술을 시키는 것이다. 임신 초기에 실시하는 경우 별다른 위험 없이 수술할 수 있다. 임신 후기에 수술을 하면 자궁적출이 더 어려워진다.

개의 임신을 예방하고 임신을 중단시키는 방법으로 중성화수술만큼 안전하고 효과적인 방법은 없다. 임신중절 주사인 에스트라디올을 이용한 임신 예방법은 에스트로겐 유도성 골수억압과 자궁축농증 발생 위험이 높아 그다지 추천하지 않는다. 게다가 이 주사는 교미 3~5일 동안 투여했음에도 임신중절에 실패하는 경우도 있어 신뢰성이 낮다.

프로스타글란딘 $PGF_{2\alpha}$(루텔라이스)를 이용한 임신중절은 비록 자궁파열과 위장관 및 호흡기계 억압 같은 심각한 합병증이 있을 수 있으나 현재 유산을 유도할 수 있는 방법 중에는 가장 최선의 방법이다. 사용법은 임신 초기냐 말기냐에 따라 다르다. 초음파검사나 복부 촉진을 통해 교미 후 30~35일경에 임신을 진단받는 경우가 대부분이므로 말기에 사용되는 경우가 많다. 임신한 것을 알게 되었다면 입원을 시킨 후 4~7일간 매일 루텔라이스를 주사한다.

루텔라이스는 난소의 황체가 사라지도록 만든다. 황체는 임신을 유지하는 프로게스테론을 생산한다. 대부분의 경우 치료는 성공적이지만 이후에 초음파검사와 혈청 프로게스테론 검사를 통해 확실히 중절되었는지 확인하는 것이 중요하다. 위에 언급하였듯이 심각한 부작용이 발생할 수도 있다.

루텔라이스를 이용한 조기 임신중절도 비슷한데, 임신 확진 이전인 교미 10일 후에 투여한다. 조기 치료의 장점은 유산을 시키는 것이 아니라는 점이고, 단점은 실제 임신하지 않는 개에게 불필요한 치료를 하는 것일 수도 있다는 점이다.

암컷에서 유산을 유도하는 몇 가지 다른 약물도 있다. 사람의 낙태약인 RU-486은 임신 초기 유산 유도에 효과가 있고 상대적으로 안전한 것으로 밝혀져 연구가 진행 중이다. 아글레프리스톤은 유럽에서 개에서의 사용이 연구 중이다. 스테로이드인 덱사메타손은 중기 임신중절에 사용되는데, 아직 적용 방법이 확실하게 확립되지 않은 상태다.

최근 국내에도 아글레프리스톤 성분의 중절약(알리진)이 출시되었다.

임신중절과 관계된 잠재적인 위험이나 합병증을 숙고해야 할 것이다. 결정을 내리기에 앞서 여러 방법에 대해 수의사와 의논한다.

출산 제한

난소자궁적출술(암컷 중성화수술)ovariohysterectomy(spaying)

암컷의 임신을 방지하는 가장 좋은 방법은 중성화수술을 시키는 것이다. 난소자궁적출술이라고 부르는 수술로, 난소와 함께 자궁체와 자궁각을 포함한 자궁 전체를 제거한다. 개복수술을 한다. 중성화수술은 발정이 오지 않게 만들고, 난소낭종, 상상임신, 자궁축농증, 자궁암, 불규칙한 발정주기, 발정기 동안의 격리 같은 문제를 해결해준다.

첫 번째 발정이 오기 전에 중성화수술을 하면 유선종양의 발병률을 90% 이상 낮출수 있다. 또한 1년에 두 번 찾아오는 발정기의 불편함도 없다.

암컷은 새끼들을 돌볼 필요도 없다. 개들은 사람에 집중하게 되어 인간과의 동반자적 관계를 통해 행복과 충만함을 찾을 것이다. 중성화수술이 기본적인 성격을 바꾸지는 않는다. 아마도 발정 시기의 까탈스러움이 완화되는 정도일 것이다. 사냥을 하거나, 사냥감을 물어오거나, 양떼를 몰거나, 가축이나 집을 지키는 등의 기본적인 품종적 특성도 달라지지 않는다.

중성화수술을 한다고 개가 뚱뚱해지거나 게을러지지 않는다. 비만은 과잉 급여와운동 부족에 기인한다. 보통 중성화수술을 하는 시기는 성견 단계로 막 들어가는 시기로 칼로리 요구량이 감소하기 시작하는 시기와 일치한다. 이때 고열량의 강아지용사료를 계속 급여하면 체중이 늘게 마련인데, 마치 수술이 원인인 것처럼 오인받는경우가 많다.

전통적으로 첫 번째 발정이 오기 전인 생후 약 6개월에 중성화수술이 추천된다. 많은 수의학 단체들은 생후 8주 정도의 빠른 시기에도 안전하게 중성화수술을 할 수 있다고 말한다. 연구에 따르면 조기 수술이 성장이나 발달에 영향을 미치지도 않는다(오히려 키가 조금 더 커질 수 있다). 안전하게 마취를 하고 전문가로부터 수술을 받는다면 수술은 어렵지 않다. 합병증 발생 위험도 낮다. 강아지 때 새 가정에 입양되기에 앞서 중성화수술을 한다면 유전적 또는 형태적 결함이 있는 개가 번식에 이용되는 것을막을 수도 있다. 종종 유기견 보호소에서도 조기에 중성화수술을 실시하기도 한다. 조기 중성화수술이 비뇨기 감염과 요실금 발생을 증가시킨다는 우려도 있으나 이는 논

쟁의 여지가 있다. 사냥개들의 경우, 많은 수의사들이 성견 체구에 이를 때까지 중성화수술을 보류할 것을 추천한다. 평생 동안 부담을 많이 받게 될 관절 건강에 더 도움이 되기 때문이다.

중성화수술 일정을 잡았다면, 수술 전날 저녁부터 물과 음식을 치워 두는 것을 잊지 않는다. 아주 어린 개에게는 금식이 조금 조정될 수도 있다. 위에 음식이 있으면 전신마취 상태에서 구토를 하며 흡인될 수 있다. 수술 전후로 알아두어야 할 지시사항 및 주의사항에 대해 수의사에게 확인하도록 한다.

피임약 contraceptive drug

장기 지속형 프로게스테론인 초산 메게스테롤은 현재 미국에서 유일하게 허가받은 피임약이다. 메게스테롤은 장기 지속형 프로게스테론으로 뇌하수체의 FSH 분비를 억제하여 발정주기를 방해한다(423쪽, 발정기 동안의 호르몬 영향 참조). 이 약은 지시사항에 따라 사용하면 안전하고 효과적이다. 투여에 앞서 당뇨병, 자궁축농증, 임신, 유선종양 등이 없는지를 확인하기 위해 검사를 추천한다. 만약 이런 질병이 있다면 사용할 수 없다. 강아지들의 첫 번째 발정주기는 명확하지 않은 경우가 많으므로, 두 번째 발정이 오기 전까지는 사용하지 않는다.

발정이 오지 않게 만들려면, 발정 전기의 첫 번째 증상이 관찰될 때 약을 투여한다. 발정과 임신을 방지하려면 발정주기의 첫 3일 이내에 투여가 시작되어야 한다. 8일간 투여한다. 다음 발정주기는 2~9개월 사이에 찾아올 것이다.

피임약을 사용할 때는 일정을 엄격하게 유지하는 것이 필수다. 발정 전기의 첫 증상을 놓쳐 약물 투여 시기가 너무 늦었을 수도 있으므로 발정기의 처음 8일 동안은 개를 격리시킨다. 만약 계획하지 않은 교미가 일어났고 암컷이 3일 동안 쭉 약을 먹고 있지 않은 상태라면, 투약을 중단하고 수의사와 상의한다(433쪽, 원하지 않는 임신 참조). 만약 3일 이상 약을 잘 먹고 있는 중이라면 남은 기간 약을 잘 챙겨 먹인다. 임신되지 않을 것이다.

사냥이나 여행을 가거나, 도그쇼에 출전하는 경우와 같이 발정을 미뤄야 하는 경우에는 적어도 떠나기 일주일 전부터 약물 투여를 시작하고 32일 동안 지속한다. 발정을 지연시키려면 적어도 발정 전기 일주일 전에 투약을 시작해야만 한다.

메게스테롤을 먹고 있는 개는 배고픔, 나른함, 체중 증가, 성격 변화, 유선확장 같은 증상이 나타날 수 있다. 이런 변화는 약물을 중단하면 개선된다. 프로게스테론을 장기간 사용하면 자궁축농증 위험이 높아질 수 있으므로, 발정을 지연시키거나 발정을 막을 목적으로 사용하는 경우 2번의 연속적인 발정주기를 초과하여 사용해서는 안 된다.

고환적출술(수컷 중성화수술)castration(neutering)

중성화수술은 양측 고환을 제거하는 수술로, 모든 나이에서 실시할 수 있다. 수술은 어렵지 않고 대부분 당일 퇴원이 가능하다. 수술 전 주의사항은 암컷의 중성화수술에서와 같다(435쪽 참조).

중성화수술은 건강상의 여러 이점이 있다. 고환종양 발생 위험이 없어지고 전립선 비대증과 항문 주변 선종 발생 위험도 크게 감소한다. 중성화한 수컷은 영역표시가 덜하고, 다른 개와 더 잘 지내며, 길을 배회하는 일도 줄어든다. 그러나 가족을 지키고 보호하려는 의지와 같은 기본적인 본능은 영향을 받지 않는다.

사춘기 이전에 중성화수술을 하면 성적인 욕구가 발달하지 않는다. 성성숙 이후에 중성화를 하는 경우 발정기 암컷에게 관심을 보일 수도 있으나 흔하지는 않다.

중성화수술은 공격성 같은 통제가 어려운 행동을 교정하기 위해 추천되기도 한다. 그러나 불행히도 많은 행동적 문제가 수컷 호르몬보다 다른 원인에 따른 경우가 더 많다. 때문에 중성화수술을 해도 개의 기본적인 행동이 개선되지 않을 수 있다.

전통적으로 수컷 개들은 성견의 형태를 대부분 갖추는 생후 6~9개월에 중성화수술을 한다. 중성화수술을 일찍 시킨다고 성장과 발달에 영향을 주지 않는 것으로 알려져 있다(키가 약간 더 클 수는 있다). 많은 수의학 단체들은 생후 8주에서 생후 12주 정도의 빠른 시기에도 안전하게 중성화수술을 할 수 있다고 말한다. 강아지가 새 가정에 입양되기 전에 중성화수술을 하면 유전적 또는 형태적 결함이 있는 개가 번식에 이용되는 것을 막을 수 있다. 종종 유기견 보호소에서도 조기에 중성화수술을 실시하기도 한다. 조기 중성화수술이 비뇨기 감염과 요실금 발생을 증가시킨다는 우려도 있으나 명확한 근거는 없다. 그러나 일부 수의사들은 성견 체구에 이를 때까지 중성화수술을 보류할 것을 추천하기도 한다. 평생 동안 부담을 많이 받게 될 관절 건강에 더 도움이 된다고 생각하기 때문이다.

최근에는 테스토스테론 생성을 억제하는 이식형 (주사용) 수컷 피임약도 출시되었다. 슈프레로린 (데스로레린)은 피하에 주입하면 6개월간 피임 효과가 지속된다.

암컷의 생식기계 질환

질염vaginitis(vaginal infection)

질염은 질의 염증이다. 반드시 감염에 의해 발생하는 건 아니다. 성견의 질염은 질의 해부학적 이상으로 인해 소변이 질관으로 흘러들어가 발생한다. 바이러스성 질염은 교미 중 전염된 허피스바이러스에 의해 발생한다. 마이코플라스마성 질염은 질내에서 정상적으로 소수 관찰되는 마이코플라스마가 과잉 증식해서 발생한다.

질염이 자궁이나 방광으로 상행 감염되면, 자궁내막염이나 비뇨기 감염을 유발하기도 한다. 유년기 질염은 생후 1년 미만의 강아지에서 관찰되는데 증상이 없는 경우가 많다. 일부에서는 가벼운 화농성 분비물이 관찰되기도 한다.

질염의 증상은 외음부를 핥고 외음부 주변 털색이 변하는 것이다. 외음부 분비물은 개가 스스로 생식기 주변을 핥아 알아차리기 어려울 수 있다. 마치 발정이 온 것으로 오인할 수도 있다. 질경으로 질 내부를 검사하여 확진한다. 세균배양과 세포학적 검사를 위한 시료를 채취한다. 질에는 정상적으로도 세균이 존재한다. 때문에 세균배양으로는 특정 세균의 증식 여부를 확인한다. 비뇨기 감염을 감별하기 위해 소변검사도 실시한다.

치료 : 세균성 질염은 원인을 찾아 해결하면 쉽게 치료된다. 특정 원인이 없다면 항생제 감수성 검사를 바탕으로 경구용 항생제를 투여한다. 축적된 분비물 제거를 위해 초기에 베타딘이나 클로르헥시딘으로 질을 세정해 주어도 좋다.

세균성 질염이 있는 개는 감염을 치료하기 전까지 번식시켜서는 안 된다. 허피스바이러스성 질염은 효과적인 치료법이 없지만, 대부분의 개들은 바이러스에 대한 항체를 만들어 낸다.

질염에서 배양된 마이코플라스마는 정상 세균총이거나 감염의 결과일 수 있다. 불임과 같은 감염의 증상이 관찰되는 경우, 보통 테트라사이클린 같은 항생제로 치료

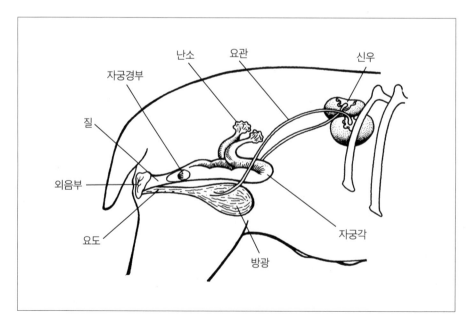

암컷의 비뇨생식기계

한다.

유년기 질염은 치료가 필요하진 않고, 과도하게 핥아 피부에 염증이 생기는 것을 방지하기 위해 외음부를 청결하게 유지한다. 대부분은 첫 번째 발정이 온 이후에는 증상이 사라진다. 중성화수술을 예정하고 있다면 이때까지는 미루도록 한다.

질증식증과 질탈vaginal hyperplasia and prolapse

질 증식은 질 내막이 과도하게 부어오르는 것으로 발정 전기와 발정기에 에스트로겐의 영향으로 발생한다. 부풀어 오른 질 점막이 더 이상 질 안에 있을 수 없는 상태가 되면 음순을 통해 외부로 돌출된다. 주 증상은 혀처럼 생긴 덩어리가 외음부 밖으로 돌출되는 것이다. 배뇨 시 통증을 호소하거나 외음부를 심하게 핥는 증상도 관찰될 수 있다.

돌출된 종괴에 의해 교미는 불가능하다. 질증식증은 대형 품종의 강아지에서 가장 흔한데, 특히 복서, 세인트버나드에서 많이 발생한다.

심각한 질증식증은 질탈로 진행될 수 있다. 질탈이 발생하면 질이 외음부 밖으로 빠져나오는데 도넛 형태의 덩어리로 관찰된다. 질종양으로 오인하기도 한다(520쪽 참조).

질탈은 항문직장폐색이나 난산같이 오랜 시간 힘을 주어서도 발생할 수 있다. 교미 중에 강제로 개들을 떼어내는 것도 질탈의 원인이 된다.

치료 : 질증식증은 발정 휴지기 동안 가라앉았다가 발정이 오면 재발되기 쉽다. 경미한 경우는 치료가 필요 없으며, 질 점막을 청결히 유지하고 건조해지는 것을 방지하기 위해 항생제 성분의 연고를 발라 매끄럽게 해 준다.

번식을 시키고자 한다면 인공수정을 고려할 수 있다. 번식을 계획하고 있지 않다면 중성화수술을 통해 문제가 해결될 것이다.

심각한 질증식증이나 질탈의 경우, 수의사는 돌출된 조직을 정상 위치로 밀어 넣고 발정 휴지기가 되어 가라앉을 때까지 외음부를 봉합하여 고정시키기도 한다. 죽은 조직을 제거하고 다음 발정기에 재발하는 것을 예방하기 위해 수술적인 교정이 필요할 수 있다.

자궁축농증과 낭성 자궁내막증식증pyometra and cystic endometrial hyperplasia

자궁축농증은 생명을 위협하는 자궁의 감염이다. 6살 이상의 중성화수술을 하지 않은 암컷에서 가장 많이 발생한다. 흔히 낭성 자궁내막증식증이라고 부르는 상태로 시작된다.

낭성 자궁내막증식증이 있는 개는 자궁의 안쪽 분비층이 두꺼워지고 액체가 차며, 스위스 치즈같이 빈 공간들을 형성한다. 자궁내막의 이런 변화는 8~10주 동안 지속되는 발정 휴지기에 프로게스테론 농도가 높게 유지되어 발생한다. 낭성 자궁내막증식증은 세균 증식의 이상적인 환경이다. 발정기가 되어 자궁경부가 이완되면 세균이 자궁에 접근할 수 있고, 이런 감염에 의해 자궁축농증으로 진행될 수 있다.

조직생검으로 낭성 자궁내막증식증을 찾아낼 수 있지만, 보통은 자궁축농증으로 진행되어 개가 아프기 전까지는 알아차리기 어렵다.

에스트로겐은 낭성 자궁내막증식증을 유발하진 않지만 프로게스테론의 효과를 증대시킬 수는 있다. 임신중절을 위해 투여한 에스트로겐은 자궁축농증 발생 위험을 크게 높일 수 있으므로 더 이상 사용을 권장하지 않는다.

자궁축농증의 증상은 발정기 1~2달 후에 발생한다. 자궁축농증에 걸린 개는 침울해하고 무기력하며, 음식을 거부하고, 엄청난 양의 물을 마시고 소변도 자주 본다. 구토와 설사를 하기도 한다. 체온은 정상이거나 낮을 수 있다. 중성화수술을 하지 않은 암컷이 분명한 이유 없이 아프다면 자궁축농증을 의심해 본다.

자궁축농증은 개방형과 폐쇄형 두 종류가 있다. 개방형 자궁축농증의 경우 자궁경부가 이완되어 토마토수프 비슷한 다량의 고름이 흘러나온다. 이런 개들은 보통 폐쇄형 자궁축농증에 걸린 개만큼 아파 보이진 않는다.

폐쇄형 자궁축농증의 경우는 고름으로 꽉 찬 자궁이 확장되어 아랫배 부위가 팽만해지고 아파한다. 이런 형태의 자궁축농증은 구토나 설사를 동반하고, 고열과 빈맥, 쇼크와 같은 독성 반응을 나타내는 경우가 많다. 폐쇄형 자궁축농증은 복부 엑스레이 검사로 확장된 자궁을 확인해 진단한다. 초음파검사로 자궁축농증과 임신 자궁을 구별할 수 있다. 임신 약 45일 이후에는 엑스레이검사만으로도 구분이 가능하다.

치료 : 자궁축농증은 즉시 수의사의 치료가 필요하다. 난소자궁적출술을 실시하고 항생제를 투여한다. 패혈증에 걸리기 전에 수술을 하는 게 가장 좋다.

불가피하게 개의 생식 능력을 보존해야 하는 경우라면 난소자궁적출술의 대안을 고려할 수 있다. 단, 자궁경부가 열려 있고 개가 패혈증 상태가 아니어야 한다. 항생제와 프로스타글란딘을 사용하는 방법으로, 프로스타글란딘 PGF$_{2\alpha}$(루텔라이스)는 자궁경부를 이완시키고 자궁수축을 자극하여 고름을 배출한다. 루텔라이스를 3~5일간 매일 피하주사로 투여한다. 고름이 완전히 배출되지 않으면 한 번 더 반복한다. 항생제 감수성 검사로 선택된 항생제를 고름이 다 배출된 이후에도 1~3주 동안 계속 투여한다. 루텔라이스는 소동물에서는 FDA의 허가를 받지 못했지만, 그럼에도 이런 목적으로는 널리 사용되고 있다.

프로스타글란딘 치료는 쇼크를 비롯하여 용량과 관련한 많은 부작용을 동반한다. 자궁경부가 닫혀 있을 때는 자궁파열이 발생할 수도 있다. 대부분의 수의사들은 폐쇄형 자궁축농증에서는 루텔라이스 사용을 금하고 있다.

자궁축농증에서 회복한 개는 다음 발정주기 때 또 재발할 위험이 높다.

자궁내막염endometritis

자궁내막염은 약한 수준의 자궁 내 세균 감염으로, 출산 후 자궁의 감염에 의하거나(462쪽, 급성 자궁염 참조) 때때로 질염이 상행 감염되어 발생한다. 자궁내막염은 암컷 불임의 주요 원인이다. 자궁축농증과 달리 감염은 자궁내막에만 한정된다. 고름은 거의 생성되지 않지만 자궁내막에 염증이 생기고 세균들이 존재한다. 이런 상태는 임신과 착상을 위한 환경으로서는 부적합하다.

자궁내막염에 걸린 개는 건강해 보이고 발정주기도 정상적이며 교배 과정도 성공적으로 진행된다. 그러나 임신이 되지 않거나 임신한 것 같은데도 새끼를 낳지 못한다. 적절한 시기에 교미를 하였는데도 두 번 이상 임신이 되지 않는다면 자궁내막염이 아닌지 확인해 봐야 한다.

자궁내막염은 진단이 어렵다. 발정 휴지기나 무발정기의 자궁을 복부 촉진과 초음파검사를 통해 진단하는데, 자궁이 정상보다 약간 커지거나 두꺼워지지 않았는지 평가한다. 자궁의 조직생검을 통해 확진하는데, 복강경 시술이 필요하다.

치료 : 자궁내막염의 효과적인 치료 방법은 없다. 번식 계획이 없다면 자궁적출술을 추천한다. 자궁축농증 발생 위험도 없앨 수 있다.

번식을 계획한다면 경구용 항생제를 투여하거나 자궁 내 국소용 항생제 적용을 고려한다. 자궁에서 채취한 세균의 배양 결과 및 항생제 감수성 검사를 바탕으로 항생제를 선택한다. 교미 일주일 전에 항생제를 투여하기 시작하여 발정 행동을 보이기 시작할 때까지 투여하는 것도 도움이 된다.

수컷의 생식기계 질환

수컷 생식기계에는 여러 질환이 발생한다. 이들은 모두 개를 불편하게 만들며 상당수가 교미 시에 문제를 일으키고 일부는 불임으로 진행된다. 귀두포피염, 포경, 감돈포경, 잠복고환, 고환염, 고환변성, 고환종양, 전립선염 등이 그것이다(410쪽, 전립선염, 518쪽, 고환의 종양 참조).

귀두포피염balanoposthitis

포피는 귀두 끝 부위를 덮고 있는 피부집이다(402쪽, 수컷의 비뇨생식기계 그림 참조). 포피 개구부에 묻어 있는 소량의 연노란 분비물은 정상이다. 하지만 다량의 분비물은 감염을 의미하는데, 이를 귀두포피염이라 한다.

풀 까끄라기, 흙, 지푸라기 조각 등이 포피 안쪽에 끼면 자극을 유발하고 감염이 일어나 포피 안의 농양으로 진행된다. 허피스바이러스 감염은 만성 포피염을 유발하여 교미 과정에서 암컷에게 전파될 수 있다. 포피가 협착되어도 감염이 발생할 수 있다. 음경에 전염성 생식기 종양이 자라날 수 있는데, 이런 형태의 종양은 전염성이 있다.

포피 감염의 증상은 생식기를 과도하게 핥고 포피에서 역한 냄새를 풍기는 분비물이 관찰되는 것이다.

치료 : 포피에서 관찰되는 모든 화농성 분비물은 수의사의 검사와 치료가 필요하다. 세균배양 및 항생제 감수성 검사를 바탕으로 항생제를 처방한다. 허피스바이러스는 배양이 어려우나, 혈청학적 검사로 항체가를 평가하여 진단할 수 있다. 허피스바이러스는 바이러스이므로 특별한 치료법이 없다. 대부분의 암컷은 이 바이러스로 새끼를 한 번 잃은 이후에 면역성을 획득하지만, 여전히 임신 마지막 3주와 출산 후 첫 3주 동안은 스트레스를 최소화해야 한다. 유럽에서는 예방백신을 사용하고 있다.

포경(포피의 협착)phimosis(strictured foreskin)

이런 상태의 개는 포피의 개구부가 아주 좁아 음경이 돌출되는 것을 방해하고 일부에서는 소변의 배출도 방해한다. 신생견의 포경은 선천성 결함으로 저먼셰퍼드와 골든리트리버에서 가장 흔히 발생한다. 한배 새끼 중 여러 마리에서 발생하기도 한다. 성견의 포경은 포피의 감염이나 선천성 결함으로 인해 발생한다.

치료 : 일부는 포피의 감염을 치료하면 나아진다. 대부분은 개구부를 넓혀 주는 수술이 필요하다. 신생견의 포경은 요로폐색을 유발할 수 있어 신속한 조치가 필요하다.

감돈포경paraphimosis

이런 상태의 개는 돌출된 음경이 포피 내의 원래 위치로 되돌아가지 못한다. 포피 주변 피부의 긴 털로 인해 포피의 피부가 안쪽으로 말려 음경이 제자리로 밀려들어가지 못한다. 보통 교미 중 음경이 돌출되고 난 뒤에 발생한다. 포피가 음경을 조이는 고리처럼 작용해 울혈상태가 지속된다. 마치 음경에 고무줄을 감아 놓은 것과 같은 상태가 된다.

드물게 어미와 너무 일찍 떨어진 강아지들에게서도 발생하는데, 새끼들이 서로의 음경을 젖인 줄 알고 빨아서 생긴다.

치료 : 추가적인 부종과 영구적인 손상을 막기 위해 가능한 한 빨리 음경을 포피 안쪽의 원래 위치로 되돌려 놓아야 한다. 먼저 음경에 바셀린, 미네랄 오일, 올리브 오일 등을 발라 매끄럽게 만든다. 안쪽으로 말린 포피를 뒤집어 걸려 있는 털들을 제거하고 음경을 포피 뒤쪽으로 밀어 넣는다. 한 손으로 음경 끝을 앞으로 부드럽게 잡아당긴 상태로, 다른 한 손으로 포피를 음경 끝 쪽을 향해 부드럽게 밀어낸다. 이 방법으로 실패한다면 즉시 동물병원으로 향한다. 조여진 상태를 해소하기 위해 수술이 필요할 수 있다.

감돈포경은 교미 전에 포피 주변의 털을 잘라 주어 예방할 수 있다. 교미를 한 뒤에는 항상 수컷의 음경이 제자리로 돌아가 있는지 확인한다.

잠복고환cryptorchidism

하나 혹은 양쪽의 고환이 하강하지 않아 음낭에서 만져지지 않는 경우를 잠복고환이라고 한다. 잠복고환은 상염색체 열성 형질에 의해 유전된다. 양쪽 고환이 모두 하강하지 않은 개는 성숙했어도 번식 능력이 없다. 한쪽 고환만 잠복 상태인 개는 번식 능력이 있을 수도 있으나, 유전되는 것을 막기 위해 번식시키지 않는다.

원래부터 한쪽 고환이 없이 한쪽에만 고환이 있는 단일고환도 있다.

고환은 보통 생후 6~8주가 되면 음낭으로 하강하는데, 생후 6개월까지도 내려오지 않는 경우도 있다. 때때로 고환이 음낭 안에서 만져졌다 사라졌다 하기도 한다. 강아지가 춥거나 흥분한 경우, 활발히 노는 경우에는 고환이 샅굴 안쪽으로 들어갈 수 있다. 이런 강아지는 진짜 잠복고환은 아니다.

치료 : 고환 하강을 자극하기 위해 호르몬 주사를 투여하기도 하는데, 효과는 의심스럽다. 일부 증례에서는 시간이 지나면서 저절로 하강하기도 한다. 유전될 수 있으므로 잠복고환인 개는 번식시켜서는 안 된다.

잠복고환이 있는 개의 50%가량은 고환종양으로 진행될 수 있으므로 양쪽 고환을 제거할 것을 추천한다(518쪽, 고환의 종양 참조). 잠복고환이 복강 안에 있는 경우 개복수술이 필요할 수 있다.

고환염orchitis

고환에 감염이나 손상이 발생하면 수컷이 불임이 되는 경우가 흔하다. 다른 개에게 물리거나, 구멍이 뚫리는 상처가 나거나, 동상, 화학적 및 열성 화상 등에 의해 음낭과 고환이 손상될 수 있다. 음낭의 손상에 감염된 세균이나 방광이나 전립선으로부터 정

잠복고환은 사타구니 부위(서혜부)나 복강 내에 있는데, 그 위치에 따라 수술 방법이 다르다. 보통 고환이 일정 크기 이상 커지면 촉진 또는 초음파검사를 통해 진단이 가능하다. 때문에 잠복고환의 정확한 위치를 확인하거나 자연적으로 하강하는지를 지켜보기 위해 고환이 어느 정도 성장할 때까지 수술을 보류하는 경우도 많다.

관을 통해 전파된 세균에 의해 발생한다. 디스템퍼나 브루셀라병도 원인이 될 수 있다.

고환염의 증상은 고환의 통증과 부종, 음낭을 핥는 행동 등이다. 고환은 커지고 단단해진다. 개는 다리를 벌린 자세로 부자연스럽게 걷는다. 부고환도 감염되는 경우가 많다.

치료 : 고환의 감염은 세균배양 및 항생제 감수성 검사를 바탕으로 선택한 항생제로 치료한다. 스테로이드, NSAID, 냉찜질 등은 고환의 부종과 염증 감소에 도움이 된다. 다 낫고 나면 고환이 쪼그라들어 작고 단단해질 수 있다. 이런 고환은 더 이상 정자를 생산하지 못한다. 일부 증례에서는 지속적으로 미약한 감염 상태가 지속되기도 한다. 그런 경우 고환적출을 추천한다.

고환의 형성부전 및 변성

정상적인 고환은 매끄러운 타원형으로 규칙적인 외형을 가진다. 양측 고환은 크기가 비슷하고 만지면 약간 단단하게 느껴진다. 고환의 크기는 정자 생산 능력과 관계가 있다. 때문에 성적으로 성숙한 개가 작은 고환을 가지고 있다면 생산할 수 있는 정자의 수도 적다. 고환 질환은 조직생검으로 확진할 수 있다.

고환형성부전은 한쪽 또는 양쪽 고환이 성성숙 이후에도 정상적인 크기로 자라지 못하는 발달장애다. 이런 고환은 정자 생산 조직 발달이 미흡하여 크기가 작고 단단하지도 않다. 사정을 해도 정자가 아예 없거나 대부분이 비정상적 형태의 정자가 소량 관찰된다. 효과적인 치료법은 없다.

고환변성은 후천성 질환으로 영구적 또는 일시적인 불임을 유발한다. 고환형성부전과 달리 고환이 작아지기 전에는 정상적인 상태다. 가역적인 고환변성의 흔한 원인은 고열이다. 정자를 효과적으로 생산하려면 음낭의 온도는 중심 체온보다 적어도 2~3도는 더 낮아야 한다. 열이 나면 몸과 음낭의 온도가 높아진다. 디스템퍼, 파보바이러스, 렙토스피라증같이 고열을 동반하는 질병은 일시적으로 고환을 변성시킬 수 있다. 갑상선기능저하증도 성숙한 수컷에게 불임을 유발하는 원인이다. 이런 상태들이 지속되면 영구적인 불임이 발생할 수 있다.

면역매개성 고환염은 생검이나 외상 등으로 인해 정자가 혈류 중으로 유입되어 발생한다. 이런 정자로 인해 몸에서 항정자 항체가 생산된다. 이 항체들은 개 자신의 고환에 있는 정자들까지 파괴한다.

위의 상태들이 되면 고환은 고환형성부전에서처럼 작아지고 물렁해진다.

고환을 파괴하는 질병도 있는데, 고환의 외상과 급성 양측성 고환염이 그것이다. 이런 식으로 손상된 고환은 정자 생산 조직이 섬유성 결합조직으로 대체된다. 그러면 고환은 작고 단단해진다. 이런 상태가 되면 비가역적인 불임이 된다.

　치료 : 고환변성은 원인을 치료하고 스스로 회복할 시간을 주면 나아진다. 성적인 휴식은 필수다. 정자 형성 능력이 돌아왔는지 확인하기 위해 정액검사를 실시한다. 사정을 할 수 있는 정도로 정자가 재생산되려면 50~60일이 걸리므로, 최소 2개월 동안은 정자의 질이 향상되기 어렵다.

16장
임신과 출산

임신

임신 기간은 수정부터 분만까지의 기간이다. 평균적으로 배란일로부터 63일 정도다(정상범위는 56~66일). 다만 배란일이 항상 교배일과 일치하진 않는다.

임신 기간의 처음 몇 주 동안은 체중이 살짝 증가하는 것을 제외하면 임신과 관련된 징후는 거의 관찰되지 않는다. 가끔 입덧을 하기도 한다. 보통 임신 3~4주가 되어 자궁이 늘어나고 확장되는 것과 더불어 프로게스테론의 영향으로 발생한다. 개는 기운이 없고, 식욕이 줄고, 가끔 구토를 하기도 한다. 입덧은 며칠 동안만 지속되므로 특별히 관심을 기울이지 않으면 모르고 지나치기 쉽다. 구토가 관찰되면 작은 양의 음식을 여러 번에 나누어 급여한다.

임신 40일경이 되면, 유두가 커지고 색도 짙어지며 배도 불러온다. 출산이 임박해지면 유선이 발달하고 유두에서 우유 같은 액체가 나올 수도 있다(많은 개들이 정상적인 발정 기간에도 유선이 발달하므로 이것만으로 임신을 판단하면 안 된다).

복부초음파검사로 임신을 진단할 수 있다. 많은 수의사들이 정확한 판단을 위해 배란 21일 이후를 추천하지만 18~19일경에도 검사는 가능하다. 방사선을 사용하지 않아서 안전하고 효과적이다.

개의 자궁은 양쪽으로 갈라진 자궁각이 가운데의 자궁강에서 만나는 모양으로 되어 있다. 뱃속의 태아는 태반으로 둘러싸여 자궁각 안쪽에 있다.

교배 28일 이후가 되면 수의사는 복부 촉진을 통해 임신 여부를 판단할 수 있다. 평균적인 크기의 개라면 대략 호두알 크기의 배아가 촉진된다.

복부 촉진은 풍부한 경험과 부드러운 조작이 필요하며, 수의사에 의해서만 실시되

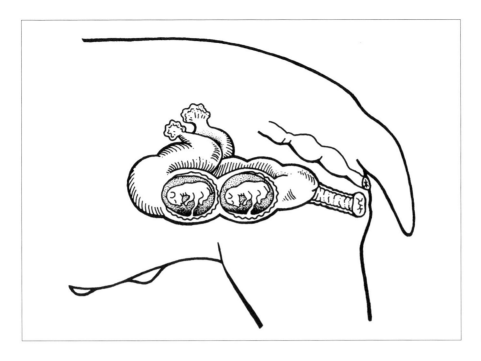

어야 한다. 복강 내의 다른 구조물도 덩어리처럼 만져질 수 있다. 잘못 촉진하면 섬세한 태아와 태반 구조를 손상시켜 유산을 유발할 수 있다. 만약 태아를 직접 촉진하고 싶다면, 수의사에게 촉진방법을 알려달라고 요청한다. 임신 35일 이후에는 태아가 액체로 채워진 아기집(태낭)으로 싸여져 더 이상 촉진이 불가능하다.

임신 28~30일이 되면 혈액검사로 릴랙신(임신 기간 동안 상승하는 호르몬) 농도를 측정해 임신을 확인할 수 있다. 임상 개발 중인 또 다른 혈액검사는 염증에 반응하는 급성기 단백질을 이용한다. 임신을 하면 배아가 자궁에 착상되는 자극에 의해 이 단백질이 상승한다.

약 45일이 되면 복부 엑스레이검사로 태아의 골격을 확인할 수 있다. 초음파검사 대신 엑스레이검사를 통해, 임신, 상상임신, 자궁축농증 등을 감별하거나 태아의 숫자를 확인할 수 있다. 엑스레이검사는 임신 45일 이전에는 발달 중인 태아에서 부작용을 유발할 수 있으므로 임신 초기에는 실시해서는 안 된다.

임신 말기에는 배가 부르고 처진다. 임신 마지막 2주 동안은 태아들의 움직임을 보거나 촉진할 수 있다.

출산 전 검진

첫 번째 출산 전 검진은 교배 후 2~3주 후에 실시한다. 임신 기간 동안의 운동이나 음식 급여 등에 관해서도 문의한다. 수의사는 추가 검사들을 하라고 할 수도 있다. 만약 내부기생충에 감염되었다면 치료해야 한다.

출산 예정일 2주 전에 다시 검진을 한다. 수의사는 정상적인 분만 과정, 발생 가능한 문제, 갓 태어난 강아지들을 관리하는 방법 등에 대해 알려줄 것이다. 야간 응급상황에 문의할 수 있는 곳에 대해서도 확인하도록 한다. 이때 엑스레이검사로 태아의 숫자를 확인할 수 있다.

임신기의 관리 및 음식 급여

개가 임신을 했다고 아주 특별한 관리가 필요한 것은 아니다. 임신 기간의 첫 절반 동안은 활동을 제한하지 않아도 된다. 체중 증가를 막고 근력 유지를 위해 적당한 운동은 도움이 된다. 그러나 임신 말기 3~4주 동안은 울타리를 오르거나 다른 개나 아이들과 과격하게 노는 행동, 계단을 뛰어 오르내리는 행동은 피해야 한다. 모견의 운동으로는 긴 산책이 가장 좋은 방법이다.

많은 사람들이 라즈베리 잎이 순산에 도움이 된다고 주장한다. 임신 기간 내내 소량의 라즈베리 잎을 개의 음식에 섞어 주는 것에 대해서는 더욱 논란이 많다. 이런 종류의 보조제를 주기 전에 먼저 수의사와 상의한다.

구충

임신 말기 마지막 2주와 수유 기간에 구충을 하는 것이 좋다. 회충 알에 대한 환경적인 노출을 줄이고(사람에게도 건강상으로 위험) 강아지의 회충 감염을 막는 데 도움이 된다.

펜벤다졸은 회충, 구충, 편충에 효과적인 구충제다. 임신 기간 동안 사용해도 안전하다. 피란텔 파모에이트도 안전한 구충제이나 펜벤다졸만큼 구제 범위가 넓지는 않다.

약물

임신기에는 예방백신, 대부분의 약물, 일부 벼룩 구제제 및 살충제, 대부분의 호르몬제제(스테로이드 포함), 많은 구충제를 추천하지 않는다.

테트라사이클린, 카나마이신, 그리세오풀빈 등의 항생제는 태아의 발달에 영향을 미칠 수 있다. 생독백신도 유산이나 사산의 위험이 있어 임신견에게 투여해서는 안 된다. 임신 기간 동안에는 어떤 약물이나 보조제도 투여에 앞서 항상 수의사와 상의해야 한다.

라즈베리 잎은 산과계 질환의 예방과 관리에 도움이 되는 것으로 알려져 있어 사람들이 차의 형태로 즐겨 마신다. 미국에서는 암컷 개들을 위한 건강 보조제 형태로 다양한 제품이 판매되고 있다.

식단과 급여

임신 첫 4주 동안은 일반적인 성견용 식단을 유지한다. 임신 후반기부터는 단백질과 칼로리 요구량이 증가한다. 신생견 몸무게의 75% 이상, 몸길이의 50% 이상은 임신 마지막 3주 동안에 성장한다. 임신 35일경부터 서서히 음식의 양을 늘려 나가, 분만 시점에는 평소의 1.5배 정도를 먹는 정도로 만든다.

또한 이때부터 성견용 사료를 강아지용 사료로 교체해 주는 것도 고려한다. 이런 제품들은 같은 양이라도 더 많은 단백질과 칼슘, 그 외 필수 영양소를 함유하고 있어, 특히 임신견과 수유견에게 적합하다. 적절한 식단은 1kg당 최소 3,500kcal가 들어 있고 단백질 함량도 21% 이상이어야 한다. 영양 정보는 사료 포장에 적혀 있다.

하루 급여량을 동일한 양으로 나누어, 하루 2~3회에 걸쳐 급여한다. 정해진 식단이 있다면 간식, 사람 음식, 고기 등을 추가로 먹이는 것은 좋지 않다. 다른 음식을 먹어 추가 열량을 섭취하면, 건강한 임신 상태를 유지하고 태아들에게 적절한 영양소를 공급해 줄 수 있는 식단을 충분히 섭취하는 데 방해가 될 수 있기 때문이다.

개가 과체중 상태라면 칼로리 섭취를 늘리지 않는다(이상적인 체중에 대해서는 306쪽, 체중 감량 참조). 과도한 체중 증가는 엄격히 피해야 한다. 뚱뚱한 모견은 출산 시 난산으로 고생하기 쉽다. 일반적으로 임신 말기에는 평소 체중의 15~25% 정도 증가하는 수준이어야 하고, 출산 후에도 평소 체중의 5~10%가 넘게 늘어서는 안 된다.

비타민과 미네랄 보조제는 모견이 조기 임신을 하거나 질병에서 회복된 경우가 아니라면 필요하지 않다. 오히려 과도한 영양제로 인해 발달 중인 태아의 연부조직에 미네랄 침착이나 신체적 기형이 발생할 수도 있다.

출산 1~2주 전부터는 식욕이 감소하기도 한다. 배가 많이 불러옴에 따라 많은 양의 음식을 소화하는 데 어려움을 느낄 수 있다. 적은 양의 음식을 자주 먹이는 식으로 급여한다.

출산 준비

모견이 편안함을 느끼는 친숙한 환경에서 출산해야 한다. 신생견을 위해 가장 좋은 장소는 출산 상자다. 이 상자는 따뜻하고 건조하며 외풍, 소음, 어수선함 등에 의해 방해받지 않는 장소에 두어야 한다.

대형 품종이 들어가기에 충분한 나무 상자는 최소한 옆면의 길이가 1.2~1.5m 정도, 높이가 30cm 이상은 되어야 한다. 초소형 품종은 옆면의 길이가 60~90cm, 높이가 20cm 정도면 충분하다. 옆면의 높이는 모견이 넘어갈 수 있으면서도 강아지들이 기어오르지 못하는 높이여야 한다. 필요한 경우 모견의 편의를 위해 한쪽을 다른 쪽

보다 낮게 만들 수 있다. 강아지들이 성장함에 따라 옆면의 높이를 더 높은 것으로 교체해야 할 수도 있다.

옆쪽을 뗐다 붙였다 할 수 있으면 바닥을 청소하거나 보관할 때 한결 용이하다. 때문에 출산 상자의 옆쪽 면을 바닥에 고정시키는 대신, 홈을 만들어 끼우고 쇠고리로 고정하는 방식으로 만들면 좋다.

상자 안쪽으로 선반을 만들어야 하는데, 바닥에서 공간을 조금 띄워 네 귀퉁이에 7~15cm 정도 너비로 설치한다. 강아지들은 본능적으로 선반 아래로 기어들어갈 것이다. 이는 모견이 새끼를 밟거나 깔고 앉는 것을 방지하는 데에도 도움이 된다. 모든 나무 표면은 새끼들에게 안전하고 청소와 소독이 용이하도록 마감 처리를 잘 해야 한다.

신문지 몇 장을 바닥에 깔아 수분이 흡수되도록 한다. 신문지는 마찰력이 거의 없어 기어 다니기에 좋은 표면은 아니므로, 신문지 위를 두꺼운 수건, 매트리스 패드 또는 마찰력이 있는 다른 재질로 덮는다. 세탁 가능한 것도 좋고 일회용 배변 패드도 좋다. 새끼들 발이 걸리지 않도록 깔개에는 끈이나 느슨한 줄, 실 등이 없어야 한다. 담요처럼 두껍고 헐거운 깔개는 새끼들이 질식할 위험이 있으므로 사용하지 않는다. 지푸라기나 톱밥 등도 흡입 위험이 있으므로 사용해서는 안 된다.

<u>차갑고 축축한 환경은 신생견이 죽는 원인이 된다.</u> 출산 공간은 외풍이 없고, 출산 후 7일까지는 29℃를 유지해야 한다. 그다음 주부터는 27℃로 온도를 낮추고, 생후 6주가 되었을 즈음에는 22℃까지 온도를 낮춘다. 출산 상자 바닥에 온도계를 설치해 온도를 지속적으로 체크한다(새끼들로부터 온도계를 잘 보호한다).

250와트 적외선 전구를 이용해 열원을 추가로 공급한다. 출산 상자 위에 매달아 놓거나 식물용 조명 등을 이용할 수 있다. 열이 직접 닿지 않는 공간을 확보해 주는 것도 잊지 않는다. 모견이 시원한 곳에서 휴식을 취하고 덥다고 느낀 새끼들이 열을 피해 기어갈 수 있어야 한다.

출산 상자와 적당한 열원 이외에 다음의 것들이 필요할 수 있다.

- 새끼를 받아 내려놓을 수 있는 푹신한 깔개가 깔린 작은 상자
- 일회용 멸균 라텍스 장갑
- 입과 코의 분비물을 흡인할 수 있는 안약병이나 작은 이경구 흡입기
- 탯줄을 묶기 위한 치실이나 명주실
- 탯줄을 자른 뒤 바를 요오드(포비돈) 등의 소독약
- 가위
- 깨끗한 수건

• 깨끗한 신문지 여러 장

출산 약 2주 전부터는 출산 상자 적응 훈련을 시작하고 그 안에서 잠도 재운다. 이렇게 하면 모견은 분만을 하는 곳이 보호자의 침대가 아니라 출산 상자라는 것을 이해하고 있을 것이다.

출산 일주일 전에는 유선과 외음부 주변의 긴 털들을 잘라 준다.

출산

많은 사람이 언제 출산하는지 계산할 때에는 처음 교배한 날을 기준으로 삼는다. 그러나 실제 두 번째, 세 번째 교배 시에도 배란을 하지 않았을 수 있으므로, 가장 정확한 방법은 발정기 동안의 프로게스테론 농도를 측정하여 배란 시기를 확인하는 것이다. 배란은 LH 상승(421쪽, 개의 발정주기 참조)과 함께 일어난다. 출산 예정일은 LH 상승으로부터 62~64일째 날이다.

보통 새끼 수가 많은 경우 앞당겨 출산하고, 새끼 수가 적거나 하나인 경우 늦게 출산한다. 배란 56일경에 태어난 새끼는 체중도 적게 나가고 신체적으로도 미성숙하다. 55일 이전에 태어난 새끼는 아마도 미숙아가 되어 살아남지 못할 수도 있다. 첫 교배일로부터 65일 이후에 태어나는 새끼도 과숙아가 되어 수의사 검진이 필요할 수 있다.

분만의 징후

출산 예정일 2~3일 전부터는 매일 아침 직장체온을 측정한다. 진통을 시작하기 12~18시간 전부터는 직장체온이 정상체온(37.7~39.2℃)에서 37.5℃ 이하로 떨어진다. 체온 하강 폭이 작아 모르고 지나치는 경우도 있다. 직장체온이 정상이라고 곧 출산하지 않을 거라고 생각하면 안 된다. 분만일이 가까워지면 개가 집 안에만 머물도록 한다.

분만 12~24시간 전이되면 식욕이 없고, 보다 활동적이고 안절부절못해 하는데, 옷장을 뒤적거리고, 마당을 파거나 침대를 긁기도 한다. 출산 상자가 근처에 있다는 것을 알려 준다. 출산 상자를 사용해 본 경험이 있는 암컷은 보통 별 어려움 없이 받아들인다. 만일 암컷이 다른 장소에서 분만을 했다면, 출산을 마치자마자 모견과 새끼들을 출산 상자로 옮긴다.

진통과 분만

　전체적인 출산 과정은 불도그 같은 단두개종을 제외하고는 보통 사람이 개입하지 않아도 어려움 없이 진행된다. 첫 번째 단계는 6~12시간 동안 지속되는 자궁의 비자발적 수축으로, 자궁경부를 이완시킨다. 모견은 안절부절못하고 불편해 보이지만 다른 증상을 보이지는 않는다.

　두 번째 단계가 되면, 비자발적 자궁 수축이 보다 강력해진다. 한쪽 자궁각이 수축하여 새끼를 자궁 중심부로 밀어낸다. 자궁 수축에 의해 새끼가 자궁경부 쪽으로 밀려 나온다. 이를 통해 자발적으로 복벽근을 긴장시키고 힘을 주는 진통이 활성화되도록 자극한다. 이때가 되면 모견은 불안해하며 헥헥거리며 외음부를 핥기 시작한다. 구토를 하는 경우도 있다. 보통 누워 있는 경우가 많으나, 서 있거나 웅크린 자세를 취하는 경우도 있다.

　자궁경부가 질의 산도 쪽으로 열린다. 자궁경부가 완전히 열리면 새끼는 외음부로 미끄러지고, 음순 부위에 불룩 튀어나온 아기집이 안쪽에서 관찰된다. 이 아기집의 일부가 새끼가 나오기 전에 터지기도 한다. 이런 경우 노랗거나 연둣빛의 액체가 흘러나온다. 아기집이 터지고 나면 몇 분 내로 새끼가 나와야만 한다. 암녹색 액체(빌리베르딘이라고 하는 태반 찌꺼기)가 흘러나올 수도 있는데 보통은 강아지가 먼저 나온다.

　약 70%는 코와 앞다리가 먼저 나오는 다이빙 자세로 태어난다. 머리가 나오고 나면, 나머지 부위는 쉽게 미끄러지듯 나온다. 모견은 본능적으로 태막을 제거하고 새끼의 코와 입에 있는 이물질을 청소하기 위해 새끼의 얼굴을 격렬히 핥는다. 새끼가 숨을 내쉬고 나면 폐가 부풀어 오르고 호흡을 시작한다. 모견은 이제 이빨로 탯줄을 끊는다.

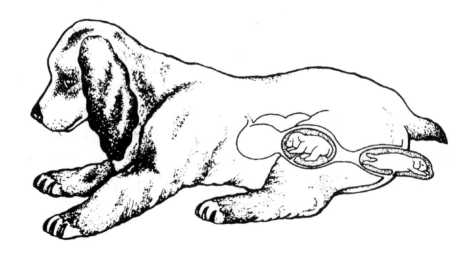

첫 번째 새끼가 코와 앞다리가 먼저 나오는 정상 태위로 나오고 있다. 두 번째 새끼는 자리를 거꾸로 잡고 있는데 보통은 문제가 되지 않는다.

이런 정상적인 모성행동을 방해해서는 안 된다. 모견과 새끼 사이의 유대감이 형성되는 중요한 인지 과정의 일부다. 그러나 만약 모견이 또 다른 새끼를 분만하려는 상황이라 아기집을 제거하지 못했다면 보호자가 개입해야 한다. 새끼가 숨을 쉴 수 있도록 태막을 벗긴다(455쪽, 새끼의 **호흡 도와주기** 참조). 탯줄을 새끼 배꼽에 너무 가깝게 자르면 출혈이 지속될 수 있다. 탯줄을 집을 수 있는 클립 등을 준비하고 주변을 실로 묶는다.

모견이 탯줄을 끊고 나면 새끼들에 매달린 탯줄은 요오드 등의 적당한 소독제로 소독한다. 이런 과정은 배꼽 감염을 예방하는 데 도움이 된다.

세 번째 단계에는 태반이 배출된다. 태반은 각 새끼를 출산하고 몇 분 뒤 배출된다. 모견은 태반의 일부 또는 전부를 먹기도 한다. 이런 본능은 아마도 야생에서 출산 흔적을 감추려 태반을 먹던 행동에서 온 듯하다. 건강 측면에서는 태반을 먹는 것이 필수적인 것은 아니다. 사실 태반을 여러 개 먹으면 설사를 할 수도 있다. 태반의 일부 또는 전부를 치워 버릴 수도 있는데, 태반 숫자를 세는 것을 잊지 않는다. 만약 태반의 숫자가 새끼의 수보다 적다면 수의사에게 알린다. 잔존태반은 급성 산후 자궁염을 유발할 수 있다.

정상적으로 다음 새끼는 반대쪽 자궁각에서 태어난다. 모견이 두 번째 출산을 준비하면 첫 번째 새끼를 따뜻한 상자로 옮긴다. 이렇게 하면 모견이 다음 출산으로 주의가 산만해져 사고로 새끼를 깔고 앉는 것을 방지할 수 있다. 분만 사이에는 새끼들에

탯줄은 신생견의 배꼽에서 최소한 1~1.5cm가량 떨어진 부위에서 묶고 자른다. 너무 짧게 자르면 탈장이 발생할 수 있다. 보통 일주일 이내로 말라붙어 저절로 떨어진다.

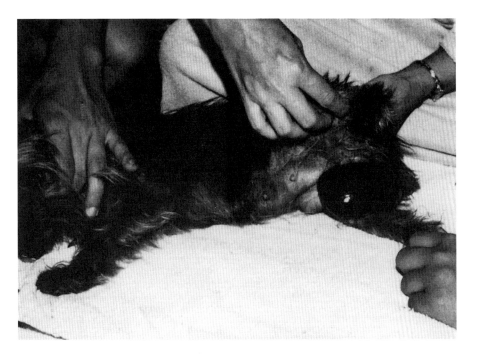

새끼가 아기집에 싸인 채 나오려는 참이다. 모견이 아기집을 제거하지 못했다면 대신 막을 제거해 준다.

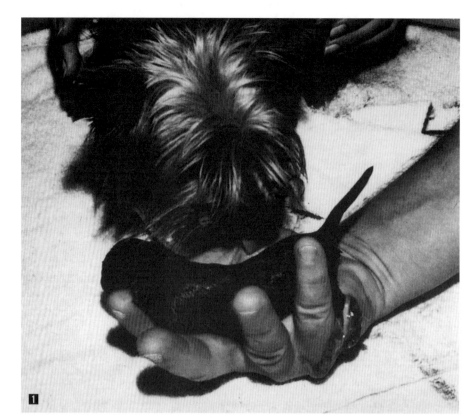

1 새끼를 모견에게 보여 주고, 핥고 안게 한다. 이는 새끼와 모견 사이의 유대감을 형성시킨다.

2 분만 사이에 새끼들이 젖을 빨도록 해 준다. 이는 모견의 자궁 수축과 초유 분비를 자극한다.

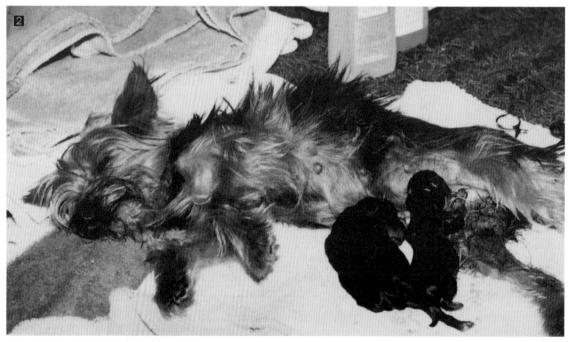

게 모견의 젖꼭지를 물린다. 젖을 빠는 행동은 자궁의 수축과 초유(모견의 첫젖) 분비를 자극한다. 이 초유는 모체항체를 구성하고 전염병으로부터 새끼를 방어한다.

대부분의 강아지들은 15분에서 2시간 사이의 간격을 두고 태어난다. 그러나 이 간격은 다양하다. 평균적으로 4~6마리 정도의 새끼를 낳는데 6~8시간이 걸리지만, 새끼가 많을수록 상대적으로 시간이 오래 걸린다. 초산의 경우도 경산의 경우에 비해 시간이 더 걸리는 경우가 많다. 다음 새끼를 낳기 위해 다시 왕성하게 힘을 주기까지는 5~30분가량 소요된다. 때때로 새끼를 낳는 간격이 3~4시간까지 길어질 수 있다. 하지만 모견이 출산을 모두 끝내지 않았는데도 힘을 주지 못하고 4시간 이상 휴식을 취하는 경우, 새끼가 나오지 않은 채로 30~60분 동안 계속 힘을 주고 있는 경우라면 지체 없이 수의사에게 알린다.

마지막 새끼를 낳고 나면 12~24시간 뒤에 동물병원에 데려가 잔존 태아나 태반이 없는지 검사한다. 자궁을 깨끗이 비우기 위해 옥시토신 주사를 투여할 수도 있다. 옥시토신은 모유의 분비도 촉진한다.

정상분만의 보조

진통이 원만하게 이루어지고 있다면 개입할 필요가 없다. 그러나 가끔 덩치 큰 새끼가 질의 산도에 걸릴 수 있다. 강력한 수축기에 머리나 다른 신체 부위가 튀어나왔다가 이완을 하면 미끄러지듯 다시 안으로 들어간다. 대부분의 경우 산도에 바셀린을 듬뿍 발라 주면 도움이 된다. 모견이 15분 이내에 새끼를 낳지 못하면 보호자가 도움을 주어야 한다.

양손에 멸균 장갑을 착용한다. 질 개구부에서 새끼의 신체 일부가 관찰되면, 엄지와 검지를 모견의 회음부(항문 바로 아래)에 댄 상태로 부드럽게 눌러 새끼가 안쪽으로 다시 들어가지 못하게 한다. 다음으로, 산도에 있는 새끼를 잡고 음순을 새끼의 머리 뒤쪽으로 젖힌다. 이렇게 하고 나면 음순에 의해 새끼의 위치가 유지되어 다시 잡아당길 기회가 생길 것이다.

이제 깨끗한 천 조각이나 거즈를 이용해 새끼의 목이나 등쪽 피부를 움켜잡는다. 모견이 힘을 줄 때 피부를 잡고 부드럽게 잡아당긴다(다리나 머리가 아닌). 새끼를 한쪽 방향으로 회전시켰다가 다시 반대 방향으로 회전시켜 하며 당기면 도움이 된다. 이런 방법으로 잘 안 된다면 **기계적 폐쇄(456쪽)**를 참조한다.

새끼의 호흡 도와주기

새끼를 둘러싸고 있는 양막낭은 30초 이내에 제거해야 새끼가 숨을 쉴 수 있다. 모견이 이를 스스로 하지 못하면, 입 쪽에서부터 몸 아래쪽으로 낭을 찢어 제거한다. 면봉으로 새끼의 입과 코에 있는 분비물을 제거하거나 안약병이나 이경구 흡입기로 부드럽게 흡입한다. 새끼의 몸을 부드러운 타월로 세게 문지른다.

분비물을 제거하는 데 효과적인 또 다른 방법은 손으로 새끼의 머리를 위로 향하게 잡은 상태로 코가 아래쪽을 향할 때까지 천천히 아치를 그리며 흔드는 것이다. 이는 콧구멍 속의 액체를 배출시켜 준다. 모견에게 데려다 주어 핥고, 냄새를 맡고, 안아줄 수 있도록 한다.

난산으로 태어난 새끼는 너무 허약하고 기운이 없어 스스로 호흡하기 힘들어할 수 있다. 새끼의 가슴을 옆에서 옆으로 그리고 앞에서 뒤로 문지르듯 자극한다. 여전히 숨을 쉬지 않는다면 새끼의 코에 입을 대고 가슴이 부풀어 오를 때까지 부드럽게 숨을 불어넣는다. 폐를 파열시킬 수 있으므로 숨을 세게 불어넣어서는 안 된다. 새끼가 숨을 내쉴 수 있도록 입을 뗀다. 새끼가 스스로 숨을 쉴 때까지 여러 번 반복한다.

호흡을 자극할 수 있는 침자리가 있다. 코 바로 아래의 윗입술 부위다. 이 지점에 멸균한 바늘을 조심스럽게 찔러 부드럽게 움직이면 호흡을 자극하는 데 도움이 된다.

호흡을 자극하는 혈자리는 '인중혈(수구혈)'로 예로부터 응급상황 시 호흡을 자극하기 위해 많이 이용되어 왔다. 코의 정중선과 양쪽 콧구멍의 아래쪽을 연장한 선이 만나는 점에 있다.

난산 dystocia

어떤 단계에서든 진통이 길어지는 것이 난산이다. 난산은 물리적인 폐쇄나 자궁무력증에 의해 발생한다. 자궁무력증은 자궁이 태아를 밀어낼 만큼 강력히 수축하지 못하는 상태다. 난산은 보통 첫 번째 새끼에서 발생하는데 외둥이에서 더 많이 발생한다.

난산은 건강하고 활력이 좋은 모견에서는 드물다. 그러나 뚱뚱하고 과체중인 암컷에서는 쉽게 발생한다. 임신 기간 동안 체중이 지나치게 증가하는 것을 방지해야 하는 중요한 이유이기도 하다. 난산은 불도그, 퍼그, 보스턴테리어같이 머리가 크고 어깨가 넓은 품종에서 흔하다.

기계적 폐쇄 physical blockage
흔히 물리적 폐쇄를 일으키는 두 가지 원인은 몸집이 큰 태아와 산도에 비정상적으로 위치를 잡고 있는 태아다.

몸집이 큰 태아는 새끼 수가 적은 경우에(특히 외둥이에서) 발생한다. 수컷이 암컷보다 훨씬 클 때 나타날 수 있다. 수컷이 훨씬 크면 상대적으로 새끼가 클 수 있다. 임신

기간이 길어지거나 새끼가 수두증 같은 선천성 결함이 있는 경우에도 산도 크기에 비해 상대적으로 커서 문제가 된다.

기계적 폐쇄는 종종 큰 태아와 상대적으로 좁은 산도의 복합적인 문제로 발생한다. 가끔 테리어종과 단두개종에서 관찰되는 작은 골반, 질의 협착 또는 질입구주름(흔히 처녀막으로 불렸다)잔존종, 질의 종양, 이전에 골절 병력이 있는 골반 등의 문제도 모체의 산도가 좁아지는 원인이다.

비정상적인 태위는 뒷발이나 엉덩이가 먼저 나오는 역위가 문제가 된다. 대부분의 새끼는 코와 앞다리가 먼저 나오는 다이빙 자세를 취한다. 뒷다리가 먼저 나오는 경우는 약 20%다. 문제가 되는 경우는 드물어 정확히는 비정상적인 태위라고 부르지 않는다.

그러나 엉덩이가 먼저 나오는 웅크린 자세는 문제가 된다. 특히 첫 번째 새끼인 경우 더 그렇다. 분만을 어렵게 만드는 또 다른 자세는 머리가 앞쪽이나 옆쪽으로 꺾여 있는 경우다.

치료 : 모견이 30~60분 동안 새끼를 낳지 못하고 계속 힘을 주거나, 분만 사이에 2시간 이상 탈진하여 힘을 주려는 모습을 보이지 않는다면 기계적 폐쇄를 의심해 볼 수 있다. 합병증을 예방하고 진통이 재개되도록 하기 위해 수의사의 진료가 필요하다.

비정상적인 태위를 위한 수의학적 조산술은 손으로 새끼를 정상태위로 복구시키는 것이다. 멸균 장갑을 착용하고 베타딘과 바셀린을 이용해 산도를 매끄럽게 만든다. 한 손으로 모견의 골반 앞쪽 복부 아래를 받쳐 잡고 새끼가 산도와 방향을 맞추도록 자궁체를 들어올린다. 손가락을 질 안쪽으로 밀어 넣어 머리, 꼬리, 다리 등을 촉진한다. 머리가 기울어진 경우 새끼의 입에 손가락을 넣거나 머리를 바른 방향으로 자리를 잡아 교정할 수 있다.

엉덩이가 먼저 나오는 웅크린 자세는 먼저 한쪽 다리를 그리고 다음에는 반대쪽 다리를 손가락으로 걸어 잡아 골반 가장자리와 질 쪽으로 잡아 뺀다. 이렇게 하여 웅크린 자세를 역위(뒷다리가 먼저 나오는)로 바꿀 수 있다. 질 개구부를 부드럽게 벌려 모견이 강하게 힘을 줄 수 있도록 돕는다. 새끼의 몸 일부가 나오면, **정상분만의 보조**(455쪽)에서처럼 조치한다.

가끔 잔존태반에 의해 폐쇄가 발생하기도 한다. 태반을 손가락으로 잡아당긴 뒤 멸균 거즈로 움켜잡는다. 태반이 질을 통과할 때까지 지그시 당긴다.

이런 방법으로 폐쇄가 해결되지 않으면 응급 제왕절개 수술이 필요하다.

자궁무력증 uterine inertia

자궁무력증은 진통의 효율을 떨어뜨리는 중요한 원인이다. 무력증은 원발성(자궁의 수축을 개시하는 자극이 부족하여 발생)과 속발성(장시간 힘을 주어 자궁 근육이 피로해져 발생)으로 나뉜다. 초대형 품종들이 취약한 듯하다.

원발성 자궁무력증

원발성 자궁무력증은 두 가지 상태가 있다. 배란 후 67일까지 진통이 시작되지 않는 경우와 첫 번째 진통이 시작되고 24시간 이내에 두 번째 진통 단계로 진행되지 못하는 경우다. 진통이 시작되지 않는 원인으로는 태아 수가 적거나(특히 외둥이), 큰 태아로 인해 자궁이 지나치게 늘어났거나, 초산의 경우 스트레스와 불안감(모견 스스로 24시간까지 정상적인 분만 과정을 지연시키거나 심지어 방해할 수도 있다), 칼슘 결핍(저칼슘혈증) 등이 있다.

첫 번째 교배로부터 65일 이상 경과되었지만 모견이 출산의 징후를 보이지 않는다면 임신 기간이 길어졌을 수 있으니 수의사에게 알린다(또는 새끼들이 아직 덜 성숙했을 수도 있다). 엑스레이검사로 새끼의 숫자와 크기를 확인할 수도 있다.

치료 : 저칼슘혈증은 혈액검사로 진단하고 경구 또는 정맥으로 칼슘을 공급해 치료한다. 만약 과숙아가 의심되는 경우 수의사는 프로게스테론 농도로 확진할 것이다. 그리고 제왕절개를 고려할 것이다.

자궁경부가 열려 있다면 옥시토신이 효과적일 수 있다. 옥시토신은 자궁경부가 닫혀 있거나 기계적 폐쇄가 의심되는 경우에는 자궁파열의 위험이 있으므로 사용하지 않는다. 원발성 자궁무력증이 약물에 반응을 보이지 않는다면 제왕절개를 실시해야 한다.

속발성 자궁무력증

기계적 폐쇄가 해결되고 난 뒤에도, 자궁이 너무 피로하여 진통을 재개할 수 없을 수 있다.

치료 : 보통 제왕절개가 필요하다.

동물병원을 찾아야 하는 경우

안심하기 위한 수단일 수도 있지만, 문제가 저절로 해결되길 기다릴 바에는 별일 아니더라도 수의사에게 연락하는 편이 나을 것이다. 분만상의 문제는 수의사가 간단히 해결할 수 있는 경우가 많다. 그러나 같은 문제라도 무시하고 넘길 경우 합병증이 발생해 종종 응급수술을 받아야 할 수도 있다.

분만 시 문제가 발생한 징후는 다음과 같다.

- 30~60분간 계속 힘을 주고 있는데도 새끼를 낳지 못하는 경우
- 분만 간격이 4시간까지 길어지는 경우
- 새끼를 낳지 못한 채 기력 없이 비효율적인 진통이 2시간째 계속되는 경우
- 화농성 또는 출혈성 질 분비물이 관찰되는 경우
- 태막이 외음부에서 관찰된 지 15분 이상 경과한 경우
- 모견이 무기력, 쇠약 등의 증상을 보이고 직장체온이 40℃ 이상 또는 36℃ 이하로 떨어지는 경우
- 첫 번째 새끼를 낳기 전에 암녹색 또는 붉은 액체가 흘러나온 경우

암녹색 질 분비물은 태반이 자궁벽에서 분리되었음을 의미한다. 이런 경우 첫 번째 새끼가 몇 분 내로 나와야 한다. 첫 번째 새끼를 낳은 이후라면 암녹색 분비물은 크게 걱정하지 않아도 된다.

제왕절개Caesarean section

제왕절개는 약물이나 조산술로 해결할 수 없는 모든 난산의 치료 방법이다. 제왕절개를 하는 주요 이유로는 과성숙과 관련한 원발성 자궁무력증, 기계적 폐쇄, 자궁 내 태아사 등이 있다.

언제 응급 제왕절개를 실시할 것인가는 수의사의 결정에 따른다. 모견의 상태, 진통 시간, 엑스레이검사 결과, 골반강의 크기와 새끼의 크기, 옥시토신에 대한 반응도, 질 산도의 윤활 능력 상실 등을 바탕으로 결정한다. 해부학적 문제로 인해 난산이 많이 발생하는 품종도 있다. 불도그, 치와와, 페키니즈, 토이 푸들, 보스턴테리어 등이 이에 해당된다. 이런 품종은 진통을 시작하자마자 선택적으로 제왕절개를 해야 할 수도 있다.

수술은 동물병원에서 전신마취로 실시한다. 건강한 모견이라면 선택적 제왕절개의 위험성은 크지 않다. 그러나 장시간 진통을 하거나, 태아가 뱃속에서 죽어 부패하기 시작한 경우, 자궁이 파열된 경우라면 수술의 위험성은 크게 증가한다.

대부분의 모견은 수술 후 3시간 정도면 깨어나 새끼들에게 젖을 먹일 수 있으며, 이후에 병원에서 퇴원할 수 있다.

출산 후 모견의 관리

출산 12~24시간 후에 수의사에게 출산 후 검사를 받는다. 많은 수의사들이 임신과 관련된 부산물들을 배출시키고 자궁을 정상 크기로 수복시키기 위해 옥시토신 주사를 투여한다. 처음 일주일 동안은 적어도 하루 한 번 모견의 체온을 측정한다. 39.4℃ 이상이라면 감염을 의미한다. 급성 자궁염과 급성 패혈성 유선염이 가장 흔하다.

출산 후 며칠간 관찰되는 소량의 혈액성 또는 암녹색 분비물(오로)은 정상이다. 오로는 수양성의 분홍색 또는 붉은색 분비물로 바뀌어 4~6주간 지속될 수 있다. 암갈색을 띠거나 역한 냄새가 나는 분비물은 비정상적인 것으로 잔존태반이나 자궁 감염일 수 있다(462쪽, 급성 자궁염 참조). 6주 이상 지속되는 분홍색 분비물은 태반 부착 부위의 퇴축부전일 수 있다. 이런 경우 수의사의 진찰을 받아서 확인한다.

수유기 동안의 음식 급여

수유를 하는 모견의 칼로리 요구량은 새끼들이 성장함에 따라 점진적으로 증가한다. 새끼들이 생후 3~4주가 되면 모견은 임신 전 칼로리 섭취량보다 2~3배가 더 필요하다. 이런 칼로리 요구량을 충족시키지 못하는 식단으로는 모견이 충분한 양의 젖을 생산할 수 없고, 새끼들이 풍부한 영양을 섭취하기도 어렵다. 모유 생산의 부족은 새끼들이 생명을 잃는 주요 원인이기도 하다.

대다수의 일반 사료들은 수유를 위한 충분한 칼로리를 공급하지 못한다. 때문에 성장기 강아지용 사료로 교체하는 것이 중요하다. 이미 임신 후반기에 교체했을 수도 있을 것이다. 같은 양이라도 이런 사료들은 더 많은 칼로리, 단백질, 칼슘을 함유하고 있다. 최소 1kg당 3,500 대사 가능한 열량과 21% 이상의 단백질을 함유해야 한다. 영양 정보는 포장에 적혀 있다.

추가적인 칼로리 보충을 위해 사람 음식이나 간식을 주지 않는다. 일정한 품질의 칼로리를 공급할 수 없고 모견이 고품질의 음식을 덜 먹게 될 수도 있다. 배고픔을 느끼면 언제든 먹을 수 있도록 밥그릇에 사료를 남겨둔다. 습식 사료도 적어도 하루 3회 급여해야 한다.

수유견에게 얼마나 많이 먹여야 할까? 출산 후 첫 주 동안은 일일 권장 급여량을 1.5배 급여한다. 둘째 주에는 일일 권장 급여량의 두 배를 급여한다. 셋째 주에는 세 배를 급여한다. 새끼 수가 적다면 이보다 적게 먹여야 할 수도 있다. 이유식을 먹일 때가 가까워지는 4주째가 되면 급여량을 서서히 줄여 나간다. 항상 깨끗하고 신선한 물을 마실 수 있도록 유지한다.

비타민과 미네랄 보조제는 필요하지 않으며, 오히려 해로울 수 있다. 사료를 잘 먹지 않거나 기존에 결핍증 또는 만성 질환을 가지고 있는 경우가 아니라면 급여하지 않는다. 보조제 급여에 관해서는 수의사에게 자문을 구하도록 한다.

많은 사람이 라즈베리 잎이 출산에 도움이 될 것이라 생각한다. 임신 기간 동안 소량의 라즈베리 잎을 개의 음식에 섞어 주는 것은 많은 논란이 있는데, 어떤 수의사들은 제왕절개를 하게 만들 가능성을 높인다고 생각하기도 한다. 모견에게 먹이는 모든 보조제는 먹이기에 앞서 수의사와 상의한다.

약물과 수유

많은 약물이 모유를 통해 새끼들에게 전달될 수 있음을 기억한다. 그 양은 혈중 농도와 약물이 지용성이냐에 따라 다르다. 지용성 약물은 체내의 지방에 저장되어 장기간에 걸쳐 모유로 분비된다. 신생견의 간과 신장은 미성숙하여 성견들처럼 잘 해독하고 제거할 수 없다는 점을 명심하자. 수의사가 처방한 것이 아니라면, 수유기 동안은 어떤 종류의 약물이라도 피하도록 한다.

출산 후의 문제

출산 후 모견에게 영향을 끼치는 문제로는 태반 부착 부위의 퇴축부전, 급성 자궁염, 급성 유방염, 유즙정체, 모유 부족, 자간열 등이 있다. 때때로 모견이 새끼들을 받아들이고 돌보는 데 문제를 겪는 경우도 있다.

태반 부착 부위의 퇴축부전

자궁은 보통 출산 4~6주가 지나면 평상시 크기로 되돌아오고(퇴축) 12주가 되면 완전히 정상상태가 된다. 모견은 첫 4~6주 동안은 오로라고 부르는 분홍색 또는 붉은색 질 분비물을 분비한다.

6주 이상 지속되는 질 분비물은 태반 부착 부위의 퇴축부전(SIPS, subinvolution of placental sites)에 의해 발생한다. 이전에 태반이 부착되어 있던 자궁벽 부위에 태반과 유사한 영양막이란 조직이 침투하는데, 이 영양막은 자궁이 퇴축 과정을 완료하는 것을 방해한다. 이로 인한 질 출혈은 보통 경미하지만, 간혹 빈혈을 일으킬 정도로 심각하게 발생하기도 한다.

SIPS는 3살 미만의 개에게 발생하기 쉬우며 품종 소인은 없다. 불편함을 유발하진 않는다. 드물게 급성 자궁염이나 자궁 천공과 함께 발생하기도 한다.

자궁을 촉진하고 자궁각의 덩어리를 촉진해 진단한다. 초음파검사상 자궁각의 확장이 관찰된다. 질세포학적 검사상 태반세포가 관찰될 수 있다.

치료 : SIPS와 관련된 분비물은 보통 자연적으로 나아진다. 만약 증상이 지속되고 모견을 다시 번식시킬 계획이 없다면 중성화수술을 시킨다. SIPS가 저절로 낫고 나면 다음 번 임신에 영향을 받지는 않는다. 다음 출산 시 SIPS가 발생할 가능성이 높아지지도 않는다.

급성 자궁염(자궁의 감염)acute metritis(infected uterus)

급성 자궁염은 분만 과정 동안 또는 그 직후에 자궁으로 진행된 감염이다. 일부는 잔존태반이나 죽은 태아에 의해서도 발생한다. 나머지는 출산 후 산도가 오염되어 발생한다. 비위생적인 분만 환경, 출산 즉시 태반을 치우고 깔개를 갈아 주지 못한 경우 세균 감염이 발생하기 쉽다.

출산 24시간 후 수의사의 진료를 받는 것만으로도 많은 급성 자궁염의 발생을 예방할 수 있다. 수의사는 필요한 경우 옥시토신을 주사하여 자궁을 청소할 것이다.

자궁염의 증상은 출산 후 2~7일경에 나타난다. 모견은 무기력하며, 먹지 않고, 39.4~40.5℃에 이르는 고열이 나타나며, 새끼들에게 관심을 보이지 않고, 구토나 설사를 하기도 한다. 역한 냄새가 나는 질 분비물이 관찰되는데, 출산 후 며칠간 정상적으로 배출되는 녹색 또는 붉은색 분비물(오로)과 구분해야 한다. 정상적인 분비물의 경우 고열, 심한 갈증, 구토나 설사 같은 중독 증상을 동반하지 않는다. 복부 촉진, 초음파검사로 잔존태아나 잔존태반이 있지 않은지 확인한다. 병원체를 확인하고 항생제 감수성 검사를 실시하기 위해 분비물을 배양한다.

출산 후에는 매일 직장체온을 측정하고, 열이 나거나 위에 언급한 증상이 관찰된다면 수의사의 진료를 받는다. 급성 자궁염은 생명을 위협하는 질환으로 독소혈증과 쇼크로 급속히 진행될 수 있다.

치료 : 정맥수액 처치로 순환을 돕고, 항생제를 투여해 독소혈증을 치료한다. 자궁을 비우기 위해 옥시토신이나 프로스타글란딘 PGF_{2a}(루텔라이스)를 투여한다. 수의사는 자궁경관으로 작은 관을 삽입하여 멸균 생리식염수나 베타딘 용액으로 자궁을 세척하기도 한다. 상태가 심각한 경우 생명을 살리기 위해 난소와 자궁을 제거해야 할 수도 있다.

급성 자궁염에 걸린 대부분의 모견들은 심하게 아파 새끼들을 양육할 수 없다. 새끼들을 모견으로부터 떨어뜨리고 17장에서 설명하는 것처럼 인공포육한다. 급성 자궁염에서 회복한 이후에도 자궁내막에 낮은 정도의 감염이 지속될 수 있다(441쪽, 자궁내막염 참조).

유선염mastitis

모견은 5쌍의 유선을 가지고 있으며, 각각에 유두가 있다. 수유 중인 모견에게 발생하는 유선염은 두 종류가 있는데 유즙정체와 급성 패혈성 유선염이다.

유즙정체(젖뭉침)galactostasis(caked breasts)

임신 말기와 수유기 동안 모유가 정체되면 유선이 부풀고, 아프며, 열감이 느껴진다. 감염에 의한 것이 아니며 모견은 건강 상태가 나빠 보이지도 않는다. 유즙정체는 젖을 빨아 소모해 줄 새끼들이 없는 상상임신에서도 나타날 수 있다. 새끼 수가 적거나 모견의 모유 분비량이 많을 때도 발생할 수 있다.

젖뭉침 증상은 출산 후 모유를 제대로 생산하지 못하면서 유선이 단단하게 부어오르는 것과 잘 감별해야 한다(465쪽, 무유증 참조).

치료 : 6~10시간 동안 물을 먹이지 않는다. 24시간 동안 음식도 금식시키고, 이후 3일간 음식 급여량을 조금 줄인다. 수의사는 푸로세마이드 같은 이뇨제를 처방하기도 한다.

상상임신을 한 개는 종종 과도한 모성 본능으로 인해 유두를 핥고 자극하여 문제를 더 악화시키기도 한다. 수의사에게 약한 진정제를 처방받아 투여하면 부분적으로 예방에 도움이 된다. 상상임신에 의한 경우 젖을 말리는 호르몬 치료도 고려할 수 있다.

급성 패혈성 유선염acute septic mastitis

급성 패혈성 유선염은 유두 피부에 생긴 상처를 통해 침투한 세균에 의해 하나 혹은 여러 개의 유선에 발생하는 감염이나 농양이다. 일부는 혈액 매개성으로 발생하기도 하는데 급성 자궁염과 관련이 있다. 유선의 감염은 출산 후 1~6주 사이 언제든 발생할 수 있다.

급성 유선염에 걸린 개는 고열이 나고, 침울해하며, 먹는 것을 거부한다. 염증이 발생한 유선은(사타구니에 가까운 두 개의 큰 유선에서 많이 발생한다) 부어오르고 극심한 통증을 유발하며 보통 보랏빛을 띤다. 젖에 피가 섞이거나 노랗게 진득해지고, 점도가 높아져 실처럼 늘어지는 모습을 보인다. 일부 증례에서는 정상적인 모유의 양상을 보이기도 한다.

치료 : 급성 유선염은 수의사의 치료가 필요하다. 항생제를 투여하고 감염된 유선

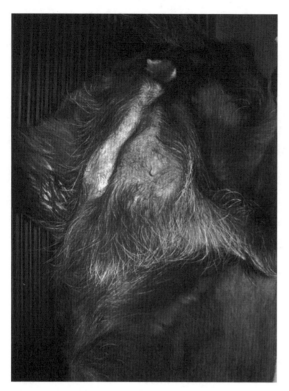
급성 패혈성 유선염으로
염증이 생긴 유선.

의 젖을 부드럽게 짜낸 후 하루 3회 온습포를 실시한다. 조기에 치료하면 농양의 발생을 예방할 수 있다.

감염된 유선의 모유는 영양이 부족하고, 새끼들도 보통 이 유선의 젖을 먹으려 들지 않는다. 때문에 새끼들이 빨지 못하도록 테이프를 붙이거나 감아놓을 필요는 없다. 하지만 만약 새끼들이 감염된 유선의 젖을 빨려고 한다면 이런 조치가 필요하다. 빨지 않는 유선은 3일 내로 모유 생산이 멈춘다.

모견에게 패혈증이 발생하면 전체적인 모유 생산이 감소한다. 새끼들에게 관심도 거의 없다. 이런 경우, 새끼들을 분리해 인공포육하여 기른다. 생후 3주 이상 된 경우라면 젖을 뗀 후(489쪽 참조) 유선을 말린다.

예방 : 모견의 유선 피부에 상처가 나는 것을 방지하기 위해 생후 2~3주부터는 매주 새끼들의 발톱을 깎아 준다.

자간증(유열)eclampsia(milk fever)

자간증은 혈청 칼슘 농도가 낮아져 발생하는 발작성 상태다. 보통 출산 후 2~4주경에 나타난다. 이 시기가 되면 수유를 하므로 모견의 칼슘 저장량에 큰 부담이 발생한다.

소형 품종, 특히 초소형 품종은 자간증이 발생하기 쉽다. 대형 품종에서는 많이 발생하지 않는다. 또한 임신 기간 동안 최적의 영양 공급을 받지 못한 모견에서 더 많이 발생한다. 새끼 수가 많은 경우에도, 모순적이지만 임신 기간 동안 칼슘 보조제를 급여한 경우에도 발생할 수 있다.

자간증의 증상은 안절부절, 불안감, 빠른 호흡, 창백한 점막 등이다. 모견은 새끼들을 내버려두고 이리저리 왔다갔다한다. 걸음걸이는 떨리며 뻣뻣하고 부자연스럽다. 안면 근육이 꽉 당겨져 이를 드러내는 불편한 표정을 짓는다. 심한 경우 옆으로 쓰러지거나 다리를 허우적거리고, 다량의 침을 흘린다. 직장체온이 41℃ 이상 오를 수 있다.

치료 : 자간증은 응급상황이다. 즉시 수의사에게 알린다. 정맥주사로 글루콘산칼슘을 투여해 치료한다. 처음 근육경련이나 근육떨림 증상을 보일 때 처치한다. 직장체온이 40℃ 이상이 되면 **열사병(38쪽)**에서 설명한 것처럼 치료한다.

새끼들은 모견으로부터 분리시켜 인공포육한다. 새끼들이 생후 3주 이상이라면

17장에서 설명한 것처럼 이유식을 시작한다. 24시간 이후에는 다시 모견 품으로 돌려보낼 수 있다(완전히 회복한 경우). 한 주 동안은 수유를 하루 2~3회씩 30분 이내로 제한한다. 모견이 증상이 없다면 점차 늘려나간다.

수유를 계속하는 모견은 칼슘 보조제를 섭취해야 한다. 수유하는 동안은 계속 보조제를 급여한다.

무유증agalactia

모유가 제대로 배출되지 못하거나 모유를 생산하지 못하면 무유증이 발생한다.

모유 배출의 실패

대부분의 모견은 본능적으로 분만 직후 새끼들이 젖을 빨게 한다. 젖을 빠는 자극은 뇌하수체로부터 옥시토신의 분비를 자극한다. 옥시토신은 모유를 분비시키는 역할을 담당한다. 불안하거나, 겁을 먹거나, 스트레스를 받은 모견은 새끼들이 젖을 빨도록 독려하지 못하거나 옥시토신의 작용을 방해하는 호르몬(에피네프린)을 분비한다.

유즙정체와 비슷해 보이는 상태로, 유선이 단단하게 부어올랐으나 젖이 나오지 않는다면 의심해 보아야 한다.

모유를 먹지 못하는 새끼들은 **인공포육**(475쪽)에서 설명한 것처럼 조치한다. 분유를 먹이는 중간에도 계속해서 젖을 빨아 유선을 자극해 주는 것이 중요하다. 일단 젖이 나오기 시작하면 모견은 보통 새끼들을 받아들인다.

치료 : 모든 유두가 잘 뚫려 있고, 형태가 정상적인지 검사한다. 기형적인 유두는 빨기 어려울 수 있다. 함몰유두는 모유의 흐름을 자극하기 위해 마사지하고, 젖을 잘 빠는 새끼가 유두를 빨도록 해 주면 상태가 개선된다.

옥시토신을 투여해 문제가 해결될 수도 있다. 첫 48시간 동안 반복적으로 투여해야 할 수도 있다.

젖량 부족

임신 말기에도 유선이 발달하지 않는다면 진성 무유증을 의심해 볼 수 있다. 유전적인 문제일 수도 있다. 이런 상태의 새끼들은 분유로 보충 급여해야만 한다(475쪽, 인공포육 참조).

가끔 새끼 수가 많은 모견은 새끼들을 위한 충분한 양의 모유를 생산하지 못하는 경우도 있다. 젖량이 부족한 가장 흔한 원인은 모견이 충분한 양의 칼로리를 섭취하지 못하는 것이다. 특히 수유 요구량이 가장 높아지는 출산 2~3주 후에 잘 발생하는

데, 이런 문제는 충분히 예방이 가능하다(460쪽, 수유기 동안의 음식 급여 참조).

치료 : 모견이 더 많은 모유를 생산하게 만들 방법은 없다. 모견이 체질적으로 모유를 충분히 생산할 수 없다면 새끼들에게 분유를 보충해 준다.

모성 결핍

모견은 여러 이유로 새끼를 무시하거나 해칠 수 있다. 모견이 양질의 양육을 할 수 있도록 준비하는 가장 좋은 방법은 만족스러운 보금자리에서 편안한 분위기를 조성해 주는 것이다. 출산 장소는 청결하고, 눅눅하지 않고, 조용하며, 방해받지 않는 장소여야 하며, 새끼들이 추위를 피할 수 있는 따뜻한 곳이어야 한다.

모견과 새끼 사이의 유대감은 출생 직후부터 형성된다. 모견은 각각의 새끼를 독특한 냄새로 인식한다. 새끼를 핥고, 청소해 주고, 젖을 먹이는 동안 모견은 이유기까지 지속되는 지지적 관계를 형성한다.

제왕절개를 한 경우 새끼들의 몸에 모견의 출산 분비물을 묻혀 주는 것도 모견과의 유대감을 형성하는 데 도움이 된다.

제왕절개로 태어난 경우 이런 유대감이 약할 수 있다. 이런 모견들은 첫 24시간가량은 새끼들을 받아들이기 어려워하기도 한다. 일부 새끼들이 수술 전에 태어났다거나 모견이 수술에서 깨어나 정신을 차리기 전에 새끼가 젖을 빨고 있다면 이런 문제는 잘 발생하지 않는다.

모견이 초산이라면 가까이에서 잘 지켜봐야 한다. 새끼를 태반과 혼동하기도 하며, 태막을 벗기고 탯줄을 잘라내는 과정에서 새끼가 다치기도 한다. 특히 아래턱이 길거나 부정교합이 있는 개는 탯줄을 새끼 몸에 너무 짧게 끊거나 사고로 새끼를 물 수도 있다.

초보인 모견은 처음 몇 시간 동안은 작고 꿈틀거리는 새끼들을 대처하는 것이 어려울 수 있다. 조금만 도와주면 새끼에게 젖을 먹이고 밟지 않게 조심하는 법을 배울 것이다. 일부 반려견들은 극히 사람에게 의존적이어서 자칫 사람들의 관심을 잃을 거라 생각하고 모견이 되는 데 별 흥미를 느끼지 못할 수도 있다. 모견과 분만 장소에서 많은 시간을 보내고 맘껏 놀도록 해 준다. 좋은 엄마라고 넘치도록 칭찬해 준다.

첫 24시간 동안 모유가 나오지 않는 경우, 모견은 새끼들을 무시할 수도 있다. 모유가 늦게 나오는 증상의 치료는 **무유증**(465쪽)에서 설명하고 있다. 일단 모유가 나오면, 새끼들이 젖을 빨기 시작하고 유대감이 형성될 것이다.

출산 후 3~4주 동안은, 특히 모견이 첫 출산이거나 예민한 경우 출산 공간에 외부인들의 출입을 제한하는 것이 중요하다. 아이들이나 낯선 사람들이 새끼들을 만지는 것도 모견에게는 큰 스트레스다.

과보호하는 모견은 새끼들을 다른 장소로 물어서 나르는 과정에서 새끼들을 다치게 할 수 있다. 새끼들을 모두 출산 상자에 데려다 놓고 모견과 함께 머무르게 한다. 안정될 때까지 부드럽게 말을 걸고 자주 쓰다듬어 준다. 새끼를 옮기는 동안 겁을 먹게 해서는 안 된다. 출산 2주 전에 출산 상자를 소개하여 분만을 준비하고 잠도 자게 해 주면 둥지 찾기 같은 행동들을 어느 정도 방지할 수 있다.

새끼를 거부하는 또 다른 원인은 출산 후의 감염이나 자간증, 유선염, 급성 자궁염 같은 합병증이다. 이런 경우 새끼들을 분리시켜 인공포육해야 한다.

아프거나 허약하여 체온이 정상 아래로 떨어지는 약한 새끼는 보금자리 밖으로 밀려날 수 있다. 이는 자연선택적인 행동이다.

모성행동은 적어도 약간은 유전적인 영향을 받는다. 모성행동이 부족한 모견은 번식시키지 말아야 하고, 그 딸도 번식시켜서는 안 된다. 임신을 계획하기 전에 모견의 모성행동을 미리 확인한다.

17장
강아지

    건강한 신생견은 충만한 모습으로, 많은 시간 잠을 자며 먹을 때만 깨어 있다. 첫 48시간 동안은 가슴에 머리를 파묻고 잔다. 잠자는 동안 꿈틀거리거나 발로 차거나 낑낑거리기도 한다. 이를 활성수면이라고 하는데, 강아지의 근육발달을 위한 유일한 운동이다.

    좋은 모견은 본능적으로 보금자리와 새끼를 청결하게 관리한다. 모든 새끼의 배와 항문을 핥아 배뇨반사를 자극한다.

    신생견은 출생 시 머리를 들 수는 있지만, 수직으로 유지하지는 못한다. 5일째가 되면 앞다리로 체중을 유지할 수 있다. 눈과 귀는 10~14일경에 열린다. 2주가 되면 활발히 기어 다니며 잠깐 서는 것도 가능해진다. 3주 정도가 되면 앉거나 정상적으로 걸을 수 있다. 밥그릇의 밥을 먹을 수도 있다. 강아지의 시각과 청각은 25일경이면 완전히 발달한다.

    신생견의 심박수는 분당 160~200회 정도다. 분당 15~35회 호흡하며, 중심체온은 34.4~36℃ 정도다. 생후 2주가 되면 정상 심박수는 분당 200회 이상이 되고 호흡수는 15~30회 정도가 된다. 체온도 서서히 상승해 생후 4주는 37.8℃까지 올라간다.

    신생견은 적어도 생후 몇 주 동안은 가능한 한 건드리지 않는 것이 가장 좋다. 어떤 모견은 사람이 새끼를 만지면 불안해한다. 사람이 강아지를 너무 자주 만지면 새끼가 어미와 동배형제들을 알아보고 관계를 형성하는 과정이 방해를 받는다는 이론도 있다. 어미, 형제들과의 상호작용은 정상적인 개의 행동을 확립하는 데 중요하기 때문이다. 정상적으로 거쳐야 할 이런 초기 각인 과정을 거치지 못하면 추후에 수줍음이나 공격성 같은 발달 문제로 진행될 수 있다.

    초기 신경학적 자극은 강아지의 스트레스 저항성을 길러 주어 스트레스 관리를 잘하는 개로 만들어 준다. 저명한 브리더이자 저자인 카르멘 바타글리아(Carmen Battaglia) 박사에 따르면 이 프로그램은 생후 3~16일에 걸쳐 다섯 가지 단순한 '스트레스 요인들'로 시작할 수 있다. 이런 자극 행동으로는 발가락 사이를 부드럽게 만지거나 면봉으로 자극해 주는 것, 강아지가 머리를 지탱하는 자세로 잡아 유지하는 것, 머리가 아래를 향하도록 잡아 유지하는 것, 강아지의 등을 잡은 상태로 차갑고 축축한 수건으로 3초간 부드럽게 발을 건드리는 것 등이다. 하루 한 번 이상 가능한 한 짧게 실시한다.

생후 6주 이후에는 행복하고 적응력이 좋은 개로 성장하기 위해 사람과의 긍정적인 상호작용을 나누고 새롭고 위협적이지 않은 환경에 노출되는 것이 중요하다.

강아지의 관리

신생견은 환경적인 스트레스에 적응하는 능력이 거의 없는 채로 태어난다. 아주 연약한 존재다. 그러나 강아지에게 특별히 요구되는 적절한 관리와 관심을 통해 신생견 사망을 예방할 수 있다.

가까이서 살펴볼 수 있는 두 가지 중요한 요소는 체온과 체중이다. 강아지의 외형, 젖을 빠는 힘, 울음소리, 일반적인 행동도 건강상의 중요한 지표가 된다.

전반적인 외형과 활력

건강한 강아지는 포동포동하고 튼실하다. 힘 있게 젖을 빨고 형제들과 젖꼭지를 두고 경쟁한다. 입과 혀는 촉촉이 젖어 있다. 손가락을 입 안으로 넣어 보면 힘 있고 격렬하게 빤다.

건강한 신생견의 피부는 따뜻하고 분홍빛을 띤다. 피부를 잡아당겨 보면 탄력 있게 되돌아간다. 강아지를 들어 올리면 손 안에서 활력적으로 몸을 펴고 꿈틀거린다. 어미에게서 떨어뜨리면 다시 어미에게로 기어간다. 강아지들끼리 온기를 위해 서로 몸을 포갠다.

아픈 강아지는 전혀 다른 모습을 보인다. 이런 강아지는 활력이 없고, 몸이 차갑고, 행주처럼 늘어져 있다. 젖을 빠는 데 별 관심이 없고, 쉽게 지친다. 입 안으로 손가락을 넣으며 빠는 반응도 미미하다.

강아지는 좀처럼 울지 않는다. 우는 것은 춥거나 배고프거나 아프거나 통증이 있다는 뜻이다. 허약한 강아지는 도움을 찾기 위해 기어 나와 생명을 유지해 주는 어미와 형제들의 따뜻한 품 밖으로 떨어져 나와 잠든다. 시간이 지나면, 느리게 움직이고 안간힘을 쓴다. 다리가 벌어진 채로 잠을 자고 머리는 한쪽으로 구부러져 있다. 울음소리는 구슬프고 날카롭다. 이런 새끼들은 모견으로부터 거부당하기도 하는데, 생존 가능성이 낮다고 느껴 보금자리 밖으로 내몰린다. 강아지가 치료를 받고 체온을 되찾으면 이런 상황을 되돌릴 수 있는 경우도 있다(474쪽, 허약한 강아지 되살리기 참조).

체온

새끼가 태어났을 때의 체온은 어미의 체온과 같다. 그 이후 중심체온은 몇 도 떨어진다(방 안 온도에 따라 그 정도는 다르다). 털이 잘 마른 상태로 어미 품에 파묻힌 상태라면 30분 이내에 체온이 오르기 시작해 34.4℃까지 도달한다. 24시간 뒤에는 중심체온과 직장체온이 35~36℃ 정도가 된다. 생후 3주가 될 때까지 서서히 상승해 36.6~37.8℃ 정도가 된다(직장체온을 측정하는 방법은 부록 A에 설명되어 있다).

생애 첫 일주일 동안, 강아지는 열을 보존하기 위해 피부 표면의 혈관을 수축하는 능력이 없다. 강아지는 아주 잠깐 동안 체온을 주변 온도보다 3~5℃ 정도 높게 유지할 수 있는 것이 전부다. 권장 실내온도보다 훨씬 낮은 22℃의 방 안에서 어미가 30분 정도 자리를 비우면 새끼의 중심체온은 급격히 떨어져 34.4℃까지 혹은 그 아래로 떨어진다. 이로 인해 대사활동이 심각하게 감소한다.

추위는 강아지에게 단일 원인으로는 가장 위협적인 문제다. 생후 몇 주간의 저체온증은 허피스바이러스가 새끼들을 공격하기 쉽게 만드는 가장 큰 원인 중 하나다. 출산 상자와 주변 환경의 온도는 생후 첫 주 동안은 29.4~32.2℃ 정도로 유지한다. 그 다음 일주일 동안은 온도를 26.7℃ 정도로 낮춘다. 이후 생후 6주까지 서서히 21℃까지 낮춘다. (강아지가 여전히 어미, 형제, 담요, 출산 상자의 보온 등으로부터 열을 얻고 있음을 기억한다.) 온도계로 바닥이나 출산 상자의 온도를 꾸준히 체크한다.

수유의 중요성

출산 후 36시간 동안 모견은 비타민, 미네랄, 단백질이 풍부한 특수한 형태의 모유를 생산하는데, 이를 초유라고 한다. 초유는 전염병으로부터 보호할 수 있는 항체와 면역물질(주로 IgG)도 함유하고 있다. 교배 한 달 전에 예방접종을 한 모견은 새끼들을 생후 16주까지 디스템퍼, 파보바이러스, 그 외 전염병으로부터 보호할 수 있는 충분한 항체 수준을 유지한다. 일부 수의사들은 모견이 정기적으로 예방접종을 해오고 있다면, 임신 전의 추가 접종이 굳이 필요 없다고 주장하기도 한다.

강아지는 힘차게 젖을 빨고 젖꼭지를 두고 형제들과 경쟁한다. 보통 하루 6~8번 젖

만족스럽게 먹고 있는 강아지들.

을 먹고, 한번에 30분까지도 젖을 먹는다. 이 시기에는 체온과 대사활동을 위한 에너지가 주로 모유를 통해 공급되므로 자주 젖을 먹는 것이 생존에 필수적이다.

　강아지는 피하지방이 거의 없어, 비축 에너지의 거의 전부를 간의 글리코겐 공급에 의존한다. 간은 가장 마지막으로 성장하는 장기인 데 반해, 뇌는 대부분의 에너지를 소비하는 장기다. 때문에 간의 크기에 비해 머리가 너무 큰 강아지는 에너지도 급격히 소모된다. 따라서 출생 시 간의 무게는 적어도 뇌 무게의 1.5배는 되어야 한다. 사실 간의 크기가 뇌 크기의 2~3배 정도 되는 것이 좋다. 그러나 간과 뇌의 비율이 높다 해도 에너지의 저장은 제한적이다. 때문에 잠재적인 저혈당 위험을 예방하기 위해 급여를 자주 해야 한다. 젖을 자주 먹지 않는 개는 어떤 이유에서든 문제가 발생하기 쉽다.

체중 증가의 중요성
　출생 후 강아지는 매일 성견의 기대체중을 기준으로 kg당 2~3g씩 체중이 늘어야 하며, 생후 10~12일에는 출생 시 체중의 두 배가 되어야 한다. 성견의 기대체중은 보통 모견의 체중으로 생각하면 된다. 예를 들어, 모견의 체중이 13.6kg이라면 새끼는 매일 30~40g씩 체중이 늘어야 한다. 꾸준히 체중이 증가하는 것은 강아지가 잘 자라고 있다는 가장 확실한 지표다.

　출생 시와 12시간 뒤에 모든 새끼의 체중을 측정하는 것이 중요하다. 처음에는 새끼들의 적은 체중을 측정할 수 있는 미세한 저울이 필요하다. 생후 2주간은 매일 체중을 재고, 이후에는 한 달이 될 때까지 3일에 한 번 체중을 측정한다. 체중이 늘지 않는다면 크게 관심을 기울여야 하므로, 수의사에게 알린다.

새끼 중 여러 마리가 기대치만큼 체중이 늘지 않는다면 모유량 부족과 같은 모견의 문제를 고려해 본다(465쪽, 무유증 참조). 수유 중인 모견은 일반적인 성견에 비해 2~3배 더 많은 영양분이 필요하다. 모견이 충분한 열량을 섭취하지 못하면 여러 마리의 새끼들을 먹일 모유의 생산도 부족해진다. 수유기 동안 얼마나 급여해야 하는지는 수유기 동안의 음식 급여(460쪽)에서 설명하고 있다.

강아지는 미세한 저울로
체중을 재야 한다.

보충 수유

생후 첫 일주일 동안 꾸준히 체중이 느는 강아지는 위험하지 않다. 출생 후 첫 48시간 동안 출생 시 체중의 10%를 넘지 않는 선에서 체중이 조금 감소했다 다시 체중이 느는 강아지는 주의 깊게 관찰한다. 그러나 출생 시 체중의 10% 이상 감소한 강아지가 72시간이 되어도 체중이 다시 늘지 않는다면 문제가 있는 것이다. 즉시 보조급여를 시작한다(475쪽, 인공포육 참조).

출생 시 다른 동배형제들의 평균 체중과 25% 이상 차이가 난다면 보충 수유를 하지 않으면 크게 위험할 수 있다. 가능하다면 출생 후 24시간 동안 초유를 섭취할 수 있도록 도와준다. 그리고 집에서 만든 인큐베이터로 옮겨 인공포육을 한다. 다른 방법으로 모유를 먹으면서 보충수유를 할 수도 있는데, 다른 새끼들과 함께 둘 때는 덩치 큰 새끼에 의해 모견으로부터 떠밀리지 않는지 항상 살펴본다. 다른 동배형제들과 비슷한 체구가 되면 다시 어미 품으로 돌려보낸다. 건강이 악화되기 전에 보충 수유를 하면 많은 미성숙한 강아지들의 생명을 구할 수 있다.

탈수dehydration

강아지의 신장 기능은 성견의 25% 정도다. 이렇게 미성숙한 신장은 소변을 농축시킬 수 없어 강아지는 수분 섭취량과 상관없이 다량의 묽은 소변을 본다. 때문에 강아지가 너무 약해 젖을 제대로 먹지 못하면 탈수가 일어날 수 있다. 따라서 강아지가 젖을 먹지 않거나 체중이 늘지 않으면 곧바로 보충 수유를 실시하는 것이 중요하다.

탈수 증상은 입 안이 촉촉하지 않고, 혀와 구강점막이 창백해지며, 근육의 긴장도가 감소하고 쇠약해지는 것이다. 피부를 잡아당겨 보면 주름이 쉽게 펴지지 않는다.

강아지의 설사는 급속한 탈수와 체중감소를 유발하는 심각한 원인이다. 인공포유를 하는 동안 설사를 한다면 보통 분유의 농도를 조절하면 나아진다(482쪽, 일반적인 급여상의 문제 참조). 다른 원인들에 의한 설사는 수의사의 진료를 받고 치료해야 한다.

강아지가 사망하는 이유

생후 첫 2주 동안은 강아지에게 매우 중요한 시기다. 불행히도, 일부 신생견 조기 사망은 제대로 된 준비가 미흡해 발생한다. 특히 적절한 출산 공간의 부재나 보온관리 미흡, 모견의 예방접종 미실시(전염병에 대한 강아지들의 저항력의 기반이 된다), 임신 기간 동안 모견의 영양관리 미흡 등이 원인이다. 이런 죽음들은 충분히 예방 가능한 것들이다.

모견의 문제도 강아지의 생존에 중요하다. 초산의, 뚱뚱한, 나이 든 모견은 출산 경험이 있고, 잘 관리된, 젊은 모견에 비해 새끼들이 죽을 확률이 높다. 어미의 모유량도 매우 중요하다. 유전적인 면이 영향을 줄 수는 있으나, 모유량이 부족한 원인은 대부분 충분한 칼로리의 영양을 섭취하지 못해 발생한다. 새끼 수가 많은 경우 특히 문제가 된다.

선천적 또는 후천적 태아의 결함도 강아지가 사망하는 원인이다. 구개열(종종 구순열이 함께 발생)은 젖을 빨기 어렵게 만든다. 배꼽탈장이 심한 경우 복강 장기가 돌출될 수 있다. 심장결함은 심각한 순환장애를 유발할 수 있다. 혈우병, 식도폐쇄증, 유문협착증, 항문폐쇄증, 눈과 골격계에 영향을 주는 기형 등도 신생견 사망을 유발할 수 있는 발달장애다.

신체적으로 미성숙한 강아지

미성숙한 강아지는 출생 시 체중이 적고, 근육량과 피하지방의 결핍 등으로 문제가 쉽게 드러난다. 이런 강아지는 심호흡을 하거나 효율적으로 젖을 빨지 못하고, 체온도 유지하지 못한다. 간과 머리의 비율은 1.5 : 1 미만이다. 출생 시 체중은 동배형제들에 비해 25% 이상 차이가 난다. 형제들에 밀려 젖이 제일 나오지 않는 젖꼭지를 빨 수밖에 없다.

미성숙의 흔한 원인은 자궁 내에서 성장이 제대로 이루어지지 않아서다. 이런 문제는 아마도 태아 수가 너무 많거나 자궁벽 내의 태반의 위치가 좋지 않아 발생하는 태반기능부전 때문일 수 있다. 이런 강아지들은 나이에 비해 발달 상태가 늦어 심폐증후군이 발생할 위험이 크다.

심폐증후군cardiopulmonary syndrome

쇼크와 유사한 순환부전 상태로, 생후 5일 미만의 강아지에게 발생한다. 대부분은 신체적으로 미성숙한 개체들이다. 출생 직후 모유를 충분히 먹지 못하면 이런 상태에 빠진다. 이후에는 쇠약 및 저혈당증이 발생하고 몸이 차가워지며 탈수에 빠진다. 체온이 떨어지고 심장수와 호흡수도 감소한다.

직장체온이 34.4℃ 이하로 떨어지면 생명기능이 더 억압된다. 서서히 기기반사(crawling reflex)와 정위반사(righting reflex)를 상실하고 옆으로 눕는다. 구역질을 하거나 콧구멍에서 액체가 관찰될 수 있다. 나중에는 순환부전이 뇌에까지 영향을 미쳐 발작 같은 경련을 유발하며, 1분 가까이 호흡이 멈추기도 한다. 이런 상태가 되면 회복이 어렵다.

죽음을 막기 위해 조기 치료가 중요하다. 수의사의 진료가 필요하다.

신생견 조기사망증후군

이런 강아지들은 출생 시에는 활력이 넘쳤으나 체중이 늘지 않고 서서히 활력과 먹으려는 의지가 감소한다. 적당한 표현이 없어, 이런 상태를 신생견 조기사망증후군이라고 한다. 정확한 원인은 밝혀지지 않았다. 일부 증례는 미성숙, 내과적인 출생장애, 환경적인 스트레스, 모견의 문제 등에 의해 발생하는 듯하다. 이 증후군은 원인을 찾아 교정하면 회복된다.

허약한 강아지 되살리기

만약 강아지가 미성숙하고, 허약하고, 기력을 잃어간다면 반드시 조기 치료가 필요하다. 강아지는 매우 연약하여 급속히 생명을 잃을 수 있다. 치료로는 서서히 몸을 따뜻하게 해 주어 체온을 회복하거나, 탈수 교정을 위해 경구수액, 칼로리 공급을 위한 보충 수유 등이 포함된다.

추위에 노출된 강아지는 서서히 따뜻하게 해 준다. 가온 패드 등으로 몸을 급격히 덥히면 피부의 혈관을 이완시켜 열손상을 증가시키고, 칼로리 소모를 높이며, 산소요구량을 크게 증가시킨다. 때문에 득보다 실이 더 많다. 그러나 강아지의 직장체온이 32.2℃ 이하로 떨어질 경우, 생명을 살리기 위한 목적으로 수의사의 감독 아래 체온을 급격히 올려야 할 수도 있다.

강아지의 몸을 서서히 따뜻하게 해 주는 가장 좋은 방법은 보호자의 스웨터나 재킷

안에 강아지를 품어 강아지에게 온기를 전달하는 것이다. 만약 강아지의 직장체온이 34.4℃ 이하라면 체온을 올리는 데 2~3시간이 소요될 것이다.

체온이 떨어진 강아지는 보통 저혈당증과 탈수를 동반한다. 경미하거나 중등도의 탈수는 페디어라이트 등의 따뜻한 포도당 전해질 용액을 투여해 교정한다. 한 시간마다 체중 28g당 1cc를 젖병이나 안약병 등을 이용해 투여하고(477쪽, 분유 먹이기 참조) 꿈틀거릴 때까지 몸을 데워 준다. 이런 전해질 용액을 구입하기 어려운 경우, 임시로 설탕물을 만들어 먹일 수 있다(물 30mL에 설탕 8g). 탈수가 심한 상태이거나 전해질 용액을 받아먹기 어려울 정도로 쇠약한 경우라면 수의사의 치료를 받아야 한다.

<u>체온이 떨어진 강아지에게 분유를 먹여서는 안 된다. 또한 차가운 분유는 어떤 강아지에게도 주어서는 안 된다.</u> 체온이 떨어지면 위와 소장이 분유를 제대로 소화시키고 흡수할 수 없다. 강아지는 가스가 차거나 구토를 할 수도 있다.

일단 강아지의 몸이 따뜻해지고 꿈틀거리기 시작하면 간에 글리코겐을 저장하고 칼로리를 공급할 수 있도록 보충 수유를 시작한다(475쪽, 인공포육 참조). 강아지가 미성숙하다면 동배형제들과 모유를 두고 제대로 경쟁하기 어렵다. 때문에 가정에서 만든 인큐베이터에 두고 인공포유를 실시해야 한다.

<u>인공포육</u>

자궁이나 유선의 감염, 자간증, 모유생산 부족 등으로 인해 모견이 새끼들을 양육할 수 없을 수 있다. 또한 미성숙하거나 아픈 강아지는 생존을 위해 인공포유가 필요할 것이다. 모견이 새끼들을 돌볼 수 없는 경우, 동물병원에 최근 출산한 가정이 있는지 문의해 본다. 만약 그 모견이 건강하고 출산 시기가 비슷하고 적은 수의 새끼를 낳았다면, 다른 새끼 1~2마리 정도는 돌봐줄 수도 있을 것이다. 모견은 믿음직스런 성격이어야 하며, 유모 역할을 시도하는 동안 가까이서 지켜보아야만 한다. 양육을 맡긴 새끼들은 미리 유모견의 출산 상자에 깔아 놓았던 담요로 부드럽게 문질러 새끼들의 냄새를 입힌다.

만약 유모를 찾을 수 없다면 보충 수유를 시작해야 한다. 보충 수유 여부는 강아지의 일반적인 외양과 활력, 출생 시 체중, 동배형제와 비교한 성장 상태 등을 바탕으로 결정한다. 모호한 경우에는 상태가 확연히 나빠질 때까지 기다리기보다는 조기에 개입하여 인공포유를 빨리 시작하는 것이 더 좋다.

일부 증례에서는 하루 2~3회 보충 수유를 실시하고 나머지 시간을 모견 품에서 모유를 먹도록 할 수 있다. 이게 어려운 경우라면 온전히 사람의 도움만으로 양육해야 할 것이다.

가능하다면 출생 후 첫 24~36시간 동안은 모유를 먹여야 한다. 이 시기에는 항체가 들어 있어 전염병에 맞설 수 있는 일시적인 면역력을 제공하는 초유가 분비되기 때문이다. 어떤 이유에 의해 초유를 먹을 수 없다면 면역력을 강화하기 위해 모견의 혈청을 이용하거나 신선동결혈장을 주문해 사용할 수도 있다. 이런 강아지들은 조금 빨리 백신접종 같은 능동면역을 시작하기도 한다.

인공포육을 할 때 중요한 사항은 다음과 같다.

- 추위로부터 보호하는 것
- 분유를 올바로 준비하고 먹이는 것
- 올바른 관리를 제공하는 것

집에서 만든 인큐베이터

종이 박스에 각각의 강아지들을 위한 칸막이를 설치해 주면 만족스러운 인큐베이터가 될 수 있다. 어미 없는 새끼들이 서로의 귀, 꼬리, 생식기를 빨아댈 수 있으므로 칸막이가 중요하다. (이런 행동은 첫 3주간 지속되는데, 위관 튜브가 아닌 젖병으로 수유하는 경우에는 발생하지 않을 수 있다.) 3주 후에는 사회화와 정상적인 행동양식의 정립을 위해 강아지들을 한곳에 모아 기른다.

모견의 따뜻한 온기를 대신해야 하므로 인큐베이터의 온도는 매우 중요하다. 표면 온도를 체크하기 위해 인큐베이터 안에 온도계를 설치한다. 인큐베이터의 온도를 첫 주에는 29.4~32.2℃로 유지하고, 둘째 주에는 29.4~26.7℃로 낮춘다. 그리고 넷째 주까지 서서히 23.9℃로 낮춘다.

외풍이 없고 바닥에 두꺼운 패드를 깔아 단열을 잘 했다면 인큐베이터의 온도는 방 안의 온도와 같을 것이다. 만약 인큐베이터와 방 안의 온도가 현재의 보온장치로 잘 유지되지 않는다면 적외선 전등이나 전기 히터 등을 추가로 설치한다. 열이 강아지들에게 직접 향하지 않도록 주의한다.

전기 온열 패드도 열원으로 사용할 수 있으나, 방 안을 따뜻하게 만드는 것만큼 안전하진 않다. 온열 패드에 지속적으로 노출되면 심각한 탈수가 일어나거나 화상을 입을 수 있다. 만약 사용한다면 위에 두꺼운 깔개를 깔아 상자의 절반 부위에만 사용한다. 이렇게 하면 덥다고 느낀 강아지들이 시원한 곳으로 이동할 수 있다. 비닐이나 고무 같은 방수 재질로 패드를 감싼다.

인큐베이터 바닥에는 젖는 것을 방지하고 용변에 오염되지 않도록 배변 패드를 깔아 교체해 준다. 이는 강아지들의 변 상태를 체크하는 손쉬운 방법이기도 하다(변 상태 체크는 급여과다를 확인하는 훌륭한 방법이다. 482쪽, 급여과다 참조).

피부 건조와 탈수 예방을 위해 습도는 약 55%를 유지한다.

일반적인 관리

강아지들을 다루려면 강아지를 만지기 전에는 항상 손을 씻어야 한다(특히 다른 개를 만진 경우). 디스템퍼 등의 많은 질병은 감염된 다른 개를 만진 사람의 손을 통해 강아지에게 전염될 수 있다. 모든 수유 도구들은 철저히 끓여 소독한다. 처음 몇 주 동안은 강아지 주변에 방문객이 접촉하지 못하도록 한다.

젖은 수건이나 향이 없는 일회용 물티슈로 강아지의 몸을 닦아준다. 항문과 복부의 피부를 닦는 것도 잊지 않는다. 이런 부위가 건조해지는 것을 방지하기 위해 베이비 오일을 소량 발라줄 수도 있다. 소변에 의해 피부가 짓무르지 않도록 깔개를 자주 교체한다. 발진이 생긴 경우 산화아연 연고를 바르면 도움이 된다. 감염이 발생한 경우 국소용 항생제 연고를 바른다.

첫 3주 동안은 분유를 먹이고 난 뒤에 강아지의 항문과 생식기를 부드럽게 문질러 배변을 자극한다. (마치 모견이 그렇게 하듯이) 따뜻한 물에 적신 솜이나 티슈가 적당하다. 용변을 보고 나면 잘 닦아 준다.

분유 먹이기

모유와 비슷하게 만들어진 시판용 분유가 가장 좋다. 이런 분유 제품은 동물병원 등에서 구입할 수 있다. 우유, 염소유, 유모견의 모유 등을 거의 대체할 수 있다.

모유는 특별하게 단백질과 지방의 함량이 높고, 유당이 낮으며, 칼로리가 농축되어 있다. 우유는 칼로리가 모유의 절반 수준이며 이마저도 단백질과 지방보다 유당에서 더 많이 나와 모유를 대체하기에는 적합하지 않다. 염소유는 전통적으로 대체유로 사용되어 왔는데, 우유에 비해 칼로리가 높긴 하지만 유당 함량이 너무 높고, 단백질과 지방 함량이 낮다. 강아지는 고농도의 유당을 대사할 수 있는 효소가 없기 때문에 우유나 염소유를 먹으면 설사를 하는 경우가 많다.

액상이나 가루 형태의 분유를 구입할 수 있다. 가루 제품은 물에 타서 먹인다. 사용하지 않은 분유는 냉장 보관한다(냉동시키진 않는다). 제조사의 급여방법을 따른다.

과거에는 가정에서 만들거나 시판되는 분유를 먹고 영양성 백내장이 발생하는 증례들이 있었다. 이 백내장은 필수 아미노산인 페닐알라닌과 아르기닌 결핍으로 발생한 것으로 밝혀졌다. 현재 시판되는 분유들은 이런 문제가 개선되었다.

분유가 모유를 대체할 수 있는 최선의 방법이긴 하지만, 시판용 분유를 구입하기 전에 가정에서 임시로 분유를 만들어 먹일 수도 있다.

- 우유 237mL
- 달걀 노른자 3개
- 옥수수기름 1큰술(15mL)
- 액상 소아용 비타민 한 방울

잘 섞어서 분유처럼 먹인다. 사용하지 않은 것은 냉장 보관한다.

이 분유는 1mL당 1~1.25칼로리(kcal)를 공급한다. 시판용 분유와 거의 같은 칼로리를 제공한다.

분유량 계산하기

인공포유를 할 때 정확한 기록을 남기는 것은 꼭 필요한 일이다. 강아지에게 분유를 얼마나 먹여야 할지 결정하는 가장 좋은 방법은 체중을 측정하고 칼로리 요구량 표를 이용하는 것이다. 출생 시 저울로 체중을 측정한다. 그리고 4일 동안 8시간마다 체중을 측정한다. 그다음 2주 동안은 매일 체중을 측정하고, 그 이후 1달이 될 때까지는 3일에 한 번 측정한다.

생후 첫 3주 동안은 매일 체중 1kg당 약 130칼로리를 섭취해야 한다. 대부분의 시판용 분유들은 1mL당 1~1.13칼로리(kcal)를 제공한다. 1L는 1,000mL이므로, 포장에 1L당 1,000kcal라고 적혀 있는 분유는 1mL당 1kcal가 들어 있는 것이다. 1L당 1,300kcal라고 적힌 제품은 1mL당 1.3kcal가 들어 있다.

체중과 나이에 따른 일일요구량은 아래 표에 나와 있다. 한 번에 먹이는 양을 계산하기 위해 일일 총요구량을 하루 급여 횟수로 나눈다. 이 계산량은 매일 아침 체중을 측정한 뒤에 적용해야 한다.

강아지를 위한 일일 총요구량

나이	체중 450g당 칼로리 또는 mL(1mL당 1kcal를 제공하는 분유 사용)	급여 횟수
생후 1주	60	6
생후 2주	70	4
생후 3주	80	4
생후 4주	90	3

표를 참고해서 분유량을 정해 본다. 아침에 측정한 체중이 227g인 생후 1주의 강아지가 있다면 이날 30칼로리가 필요하다. 하루 6번을 먹여야 하므로 30칼로리를 6으로 나눠 보면 한 번에 5mL씩 먹이면 될 것이다. 10일 후엔 체중이 두 배가 된다고 가정하면, 체중이 454g이 나갈 것이고 하루 60mL가 필요할 것이다(또는 15mL씩 4번 급여).

이 표에서 기준이 되는 것은 1mL에 1kcal가 들어 있는 분유다. 분유의 농도가 다르다면 가운데 칸의 숫자를 그 분유의 mL당 함유 칼로리로 나눈다. 예를 들어, 분유의 농도가 1mL당 1.3kcal라면 표의 가운데 칸의 숫자를 1.3으로 나누면 된다.

만약 강아지가 한 번에 필요량을 다 먹을 수 없다면 한 번에 먹이는 양을 줄이고, 급여 횟수를 늘려 일일 요구량을 맞추도록 한다.

강아지가 심하게 울지 않고, 배가 홀쭉해 보이지도 않고, 체중이 늘고, 하루 몇 차례 옅은 갈색의 변을 본다면 영양적인 측면을 잘 만족시키고 있다는 뜻이다. 앞의 표에 따라 급여량을 늘려간다. 생후 3~4주에는 조금 단단한 음식을 먹이기 시작한다(489쪽, 이유 참조).

분유 먹이는 방법

젖병이나 위관 튜브를 이용해 분유를 먹일 수 있다. 급한 경우 안약병을 이용할 수도 있다. 젖병에서와 같이 사용한다. 분유는 항상 실온에 맞춰 먹여야 함을 잊지 않는다.

인공포유를 하는 모든 강아지는 분유를 먹이고 난 뒤 변비를 예방하고 배뇨반사를 자극하기 위하여 적신 솜으로 항문과 생식기를 문질러 줘야 한다.

젖병을 이용한 수유

젖병은 빠는 욕구를 만족시켜 준다는 장점이 있지만, 대신 강아지가 힘 있게 빨 수 있어야 한다는 전제 조건이 필요하다. 시판되는 젖병을 사용하는 경우, 젖병을 기울이면 천천히 한 방울씩 떨어질 정도로 젖꼭지의 구멍을 크게 뚫어 줘야 한다. 그렇지 않으면 강아지는 젖병을 빤 지 몇 분 만에 지쳐서 먹기를 멈출 것이다. 하지만 젖병의 구멍이 너무 커도 분유가 너무 빨리 흘러나와 강아지가 질식할 수도 있으므로 주의한다.

분유를 먹이는 올바른 자세는 강아지의 가슴과 배를 받쳐 잡고 몸을 세운 자세로 먹이는 것이다. 분유가 기도로 흘러들어갈 수 있으므로 사람 아기처럼 등을 대고 눕혀서는 안 된다. 손가락 끝으로 강아지의 입을 벌린 뒤, 젖꼭지를 밀어 넣는다. 공기를 삼키지 않도록 젖병을 45도 정도 기울여 잡는다. 활기차게 빨도록 유도하기 위해 젖병을 살짝 당기듯이 잡는다.

급여 시간은 보통 5분 또는 그 이상 소요된다. 다 먹인 후에는 어깨 위에 얹은 상태

분유를 먹이는 올바른 자세. 사람 아기에게 먹이듯이 등을 받치고 먹이면 안 된다.

로 부드럽게 등을 문지르거나 두드려 트림을 시킨다. 그리고 적신 솜으로 항문과 생식기 주변을 문질러 배변을 자극한다.

튜브를 이용한 수유

튜브를 통한 수유의 장점은 분유를 먹이는 데 약 2분이면 충분하고 공기를 거의 삼키지 않고 먹일 수 있다는 것이다. 강아지들에게 적절한 양을 급여할 수 있다는 이점도 있다. 미성숙하거나 아픈 강아지처럼 너무 약해 젖병을 빨 수 없는 경우에는 유일한 급여방법이기도 하다. 동배형제들이 신체 부위를 빨아 다치는 것을 방지하기 위해 튜브로 급여하는 강아지는 인큐베이터에 별도의 칸을 마련하여 분리해야 한다.

방법은 어렵지 않다. 강아지 크기에 따라 5~10프린치* 크기 정도의 부드러운 고무 재질 카테터가 필요하다. 283g 미만의 강아지는 5프린치가 적당하다. 10mL 또는 20mL 일회용 주사기(바늘이 없는 것)도 필요하다. 약국이나 동물병원에서 구입할 수 있다.

강아지의 위는 마지막 갈비뼈 정도에 위치한다. 입에서부터 마지막 갈비뼈까지의 길이를 잰 뒤 튜브에 테이프를 붙여 표시한다. 주사기로 분유를 빨아들인 뒤 주의를 기울여 공기를 뺀다. 주사기를 따뜻한 물에 담가 실온 정도로 데운다.

강아지를 깨우고 바닥에 가슴을 맞댄 자세를 취한다. 튜브 끝에 분유를 촉촉이 적신 뒤 강아지가 빨도록 한다. 그리고 서서히 강아지의 혀를 지나 목구멍 안으로 튜브

* **프린치**French 의료용 카테터 튜브의 굵기 단위다. 1French는 1/3mm다.

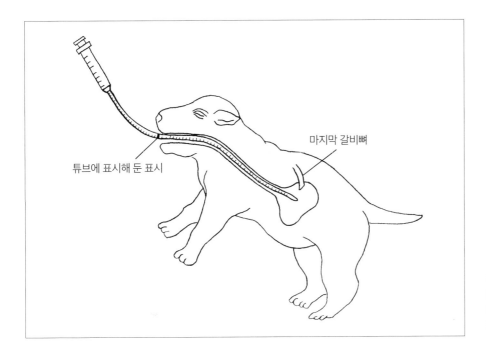

튜브에 표시해 둔 표시

마지막 갈비뼈

너무 약해 젖병을 빨 수 없는 강아지에게는 튜브를 통한 급여가 유일한 방법이다.

를 통과시킨다. 지그시 힘을 가하면 강아지가 튜브를 삼킬 것이다. 식도를 통과하여 위까지 도달시킨다(테이프로 튜브에 표시해 둔 길이까지).

튜브로 소량의 물(1~2mL)을 천천히 주입해 본다. 만약 강아지가 기침을 하거나 숨 막혀 한다면, 튜브가 기도로 잘못 들어간 것이다. 물은 쉽게 흡수되므로 분유를 주입했을 때처럼 심각한 문제는 발생하지 않을 것이다. (분유가 폐로 들어가면 강아지가 죽을 수도 있다.) 이런 경우 튜브를 빼서 다시 삽입한다.

튜브가 제대로 들어갔다면 주사기를 연결한 뒤 2분 정도에 걸쳐 분유를 천천히 투여한다. 급여 시에는 강아지의 위가 팽창되는 것을 막기 위해 천천히 투여해야 한다. 너무 빨리 투여하면, 역류되어 흡인성 폐렴을 유발할 수 있다. 관으로 처음 급여할 때 이런 일이 가장 많이 발생한다. 때문에 처음과 두 번째 급여 시에는 강아지의 위가 그 양에 적응할 수 있도록 계산량보다 조금 적게 급여하는 것이 좋다.

모든 양을 다 투여하고 나면, 튜브를 제거하고 트림을 할 수 있도록 강아지를 수직으로 세워서 잡는다. 매번 분유 급여 후에는 따뜻한 물에 적신 솜으로 항문과 생식기 주변을 문질러 배변을 자극한다.

생후 약 14일이 되면 강아지들의 기관도 커져 사고로 튜브가 식도가 아닌 기관으로 들어갈 수 있다. 튜브를 큰 것으로 교체한다(8~10프린치). 혹은 이때쯤엔 강아지가 젖병을 스스로 빨 수 있을 정도로 튼튼해져 있을 수도 있다.

일반적인 급여상의 문제

가장 흔한 문제 두 가지는 급여과다와 급여부족이다. 급여과다는 설사를 유발한다. 급여부족인 경우는 체중이 늘지 않는다. 둘 다 매번 체중을 측정하고 급여량을 계산하는 것으로 예방할 수 있다. 체중이 꾸준히 늘고 정상적인 변(단단하고 노랗거나 황토색)을 본다면 급여량이 적절하다는 좋은 신호다.

급여과다

경험적으로 사람들은 강아지들에게 적게 먹이기보다는 급여과다를 하는 경우가 많다. 강아지의 급여량이 많은지 확인하는 가장 좋은 방법은 변 상태를 체크하는 것이다. 강아지는 하루 4번 밥을 먹고 보통 4~5회 변을 본다. 즉 밥을 한 번 먹은 뒤 변을 한 번 볼 것이다.

급여과다의 첫 번째 증상은 무른변이다. 노란색 무른변은 급여량이 약간 많은 것을 의미한다. 물을 1/3 정도 섞어 분유를 묽게 만든다. 변이 단단해지면 서서히 원래 분유의 농도로 맞춰 나간다.

중등도 급여과다인 경우 음식물이 위장관을 빠르게 통과하며 녹색변을 관찰할 수 있다. 녹색변은 소화되지 않은 담즙에 의한 것이다. 분유에 물 또는 페디어라이트(pedialyte)를 1 : 1로 추가하여 농도를 절반으로 희석한다. 변이 노랗고 단단해지면 서서히 원래 분유 농도로 되돌린다.

급여과다를 모르고 지나치면 장이 빨리 비워지고 소화효소도 급감한다. 그 결과 분유가 장을 빠르게 통과하며 거의 소화되지 못하므로 변이 굳은 우유 형태를 띤다. 이런 상태에서는 영양분을 얻을 수 없어 급속히 탈수상태에 빠진다. 이런 강아지는 균형 잡힌 전해질 용액을 피하주사로 투여하거나 매시간 위관 튜브로 투여해야 한다. 이런 처치는 동물병원에서 가능하다.

분유를 희석해서 급여해도 설사가 나아지지 않는다면(또는 회색 또는 흰색의 변) 심각한 문제이거나 신생견 감염에 의한 것일 수 있다. 지체하지 말고 수의사에게 알린다. 전문적인 치료를 받아야 한다.

급여부족underfeeding

급여량이 부족한 강아지는 끊임없이 울고, 불안해하고, 활력이 없고, 동배형제들의 몸을 빨려고 하고, 체중도 거의 늘지 않으며, 몸도 차가워진다. 강아지는 분유를 충분히 먹지 못하면 탈수상태에 급속히 빠진다. 급여 과정을 다시 검토해 본다. 인큐베이터의 온도도 체크한다.

외둥이 기르기

외둥이 강아지를 기르는 것은 또 다른 도전이다. 이런 강아지는 너무 많이 먹거나 과체중이 되기 쉬우므로 주의 깊게 체중을 체크하는 것이 중요하다. 모견의 유선 일부를 붕대로 감거나 짧은 시간만 젖을 빨게 해야 할 수도 있다.

외둥이는 모든 동물의 발달에 중요한 형제들 간의 상호작용을 배울 수 없다. 가짜 형제를 만들어 주기 위해 생후 첫 2주 동안 심장소리가 들리는 '가짜 강아지' 인형을 잠자리에 넣어줄 수도 있다.

만약 주변에 비슷한 시기에 태어난 강아지들이 있고 모견만 괜찮다면, 새끼 한두 마리를 데리고 와서 함께 양육시키는 것도 외둥이의 행동발달에 큰 도움이 된다. 그게 불가능하다면, 일단 조금 더 자라면 다른 강아지들과 만나 놀도록 해 주는 것이 중요할 것이다(492쪽, 조기 사회화의 중요성 참조).

강아지의 질병

신생견 적혈구용혈증neonatal isoerythrolysis

아주 드물긴 하나 치명적인 신생견의 용혈성 빈혈*이다. 가끔 특정 혈액형을 가진 암컷이 다른 혈액형의 수컷과 교배했을 때 발생한다. 수컷의 혈액형을 물려받은 강아지는 적혈구를 파괴하는 항체가 들어 있는 초유를 먹어 용혈성 빈혈이 발생한다. 이 항체는 모견에 의해 생산되는데, 이전에 수컷과 같은 혈액형 항원에 노출되어 감작되었어야 한다. (다른 혈액형의 태아 세포가 태반을 통과하여 발생할 수도 있다.)

이런 강아지는 건강하게 태어나 활기차게 젖을 빤다. 그리고 일단 모견의 초유를 먹고 나면 모견의 항체가 적혈구를 파괴하기 시작한다. 몇 시간에서 며칠 내에 임상 증상이 나타나기 시작하여 젖을 빨지 않고 잘 성장하지 못한다. 생후 1~2일 이내에 용혈성 빈혈이 발생하고 일부 또는 모두 사망한다.

초기 임상 증상으로는 어두운 적갈색 소변, 쇠약, 성장장애, 황달 등이 있다. 24시간 이내 사망한다. 혈액검사, 소변검사, 혈액형검사로 진단할 수 있다.

치료 : 용혈성 빈혈이 의심되면 모유수유를 중단하고 수의사에게 알린다. 적혈구를 보충하기 위해 적합한 기증자로부터의 수혈이 필요할 수 있다. 수컷의 혈액형이 적합하지 않다면 차후의 새끼들은 초유를 먹지 못하게 해야 한다.

* **용혈성 빈혈** 어떤 원인에 의해 순환 혈액 중 적혈구가 파괴되어 발생하는 빈혈.

배꼽의 감염umbilical infection

배꼽 감염의 흔한 원인은 배꼽을 복벽에 너무 가깝게 잘라서다. 이런 경우 말라서 깨끗하게 떨어질 부분이 남지 않는다. 구강 질환이 있는 모견이 탯줄을 끊는 과정에서 세균이 전파되거나 소변과 대변으로 오염된 더러운 출산 상자로 인해 발생하기도 한다. 감염된 배꼽은 붉게 부어오르고 고름이 흐르거나 농양이 형성될 수 있다.

배꼽과 간은 직접 연결되어 있어 가벼운 배꼽의 감염도 위험할 수 있다. 치료하지 않으면 패혈증으로 진행될 수 있다.

치료 : 배꼽 감염을 발견하면 항생제 처방을 위해 동물병원을 방문한다. 한 마리가 배꼽 감염을 나타낸다면 다른 동배형제에서도 발생할 수 있다.

출생 시 예방법으로 배꼽 부위에 소독약을 발라주면 배꼽 감염의 발생이 감소한다.

강아지 패혈증puppy septicemia

강아지의 혈액 감염은 호흡기와 소화기를 통해 들어온 세균에 의해 발생한다. 생후 5~12주 강아지에서 발생하는데, 이 시기에는 모체항체가 감소하고 예방접종을 통한 면역도 아직 강력하게 작용하지 못한다. 세균은 이런 취약한 틈을 공격한다.

밀집 사육, 추위, 영양 부족, 비위생적인 개집, 심한 위장관 기생충 감염, 바이러스 질환의 복합 감염 등이 아주 중요한 관련 요소다. 건강한 환경에서는 세균에 노출되어도 보통 경미하고 저절로 낫는 경우가 많다. 그러나 환경적인 스트레스가 심한 경우 치사율이 높아진다.

호흡기 증상으로는 발열, 기침, 콧물, 빠르고 잡음이 있는 호흡 등이 있다. 위장관 증상으로는 식욕감소, 구토, 설사, 쇠약, 탈수, 체중감소 등이 있다.

치료 : 강아지에게 이런 증상들이 나타나면 동물병원을 방문한다. 쇼크와 탈수 증상은 항생제와 정맥수액으로 치료한다. 호흡기와 위장관 감염은 폐렴(322쪽), 급성 전염성 장염(273쪽)에서 설명한 것처럼 치료한다.

개 허피스바이러스canine herpesvirus

개 허피스바이러스는 생후 1~2주 강아지에서 치명적인 질병을 유발한다. 생후 3주 이상의 강아지의 경우는 보통 질병을 유발하지 않는다. 생후 3주 미만의 강아지들은 보통 체온이 36.6℃ 이하인데, 바이러스는 낮은 온도에서만 복제가 가능하기 때문이다.

허피스바이러스는 교배 과정에서 모견이 감염되어 질에 남아 있을 수 있다. 강아지들은 산도를 통과하면서 또는 감염된 모견이나 동배형제들과 직접 접촉하면서 감염된다.

잠행성 질환으로 죽기 전까지 모견도 건강해 보이고 강아지도 정상적으로 젖을 빤다. 그러다 강아지가 갑자기 젖을 먹지 않고, 복부팽만, 한기, 조정 능력 부족, 황록색 설사 등이 나타난다. 강아지는 괴로워하며 불쌍하게 울어댄다. 보통 24시간 이내에 사망한다.

치료 : 특별한 치료법이 없지만, 살아남기도 한다. 감염되지 않은 새끼들은 가정용 인큐베이터에 옮기고 방 안의 온도를 37.8℃로 유지한다. 바이러스는 36.6℃ 이상의 온도에서는 복제되지 못하므로 증식과 감염을 예방할 수 있다.

회복한 강아지에서 조정 능력 부족, 현기증, 실명 같은 비가역적 신경학적 증상이 발생할 수 있다.

예방 : 현재 북미 지역은 사용할 수 있는 백신이 없다(유럽에는 있다). 감염된 모견은 면역이 생겨 다음에 낳는 새끼는 쉽게 감염되지 않는다. 임신한 암컷은 출산 3주 전부터 출산 3주 후까지 격리시켜 다른 개들과의 접촉을 피하는 것이 이상적이다.

국내에서도 허피스바이러스 백신은 유통되지 않고 있다.

다리 벌어짐(스위머 퍼피)flat(swimmer) puppy

강아지는 생후 14일경부터 서기 시작하여 생후 3주가 되면 약간 균형을 잡고 걸을 수 있다. 만약 이것이 불가능하다면 문제가 있는 것이다. 이 질환은 다리를 모아주는 내전근이 약해져 발생하는데, 보통 뒷다리의 상태가 더 심하다.

다리가 벌어지는 강아지는 수영하듯이 움직인다. 다리를 옆쪽으로 벌리고 있어 마치 거북이처럼 보이며 배를 대고 누워 가슴이 납작해진다.

과체중 또는 뼈가 두꺼운 강아지에서 더 많이 발생한다. 선천적인 문제일 수 있는데, 한 가지 이론은 강아지가 자궁 내에서 바이러스 또는 곰팡이성 질환에 감염되어 내전근이 위축된다는 것이다.

치료 : 미끄러운 바닥은 문제를 악화시킨다. 카펫이나 마찰력을 높일 수 있는 덜 미끄러운 표면이 도움이 된다.

하루에 여러 번 서고 걷도록 돕는다. 바닥에 배를 대고 자는 것보다 옆으로 누워서 자도록 독려한다. 끈이나 테이프로 만든 고정대로 팔꿈치와 팔꿈치 사이 또는 발목과 발목 사이를 묶어 강아지가 옆으로 누워서 자도록 만든다. 고정대는 서 있을 때도 다리가 벌어지는 것을 막아 준다.

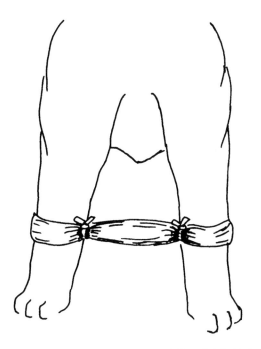

고정대는 다리가 벌어지는 것을 막는 데 도움이 된다.

대부분의 증례는 내전근이 발달하고 근력이 늘어나며 저절로 교정된다.

유문협착증pyloric stenosis

선천성 유문협착증은 위 배출구의 근육이 두꺼워져 발생한다. 위 배출의 부분 또는 완전 폐색을 유발한다. 원인은 알려져 있지 않다. 복서와 보스턴테리어 같은 단두개종에서 발생률이 높다.

강아지가 고형 음식을 먹기 시작하는 이유기 또는 그 직후 증상이 시작된다. 유문협착증의 특징적인 증상은 음식을 먹고 몇 시간 뒤에 부분적으로 소화된 음식물을 토하는 것이다. 구토물에 녹색 담즙이 섞여 있지 않은 것이 특징이다. 토해 놓은 것을 다시 먹기도 하는데 결국 나중에 다시 토해 낸다.

상부 위장관 조영 엑스레이검사로 진단한다. 음식 섭취 12~24시간 후에도 위내에 바륨 조영제가 남아 있다면 위의 폐색을 의미한다. 위내시경검사도 추천된다.

치료 : 유문협착증은 위와 십이지장 사이에 있는 두꺼워진 근육조직을 절개하는 수술을 통해 효과적으로 치료된다. 일부 개들은 수술 없이 회복되기도 하는데, 식이관리가 필수다. 치료방법은 수의사가 여러 요소를 고려하여 결정하는데, 대부분 수술이 필요하다.

후천성 유문협착증은 비후성 위병증이라고도 하는데, 중년의 개에서 발생한다(267쪽, 만성 위염 참조).

피부 감염

생후 4~10일 된 신생견의 피부에 딱지, 물집 등이 생길 수 있다. 가끔 농포가 잡히기도 한다. 보통 배에 생기는데, 출산 상자의 위생 상태가 좋지 않으면 발생한다.

치료 : 잠자리를 음식과 용변으로부터 청결하게 유지한다. 깔개에 벼룩이나 셸레티엘라 진드기 같은 외부기생충 감염 소견은 없는지 확인한다. 딱지는 1 : 10으로 희석한 과산화수소 또는 베타딘, 클로르헥시딘 같은 소독액으로 닦아낸다. 그리고 항생제 성분의 연고를 바른다.

구개열cleft palate

구개열은 입천장의 두 판이 불완전하게 융합되어 생기는 출생 결함이다. 이로 인해 구강과 비강 사이에 통로가 형성되어 음식과 액체가 흘러들어간다. 강아지는 양쪽 콧구멍에서 콧물을 흘리고 제대로 젖을 빨지 못할 수 있다. 튜브를 통한 급여로 살릴 수 있다. 많은 강아지들이 흡인성 폐렴으로 잘 성장하지 못하거나 어린 나이에 사망한다.

구개열은 모든 품종에서 산발적으로 발생하는데 불도그, 보스턴테리어, 비글, 미니어처 슈나우저, 페키니즈, 코커스패니얼에서 가장 흔하다. 이 품종들은 유전적 결함이 있다. 구개열이 있는 개는 번식시켜서는 안 된다.

구순열은 윗입술이 불완전하게 발달된 것으로, 단독으로 또는 구개열과 함께 발생한다. 주로 미용상 문제가 된다.

치료 : 구개열과 구순열은 성형수술로 교정할 수 있다. 보통 생후 3개월에 실시한다. 합병증 발생률이 높은 복잡한 수술이므로 경험 많은 수의사가 실시해야 한다. 구개열이 심각한 강아지는 안락사가 추천되기도 한다.

저혈당증hypoglycemia

저혈당증은 주로 생후 6~12주 사이의 초소형 품종에서 발생하는 증후군이다. 종종 스트레스에 의해 발생하기도 한다. 전형적인 증상은 노곤함, 침울, 비틀거리는 걸음, 근육쇠약, 떨림(특히 얼굴) 등이다. 혈당이 심각하게 떨어진 강아지는 발작을 하거나 의식이 혼미해지며 혼수상태에 빠지는데, 죽음에 이르기도 한다. 증상이 늘 특정 순서에 따라 나타나지는 않는다. 예를 들어, 어떤 강아지의 경우는 기운이 없어 보이거나 비틀거리며 걷는 증상만 나타난다. 또 가끔 멀쩡해 보이던 강아지가 혼수상태로 발견되기도 한다.

저혈당증은 종종 예고 없이 발생한다. 예를 들어, 이동 스트레스에 의해 발생할 수도 있다. 급성 저혈당증의 다른 흔한 원인은 끼니를 거르는 경우, 추위, 심하게 놀아 탈진한 경우, 배탈 등이다. 이런 일들은 간의 에너지 저장 기능에 부담을 늘린다.

저혈당증은 성견 사냥개에서도 지속적인 운동과 간의 글리코겐 감소로 발생할 수 있다. 사냥 전에 음식을 급여하고 식단에서 단백질을 늘리는 것이 중요하다.

당뇨견의 저혈당증은 인슐린 과다 투여로 인해 발생한다(298쪽, **당뇨병 참조**). 노견의 경우는 원인을 알 수 없는 저혈당증이 발생하기도 하는데 췌장의 인슐린 분비성 종양에 따른 것일 수도 있다.

초소형 품종에서의 장기적 또는 반복적인 저혈당증은 뇌손상을 유발할 수 있다. 저혈당증이 자주 발생하는 강아지는 간문맥 질환, 감염, 효소나 호르몬 결핍 등의 문제를 감별하기 위한 수의학적인 검사를 받아야 한다.

치료 : 급성 저혈당증의 치료는 혈당을 올리는 데 목적을 두고 즉시 조치한다. 강아지가 의식이 있고 삼키는 것이 가능하다면 주사기를 이용해 시럽 또는 설탕물을 먹이거나(546쪽, **약물을 투여하는 방법 참조**) 잇몸에 시럽, 꿀 등을 발라 문지른다. 30분 이내에 증상이 호전되지 않는다면 수의사의 진료가 필요하다.

강아지가 의식이 없다면 기도로 넘어갈 수 있으므로 입으로 무엇을 먹여서는 안 된다. 잇몸에 시럽, 꿀 등으로 문질러 바르고 즉시 동물병원으로 향한다. 이런 상태의 강아지는 포도당 정맥주사와 뇌부종에 대한 치료가 필요하다.

예방 : 취약한 강아지들은 적어도 하루 4번 이상 음식을 급여해야 한다. 고탄수화물, 고단백질, 고지방 식단을 급여하는 것이 중요하다. 양질의 음식이 필수다. 수의사가 적절한 고급 사료를 추천해 줄 것이다.

간식이나 사람 음식이 전체 식단의 5~10%를 초과해서는 안 된다. 초소형 품종 보호자는 강아지가 지나치게 피곤하거나 춥지 않도록 주의해야 한다. 전부는 아니지만 많은 강아지들이 이런 문제로 잘 성장하지 못한다.

탈장(허니아)hernia

탈장은 발달기 동안 정상적으로 닫혀야 하는 체벽의 구멍이 그대로 남아 그 구멍을 통해 지방이나 장이 돌출되는 것이다. 돌출부는 불룩해 보인다. 사타구니와 배꼽에서 흔히 발생한다. 사타구니의 탈장은 서혜부탈장이라고 하고, 배꼽의 탈장은 제대탈장이라고 한다. 성견에서 발생하는 회음부탈장은 항문 주변 부위에서 발생한다.

돌출 부위가 복부 안으로 밀어 넣어지면 환납성 탈장, 밀어 넣어지지 않는다면 감돈*탈장이다. 감돈탈장은 탈장의 내용물로 공급되는 혈관이 조여지면 피가 통하지 않을 수 있다. 감돈탈장은 종종 시간이 지나며 서서히 피가 통하지 않게 되기도 한다. 배꼽이나 사타구니 부위에 단단하거나 통증을 유발하는 돌출 부위가 있다면 감돈탈장일 수 있다. 즉시 수의사의 진료가 필요하다.

> *감돈 빠져나오지 못하고 갇힘.

탈장은 복벽의 유합이 지연되는 유전적 소인이 있다. 탈장을 가지고 태어나 스스로 닫히지 않는 개는 번식시켜서는 안 된다. 드물게 배꼽을 복벽에서 너무 짧게 잘라 배꼽탈장이 발생하기도 한다.

서혜부탈장은 암컷에서 더 흔하다. 임신을 하거나 아주 늙을 때까지 겉으로 드러나지 않기도 한다. 임신자궁이나 질병으로 확장된 자궁이 탈장 부위로 들어가 감돈 되기도 한다. 이런 탈장은 교정을 해야 한다. 수컷 강아지의 작은 서혜부탈장은 저절로 닫히는 경우가 많으므로 추적관찰을 한다. 만약 계속 남아 있다면 수술을 문의해 보는 것이 좋다.

제대탈장은 생후 약 2주의 아주 어린 강아지에서 흔히 관찰되는데, 보통 생후 6개월이 되면 작아지거나 사라진다. 배를 붕대로 감아 놓는다고 해서 탈장 부위가 닫힐 확률이 높아지는 것은 아니다.

치료 : 배꼽의 탈장 부위에 손가락이 들어갈 정도라면 수술이 필요하다. 수술은 어

렵지 않고 당일 퇴원도 가능하다. 암컷의 경우, 배꼽탈장을 미루었다가 중성화수술 시에 함께하기도 한다.

이유(젖떼기)

적절한 이유 시기는 새끼의 수, 모견의 건강 상태, 모유의 질, 브리더의 성향 등 여러 요소에 의해 달라진다. 새끼의 수가 적은 모견은 10주 또는 그 이상 수유를 지속할 수도 있다.

이유는 서서히 진행되어야 한다. 대형 품종은 생후 3주부터, 초소형 품종은 생후 4주부터 시작한다. 의학적인 이유가 아니라면 생후 6~8주에 이유를 완전히 끝내서는 안 된다. 조기 이유 및 모견과 동배형제들로부터의 분리는 나중에 적응 문제를 유발할 수 있다. 어떤 브리더는 초소형 품종의 경우 생후 10주까지 모견과 새끼들의 관계를 지속시키기도 한다.

단단한 음식에 대한 강아지의 식욕을 자극하기 위해 급여 2시간 전부터 모견을 따로 격리시킨다. 고형 음식을 먹고 난 뒤에 모견을 다시 복귀시킨다. 밤에도 함께 있어야 한다.

성장하는 강아지의 영양적 요구 조건을 만족시키는 사료를 선택한다. 좋은 제품이 많다. 생후 3~4주 이상의 강아지에게 적합한 제품인지 포장을 잘 읽어본다. 많은 사람들이 건조 사료를 선호하는데, 습식 사료도 동일하게 만족스럽다.

영양적으로 균형 잡힌 성장기 강아지용 사료를 급여하고 있다면 비타민-미네랄 영양제는 따로 필요하지 않을 것이다.

급여 방법

건조 사료를 급여하려면 사료와 물을 1 : 3의 비율로 섞어 죽을 만든다. 음식을 실온 정도로 데워 납작한 접시에 놓는다. 손가락으로 죽(불린 사료)을 찍어 강아지가 핥도록 한다. 이렇게 불린 사료를 하루 3~4회 급여한다. 맘대로 먹을 수 있게 음식을 그릇에 남겨 놓지 않는다. 20분 후에는 음식이 남아 있어도 그릇을 치운다. 모든 강아지가 골고루 먹을 기회를 갖는지 잘 살펴보아야 한다.

처음에는 강아지들이 사료를 먹기보다는 가지고 놀 것이다. 급여를 하고 난 뒤에는 피부병을 방지하기 위해 모든 강아지의 몸을 잘 닦는다.

강아지들이 불린 사료를 잘 먹게 되면 건조 사료를 먹게 될 때까지 몇 주에 걸쳐 서서히 섞는 물의 양을 줄여 나간다. 보통 생후 5~7주 정도가 소요된다.

이 시기가 되면 모유는 거의 필요 없다. 모유 수유를 아직 중단하지 않았다면, 모견의 음식 섭취량을 줄인다. 모유가 마를 것이다.

사료를 너무 많이 먹는 강아지는 설사를 하기 쉽다. 잠시 급여 횟수를 줄이고 모유 수유는 지속한다.

습식 사료를 급여하려면 사료와 물을 1 : 1로 섞는다. 강아지가 잘 먹게 되면 물의 양을 줄여 건조 사료 급여에서 설명한 것처럼 일반적인 이유 과정을 따른다.

강아지는 물을 충분히 먹어야 하고, 충분한 수분을 섭취하지 못하면 쉽게 탈수상 태에 빠진다. 젖을 떼기에 앞서 그동안 강아지의 수분 요구량은 온전히 모유에게서만 공급되었다는 사실을 기억한다. 때문에 모유 급여가 감소하면 항상 깨끗하고 신선한 물을 공급해 주는 것이 필수다. 기울어지거나 엎어지지 않는 형태의 물그릇을 준비한 다. 강아지들이 물에 젖어 추위에 떨 수 있다.

사회화를 향상시키고 행동학적 문제를 피하기 위해 적어도 생후 6주가 될 때까지 는 강아지들을 함께 모아 급여한다. 20분간 강아지들이 맘껏 먹을 수 있도록 하고 이 후에는 그릇을 치운다. 생후 6개월까지는 적어도 하루 3회 급여해야 한다.

모견의 모유 분비를 멈추고 싶다면 24시간 동안 모든 음식과 물을 금식시킨다. 다음날 정상적인 급여량의 1/4을 급여하고, 그다음 날에는 1/2, 그다음 날에는 3/4을 급여한다. 그 이후에는 일반적인 성견의 유지량을 급여한다.

성장기 강아지의 급여

옆의 표를 참고해서 성장기 강아지의 일일 칼로리 요구량을 결정할 수 있다. 강아지에게 하루 얼마만큼의 사료를 주어야 하는지를 계산하기 위해 사료의 kg당 칼로리 제공량(사료 포장에 기재)과 강아지의 일일 칼로리 요구량을 비교한다. 계산된 양을 하루 급여 횟수(3회 또는 4회)로 나누어 매끼 급여량을 정한다.

예를 들어, 생후 11주 강아지의 체중이 15kg이고 하루 3회 사료를 급여한다면 일일 칼로리 요구량은 2,179kcal다. 구입한 사료가 1kg당 3,895kcal를 제공한다면 강아지의 사료 급여량은 약 550g이 되어야 한다. 이것을 하루 3번으로 나누면 매끼 급여량은 184g이 된다.

그러나 이 요구량은 평균적인 개를 기준으로 한 대략적인 것임을 명심해야 한다. 활동량과 기질에 따라 요구량이 다양하다. 최적의 상태를 유지하기 위해 급여량을 조절해야 한다.

　사냥개, 테리어종 같은 특별한 그룹의 개나 대형 품종 강아지를 위한 특별한 사료도 많이 시판되고 있다. 강아지에게 가장 적합한 사료에 대해 수의사와 상의한다.

강아지의 평균 체중 유지를 위한 일일 칼로리 요구량

체중 (kg)	일일 칼로리 요구량(kcal)	
	이유기~생후 3개월	생후 3~6개월
1	268	214
3	649	520
5	915	732
7	1,167	934
9	1,394	1,115
11	1,670	1,331
13	1,929	1,543
15	2,179	1,743
17	2,415	1,932
19	2,640	2,112
21	2,856	2,285
23	3,062	2,450
25		2,618
27		2,785
29		2,945
33		3,250
37		3,551

* 조니 D. 호스킨스, 《수의소아과학》 2판, 1995에서 수정

조기 사회화의 중요성

생애 첫 12주는 강아지의 성격과 사회성을 결정하므로 대단히 중요하다. 연구에 따르면 강아지는 일련의 발달 과정을 거친다. 각 단계를 성공적으로 극복해 나가는 것은 향후 소심함, 겁이나 무는 행동, 공포증, 공격성 등의 문제를 예방하는 데 꼭 필요하다. 생애 첫 3개월 동안 다른 사람이나 개들에게 거의 노출되지 않은 강아지는 성견이 되어도 적응력이 떨어진다. (나중에 이를 보완하려 해도 잘 고쳐지지 않는다.)

생후 6주 이전에 강아지를 어미와 동배형제들로부터 떨어뜨리면 체중과 신체 상태에도 역작용이 발생하는 것으로 알려져 있다. 생후 3~8주 사이의 기간 동안 강아지는 모견, 동배형제, 함께 사는 다른 개들과의 상호작용을 통해 큰 영향을 받는다. 이런 상호작용을 통해 강아지는 자기 인식을 하고 적절한 개의 행동을 배운다.

나중에 다른 개들과 잘 지내는 능력은 부분적으로 생후 3~8주의 기간 동안의 부드러운 이행을 통해 얻어진다. 따라서 강아지는 완전히 이유를 하고 사료를 먹게 되는 생후 8~10주까지는 모견과 동배형제들과 함께 지내는 것이 좋다.

생후 5~7주의 시기가 되면 강아지는 사람들과의 관계를 형성하는 법을 배운다. 이 시기 동안 강아지는 리더로서 인간의 역할을 받아들이고 사람들이 위협적인 존재가 아니라 음식과 즐거움, 보상을 해 주는 존재라는 것도 배운다.

생후 8~9주가 되면 강아지는 배변과 배뇨 시 특정 형태의 표면(카펫, 마루, 풀밭, 흙바닥 등)에 대한 선호가 생긴다. 이때부터 배변교육을 시작한다. 강아지가 생활하는 방이 2~3개의 공간으로 나눠져 있다면, 강아지는 스스로 한 곳을 배변 장소로 사용하기 시작할 것이다. 이런 공간에 톱밥 같은 구분되는 재질을 깔아 주면 새로운 집에 적응하는 데 도움이 된다. 새로운 가족은 톱밥 일부를 마당이나 화장실로 만들고 싶은 장소에 옮겨놓아 적응을 도울 수 있다.

생후 10~12주, 그리고 또다시 생후 16~20주가 되면 강아지는 호기심이 많아지고 신기한 주변 환경을 탐험하는 것을 즐긴다. 차를 타거나, 긍정교육 수업을 듣거나, 공원으로 여행을 떠나기 좋은 때다.

일부 브리더들이 강아지들을 생후 3주부터 모르는 개들에게 노출시키는 것은 문제가 있다. 성공적인 상호작용은 자신감을 심어 주는 것이지 긴장을 유발하는 것이 아니며, 강아지를 겁에 질리게 해서도 안 된다. 다만 심한 스트레스를 주고 두려움을 유발하지 않는다면 생후 5주 미만의 강아지를 만지는 일이 나쁜 것은 아니다. 생후 5주 이후에는 안고, 쓰다듬어 주고, 즐겁게 놀아주는 경험을 늘려 주어야 한다.

사회화는 강아지가 새 집에 가서도 계속되어야 한다. 가능한 한 강아지를 긍정적인 경험에 많이 노출시키는 것이 좋다. 강아지를 데리고 다른 사람이나 개를 볼 수 있는 곳으로 산책을 나간다. 이를 통해 공공생활의 소음과 산만함에 익숙해지고, 예절 있고 친근하며 사회화가 잘 된 개들을 만나 노는 것에도 익숙해질 것이다.

생후 12~14주 또는 생후 16주 이상이 되면 면역력이 떨어지기 시작한다. 모유를 먹고 얻었던 모성 면역이 다 사라지고 자신의 면역계가 활동을 시작할 때다. 이 시기에는 건강 상태가 확실한 개들하고만 접촉해야 하며, 잘 모르는 개와 접촉할 수 있는 장소는 피하는 것이 좋다.

강아지 입양하기

품종 선택하기

반려동물을 찾고 있다면 자신의 생활방식에 적합한 개에 대해 생각해 본다. 개들은 다양한 크기, 외형을 갖고 있으며 모두 한결같이 사랑스럽다. 어떤 개는 더 많은 운동이, 더 많은 털 관리가, 더 많은 훈련이 필요하다. 어떤 개는 아파트에 살기에 몸집이 너무 크고, 어떤 개는 농장의 삶을 살기에는 너무 작다. 어떤 품종은 성격이 사교적이고 아이들을 좋아하지만, 어떤 품종은 보호하고 영역을 지키는 본능이 강하다. 특정 품종의 특별한 속성이 어떤 사람들에게는 더 좋은 선택 요건이 될 수 있다. 믹스견은 일반적으로 우성인 개의 특징을 더 많이 가지고 있다.

특정 품종에 대한 다양한 정보를 담은 책들은 공공도서관에서 대부분 찾아볼 수 있다. 인터넷을 통해 개의 품종에 대한 방대한 양의 정보를 검색할 수도 있다. 인터넷상의 정보들이 모두 정확한 것은 아니므로, 참고로만 활용하고 다른 출처를 확인해야 한다.

브리더의 선택

어떤 품종을 입양할지 결정했다면 다음 단계는 평판 좋은 브리더를 찾는 것이다. 좋은 브리더를 찾았다면 찾고 있는 개에 대해 구체적으로 이야기한다. 자신의 상황과 함께할 가족들에 대해서도 알린다. 책임감 있는 브리더라면 입양되는 강아지들이 앞으로 잘 지낼 수 있을지 염려하기 때문이다.

수의학적 검사를 받았고, 건강상의 문제가 발견되면 72시간 이내 다시 환불을 요구할 수 있는 조건으로 강아지를 입양하는 것이 좋다. 자신의 강아지에 자부심이 있는 양심적인 브리더라면 이런 제안에 흔쾌히 응할 것이다. 모든 보장 내용에 관한 협의는 입양비를 지불하기 전에 논의되고 동의해야만 한다. 건강증명서, 현재 식단에 대한 내용, 예방 관리 내역을 전달받는 것도 잊어서는 안 된다.

만약 좀 더 자란 강아지나 성견을 입양하고자 한다면 지역 유기견 보호소에서 강아지를 입양하는 것을 고려할 수 있다. 많은 유기견이 새 가정을 기다리고 있다.

브리더들이 성견을 분양하기도 한다. 이런 개들은 쇼에 출전하거나 번식을 하는 개는 아니지만 훈련도 되어 있고 예의 있게 행동한다.

건강한 강아지 선택하기

강아지를 입양하는 가장 좋은 시기는 생후 8~12주 정도다. 이 시기의 강아지는 사회화가 잘 되어 있고, 첫 번째 예방접종을 마쳤으며, 젖을 떼서 건조 사료를 먹을 수 있다.

생후 8~12주 강아지는 대부분 이동장에 넣어도 이동 스트레스를 잘 견뎌낼 수 있다. 대중교통을 이용하는 것보다 차를 가지고 직접 데려오는 것이 좋다.

가능한 한 직접 가서 강아지를 고르는 것이 좋다. 경험 많은 브리더라면 원하는 강아지의 조건, 강이지의 성격, 강아지를 돌보며 경험한 내용 등을 바탕으로 추천해 줄 것이다. 강아지를 데리러 가기로 약속한 날, 발랄하며 사랑스러운 강아지들 앞에 서 있는 자신을 발견할 수 있을 것이다.

강아지들은 대부분 한눈에 봐서는 모두 건강해 보이지만, 자세히 살펴보면 다른 강아지에 비해 더 나아 보이는 강아지들이 있다. 마지막 결정을 하기에 앞서 시간을 들여 한 마리 한 마리를 머리부터 꼬리 끝까지 잘 살펴본다.

머리 쪽부터 확인한다. 코는 차갑고 촉촉해야 한다. 콧물이 있거나 재채기를 많이 한다면 건강이 좋지 않을 수 있다. 퍼그와 페키니즈 같은 단두개종은 숨을 들이쉴 때 콧구멍이 찌그러지는 경우가 많은데 바람직하지 못하다.

치아의 교합이 좋은지 확인한다. 대부분의 품종에서 치아교합은 위턱의 앞니가 살짝 아래턱의 앞니를 덮는 가위교합이다. 앞니의 끝과 끝이 맞닿는 절단교합도 대부분의 품종에서는 정상교합으로 간주한다. 가위교합이 심해져 위턱의 앞니와 아래턱 앞니 사이의 공간에 성냥머리 정도가 들어간다면 상악전출교합(overshot)으로 대개 저절로 교정되기 어려울 것이다. 아래턱 앞니가 위턱의 앞니를 덮는 교합을 하악전출교합(undershot)이라고 하는데, 불도그 같은 단두개종의 특징으로, 일부 품종에서는 요구 조건인 경우도 있다.

잇몸은 분홍색으로 건강해 보여야 한다. 창백한 잇몸은 빈혈(주로 위장관 기생충에 의해)을 의미한다.

두개골 한가운데 부드러운 혹이 만져질 수 있다. 이는 숫구멍이 열린 것으로 바람직하지 못하다. 초소형 품종에서는 숫구멍이 열려 있는 경우 수두증과 관련 있을 수 있다.

눈은 맑게 빛나야 한다. 주둥이에 눈물자국이 관찰된다면 눈꺼풀 안과 바깥쪽에 비정상적인 눈썹이 나거나 결막염이 있는지 확인해 봐야 한다. 동공은 어둡고 선이나 점 같은 게 보여서는 안 된다(선천성 백내장이나 동공막잔존증일 수 있다). 순막(제 3안검)이 관찰될 수도 있는데, 눈이 붓거나 염증이 생긴 게 아니라면 별 문제는 없다.

귀는 품종에 적합하게 바르게 서야 하는데, 저먼셰퍼드 같은 일부 품종은 생후 4~6개월까지도 완전히 서지 않기도 한다. 귀 끝은 건강하고 털도 잘 나야 한다. 털이 빠지고 딱지가 생겼다면 개선충 같은 피부병일 수 있다. 이도는 깨끗하고 좋은 냄새가 나야 한다. 역한 냄새가 나고 귀지가 많이 관찰된다면 귀진드기 감염일 수 있다. 머리를 흔들고 귀 주변에 통증을 호소한다면 이도의 감염을 의미한다.

심장이 활기차게 뛰는지 손바닥으로 가슴의 진동을 느껴 본다. 선천성 심장결함의 실마리가 될 수 있다. 강아지는 별다른 어려움 없이 숨을 들이쉬고 내쉬어야 한다. 특히 숨을 들이마시는 데 문제가 있고 납작가슴이라면 기도에 폐색이 있을 수 있다. 퍼그, 보스턴테리어, 페키니즈 같은 단두개종에서 가장 흔하게 관찰된다.

복부 피부는 깨끗하고 건강해 보여야 한다. 배꼽 부위가 돌출되었다면 배꼽탈장일 수 있다. 저절로 없어지기도 하지만, 그렇지 않은 경우 수술이 필요할 수 있다.

항문 주변의 피부와 털은 깨끗하고 건강해 보여야 한다. 피부 자극, 발적, 탈모, 변이 묻어 있는 것이 관찰된다면 기생충, 만성 설사, 흡수장애 가능성이 있다.

건강한 털은 밝게 윤기가 흐르며 그 품종에 걸맞는 색깔과 무늬를 가진다. 장모종 강아지는 윤기가 많지 않은 솜털 같은 부드러운 털을 가지고 있을 것이다. 과도하게 긁고 피부에 염증이 생겼다면 벼룩, 진드기 등의 피부 기생충일 수 있다. '벌레 먹은 것 같은' 탈모 부위는 진드기나 링웜의 전형적인 모습이다.

수컷 강아지는 포피를 음경 뒤쪽으로 밀어 보아 쉽게 움직이는지 확인한다. 포피의 유착이나 협착은 수의학적 치료가 필요하다. 양측 고환이 음낭에서 정상적으로 관찰되어야 한다. 만일 하나 또는 두 개의 고환이 관찰되지 않는다면 6개월 이전에 내려오는지 확인한다.

암컷 강아지는 외음부를 검사한다. 외음부 주변에 뭉쳐 있는 털이나 질 분비물이 없는지 찾아본다(유년기 질염의 증상). 이는 흔한 문제로, 보통 첫 번째 발정이 끝나고 나면 저절로 해결된다.

다음으로, 강아지의 신체가 견실하고 구조가 올바른지 검사한다. 다리는 곧게 뻗고 올바른 형태여야 한다. 활처럼 휜 다리, 약한 발목, 발가락이 벌어지는 평발, 뒤쪽이 들리는 발 같은 구조적인 결함들도 있다. 생후 4개월 미만의 강아지에서 자주 발생하는 두 가지 유전성 뼈와 관절의 질환은 고관절이형성증과 슬개골탈구다.

강아지의 걸음걸이는 자유롭고 부드러워야 한다. 절뚝이거나 비틀거린다면 단순한 염좌나 발패드를 다친 것일 수 있지만, 고관절이형성증과 슬개골탈구 가능성도 있으므로 감별해야 한다. 슬개골탈구는 이 시기에도 검사할 수 있다. 다만 경험이 풍부한 수의사의 진단이 필요하다.

기질적인 고려

강아지는 민첩하고, 잘 놀고, 활력이 넘쳐야 한다. 성격은 품종에 따라 다양하지만, 친근한 성향은 모두에게 필수적이다. 친근하지 않은 강아지는 가족의 동반자가 되기 어렵다(특히 어린이들이 있는 경우). 친근하지 못한 강아지는 안거나 쓰다듬었을 때 빠져나오려 버둥거리고 물거나 으르렁거린다. 이런 강아지는 상당한 교육과 훈련이 필요하다.

말을 걸면 몸을 움츠리거나 도망간다면 수줍음이 많은 것이다. 나중에 이런 문제를 극복할 수도 있지만 그다지 추천하지 않는다. 이런 강아지는 사회화도 쉽지 않다.

가족이 되기에 이상적인 강아지는 꼬리를 높이 들고, 사람을 졸졸 따라다니며, 쓰다듬는 것을 좋아하고, 안으면 버둥거리지만 이내 힘을 빼고 사람의 손을 핥는다.

브리더들은 대부분 저명한 개 훈련사인 잭 앤 웬디 볼하드가 개발한 강아지 적성검사를 활용한다. 브리더에게 이런 검사를 실시했는지 문의하고 실시했다면 결과를 물어본다. 검사 결과를 전달받을 수도 있지만 그날 강아지의 컨디션이 좋지 않았을 수 있고, 브리더가 개인적인 생각을 적었을 수도 있다.

좋은 건강 상태와 좋은 기질은 함께 따라가는 경우가 흔하므로 활력이 넘치고 자신감이 넘쳐 보이는 강아지를 선택하는 것이 현명할 것이다. 덩치가 더 크고 가장 기운이 넘치는 강아지는 평균적인 가정에서는 다루기 힘들 수도 있다(특히 수컷의 경우). 종종 중간 정도의 성격이 가족의 반려동물로 가장 적합할 수 있다.

강아지 교육을 위한 조언

여기 소개된 교육 조언은 반려견이 배워야 하는 예절과 복종에 대한 기본적인 것이다. 무엇보다 교육 문제나 행동적인 문제로 보호소에 버려지는 개들이 점점 많아지고 있다. 강아지 교육은 강아지와의 길고도 멋진 관계의 시작이다.

가능한 한 빨리 교육을 시작한다. 중요한 교육은 '이리 와', '앉아', '기다려'이며 줄을 매고 걷는 것도 중요하다. 나쁜 버릇이 들기 전인 강아지 시기에는 집에서 어떻게 행동해야 하는지를 가르치고 배우는 것이 성견에 비해 한결 쉽다.

모든 훈련의 기본적인 원칙은 다음 두 가지다.

1. **일단 연습을 시작했으면 끝을 봐야 한다.** 강아지가 맘대로 행동하게 놔두면 강아지는 꼭 배울 필요가 없는 교육이라고 오해할 가능성이 크다.
2. **올바로 행동할 때면 칭찬의 말과 쓰다듬기로 항상 보상한다.** 개는 본능적으로 인정받는 것을 좋아한다. 이는 자신감을 높이고 연습의 효과를 강화시킨다. 오늘날 많은 교육법은 긍정적인 강화를 강조하고 간식, 장난감, 칭찬을 많이 사용할 것을 추천한다. 보상이 항상 간식일 필요는 없다. 칭찬의 말이나 특별한 장난감이나 놀이일 수도 있다. 개마다 동기 부여를 받는 것이 제각각이다.

강아지를 교육시키는 법을 가르쳐 주는 수업에 참여하는 것이 중요하다. 수업을 통해 강아지는 다른 개들과 사회화를 배울 기회도 얻을 수 있다. 생후 8주의 강아지도 접종을 했다면 수업에 참여해도 된다. 강아지 훈련 수업은 강아지 유치원이라고도 불리며, 주로 사회화에 초점을 맞춘다.

배변교육

배변교육의 기본적인 과정은 강아지가 더 빨리 배운다는 점을 제외하면 어린아이들의 배변교육과 비슷하다. 배변교육은 강아지가 집에 오는 대로 빨리 시작할 수 있다. 입양 전에 이미 배변교육이 되어 한곳을 골라 배변 장소로 사용하기 시작했을 수도 있다. 강아지가 배변을 하는 데 익숙한 재질이 있다면 집 안이나 마당의 한 공간에 같은 재질을 깔아놓아 배변을 유도할 수 있다.

강아지는 생후 3주가 되면 방광과 장 기능을 스스로 조절하는 능력이 발달하기 시작한다. 생후 8~9주가 되면 용변을 볼 때 선호하는 재질이 생긴다. 이런 점을 이용할 수 있다. 강아지를 케이지나 다용도실 같은 좁은 공간에 격리한다. 강아지는 보통 먹은 직후, 낮잠을 자고 일어난 후 용변을 보므로, 이 시간을 잘 선택한다. 아침에 일어나서 첫 번째 하는 일도, 잠자기 전 마지막에 하는 일도 강아지가 용변을 보게 하는 것이다(같은 장소가 좋다). 자갈, 흙, 풀, 콘크리트 등 바닥의 종류는 다양하다. 중요한 것은 용변을 볼 시간을 충분히 주는 것이다. 개들은 배변 욕구를 불러일으키도록 킁

쿵거리고 냄새 맡는 것이 필요하다. 용변을 보지 않는다면 대부분 충분한 시간을 주지 않아서다. 용변을 보자마자, 크게 칭찬한다.

중요한 기본 법칙은 강아지는 개월 수만큼 자주 용변을 봐야 한다는 것이다(예컨대 생후 2개월 강아지는 2시간마다, 생후 4개월은 4시간마다).

보호자가 출근한 동안에는 패드나 신문지를 사용할 수 있다. 앞에서와 같이 강아지를 격리시키고 패드나 신문지를 넓게 깐다(여러 겹). 더러워진 것은 치우고, 바닥에는 새 패드나 신문지를 깐다. 약간의 냄새가 남아 있어 강아지가 소변을 보도록 유도하는 데 도움이 된다. 용변을 유도하는 향이 묻어 있는 특별한 패드도 있다. 나중에 강아지가 긴 시간 동안 용변을 참을 수 있게 된다면 실외 배변을 교육시킬 수 있다.

강아지가 집 안에 실수를 한다면, 큰소리로 "안 돼!"라고 소리쳐 강아지가 깜짝 놀라게 한다. 다만 실수하는 순간을 목격한 순간에만 해야 한다. 그러고는 강아지를 들어올려 집 밖이나 배변 장소로 데리고 간다. 그렇지 않다면, 실수를 그냥 무시한다. 강아지의 코를 용변을 향해 문지르거나 실수를 한 것에 대해 벌을 주어서는 안 된다. 강아지들이 실수를 하는 것은 정상이다. 장소를 '잘못' 알았을 뿐이다. 강아지가 이런 개념을 이해하기까지는 약간의 시간이 필요하다.

개줄 매고 산책하기

강아지는 줄을 느슨하게 매고 예의바르게 산책하는 법을 배워야 한다. 나일론 또는 가죽 재질의 줄로 시작한다. 처음에는 강아지에게 잠시만 목줄을 매어 둔다. 강아지가 목줄을 불편하게 여기지 않게 되면 항상 착용시킨다. 목줄에 줄을 연결하여 묶어둔다. (지켜보지 않는 상황에서는 줄을 묶은 채 혼자 두지 않는다. 어딘가 줄에 걸려 개가 다칠 수 있다.) 일단 강아지가 줄을 매는 데 익숙해지면 한쪽 줄을 잡고 잠시 강아지를 따라다닌다. 그리고 강아지를 많이 쓰다듬고 칭찬하며 강아지를 리드한다. 이 시기에는 간식과 장난감이 관심을 끄는 데 효과적이다.

강아지가 사람의 왼쪽에서 걷도록 교육시킨다. 민첩하게 움직이고 사람과 나란히 있도록 한다(앞서거나 뒤처지지 않도록). 가능하다면 복종 수업에서 개줄 교육을 마치도록 한다.

초크체인(훈련용 목줄이라고도 한다)* 사용은 피한다. 이런 목줄은 절대 지속적으로 착용시켜서는 안 된다. 초크체인을 착용한 개는 발이 목과 목줄 사이에 끼어 질식해 죽는 경우도 있고, 목줄이 어딘가에 걸릴 수도 있다. 또 목구멍을 압박해 손상시키고 안압을 높여 일부 안과 질환을 악화시킬 수 있다.

강아지가 가죽 줄이나 나일론 줄에 잘 적응하지 못하면 가슴줄(하네스)이나 헤드홀

* **초크체인** 초크체인은 올가미 형태의 금속 재질 목줄로, 한쪽을 당기면 목이 조여져 초크체인(질식시킨다는 뜻)이라는 이름이 붙었다. 개에게 공포감을 주는 교육법으로 예전에는 많이 사용되었으나 최근에는 사용이 많이 감소했다.

터 등을 사용할 수도 있다. 헤드홀터는 초크체인보다 더 효과적이고 인도적이다.

이에 대해 경험 많은 교육 전문가와 상의한다.

부르면 오게 하기

부르면 오게 하는 것은 기본적으로 개줄 교육의 연장이다. 줄을 맨 상태에서 강아지와 5~6미터 거리를 둔다. 웅크리고 앉아, 손뼉을 치며 강아지의 이름을 부른다. 강아지가 보호자에게 오지 않으면 줄을 당겨 거리를 좁힌다. 다른 방법으로, 안전하게 울타리가 쳐진 공간 안에 있다면 몸을 돌려 강아지로부터 도망친다. 강아지는 혼자 남기 싫어 재빨리 보호자를 쫓아갈 것이다.

강아지와 실랑이를 벌이지 않는다. 강아지가 움직이지 않으려고 하면 교육을 중단한다. 강아지는 결국 보호자를 따를 것이다. 후한 칭찬과 간식으로 보상하며 강아지의 행동에 반응한다. 연습을 반복한다. 다만 지나치면 좋지 않다. 사람에게 오는 것은 재미있는 일이어야 하며 부담스러운 일이 되어서는 안 된다. 일주일에 3~4번, 한 번에 6번 정도 연습이면 충분한다. 일단 강아지가 교육에 익숙해지면 줄을 푼 채로 연습을 계속한다(안전하고 막힌 공간에서).

강아지를 혼내거나 싫어할 만한 일을 하려고 강아지를 불러서는 안 된다. 개는 영리하므로, 불렀을 때 가면 싫은 상황이 기다리고 있을 것이라고 빠르게 학습할 것이다.

강아지가 부르면 오는 것에 잘 교육된 후에도 부르는 것이 항상 안으로 들어가거나 목줄을 채우는 것은 아니라고 생각하게 만들어야 한다. 자칫하면 개는 자신을 부르는 것이 놀이가 끝나는 것이라고 학습할 수 있다. 가끔씩은 불러서 왔을 때 단지 칭찬을 하거나 특별한 놀이를 해서 강아지가 계속 자유롭게 놀아도 된다고 생각하도록 한다. 그러면 불렀을 때 언제 놀이가 끝나는 것인지, 언제 좋은 상을 받는 것인지 구분할 수 없을 것이다.

잘못된 행동의 교정

행동적인 문제의 상당수는 무료함이나 외로움으로부터 발생한다. 충분한 운동(특히 생후 6~12월의 강아지)은 행동적인 문제를 감소시킨다.

어떤 종류의 잘못된 행동을 바로잡는 아주 효과적인 방법 중 하나는 무시하는 것이다. 개는 종종 단지 보호자의 관심을 끌려는 의도로 골치 아픈 행동을 계속한다. 예를 들어, 사람에게 뛰어오르거나 새 신발을 물고 도망가는 것으로 쉽게 관심을 끌 수 있다는 것을 배운다. 개를 꾸짖는 행동조차도 관심을 끄는 놀이의 일부로 인식하는 것이다. 어렵겠지만, 일어나 자리를 피하거나 밖으로 나가서라도 개의 행동을 무시한다.

이런 식으로 개가 부적절한 행동을 반복하려는 욕구를 없앨 수 있을 것이다.

부적절한 행동을 교정하는 가장 좋은 방법은 보호자의 목소리 톤으로 경고하는 것이다. 강아지들은 모견이 내는 소리에 길들여져 있어, 어떤 행동을 멈추게 하려고 할 때 날카로운 소리나 큰소리로 "안 돼" 하고 소리치면 본능적으로 알아듣는다.

교정은 그 행동이 목격된 순간에만 효과적이다. 외출한 사이 강아지가 값비싼 물건을 물어뜯었는데 보호자가 몇 시간 만에 돌아와 혼을 낸다면 강아지는 물어뜯는 행동과 꾸지람의 연관성을 이해하지 못한다. 분명히 말하면 사건 이후에 혼을 내는 것은 아무 소용도 없다는 것이다.

만약 강아지가 잘못된 행동을 하는 것을 목격했다면 큰소리로 "안 돼!" 하고 소리치며 불쾌함을 표현한다. 신발 대신 물고 놀 장난감을 주거나 보다 건설적인 행동으로 관심을 전환시키는 등 강아지의 즉각적인 관심을 끌어낼 수도 있다.

흔한 실수 중 하나가 화를 내는 것이다. (그럴만한 일이라 할지라도) 화가 나면 통제력을 상실하므로, 보통은 화가 난 원인을 강아지에게 가르칠 수도 없다. 이는 강아지를 불안정하게 만들고 보호자와 강아지 사이의 유대감도 약하게 만든다.

행동교정을 위해 강아지를 때리는 체벌은 절대 해서는 안 된다. 이는 개를 겁이 많고 의심이 많도록 만든다. 겁이 많은 개는 사람을 피하고(심지어 보호자도) 궁지에 몰리면 물 수도 있다.

파괴적인 행동은 강아지의 나이에 걸맞은 행동이란 것을 기억한다. 다시 말해, 분리불안 같은 행동적인 문제가 아니라면 강아지가 성숙함에 따라 이런 파괴적인 행동도 사라질 수 있다는 뜻이다. 강아지가 맘껏 망가뜨리고 놀 수 있는 적당한 장난감을 제공해 주면 많은 도움이 된다.

부적절한 물어뜯기

강아지는 튼튼한 치아와 턱을 발달시키기 위해 끊임없이 씹는다. 단단한 고무공, 나일론 끈 뭉치같이 신발이나 가구를 대체할 수 있는 장난감을 제공하는 것이 좋은 방법이다. 생가죽 껌이나 뼈는 피한다. 생가죽 껌은 삼키면 위장관을 손상시킬 수 있다.

강아지가 부적절한 무언가를 물어뜯는 것을 발견했다면 대신 장난감이나 끈 뭉치를 준다. 다른 물건이 아닌 장난감을 물어뜯어야 한다는 것을 명확히 가르친다. 물어뜯는 것을 뒤늦게 발견했다면 이미 지난 일은 혼내지 않는다. 혼나는 이유를 이해할 수 없을 것이다.

가구 등을 물어뜯는 것을 방지하기 위해 뿌리는 불쾌한 냄새의 스프레이 제품도 있다. 사용방법대로 사용하면 제법 효과가 있다. 전선, 쓰레기, 목에 걸릴 수 있는 작은 물건같이 강아지가 물어뜯을 수 있는 잠재적인 위험 물건은 없애거나 접근하지 못하게 하는 퍼피 프루프(puppy proof)도 좋은 생각이다.

과도한 짖음

강아지는 새집에 오기 전까지, 항상 형제들과 시간을 보냈다는 점을 기억한다. 홀로 낯선 환경에 처한 강아지는 밖으로 나가고 싶어하고 짖거나 낑낑대거나, 하울링 등의 표현을 할 수 있다. 강아지가 처음 막힌 공간에 들어가면 짖을 수 있다. 갇혀 있는 내내 계속 짖기도 한다. 보호자가 이를 무시하면 강아지는 보통 계속 짖을 이유를 찾지 못하고 일상으로 받아들일 것이다. 만약 짖는다고 강아지를 풀어 주거나 관심을 기울이면 짖는 행동은 더 강화되고 이런 문제를 교정하는 데 더 많은 시간이 걸린다.

시끄러울 때가 아니면 무시당하는 개에서는 짖는 행동이 주의를 끄는 도구가 될 수도 있다. 강아지가 관심을 끄는 데 성공하면(혼이 나더라도 그 역시 관심은 관심이므로) 이런 행동은 강화된다. 강아지를 조용히 시키려 다가가거나 장난감을 주는 것도 의도치 않게 잘못된 행동에 대해 보상하는 것이 된다. 잘못된 행동에 반응하는 대신 좋은 행동에 대해 보상해야 한다. 강아지가 조용히 있고 예의바르게 행동했을 때 많이 칭찬하고 놀아 주고 관심을 기울인다.

영역을 지키려 짖는 것은 개의 기본적인 천성의 일부다. 하지만 때때로 이런 행동이 지나친 수준으로 심해지기도 한다. 아주 작은 소리에도 짖는다거나 특별한 이유 없이 계속 짖기도 한다. 개를 쇠줄을 채워 외부에 묶어 두는 것은 짖는 행동을 장려시키고 성질을 안 좋게 만들기 쉽다. 개가 운동하고 놀 수 있도록 울타리가 쳐진 마당이나 막힌 공간에 격리시키는 것이 한결 도움이 된다.

집안에서 짖는다면 창문이 없어 밖을 볼 수 없고 소리도 들을 수 없는 방에 격리시킨다. 그러면 외부의 침입자로부터 집을 지켜야 한다는 생각을 하지 않게 되어 짖는 것을 멈추기도 한다.

만성적이거나 신경과민성 짖음은 무료함이나 더 많은 관심을 위한 것일 수 있다. 매일 개를 공원에 데리고 간다. 규칙적인 산책은 정신적으로 또 신체적으로 자극을 주고 사회적 상호작용도 할 수 있도록 해 준다.

개가 짖으면 소리가 나거나 불쾌한 냄새(보통 시트로넬라)를 뿜어 짖는 것을 멈추게 하는 짖음 방지기를 이용할 수도 있다. 이런 장치들은 인도적이며 대부분의 경우에서 효과적이다.

성대의 일부분이나 전부를 제거하는 수술을 성대제거수술(무성술)이라고 한다. 그

인도적인 짖음 방지기는 개가 짖으면 불쾌한 냄새를 내뿜는다.

러나 이 수술은 음성을 완전히 제거하지 못한다. 개는 쉰 듯한 목소리를 내는데, 일부는 시간이 지나며 짖는 능력을 조금씩 회복하기도 한다. 성대제거수술은 나중에 후두협착 같은 기도의 합병증 위험을 증가시킬 수 있다.

만성적으로 시끄럽게 짖는다면 원인을 찾기 위해 행동전문가와 상담해 본다. 개가 짖는 동기, 얼마나 심각하게 짖는지, 얼마나 긴급하게 짖는 것을 중지시켜야 하는지를 바탕으로 효과적인 치료 프로그램을 짜줄 것이다.

예의바른 강아지로 가르치기

강아지는 사람들에게, 특히 어린이들에게 예의바르고 친근하게 대하는 법을 배워야만 한다. 강아지는 천성적으로 동배형제나 다른 강아지들을 핥거나 깨문다. 보통은 강아지가 성장함에 따라 깨물면 아프다는 것을 알게 되고 약하게 무는 법을 배운다. 그러나 강아지는 사람과 노는 과정에서 과도하게 흥분해 사고로 살짝 깨물거나 긁을 수 있다. 이런 행동은 강아지가 나이를 먹음에 따라 교정하기가 더 어려울 수 있다.

너무 거칠게 노는 강아지의 행동을 교정하려면 먼저 가볍게 물렸을 때 마치 다친 것처럼 "아야!" 하고 소리친다. 그러고는 강아지를 홀로 남겨두고 무시하거나 조용히 케이지 안에 넣는다. 이를 통해 강아지는 너무 거칠게 놀면 놀이시간이 끝나 버린다는 것을 학습할 것이다.

아이들은 가끔 강아지를 잡고, 당기고, 겁을 주거나, 다치게 하기도 한다. 이로 인해 강아지에게 물리거나 밀쳐지기도 한다. 아이들과 강아지 사이의 이런 식의 상호작용은 막아야 한다. 아이들은 강아지가 장난감이 아니고 존중해야 하는 대상임을 배워야 하며, 강아지가 먹거나 잘 때는 괴롭혀서는 안 된다는 것도 배워야 한다.

사람에 대한 강아지의 진짜 공격적인 행동은 문제가 심각하다. 성견에서는 매우 위험하다. 위협 행동에는 으르렁거림, 털이 곤두섬, 달려들어 물려는 행동, 귀가 뒤로 젖혀짐, 경계하며 서 있는 자세, 사람을 겁주며 쫓아 달리는 행동 등이 포함된다. 실제 공격행동에는 물기, 공격하기, 상처 입히기 등이 있다. 위협을 하는 개는 공격할 가능성도 높기 때문에, 사람을 위협하는 행동도 실제 문 것만큼 심각하게 다루어야 한다.

많은 사람들이 공격적인 행동에 대해 개가 자극을 받아 그랬다거나 충분히 그럴만한 상황이었다고 생각하고 변명한다. 그러나 개의 공격성으로 인한 잠재적인 위험을 생각하면 모든 형태의 공격성은 경고대상이다. 미국에서만 매년 400만 명 이상이 개에게 물리는데, 이들 중 1/4은 의학적 치료가 필요하며 20여 명은 생명을 잃는다. 어린아이들이 희생되는 경우가 가장 많으며, 공격한 개는 집에서 기르던 개인 경우가 대부분이다.

어떤 사람들은 집과 가족을 지키기 위해 개를 입양한다. 잘 교육된 경비견은 침입자를 보면 위협하지 않고 짖기만 할 것이다. 그러나 물도록 교육받은 개는 보통 엉뚱한 사람을 물곤 하는데 그게 아이들인 경우가 가장 흔하다.

공격적인 개를 체벌이나 신체적인 우위를 통해 교육시키려 시도하지 않는다. 오히려 공격성을 더 자극할 수 있다. 개를 격리시키고 수의사 또는 행동문제 전문가와 상의한다.

18장
종양과 암

종양(tumor)은 어떤 종류의 덩어리, 증식체, 부종 등을 포함한다. 진짜 암종은 신생물이라고 부른다. 종양은 크게 양성종양과 악성종양 두 가지로 분류할 수 있다. 양성종양은 서서히 자라나며 주변 조직을 침습하거나 파괴하지 않으며, 다른 장기로 전이되지도 않는다. 생명을 위협하는 경우도 드물다. 수술로 전체 종양을 완전히 제거해 치료할 수 있다. 반면에 악성종양은 잠재적으로 생명을 위협할 수 있다. 생성된 조직에 따라 암종, 육종, 림프종으로 불리기도 한다.

암(cancer)은 주변조직으로 침습하고 무제한으로 성장을 계속한다. 어떤 부위에서는 원래의 종양에서 떨어져 나와 림프계나 순환계로 들어가 다른 부위에서 새로이 증식하기도 한다. 이런 과정을 전이라고 한다.

개에게 새로운 증식체가 생겼다면 수의사의 진료를 받아야 한다. 개에서 발생하는 종양은 대부분 신체검사로 발견할 수 있다. 절반 정도는 피부의 종양인데 눈으로 확인이 가능하다. 항문 주변 종양, 고환종양, 유선종양, 림프선종양, 구강암 등도 검사와 촉진으로 발견할 수 있다. 골종양의 경우 다리가 부어오르거나, 파행, 뼈의 외형상 변화 등으로 인지할 수 있다.

내부 장기의 암은 비장, 간, 소화관에서 가장 흔하다. 이런 부위의 암은 진단이 의심되기 전에 이미 상당히 진행되었을 수 있다. 보통 초기 증상은 체중감소, 복부의 종괴 촉진, 구토, 설사, 변비, 위장관출혈 등이다. (내부 장기의 종양에 따른 증상에 대해서는 그 장기를 다루는 각 장에서 설명하고 있다.)

폐종양은 개에서는 흔치 않다. 그러나 간접흡연의 영향을 받는다. 또 폐는 간과 함께 전이가 잘 발생하는 장기다.

대부분의 암은 중년 이상의 나이 든 개에서 많이 발생한다. 반려견의 수명이 늘어나고 삶의 질 역시 높아짐에 따라 암으로 진단되는 비율도 증가하고 있다. 일상적인 건강검진으로 많은 암을 발견할 수 있다. 때문에 정기적인 건강검진은 암을 조기에 발견할 수 있는 기회를 제공하고, 개의 삶과 건강에 매우 중요한 의미를 갖는다. 일반적으로 7살 이상의 개는 적어도 1년에 한 번 건강검진을 실시해야 한다. 건강 상태가 좋지 않다면 더 자주 실시해야 한다. 만약 의심되는 어떤 증상이 발생한다면 즉시 진료를 받는다(525쪽, 노견에게 위험한 증상 참조).

암을 유발하는 원인

암은 숙주의 장기를 손상시키며 급속한 세포분화와 조직 증식이 일어나는 상태다. 대부분의 세포는 개의 삶에 있어 여러 번에 걸쳐 사멸되고 새로운 세포로 대체된다. 세포의 복제는 유전자에 의해 일정한 방식으로 일어난다. 모든 것이 원만히 작동할 때는 세포의 복제도 정확한 숫자만큼 같은 역할을 하도록 이루어진다.

세포 복제를 관장하는 유전자에 문제가 생기면 돌연변이 세포가 만들어진다. 돌연변이 세포는 종종 엄청난 속도로 숫자를 늘려 정상세포들을 밀어내고 커다란 덩어리로 자란다. 이런 덩어리를 암이라고 한다. 게다가 이런 암성 세포들은 정상세포처럼 기능하지 못해 적절한 역할을 수행할 수 없다. 암이 자라나는 것을 알아채지 못했다면, 실제 다른 부위로 전이되는 것은 물론 그 장기의 정상조직도 암세포로 많이 대체되어 있을 것이다. 시간이 지나면 개는 죽음에 이른다.

일부 암 유발 유전자는 유전적인 소인이 있다. 예를 들어, 버니즈 마운틴 도그는 모든 신체 장기에서 암 발생 확률이 높다. 대략 버니즈 마운틴 도그 4마리 중 1마리가 암에 걸린다. 이 품종에서는 다유전자 형질에 의해 유전적으로 두 가지 형태의 암이 발생하는 것으로 알려져 있다(조직구증과 비만세포종양).

여러 유전자가 사람과 몇몇 동물에서 유선, 결장, 그 외 여러 암을 유발하는 것으로 밝혀졌다. 이런 유전자를 가진 개체들이 모두 암에 걸리지 않는 것은 암 유발 유전자를 억제하는 다른 유전자가 있기 때문이다. 더 복잡하게는 이런 억제 유전자를 방해하는 유전자도 있다. 이런 유전자는 모두 식단, 스트레스, 환경 같은 외부적인 요인에 의해 활성화되었다 비활성화되었다 한다. 때문에 암은 유전자와 환경 간의 복합적인 상호작용에 의한 대단히 예측하기 어려운 현상이라 할 수 있다. 좋은 예가 스코티시 테리어의 방광암이다. 이 품종은 방광암 발생 위험이 높다. 만약 이 개를 2, 4D(2, 4 디클로로페녹시아세트산) 성분이 함유된 잔디용 제초제에 노출시킨다면 방광암 발병률은

4~7배 더 높아질 것이다. 이런 경우 유전자와 환경적인 노출이 함께 작용하여 암을 유발한다.

발암물질은 환경적인 영향 요소로, 그 노출의 강도와 기간이 암 발생률과 비례한다. 발암물질이 조직세포와 접촉하면 유전자와 염색체의 변형을 유발하고, 정상적인 세포의 생장을 조절하고 균형을 맞추는 체계를 무너뜨린다. 사람에서 알려진 발암물질로는 자외선(피부암), 엑스레이(갑상선암), 핵방사선(백혈병), 다양한 화학물질(아닐린은 방광염을 유발), 담배와 콜타르(폐암, 방광암, 피부암 등), 바이러스(AIDS 환자에서의 육종), 내부 기생충(방광암) 등이다. 간접흡연도 사람은 물론 동물의 암 발병에 영향을 미친다.

외상도 가끔 암 발병에 영향을 줄 수 있지만 이런 연관성은 좀처럼 드물다. 혈종, 멍, 타박상을 유발하는 외상은 세포생장의 이상을 유발하진 않는다. 그러나 보통 손상 부위를 자세히 검사하다 보면 기존에 있던 작은 종양이 발견되기도 한다. 일부 수의사들은 골암은 이전에 골절이 있었던 부위에서 더 많이 생긴다고 생각한다.

사마귀나 유두종 같은 일부 양성종양은 바이러스에 의해 발생하는 것이 명확하지만, 다른 양성종양은 발생 원인이 불분명하다.

종양과 암의 치료

최근 이용되는 암 치료요법에 대해서는 508쪽 표에 요약되어 있다. 치료의 효과는 조기 진단 여부에 달려 있다. 일반적으로 작은 암은 큰 암에 비해 치료율이 높다. 이는 모든 형태의 종양에 해당된다.

전이되지 않은 암은 수술로 절제하는 것이 가장 좋은 방법이다. 재발을 막기 위해, 종양 주변의 정상조직도 함께 제거해야 한다. 정상조직을 포함하여 종양을 충분히 절제하는 것이 초기 암 치료를 위한 가장 중요한 부분이다. 불완전한 절제로 인해 재발되었을 때는, 이미 치료의 기회를 잃어버리는 경우가 많다. 외과의가 종양 가장자리에서 종양세포가 발견되지 않는 '깔끔한 경계'를 강조하는 이유다.

국소 림프절에만 국한된 암은 종양과 관련된 림프절을 확실히 제거하면 치료할 수 있는 여지가 있다. 암이 넓게 퍼진 뒤라도 출혈이 있거나 감염이 발생한 종양이나 단순히 정상적인 신체기능을 방해하는 큰 종양을 제거하는 것으로도 증상을 완화시키고 삶의 질을 일시적으로 향상시켜 줄 수 있다.

전기소락요법이나 냉동요법은 체표면의 종양을 제거하는 기술이다. 전기소락요법은 전기로 종양을 태우는 방법이고, 냉동요법은 종양을 얼려서 제거하는 방법이다. 이 치료법들은 외과적 수술을 대체할 수 있으며 유두종 같은 양성종양에 적합하다. 레이저나 고온요법 같은 신기술도 이용된다. 방사선요법은 주로 전이되지 않은 국소종양에 사용된다. 개들의 종양 중 상당수가 방사선치료에 효과를 보인다. 비만세포종양, 전염성 생식기 종양, 편평세포암종, 구강과 비강의 종양, 연부조직육종 등이 여기 포함된다. 방사선요법의 단점은 특수한 장치가 필요하고 일반 동물병원에서는 치료가 어렵다는 점이다. 방사선요법은 골육종처럼 특히 통증이 심한 종양에서도 유용하다.

화학요법은 암세포의 전이를 치료하고 예방하는 데 이용된다. 그러나 대부분의 암은 화학요법에 중등도의 민감성만을 보인다. 화학요법 단독 치료 시 보통은 생존 기간 연장이 어렵다. 하지만 림프육종과 백혈병은 예외다. 화학요법에 사용되는 약물은 주의 깊게 사용해도 부작용이 크다. 화학요법이 사람에서는 완치를 목적으로 이용되는 반면, 아직 개에서는 효과가 적은 편이라 질병을 관리하고 증상 없이 지내는 것을 목표로 한다. 일반적으로 낮은 용량으로 사용되며 사람에서처럼 심각한 부작용이 발생하는 경우는 많지 않다.

화학요법에는 암세포에 달라붙는 감광물질을 주입하는 신기술도 포함된다. 광선요법으로 이런 세포들을 파괴할 수 있다.

면역요법은 인터페론, 단클론항체, 면역계를 자극하는 물질 등을 사용하는 데 새롭게 관심을 끌고 있는 분야로 앞으로 중요한 치료법이 될 가능성이 높다. 면역요법으로 말기 림프육종과 비만세포종양에 걸린 개의 생존 기간을 성공적으로 연장시킨 결과들이 보고되고 있다. (프레드니손도 이 암종들에 도움이 되었다.) 암을 예방하는 백신에 대한 연구들도 이루어지고 있으나 아직은 약간의 가능성 수준이다.

여러 요법을 병행해 치료하는 방법이(예를 들어 외과적 수술 후 방사선요법이나 화학요법을 받는 것) 수술만 받는 것보다 더 효과적인 경우가 많다. 특정 암에만 효과적인 치료법인 경우라면 이런 혼합 요법을 고려해 봐야 한다.

치료법 찾기

만약 개가 암에 걸렸다면 암 치료 경험이 풍부한 대형병원을 찾아보는 것이 당연할 것이다. 그러나 때로는 이게 말처럼 쉽지 않다. 대부분의 대학병원이나 대형병원에는 종양 전문의가 상주한다. 종양 전문의는 자신의 병원에서 치료를 하거나 주치의와 화학요법 등의 치료방법에 대해 상의할 것이다.

이런 대형병원들은 연구를 병행하는 곳들도 많아 특정 질환에 대한 임상실험 대상을 찾는 경우도 있다. 암 치료에 드는 부담스러운 비용을 줄이는 데 도움이 되기도 하

몇 년 전부터 국내에서도 대학병원 및 대형병원에서 방사선치료를 시작했다. 다양한 증례를 통한 경험이 축적되고 있지만 고가의 진료비 때문에 아직은 접근성이 낮다.

며, 최신 요법을 적용받을 기회를 얻을 수 있다. 아울러 미래의 다른 개들에게도 큰 도움이 될 것이다.

암 치료법	
수술	수술로 암을 완전히 제거하거나 화학요법과 방사선요법의 효과를 더욱 높이기 위해 종양의 크기를 작게 만드는 목적으로 실시한다. 마취 사고, 출혈 문제, 수술 후 통증 등의 위험이 있다. 일부 암은 조기 발견할 경우 완치도 가능하다.
화학요법	화학요법은 약물을 이용하여 정상세포의 손상을 최소화하는 범위에서 암세포의 사멸을 유도한다. 부작용으로는 메스꺼움, 면역 저하, 출혈 문제 등이 있다. 개들에서 탈모는 흔치 않다. 화학요법이 모든 암에 효과가 있는 것은 아니다.
방사선요법	방사선요법은 특별히 조정된 엑스레이를 이용해 정상세포의 손상을 최소화하며 암세포를 파괴한다. 부작용으로는 피부 탈락, 면역 저하, 정상세포 손상 등이 있다. 전신마취가 필요하다. 이 치료법은 시설을 갖춘 대형병원에서만 가능하다. 방사선요법이 모든 암에 효과가 있는 것은 아니며, 암의 발생 부위에 따라 치료가 불가능할 수 있다.
냉동요법	냉동요법은 암 조직을 얼려 버린다. 목표는 주변 조직의 손상을 최소로 하여 암세포를 파괴하는 것이다. 냉동요법이 모든 암에 효과가 있는 것은 아니며, 암의 발생 부위에 따라 치료가 불가능할 수 있다.
고온요법	고온요법은 열 탐침이나 방사선을 이용해 암세포를 가열시켜 치료한다. 목표는 주변 조직의 손상을 최소로 하여 암세포를 파괴하는 것이다. 대형병원에서만 시술이 가능하다. 고온요법이 모든 암에 효과가 있는 것은 아니며, 암의 발생 부위에 따라 치료가 불가능할 수 있다.
식이요법	식이요법도 암의 관리에 도움이 된다. 목표는 단당류를 제한하고 탄수화물로 적당량의 복합당을 섭취하고, 적당량의 소화율이 높은 단백질, 지방을 섭취하는 것이다. 이런 식이지침은 암세포를 '굶기고' 정상세포들이 건강해지도록 만든다. 시판되는 종양용 처방 사료도 있으며, 이런 기준에 맞춰 가정식을 만들어 줄 수도 있다.
면역요법	면역요법은 암세포와 싸우는 면역반응을 이용한다. 이런 방법은 인터페론 같은 비특이적 면역 증강제를 사용하거나 개별적인 암에 대해 특화되어 제조된 백신을 사용한다. 이런 치료들의 상당 부분은 아직 실험적이긴 하지만 앞으로 기대가 크다.

흔한 체표면의 종양

개에서는 피부종양이 흔하다. 외양만으로는 악성종양인지 양성종양인지 구분하기 어려운 경우가 많다. 유일한 확진 방법은 생검검사를 실시하는 것으로, 수의사가 조직이나 세포를 떼어내면 수의병리학자가 현미경으로 검사하는 방법이다.

작은 종양은 수의사가 신생물 전체를 제거해 병리학자에게 시료를 보내는 것이 가장 좋다. 지름 2.5cm 이상의 큰 종양은 세침흡인검사(종양 내로 바늘을 찔러 세포를 채취하는 방법)를 통해 조직을 채취해 검사할 수 있다. 특수한 바늘을 이용해 종양 한가운데 시료를 채취하는 방법도 있다. 병리학적인 검사가 필요한 육종과 종양은 절개를 통한 조직검사를 추천한다.

종양의 크기와 국소 전이에 관한 추가적인 정보는 치료를 계획하는 데 중요하다. 초음파검사는 엑스레이검사로 얻을 수 없는 정보를 제공하기도 한다. CT 검사와 MRI 검사는 암을 진단하고 전이 여부를 평가하는 데 이용한다. 이런 검사는 대형병원에서만 가능하다.

피부유두종skin papilloma

피부유두종은 사마귀같이 생긴 양성종양으로 피부, 발패드. 발톱 밑에 생긴다. 개구강유두종 바이러스에 의해 발생하며 노견에서 잘 발생한다(특히 푸들).

치료 : 발생 위치로 인해 불편을 주는 경우를 제외하면 제거하지 않아도 된다. 드물게 종양에 상처가 나고 피가 나거나, 감염이 일어날 수 있다. 이런 경우, 수술로 제거하는 것이 추천된다.

혈종hematoma

혈종은 외상이나 타박상 등에 의해 피하(피부 아래)에 피가 고인 것이다. 암은 아니다. 크기가 큰 경우 빼내야 할 수도 있다. 이개혈종은 특수한 치료가 필요하다(213쪽, 귓바퀴 부종 참조).

혈종이 석회화되면 뼈와 비슷하게 단단한 덩어리처럼 된다. 골절 부위에서 많이 발생하는데, 키가 큰 품종의 경우 식탁 아래쪽에 머리를 부딪치면 혈종이 머리에 혹처럼 생기기도 한다.

치료 : 석회화된 혈종은 제거하지 않아도 된다. 다만 골종양이 의심되는 경우 조직검사를 위해 제거해야 할 수도 있다. 치료가 어렵고 쉽게 재발한다.

표피낭종epidermal inclusion cyst(sebaceous cyst)

표피낭종은 피지낭종이라고도 부르는데 몸의 어디서나 발생할 수 있는 흔한 피부종양이다. 케리블루 테리어, 슈나우저, 푸들, 스패니얼 등에서 가장 많이 발생한다. 표

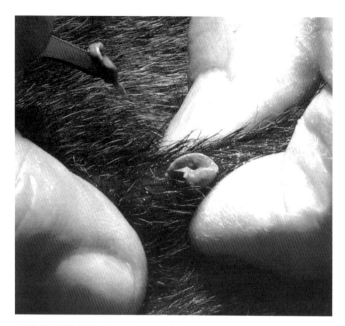
표피낭종에 발생한 농양. 종양으로 오인되는 경우가 흔하다.

피낭종은 건조한 분비물이 모낭을 틀어막으며 시작되어, 털과 피지가 축적되고 (치즈 모양) 낭을 형성한다.

이 낭은 크기가 다양하며 피부 아래 둥그런 형태를 형성한다(대부분 크기가 작다). 감염이 발생하면 절개해 짜내야 할 수 있다. 이런 과정에서 피지낭종이 없어지기도 한다.

치료 : 수술로 제거해 치료하는데, 항상 수술이 필요한 것은 아니다.

지방종lipoma

지방종은 섬유성 결합조직과 성숙한 지방세포가 뒤엉켜 이루어진 양성 신생물이다. 지방종은 과체중견에게 흔한데, 특히 암컷에서 더 많이 발생한다. 길쭉하거나 동그란 형태로 말랑한 지방 같은 느낌으로 촉진된다. 지방종은 천천히 자라나 10cm 넘게 커지기도 한다. 통증은 없다. 드물게 지방육종이라고 부르는 악성의 변종 지방종도 있다.

치료 : 지방종이 개의 운동성에 지장을 주거나 빠르게 커지는 경우, 미용상으로 보기 흉한 경우에는 수술로 제거한다. 진단이 모호한 경우에는 조직생검을 실시해야 한다.

배 아래 피부의 커다란 종양은 지방종으로 진단되었다.

조직구종histiocytomas

조직구종은 1~3살의 개에서 급속히 자라나는 종양으로 몸 어디서든 발생할 수 있다. 이 양성종양은 동그란 모양으로, 표면에 털이 없고 통증도 없다. 이런 외형 때문에 종종 단추종양이라고도 한다. 단모종에서 더 흔하다.

치료 : 대부분의 조직구종은 1~2달 안에 저절로 사라진다. 계속 남아 있는 종양은 진단을 위해 절제해야 할 수도 있다.

조직구증histiocytosis

조직구증은 피부조직과 내부 장기 등에 광범
위하게 분포하는 조직구(정상 결합조직에서 관찰
되는 큰 세포)가 결절을 형성하는 흔치 않은 악성
암종이다. 전형적인 증상은 무기력, 체중감소, 간
과 비장, 림프절의 확장 등이다.

3~8살의 모든 품종에서 발생할 수 있다. 버니
즈 마운틴 도그에서는 다유전적 형질에 의한 유
전질환으로 발생하기도 하는데, 이 품종에서 발
생하는 모든 종양 중 25%를 차지한다. 드물지만
플랫코티드 리트리버도 이런 형태의 암종 발생
에 취약하다.

치료 : 화학요법에 효과를 보일 수 있다.

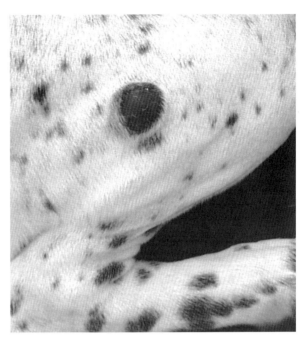

털이 없고, 융기된 단추 모양의 신생물은 조직구증의 전형적인 모습이다.

피지선종sebaceous adenoma

흔한 양성종양으로 노견에서 많이 발생한다.
특히 보스턴테리어, 푸들, 코커스패니얼에서 많
이 생긴다. 평균 발생 나이는 9~10살이다.

피지선종은 피부에서 기름을 분비하는 피지선
에서 유래된 종양이다. 눈꺼풀과 다리에 많이 생
긴다. 단독 또는 여러 개가 생길 수 있으며 보통
크기는 2.5cm 미만이다. 부드럽고, 분엽화된 신
생물로 종양의 기저부나 줄기 부위는 좁은 형태
를 보인다. 종양 표면은 털이 없으며 궤양이 생
기는 경우도 있다.

가끔 피지선종이 악성으로 진행되기도 한다
(피지선 선암종). 종양의 크기가 2.5cm 이상이거
나 표면에 궤양이 생긴 경우, 급속히 커지는 경
우에는 악성을 의심해 본다.

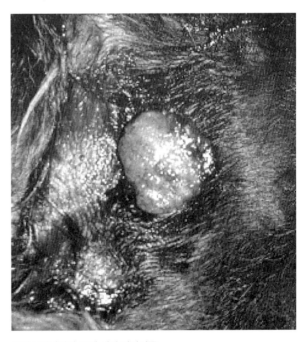

코커스패니얼의 몸에 생긴 피지선종.

치료 : 문제를 유발하지 않는다면 작은 종양은 제거하지 않아도 된다. 그러나 큰 종
양은 제거해야 한다.

기저세포종basal cell tumor

흔한 종양으로 보통 7살 이상의 개의 머리나 목 부위에 생긴다. 주변 피부와 경계가 명확한 단단한 단독성 결절 형태가 나타난다. 수개월 또는 수년에 걸쳐 자란다. 코커스패니얼에서 많이 발생한다.

기저세포종의 소수는 악성으로 기저세포암종이 된다.

치료 : 기저세포종은 수술을 통해 넓게 제거해야 한다.

비만세포종mastocytoma(mast cell tumor)

비만세포종은 흔한 종양으로 개의 피부종양의 10~20%가량을 차지한다. 그중 절반은 악성이다. 복서, 보스턴테리어, 불도그 같은 단두개종의 발생률이 높지만, 모든 품종에서 발생할 수 있다. 버니즈 마운틴 도그는 특히 발생률이 높으며 다유전자 형질에 의해 유전된다.

비만세포종이 발생하는 평균 나이는 9살이다. 성별에 관계없이 발생하며, 증례의 10%는 다발성으로 발생한다. 몸통과 회음부, 하복부, 포피, 뒷다리 등에서 많이 관찰된다.

비만세포종은 형태가 매우 다양하다. 전형적인 형태는 털이 없고 발적되거나 궤양이 있는 다발성 결절상의 신생물이다. 형태만으로 양성인지 악성인지를 구분하는 건 불가능하다. 수개월 또는 수년간 비슷한 크기로 관찰되다가 갑자기 커져 국소 림프절, 간, 비장 등으로 전이되기도 한다. 어떤 종양은 급격히 커지기도 하고, 어떤 종양은 피부 안쪽 깊숙이 자리잡아 지방종처럼 보이기도 한다. 이런 이유로 몸에 생기는 혹은 모두 수의사의 진료를 받아야 한다.

비만세포종은 히스타민 등의 물질을 분비하여 위와 십이지장의 궤양을 유발할 수 있다. 실제 비만세포종이 있는 개들 중 많게는 약 80%에서 궤양을 호소하기도 한다. 위장관 증상을 동반한 개는 궤양 여부를 확인하고 그에 따른 치료를 받아야 한다(260쪽 위와 십이지장 궤양 참조).

최근에는 토케라니브(toceranib: 팔라디아), 마스티니브(mastinib: 마시벳) 등의 비만세포종에 특화된 경구용 항암제가 많이 개발되어 좋은 효과를 보이고 있다. 아쉽게도 아직 국내에는 정식으로 수입되지 않아 약물을 구하기가 어렵고 치료 비용도 고가인 단점이 있다.

치료 : 세계보건기구(WHO)는 비만세포종에 대해 종양의 크기, 발생 숫자, 국소 발병 정도, 전이 여부 등을 바탕으로 병기를 정의하고 있다. 초기 단계는 정상조직을 포함한 넓은 국소 절제를 통해 치료된다. 가장자리 조직이 충분히 절제되지 못한 큰 종양은 수술과 함께 프레드니손 투여, 방사선치료 등을 병행한다. 말기 단계의 치료에는 화학요법, 면역요법 등이 도움이 된다.

편평세포암종squamous cell carcinoma

이 종양은 태양광 자외선에 노출되어 발생하는데 복부, 몸통, 음낭, 발톱 아래, 코, 입술 등과 같이 색소가 옅은 신체 부위에서 많이 발생한다.

어떤 편평세포암종은 단단하고 편평한 회색빛 궤양처럼 관찰되는데 잘 낫지 않는다. 또 다른 형태로 단단하고 붉은 판처럼 생긴 경우도 있고, 콜리플라워처럼 생긴 경우도 있다. 계속 핥아서 종양 주변의 털이 빠져 있을 수도 있다.

편평세포암종은 국소적으로 침습하여 말기에는 국소 림프절과 폐로 전이된다.

치료 : 종양을 완전하게 절제한다. 넓게 퍼져 완전한 절제가 어려운 경우, 방사선치료를 적용할 수 있다. 피부색이 옅은 개는 자외선이 강한 시간에는 햇볕을 피해야 한다(보통 오전 10시부터 오후 2시까지).

흑색종melanoma

흑색종은 피부에서 멜라닌 색소를 분비하는 세포로부터 발생한다. 스코티시테리어, 보스턴테리어, 코커스패니얼에게 흔하다. 이 갈색 또는 검은색 결절은 피부색이 어두운 부위에서 잘 발생하는데, 특히 눈꺼풀에 많이 발생한다. 드물게 색소침착이 없는 흑색종도 있다. 입술, 입, 몸통과 다리, 발톱 밑에도 발생할 수 있다.

피부에 발생하는 흑색종은 보통 양성이지만 입 안에 생기는 흑색종은 악성이 많다. 발톱 밑에 생긴 흑색종의 50% 정도는 악성으로 전이된다. 전이는 국소 림프절, 폐, 간에 발생한다.

난치성 악성종양인 구강 흑색종은 치료용 백신 온셉트(Onecept)의 개발로 생존 기간을 연장시킬 수 있게 되었다. 이 백신은 예방용이 아닌 치료용으로 종양에 대한 면역 반응을 자극하여 강화시키는 방식의 DNA 백신이다. 백신 단독으로는 치료가 어렵고, 수술이나 방사선요법과 함께 병행할 때 도움이 된다. 국내에서는 아직 유통되고 있지 않다.

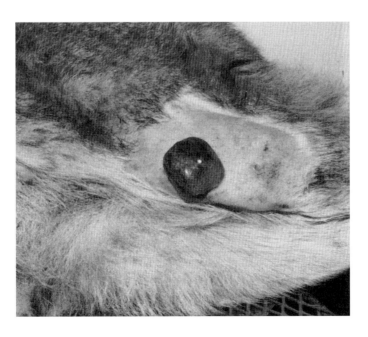

다리에 생긴 크고 어두운 신생물은 흑색종의 전형적인 모습이다.

치료 : 흑색종은 수술로 가장자리의 정상조직까지 넓게 포함하여 제거해야 한다. 재발이 흔하고 치료가 어렵다. 입 안에 발생한 흑색종의 예후는 매우 나쁘다.

항문 주위 종양perianal tumor

항문 주위 종양은 항문 주변에 발생하는데, 주로 양성종양으로, 중성화수술을 하지 않은 수컷에서 흔하다. 드물게 악성 항문 주변 선암종도 발생한다.

항문낭종양은 별개의 종양으로, 공격적이고 악성인 경우가 많다. 항문 양옆의 항문낭에서 유래하며 급속하게 전이된다. 이 종양은 혈중 칼슘 농도가 높아지는 특징을 보이기도 한다.

치료 : 항문 주위 종양은 중성화수술과 함께 수술로 제거한다. 항문낭종양의 치료는 수술, 방사선요법, 화학요법 등으로 다중치료를 하는 것이 가장 좋다.

연부조직 육종

육종(sarcoma)은 결합조직, 지방, 혈관, 신경초, 근육세포 등 다양한 부위에서 유래되는 악성종양이다. 개에서 발생하는 모든 암의 15% 정도를 차지한다. 저먼셰퍼드, 복서, 세인트버나드, 바셋하운드, 그레이트데인, 골든리트리버 등은 유전적 소인이 있다.

육종은 몸의 표면과 장기 내부에 발생할 수 있다. 서서히 자라는 편이며, 한참 지나서 전이가 관찰되곤 한다. 보통 폐와 간으로 전이된다. 낭에 싸인 형태로 경계가 잘 구분되어 자라는 경우도 있고, 주변 조직에 침습하여 종양의 경계를 구분하기 어려운 경우도 있다. 체강 안의 육종은 커다란 크기가 되어서야 발견되기도 한다.

연부조직 육종은 엑스레이검사, 초음파검사, CT 검사, 조직생검 등으로 진단한다.

개에서 발견되는 가장 흔한 육종은 다음과 같다.

- **혈관주위세포종 :** 작은 동맥 주변의 세포에서 유래
- **섬유육종 :** 섬유소성 결합조직에서 유래
- **혈관육종 :** 작은 혈관 내벽을 구성하는 세포에서 유래
- **신경초종 :** 신경초의 종양
- **골육종 :** 뼈의 종양
- **림프종 :** 림프절과 비장, 간, 골수같이 림프 조직이 들어 있는 장기에서 유래

치료 : 세계보건기구는 비만세포종에서 설명한 것과 유사하게 개의 연부조직 육종에 대한 병기(질병의 경과를 특정에 따라 구분한 시기)를 정의하고 있다. 치료는 육종의 형태와 국소 확장 여부에 따라 정상조직을 포함한 수술적 절제, 방사선요법, 온열요법, 화학요법을 이용한다. 몇 가지 치료법을 함께 병용해 치료하는 경우가 많다. 예후는 치료 시점의 종양이 어느 단계인가에 따라 다르다.

림프종(림프육종)lymphoma(lymphosarcoma)

림프종(림프육종이라고도 함)은 림프절과 비장, 간, 골수같이 림프구성 세포가 있는 장기에서 유래되는 암종이다(동시에 발생하는 경우가 많다). 주로 중년 이상의 개에서 발생한다. 사타구니, 겨드랑이, 목, 가슴의 림프절이 확장된 것이 관찰된다면 의심해 보아야 한다. 발병한 개는 무기력하고, 잘 먹지 않고, 체중이 감소한다. 간과 비장은 보통 종대되어 있다.

흉강에 발생한 경우 흉수*와 심각한 호흡곤란이 관찰된다. 피부에 발생하면 피부 표면에 가려운 병변이나 결절이 발생하는데 다른 피부병과 유사하다. 장에 발생하면 구토와 설사를 유발한다.

전혈구검사상 빈혈을 나타내고 미성숙 백혈구들이 관찰된다. 림프종이 있는 개의 20%는 혈청 칼슘 농도가 상승한다. 보통 혈액검사나 간기능검사 결과도 비정상 소견을 보인다. 골수 생검은 광범위한 전이 여부를 평가하는 데 도움이 된다.

흉부와 복부 엑스레이검사, 초음파검사는 림프절 확장, 장기, 종양의 평가에 있어 특히 유용하다. 확장된 림프절의 세침흡인검사(FNA)를 통해서도 진단할 수 있다. 의심스러운 증례는 정확한 진단을 위해 전체 림프절에서 검사를 실시해야 할 수도 있다.

혈액검사로 유전적인 지표를 평가해 림프종 유전성을 검사해 주는 업체도 있다. 림프종 조기 진단을 위해 정기적인 검사를 추천한다.

치료 : 한 개의 림프절에 국한된 림프종은 수술로 제거해 치료할 수 있다. 그러나 대부분의 개들은 전신성으로 발생하여 치료가 어렵다. 여러 약물을 이용한 화학요법이 관해(질병의 증상이나 병변이 감소하거나 소실된 상태)를 위한 최선의 선택이 되며, 1년 이상 수명을 연장시킬 수 있다. 관해 상태가 끝나면 두 번째, 세 번째 관해를 유도하기 위한 '레스큐 프로토콜(rescue protocols)' 화학요법을 실시한다.

혈관육종hemangiosarcoma

혈관육종은 혈관조직의 종양이다. 이 암종은 갈비뼈 위가 혹처럼 생기거나 배가 부은 것처럼 관찰된다. 심장, 간, 비장에서 자라나는 경우에는 겉으로 봐서는 진행을 알

* **흉수** 폐를 둘러싸고 있는 흉강에 액체가 축적되는 것.

림프종은 화학요법 프로토콜이 정립되어 있고 치료 반응도 좋은 편이라 항암 치료가 많이 이루어지고 있다(여러 항암제를 병용하여 투여하는 방식). 타노베아(Tanovea: 라박포사딘)는 2021년 개의 림프종 치료 약물로 FDA 승인을 받으면서 큰 기대를 받고 있다.

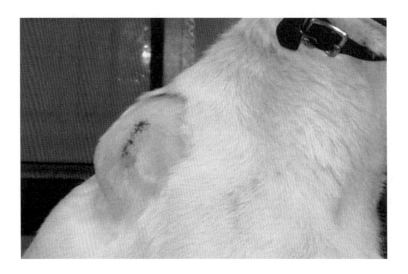

등에 생긴 종양. 생검을 통해 혈관육종으로 진단되었다. 혈관육종은 작은 혈관 내벽의 구성세포로부터 유래한다.

아차리기가 어렵다. 이 암종은 아주 연약하여 쉽게 파열될 수 있고 전신에 암세포를 '퍼뜨릴 수' 있다. 큰 종양이 파열되며 내부에서 다량의 출혈을 일으켜 급사 상태로 발견되기도 한다.

치료 : 수술과 화학요법이 생존 기간을 연장하는 데 도움이 될 수 있다. 그러나 전이가 되기 전에 발견해 수술을 한다고 해도 치료는 어려운 편이다.

방광의 이행세포암종
transitional cell carcinoma of the bladder

이행상피암종이라고도 부른다. 이 흔한 비뇨기 암종은 특히 암컷 노견에서 많이 발생한다. 첫 번째 증상은 방광염 증상과 비슷하다(힘들게 소변을 보거나 혈뇨가 관찰). 특수염색검사로 진단할 수 있다. 스코티시테리어는 이 암에 잘 걸리는 편인데, 특히 2, 4D가 들어 있는 잔디 관리용 약품에 노출되어 많이 발생한다.

치료 : 수술과 화학요법으로 치료하는데, 이 암은 매우 공격적인 종양이다. 약물치료로 증상을 최소화하는 기간을 연장시킬 수 있다.

골종양 bone tumor

골종양은 양성도 있고 악성도 있다. 골육종과 연골육종이 가장 흔한 악성 골종양이다. 골종과 골연골종은 가장 흔한 양성종양이다.

악성 골종양malignant bone tumor

골육종(osteosarcoma)은 개에서 가장 흔한 악성 골종양으로, 모든 나이에서 발생 가능한데 평균 발생 나이는 8살 정도다. 암컷과 수컷 모두에서 비슷한 비율로 발생한다. 10kg 미만의 개들에 비해 세인트버나드, 뉴펀들랜드, 그레이트데인, 그레이트 피레니즈 같은 초대형 품종은 골육종 발생 위험이 60배 더 높으며 아이리시 세터, 복서 같은 대형 품종은 8배가 더 높다. 초소형 품종에서의 발생은 드물다.

골육종은 앞다리 뼈에서 가장 많이 발생하고, 그다음으로는 뒷다리, 갈비뼈의 납작한 뼈, 하악골의 순서로 발생한다. 이전에 다친 병력이 없는 개가 갑자기 다리를 저는 증상을 보이는 것으로 시작되는 경우가 많다. 다리가 붓거나 골종양이 겉으로 드러나기 전까지는 보통 주의를 끌지 못한다. 종양에 압력이 가해지면 통증이 유발된다. 종양 부위에 골절이 발생할 수도 있다.

엑스레이검사로도 의심해 볼 수 있으나, 확진은 뼈 생검을 통해 이루어진다. 골육종은 공격적인 암으로 폐로 급속히 전이된다.

연골육종(chondrosarcoma)은 두 번째로 흔한 악성 골종양으로, 평균 발생 나이는 6살이다. 이 종양은 갈비뼈, 코뼈, 골반뼈에서 많이 발생한다. 연골을 포함한 부위에 크고 단단한 통증 없는 부종이 관찰된다. 이 종양도 폐에 전이되지만 골육종보다는 덜 공격적이다.

치료 : 골육종과 연골육종 같은 악성종양은 공격적으로 치료해야 한다. 이런 종양들은 폐로 전이되므로 수술을 결정하기 전에 흉부 엑스레이검사를 실시해야 한다. 혈액검사, 확장된 림프절의 세침흡인검사 또는 생검을 포함한 전체적인 검사도 실시해야 한다.

다리에 발생한 골육종은 부분 또는 전체적으로 절단하는 것이 유일하게 효과적인 치료 방법이다. 개들은 대부분 다리 3개로도 잘 지낼 수 있다. 다리 절단으로 암이 치료되는 경우는 드물지만, 통증을 줄여 주고 삶의 질을 향상시켜 줄 수 있다. 다리 절단은 적어도 종양 부위의 관절 하나 위쪽으로 실시해야 한다. 다리를 보존할 수 있는 새로운 수술 기법이 연구되어 일부 대형병원에서는 시술되기도 한다.

절단수술에 더해 화학요법을 병행하면 골육종의 생존 기간을 연장할 수 있으나 치료율을 높이는 것은 아니다. 암이 전이되어 심하게 진행된 경우 방사선치료를 고려해 볼 수 있는데, 이 역시 완치시킬 수는 없다. 하악골에 발생한 골육종은 방사선치료를 하면 중간 정도의 치료 반응을 보인다. 방사선치료는 통증 완화 목적으로도 사용된다.

연골육종을 수술로 완전히 절제하는 것은 증상을 경감시킬 수는 있지만, 치료가 되는 것은 아니다.

양성 골종양benign bone tumor

골종(osteomas)은 빽빽한 조직으로 이루어진 종양으로 정상적인 뼈다. 두개골이나 얼굴뼈에서 발생한다.

골연골종(osteochondromas)은 다발성 연골성 외골증이라고도 하는데, 어린 개에서 골화가 되기 전에 연골이 자라나 생기는 종양이다.

골연골종은 단독 또는 다발성으로 발생하며 갈비뼈, 척추, 골반, 사지 말단 등에서 발생한다. 유전적인 연관성이 있다.

엑스레이검사로 진단을 확정하기 어려운 경우, 골종양의 유형을 알기 위해 뼈 생검을 실시해야 한다.

치료 : 양성종양은 국소적으로 절제할 수 있다. 종양이 신경이나 힘줄 같은 구조에 영향을 주거나 통증 또는 활동 제한을 유발하는 경우 수술이 필요하다. 미용적인 측면에서 수술을 하기도 한다.

생식기계 종양

고환의 종양

고환종양(testicular tumor)은 수컷의 흔한 종양으로 대부분 6살 이상의 개에서 발생하며 평균 발생 나이는 10살이다. 대다수는 서혜부나 복강에 있던 잠복고환에서 발생한다. 실제 잠복고환의 약 50%가 종양으로 진행된다. 잠복고환이 있는 개의 사타구니에서 단단한 종괴가 관찰된다면 전형적인 고환종양이라고 판단해도 된다(단순히 잠복 상태의 고환일 수도 있다).

정상적으로 하강한 고환에서 발생하는 종양은 훨씬 드물다. 종양이 발생한 고환은 정상 고환보다 크고 단단하며 모양도 결절상으로 불규칙하다. 고환의 크기가 정상적인 크기라도 더 단단하게 느껴진다.

개에서 흔하게 발생하는 고환종양 3가지는 세르톨리세포종양, 간질성(라이디히) 세포종양, 정상피종이다. 세르톨리세포종양과 정상피종의 소수는 악성이다.

일부 세르톨리세포종양은 에스트로겐을 분비하여 수컷의 유선을 발달시키고, 포피가 늘어지고, 양측 대칭성 탈모를 유발하는 암컷화를 유발할 수 있다. 에스트로겐 농도가 높아져 발생하는 또 다른 심각한 합병증은 골수를 억압하는 것이다.

초음파검사는 잠복고환의 위치를 확인하고 음낭의 종괴를 종양, 농양, 염전된 고환, 음낭 허니아 등으로 감별하는 데 특히 효과적이다. 세침흡인검사로 종양의 세포 유형에 대한 정보를 얻을 수 있다.

치료 : 중성화수술이 치료 방법이다. 악성인 경우까지 포함하여 거의 모든 증례에서 치료가 가능하다. 완전히 하강한 고환에서 종양이 발생했다면, 번식을 원하는 경우 정상고환은 남겨둘 수도 있다. 만약 하나 혹은 양쪽 고환이 하강하지 않았다면 양쪽 고환 모두 제거해야 한다. 이런 문제는 유전될 수 있어 번식시켜서는 안 되기 때문이다. 세르톨리세포종양에 의한 암컷화 증상은 대부분 수술 뒤 사라지는데, 해결되지 않는 경우도 있다.

예방 : 고환의 종양은 조기에 중성화수술을 시켜 예방할 수 있다. 특히 잠복고환인 경우 모두 중성화수술을 시키는 것이 중요하다.

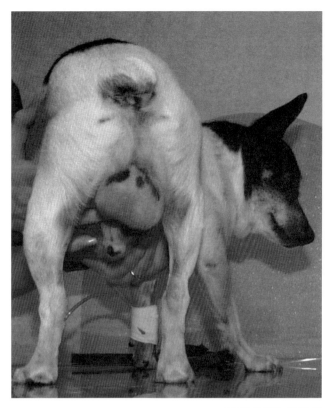

오른쪽 고환에 종양이 발생하여, 한쪽 음낭이 비대칭적으로 커져 있다.

전염성 생식기 종양TVT

전염성 생식기 종양(transmissible venereal tumor)이라고 하는 이 드문 종양은 암컷과 수컷 모두에게 발생한다. 종양세포가 개에서 다른 개로 전파되는데 주로 성적 접촉에 의해 이루어진다. 그러나 핥거나 물어서, 긁어서 전염될 수 있다.

전염성 생식기 종양은 자유롭게 돌아다니는 개, 특히 도시 지역에 사는 개에서 많이 발생한다. 접촉하고 일주일 안에 관찰된다.

전염성 생식기 종양은 단독 또는 여러 개가 발생할 수 있는데 보통 콜리플라워 형태나 기다란 결절 형태다. 신생물은 다결절성이거나 궤양이 발생하기도 한다.

암컷에서는 질과 외음부에 발생하며, 수컷에서는 음경에 발생한다. 암컷과 수컷 모두에서 회음부, 얼굴, 입, 비강, 다리에 발생하기도 한다.

전염성 생식기 종양은 낮은 등급의 암으로 여겨지는데, 드물지만 전이 가능성이 있을 수 있다.

치료 : 화학요법이 추천된다. 빈크리스틴(vincristine)이 많이 사용되는데 3~6주간 매주 투여한다. 방사선요법도 매우 효과가 좋은데, 대부분의 개가 한 번의 치료만으로도 치료가 가능하다.

국소 재발 가능성이 높아 수술적으로 제거하는 방법은 그다지 추천하지 않는다. 번식을 계획하고 있지 않다면 중성화수술을 시킨다.

질종양 vaginal tumor

질과 외음부 부위는 암컷 생식기에서 종양이 가장 많이 발생하는 부위다. 중성화수술을 하지 않은 평균 나이 10살 이상의 노견 암컷에서 많이 발생한다. 평활근종, 지방종, 전염성 생식기 종양 등의 양성종양이 포함된다. 기시부는 좁은 기다란 줄기처럼 자라는 경우가 많다.

이 부위의 악성종양은 드문 편으로 평활근육종, 편평세포암종, 비만세포종 등이 해당된다. 악성종양은 국소적으로 자라나 주변 조직에 침투하면 매우 커진다. 전이되는 경우는 드물다.

질에서 발생하는 평활근종은 외음부 안쪽으로부터 곤봉 모양의 길쭉한 덩어리 형태로 관찰된다.

질의 분비물이나 출혈, 외음순 밖으로 돌출된 종괴, 빈뇨, 외음부를 심하게 핥는 증상 등을 보인다. 커다란 질종양으로 인해 회음부가 부풀고 변형되거나, 분만 시 산도를 가로막는 문제가 발생하기도 한다. 발정기 암컷에서 외음부로 돌출된 종괴는 질증식증일 가능성도 높다(439쪽 참조).

치료 : 정상조직을 포함하여 수술로 제거한다. 재발될 수 있다.

난소의 종양

난소종양(ovarian tumor)은 흔치 않다. 대부분은 증상이 없고 중성화수술 시 우연히 발견된다. 가끔 배가 부풀어 보이거나 복부 촉진으로 확인될 정도로 커지는 경우도 있다.

유두상 선종(papillary adenoma)은 양성종양으로 양쪽 난소에서 동시에 발생할 수 있다. 악성으로 변이되면 유두상 선암종이 되는데, 암컷에게는 가장 흔한 난소암이다. 복강 전체로 퍼져 복수를 유발할 수 있다.

과립막세포종양(granulosa cell tumor)도 아주 크게 자랄 수 있다. 일부는 에스트로겐을 분비하는데, 에스트로겐 분비과다로 비정상적인 발정, 외음부종대, 기름진 털과 피부가 관찰된다.

난소의 다른 종양도 있다. 난소낭종은 실제 종양은 아니다(428쪽, 발정주기가 비정상적인 경우 참조).

복부 초음파검사는 난소종양의 크기, 구조, 위치를 확인하는 데 특히 도움이 된다. 복강에 복수와 종양이 관찰된다면 악성일 가능성이 크다.

치료 : 양성종양은 난소자궁적출술(중성화수술)로 난소를 제거한다. 악성종양의 치료율은 약 50%이다. 전이성 종양은 화학요법을 통해 관해 기간을 연장시킬 수 있다.

유선종양 mammary gland (breast) tumor

암컷의 유선은 숫자가 다양한데 유두의 개수로 계산한다. 보통 10개의 유선을 가지고 있는데 가슴에서 시작해 사타구니까지 양쪽에 5개씩 위치하고 있다. 가장 큰 유선은 사타구니 쪽에 있다.

유선종양은 개에서 가장 흔한 종양이다. 실제 중성화수술을 하지 않은 개에서 유선종양 발생률은 26%에 달한다. 이는 사람의 유방암에 비해 3배나 더 많다. 대부분은 6살 이상의 개에서 발생한다(평균 발생 나이는 10살). 45%는 악성이고 55%는 양성종양이다. 사냥개, 푸들, 보스턴테리어, 닥스훈트 등에서 발생률이 높다. 여러 개의 종양이 발생하는 경우가 흔하다. 종양이 한 개 발생한 개는 나중에 두 번째 종양이 발생할 확률이 다른 개에 비해 3배가량 높다.

주요 증상은 통증이 없는 혹이 생기는 것이다. 대부분은 사타구니에 가까운 큰 유선에서 발생한다. 종양은 클 수도 있고 작을 수도 있으며, 경계가 분명할 수도 있고 불분명할 수도 있다. 어떤 종양은 유동적이지만 피부나 근육에 단단히 붙어 있는 형태도 있다. 때때로 종양 표면에 궤양이 생기거나 출혈이 발생하기도 한다.

염증성 유선암(inflammatory cancer)은 유선 전체와 주변 피부 및 지방으로 급속히 진행된다. 보통 몇 주 내로 죽음에 이른다. 염증성 유선암은 **급성 패혈성 유선염**(463쪽)과 구분이 어려울 수 있다.

악성종양은 넓게 전파되는데 주로 골반 림프절과 폐로 전이된다. 치료에 앞서, 흉부 엑스레이검사를 실시하여 폐전이 여부를 확인해야 한다(악성 유선종양의 30%에서 발생). 골반 림프절의 전이 여부를 평가하는 데는 초음파검사가 유용하다. 종양을 수술로 완전히 제거한 경우라면 생검은 필요하지 않을 수도 있다. 그러나 염증성 유선암의 경우 공격적인 치료도 별 효과가 없으므로 반드시 조직생검을 실시해 확인해야 한다.

치료 : 양성과 악성 모두 정상조직을 포함하여 경계를 충분히 절제하는 것이 모든 유선종양 수술에서 중요하다. 얼마나 많은 부분을 제거하느냐는 종양의 크기와 위치에 따라 다르다. 작은 종양을 정상조직과 함께 동그랗게 제거하는 것을 종괴절제술이라고 한다. 단순 유선절제술은 유선 하나를 모두 제거하는 것이다. 편측 전체 유선절

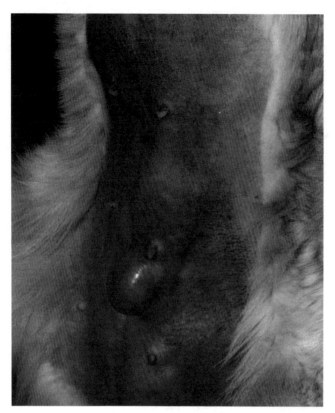
유선종양이 생긴 개.

제술은 한쪽 유선 5개를 모두 제거하는 것이다. 종종 서혜부 림프절을 포함해 실시한다. 예후 판단을 위해 병리학자에게 검사를 의뢰한다.

수술 성공률은 생물학적 특성과 종양의 크기에 따라 다르다. 양성종양은 치료가 된다. 지름 2.5cm 미만의 작은 악성종양은 치료율이 좋은 편이다. 크고 공격적인 종양은 전이되기 쉽고 예후도 좋지 않다.

추가적인 화학요법, 면역요법, 난소자궁적출술 등은 치료율을 높이는 데 별 도움이 되지 않는다. 다만 수술이 불가능할 정도로 진행된 경우 화학요법으로 약간의 증상 경감을 기대할 수 있다.

예방 : 첫 번째 발정이 오기 전에 중성화수술을 시키면 유선종양 발생 가능성을 1% 미만으로 낮출 수 있다. 첫 번째 발정이 오고 난 뒤에 중성화수술을 시켜도 발생 가능성은 8% 정도로 낮다. 그러나 두 번의 발정이 오고 난 뒤에 중성화수술을 시키면 발생 가능성을 낮추는 효과가 크지 않다.

중성화수술을 하지 않은 개는 적어도 6살부터는 매달 유선을 검사하는 것이 중요하다. 의심스런 혹을 발견했다면 즉시 동물병원에 데려간다. 많은 보호자들이 몇 달 정도 지나면 혹이 없어질 거라 기대하고 병원 방문을 미루곤 한다. 안타깝게도, 이로 인해 유선종양을 치료할 수 있는 많은 기회를 놓친다.

백혈병leukemia

백혈병은 림프구, 단핵구, 혈소판, 호산구, 호염기구, 적혈구 같은 골수의 혈액 성분과 관련된 암이다. 이런 세포들은 모두 세포특이적 백혈병을 유발할 수 있다. 예를 들어 림프성 백혈병은 림프구 또는 백혈구가 악성으로 변형된 것이다. 백혈병은 급성 및 만성 단계로 세분화된다.

백혈병은 일반적으로 중년의 개들에서 발생한다. 증상은 비특이적으로 고열, 식욕

감소, 체중감소, 가끔 빈혈로 인해 점막이 창백해지는 증상 등이다. 보통 이런 증상으로 병원에 내원하여 혈액검사를 하는 과정에서 백혈병이 발견된다. 백혈병 세포들이 혈류 중에서 발견될 수도 있고 발견되지 않을 수도 있다. 골수 생검으로 확진한다.

치료 : 백혈병은 항암제로 치료한다. 화학요법으로 백혈병을 치료할 수는 없지만, 수개월 또는 그 이상 관해 상태로 유지시킬 수 있다. 만성 백혈병에 걸린 개는 급성 백혈병에 비해 예후가 더 좋다.

개의 혈액형

사람처럼 개도 혈액형이 있다. 개들은 사람보다 더 복잡한 항원을 가지고 있는데, 보통 DEA형(Dog Erythrocyte Antigen)으로 구분한다.

개의 혈액형은 DEA1.1, DEA1.2, DEA3, DEA4, DEA5, DEA6, DEA7, DEA8 8개의 항원이 알려져 있는데, 가장 중요한 DEA1.1과 DEA1.2는 최근 동일한 혈액형임이 알려지며 DEA1형으로 분류하고 있다.

대부분의 개들은 DEA1형인데, 사람에서 Rh+, Rh-형이 있듯이 개에게도 DEA1+형과 DEA1-형이 있다. DEA1+형은 DEA1+형과 DEA1-형 모두로부터 수혈을 받을 수 있지만, , DEA1-형은 오직 DEA1-형으로부터만 수혈이 가능하다. 응급 시 생애 처음으로 수혈을 받는 경우에는 DEA-형도 DEA+형으로부터 수혈이 가능하다. 하지만 두 번째 수혈을 하는 경우에는 수혈 부작용을 막기 위해서 반드시 혈액형 검사를 실시한 뒤 수혈을 실시해야 한다. 혈액형 검사는 병원에서 키트로 한다.

국내혈액은행에서는 DEA1+형과 DEA1-형 혈액이 공급되고 있다._옮긴이

19장
나이 든 개, 노견

현재 기네스북 개의 최장수 기록은 31살이다. 최근에는 수의학의 발달로 평균 수명이 15~16년 가량으로 늘었고 20살 이상의 개들도 심심치 않게 만날 수 있다.

개의 평균적인 수명은 15~16년으로, 20년 이상을 사는 개를 보는 일은 흔치 않다. 대형견은 소형견에 비해 수명이 짧다. 세인트버나드, 저먼셰퍼드, 그레이트데인 등의 초대형 품종은 6~9살은 중장년, 10~12살은 노년에 해당한다. 중형 품종은 9~10살은 중장년, 12~14살은 노년에 해당하며, 초소형 품종은 9~13살은 중장년, 14~16살은 노년에 해당한다. 순종이나 잡종의 여부는 노화에 영향을 주지 않는다.

부록 B에는 사람과 개의 나이를 비교하는 표를 수록하고 있다. 그러나 이 숫자는 추정치일 뿐이다. 모든 개가 같은 비율로 나이를 먹지는 않는다. 개의 생물학적 나이는 유전, 영양, 건강 상태, 스트레스의 양에 따라 달라진다.

가장 중요한 점은 개가 평생에 걸쳐 어떤 관리를 받았느냐다. 유전적으로 열악한 개는 의학적인 문제로 인해 수명이 더 짧을 것이고, 관리를 잘 받은 개는 나이를 먹으며 병에 걸리는 일이 더 적을 것이다. 질병에 걸리거나 다치는 것을 그냥 지나치면 노화의 과정은 더욱 빨라진다.

나이 든 개는 집 안에 강아지가 새로 들어오는 것으로도 다시 젊어지는 활력소가 될 수 있다. 적절한 경우라면 대부분의 노견은 동료애를 즐긴다. 새로운 관심거리가 생기고 활동량이 늘어나며 더 젊어진 듯 느껴질 수 있다.

노견에게 먼저 관심을 보임으로써 질투를 방지한다. 항상 노견에게 어른으로서의 특권을 확인시켜 준다. 필요한 경우 소란스러운 강아지를 피해 혼자 휴식을 취할 수 있는 공간을 마련하는 것도 중요하다. 매일매일 노견에게 일대일로 특별한 관심을 기울이는 것도 중요하다.

노견에게 위험한 증상

노견의 관리는 조기 노화의 예방, 신체적 및 정서적 스트레스의 최소화, 노화에 따른 특별한 조건들을 만족시키는 것이다. 모든 개는 매년 건강검진이 필요한데, 7살 이상이 되면 건강한 개라도 검진을 최소 연 1회(가능하다면 2회) 받는 것을 추천한다. 초대형 품종은 5살부터는 매년 검진을 추천한다. 건강 상태가 의심스럽다면 더 자주 동물병원을 방문해야 할 것이다. 증상이 나타나는 경우 즉시 진료를 받아야 한다.

노견의 정기 건강검진에는 신체검사, 전혈구검사, 혈액생화학검사, 소변검사, 기생충검사 등이 포함되어야 한다. 간과 신장 기능 검사, 갑상선검사, 흉부 엑스레이검사, 심장초음파검사 등이 필요할 수도 있다.

UPC 검사나 SDMA 검사 등으로 신장 질환을 조기에 발견하면 진행을 늦출 수 있다.

치아 스케일링 등의 정기적인 구강관리도 1년에 한 번 이상 필요하다.

노견에게 위험한 증상

만약 다음과 같은 증상을 관찰한다면 더 자세한 검사를 위해 동물병원에 데리고 간다.

- 식욕감소 또는 체중감소
- 기침 또는 빠르고 힘겨운 호흡
- 쇠약 또는 운동불내성
- 갈증이 증가하고 배뇨 횟수의 증가
- 변비나 설사 같은 장 기능의 변화
- 신체 개구부에서 혈액성 또는 화농성 분비물이 나오는 경우
- 체온, 맥박, 호흡수의 증가
- 몸의 어느 부위에든 생긴 신생물이나 혹

행동의 변화

일반적으로 노견은 잘 움직이지 않고, 활력이 떨어지고, 호기심도 적고, 활동의 반경도 제한된다. 식단, 활동, 일상의 변화들에 대해 서서히 적응해야 한다. 심한 더위나 추위를 이겨내는 능력도 감소한다. 잠을 많이 자고 기억력도 떨어질 수 있다. 불안하

면 짜증을 내거나 화를 내기도 한다.

이런 행동 변화들은 대부분 개의 활동과 가정에서의 참여를 제약하는 신체적인 변화(청력과 후각의 저하, 관절염, 근육 쇠약 등)의 결과다. 관절의 변화는 통증과 짜증을 동반하는 경우가 많은데, 가족 구성원과 방문객에게 공격적인 행동을 유발하기도 한다.

가족의 활동이 많이 이루어지는 공간 주위에 개를 위한 따뜻하고 편안한 휴식처를 만들어 가족과 함께 더 많은 시간을 보낼 수 있게 한다. 하루 2번 동네 주변을 편안하게 산책시킨다. 추가로 배변을 위한 짧은 산책이 필요할 수도 있다. 사람과의 동료애를 느끼게 해 주는 활동도 큰 도움이 된다. 개가 자신이 가치 있고 사랑받고 있다고 느끼게 해 줘야 한다.

노견은 숙박이나 입원을 잘 견디지 못한다. 집이 아닌 곳에서 머무를 때 노견은 종종 음식을 먹지 않거나 지나치게 불안해하거나, 위축되거나, 과도하게 짖거나 잠들지 못할 수 있다. 가능한 한 수의사의 조언을 얻어 집에서 돌볼 것을 추천한다. 멀리 떠나는 경우, 친구에게 부탁해 집에 들러서 돌봐 달라고 부탁할 수 있다. 개가 익숙한 환경에 남아 있다고 느끼면 안정을 찾을 수 있을 것이다. 반려견 돌봄 서비스를 제공하는 업체도 많다.

인지장애증후군cognitive dysfunction syndrome

노견증후군이라고도 하는 인지장애증후군은 최근 점점 늘어나고 있는 추세로 사람의 알츠하이머병과 유사하다. 인지장애증후군이 있는 개는 뇌에 일련의 변화가 일어나며 사고, 인지, 기억, 학습행동과 관련한 지능이 하락한다. 10살 이상인 개의 50%가 하나 혹은 그 이상의 인지장애증후군 증상을 보일 수 있다. 인지장애는 노년성 행동이 늘어나는 진행성 질환이다.

방향감각 상실은 인지장애증후군의 주요 증상 중 하나다. 개는 집 안이나 마당에서 길을 잃은 듯 보이며, 방의 모퉁이나 가구의 귀퉁이에서 빠지나오지 못하고, 나가는 문을 찾지 못하고(문 경첩 쪽에 서 있거나 엉뚱한 문 쪽으로 간다), 가족을 알아보지 못하고, 음성 명령어나 자신의 이름을 인식하지 못한다. 이런 경우 청각이나 시력을 상실한 것은 아닌지 감별이 필요하다.

활동과 수면의 패턴에도 문제가 생긴다. 하루 중 잠자는 시간이 더 늘었는데도 밤에는 잠을 잘 자지 못한다. 목적 있는 활동은 감소하고 목적 없이 배회하거나 돌아다니는 활동이 증가한다. 인지장애증후군이 있는 개는 선회행동* 같은 강박성 행동, 근육떨림, 경직감, 쇠약 등을 보이기도 한다.

용변 실수도 관찰된다. 때때로 보호자가 보는 앞에서 실수를 하기도 한다.

* **선회행동**circling 뱅글뱅글 도는 행동.

가족 구성원과의 상호작용도 점점 줄어드는 경우가 많다. 개는 사람들에게 무관심해지고, 쓰다듬으면 다른 곳으로 가 버리는 경우도 흔하며, 인사를 할 때도 시큰둥해하거나 아예 반기지 않기도 한다. 하루 종일 사람과의 접촉을 하지 않는 개도 있다.

　이런 증상의 일부는 인지장애가 아닌 노화와 관련된 신체적인 변화일 수 있다. 암, 감염, 장기부전, 약물 부작용과 같은 의학적인 문제가 행동 변화의 근본 원인일 수도 있고, 문제를 악화시키는 원인일 수도 있다. 따라서 인지장애증후군이 악화되기 전에 수의학적인 문제를 찾아내 해결해야 한다.

　연구들을 통해 개 뇌의 노화에 관한 수많은 병리적인 과정들이 밝혀짐에 따라 인지장애증후군의 많은 증상도 설명할 수 있게 되었다. B-아밀로이드(아밀로이드 베타)라고 부르는 단백질은 뇌의 백질과 회백질에 침착되어 세포를 죽이고 뇌수축을 유발한다. 세로토닌, 노르에피네프린, 도파민 등의 다양한 신경전달물질의 변화도 관련이 있다. 노견은 뇌의 산소 농도도 감소한다.

　인지장애증후군을 진단하는 특수한 검사 방법은 없다. 개가 나타내는 증상의 숫자와 이상행동의 심각도는 진단에 중요한 고려 사항이다. MRI 검사로 어느 정도의 뇌수축을 확인할 수 있지만, 뇌종양이 의심되는 경우가 아니라면 검사를 하는 경우가 많지는 않다. 주의 깊은 관심이 개의 행동을 이해하는 데 도움이 된다.

　최근에는 증상을 바탕으로 한 CCDR(Canine Cog-nitive Dysfunction Rating scale), CADES (CAnine DE-mentia Scale) 등의 설문지가 있어 인지기능장애증후군을 진단하는 데 도움이 된다._옮긴이

반려견 인지기능장애 척도(CCDR)

	질문	1점	2점	3점	4점	5점
1	반려견이 얼마나 자주 왔다갔다하거나, 원을 그리며 돌거나, 특정한 방향이나 목적 없이 헤매나요?	전혀 안 함 ☐	1달에 1번 ☐	1주에 1번 ☐	1일에 1번 ☐	1일에 1번 이상 ☐
2	반려견이 얼마나 자주 벽이나 바닥을 멍하니 응시하나요?	전혀 안 함 ☐	1달에 1번 ☐	1주에 1번 ☐	1일에 1번 ☐	1일에 1번 이상 ☐
3	반려견이 얼마나 자주 가구 뒤에서 꼼짝 못하고 돌아 나오지 못하나요?	전혀 안 함 ☐	1달에 1번 ☐	1주에 1번 ☐	1일에 1번 ☐	1일에 1번 이상 ☐

	질문	1점	2점	3점	4점	5점
4	반려견이 얼마나 자주 친숙한 사람이나 동물을 알아보지 못하나요?	전혀 안 함 ☐	1달에 1번 ☐	1주에 1번 ☐	1일에 1번 ☐	1일에 1번 이상 ☐
5	반려견이 얼마나 자주 벽이나 문을 향해 걸어가나요?	전혀 안 함 ☐	1달에 1번 ☐	1주에 1번 ☐	1일에 1번 ☐	1일에 1번 이상 ☐
6	반려견을 쓰다듬을 때, 반려견이 얼마나 자주 자리를 떠나 버리거나 쓰다듬는 것을 피하나요?	전혀 안 함 ☐	1달에 1번 ☐	1주에 1번 ☐	1일에 1번 ☐	1일에 1번 이상 ☐
7	반려견이 얼마나 자주 바닥에 떨어진 음식을 찾기 어려워하나요?	전혀 안 함 ☐	50% 미만 ☐	51~ 60% ☐	61~ 99% ☐	항상 (100%) ☐
8	6개월 전과 비교하여 반려견이 얼마나 더 왔다갔다하거나, 원을 그리며 돌거나, 특정한 방향이나 목적 없이 헤매나요?	훨씬 덜함 ☐	약간 덜함 ☐	동일 ☐	약간 심함 ☐	훨씬 심함 ☐
9	6개월 전과 비교하여 반려견이 얼마나 더 벽이나 바닥을 멍하니 응시하나요?	훨씬 덜함 ☐	약간 덜함 ☐	동일 ☐	약간 심함 ☐	훨씬 심함 ☐
10	6개월 전과 비교하여 반려견이 얼마나 더 대소변을 가리지 못하나요? (대소변 실수를 한 적이 한 번도 없다면 '동일'을 선택)	훨씬 덜함 ☐	약간 덜함 ☐	동일 ☐	약간 심함 ☐	훨씬 심함 ☐
11	6개월 전과 비교하여 반려견이 얼마나 더 바닥에 떨어진 음식을 찾기 어려워하나요? (점수 × 2)	훨씬 덜함 ☐	약간 덜함 ☐	동일 ☐	약간 심함 ☐	훨씬 심함 ☐
12	6개월 전과 비교하여 반려견이 얼마나 더 친숙한 사람이나 동물을 알아보지 못하나요? (점수 × 3)	훨씬 덜함 ☐	약간 덜함 ☐	동일 ☐	약간 심함 ☐	훨씬 심함 ☐
13	6개월 전과 비교하여 반려견이 얼마나 더 활발히 지내고 있나요?	훨씬 덜함 ☐	약간 덜함 ☐	동일 ☐	약간 심함 ☐	훨씬 심함 ☐

합계 :   점 (16~39점 : 정상, 40~49점 : 위험, 50점 이상 : 인지장애)

치료 : 사람에서 파킨슨병 치료에 사용되는 셀레길린(selegiline)이 인지장애증후군이 있는 개들에서 증상을 개선하고 삶의 질을 향상시키는 효과가 있는 것으로 알려져 있다. 하루 1회 투여한다. 약물치료가 가능할 수 있으므로 노견의 행동 문제를 수의사와 상의하는 것이 무엇보다 중요하다.

뇌기능 관리에 도움이 되는 처방 사료들도 급여해 볼 수 있다. 노견을 위한 항산화제와 뇌활성 물질이 풍부하게 들어 있다. 침술치료와 한약치료 등도 도움이 될 수 있다.

최근 출시된 크리스데살라진 성분의 반려견 치매 치료제인 제다큐어도 효과를 보인 증례들이 보고되고 있다. 그 외 항산화제 및 뇌활성 물질이 풍부한 인지 능력 향상 목적의 노견 영양제도 인지장애 증상에 도움이 되는 것으로 추측된다.

신체적인 변화

개의 생활사는 강아지 시절, 성견 시절, 노견 시절 3단계로 나눌 수 있다. 강아지 시절과 노견 시절은 성견 시절에 비해 상대적으로 짧다. 성성숙 이후부터 말년이 아주 가까워질 때까지 개의 체격 변화는 큰 변화가 없다.

정기적인 신체검사는 나이와 관련된 상태를 반영하는데, 개의 신체 상태는 건강관리 방법이나 일상생활의 변화를 통해 향상되기도 한다. 비록 노화가 피할 수도 되돌릴 수도 없기는 하지만, 실제 노화로 인한 일부 질환은 미리 예방하거나 치료가 가능할 수도 있다. 노년성 문제의 상당수가 치료를 할 수는 없지만 충분히 관리될 수 있고 적어도 진행 속도를 늦출 수 있다는 사실을 기억한다.

노견은 추위에 방치되지 않도록 신경 써야 한

저자 데브라 엘드레지의 반려견인 나이 든 벨지안 터뷰렌.

다. 비가 오는 날 산책을 다녀온 뒤엔 수건으로 몸을 말리고 실내에 머무르게 한다. 궂은 날씨에 외출 시에는 코트나 스웨터를 입히면 많은 개들이 좋아할 것이다(쌀쌀한 날에는 실내에서도).

근골격계 문제

노화의 증상에는 근육의 긴장도와 강도 저하도 포함된다(특히 다리). 배가 늘어지고, 허리가 흔들거리고, 팔꿈치가 밖으로 돌아갈 수도 있다. 개가 신체적으로 힘을 쓸 때면 근육이 떨릴 수도 있다.

노견은 대부분 어느 정도의 골관절염을 앓는다. 외풍이나 차갑고, 단단하거나 축축한 바닥(시멘트나 타일바닥)에서 잠을 자는 것 등에 따라서도 관절의 뻣뻣함이 악화된다. 실내 바닥에 충분한 깔개를 깔아 안락한 잠자리를 만들어 준다. 소형견은 밤에 이불이 필요할 수도 있다.

노견에게 규칙적인 적당한 운동만큼이나 건강에 더 도움이 되는 것은 없다. 운동은 근육의 긴장도와 강도를 향상시키고, 관절을 유연하게 유지해 주며, 체중이 느는 것을 예방하고, 젊은 활력을 불어넣는다. 그러나 노견에게 편안한 수준 이상의 운동을 강요해서는 안 된다. 개가 주로 앉아만 있고 몸 상태가 좋지 못하다면 몸 상태가 나아지는 것에 맞추어 서서히 운동량을 늘린다. 매일 몇 차례의 짧은 산책이 한 번에 힘이 빠질 정도의 긴 산책을 하는 것보다 더 도움이 된다.

관절염이 있는 개가 운동을 하지 않으려 한다면 근육통에 의한 것일 수도 있다. 관절염을 예방할 수 있는 방법은 없지만, 13장에서 언급한 NSAID 같은 진통제는 근육통을 완화시키고 매일의 운동을 편안하게 도와줄 수 있다. 다만 NSAID를 투여하는 노견은 혈액검사를 정기적으로 실시해 이런 약물의 부작용을 확인해야 한다.

침술치료도 일부 관절염 완화에 도움이 된다. 수치료(따뜻한 욕조나 풀장에서 움직이는 것)도 관절의 움직임을 유지하기 위해 이용된다. 물리치료, 카이로프락틱*, 일부 허브 보조제 등도 도움이 된다. 영양 보조제나 보조요법을 실시하기 전에는 항상 복용에 관하여 주치의 수의사로부터 자문을 구하도록 한다.

PSGAG(polysulfated glycosaminoglycan), 콘드로이틴 등의 관절연골을 보호하는 건강 기능성 식품도 동물병원 등에서 구입이 가능하다. 골관절염 치료에 대한 더 많은 내용은 394쪽을 참조한다.

마사지와 T 터치**(인다 텔링턴 존스가 개발) 치료도 노화로 관절이 굳은 개를 더욱 편안하게 만들어 줄 수 있다.

몸을 일으키기 어려워하는 개는 하체를 지지해 주는 특수한 개줄을 사용할 수 있고, 계단을 이용하는 데 어려움이 있는 개는 계단 대신 경사로 등을 이용할 수 있다. 경사로는 미끄럽지 않은 재질로 되어 있어야 한다. 많은 개들이 뒷다리를 사용하지 못하면 다리가 위축되고 작아지는데 이동을 위해 특별히 고안된 휠체어가 도움이 될 수 있다.

재활센터들은 주로 다친 개들을 위한 프로그램을 운영하고 있는데, 이를 위한 많은 기술과 물리치료 등이 노견에도 도움이 된다. 수의사로부터 적당한 재활센터를 추천받을 수 있을 것이다.

* 카이로프락틱 chiropractic 척추뼈의 이상을 지압으로 조정해서 신경 기능, 조직이나 기관의 이상을 고치는 요법.

** T 터치 TTouch, Tellington Touch 마사지를 통해 세포 치유력을 높여 주는 물리치료 방법.

털과 피부의 문제

노견에서는 피부종양과 털의 문제가 흔하다. 피지선이 효과적으로 작용하지 않아 털이 엉키기 쉽고, 피부도 건조해져 각질이 생긴다. **쿠싱 증후군**(152쪽) 같은 내분비 질환에서는 대칭성 탈모가 발생한다. 몸이 뻣뻣한 노견은 항문과 생식기 주변을 깨끗이 청소하는 데 어려움이 있어 약간의 도움이 필요할 수 있다. 발톱도 더 자주 잘라주어야 할 수 있다.

나이 든 개는 일주일에 빗질을 3~4회 해 준다. 개가 힘들지 않도록 몇 번에 짧게 나누어 한다. 개가 빗질에 잘 협조하지 않는다면, 털을 잘라주는 것도 고려한다(특히 항문 주변과 배 아래쪽 부위). 운동을 많이 못하면 발톱이 닳기 어려우므로, 발톱은 매주 체크한다.

빗질을 하며 정기적으로 털과 피부를 검사하면 종양, 기생충, 그 외 피부병같이 즉시 수의사의 진료가 필요한 문제를 알아차릴 수 있다. 노견은 빗질을 하는 과정에서 관심을 받고 동료애를 느끼는 것을 즐길 것이다.

감각

개는 나이를 먹음에 따라 서서히 청력을 잃어 가는데, 10살까지는 겉으로 잘 드러나지 않는다. 청력이 손상된 개는 다른 감각들에 의존하여 이를 보완한다(개의 청력을 검사하는 방법은 220쪽 난청에서 설명하고 있다). 노년성 난청은 치료법이 없다.

외이도에 귀지가 가득 차거나 갑상선기능저하증, 귀 종양 같은 문제에 의해서도 청력이 약화될 수 있는데 이런 문제는 모두 치료가 가능하다. 적절한 조치를 취하기 위해 수의사의 검진을 받는다. 부분적으로 청력을 잃은 개들은 대부분 여전히 날카로운 호루라기 소리나 박수 소리는 들을 수 있다. 빛을 깜빡거리는 것도 소리를 듣지 못하는 개를 안내하는 데 도움이 될 수 있다.

후각과 미각의 상실은 식욕저하를 유발하여 건강한 체중을 유지하는 데 문제가 된다.

개의 시력 소실은 정확히 판단하기가 어렵다. 노년성 백내장은 노화에 의해 보통 6~8살에 발생한다. 실명은 망막 질환, 녹내장, 포도막염 등에 의해 발생할 수 있다. 이런 질병들은 5장에서 다루고 있다. 시력을 잃은 노견이 있다면 가구의 위치를 변화시키지 않는 것이 중요하다. 이들은 집 안의 사물이 어디에 있는지를 기억하는 '머릿속의 지도'를 가지고 있는데 알 수 없는 공간으로 위치가 바뀌면 다칠 수 있다.

입, 치아, 잇몸

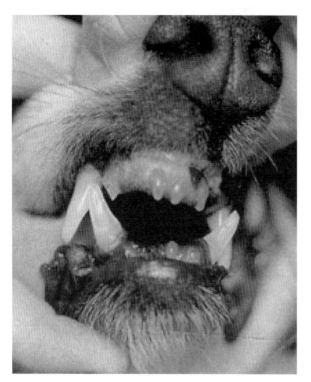

빠진 치아와 염증이 생긴 치아로 인해 노견이 잘 먹지 않아 체중이 감소할 수 있다. 구강 질환은 평생에 걸쳐 일상적인 구강 관리로 예방할 수 있다.

치주 질환은 성견 시절 초기부터 시작하여 점진적으로 진행된다. 모르고 지나쳤다 노견이 되면 심한 잇몸 질환과 충치가 된다. 이런 치주 질환은 정기적인 구강관리로 충분히 예방할 수 있다(248쪽, 구강관리 참조). 양치질을 할 수 없다면 의료용 구강 젤을 개의 잇몸에 부드럽게 발라 마사지해 준다.

잇몸과 치아에 염증이 있는 개는 입에 통증이 있고, 잘 먹지 않으며, 체중이 감소한다. 구강치료는 고통을 완화시키고 건강 상태와 영양 상태를 개선한다. 노견은 1년에 적어도 두 차례의 치아 스케일링 같은 적극적인 구강관리가 필요하다. 이가 빠져 건사료를 씹을 수 없다면 가정식이나 습식 사료로 교체한다.

기능적인 변화

먹고 마시는 패턴, 배뇨 습관, 장기능의 변화는 노견에서 흔히 관찰된다. 이런 변화들은 건강 문제의 원인을 찾는 실마리가 될 수 있어 중요하다.

음수량의 증가와 배변 횟수의 증가(다음다뇨)

신부전 증상인 경우가 많다(415쪽 참조). 노화가 단독으로 신부전의 원인이 되지는 않지만, 신장 질환은 느리게 진행되므로 말년에 증상이 나타나는 경우가 많다. 신장이 수분을 농축하는 능력을 잃어버리면 소변을 더 자주 보게 된다. 이런 개는 갈증을 느끼고 이를 보상하기 위해 더 많은 양의 물을 마신다. 음수량과 배뇨량의 증가는 당뇨병과 쿠싱 증후군(주로 중년 이상의 개에서 발생) 같은 질환에서도 발생함을 기억한다. 간 문제나 다른 건강상의 문제가 있는 경우에도 이런 증상이 관찰될 수 있다.

신부전이 있는 개는 소변 실수를 할 수도 있다(특히 밤). 여러 번 밖에 데리고 나가고 특히 잠자리에 들기 전에 데리고 나가 용변을 보게 한다. 항상 신선한 물을 마실 수 있도록 해 주는 것을 잊지 않는다. 요실금 증상을 조절하려는 의도로 <u>수분 섭취량</u>

을 줄여서는 안 된다. 급성 신부전을 유발할 수 있다.

최근에는 신장 질환을 조기에 발견하는 검사 방법들이 개발되어 이런 문제를 빨리 대처하고 관리하는 것이 가능해졌다(UPC, SDMA 검사).

배변 실수

일부 배변 실수는 활동을 제한하는 근골격계 문제에 의해 발생한다. 몸을 일으키기 어려운 개는 배변 장소로 이동하는 것을 원치 않을 수도 있고 불가능할 수도 있을 것이다. 경사로를 설치하거나 바닥에 매트를 깔면(특히 미끄러운 표면에) 도움이 될 수 있다.

배변 실수의 흔한 원인은 호르몬 반응성 요실금으로 중년 이상의 중성화한 암컷에서 가장 흔하다. 암컷에서는 에스트로겐 결핍으로, 수컷에서는 테스토스테론 결핍으로 유발된다. 둘 다 요도 괄약근의 근육 긴장도를 유지하는 데 중요한 호르몬이다. 호르몬 반응성 요실금은 잠자리에 깔개를 적시는 경우가 많다. 개는 정상적으로 소변을 보지만 이완되거나 잠을 잘 때 소변을 흘린다. 치료에 대해서는 요실금(404쪽)에서 설명하고 있다. 괄약근 조절 상실로 인해 배변 실수가 발생할 수도 있다.

인지장애증후군에 의한 기억력 감퇴와 학습행동 저하에 의해서도 용변 실수를 할 수 있다. 셀레길린 치료가 정상 배뇨 패턴을 회복하는 데 도움이 될 수도 있다.

용변 실수를 하는 모든 경우, 그 장소를 깨끗이 청소하여 개가 냄새를 맡고 다시 배뇨를 하지 않도록 하는 것이 중요하다. 개를 혼내지 않는다. 아마도 개 스스로도 조절할 수 없을 것이다. 혼을 내고 벌을 주는 것은 두려움과 공포감을 키워 문제를 악화시킬 뿐이다. 집 안에 소변을 흘리고 다니는 것을 막기 위해 반려견용 기저귀를 채우는 것도 도움이 된다.

변비constipation

노견에게는 흔한 문제다. 노견은 물을 덜 마시는 경향이 있어 변이 단단하고 건조해지기 쉬운데, 이로 인해 배변이 어려울 수 있다. 운동 부족, 부적절한 식단, 장운동 저하, 복벽 근육의 약화, 전립선 문제 등에 의해서도 발생할 수 있다. 전립선이 확장되어도 직장의 통로가 압박되어 배변을 보기 힘들어진다.

장운동이 저하된 노견은 사료에 같은 양의 물을 넣어 20분간 불린 후 급여하면 도움이 된다. 어떤 개들은 단순히 일어나서 물그릇까지 가는 것을 싫어하기도 한다. 하루 몇 차례 물그릇을 가까이 갖다놓는 것이 도움이 될 수 있다. 항상 깨끗한 물그릇과 신선하고 깨끗한 물을 제공한다.

거의 모든 노견에게 식단에 식이섬유를 첨가해 주면 도움이 된다. 가장 좋은 방법은 식이섬유가 풍부한 음식을 선택하는 것이다. '노견용 사료'라고 적힌 제품은 보통 식이섬유가 더 많이 들어 있다. 다양한 제품의 성분 표시를 꼼꼼히 비교해 본다. 수의사를 통해서도 식이섬유가 풍부한 사료를 추천받을 수 있다. 개의 식사에 삶은 호박을 소량을 섞어 주는 것도 식이섬유를 첨가하는 방법이다. 변비 예방에 대한 자세한 내용은 280쪽을 참조한다.

설사diarrhea

만성 설사를 하는 노견은 몸이 쇠약해지고 체중도 감소하며, 만성 탈수로 인해 신부전이 발생할 수도 있다. 강아지와 마찬가지로 노견도 급속히 탈수상태에 빠지므로 피하수액이나 정맥수액 같은 추가적인 수분 공급이 필요할 수 있다.

2~3일 이상 지속되는 설사는 비정상적이다. 신장 질환이나 간 질환, 췌장 질환, 흡수장애증후군, 기생충(특히 편충), 암의 증상일 수도 있다. 반드시 동물병원을 방문해야 한다.

비정상적인 분비물abnormal discharge

비정상적인 분비물은 고름이나 피가 섞인 것이다. 역한 냄새가 날 수도 있다. 눈, 귀, 코, 입, 음경, 질의 분비물은 감염을 의미한다. 노견에서는 암도 고려해 봐야만 한다. 이런 분비물이 관찰되는 경우 개를 동물병원에 데려간다.

체중 변화

체중감소는 노견에서는 심각한 문제다. 신장 질환, 심장 질환, 암, 치주 질환, 후각과 미각의 상실, 활동저하와 주의력 결핍 등과 관련된 무기력증 등에 의해서도 발생한다. 한 달에 한 번 개의 체중을 측정한다. 체중이 감소했다면 수의사의 진료를 받아야 할 것이다.

과도한 체중 증가는 심각한 문제이지만 예방이 가능한 문제이기도 하다. 비만은 심장과 호흡기 질환의 합병증을 유발할 수 있다. 과체중인 개는 상대적으로 운동을 하고 건강을 유지할 확률이 더 낮다. 뒤에 나올 식단과 영양에서처럼 이런 문제를 교정하는 것이 중요하다.

항아리처럼 늘어진 배는 체중 문제로 보이기 쉽다. 하지만 쿠싱 증후군이나 복수

(심부전 또는 간부전에 의해 복강에 수분이 축적된 것)에 의한 것일 수도 있다. 수의사의 진료를 받도록 한다.

체온, 맥박, 호흡수

열은 염증을 의미한다. 노견에서 감염이 잘 발생하는 부위는 폐와 요로기계다.

심박이 빠른 것은 빈혈, 감염, 심장병의 증상이다. 빈혈이 있으면 잇몸과 혀가 창백하다. 간 질환, 신부전, 면역매개 용혈성 빈혈, 암 등이 원인일 수 있다.

빠른 호흡(안정 시 1분당 30회 이상)은 호흡기 질환이나 울혈성 심부전일 가능성이 높다. 만성 기침은 기관지염, 기도의 질환, 암 등과 관련이 있을 수 있다. 노년의 소형견이 밤에 기침을 한다면 만성 판막성 심장 질환을 의심해 볼 수 있다.

식단과 영양

비만을 예방하는 것은 노견의 수명을 연장시키기 위해 보호자가 해 줄 수 있는 가장 중요한 일이다. 노견은 활동이 더 적고 젊은 개에 비해 칼로리도 30% 더 적게 필요하다. 체중이 너무 적게 나가는 경우가 아니라면, 일반적으로 노견은 칼로리가 낮은 식단을 유지해야 한다. 일반적으로 너무 뚱뚱하지도 너무 마르지도 않은 노견의 경우 일일 칼로리 요구량은 겨우 kg당 60kcal 정도다. 저칼로리 식단이 아니라면, 성견의 유지량을 그대로 급여하면 체중이 늘 것이다. 그러나 개가 현재 성견용 사료를 먹고 잘 지낸다면 굳이 노견용 사료로 교체할 필요는 없다. 그냥 지금 먹는 양보다 조금 적게 급여하면 된다. 실제 얼마만큼 급여하느냐는 각각의 개들의 활동 수준, 건강 상태, 대사 활동에 따라 달라진다.

노견용 사료는 보통 성견용 사료보다 가격이 더 비싸다. 일부 노견용 사료는 단백질 함량이 낮은 경우도 있는데, 건강한 노견은 단백질 제한식단이 필요 없다. 단백질 함량이 낮은 식단이 신부전을 예방한다는 근거도 없다. 실제 노견에서는 고단백 식단이 더 이롭다는 연구도 있다. 개들이 먹는 음식의 양이 감소하는 경우가 많으므로, 오히려 사료의 단백질 함량은 근육조직 유지를 위해 더 높을 필요가 있다. 품질이 높은 단백질인지 확인하기 위해 사료 포장지에 기재된 원료가 어떤 고기로 만들어졌는지 찾아본다.

만성 신부전이나 간부전이 있는 개들은 예외다. 이런 개들은 단백질을 완전히 대사할 능력이 없으므로 저단백 식단으로 급여해야 할 수 있다(416쪽, 신부전의 치료 참조). 늘 그렇듯이 고품질의 단백질원이 중요하다.

노견은 음식 변화에 대한 내성이 낮은 편으로, 심지어 마시는 물의 변화에도 영향을 받을 수 있다. 불가피하게 교체하는 경우라면 서서히 바꿔 나간다(306쪽, 식단의 교체 참조).

칼로리 계산

습식 사료는 kg당 1,100칼로리를, 반건조 사료는 kg당 약 2,800칼로리를, 건조 사료는 kg당 약 3,500칼로리를 공급한다(실제 칼로리는 포장지에 적혀 있는데, 브랜드마다 크게 다르다). 노견에게 급여하는 음식의 양은 매일 체중 kg당 55~65칼로리를 섭취할 수 있도록 조절해야 한다. 사료 포장의 권장 급여량은 참고만 한다. 각각의 다양한 개에게 적용하기 어려운 경우가 많고 많은 노견은 권장 급여량을 30% 정도를 감량해야 할 수도 있다.

급여량을 결정하는 가장 좋은 방법은 직접 체중을 측정하여 칼로리 요구량을 계산한 뒤, 사료의 칼로리 정보를 바탕으로 급여량을 결정하는 것이다. 개의 활동 수준과 체형을 고려하여 급여량을 늘리거나 줄인다. 노견용 사료는 칼로리가 낮은 편이라 이런 사료를 급여하는 경우 급여량을 줄일 필요가 없을 수도 있다.

칼로리를 계산해 급여한 개의 체중이 감소했다면 의학적인 문제가 있을 수 있으므로 수의사의 진료를 받도록 한다.

과체중인 개는 체중 감량 식단을 급여해야 한다. 그에 앞서 수의사로부터 비만을 유발하는 다른 의학적인 문제는 없는지, 또 칼로리를 줄여서 급여해도 안전한지에 대해 자문을 구한다.

노견은 체중을 서서히 감량해야 한다. 일주일에 체중의 1.5% 이상을 감량해서는 안 된다. 개 식단에 불균형을 초래할 수 있으므로, 매끼 식사 시간 중간에 사람 음식이나 간식을 주지 않는 것도 중요하다. 교육용 간식을 이용하는 경우라면 매일 먹는 급여량을 조정해야 한다.

노견은 음식 급여 시 하루 먹는 양을 둘로 똑같이 나누어 절반은 아침에 주고, 나머지 절반은 저녁에 준다. 어떤 개들은 소량의 음식을 먹을 때 소화를 더 잘하고 편해하거나 일정한 양을 하루 종일 조금씩 먹는 경우도 있기 때문에 하루 3번 급여하는 것이 더 적합한 경우도 있다. 만약 노견이 건강상의 문제로 인해 정해진 급여 시간을 따라야 한다면, 식단의 변화에 앞서 수의사의 자문을 구한다.

비타민과 미네랄

노견은 미네랄과 비타민 요구량이 증가할 수 있다. 비타민 B는 신장 기능이 약해진 노견인 경우 소변을 통해 소실되기 쉽다. 비타민을 흡수하는 장관의 능력도 감소한다. 다행히도, 고품질의 사료는 노견에게 필요한 충분한 비타민과 미네랄을 함유하고 있다. 고품질 사료를 급여하고 있는 경우라면 비타민 보조제는 필요 없을 수 있다.

항산화제는 활성산소에 따른 세포의 손상을 감소시키고 방지한다. 활성산소는 정상조직 및 손상조직에서 발생하는 산화 과정의 결과로, 전자가 없는 분자다. 이 분자들은 기본적으로 단백질이나 DNA 조각으로부터 전자를 '빼앗아' 세포를 손상시킨다. 항산화제는 이런 활성산소를 중화시킨다. 이 과정에서 항산화제도 소모되므로 새롭게 대체되어야 한다.

활성산소가 축적되면 노화를 가속시키고 골관절염 같은 퇴행성 질환을 유발한다는 근거도 있다. 확실히 입증되지는 않았지만 많은 수의사는 항산화제가 노견에게 도움이 된다고 생각한다. 가장 흔히 사용되는 항산화제로는 비타민 E, 비타민 C, 코엔자임Q 등이 있다. 수의사로부터 처방받은 항산화제 제품을 급여한다면 안전하게 급여할 수 있다.

처방식

심장 질환, 신장 질환, 위장 질환, 비만 등의 문제가 있는 개는 특수한 처방식이 필요할 수 있다. 인지장애가 있는 개들을 위한 사료도 있다. 동물병원에서 구입할 수 있다.

호스피스 케어

개들의 호스피스 또는 가정관리는 최근 몇 년 사이 가장 관심을 받고 있는 분야다. 개가 말기 질환을 앓고 있고, 더 이상 공격적인 의학적 관리를 원하지 않지만, 마지막까지 가능한 한 오래 편안한 삶을 유지할 수 있도록 해 주고 싶다면 고려할 수 있다. 호스피스의 목표는 통증을 관리하고, 개를 편안하게 해 주고, 가능한 한 오래 양호한 수준의 삶을 유지시키는 것이다.

호스피스 케어는 아주 많은 정성을 쏟아야 하는 일이다. 수의사는 개를 위한 관리계획을 작성해 줄 것이고, 보호자가 실제 모든 관리를 직접 해야 한다. 안전하게 약물을 투여하고 문제가 있는 증상을 탐지해 내기 위해 특별한 교육이 필요할 수 있다.

일부 호스피스 프로그램은 수의사나 수의 테크니션이 정기적으로 방문하여 관리 및 상태 평가를 돕기도 한다.

개를 위한 마지막 여정을 편안하게 해 줄 수 있는 가정관리에 대해 수의사와 상의하도록 한다.

안락사

개의 삶이 얼마 남지 않았다고 예측되는 상황을 맞이할 수 있다. 이는 보호자와 수의사 모두에게 어려운 일이다. 나이 들고 노쇠한 개는 젊고 건강한 개보다 단지 조금 더 사려 깊고, 부드럽고 애정 어린 관리만으로도 한결 더 편안해질 수 있다. 노견도 수개월 또는 수년간 사랑하는 이들과 함께 행복하게 삶을 이어갈 수 있다.

그러나 기쁨의 시간이 끝나고 개가 통증으로 힘들어하고 회복되기 어려운 상태로 악화된다면 아마도 개를 위해 편안하고 고통이 없는 마지막 배려를 생각해야 할 수도 있다. 삶의 질이라는 문제는 언제나 어려운 주제다. 몇 가지 질문을 스스로에게 해본다.

- 안 좋은 날보다 좋은 날이 더 많은가?
- 개가 가장 좋아하는 일을 여전히 할 수 있는 상태인가?
- 완화시킬 수 없는 통증이나 불편함이 있는가?
- 물과 음식을 먹을 수 있는가?

수의사는 안락사를 할 때 보통 작은 고통도 방지하려고 마취제를 투여한 상태에서 순간적으로 심장마비를 일으키는 안락사 약물을 투여한다.

더 이상 도와줄 수 없는 것이 명확하다면 안락사를 고려해야 할 시간이다. 안락사는 약물을 정맥으로 주입해 즉각적으로 의식을 잃고 심장마비를 일으킨다. 어떤 개들은 마지막 순간 소리를 내기도 하고 숨이 멈춘 뒤 깊은 호흡을 하듯이 보이기도 한다. 소변이나 대변을 보는 것도 정상적인 일이다. 어른들이 마지막 결정을 내려야 하지만, 종종 아이들은 이런 문제를 의외로 잘 받아들이기도 한다. 개가 죽고 나서의 일들도 아이들과 함께 이야기하는 것이 좋다.

이런 과정에 아이들을 어느 정도 참여시켜야 할지는 나이와 정서적인 성숙도에 따라 다르다. 안락사를 '잠드는 것'이라고 설명하면 안 된다. 아이들이 잠자리에 드는 것을 무서워하거나 개가 다시 '깨어날 것'이라고 기대할 수 있기 때문이다.

개의 죽음을 슬퍼하는 과정은 여러 단계를 거친다. 여기에는 부정, 타협, 분노, 우울, 수용 등이 포함된다. 모든 사람들이 이 과정을 전부 거치는 것은 아니며, 그 시간과 순서도 모두 다르다. 반려동물 상실(펫로스)의 슬픔을 극복하는 데 도움이 되는 상담전화를 이용할 수도 있다.

거의 모든 수의과대학들이 이런 상담 부서를 운영하고 있다. 수의사가 지역 모임이나 도움이 되는 책들을 추천해 줄 수 있을 것이다.

마지막 기념

이상적으로는 개가 죽기 전에 어떻게 장례를 치를지 미리 생각해 두는 것이 좋다. 많은 가족들이 매장을 선호하지만, 지역에 따라 법으로 매장을 불허하기도 한다. 많은 지자체가 근교에 반려동물 묘지를 운영하고 있는데 관리비용이 있다.

매장할 공간이 없는 사람에게는 화장이 가장 좋은 대안이다. 비용은 매우 다양하다. 특히 유골분을 다시 돌려받는 개별 화장을 하는 경우 더 비싸다. 유골분은 개가 좋아하던 장소에 뿌려주거나 작은 공간에 묻거나 항아리에 보관할 수 있다.

개를 기억하는 방법은 많다. 예쁜 상자에 털을 잘라 보관하거나 유골분을 보관할 수도 있다. 많은 가족이 떠난 개를 기억하며 지역 동물보호단체나 수의학 연구단체에 기부를 결정하기도 한다. 이런 일들은 개에 대한 기억을 긍정적인 방향으로 만들어 주고 유지할 수 있는 가치 있는 일일 것이다.

안타깝게도 국내에는 아직 수의과대학이나 공공기관에서 운영하는 이런 상담 서비스가 없다. 하지만 펫로스 서적이 다양하게 출간되어 있어 도움을 받을 수 있다.

우리나라는 전염병을 관리할 목적으로 반려동물 매장을 불법으로 규정하고 있어 매장을 할 수 없고 관련 시설도 없다. 대부분의 반려동물은 화장으로 장례를 치르며 장례 업체도 많아지고 있다.

20장
약물치료

수의학에서 가장 흔하게 사용되는 약물의 특징을 논하기에 앞서 개에게 투여하는 모든 약물에 대해 적용되는 기본규칙을 확인하는 것이 중요하다.

- 제품 라벨에는 약물의 이름, 용량, 포장용량, 유통기한, 용법 등이 명시되어 있어야 한다.
- 반드시 복용량을 확인한다. 예컨대 하루 두 알씩 한 번 먹이는 것인지, 하루 한 알씩 두 번 먹이는 것인지 알아야 한다.
- 용법도 확인해야 한다. 먹이는 것일 수도 있고, 귀에 넣는 것일 수도 있다.
- 음식과 함께 주어도 무방한 약물인지 확인한다.
- 부작용에 대해 수의사에게 문의한다.
- 보관 방법에 대해 확인한다. 냉장 보관이 필요할 수도 있고 흔들어 사용해야 할 수도 있다.
- 현재 개가 먹고 있는 모든 종류의 영양 보조제나 약물에 대해 항상 수의사에게 알려야 한다.

마취제와 마취

마취제는 통증을 느끼는 감각을 차단하기 위해 사용된다. 크게 국소마취와 전신마취로 나뉜다.

국소마취는 피부 표면의 감각을 느끼지 못하게 만든다. 신경의 주변 조직에 주사하거나 국소적으로 피부나 점막에 직접 발라 사용하기도 한다. 자일로카인(xylocaine) 등의 국소마취제는 전신마취에 비해 위험성과 부작용이 더 적긴 하지만 큰 수술에는 적합하지 않다.

전신마취는 개의 의식을 잃게 만든다. 주사제나 흡입제를 통해 투여하는데, 가벼운 마취는 개를 진정시키거나 고슴도치 바늘을 제거하는 것 같은 짧은 시술에 적합하다. 눈이나 정형외과 수술처럼 시간이 오래 걸리거나 통증이 심한 수술은 더 깊은 수준의 마취가 유지되어야 한다. 이런 경우 흡입마취로 가능하다. 이소플루란(isoflurane) 같은 마취제를 개의 기관에 넣은 튜브를 통해 흡입시킨다. 기체의 양을 조절하여 마취 수준을 높이거나 낮출 수 있다.

주사 마취제의 투여 용량은 개의 체중에 따라 계산한다. 흡입마취의 경우 적절한 용량의 산소와 마취제가 섞인 기체를 개의 호흡에 맞추어 투여한다. 개마다 다양한 요소를 고려하여 정확한 용량을 결정한다.

어떤 품종은 특정 마취 약물에 민감한 반응을 보이므로 이런 특이성을 충분히 고려해야 한다. 초소형 품종과 체지방량이 적은 품종(그레이하운드와 보더콜리 등)은 넣어야 하는 마취제의 양이 체중당 더 적게 필요하다. 각각의 약물에 따른 진정 및 마취 정도를 잘 알고 있는 수의사만 마취를 실시하는 이유다.

잠재적인 독성을 감소시키기 위해 마취제를 병용해 투여하는 경우가 많다.

마취제는 폐, 간, 신장을 통해 혈류에서 제거된다. 이런 장기 기능에 이상이 생기면 투약과 관련된 합병증이 발생할 수 있다. 개가 폐, 간, 신장, 심장 질환에 대한 병력이 있다면 마취와 수술로 인한 위험성이 증가한다. 수술 전 검사는 수의사가 개에게 더 안전한 약물을 선택하는 데 도움이 된다.

전신마취의 주요 위험성 중 하나는 마취 도입 전후의 구토다. 기도 쪽으로 구토물이 들어가면 질식할 수 있다. 수술 전에 12시간 금식을 시킴으로써 이런 위험을 피할 수 있다. 개를 수술시키기로 했다면 전날 오후 6시 이후로는 음식이나 물을 절대 주지 않는다. 밥그릇과 물그릇을 치우는 것은 물론 변기나 물을 마실 수 있는 다른 장소에도 접근하지 못하게 한다. 마취제 투여에 사용되는 기관 내 튜브에는 작은 풍선이 달려 있어 구토물이 기관으로 흘러들어가는 것을 방지한다.

진통제

진통제는 통증을 줄이기 위해 사용되는 약물이다. 종류도 다양하다. 데메롤, 모르핀, 코데인 등의 마약류는 법으로 규제를 받아 수의사의 처방 없이는 투여할 수 없다.

아스피린은 근골격계 손상과 관련한 통증에 단기간 작용하는 효과적인 진통제다. 장기간 사용 시 관절연골을 파괴할 수 있어, 퇴행성 관절염의 통증 관리에는 추천하지 않는다. 이런 부작용이 없는 더 좋은 진통제가 많다. 수술을 예정하고 있다면 적어도 일주일 전에는 투약을 중지해야 한다. 혈액이 응고되는 기전에 영향을 줄 수 있어 임신 기간 동안에도 사용해선 안 된다. 아스피린은 과량 투여 시 부작용 위험이 있어 수의사의 처방을 정확히 준수하는 것이 매우 중요하다.

최근에는 멜록시캄, 카프로펜, 피로콕시브같이 부작용은 적고 효과는 더 뛰어난 좋은 NSAID가 많이 사용되며, 아스피린은 특수한 경우를 제외하고는 거의 사용되지 않는다.

아스피린은 비스테로이드성 소염제(NSAID)에 속한다. 관절염과 다른 염증 치료를 위한 새로운 NSAID가 개발되고 있다(NSAID에 대한 더 많은 내용은 397쪽 참조). 이런 약물들은 아스피린보다 위에 자극이 덜하고 장기간 투여에도 더 효과적이다.

그러나 모든 NSAID는 위를 자극하고 위와 십이지장의 궤양을 유발할 수 있다. 수의사는 이런 합병증을 방지하기 위해 미소프로스톨이나 수크랄페이트 같은 위점막보호제를 처방할 것이다. 한 종류 이상의 NSAID를 동시에 투여해서는 안 된다는 점을 기억한다. 코르티코스테로이드와 함께 사용해서도 안 된다.

NSAID를 투여하기 전에 혈액검사를 받아야 한다. 장기간 투약하는 경우 3~6개월마다 혈액검사를 받는다. 일부 개에게서 간의 문제가 관찰되었으며, 래브라도 리트리버는 카프로펜에 개체 특이반응을 보일 수 있다. 간이나 신장에 문제가 있다면, 용량을 조정하거나 다른 진통제로 교체해야 한다.

나프록센과 이부프로펜은 진통 효과는 강력하지만 위장관 부작용 발생 위험이 높다. 때문에 장기 투여에 적합하지 않다. 특히 이부프로펜은 개에게 추천되지 않는다.

페닐부타존은 말에서 널리 사용하는 진통제다. 개에서는 관절연골에 악영향을 주는 것으로 알려져 있다. 또 골수억압 위험이 있는데, 장기간 고용량으로 투여했을 때 특히 문제가 된다. 현재는 더 안전한 진통제들이 많아 거의 사용되지 않는다.

염좌와 근육, 힘줄, 관절의 급성 손상을 치료할 목적으로 진통제를 사용하는 경우 개를 격리하거나 운동을 제한해야 한다. 진통제 투여로 통증이 완화되면 개가 다리를 과도하게 사용하여 회복을 지연시킬 수 있다.

항생제

항생제는 체내에서 세균이나 곰팡이와 싸우기 위해 사용된다. 세균은 질병을 유발하는 능력에 따라 병원성 세균과 비병원성 세균으로 분류한다. 병원성 세균은 특정 질환이나 감염을 유발할 수 있다. 반면 비병원성 세균은 숙주의 몸에 살지만 질병을 유발하진 않는다. 이들을 정상세균총이라고 하는데 일부는 실제로 숙주의 몸이 더 건강할 수 있도록 돕는다. 예를 들어 장에 있는 세균은 지혈에 필요한 비타민 K를 합성한다. 드물게 비병원성 세균이 증식하여 그로 인한 임상 증상이 나타나기도 한다.

항생제는 크게 두 종류로 나뉜다. 정균제*는 미생물의 증식을 억제하지만 죽이지는 못한다. 반면에 살균제는 미생물을 완전히 파괴한다.

* **정균제**|bacteriostatic drug
세균의 발육 또는 증식을
억제하는 물질 또는 약물.

항생제 치료가 실패하는 이유

항생제가 항상 효과를 나타내는 것은 아니다. 여기에는 몇 가지 이유가 있다.

상처관리 부족

항생제는 혈류를 통해 감염 장소로 이동한다. 그런데 농양, 괴사된 조직이 있는 상처, 이물이 있는 상처(먼지, 조각 등) 등에는 제대로 작용하기 어렵다. 이런 환경에서 항생제는 상처 안쪽으로 완전히 침투할 수 없다. 때문에 항생제 치료가 효과를 보려면 배농, 환부 세척, 이물 제거가 필수다.

항생제 선택 실패

감염을 치료하기 위해 선택하는 항생제는 특정 세균에 대한 감수성이 있어야 한다. 감수성이 있는 항생제를 결정하는 가장 좋은 방법은 세균을 배양하고 현미경으로 균의 특징을 관찰하는 것이다. 배양판에 항생제 디스크를 심어 세균의 증식을 억제하는 항생제를 찾아낸다. 이런 결과를 통해 어떤 항생제가 효과를 나타내는지를 알 수 있

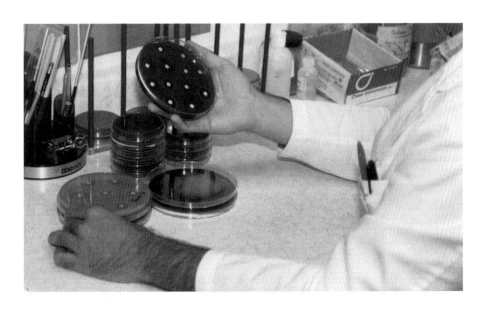

항생제 감수성 검사. 배양접시 위에 작은 원형 디스크가 놓여 있다. 이 디스크에는 항생제 성분이 들어 있어 배양된 세균의 증식을 억제한다.

다. 그러나 실제 상황에 적용했을 때 실험실적인 검사가 언제나 환자의 상태에 꼭 맞게 적용되지는 않는다. 그럼에도 불구하고 항생제 감수성 검사는 가장 효과적인 항생제를 찾는 최선의 방법이다.

투여 경로

약물을 투여할 때 중요한 것 중 하나가 최선의 투여 방법을 찾는 것이다. 감염이 심한 개면 정맥으로 주사하거나 근육주사나 피하주사로 투여한다. 어떤 항생제는 식전 공복 상태로 복용해야 하고, 반면 어떤 약은 음식과 함께 복용해야 한다. 흡수율이 떨어지면 혈류 내 항생제 농도가 적정 수준에 다다르지 못한다. 개가 구토를 한다면 경구용 항생제가 흡수되지 못하므로 효과를 보기가 어렵다.

투여 용량과 횟수

체중에 따른 용량을 계산하고 정해진 시간 간격을 지켜 정량을 투여한다. 일일 용량을 계산할 때 감염의 심각한 정도, 개의 나이, 전반적인 건강 상태와 활력, 다른 항생제 투여 여부 등도 함께 고려해야 한다. 전체 용량이 너무 낮거나 항생제를 충분히 투여하지 않는 경우 약물은 효과를 나타내지 못한다.

내성균

항생제는 병균과 싸우는 체내의 정상세균총을 파괴할 수 있다. 이로 인해 유해한 세균이 증식하고 질병을 유발한다. 게다가 세균이 항생제에 대한 내성을 획득하면 약물이 효과적으로 작용할 수 없다. 특히 다음과 같이 항생제를 사용하는 경우 내성이 발생하기 쉽다.
- 너무 짧게 투여한 경우
- 너무 낮은 용량으로 투여한 경우
- 항생제가 세균을 죽이지 못하는 경우

한 가지 항생제에 대해 내성을 획득한 미생물은 보통 같은 계열의 다른 항생제에도 내성을 보인다. 내성균의 발달은 꼭 필요한 경우에 한해 정확한 방법으로 항생제를 사용해야 하는 중요한 이유다. 효과적인 용량보다 낮게 투여하거나 처방 기간보다 짧은 기간 투여한다면 그 세균에 대한 내성을 획득할 수 있다. 예를 들어, 5일간의 투약으로 모든 세균을 사멸할 수 있는데 4일 동안만 투여했다면 살아남은 세균은 내성을 가지게 된다.

항생제와 스테로이드

스테로이드는 종종 항생제와 함께 투여된다. 특히 눈, 귀, 피부용 국소약품으로도 많이 사용된다. 코르티코스테로이드는 항염증 효과가 있다. 부종, 발적, 통증을 완화시켜 마치 개의 상태가 많이 나아졌다는 인상을 주지만 실제로는 그렇지 않다.

스테로이드는 부작용 중 하나는 정상적인 면역반응을 억제한다는 것이다. 이로 인해 감염에 대항해 싸우는 능력이 약화될 수 있다. 항생제와 함께 스테로이드를 처방받았다면 수의사의 지침을 잘 따라 투여해야 한다.

약물 부작용

모든 약물은 부작용이 있다. 부작용은 약물 사용의 의도와 관련 없이 발생하는 변화다. 예를 들어 스테로이드는 흔히 개가 물을 더 많이 마시고 소변을 더 많이 보도록 한다. 스테로이드를 면역반응에 잘 조절하는 목적으로 사용했다면 이런 증상은 부작용이라고 할 수 있다. 부작용은 가벼운 진정상태 같은 경미한 증상부터 위궤양 같은 심각한 증상까지 다양하다. 대부분의 부작용은 그 중간 정도로 관찰된다.

독성

모든 약물은 독소로 작용할 수 있으며, 경우에 따라 투여로 인한 득보다 실이 더 클 수도 있다. 이는 허브나 '천연' 요법에도 해당된다. 약물에는 치료 용량과 독성 용량 사이의 안전 영역이 존재하는데, 안전한 약물은 안전 영역이 넓다. 과다투여, 약물 배설장애, 장기 투여, 안전영역이 좁은 약물의 투여로 독성이 유발될 수 있다.

심한 간 질환이나 신장 질환이 있는 개는 약물을 해독하고 배설하기가 어렵다. 때문에 약물의 용량을 줄여서 투여해야 한다. 강아지는 신장이 미성숙한 상태이므로, 성견에 비해 용량을 낮추어 투여해야 한다.

약물독성은 하나 또는 그 이상의 장기에 영향을 끼칠 수 있다. 개에서는 인지하기가 어렵고, 보호자가 알아챘을 때는 이미 상태가 많이 진행되었을 수 있다. 약물독성의 증상에는 다음과 같은 것들이 포함된다.

- **청력** : 청신경이 손상되어 이명, 청력감소, 심한 경우 영구적인 청력소실 유발
- **간** : 황달이나 간부전
- **신장** : 질소혈증, 요독증*, 신부전

* **요독증**uremia 신장 기능이 저하되어 몸속의 노폐물이 소변으로 배출되지 못하고 쌓이는 상태.

- **골수** : 적혈구, 백혈구, 혈소판의 생산이 억제되어 빈혈, 면역저하, 자연출혈 등을 유발
- **위장관계** : 구토, 설사, 오심, 식욕감퇴
- **신경계** : 방향감각 상실, 운동실조, 혼수

알레르기 반응

항생제는 다른 계열의 약물보다 개에서 알레르기 반응이 더 많이 발생한다. 가벼운 알레르기 반응의 증상은 두드러기, 발진, 가려움, 긁는 행동, 눈물을 흘리는 것이다. 두드러기는 털이 빠지고 융기된 원형의 병변이 갑자기 나타나는 것이 특징이다. 두드러기는 일반적으로 노출 30분 후에 나타나고 24시간 내에 사라진다(다른 형태의 알레르기 반응은 144쪽 알레르기에서 설명한다). 약물반응에 의한 피부의 발진, 용혈성 빈혈, 혈소판감소증 등도 모두 알레르기 반응으로 분류될 수 있다.

아나필락시스 쇼크는 흔치는 않지만 심각한 알레르기 반응으로 보통 페니실린이나 백신 같은 이종 단백질에 노출되어 발생한다. 증상으로는 구토, 설사, 쇠약, 협착음(호흡), 호흡곤란, 허탈, 때때로 죽음에 이를 수 있다. 아나필락시스 쇼크는 의학적인 응급상황으로 30쪽에서 설명하고 있다.

이전에 어떤 형태든 알레르기 약물반응을 보였던 개에게 다시는 그 약물을 투여해서는 안 된다.

약물을 투여하는 방법

투여하려는 약물이 개에게 적합하다는 수의사의 확인을 받지 못했다면 개에게 어떤 약도 투여해서는 안 된다. 또한 개에게 맞는 정확한 용량과 투여 방법은 수의사에게 문의한다.

알약과 캡슐

개에게 알약을 먹이려면 엄지손가락을 송곳니 뒤쪽 공간으로 밀어 넣은 뒤 위쪽으로 힘을 가해 입을 벌린다. 입이 벌어지면 다른 손으로 아래턱을 아래로 당긴다. 다른 방법으로, 주둥이 위로 양쪽 입술을 잡아 송곳니 뒤쪽으로 잡아당기면 개가 입을 벌릴 것이다.

알약을 혀 가운데 뒤쪽으로 밀어 넣는다(547쪽 사진 참조). 알약을 너무 앞쪽이나 혀

옆쪽으로 밀어 넣으면 개가 뱉어낼 것
이다. 알약을 넣은 뒤 입을 다물고 개가
삼킬 때까지 목구멍 부위를 문지른다.
개가 자신의 코를 핥는다면 알약을 삼
킨 것이다. 개의 코에 짧게 숨을 불어넣
어 주는 것도 알약을 빨리 삼키는 데 도
움이 된다. 약을 삼킨 것을 확인하기 위
해 주사기로 물을 조금 먹여 보거나 작
은 간식을 주어 볼 수도 있다.

알약을 가루로 만들어 먹이지 않는
다. 가루약은 맛이 좋지 않아 개가 먹으
려 하지 않을 것이다. 어떤 약은 약물의
작용 시간을 늦추기 위해 특수한 코팅
으로 보호되어 있는데, 약을 갈아주면
이 코팅이 파괴된다.

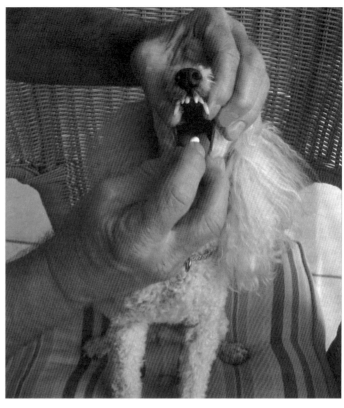

알약을 먹이는 올바른 방
법. 알약을 혀의 가운데
뒤쪽으로 밀어 넣는다.

알약을 음식에 섞어 줄 수도 있다. 작
은 고기완자 형태로 만든 음식을 두 개 준비하여 한 개는 안에 알약을 숨겨 놓는다.
약을 먹고 난 뒤, 약을 넣지 않는 한 개를 준다. 개는 약간 약맛이 나더라도 다음에도
계속 먹을 것이다.

이런 용도로 만들어진 간식도 있는데 끈적거리는 성분으로 만들어져 먹는 동안 약
이 빠져나오기 어렵다. 부드러워 알약을 안에 넣어 쉽게 모양을 만들 수 있다.

물약

전해질 용액이나 수용액 등의 물약은 개의 뺨과 어금니 사이의 공간으로 투여한다.
약병, 안약병, 바늘 없는 일회용 주사기 등을 이용할 수 있다.

사진처럼 개의 턱을 잡는다. 약병 입구를 개의 뺨 안쪽 공간으로 밀어 넣고 손가
락으로 입술을 닫는다. 개의 턱을 위쪽으로 기울인 상태로 천천히 약을 넣는다. 개는
자동적으로 약을 삼킬 것이다. 많은 양의 물약을 먹여야 한다면 잠깐 멈추어 삼킬 시
간을 준다. 개의 목구멍 안으로 다량의 물약을 빠르게 주입해서는 안 된다!

주사제

30쪽에서 설명하였듯이, 주사를 통해 외부 물질을 주입하는 경우 언제든 갑작스런

가루약은 물에 섞어 물약
처럼 먹일 수도 있고, 소
량의 꿀이나 딸기잼 등에
개어 입천장에 발라 먹이
면 뱉어내지 않고 잘 먹
일 수 있다. 최근에는 약
을 섞어 먹일 수 있는 다
양한 투약 보조제도 많이
출시되어 투약이 쉬워졌
다. 대부분 맛있는 페이
스트에 유산균이나 영양
성분이 섞여 있어 잘 먹
는다.

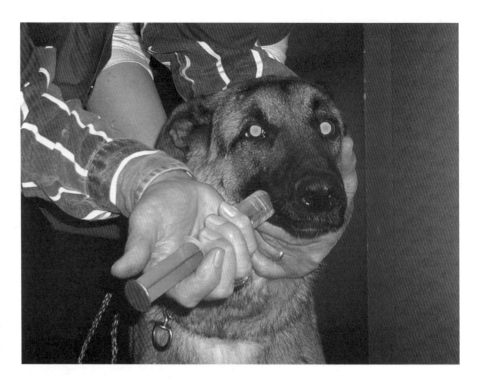

물약은 약병이나 플라스틱 주사기를 이용하여 뺨과 어금니 사이의 공간으로 투여한다.

알레르기 반응이나 과민반응이 나타날 수 있다. 아나필락시스 쇼크는 즉시 정맥으로 아드레날린을 주사하고 산소를 공급해 주어야 한다. 이런 이유로 주사제는 반드시 수의사가 투여해야 한다. 위험을 방지하기 위해, 어떤 약물이든 과거에 알레르기 반응을 보인 적이 있다면 절대 직접 주사를 놓아서는 안 된다.

불가피하게 집에서 주사를 놓아야 하는 경우(예를 들어 개가 당뇨병에 걸린 경우)라면 수의사가 주사 놓는 방법을 가르쳐 줄 것이다. 어떤 주사제는 피부 밑(피하)으로 투여하고, 어떤 주사는 근육 내로 투여한다. 약품에 따라 정해진 정확한 주사 위치와 방법으로 투여해야 한다.

좌약

경구약 투여가 어려울 때(예를 들어, 개가 토하는 경우) 좌약을 사용할 수 있다. 수의사는 심한 변비 치료를 위해 좌약을 처방하기도 한다.

좌약은 바셀린이 발라져 있어 표면이 미끈거리며 직장 안으로 완전히 삽입되어 그 안에서 녹는다.

변비용 좌약은 직장으로 수분 유입을 촉진시키는 성분과 장운동을 자극하는 성분이 들어 있다. 개에게 안전한 소아용 좌약에 대해서는 수의사에게 문의한다. 탈수상태이거나 위장관폐쇄 가능성이 있는 개에게는 좌약을 사용해서는 안 된다. **급성 복통**(31

쪽) 같은 상황에서도 좌약을 사용해서는 안 된다.

기타 형태의 약물

개에게 더 쉽게 약을 투여하기 위한 다양한 형태의 약이 있다. 맛있는 간식이나 액상에 약을 섞은 제품도 있고, 어떤 제품은 젤 형태로 되어 귀에 문질러 바를 수 있다. 스티커 형태의 펜타닐 패치는 피부를 통해 흡수된다.

함께 사용해도 안전한 약물을 모아 하나로 만들어 약의 양을 줄인 제품도 있다. 이런 약은 아직 유통되지 않고 있거나, 발작에 쓰이는 브롬화칼륨처럼 개에서의 투여 용량이 확실히 정립되지 않은 것도 있다. 상용화되기까지 더 많은 연구가 필요하다.

다양한 용도의 약

눈에 사용하는 약의 올바른 사용법에 대해서는 **눈에 약 넣기**(180쪽)에서, 귀에 사용하는 약에 대해서는 **귀약 넣기**(211쪽)에서, 관장약은 **변막힘**(280쪽)에서 설명하고 있다.

부록 A
개의 정상 생리학 수치

체온

성견 : 37.7℃~39.2℃

평균 : 38.5℃

신생견 : 34.4℃~36.1℃(출생 시), 37.3℃(생후 4주)

체온을 재는 방법

개의 체온을 재는 가장 정확한 방법은 직장용 체온계를 사용하는 것이다. 수은체온계와 전자체온계를 사용할 수 있다. 전자체온계는 더 빠르고 편리하게 체온을 측정할 수 있다.

수은체온계를 사용하는 경우 체온계가 35.5℃가 될 때까지 흔들어 준다. 개를 바닥에서 일으켜 세운 자세에서 꼬리를 들어 올리고 바닥에 주저앉지 못하도록 단단히 잡는다. 체온계 끝에 바셀린 등의 윤활제를 바른 후 개의 체구에 따라 항문의 약 2.5~7.6cm 안쪽으로 부드럽게 밀어 넣는다.

신생견은 소아용 체온계를 사용하고 측정에 필요한 체온계 끝부분만 완전히 삽입하여 사용한다.

체온계를 3분간 그대로 둔다. 그리고 체온계를 뺀 뒤 표면을 닦은 후 온도계 눈금을 읽는다. 전염병 방지를 위해 알코올로 체온계를 깨끗하게 소독한다.

전자체온계를 사용하는 경우에도 같은 방법으로 체온계를 항문에 삽입하고 버튼을 누른 뒤 알람이 울릴 때까지 기다린다. 숫자가 멈추고 알람이 울리면 표시된 체온을 확인한다.

체온을 재다가 체온계가 깨졌다면(개가 주저앉는 경우에 많이 발생한다) 부러진 조각을 찾거나 제거하려 하지 말고 즉시 수의사에게 알리고 진료를 받는다.

심박

성견 : 분당 60~160회

초소형견 : 분당 최대 180회

신생견 : 분당 160~200회(출생 시), 분당 220회(생후 2주)

맥박을 측정하는 방법은 **맥박**(327쪽) 참조.

호흡수

성견 : 분당 10~30회

평균 : 분당 24회(안정 시)

신생견 : 분당 15~35회(생후 2주까지)

임신 기간

배란 후 평균 63일(정상 임신 기간은 56~66일)

부록 B
개 나이 계산하기

　예전에는 일반적으로 개의 1년은 사람의 7년과 비슷하다고 계산했다. 그러나 이것이 항상 정확한 것은 아니다. 개가 나이를 먹는 방식이 사람과 다르기 때문이다. 어떤 개는 인간의 1년이 7년 이상에 해당될 정도로 빠르게 나이를 먹기도 하고, 또 어떤 개는 그보다 천천히 나이를 먹기도 한다. 예를 들어, 강아지가 성체에 가까운 몸이 되기까지는 1년 정도의 시간이 걸리지만 인간 어린이는 그보다 훨씬 시간이 오래 걸린다. 때문에 개의 첫 1년은 사람의 15년과 비슷하다고 할 수 있다.

　또한 모든 개가 다 같은 속도로 나이를 먹지 않는다. 일반적으로 소형 품종은 대형 품종보다 더 오래 산다. 가끔 두 배 가까이 차이가 나는 경우도 있다.

　다음 표는 체구를 바탕으로 작성한 평균적인 개와 사람의 나이 비교다. 굵게 표시한 것은 중년, 기울어지게 표시한 것은 노년을 의미한다.

사람 나이로 환산한 개의 나이

개의 나이 (살)	사람과 비교한 나이(살)			
	9kg 미만	9~23kg	23~40kg	40kg 이상
5	36	37	40	**42**
6	40	42	**45**	**49**
7	**44**	**47**	**50**	**56** 중년
8	**48**	**51**	**55** 중년	**64**
9	**52**	**56** 중년	**61**	**71**
10	**56** 중년	**60**	66	78
11	**60**	**65**	72	86
12	**64**	69	77	93
13	**68**	74	82	101 노년
14	72	78	88	108
15	76	83	93 노년	115
16	80	87 노년	99	123
17	84 노년	92	104	
18	88	96	109	
19	92	101	115	
20	96	105	120	

* Dr. Fred L. Metzger, DVM, State College, Pennsylvania. 화이자 동물 건강 제공.

부록 C
혈액검사와 소변검사 결과 이해하기

실험실적 검사가 필요한 경우가 있다. 이런 검사는 분변검사나 심장사상충검사 같은 간단한 검사부터 다양한 장기의 기능을 확인하는 정밀한 혈액검사까지 포함한다. 여기서는 가장 흔하게 사용되는 혈액검사와 소변검사에 대해 설명할 것이다. 검사용 혈액은 보통 개의 정맥에서 채혈한다(목이나 다리의 혈관). 정확한 검사를 하려면 금식해야 한다.

전혈구검사(CBC)

전혈구검사는 개의 정맥에서 직접 혈액을 채취해 검사한다. 검사를 통해 개 혈액의 다양한 혈구세포의 숫자를 확인한다. 동시에 세포 타입과 세포의 상태 및 발달 단계를 평가한다. 골수에 이상이 있거나 화학요법 등을 받은 개는 전반적인 혈구세포의 수가 감소할 수 있다.

적혈구용적률(PCV)

적혈구용적률검사(HCT, PCV)는 빈혈 평가에 이용되는데 개가 적혈구를 얼마나 가지고 있는지 대략적으로 확인한다. 혈액을 원심분리하여 전체 혈액의 부피에서 적혈구가 차지하는 비율을 계산한다. 정상적인 개는 적혈구가 약 30~50%를 차지한다. 적혈구용적률이 정상보다 낮으면 출혈부터 간 질환이나 신장 질환까지 빈혈의 다양한 원인을 의심할 수 있다. 반대로 탈수상태의 개는 종종 적혈구용적률이 높게 나타난다.

적혈구(RBC) 관련 수치

정확한 적혈구 수치를 확인하는 방법은 현미경으로 혈구 계산판 위의 적혈구를 직접 하나하나 세는 것이다(최근에는 대부분 전자혈구검사기를 사용한다). 혈색소(hb, 헤모글로빈)의 양과 적혈구 세포의 나이와 크기도 측정된다. MCV(평균적혈구용적)는 적혈구의 평균 크기, MCH(평균혈구혈색소)는 적혈구 내의 혈색소 양이다. MCHC(평균적혈구혈색소 농도)는 적혈구 내의 혈색소의 평균 농도를 의미하는데 보통 %로 나타낸다. 수의사나 실험실 검사자는 세포의 성숙도나 혈액 내 기생충 등도 검사한다.

백혈구(WBC) 관련 수치

시료의 백혈구 수를 계산해 평가한다. 백혈구에는 호산구(eosinophil, 기생충 감염에 맞서 싸우고 알레르기와 관련이 있다)와 호중구, 림프구, 호염기구, 대식구, 단핵구 등과 같이 감염이나 세포 침입자에 대항해 싸우는 세포가 있다. 림프구와 같은 백혈구의 수는 특정 암이 있는 개에게서 증가하기도 한다. 보통 백혈구 수는 감염 시에 증가하는데 감염이 심하게 악화되면 오히려 백혈구 수가 감소할 수 있다. 바이러스에 의해서도 백혈구 수가 감소할 수 있다.

혈소판(PLT)

혈소판은 혈액의 응고와 지혈을 돕는다. 혈소판의 수도 현미경으로 시료를 검사하여 평가한다. 혈소판은 면역이상, 암, 지혈장애가 있는 개에서는 감소한다. 카발리에 킹찰스 스패니얼 같은 일부 품종은 혈소판이 감소하는 혈소판장애가 있을 수 있다.

혈액화학검사 blood chemistry

혈액화학검사는 다양한 장기의 기능에 중요한 효소와 정상적인 신체 기능 유지에 중요한 특정 단백질과 미네랄 수치를 평가한다. 다음은 주요 검사 항목이다.

ALB(albumin, 알부민). 간에서 만들어지는 중요한 단백질이다. 간이나 신장이 어떤 종류의 손상을 입으면 감소하며 탈수상태의 개는 증가한다.

ALP(alkaline phosphatase). 간 질환이나 뼈 질환이 있는 개, 스테로이드를 투여하거나 쿠싱병이 있는 개에서 증가한다. 담즙의 문제를 의미하기도 한다. 발작 증상에 쓰이는 약물인 페노바르비탈도 이 효소의 수치를 상승시킨다.

ALT(alanine aminotransferase). 실제로 어떤 형태의 간손상이 발생한 개에서 증가한다.

AMYL(amylase, 아밀라아제). 주로 췌장에서 만들어져 소화관으로 분비되며 녹말과 글리코겐의 소화를 돕는다. 췌장염, 신장 질환, 스테로이드 투약 시에 상승할 수 있다.

AST(aspartate aminotransferase). 정상적으로 적혈구, 간과 심장 조직, 근육 조직, 췌장, 신장에서 관찰되는 효소다. 주로 간 기능을 평가할 때 사용되는 검사다. AST는 심장에 손상이 있는 경우에도 상승할 수 있다

Bile acid(담즙산). 간 기능 평가에 중요하다. 식전과 식사 2시간 후의 혈액 시료가 2개 필요하다.

BUN(blood urea nitrogen, 혈중요소질소). 주로 신장 검사에 이용하는데 간에서 만들어져 신장을 통해 배설되는 단백성 노폐물이다. BUN이 낮으면 간 질환을, BUN이 높으면 신장 질환이나 탈수상태를 의미할 수 있다.

Ca(calcium, 칼슘). 이 미네랄은 뼈의 발달은 물론 근육과 신경의 작용에 매우 중요하다. 특정 암, 신부전, 살서제 중독, 부갑상선 질환에서 상승할 수 있다. 반면에 여러 마리의 새끼를 출산하고 수유하는 경우, 일부 부갑상선 질환의 경우에는 칼슘 농도가 낮아질 수 있다.

CPK/CK(creatinine phosphokinase/creatinine kinase). 근육효소의 다른 이름으로 심근을 포함한 근육의 손상이 있을 때 증가한다.

CREA(creatinine, 크레아티닌). 크레아티닌은 근육의 노폐물로 정상적으로 신장에서 제거된다. 수치가 증가하면 신장 질환을 의미한다.

CRP(C반응성 단백검사). 염증이나 감염에 대한 반응물질로 백혈구 수치보다 더 빠르고 민감하게 상승한다.

GGT(gamma glutamul transferase). 간, 담관 등에서 발견되는 효소로, GGT의 상승은 간질환이나 담즙 배설의 문제가 있을 수 있다.

GLOB(globulin, 글로불린). 면역 체계와 간에서 생성되는 단백질로 에너지 대사, 면역 및 항체물질 생성에 사용된다. 만성 염증에 의해서도 상승할 수 있다.

GLU(glucose, 포도당). 혈당을 의미한다. 당뇨병이나 쿠싱병, 스테로이드 투약 등에 의해 상승한다. 저혈당은 특정 암, 인슐린 과다, 간 질환, 감염에 의해 발생할 수 있다.

K(potassium, 칼륨). 근육과 신경 기능 및 심장의 활동에 매우 중요하다. 신장 질환, 방광폐쇄, 애디슨병, 부동액 중독 등은 칼륨 농도를 높인다.

LIPA(lipase, 리파아제). 췌장에서 만들어지는 효소 중 하나로 식이지방을 분해한다. 췌장염 등으로 췌장이 손상되거나 췌장관에 문제가 있는 경우 상승할 수 있다.

Na(sodium, 나트륨). 정상적인 근육과 신경 기능에 중요하다. 구토나 설사, 애디슨병 등이 있는 경우 수치에 영향을 줄 수 있다.

PHOS(phosphorus, 인). 인 수치의 변화는 부갑상선 질환, 신장 질환, 섭취 부족이 원인일 수 있다.

SDMA(Symmetric DiMethylArginine). 신장에서 배설되므로 사구체여과율의 바이오 마커로 이용한다. 25% 수준의 신장기능 소실도 조기에 발견할 수 있다. 다른 변수의 영향을 적게 받아 신뢰도가 높다.

TBIL(total bilirubin, 총 빌리루빈). 간의 노화된 적혈구로부터 만들어진다. 간 질환이나 담낭 질환, 적혈구용혈성 질환이 있는 개에서 증가한다. 이 색소가 몸에 축적되면 조직이 노랗게 변하는 황달이 발생한다.

TP(total protein, 혈장단백질). 혈액 중 단백질 총량으로 알부민과 글로불린(globulin, 감염이나 염증과 관련)의 합이다. 탈수상태거나 면역자극을 받은 경우 상승할 수 있다. 간에 문제가 있는 경우 낮아진다.

소변검사

소변을 검사하는 방법으로 개가 소변을 볼 때 바로 받아내거나, 바늘이나 카테터를 이용해 방광에서 직접 채취할 수 있다. 감염이 의심된다면 멸균상태를 유지하기 위해 방광에서 직접 채취하는 것이 좋다.

소변검사를 통해 포도당이나 pH 같은 특정 요소를 검사한다. 소변의 농도와 소변 내 발견되는 세포를 검사하기도 한다. 어떤 항목은 소변 스틱 같은 특수처리 된 시험 지로 검사하기도 하고, 어떤 항목은 비중계 같은 특별한 기구를 이용해 검사하기도 한다.

희석뇨는 신장 질환이나 음수량 증가를, 농축뇨는 탈수나 신장 질환을 의미할 수 있다.

소변 중 당은 당뇨병을, 단백뇨는 신장의 손상을 의미한다. pH는 소변이 산성인지 알칼리성인지 구분해 준다. 이는 음식의 영향을 받을 수 있으며 방광 내 결석이나 결정 생성에 영향을 줄 수 있다.

소변을 원심분리하여 침전된 세포를 검사하는 요침사검사*를 하기도 한다. 적혈구나 백혈구가 관찰된다면 감염이나 요로의 손상을 의심할 수 있다. 소변의 결정은 결석으로 진행되기 쉽다. 세균은 감염을 의미하는데 세균 감염이 의심되는 경우 소변을 배양하여 확인하기도 한다.

* **요침사검사** 현미경을 이용해 소변 속에 가라 앉은 세포나 물질을 확인하는 검사.

부록 D
개 관련 정보 사이트

한국동물병원협회
www.kaha.or.kr

미국동물병원협회
www.aahanet.org
www.healthypet.com

미국 홀리스틱수의학회
www.ahvma.org

대한수의사회
www.kvma.or.kr

미국수의사회
www.avma.org

동물학대방지협회 동물중독관리센터
www.aspca.org/apcc

펫파트너(동물매개치료단체)
www.petpartners.org

국제수의침술학회
www.ivas.org

모리스 동물재단
www.morrisanimalfoundation.org

동물정형학재단(OFA)
www.ofa.org

펜힙(PennHIP)
www.pennhip.org

펜젠(PennGen)
www.vet.upenn.edu/research/academic-departments/clinical-sciences-advanced-medicine/research-labs-centers/penngen

VetGen
www.vetgen.com

국제펫시터협회
www.petsit.com

건강 정보
• Dog Hobbyist
  www.doghobbyist.com
• Dog Owner's Guide
  www.canismajor.com/dog
• The Senior Dogs Project
  www.srdogs.com
• Veterinary Partner
  www.veterinarypartner.com

표 리스트

찾아보기

ㅅ

증상별 찾아보기

두꺼운 글씨로 된 페이지는 관련 증상의 상세한 설명을 포함하고 있다. 하위 단위 가나다 순

그림 및 사진 저작권

작가 언급이 없는 사진은 크리스트 칼슨(Krist Carlson), 제임스 A. 기핀(James A. Giffin), 그림은 로즈 플로이드(Rose Floyd), 카렌 와이어트(Karen Wyatt)가 제공했다.

James Clawson: 32, 66, 84, 179, 180, 211, 328(오른쪽), 547, 548

Dr. T. J. Dunn, Emergency Pet Hospital, Naples: 29, 134, 146, 384(아래)

Tom Eldredge: 27(위 오른쪽), 529

Jean Fogle: 114

Bridget Olerenshaw: 377

Dusty Rainbolt: 27(중앙 오른쪽), 289, 328(왼쪽)

Susan Stamilio (SKS Designs): 57, 68, 111, 118(위), 137, 176~177, 194, 209, 252, 254, 263, 288, 310, 312, 327, 329, 338, 372, 384, 387, 402, 423, 438, 447, 452

JoAnn Thompson: 454(아래)

Valerie Toukatly: 128, 133

Sydney Giffin Wiley: 187(위 가운데), 471

Courtesy of American Veterinary Publications: 89

Courtesy of BiteNot Products: 23(아래 오른쪽)

Courtesy of Bristol-Meyers Squibb: 156, 171, 173

Reprinted with permission of the copyright owner, Hill's Pet Nutrition, Inc.: 290

역자 후기

얼마전 블루베리 쐐기에 팔뚝을 쏘여 고생을 했다. 누군가의 표현처럼 마치 살이 타들어가는 듯한 통증으로 밤새 잠을 설쳤다. 냉찜질도 해보고, 벌레 물린 데 좋다는 연고도 발라봤지만 별 효과가 없었다. 끙끙거리며 몇 시간 동안 인터넷을 뒤적거리고 유튜브를 검색했다. 특효 처방은 찾을 수 없었고, 결국은 너무 아파 응급실에 가서 진통제 주사를 맞았다는 내용이 대부분이었다. 그러다 양봉업자 카페에 올라온 "쐐기 쏘인데는 온찜질이 좋다"는 글과 효과가 있더라는 댓글 몇 개를 읽고는 반신반의하며 곧장 팔뚝에 온찜질을 했다. 그러자 거짓말처럼 순식간에 타는 듯한 통증이 사라졌다. 밤새 찜질팩과 헤어드라이어의 도움을 받아야 하긴 했지만 덕분에 무사히 쐐기 물림 사건을 이겨낼 수 있었다.

4차 산업혁명과 빅데이터로 대변되는 세상을 맞이했다. 손가락 움직임 몇 번으로 무한대에 가까운 다양한 정보들을 찾아볼 수 있는 시대임에도 쐐기 물림 사건처럼 여전히 소소한 생활 속 지혜나 꼭 필요한 정보들은 정작 찾기 어려울 때가 많다. 반려견과 함께 생활하면서도 비슷한 경험을 하곤 한다. 어디에 물어봐야 할지, 당장 무엇을 해 줘야 할지, 곧장 병원으로 달려가야 할지 몰라 발만 동동 구를 때가 많다. 이럴 때면 수의사로서 또 반려인으로서 꼭 필요한 내용만 모아놓은 구급상자 같은 책이 있으면 참 좋겠다는 생각을 했다.

AI와 챗지피티(ChatGPT)가 일상처럼 친숙해진 시대에 40년도 더 넘은 책을 번역하고 출간하는 일은 쉽지 않았다(이 책의 원서 *Dog owner's home veterinary handbook*은 1980년에 처음 출판되어 40여 년간 4번 개정했다). 《고양이 질병의 모든 것*Cat owner's home veterinary handbook*》이 출간되고 개 편을 기다리는 독자들이 많았다(이 2권은 개와 고양이가 함께 출판된 쌍둥이 책이다). 책공장더불어 출판사도 늘 개와 고양이에 대한 교과서 같은 책이 있었으면 좋겠다고 생각했던 터라 의기투합하여 개 편의 번역 작업이 시작되었다. 이 책은 군 생활을 하는 동안 사전을 찾아보며 공부했던 책이기도 하다. 고양이에 비해서 개의 수의학 분야는 훨씬 많은 진전과 변화가 있었기에 수정하고 첨가해야 할 내용도 많았고, 대형견 위주의 원서와 달리 소형견이 대부분인 국내 반려견들에게 적합한 내용을 충실히 채워야 한다는 부담도 컸다.

이 책은 40년이 넘는 동안 미국의 개 보호자의 책장 한 켠을 굳건히 지켜온 베스트셀러이자 바이블 같은 책이다. 마지막 개정판은 2007년에 출간되었는데 내용과 범위에 있어 지금 보아도 전혀 손색이 없을 정도로 충실하다. 개의 신체적, 생리적 특징부터 다양한 질병, 행동학적 특징까지 자세히 설명하고 있으며, 특정 증상을 중심으로 손쉽게 접근할 수 있도록 구성되어 있다. 무엇보다 개에게 문제가 생겼을 때 '당장 어떻게 해야 하는지', '어떤 가능성을 염두에 두어야 하는지'를 직관적으로 찾아보고 판단할 수 있도록 돕는다. 또한 개의 문제에 대해 보호자가 수의사와 함께 의논하고 풀어갈 수 있도록 실마리와 배경 지식을 제공한다.

가급적 원서의 큰 틀을 유지하려고 노력했다. 원서와 달리 현재는 많이 사용하지 않는 약물도 언급되어 있으나 처방이라는 고유의 특성을 고려해 그대로 싣고 옮긴이 주로 부연 설명했다. 또한 국내에서 발병률이 높아 독자들의 관심이 큰 슬개골탈구, 심장병, 췌장염 등에 관한 내용을 추가하고, 최근 노령견이 늘며 관심이 커진 인지장애에 대한 부분도 관련 신약과 자가 검사지 등을 추가로 넣었다. 슬개골탈구와 이첨판폐쇄부전의 경우 정확한 병기 평가의 기준을 수록하여 슬개골탈구 수술을 고려하거나 심장약 복용을 시작하는 데 참고할 수 있게 했다. 그럼에도 하루가 다르게 급속하게 업데이트되는 수의학 분야이기에 행여 미흡하거나 놓친 부분이 있더라도 너그러운 이해를 구한다. 아울러 저자가 강조했듯 이 책이 수의사의 역할을 대체할 수는 없다. 이 책의 역할은 반려인과 수의사가 함께 개의 건강 문제를 풀어 나가는 열쇠임을 잊지 않기를 바란다.

마침내 개식용금지 법안이 통과되어 부끄럽던 '보신탕', '멍멍탕'이란 단어도 머지않아 역사 속으로 사라지게 되었다. 출산율은 세계 최하위지만 4가구 중 1가구는 반려동물을 기를 만큼 국내 반려동물의 숫자가 늘고 관련 산업도 급속히 성장 중이다. 하지만 인간과 반려동물에 대한 사회적 인식이 문화로 자리잡기까지는 아직 더 많은 시간과 노력이 필요하다. 여기에는 반려인과 비반려인의 공감대 형성, 제도적인 뒷받침, 동물권에 대한 인식 전환을 아우르는 점진적인 변화들이 포함될 것이다. 우리보다 반려동물 문화가 일찍 자리잡은 일본의 만화책을 읽다 보면 장르에 상관없이 몇 페이지에 한 번은 꼭 지나가는 개나 고양이가 나오고, 미국 동물 관련 베스트셀러의 상위

랭크에는 늘 인간과 반려동물 사이의 감동적인 교감을 소재로 한 책들이 자리잡을 만큼 생활 속에 개나 고양이의 의미는 각별하다.

뉴스를 보면 사라지는 미래의 직업들에 대한 이야기가 많이 나온다. 하지만 AI가 지배하는 세상이 와도 손끝으로 직접 동물의 체온을 느끼며 진료하는 수의사의 역할은 줄어들지 않을 것이다. 진료대 위에 있는 동물 환자를 편안한 눈빛과 낮은 목소리로 안심시키고, 보호자의 마음까지 헤아리는 믿음직한 수의사라는 존재가 AI에게도 그리 만만치는 않을 테니 말이다.

수의사로서 동물을 진료하는 일도 좋지만 이렇게 멋진 책을 만드는 데 힘을 보태는 일은 매우 즐겁다. 이런 소중한 경험을 실현시켜 주는 책공장더불어 김보경 대표에게 감사드리며, 번역을 하며 노트북 앞에서 나른해질 때마다 무한의 에너지로 충전시켜 준 날 꼭 닮은 반려견 시로에게 사랑을 전한다.

책공장더불어의 책

고양이 질병의 모든 것
40년간 3번의 개정판을 낸 고양이 질병 책의 바이블. 고양이가 건강할 때, 이상 증상을 보일 때, 아플 때 등 모든 순간에 곁에 두고 봐야 할 책이다. 질병의 예방과 관리, 증상과 징후, 치료법에 대한 모든 해답을 완벽하게 찾을 수 있다.

개·고양이 자연주의 육아백과
세계적인 홀리스틱 수의사 피케른의 개와 고양이를 위한 자연주의 육아백과. 50만 부 이상 팔린 베스트셀러로 반려인, 수의사의 필독서. 최상의 식단, 올바른 생활습관, 암, 신장염, 피부병 등 각종 병에 대한 대처법도 자세히 수록되어 있다.

우리 아이가 아파요! 개·고양이 필수 건강 백과
새로운 예방접종 스케줄부터 우리나라 사정에 맞는 나이대별 흔한 질병의 증상·예방·치료·관리법, 나이 든 개, 고양이 돌보기까지 반려동물을 건강하게 키울 수 있는 필수 건강백서.

개, 고양이 사료의 진실
미국에서 스테디셀러를 기록하고 있는 책으로 2007년 멜라민 사료 파동 등 반려동물 사료에 대한 알려지지 않은 진실을 폭로한다.

개 피부병의 모든 것
홀리스틱 수의사인 저자는 상업사료의 열악한 영양과 과도한 약물사용을 피부병 증가의 원인으로 꼽는다. 제대로 된 피부병 예방법과 치료법을 제시한다.

암 전문 수의사는 어떻게 암을 이겼나
암에 걸린 세계 최고의 암 수술 전문 수의사가 동물 환자들을 통해 배운 질병과 삶의 기쁨에 관한 이야기가 유쾌하고 따뜻하게 펼쳐진다.

개가 행복해지는 긍정교육
개의 심리와 행동학을 바탕으로 한 긍정교육법으로 50만 부 이상 판매된 반려인의 필독서. 짖기, 물기, 대소변 가리기, 분리불안 등의 문제를 평화롭게 해결한다.

노견은 영원히 산다
퓰리처상을 수상한 글 작가와 사진 작가가 나이 든 개를 위해 만든 사진 에세이. 저마다 생애 최고의 마지막 나날을 보내는 노견들에게 보내는 찬사.

다정한 사신
일러스트레이터 제니 진야가 그려낸 고통받은 동물들을 새로운 삶의 공간으로 안내하는 위로의 그래픽 노블.

순종 개, 품종 고양이가 좋아요?
사람들은 예쁘고 귀여운 외모의 품종 개, 고양이를 선호하지만 품종 동물은 700개에 달하는 유전 질환으로 고통 받는다. 많은 품종 개와 고양이가 왜 질병과 고통에 시달리다가 일찍 죽는지, 건강한 반려동물을 입양하려면 어찌해야 하는지 동물복지 수의사가 알려준다.

유기견 입양 교과서
보호소에 입소한 유기견은 안락사와 입양이라는 생사의 갈림길 앞에 선다. 이들에게 입양이라는 선물을 주기 위해 활동가, 봉사자, 임보자가 어떻게 교육하고 어떤 노력을 해야 하는지 차근차근 알려준다.

임신하면 왜 개, 고양이를 버릴까?
임신, 출산으로 반려동물을 버리는 나라는 한국이 유일하다. 세대 간 문화충돌, 무책임한 언론 등 임신, 육아로 반려동물을 버리는 사회현상에 대한 분석과 안전하게 임신, 육아 기간을 보내는 생활법을 소개한다.

버려진 개들의 언덕 (학교도서관저널 추천도서)
인간에 의해 버려져서 동네 언덕에서 살게 된 개들의 이야기. 새끼를 낳아 키우고, 사람들에게 학대를 당하고, 유기견 추격대에 쫓기면서도 치열하게 살아가는 생명들의 2년간의 관찰기.

유기동물에 관한 슬픈 보고서
(환경부 선정 우수환경도서, 어린이도서연구회에서 뽑은 어린이·청소년 책, 한국간행물윤리위원회 좋은 책, 어린이문화진흥회 좋은 어린이책)
동물보호소에서 안락사를 기다리는 유기견, 유기묘의 모습을 사진으로 담았다. 인간에게 버려져 죽임을 당하는 그들의 모습을 통해 인간이 애써 외면하는 불편한 진실을 고발한다.

치료견 치로리 (어린이문화진흥회 좋은 어린이책)
비 오는 날 쓰레기장에 버려진 잡종 개 치로리. 죽음 직전 구조된 치로리는 치료견이 되어 전신마비 환자를 일으키고, 은둔형 외톨이 소년을 치료하는 등 기적을 일으킨다.

사람을 돕는 개
(한국어린이교육문화연구원 으뜸책, 학교도서관저널 추천도서)
안내견, 청각장애인 도우미견 등 장애인을 돕는 도우미견과 인명구조견, 흰개미탐지견, 검역견 등 사람과 함께 맡은 역할을 해내는 특수견을 만나본다.

용산 개 방실이
(어린이도서연구회에서 뽑은 어린이·청소년 책, 평화박물관 평화책)
용산에도 반려견을 키우며 일상을 살아가던 이웃이 살고 있었다. 용산 참사로 갑자기 아빠가 떠난 뒤 24일간 음식을 거부하고 스스로 아빠를 따라간 반려견 방실이 이야기.

개.똥.승. (세종도서 문학 부문)

어린이집의 교사면서 백구 세 마리와 사는 스님이 지구에서 다른 생명체와 더불어 좋은 삶을 사는 방법, 모든 생명이 똑같이 소중하다는 진리를 유쾌하게 들려준다.

장애견 모리 (한국출판문화산업진흥원 중소출판사 우수콘텐츠 제작지원 선정, 학교도서관저널 이달의 책)

21살의 수의대생이 다리 셋인 장애견을 입양한 후 약자에 배려없는 세상을 마주한다.

수술 실습견 쿵쿵따

수술 경험이 필요한 수의사들을 위해 수술대에 올랐던 개 쿵쿵따. 8년을 수술 실습견으로, 10년을 행복한 반려견으로 산 이야기.

개에게 인간은 친구일까?

인간에 의해 버려지고 착취당하고 고통받는 우리가 몰랐던 개 이야기. 다양한 방법으로 개를 구조하고 보살피는 사람들의 아름다운 이야기가 그려진다.

동물과 이야기하는 여자

SBS 〈TV 동물농장〉에 출연해 화제가 되었던 애니멀 커뮤니케이터 리디아 히비가 20년간 동물들과 나눈 감동의 이야기. 병으로 고통받는 개, 안락사를 원하는 고양이 등과 대화를 통해 문제를 해결한다.

우주식당에서 만나 (한국어린이교육문화연구원 으뜸책)

2010년 볼로냐 어린이도서전에서 올해의 일러스트레이터로 선정되었던 신현아 작가가 반려동물과 함께 사는 이야기를 네 편의 작품으로 묶었다.

펫로스 반려동물의 죽음 (아마존닷컴 올해의 책)

동물 호스피스 활동가 리타 레이놀즈가 들려주는 반려동물의 죽음과 무지개다리 너머의 이야기. 펫로스(pet loss)란 반려동물을 잃은 반려인의 깊은 슬픔을 말한다.

후쿠시마에 남겨진 동물들 (미래창조과학부 선정 우수과학도서, 환경부 선정 우수환경도서, 환경정의 청소년 환경책)

2011년 3월 11일, 대지진에 이은 원전 폭발로 사람들이 떠난 일본 후쿠시마. 다큐멘터리 사진 작가가 담은 '죽음의 땅'에 남겨진 동물들의 슬픈 기록.

후쿠시마의 고양이 (한국어린이교육문화연구원 으뜸책)

동일본 대지진 이후 5년. 사람이 사라진 후쿠시마에서 살처분 명령이 내려진 동물을 죽이지 않고 돌보고 있는 사람과 함께 사는 두 고양이의 모습을 담은 사진집.

강아지 천국

반려견과 이별한 이들을 위한 그림책. 들판을 뛰놀다가 맛있는 것을 먹고 잠들 수 있는 곳에서 행복하게 지내다가 천국의 문 앞에서 사람 가족이 오기를 기다리는 무지개다리 너머 반려견의 이야기.

고양이 천국 (어린이도서연구회에서 뽑은 어린이·청소년 책)

고양이와 이별한 이들을 위한 그림책. 실컷 놀고, 먹고, 자고 싶은 곳에서 잘 수 있는 곳. 그러다가 함께 살던 가족이 그리울 때면 잠시 다녀가는 고양이 천국의 모습을 그려냈다.

깃털, 떠난 고양이에게 쓰는 편지

프랑스 작가 클로드 앙스가리가 먼저 떠난 고양이에게 보내는 편지. 한 마리 고양이의 삶과 죽음, 상실과 부재의 고통, 동물의 영혼에 대해 써 내려간다.

고양이 그림일기 (한국출판문화산업진흥원 이달의 읽을 만한 책)

장군이와 흰둥이, 두 고양이와 그림 그리는 한 인간의 1년치 그림일기. 종이 다른 개체가 서로의 삶의 방법을 존중하며 사는 잔잔하고 소소한 이야기.

고양이 임보일기

《고양이 그림일기》의 이새벽 작가가 새끼 고양이 다섯 마리를 구조해서 입양 보내기까지의 시끌벅적한 임보 이야기를 그림으로 그려냈다.

고양이는 언제나 고양이였다

고양이를 사랑하는 나라 터키의, 고양이를 사랑하는 글 작가와 그림 작가가 고양이에게 보내는 러브레터. 고양이를 통해 세상을 보는 사람들을 위한 아름다운 고양이 그림책이다.

나비가 없는 세상 (어린이도서연구회에서 뽑은 어린이·청소년 책)

고양이 만화가 김은희 작가가 그려내는 한국 고양이 만화의 고전. 신디, 페르캉, 추새. 개성 강한 세 마리 고양이와 만화가의 달콤쌉싸래한 동거 이야기.

고양이 안전사고 예방 안내서

고양이는 여러 안전사고에 노출되며 이물질 섭취도 많다. 고양이의 생명을 위협하는 식품, 식물, 물건을 총정리했다.

동물을 만나고 좋은 사람이 되었다 (한국출판문화산업진흥원 출판 콘텐츠 창작자금지원 선정)

개, 고양이와 살게 되면서 반려인은 동물의 눈으로, 약자의 눈으로 세상을 보는 법을 배운다. 동물을 통해서 알게 된 세상 덕분에 조금 불편해졌지만 더 좋은 사람이 되어 가는 개·고양이에 포섭된 인간의 성장기.

동물을 위해 책을 읽습니다 (한국출판문화산업진흥원 출판 콘텐츠 창작자금지원 선정, 국립중앙도서관 사서 추천 도서)

우리는 동물이 인간을 위해 사용되기 위해서만 존재하는 것처럼 살고 있다. 우리는 우리가 사랑하고, 입고, 먹고, 즐기는 동물과 어떤 관계를 맺어야 할까? 100여 편의 책 속에서 길을 찾는다.

채식하는 사자 리틀타이크
(아침독서 추천도서, 교육방송 EBS 〈지식채널e〉 방영)

육식동물인 사자 리틀타이크는 평생 피 냄새와 고기를 거부하고 채식 사자로 살며 개, 고양이, 양 등과 평화롭게 살았다. 종의 본능을 거부한 채식 사자의 9년간의 아름다운 삶의 기록.

대단한 돼지 에스더
(환경부 선정 우수환경도서, 학교도서관저널 추천도서)

인간과 동물 사이의 사랑이 얼마나 많은 것을 변화시킬 수 있는지 알려 주는 놀라운 이야기. 300킬로그램의 돼지 덕분에 파티를 좋아하던 두 남자가 채식을 하고, 동물보호 활동가가 되는 놀랍고도 행복한 이야기.

인간과 개, 고양이의 관계심리학

함께 살면 개, 고양이와 반려인은 닮을까? 동물학대는 인간학대로 이어질까? 248가지 심리실험을 통해 알아보는 인간과 동물이 서로에게 미치는 영향에 관한 심리 해설서.

황금 털 늑대 (학교도서관저널 추천도서)

공장에 가두고 황금빛 털을 빼앗는 인간의 탐욕에 맞서 늑대들이 마침내 해방을 향해 달려간다. 생명을 숫자가 아니라 이름으로 부르라는 소중함을 알려주는 그림책.

동물에 대한 예의가 필요해

일러스트레이터인 저자가 청소년들에게 지금 동물들이 어떤 고통을 받고 있는지, 우리는 그들과 어떤 관계를 맺어야 하는지 그림을 통해 이야기한다. 냅킨에 쓱쓱 그린 그림을 통해 동물들의 목소리를 들을 수 있다.

사향고양이의 눈물을 마시다
(한국출판문화산업진흥원 우수출판 콘텐츠 제작지원 선정, 환경부 선정 우수환경도서, 학교도서관저널 추천도서, 국립중앙도서관 사서가 추천하는 휴가철에 읽기 좋은 책, 환경정의 올해의 환경책)

내가 마신 커피 때문에 인도네시아 사향고양이가 고통받는다고? 내 선택이 세계 동물에게 미치는 영향, 동물을 죽이는 것이 아니라 살리는 선택에 대해 알아본다.

동물학대의 사회학 (학교도서관저널 올해의 책)

동물학대와 인간폭력 사이의 관계를 설명한다. 페미니즘 이론 등 여러 이론적 관점을 소개하면서 앞으로 동물학대 연구가 나아갈 방향을 제시한다.

동물주의 선언 (환경부 선정 우수환경도서)

현재 가장 영향력 있는 정치철학자가 쓴 인간과 동물이 공존하는 사회로 가기 위한 철학적·실천적 지침서.

적색목록 (한국만화영상진흥원의 2021년 다양성만화제작 지원사업과 2023년 독립출판만화 제작 지원사업 선정)

끝없이 멸종위기종으로 태어나 인간에게 죽임을 당하는 동물들을 그린 그래픽 노블. 인간은 홀로 살아남을 것인가?

동물노동

인간이 농장동물, 실험동물 등 거의 모든 동물을 착취하면서 사는 세상에서 동물노동에 대해 묻는 책. 동물을 노동자로 인정하면 그들의 지위가 향상될까?

인간과 동물, 유대와 배신의 탄생
(환경부 선정 우수환경도서, 환경정의 선정 올해의 환경책)

미국 최대의 동물보호단체 휴메인소사이어티 대표가 쓴 21세기 동물해방의 새로운 지침서. 농장동물, 산업화된 반려동물 산업, 실험동물, 야생동물 복원에 대한 허위 등 현대의 모든 동물학대에 대해 다루고 있다.

동물들의 인간 심판
(대한출판문화협회 올해의 청소년 교양도서, 세종도서 교양 부문, 환경정의 청소년 환경책, 아침독서 청소년 추천도서, 학교도서관저널 추천도서)

동물을 학대하고, 학살하는 범죄를 저지른 인간이 동물 법정에 선다. 고양이, 돼지, 소 등은 인간의 범죄를 증언하고 개는 인간을 변호한다. 이 기묘한 재판의 결과는?

묻다 (환경부 선정 우수환경도서, 환경정의 올해의 환경책)

구제역, 조류독감으로 거의 매년 동물의 살처분이 이뤄진다. 저자는 4,800곳의 매몰지 중 100여 곳을 수년에 걸쳐 찾아다니며 기록한 유일한 사람이다. 그가 우리에게 묻는다. 우리는 동물을 죽일 권한이 있는가.

동물원 동물은 행복할까?
(환경부 선정 우수환경도서, 학교도서관저널 추천도서)

동물원 북극곰은 야생에서 필요한 공간보다 100만 배, 코끼리는 1,000배 작은 공간에 갇혀 살고 있다. 야생동물보호운동 활동가인 저자가 기록한 동물원에 갇힌 야생동물의 참혹한 삶.

고등학생의 국내 동물원 평가 보고서 (환경부 선정 우수환경도서)

인간이 만든 '도시의 야생동물 서식지' 동물원에서는 무슨 일이 일어나고 있나? 국내 9개 주요 동물원이 종보전, 동물복지 등 현대 동물원의 역할을 제대로 하고 있는지 평가했다.

동물 쇼의 웃음 쇼 동물의 눈물 (한국출판문화산업진흥원 청소년 권장도서, 한국출판문화산업진흥원 청소년 북토큰 도서)

동물 서커스와 전시, TV와 영화 속 동물 연기자, 투우, 투견, 경마 등 동물을 이용해서 돈을 버는 오락산업 속 고통받는 동물들의 숨겨진 진실을 밝힌다.

야생동물병원 24시 (어린이도서연구회에서 뽑은 어린이·청소년 책, 한국출판문화산업진흥원 청소년 북토큰 도서)
로드킬 당한 삵, 밀렵꾼의 총에 맞은 독수리, 건강을 되찾아 자연으로 돌아가는 너구리 등 대한민국 야생동물이 사람과 부대끼며 살아가는 슬프고도 아름다운 이야기.

숲에서 태어나 길 위에 서다
(환경정의 올해의 청소년 환경책, 환경부 환경도서 출판 지원사업 선정)
한 해에 로드킬로 죽는 야생동물 200만 마리. 인간과 야생동물이 공존할 수 있는 방법을 찾는 현장 과학자의 야생동물 로드킬에 대한 기록.

동물복지 수의사의 동물 따라 세계 여행
(환경정의 올해의 청소년 환경책, 한국출판문화산업진흥원 중소출판사 우수콘텐츠 제작지원 선정, 학교도서관저널 추천도서)
동물원에서 일하던 수의사가 동물원을 나와 세계 19개국 178곳의 동물원, 동물보호구역을 다니며 동물원의 존재 이유에 대해 묻는다. 동물에게 윤리적인 여행이란 어떤 것일까?

똥으로 종이를 만드는 코끼리 아저씨 (환경부 선정 우수환경도서, 한국출판문화산업진흥원 청소년 권장도서, 서울시교육청 어린이도서관 여름방학 권장도서, 한국출판문화산업진흥원 청소년 북토큰 도서)
코끼리 똥으로 만든 재생종이 책. 코끼리 똥으로 종이와 책을 만들면서 사람과 코끼리가 평화롭게 살게 된 이야기를 코끼리 똥 종이에 그려냈다.

고통받은 동물들의 평생 안식처 동물보호구역
(환경부 선정 우수환경도서, 환경정의 올해의 어린이 환경책, 한국어린이교육문화연구원 으뜸책)
고통받다가 구조되었지만 오갈 데 없었던 야생동물의 평생 보금자리. 저자와 함께 전 세계 동물보호구역을 다니면서 행복하게 살고 있는 동물을 만난다.

물범 사냥 (노르웨이국제문학협회 번역 지원 선정)
북극해로 떠나는 물범 사냥 어선에 감독관으로 승선한 마리는 낯선 남자들과 6주를 보내야 한다. 남성과 여성, 인간과 동물, 세상이 평등하다고 믿는 사람들에게 펼쳐 보이는 세상.

동물은 전쟁에 어떻게 사용되나?
전쟁은 인간만의 고통일까? 자살폭탄 테러범이 된 개 등 고대부터 현대 최첨단 무기까지, 우리가 몰랐던 동물 착취의 역사.

햄스터
햄스터를 사랑한 수의사가 쓴 햄스터 행복·건강 교과서. 습성, 건강관리, 건강식단 등 햄스터 돌보기 완벽 가이드.

어쩌다 햄스터
사랑스러운 햄스터와 초보 집사가 펼치는 좌충우돌 동물 만화. 햄스터를 건강하게 오래 키울 수 있는 특급 노하우가 가득하다.

실험 쥐 구름과 별
동물실험 후 안락사 직전의 실험 쥐 20마리가 구조되었다. 일반인에게 입양된 후 평범하고 행복한 시간을 보낸 그들의 삶을 기록했다.

토끼
토끼를 건강하고 행복하게 오래 키울 수 있도록 돕는 육아 지침서. 습성·식단·행동·감정·놀이·질병 등 토끼에 관한 모든 것을 담았다.

토끼 질병의 모든 것
토끼의 건강과 질병에 관한 모든 것, 질병의 예방과 관리, 증상, 치료법, 홈 케어까지 완벽한 해답을 담았다.

개 질병의 모든 것

초판 1쇄 2025년 1월 1일

지은이 데브라 M. 엘드레지, 리사 D. 칼슨, 델버트 G. 칼슨, 제임스 M. 기핀
옮긴이 홍민기

편집 김수미, 김보경
교정 김수미

표지그림 신현아
디자인 나디하 스튜디오(khj9490@naver.com)
인쇄 정원문화인쇄

펴낸이 김보경
펴낸 곳 책공장더불어

책공장더불어
주소 서울시 종로구 혜화로 16길 40
대표전화 (02)766-8406
이메일 animalbook@naver.com
블로그 http://blog.naver.com/animalbook
페이스북 @animalbook4
인스타그램 @animalbook.modoo

ISBN 978-89-97137-92-3 (03520)

*잘못된 책은 바꾸어 드립니다.
*값은 뒤표지에 있습니다.